农业高等职业教育本科系列教材

# 农业昆虫

陈彩贤　主编

中国农业大学出版社
·北京·

## 内容简介

本教材主要针对我国华南地区大田农作物农业昆虫发生及害虫绿色防控技术特点，以培养农作物植保员（三级）岗位要求的高等职业技术技能型人才为目标，以华南农业害虫绿色防控新知识、新技能要求为指导，以农业昆虫基本理论和实践技能为重点，突出实践技能教学。教材力求反映华南地区有害生物综合防治的地域性、科学性、先进性和实用性。全书共分农业昆虫基础知识、农业昆虫的田间调查和预测预报、农业害虫综合防控技术3个项目，其中第3个项目又分14个子项目，主要介绍综合防控方案的制定，以及地下害虫识别与综合防控技术，水稻、玉米、甘蔗、薯类、豆类、花生、柑橘、荔枝、龙眼、杧果、香蕉、菠萝、板栗、火龙果、蔬菜、桑树、储粮害虫识别与综合防控技术。在教材中融入课程思政元素，践行课程育人功能。重要知识点通过配套的微课、视频、课件等数字资源加以强化。本教材适用于高职作物生产技术专业群植物保护与检疫技术专业，也可作为中职植物保护专业、中高职联合培养植物保护与检疫技术专业、农业类职业本科专业教材和广大农业工作者参考用书。

**图书在版编目(CIP)数据**

农业昆虫 / 陈彩贤主编. --北京：中国农业大学出版社，2022.6
ISBN 978-7-5655-2800-2

Ⅰ.①农…　Ⅱ.①陈…　Ⅲ.①农业害虫－昆虫学－高等学校－教材　Ⅳ.①S186

中国版本图书馆 CIP 数据核字(2022)第 098267 号

**书　　名**　农业昆虫
**作　　者**　陈彩贤　主编

**策划编辑**　韩元凤　司建新　　　**责任编辑**　韩元凤
**封面设计**　郑　川
**出版发行**　中国农业大学出版社
**社　　址**　北京市海淀区圆明园西路2号　　　**邮政编码**　100193
**电　　话**　发行部 010-62733489，1190　　　读者服务部 010-62732336
　　　　　　编辑部 010-62732617，2618　　　出　版　部 010-62733440
**网　　址**　http：// www. caupress. cn　　　**E-mail** cbsszs@cau.edu.cn
**经　　销**　新华书店
**印　　刷**　北京时代华都印刷有限公司
**版　　次**　2022年6月第1版　　2022年6月第1次印刷
**规　　格**　185 mm×260 mm　　16开本　　21.5印张　　535千字
**定　　价**　65.00元

# 编写人员


**主　　编**　陈彩贤（广西农业职业技术大学）

**副 主 编**　李　成（广西农业科学院植物保护研究所）

吕昆明（广西乐土生物科技有限公司）

陈利标（广西格林森有害生物防治技术有限公司）

**编　　者**　陈彩贤（广西农业职业技术大学）

李　成（广西农业科学院植物保护研究所）

吕昆明（广西乐土生物科技有限公司）

陈利标（广西格林森有害生物防治技术有限公司）

欧善生（广西农业职业技术大学）

覃连红（广西农业职业技术大学）

臧延琴（广西田园生化股份有限公司）

蒋飞燕（广西农业职业技术大学）

张燕杏（广西农业职业技术大学）

唐景美（广西南亚热带农业科学研究所）

刘冬梅（广西钦州农业学校）

**主　　审**　陆　温（广西大学农学院）

# 前　言

本教材依据教育部《"十四五"职业教育规划教材建设实施方案》《关于组织开展"十四五"首批职业教育国家规划教材遴选工作的通知》与《高等职业学校专业教学标准（试行）》等文件精神，在中国农业大学出版社组织指导下编写，作为"双高建设"广西农业职业技术大学、广西高水平专业群中的作物生产专业群系列教材。教材适用于作物生产技术专业群植物保护与检疫技术专业的"农业昆虫""植物虫害防治技术"课程教学，也可供植物保护职业本科和广大农业工作者参考。

植物保护与检疫技术是广西高水平专业群中的作物生产专业群的主要组成专业，"农业昆虫""植物虫害防治技术"是其主要专业课。学生毕业后从事作物生产管理工作，需要植物保护技术知识，若从事农药等农资的营销工作，还必须持有农作物植保员职业资格证，而农业害虫防控技术是植物保护技术的重要技术之一。

本教材充分体现农作物植保员职业标准与岗位技能方面的要求，以国家高级农作物植保员职业资格应知应会的理论、技能为主线，按行业、岗位群所需能力和要求设计教学内容，精简理论教学内容，强调以职业岗位能力培养为核心，紧紧围绕适应生产、建设、管理、服务第一线需要，德、智、体、美、劳全面发展的技术应用型专门人才的培养方向，体现以应用为目的，以必需、够用为尺度，讲清概念、强化应用，突出了职业教育教材应用性、实用性、综合性和先进性强的特点，充分体现高等职业教育人才培养目标与"工学结合""做中学"的职业教育特点，符合职业教育规律和技能型人才成长规律。

本教材分农业昆虫基础知识、农业昆虫的田间调查和预测预报、农业害虫综合防治技术三大项目，项目或子项目有学习目标。项目或子项目下分若干个任务，每个任务包括材料及用具（或场地）、基础知识、工作步骤、巩固训练、作业、思考题、课程思政、学习评价栏目，以引导学生树立正确的人生观，学农、知农、爱农，了解自己学习、掌握技能和知识的状况。

本教材教学目标明确，实行“理实一体化”教学，结合班级生产田进行教学，让学生在“做中学”，体现产教结合的原则和国内外先进职业教育理念。

学完后学生掌握农业昆虫标本采集、制作、保存技术，能识别出主要农业害虫和天敌种类，掌握主要农业害虫的田间调查、预测预报和综合防控技术的基本理论和技能，能对农业害虫和天敌开展调查，针对调查结果进行决策，确定主要防治对象，制订综合防治方案和组织实施综合防治。了解绿色食品生产允许使用的杀虫、杀螨、杀螺剂的性能、使用方法，能进行害虫、害螨防治田间药效试验，并对试验结果数据进行处理，具有获取植保新信息、整理和总结植保技术资料的能力。

本教材提倡利用健康栽培为基础，充分利用有害生物的自然制约因素和物理防治，尽量减少农药的使用等综合防治措施，充分体现我国推进农药“减施增效”的新理念，体现绿色经济现代产业理念和技术。教材编写充分体现行业指导、企业参与、校企合作的原则，增加了行业、企业和科研人员参与教材编写工作。

全书安排约104个学时，在实际教学中可根据课时和生产现场选择授课内容。在教学中应坚持以学生学习为中心，利用现场、多媒体等教学手段，强化学生的技能训练。

本教材由陈彩贤主编，李成、吕昆明、陈利标担任副主编。

编写分工如下：

陈彩贤编写项目二中除拓展知识和课程思政外的所有内容，项目三中子项目二、子项目四、子项目六除课程思政外所有内容，项目三子项目五、子项目七至子项目十所有内容。李成编写项目一，项目三子项目一的课程思政内容；项目三子项目三任务1的四至十及课程思政，附录1、附录2、附录3。吕昆明编写项目三子项目一中的一至四。陈利标编写项目二的拓展知识。臧延琴编写项目三子项目一的拓展知识。欧善生编写项目三子项目三任务1的水稻害虫识别一、二、三、十一，项目三子项目三任务2。蒋飞燕审阅全书课程思政并编写项目二，项目三子项目二、子项目四、子项目六、子项目十四的课程思政内容。唐景美编写项目三子项目十一。张燕杏编写项目三子项目十二。覃连红编写项目三子项目十三。刘冬梅编写项目三子项目十四中除课程思政外的所有内容。本教材由广西大学农学院陆温教授主审。

教材49个视频中的柑橘小果实蝇田间为害状和草地贪夜蛾由张燕杏提供，其余由陈彩贤、李成提供并统一制作。

教材编写过程中参阅、引用了有关专家、学者的专著和论文，在此一并表示感谢。

尽管我们对教材的编写做出了最大努力，但由于时间仓促，编者的认识不足和水平所限，书中缺点和错误在所难免，诚恳各位专家、同行批评指正。

**编　者**

2022年4月

# 目　录

# 项目一
## 农业昆虫基础知识（附蜘蛛、螨类与软体动物）

### 学习目标

1.了解昆虫与人类的关系。

2.能熟练使用和保养体视显微镜(解剖镜)。

3.识别昆虫外部形态特征及各附器的结构和类型,了解昆虫口器、眼、体壁等与防治的关系。

4.了解昆虫生物学特征,了解昆虫个体发育各个阶段特点、变态、虫态及行为习性与防治关系,能抓住害虫薄弱环节确定防治适期。

5.了解昆虫检索表的编制、运用方法,能根据检索表鉴别新昆虫。

6.能采集和制作昆虫标本并达到可供鉴定水平。

7.识别出当地主要昆虫17目60科以上,能区分害虫与天敌昆虫。

8.识别主要蜘蛛、螨类与软体动物。

# 任务1 昆虫的形态特征

## 【材料及用具】

蝗虫体躯结构标本，蝼蛄、家蝇、牛虻、蛾类、蝶类、蜜蜂、蝉、椿象、螳螂、龙虱、草蛉、金龟子、步行虫、蚜虫、蓟马、象甲、白蚁、绿豆象(雄)、叩头甲(雄)、摇蚊(雄)等成虫浸渍或针插标本，蝗虫、家蚕(或黏虫)幼虫或玉米螟、蜚蠊活标本以及昆虫外部形态挂图，蜘蛛、螨类、马陆、鼠妇、蜗牛、蛞蝓等标本。体视显微镜、放大镜、解剖剪、挑针、镊子、搪瓷盘、泡沫塑料板、培养皿等。

## 【基础知识】

为害农作物的动物，主要是昆虫，其次是螨类。昆虫和螨类都是一些小型动物，分别属于动物界节肢动物门的昆虫纲和蛛形纲。昆虫纲是动物中种类最多的一类，有 1 000 万种以上，昆虫繁殖力强，适应性强，海陆空均有分布。昆虫与人类的关系分有害和有益两个方面。害虫和益虫的划分标准是：直接或间接对人类有害的称为害虫，直接或间接对人类有利的称为益虫。如与人类有关的益虫有 5 类：①产品及分泌物都是重要的工业原料的昆虫称资源昆虫，如家蚕、蜜蜂、五倍子蚜等；②专门取食害虫的昆虫称天敌昆虫，如捕食性瓢虫、步甲、草蛉和寄生性蜂类、寄生蝇类等；③可以为显花植物授粉的昆虫称传粉昆虫，如蜜蜂、蛾、蝶以及一些蝇类；④以腐败的有机体为食料的昆虫称腐食性昆虫，如粪蜣、埋葬甲等；⑤还有一些昆虫，可以作为中药材，称为药用昆虫，如冬虫夏草、蝉(蝉蜕)、斑蝥、蜂(蜂毒)等。

许多昆虫为害作物、传播人畜疾病或为害建筑物，对人类不利，称为害虫。与人类有关的害虫有 4 类：①许多昆虫可以为害农作物、果树、蔬菜、森林、花卉、绿肥、牧草等，也称为经济作物害虫，如三化螟、凤蝶等；②有的昆虫可以为害房屋、建筑物等称建筑害虫，如白蚁；③许多昆虫可以为害家禽家畜称家畜害虫，如牛虻；④有些害虫是人类疾病传染的媒介，称卫生害虫，如蚊子、苍蝇等。

与人类有关的其他有益的动物还有：节肢动物门蛛形纲蜘蛛目的蜘蛛；蜱螨目的捕食螨；圆形动物门的寄生性线虫；脊索动物门脊椎动物亚门鸟纲的益鸟；脊椎动物亚门爬行纲的青蛙和蟾蜍等。

与人类有关的其他有害的动物还有：节肢动物门蛛形纲蜱螨目的害螨；节肢动物门甲壳纲的鼠妇；软体动物门腹足纲的蜗牛、蛞蝓；圆形动物门的线虫；脊索动物亚门哺乳纲的老鼠、野兔和刺猬等。

### 一、昆虫纲特征

昆虫纲成虫具有以下特征：①体躯分成头、胸、腹 3 个明显的体段。②头部着生 1 个口器、1 对触角及 1 对复眼和 0～3 个单眼。胸部分前、中、后 3 个胸节，各节有足 1 对，中、后胸一般各有 0～1 对翅。腹部大多由 9～11 个体节组成，末端具有外生殖器，有的还有 1 对尾须。③体壁骨化，称为“外骨骼”。前、后胸或中、后胸及腹部 1～8 节两侧各有气门一对，用气管呼吸。④在从卵到成虫的发育过程中要经过变态(图 1-1-1)。

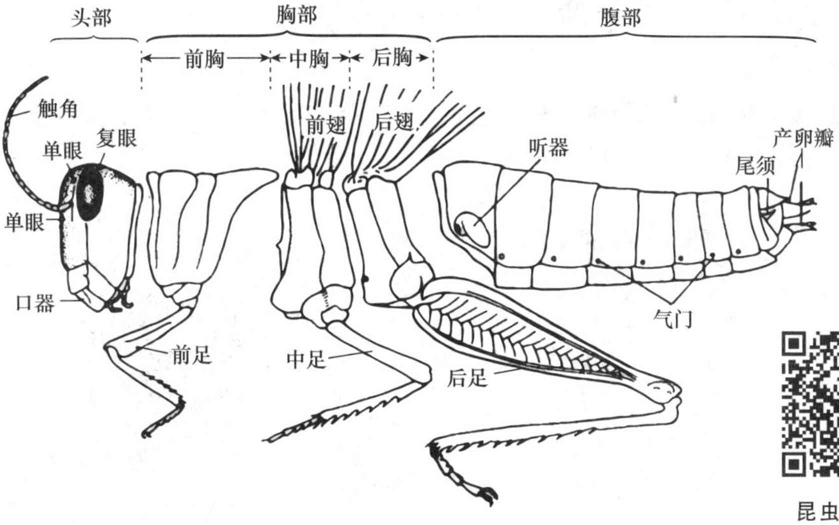


图 1-1-1　蝗虫体躯构造

(周至宏、王助引.1996.植物保护学总论)

昆虫(胡蜂)

掌握以上特征,就可以把昆虫与节肢动物门的其他常见的类群分开。如多足纲(蜈蚣、马陆)体分头部和胴部 2 个体段,胴部多节,每节有足;蛛形纲蜘蛛体分头胸部、腹部 2 个体段,足 4 对,蛛形纲螨类体不分段,仅分颚体与躯体,足 4 对或 2 对,均无翅,无触角;甲壳纲(虾、蟹)体分头胸部和腹部,足至少 5 对,无翅,触角 2 对(图 1-1-2)。

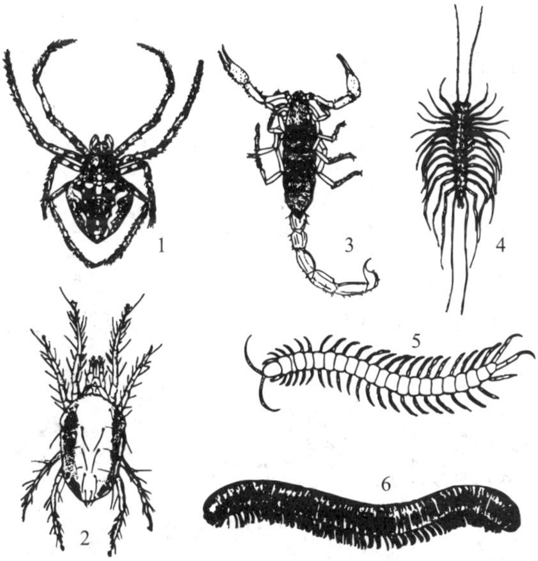


图 1-1-2　与昆虫纲近缘的节肢动物形态特征图

1.蜘蛛　2.叶螨　3.蝎子　4.蚰蜒　5.蜈蚣　6.马陆

(西北农林科技大学.2000.农业昆虫学)

## 二、昆虫的头部

头部是昆虫体躯最前的一个体段,以膜质的颈与胸部相连。头上生有触角、复眼、单眼等感觉器官和取食的口器，所以，头部是昆虫感觉和取食的中心。

## （一）头部的分区和头式

### 1.头部的分区

昆虫的头部由 6 个体节愈合成坚硬的头壳，头壳的表面由于有许多的沟、缝和蜕裂线，从而将头部划分为头顶、额、唇基、颊和后头 5 个区（图 1-1-3）。

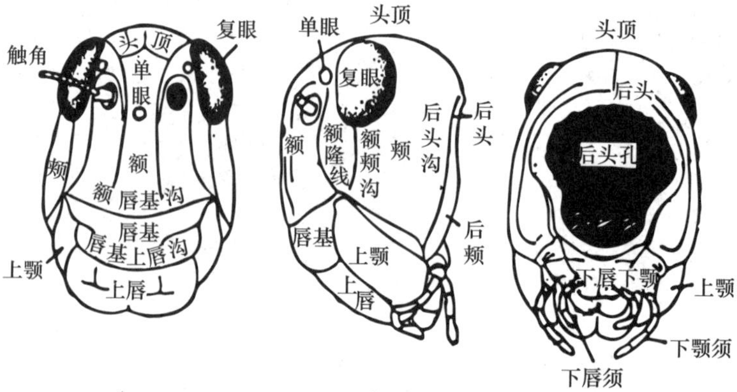


1　　2　　3

**图 1-1-3　昆虫头部构造图**

1.正面　2.侧面　3.后面

（周至宏、王助引.1996.植物保护学总论）

### 2.昆虫的头式

由于口器着生位置的不同，昆虫的头式可分为 3 种（图 1-1-4）。

（1）下口式　口器着生在头部的下方，头部纵轴与体躯纵轴几乎成直角。大多见于植食性昆虫，如蝗虫等。

（2）前口式　口器着生在头的前方，头部纵轴与体躯纵轴成钝角。大多见于捕食性昆虫，如步甲等。

（3）后口式　口器从头的腹面伸向体后方，头部纵轴与体躯的纵轴成锐角。多数见于刺吸植物汁液的昆虫，如蚜虫、叶蝉等。

昆虫头式的不同，反映了取食方式的差异，是昆虫对环境的适应，也是分类学上应用的特征。

**图 1-1-4　昆虫的头式**

1.下口式（螽斯）　2.前口式（步甲）　3.后口式（蝉）

（周至宏、王助引.1996.植物保护学总论）

## （二）昆虫的触角

昆虫的触角由柄节（第 1 节）、梗节（第 2 节）和鞭节（第 3 节及以后各节，含 1 到多个小节）三部分组成。昆虫的触角可接受环境中气味、湿度、声波等因素的刺激而调整方向，具有感觉和嗅觉功能，在昆虫觅食、求偶、产卵等活动中起着重要的作用。触角的形状随昆虫的种类和性别而异，其变化主要在鞭节上。由于产生了变化，形成了不同的触角类型（图 1-1-5）。

(1)刚毛状(鬃形)　触角很短，基部 2 节粗大，鞭节纤细似刚毛。如蝉和蜻蜓的触角。

(2)丝状(线形)　除基部两节稍粗大外，其余各节大小相似，相连成细丝状。如蝗虫和蟋蟀的触角。

(3)念珠状　鞭节各节近似圆珠形，大小相似，相连如串珠。如白蚁的触角。

(4)锯齿状　鞭节各节近似三角形，向一侧作齿状突出，形似锯条。如锯天牛、叩头甲及绿豆象雌虫的触角。

(5)栉齿状　鞭节各节向一边作细枝状突出，形似梳子。如绿豆象雄虫的触角。

(6)球杆形　基部各节细长如杆，端部数节逐渐膨大，整体形似棍棒。如菜粉蝶的触角。

(7)锤状　基部各节细长如杆，端部数节突然膨大似锤。如皮蠹的触角。

(8)具芒状　触角短，鞭节仅 1 节，但异常膨大，其上生刚毛状的触角芒。如蝇类的触角。

(9)鳃叶状　触角端部数节扩展成片状，相叠一起形似鱼鳃。如金龟甲的触角。

(10)双栉齿状(羽毛状)　鞭节各节向两侧作细枝状突出，形似鸟羽。如毒蛾、樟蚕蛾的触角。

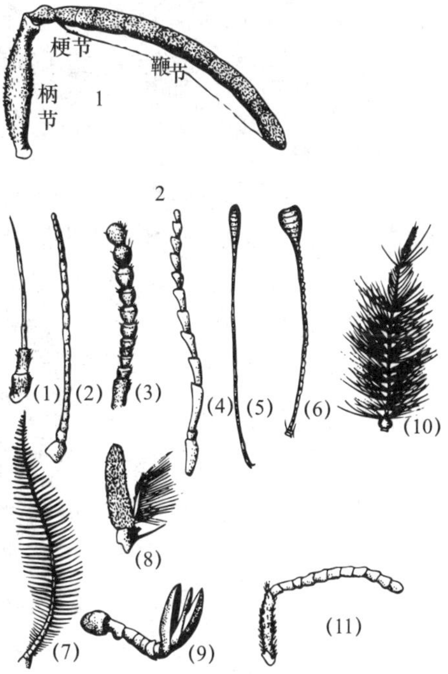


**图 1-1-5　昆虫的触角及类型**

1.触角的基本构造

2.触角类型：(1)刚毛状　(2)丝状　(3)念珠状　(4)锯齿状　(5)球杆状　(6)锤状　(7)羽毛状　(8)具芒状　(9)鳃叶状　(10)环毛状　(11)膝状

（周至宏、王助引.1996.植物保护学总论）

(11)膝状　柄节特长，梗节细小，鞭节各节大小相似，与柄节成膝状曲折相接。如蜜蜂的触角。

(12)环毛状　鞭节各节都具 1 圈细毛，愈近基部的毛愈长。如雄蚊的触角。

昆虫的触角是分类常用特征之一。

## （三）昆虫的眼

昆虫的眼一般有复眼和单眼两种。

### 1.复眼

昆虫的复眼（图 1-1-6）是昆虫的主要视觉器官，具有成像及感觉光线强弱的功能，对于昆虫的取食、觅偶、群集、归巢、避敌等都起着重要的作用。成虫和不完全变态中的若虫、稚虫都有 1 对复眼，善于飞翔的昆虫复眼比较发达；低等昆虫、穴居昆虫及寄生性昆虫，复眼常退化或消失。

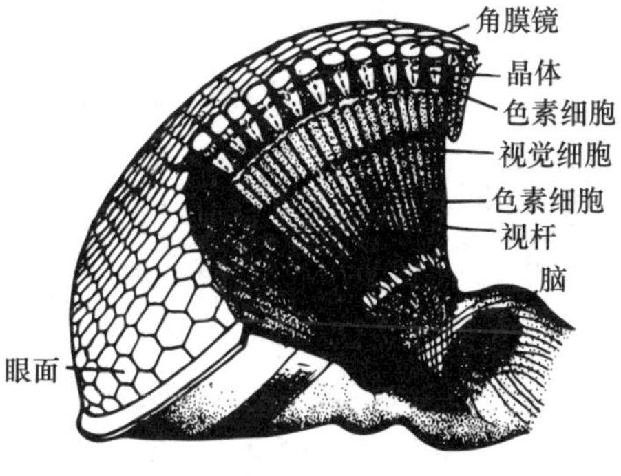


**图 1-1-6　昆虫复眼的模式构造**

（西北农林科技大学.2000.农业昆虫学）

复眼由许多小眼组成。小眼的数目因昆虫种类而异。如蜻蜓的复眼有28 000多个小眼。一般小眼数目越多，它的视力也越强。昆虫的复眼不但能分辨近处物体的物像，特别是运动着的物体，而且对光的强度、波长和颜色等都有较强的分辨能力，能看到人类所不能看到的短光波，特别是对330～400 nm的紫外线有很强的反应，并呈现趋性，如很多害虫有趋绿习性，蚜虫有趋黄特性。由此可利用黑光灯、双色灯等诱集昆虫。

**2.单眼**

成虫和若虫、稚虫的单眼常位于头部的背面或额区的上方，称为背单眼；完全变态昆虫幼虫的单眼位于头部的两侧，称为侧单眼。背单眼通常有0～3个，侧单眼一般每侧各1～6个。单眼的有无、数目以及着生位置常用作昆虫分类特征。昆虫的单眼只能辨别光线的强弱而不能成像，是一种激动性器官，可使飞行、降落、趋利避害等活动迅速实现。

## （四）昆虫口器

**1.口器的主要类型**

口器是昆虫取食的器官，位于头部的下方或前端。昆虫由于食性和取食方式不同，因而口器在外形和构造上也发生相应的特化，形成各种不同的口器类型。一般分咀嚼式和吸收式两类，后者又因吸收方式不同可分为刺吸式、虹吸式、锉吸式、咀吸式、刮吸式等几种主要类型。

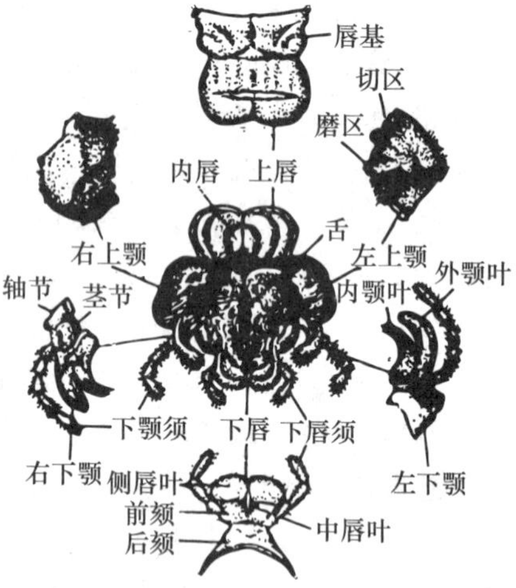


**图1-1-7　蝗虫的咀嚼式口器**

（周至宏、王助引.1996.植物保护学总论）

(1)咀嚼式口器　咀嚼式口器（图1-1-7）在演化上是最原始的类型，其他不同类型的口器都是由这一形式演化而来。它为取食固体食物的昆虫所具有，由上唇、上颚、下颚、下唇和舌5个部分组成，如蝗虫的口器及白蚁、叶甲、草蛉的口器及鳞翅目幼虫的口器等。

(2)吸收式口器　是由咀嚼式口器演化而来的，其特点是口器的某些部分特别延长形成口针，便于吸取液体养分。主要有以下7种类型：①刺吸式（图1-1-8）（蚜虫、椿象、叶蝉、蚊等）、②虹吸式（蝶、蛾类成虫）、③锉吸式（蓟马）、④刮吸式（蝇类幼虫）、⑤舐吸式（蝇类成虫）、⑥嚼吸式（蜜蜂）、⑦捕吸式（草蛉幼虫）等。

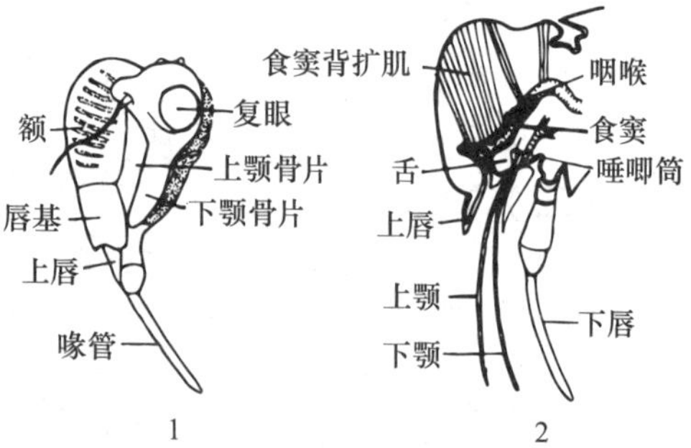


**图1-1-8　蝉的刺吸式口器**

（周至宏、王助引.1996.植物保护学总论）

**2.不同口器的为害特性及与药剂防治的关系**

咀嚼式口器为害状（尺蛾）

咀嚼式口器咬食固体食物，有的沿叶缘蚕食成缺刻；有的在叶片中间啮食成孔洞；有的潜食叶肉，形成弯曲的虫道或白斑；有的能钻入植物茎秆、花蕾、铃果内，造成作物断枝、落蕾、落铃；有的甚至在土中取食刚播下的种子或作物的地下部分，造成缺苗、断垄；有的还吐丝卷叶，躲在里面咬食叶片。防治咀嚼式口器的害虫可用胃毒剂如敌百虫、辛硫磷、阿维菌素和触杀剂如溴氰菊酯、高效氯氰菊酯等进行防治，用毒饵诱杀要做成固体毒饵，如炒香米糠拌敌百虫。

刺吸式口器的害虫，刺吸寄主植物汁液，在被害部形成变色斑点，或枝叶生长不平衡而卷缩扭曲畸形，或因刺激形成瘿瘤。同时，在大量害虫为害下，由于植物失去大量营养物质而生长不良，甚至枯萎而死。许多刺吸式口器昆虫，如蚜虫、叶蝉在取食的同时，还可传播病毒。防治吸收式口器的害虫可用内吸剂如吡蚜酮、吡虫啉和触杀剂进行防治，用毒饵诱杀要做成液体毒饵，如糖醋液加敌百虫。

刺吸式口器为害状（温室白粉虱）

## 三、昆虫的胸部

### （一）胸部的基本构造

胸部是昆虫的第 2 个体段，由膜质的颈部与头部相连。胸部由 3 个体节组成，由前向后依次称为前胸、中胸和后胸。各胸节的侧下方生有 1 对足，分别称为前足、中足和后足。在中胸和后胸的背面两侧，许多种类各着生 1 对翅，称为前翅和后翅。昆虫的每一胸节，均由背板、侧板及腹板 4 块骨板组成。胸部是昆虫的运动中心。

### （二）胸足的基本构造和类型

**1.基本构造**

成虫胸足由基节、转节、腿节、胫节、跗节、前跗节（爪）六部分组成。

基节是与身体相连的一节，一般粗短，可以自由活动。转节细小，有时隐挤在发达的腿节之下，一般为一节，蜻蜓和姬蜂有两个转节。腿节为足的第三节，通常粗长而发达，胫节一般细长，常具刺列或末端生距。跗节是足的第五部分，常分为 2～5 个亚节，爪也称前跗节。

昆虫各足的跗节数不尽相同，从而组成了各种跗节形式，如天牛科前、中、后跗节均为 5 节，则称“5-5-5”式，拟步甲科前、中足跗节为 5 节，后足跗节为 4 节，则称“5-5-4”式。昆虫的跗节式是鉴定昆虫的重要特征。

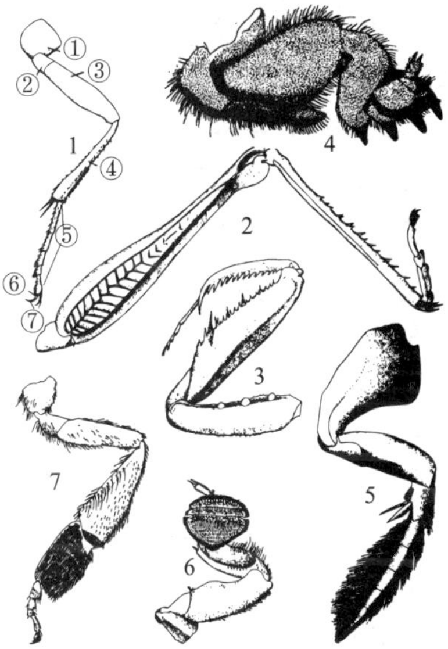


**图 1-1-9　昆虫足的基本构造和类型**

1.步行足（步甲）：①基节 ②转节 ③腿节 ④胫节 ⑤跗节 ⑥中垫 ⑦前跗节 2.跳跃足（蝗虫后足） 3.捕捉足（螳螂的前足） 4.开掘足（蝼蛄的前足） 5.游泳足（龙虱后足） 6.抱握足（雄龙虱前足） 7.携粉足（蜜蜂的后足）

（袁锋.2001.农业昆虫学）

**2.胸足类型及代表昆虫**

胸足是昆虫的行走器官，但由于生活方式和环境不同，进而在构造和功能上发生了变化，形成各种类型的胸足（图 1-1-9）：

（1）步行足　此为最常见的足，比较细长，各节无显著特化，适于步行，如步甲的足等。

（2）跳跃足　这类足的腿节特别发达，胫节细长，适于跳跃。如蝗虫和蟋蟀的后足。

（3）捕捉足　特点是基节特别长，腿节的腹面有 1 条沟槽，槽的两边有 2 排刺，胫节的腹面也有 1 排刺，胫节弯折时，正好嵌在腿节的槽内，适于捕捉小虫。如螳螂和猎蝽的前足。

(4)开掘足　其特点是粗短扁壮,胫节膨大宽扁,末端具齿,跗节呈铲状,便于掘土。如蝼蛄的前足,有些金龟甲的前足也属此类型。

(5)游泳足　有些水生昆虫的后足,各节变得宽扁,胫节和跗节生细长的缘毛,适于在水中游泳。如龙虱的足。

(6)抱握足　跗节特别膨大,且有吸盘状的构造,在交配时能抱握雌体,称为抱握足。如雄性龙虱的前足。

(7)携粉足　其特点是后足胫节端部宽扁,外侧平滑而稍凹陷,边缘具长毛,形成携带花粉的花粉筐。同时第1跗节也特别膨大,内侧有多排横列的刺毛,形成花粉刷,用以梳集花粉。如蜜蜂的后足。

昆虫的足是分类依据之一。足跗节的表面具有许多感觉器,当害虫在喷有触杀剂的植物上爬行时,药剂容易由此进入昆虫体内,使其中毒死亡。

## (三)翅的构造和变异

由于昆虫有翅能飞,不受地面爬行的限制,所以翅对昆虫寻找食物、觅偶、繁衍、躲避敌害以及迁飞扩散等,具有重要意义。翅是昆虫分类的主要依据之一。

**1.基本构造**

翅是由昆虫的背板向两侧扩展而形成的,一般为膜质薄片,中间贯穿着由气管系统演化而来可加强翅的强度的翅脉。一般,翅的形状多为三角形,为便于描述,各部位均给予命名。其三边分别称为翅的前缘、外缘和后缘;其三角分别称为肩角、顶角、臀角(图1-1-10)。

翅脉在翅上分布排列的形式称为脉相。翅脉的多少和分布形式变化很大,而在同类昆虫中则十分稳定和相近似,所以脉相在昆虫分类学上和追溯昆虫的演化关系上都是重要的依据。昆虫学家们在研究了大量的现代昆虫和古代化石昆虫的翅脉,加以分析比较和归纳概括后拟出模式脉相,或称为标准脉相,作为比较各种昆虫翅脉变化的依据(图1-1-11)。

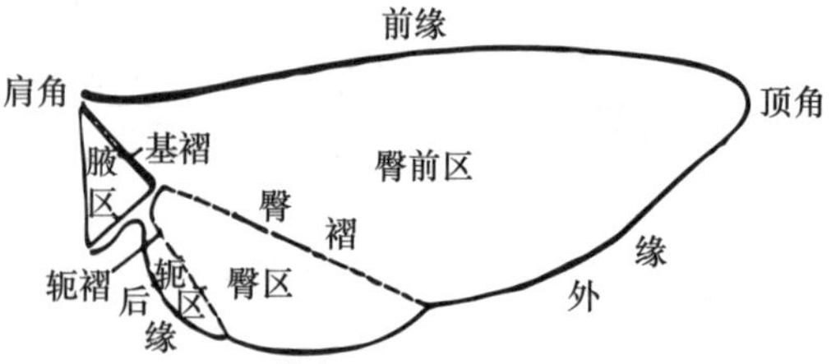


**图1-1-10　翅的缘角和分区**

(周至宏、王助引.1996.植物保护学总论)

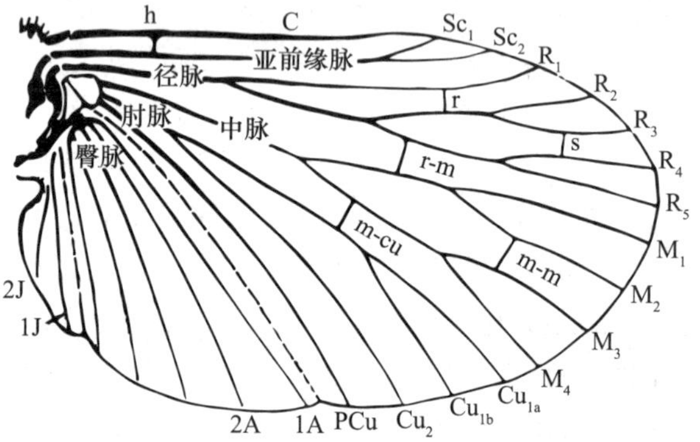


**图1-1-11　昆虫翅的标准脉相**

(袁锋.2002.农业昆虫学)

翅脉有纵脉和横脉2种,其中由翅基部伸到边缘的翅脉称为纵脉,连接两纵脉之间的短脉称为横脉。模式脉相的纵、横脉都有一定的名称和缩写代号。鳞翅目成虫翅面上有由各种颜色组成的线纹和图案。

由纵横脉将翅面上划分出的小区称为翅室,翅室的四周完全为翅脉所封闭的称为闭室,如有一边无翅脉而达翅缘的称为开室。在中脉后,翅的中间部位的翅室称为中室。

**2.翅的类型及代表昆虫**

昆虫由于适应它的特殊需要和功能，具有不同类型的翅，主要有如下9种类型（图1-1-12）：

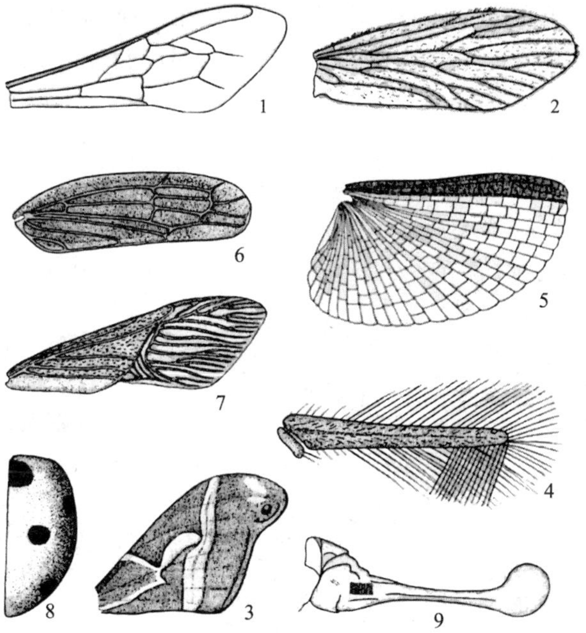


图1-1-12　昆虫翅的类型

1.膜翅　2.毛翅　3.鳞翅　4.缨翅　5.半覆翅　6.覆翅　7.半鞘翅　8.鞘翅　9.平衡棒

（彩万志.2011.普通昆虫学）

（1）膜翅　翅膜质透明，翅脉明显。如蚜虫、蜂类前后翅、蝇类前翅。

（2）毛翅　翅膜质，翅面密生细毛。如石蛾的翅。

（3）鳞翅　翅膜质，翅面上有一层鳞片。如蛾、蝶的翅。

（4）缨翅　翅膜质，狭长，边缘着生很多细长的缨毛。如蓟马的翅。

（5）半覆翅　臀前区革质，其余部分膜质。翅折叠时臀前区覆盖住臀区和轭区起保护作用。如大部分竹节虫的后翅。

（6）覆翅　也称复翅，翅质加厚成革质，多不透明或半透明，仍然保留翅脉，兼有飞翔和保护作用。如蝗虫、蝼蛄、蟋蟀的前翅。

（7）鞘翅　翅角质坚硬，翅脉消失，仅有保护身体的作用。如步甲、金龟甲、叶甲、天牛等甲虫的前翅。

（8）半鞘翅　翅的基半部为革质，端半部为膜质。如椿象的前翅。

（9）平衡棒　翅退化成很小的棍棒状，飞翔时用以平衡身体。如蚊、蝇和介壳虫雄虫的后翅、拈翅虫前翅。

## 四、昆虫的腹部

腹部是昆虫的第三体段，腹内包藏着各种脏器和生殖器，腹部末端具有外生殖器，所以腹部是昆虫新陈代谢和生殖的中心。昆虫的腹部一般由10～11节组成。由背板、腹板和侧膜构成，无侧板，各腹节之间由节间膜相连，故腹部可以前后套叠，伸缩弯曲，以利于交配与产卵。腹部1～8节两侧各有一对气门，有的昆虫在10～11节上有尾须。

**1.昆虫外生殖器的观察**

在腹部第8节和第9节上着生外生殖器，是雌雄交配和产卵的器官。雌虫的称为产卵器，雄虫的称为交配器，雄性外生殖器的构造复杂，是分类时鉴定种或近缘种的重要依据(图1-1-13)。

**2.尾须的观察**

尾须是第11腹节的1对附肢。许多高等昆虫由于腹节的减少而无尾须，只在低等昆虫中较普遍，且尾须的形状、构造等变化也大。在缨尾目和部分蜉蝣目昆虫中，1对细长的尾须间，还有1条与尾须极相似的中尾丝。

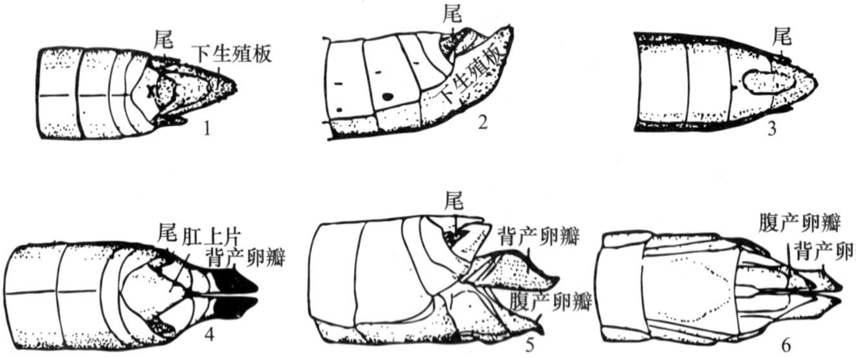


**图1-1-13　飞蝗的腹部末端**

1～3.雄虫腹末端的背面、侧面和腹面　4～6.雌虫腹末端的背面、侧面和腹面

(西北农林科技大学.2000.农业昆虫学)

## 五、昆虫的体壁

**1.功能**

昆虫的体壁是包裹在昆虫外部的骨化了的皮肤。具有支撑身体，着生肌肉，保护内脏，防止体内水分蒸发，防止微生物和其他有害物质的侵入，接受外界刺激，向外分泌化合物等功能。

**2.体壁基本构造**

昆虫的体壁从外到内由表皮层、皮细胞层和基底膜三部分构成。昆虫的表皮层从内到外又可分为内表皮、外表皮和上表皮三层。昆虫的上表皮层从内到外又由角质精层、蜡层和护蜡层组成。

**3.昆虫体壁的特性**

昆虫的体壁具有稳定性、曲折延展性、坚硬性和不透水等特性。

昆虫的体壁常外突形成各种外长物。如仅由表皮层外突而形成的微小的突起、脊纹、棘、翅面上的微毛等非细胞性外长物；刚毛、鳞片等单细胞外长物。多细胞外长物则是由体壁向外突出而形成的中空刺状构造。其基部不能活动的称为刺，基部周围以膜质和体壁相连，可以活动的称为距。如叶蝉后足胫节有成排的刺，而飞虱则在后足胫节末端有一能活动的大距。刺和距都是昆虫分类上常用特征(图1-1-14)。

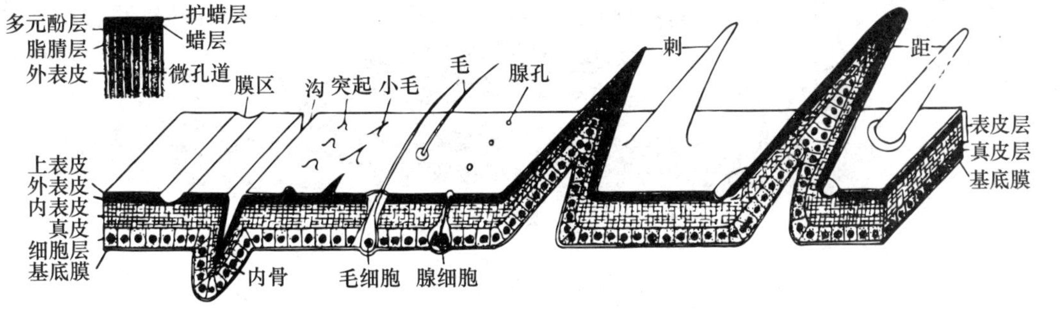


图 1-1-14　昆虫体壁的构造及其附属物

（西北农林科技大学.2000.农业昆虫学）

**4.体壁与化学防治的关系**

（1）凡是体壁厚，蜡质多，体毛较密的种类触杀剂类农药较难透过，故常在药液中加入少量的洗衣粉或其他湿润剂降低表面张力，增加湿润展布性能，提高药剂防治效果。

（2）幼虫（若虫）期大量取食、迅速生长、严重为害，龄期越大，体壁越坚硬，抗药性越强，为害性越大，故一般化学防治应在幼虫（或若虫）3 龄前进行，钻蛀性害虫在钻蛀前防治。

（3）触杀剂还可在节间膜、跗节等体壁较薄的地方进入虫体，熏蒸剂、油剂、乳剂可从体壁上的气门进入虫体，粉剂、面糊水、黏土粉可机械堵塞气门。应用生长调节剂类农药如灭幼脲、扑虱灵、抑太保等，能破坏表皮中几丁质的合成，幼虫（若虫）在蜕皮过程中，不能形成新表皮而死亡。

## 六、昆虫的内部器官

**1.昆虫内部器官相对位置**

昆虫所有的内部器官都浸浴在体腔内。昆虫没有像高等动物那样的血管，血液充满整个体腔，所以昆虫的体腔又叫血腔。内部器官浸浴在血液中。整个体腔被背膈和腹膈分割成 3 个小腔，分别称为背血窦、围血窦、腹血窦。消化道纵贯中央，在上方与其平行的是背血管，在下方与其平行的是腹神经索。与消化道相连的还有专司排泄的马氏管。消化道两侧，为呼吸系统的侧纵干，开口于身体两侧，即气门。生殖器官中的卵巢或睾丸位于消化道背侧面，以生殖孔开口于体外（图 1-1-15）。这些内部器官虽各有其特殊功能，但它们联系紧密，不可分割。

**2.消化系统**

昆虫的消化系统包括一根自口到肛门，纵贯血腔中央的消化道，以及与消化有关的唾腺等。咀嚼式口器的消化系统粗短，由前肠、中肠、后肠组成，适于消化固体食物、吸收营养（图 1-1-16）。部分昆虫的中肠前端肠壁向外突出，形成 2～6 个胃盲囊，以增加中肠的分泌和吸收面积。部分昆虫的中后肠分界处着生有马氏管，是昆虫的排泄器官。刺吸式口器的消化系统产生了变异，主要是口腔和咽喉部分形成强有力的吸泵，中肠变得细长，并形成了滤室，适于消化液体食物，吸收营养（图 1-1-17、图 1-1-18）。

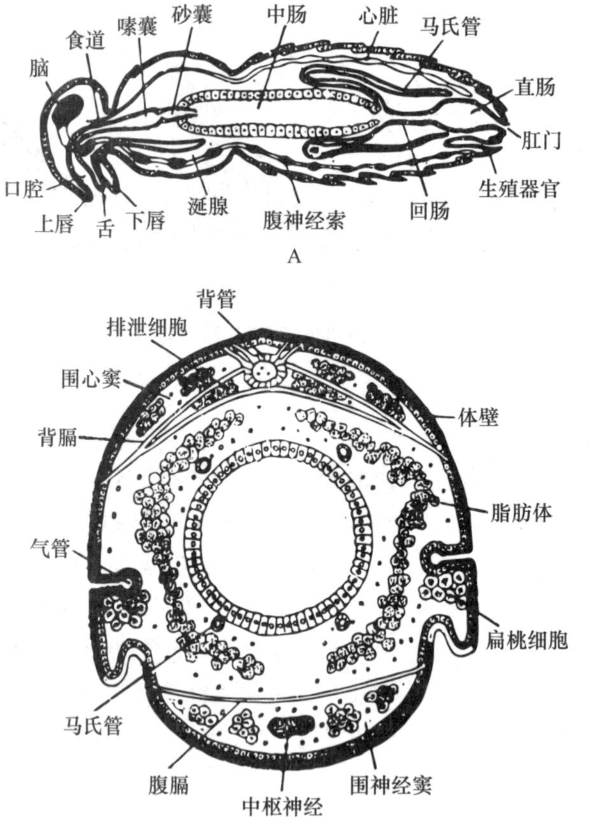


**图 1-1-15 昆虫纵剖面(A)及腹部横切面模式图(B)**

(周至宏、王助引.1996.植物保护学总论)

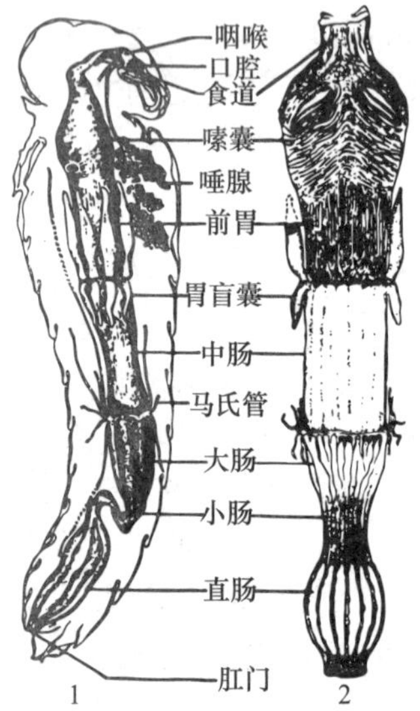


**图 1-1-16 蝗虫的消化系统**

1.侧面 2.正面

(西北农林科技大学.2000.农业昆虫学)

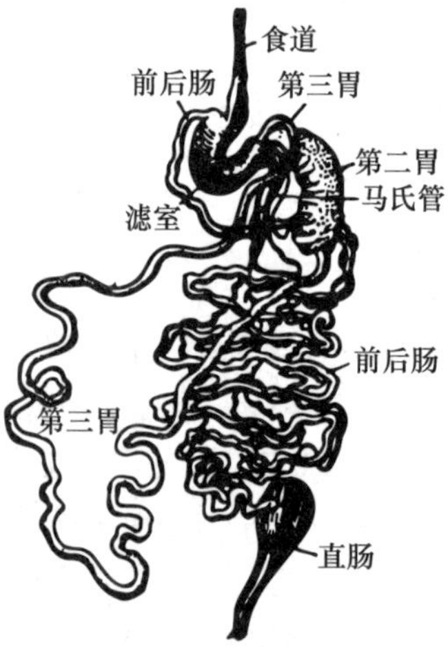


**图 1-1-17 十七年蝉的消化系统示滤室**

(北京农业大学.1981.昆虫学通论)

(1)消化系统的功能　前肠具有接收、运送和贮存食物并具有初步消化功能；中肠是消化食物和吸收营养的主要器官；后肠主要具有回收水分、排出食物残渣的功能。

(2)消化系统与药剂防治的关系　防治害虫的农药，有些是通过害虫的消化道而起作用的，如胃毒剂和拒食剂。胃毒剂是经昆虫口摄入消化道以后引起中毒死亡的药剂，其在昆虫中肠内能否溶解或溶解度的大小，直接影响其杀虫效力。一般来说，酸性的胃毒剂在碱性溶液中溶解度大，因此对碱性中肠液的昆虫毒力高，反之对酸性中肠液的昆虫其毒力就比较低。苏云金芽孢杆菌制剂为胃毒剂，主要杀虫成分是杀虫晶体蛋白(δ内毒素)，这类毒素在碱性消化液中被蛋白酶溶解活化为小分子活性肽。活性肽与中肠细胞膜上的受体结合后，形成孔洞，破坏肠壁细胞的功能，使昆虫致死，所以大多数苏云金芽孢杆菌对消化液偏碱性的昆虫，如菜粉蝶、小菜蛾等毒力较高。拒食剂则是影响昆虫食欲的药剂，昆虫摄食这类药剂后不再取食，最后因饥饿而死。如三氮苯类、印楝素等药剂，对多数昆虫虽然无害，但能阻止咀嚼式口器害虫的取食，对各类蛾、蝶幼虫、甲虫均有一定的防治效果。

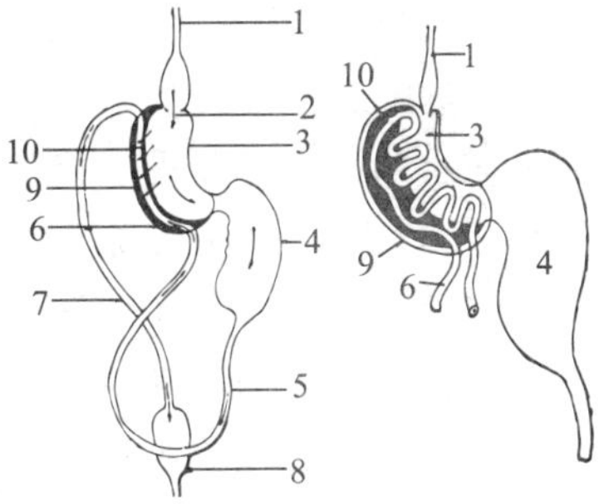


**图 1-1-18　昆虫的滤室结构**

1.食道　2.贲门瓣　3.前肠
4,5.中肠　6,7.后肠　8.直肠
9.滤室　10.马氏管
(陕西省汉中农业学校.
1993.农业昆虫学)

**3.排泄系统**

昆虫的主要排泄器官称为马氏管，着生于中、后肠交界处，是浸浴在血液中的细长盲管，能从血液中吸收含氮废弃物，形成固体尿酸后排入后肠，由后肠排出体外，并回收水分，以调节体液中无机盐和水分的平衡，保持血液一定的渗透压和化学成分，使各种器官能进行正常的生理活动。其数目因种类而异，一般为4～6条，少则2条(如蚧类)，多达300多条(如直翅目昆虫)。

其他排泄器官主要有脂肪体和围心细胞。

**4.呼吸系统**

昆虫的呼吸系统由气门、气管、支气管、微气管、气囊五部分组成(图1-1-19)。

呼吸作用与化学防治的关系：昆虫的呼吸作用主要是靠空气的扩散和虫体的呼吸运动实现的，当空气中含有有毒气体时，毒气也就随着空气进入虫体，使昆虫中毒死亡。

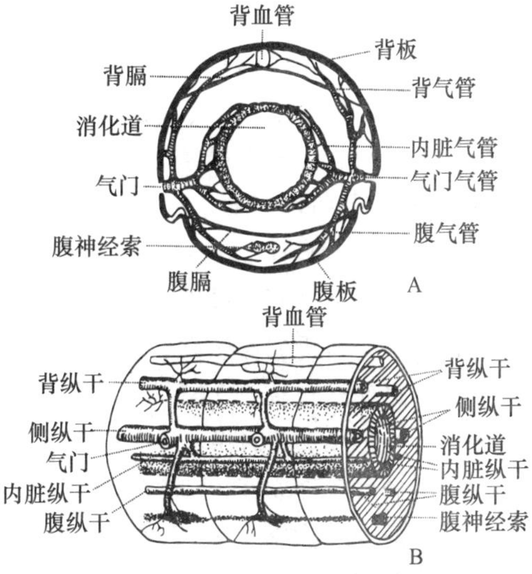


**图 1-1-19　昆虫气管分布模式图**

A.身体横切面(示体节内的气管分布)
B.身体侧面透视
(北京农业大学.1981.昆虫学通论)

呼吸运动的快慢，随多种因子而变化，一般是在一定的温度范围内，温度越高，昆虫越活动，气门开放也越大，昆虫呼吸次数越多；在空气中二氧化碳增多时呼吸强度也越大。因此，在天气热、温度高时应用熏蒸剂毒杀效果好。在气温低时使用熏蒸剂防治害虫，除了提高仓库内温度外，还可采用输送二氧化碳的办法，刺激害虫呼吸，促使气门开张，达到熏杀的目的。同时，昆虫的气门一般都是疏水性的，水湿不会侵入气门，但油类却极易进入。油剂、乳剂的作用，除能直接穿透体壁外，大量是由气门进入虫体的。此外，粉剂、高岭土和肥皂水、面糊水等，可以机械地堵塞气门，使昆虫窒息而死。

**5.循环系统**

昆虫的循环系统是一条前端开口，后端封闭的背血管，背血管的前段称为大动脉，后段称为心脏(图 1-1-20)。昆虫血液循环属于开放式循环，在背血管内由腹末向头部流动，在头部由血管喷出，向后流至整个体腔。昆虫的血液无载氧功能。

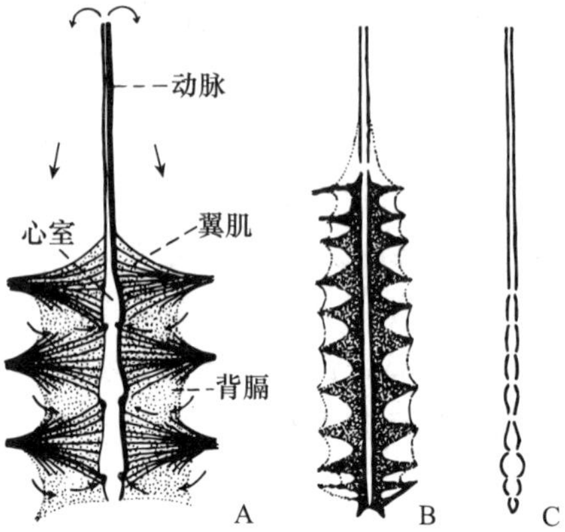

**图 1-1-20　昆虫背血管的基本结构与类型**

A.基本结构　B.直管型　C.球茎型

(彩万志等.2011.普通昆虫学)

杀虫剂与循环系统的关系：杀虫剂进入虫体后，都要依赖血液循环将其送到目标组织中，才能发生作用。一般血液循环越快，药剂运载效率越高，杀虫效率越大。杀虫剂的作用靶标通常与循环系统无关，但常有一些毒副作用。杀虫剂破坏循环系统的主要表现是扰乱血液循环，如烟碱类；破坏血细胞，如无机盐类；使心脏搏动率下降，减低血液循环压力，如氰氢酸和除虫菊素等。

**6.神经系统**

昆虫的神经系统支配昆虫的一切活动。

(1)神经系统的组成　昆虫的神经系统包括中枢神经系统、交感神经系统和周缘神经系统三大部分(图 1-2-21)。

①中枢神经系统　中枢神经由脑、咽下神经节和腹神经索组成(图 1-1-21)，主要支配和协调全身性动作。脑有神经通到眼、触角、上唇和额。脑不仅为头部的感觉中心，也是神经系统中最主要的联系中心。咽下神经节发出的神经通至上颚、下颚、下唇、舌、唾管和颈部肌肉等处，其主要作用是控制和协调口器的动作。腹神经索由 3 个胸神经节和 8 个腹神经节以神经索相连而成，支配着昆虫胸腹部及其附肢的各项反应，控制呼吸和肌肉运动以及排泄、交尾、产卵等生命活动。

②交感神经系统　交感神经系统包括口道神经索、中神经和腹部最后一个复合神经节。交感神经支配各内部器官的活动。

③周缘神经系统　包括除脑和神经节以外的所有感觉神经纤维和运动神经纤维形成的网络结构。一般位于体壁真皮细胞下及连接在感觉器上，它们接受环境刺激，并传入中枢神经系统，再把中枢神经系统发出的指令传到运动器官，使运动器官对环境刺激做出相应的反应。

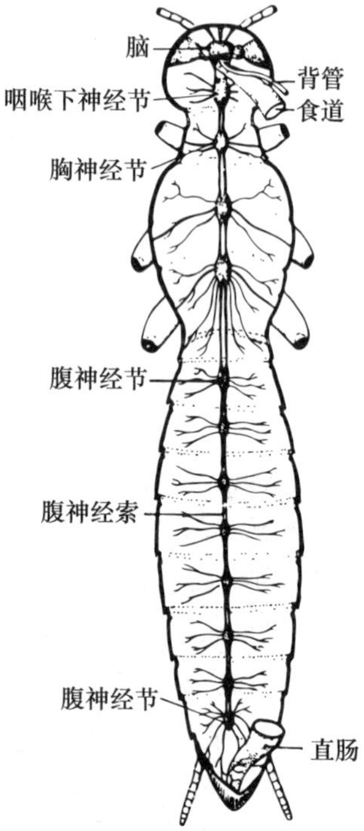

**图 1-1-21　昆虫中枢神经系统模式图**

(西北农林科技大学.2000.农业昆虫学)

(2)基本构造　构成神经系统的基本单位是神经元。每个神经元包括一个神经细胞及其伸出的神经纤维。神经细胞分出的主支为轴状突，轴状突再分出的支为侧支。轴状突及其侧支的顶端发生的树状细支，称端丛。在细胞体四周发生的小树状分支，称树状突(图 1-1-22)。

按细胞外突着生的形式，神经元可分为单极神经元(只有 1 个轴状突和侧支)、双极神经元(除轴状突外，细胞体另一端还具有 1 个端突)和多极神经元(除轴状突外，还有树状突)；按功能可分为感觉神经元、运动神经元和联络神经元。

反射弧概念：反射弧是昆虫接收外界刺激到做出相应反应的神经传导通路，即感受器接受刺激→感觉神经→中枢神经(判断)→运动神经→反应器官做出反应(图 1-1-22)。

(3)神经系统的传导作用　各神经元的神经末梢并非直接接触，只是互相靠近，前后两个互相接近的神经末梢及其间隙称为突触。突触是神经元之间的连接点，神经传导的连络区，由突触前膜神经与突触后膜神经组成，它的神经膜相应为突触前膜与后膜。突触间隙的神经递质是以乙酰胆碱为主，神经冲动传到突触前膜时使乙酸、胆碱合成乙酰胆碱透过突触将冲动传到后膜，冲动过后，乙酰胆碱很快被吸附在突触后膜的乙酰胆碱酯酶水解为乙酸、胆碱，回到突触前膜，等待下一次神经冲动的到来。

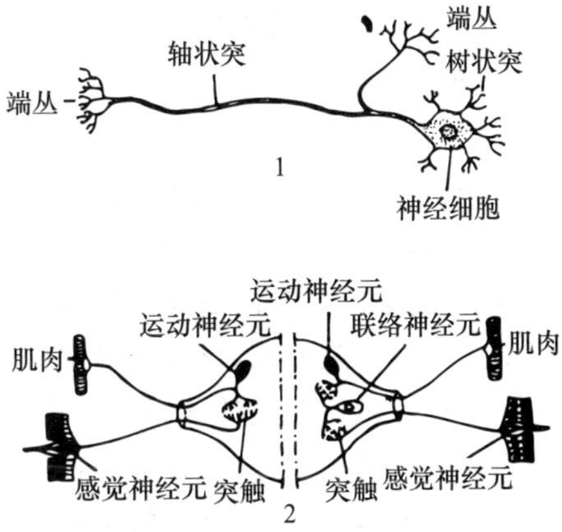


**图 1-1-22　昆虫神经元和神经反射弧模式图**

1.神经元模式构造　2.反射弧示意图

(西北农林科技大学.2000.农业昆虫学)

(4)杀虫剂对神经系统的影响　不同的神经性杀虫剂作用于神经系统的具体靶标不同。如拟除虫菊酯类杀虫剂是抑制轴突膜的离子通道，使膜的渗透性改变或抑制突触上的 $Na^+$ 的通透性时间，使其兴奋，易击倒，击倒速度快。烟碱、沙蚕毒素类杀虫剂能与突触后膜上的乙酰胆碱受体结合，使昆虫不断出现神经冲动，产生颤抖症状，随之发生痉挛，最后麻痹死亡。有机磷和氨基甲酸酯类杀虫剂像乙酰胆碱那样与乙酰胆碱酯酶相结合，但结合以后很不易水解，结果使乙酰胆碱酯酶正常水解作用受阻，造成突触部位乙酰胆碱大量积累，昆虫中毒后表现出过度兴奋和紊乱状态，破坏了正常的生理活动，随之行动失调，麻痹死亡。

**7.昆虫的感觉器官**

昆虫对环境条件刺激的反应，必须依靠身体的感觉器接收外界的刺激，通过神经与反应器联系，然后才能做出适当的反应。昆虫的感觉器主要有感触器(触觉器)、听觉器、感化器(嗅觉、味觉)、视觉器 4 类。

**8.分泌系统**

昆虫的分泌系统分为内分泌器官和外激素腺体两大类。它们分泌微量的活性物质，能支配和协调昆虫个体的各个生理功能，这些物质称为激素。由内分泌器官分泌的物质称为内激素。由外激素腺体分泌的活性物质称为外激素或信息激素。

(1)内激素　由内分泌器官分泌的物质称为内激素。内激素活性物质对昆虫的生长、变态、滞育、交配、生殖和一般生理代谢功能起调控作用。

控制昆虫幼虫生长和变态的内激素有三大类：由脑神经细胞群分泌的脑激素，由咽侧体分泌的保幼激素和由前胸腺分泌的蜕皮激素。脑激素能激发前胸腺分泌使昆虫蜕皮的蜕皮激素，同时又能激发咽侧体分泌保幼激素。昆虫幼虫时期保幼激素分泌较多，使每次蜕皮后仍保持幼虫特征，并不断生长；当幼虫老熟时，体内保幼激素停止分泌，在蜕皮激素的单一作用下，原来潜在的成虫器官芽得到生长发育，蜕皮后变为蛹或成虫。由此可见，在脑激素的支配下，保幼激素与蜕皮激素相互平衡共同调节，对昆虫的生长发育和变态有着重要意义。

(2)外激素(信息激素)　昆虫的外激素又称信息激素，是由昆虫体表特化的腺体(外激素腺体)分泌到体外，影响同种其他个体行为、发育和生殖的一种化学物质。不同的昆虫可分泌不同的信息激素，昆虫主要的信息激素有性外激素(如蝶类和甲虫)、性抑制外激素(如蜂、蚁等昆虫)、聚集外激素(如东亚飞蝗)、标迹外激素(如白蚁、蚂蚁、蜂类昆虫)和告警外激素(如黄蜂等昆虫)等。

(3)昆虫激素与信息激素的应用　昆虫激素有较大的应用价值。如保幼激素用于害虫防治，有杀卵、致畸、致死和不育的作用；蜕皮激素对幼虫有致死作用；性外激素可用于害虫测报及防治。近年来已发现300多种昆虫能分泌性外激素，其中已有数十种经过化学分析进行人工合成。如甘蔗螟虫、菜蛾、稻螟、稻瘿蚊、黏虫、玉米螟、棉铃虫等。激素对害虫的作用专一，而且有些种类可从植物中提取或人工合成，应用前景日益受到重视。

昆虫生长调节剂就是通过干扰昆虫体内的激素平衡，破坏其正常的生长发育或干扰其变态和生殖，以达到防治害虫的目的，且对人畜毒性低，不污染环境。因此，被称为第三代杀虫剂。如噻嗪酮防治飞虱、粉虱等同翅目害虫；米螨和抑太保防治小菜蛾、甜菜夜蛾等都取得良好效果。

**9.生殖系统**

生殖系统是物种的繁衍器官，它的主要功能是繁衍后代，延续种族。一般位于消化道两侧或背面。雄性生殖系统开口在第9腹节腹板上或其后方，雌性生殖系统则开口于第8或第9腹节腹板后方。

(1)雄性内生殖器官的基本构造　雄性内生殖器官有1对睾丸(或精巢)、1对输精管、贮精囊、射精管、交尾器和生殖附腺。雄性附腺分泌液浸浴精子，或形成包藏精子的精球(或精珠)(图1-1-23A)。

(2)雌性内生殖器官的基本构造　雌性内生殖器官有1对卵巢、1对侧输卵管、受精囊、生殖腔(或阴道)、附腺等。附腺能分泌胶质，使虫卵黏着于物体上或相互黏结成卵块，还可以形成卵块的卵鞘(图1-1-23B)。

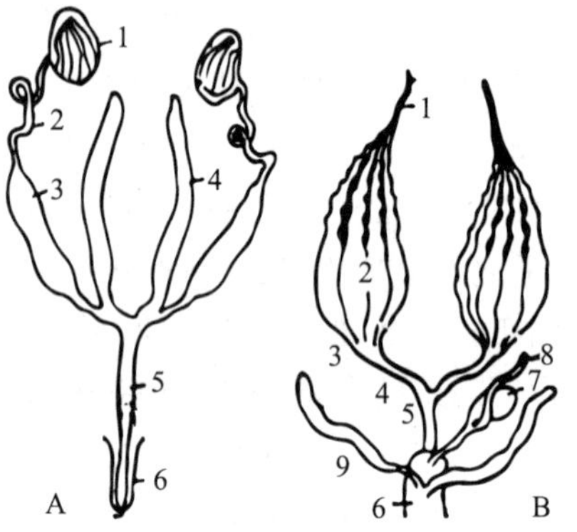


**图1-1-23　昆虫生殖器官**

A.雄性生殖器官：1.睾丸　2.输精管　3.贮精囊　4.附腺　5.射精管　6.交尾器
B.雌性生殖器官：1.系带　2.卵巢　3.卵巢蒂　4.输卵管　5.总输卵管　6.生殖腔　7.受精囊　8.受精囊腺　9.附腺
(周至宏，王助引.1996.植物保护学总论)

(3)交尾、授精和受精　昆虫的交配又称交尾，是雌、雄两性成虫交合的过程。昆虫交尾时，雄虫把精子射入雌虫生殖腔内，并贮存在受精囊中，这个过程叫授精。授精后不久雌虫开始排卵，当成熟的卵经过受精囊时，精子就从受精囊中释放出来，与排出的卵相结合，这个过程称为受精。

(4)生殖系统与害虫防治的关系

①测报上的应用　通过解剖雌成虫的内生殖器官，观察卵巢发育的级别和卵巢管内卵的数量，作为预测害虫的发生期、防治适期、发生量以及迁飞等的依据。如稻纵卷叶螟卵巢

解剖在测报上的应用。

②利用绝育防治害虫　这种方法比直接杀死害虫更有效，并且不会伤害天敌和污染环境，很受国内外的重视。特别是对于某些一生只交尾一次的昆虫，采用辐射不育、化学不育剂等绝育方法，可以使雄虫不育或者雌虫不育，有些化合物可使雌雄两性均不育，然后释放到田间，使其与正常的防治对象交尾，便可造成害虫种群数量不断下降，甚至灭亡。

## 【工作步骤】

## 一、体视显微镜的使用和保养注意事项

**1.使用方法**

体视显微镜（解剖镜）（图 1-1-24）的一般操作步骤：

（1）根据观察物体颜色选择载物台，使观察物衬托清晰，并将观察物放在载物台中心。

（2）根据观察需要确定放大倍数，然后松开锁紧手轮，用手稳住升降支架或托住镜身，慢慢拉出或压入升降支架，调节工作距离，至初步看到观察物时，再扭紧锁紧手轮，固定镜身。一般放大 80～100 倍时，工作距离为 70～100 mm；放大 160 倍（加用 2 倍大物镜）时，工作距离为 25～35 mm。因体视镜规格而异。

**2.保养与注意事项**

注意观察物不能直接放在载物台上，必须放在培养皿或其他物体上再放到载物台上观察。

每次观察完毕后，应及时降低镜体，取下载物台面上的观察物，将台面擦拭干净。物镜、目镜装入镜盒内，目镜筒用防尘罩盖好，装入木箱，加锁放好。

体视显微镜和一般精密光学仪器一样，不用时应放置在阴凉、干燥、无灰尘和酸碱性蒸汽的地方。注意防潮、防震、防尘、防霉、防腐蚀。

显微镜镜头内的透镜都经过严格校验，不得任意拆开，镜面上如有污秽，可用脱脂棉蘸少量二甲苯或酒精、乙醚混合溶液轻轻揩拭。但要注意切不可使酒精渗入透镜内部，以免溶解透镜胶损坏镜头。镜面的灰尘可用软毛笔或擦镜头纸轻拭，镜身可用清洁软绸或细绒布擦净，切忌使用硬物以免擦伤。

齿轮滑动槽面等转动部分的油脂，如因日久形成污垢或硬化影响螺旋转动灵活时，可用二甲苯将陈脂除去，再擦少量无酸动物油脂或无酸凡士林滑润。但应注意油脂不可接触光学零件，以免损坏。

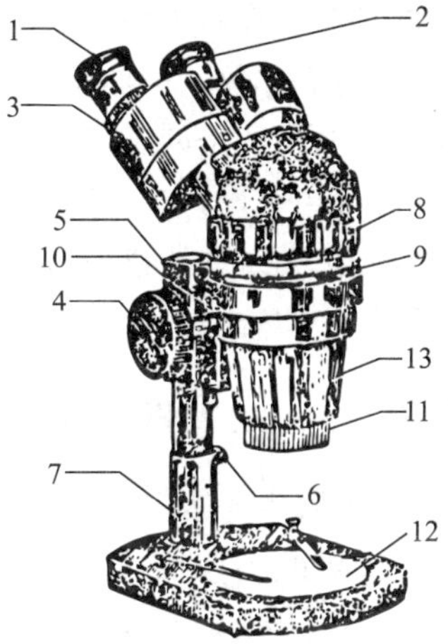


**图 1-1-24　体视显微镜外形图**

1.目镜眼罩　2.目镜
3.目镜调节环　4.调焦手轮
5.升降支架
6.锁紧手轮（紧固手柄）
7.固定支架　8.转盘
9.读数指示圈
10.制紧螺丝　11.2 倍大物镜
12.载物台　13.物镜
（陕西省农林学校，湖南长沙农业学校.1983.农业出版社）

## 二、绘制昆虫图的方法及技术

在植保工作中，常常需要绘制昆虫的整体和局部形态图。在每次实验实习作业里都要绘出能真实表明虫体形态的结构图，一般是黑墨点线画，也可用铅笔画。昆虫的科学绘图与美术绘图不同，它要求体形、比

例、色彩等均要正确、逼真。在各次实习绘图时，都要认真观察，按照实物的真实特征进行绘画，不可凭想象或照书上的图描绘。

初学绘画时，要按照下列要点进行：

(1)了解和观察清楚所要绘的整体或某一部分的特征，以及各部分之间的相互联系和比例。

(2)根据观察对象的特点，确定图形。如甲虫、椿象不展翅的正面图，图形要求头朝前，前足向前，中足向左右，后足向后，触角短者向外斜伸向前方，长的伸向背侧面，使虫体两侧的附肢保持对称；蛾、蝶、蜂、蝇等昆虫，需要画成展翅的正面图，关键是要把左右前后翅画得对称；蛾、蝶类两前翅后缘要呈一直线，蜂、蝇类的前翅尖端与头相齐；蝗虫体躯构造侧面图，要求头朝左，前足向前，中足向后，后足腿节斜向后上方而胫节则斜向后下方，跗节向后平直，触角向前。被蛹、裸蛹和幼虫绘成侧面图或正面图。

(3)在实验报告纸上绘图的大小，根据需要而定，以能清楚地表现特征为准，一般不应小于 6 cm。在一张纸上各图位置须分配均匀，力求整齐、美观。各图如相互有关，必须比例适当。

(4)绘图时将标本各部分按比例定点区分，先绘主体部分，而后画出附肢部分。绘图时用浅色铅笔连画各点，轻稳地勾出虫体轮廓及各部主要特征。草图绘好后，核对一遍标本，校正各部不正确处，然后用深色铅笔或墨汁绘图钢笔将线条描浓、画清即成正图。由于昆虫是立体的，一般应在图上衬影，衬影的方法多用圆点的大小稀密程度来表现。

(5)正图绘好后，在下方写明标题，如××成虫背面观，各主要部分需注字说明。注字需用虚线引出图外，切忌直接填于图中。虚线及注字在图的四周均可，但必须与绘图纸上、下边平行，切忌交错或横竖不一，并力求距离匀称，注字端正。有时注字较多，可用阿拉伯数字或英文字母编号，在标题的下方依次一一注明。

## 三、昆虫外部形态观察

**1.整体观察**

蝗虫：体躯分段、分节、分区情况；头、胸、腹结构及触角、口器、单复眼、足、翅位置、个数；外生殖器形态、尾须有无；体壁骨化程度；听器、气门着生位置。

**2.各附器构造、类型及代表昆虫观察**

(1)触角类型及其代表昆虫　观察蜜蜂、象甲触角的柄节、梗节、鞭节的构造。比较观察蝗虫、蝉、蛾类、蝶类、蟒、金龟甲、步行虫、蝇类、白蚁等的触角各属何类型。

(2)口器类型及代表昆虫　①用镊子取下蝗虫的咀嚼式口器的上唇、上颚、下颚、下唇和舌，对照挂图观察。②在体视镜下将蝉的刺吸式口器取下，用挑针、镊子等工具将其拨开，分开上下颚口针观察。辨识所给昆虫的口器属何种类型。

(3)足的类型及代表昆虫　观察蝗虫足的基节、转节、腿节、胫节、跗节、爪及爪垫的构造。对比观察蝼蛄的前足、步行虫的足、蝗虫的后足、螳螂的前足、蜜蜂和龙虱的后足各属何种类型。

(4)翅的类型及代表昆虫　取蛾类的前翅，观察昆虫翅的构造及分区，对比观察蝗虫的前后翅、蝽类的前翅、金龟类的前翅、蛾类的前后翅，在体视显微镜下观察蓟马的前后翅，比较不同昆虫翅的类型和特征。辨识所给昆虫的翅属何种类型。

## 四、昆虫内部器官相对位置及结构解剖观察

(1)取蝗虫1头，剪去翅、足和触角，用解剖剪自腹部末端沿背中线左侧向前剪开，将头壳剪去一半，注意剪尖不要插入体壁太深，以免伤及内脏器官。将剪开的虫体放在蜡盘中，用大头针先将头部及腹部末端固定住，用镊子和挑针将大半部体壁向左右分开，用大头针沿剪口斜插，将体壁固定在蜡盘上，然后在蜡盘中放入清水，浸没虫体。

(2)用镊子和挑针小心地剥掉肌肉和脂肪体等，指导学生观察由口腔直到肛门纵贯体腔中央的消化道构造，区分前肠、中肠和后肠；观察前肠与中肠交接处着生有胃盲囊，中肠与后肠相接处着生有许多囊状小管，即昆虫的排泄器官——马氏管；再用剪子从前端剪断消化道，小心将其移开，取掉腹部肌肉，即可看到中枢神经系统，观察腹神经索的构造及由各神经节向各部伸出的神经纤维；观察腹部末端消化道两侧着生的雌雄生殖器官，观察雌性的一对卵巢、输卵管等或雄性的一对睾丸、输精管等。

解剖蝗虫

(3)在体视显微镜下观察活家蚕或玉米螟、蜚蠊背部中央心血管搏动时有规律的张缩情况。

## 【巩固训练】

### ◆作业

1.绘昆虫触角基本构造图，并标出各部分名称。

2.绘昆虫足的基本构造图，并标出各部分名称。

3.绘翅的模式图，指出其三边和三角。

### ◆思考题

1.昆虫纲形态特征。

2.昆虫有哪两大类型的口器？昆虫两大类型口器的为害状况及其与防治有何关系？

3.昆虫体壁的功能、特性与防治有何关系？

4.昆虫消化系统、呼吸系统、神经系统与化学防治有何关系？

5.昆虫的神经系统包括哪三大组成成分？

6.什么叫作昆虫激素？有哪两大类型？激素在昆虫生长发育中起什么作用？在生产上有何应用？

# 任务2 昆虫的发育和行为

## 【材料及用具】

菜粉蝶、天蛾、椿象、蝗虫类、叶蝉类、黏虫(或地老虎类、棉铃虫)、螟蛾类、瓢虫类、草蛉类等的卵或卵块；蝗虫类、有翅蚜虫、椿象类的若虫；瓢虫类、蛾类、粉蝶类、蝇类、金龟甲类、

尺蠖类、麦叶蜂(或樟叶蜂)、象甲类,寄生蜂类的成虫、幼虫及蛹,蓑蛾、独角仙、稻褐飞虱、白蚁等的成虫性二型和多型现象的标本;完全变态和不完全变态昆虫的生活史标本。放大镜、体视显微镜、解剖剪、挑针、镊子、搪瓷盘、泡沫塑料板等。

## 【基础知识】

### 一、昆虫的繁殖方式

**1.两性生殖**

是指多数雌雄异体的昆虫,通过两性交配、精子与卵子结合,雌虫产下受精卵,再发育成新的个体的生殖方式。这是昆虫最常见的繁殖方式。

**2.孤雌生殖**

是指部分昆虫的卵不经过受精可以发育成新的个体的繁殖方式,也称为单性生殖。这类昆虫一般无雄虫或雄虫极少,如某些粉虱、介壳虫、蓟马等。在正常情况下部分行两性生殖的昆虫中,偶尔也发生孤雌生殖现象。如蜜蜂,雌雄交配后,产下的卵有受精和不受精两种,凡受精卵孵化为雌虫,未受精卵孵化为雄虫。孤雌生殖是昆虫在长期历史演化过程中,对各种生活环境适应的结果。它不仅能在短期内繁殖大量的后代,而且对扩散蔓延起着重要的作用。因为即使 1 头雌虫被带到新地区,它也有可能在这个地区繁殖下去。

**3.卵胎生**

指卵在母体内成熟后并不排出体外,而停留在母体内进行胚胎发育直到孵化,直接产下幼虫或若虫的繁殖方式。如南方蚜虫均采用卵胎生方式生殖。

**4.幼体生殖**

指少数昆虫,母体尚未达到成虫阶段,还处于幼虫时期,卵巢就已成熟,就进行生殖的繁殖方式。如捻翅目昆虫,可进行幼体生殖。

**5.多胚生殖**

指由一个卵发育成两个或更多个胚胎,每个胚胎发育成一个新的个体的繁殖方式。如膜翅目中的茧蜂科昆虫。

### 二、昆虫的发育和变态

昆虫的个体发育过程,划分为胚胎发育和胚后发育两个阶段。昆虫在从卵发育到成虫的过程中,要经过一系列外部形态和内部器官的阶段性变化,即经过若干次由量变到质变的几个不同发育阶段,这种变化叫作变态。按昆虫发育阶段的变化,变态主要有下列两类:

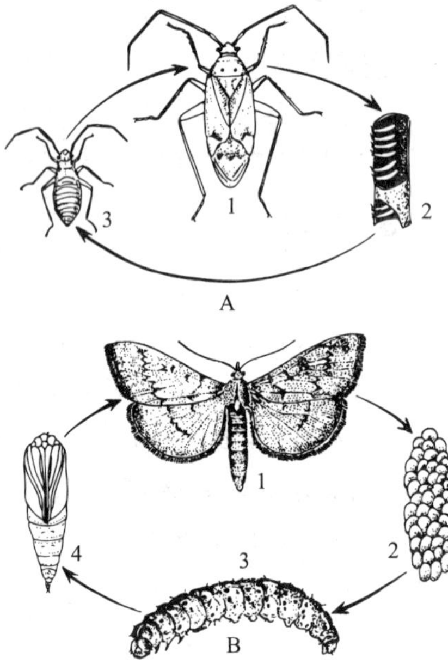


**图 1-2-1 昆虫的变态**

A.不完全变态(苜蓿盲蝽)

1.成虫 2.卵 3.若虫

B.完全变态(玉米螟)

1.成虫 2.卵 3.幼虫 4.蛹

(周至宏、王助引.1996.植物保护学总论)

(1)不完全变态(图 1-2-1A) 昆虫个体发育经过卵、若虫和成虫三个发育阶段称为不完全变态。成虫的特征随着若虫的生长发育而逐步显现，翅在若虫体外发育。若虫除翅和生殖器官尚未发育完全外，其他形态特征和生活习性等方面均与成虫基本相同。它们的幼期通称为若虫，如蝗虫、盲蝽、叶蝉、飞虱等。

(2)完全变态(图 1-2-1B)　昆虫个体发育过程中要经过卵、幼虫、蛹和成虫四个发育阶段称为完全变态。幼虫在外部形态和生活习性上与成虫截然不同。如鳞翅目幼虫无复眼，腹部有腹足，口器为咀嚼式，翅在体内发育。幼虫不断生长经若干次蜕皮变为形态上完全不同的蛹，蛹再经过相当时期后羽化为成虫。如三化螟、玉米螟、甲虫、蜂类等。

## 三、昆虫个体发育阶段各虫态类型

**1.卵**

昆虫的卵是一个单细胞，有各种形状和颜色，大小不同。最小的如卵寄生蜂的卵只有 0.002 mm 左右，最大的如一种螽斯的卵长达 9～10 mm，一般在 0.55～2 mm。卵的最外层是一层坚硬的卵壳，表面常有各种刻纹。一般在卵的前端卵壳上有一至数个小孔，称为精孔，是雄性精子进入卵内进行受精的孔口(图 1-2-2)。昆虫卵的形状繁多，常见的有球形、半球形、长卵形、篓形、馒头形、肾形、桶形等，草蛉的卵还有丝状的卵柄(图 1-2-3)。

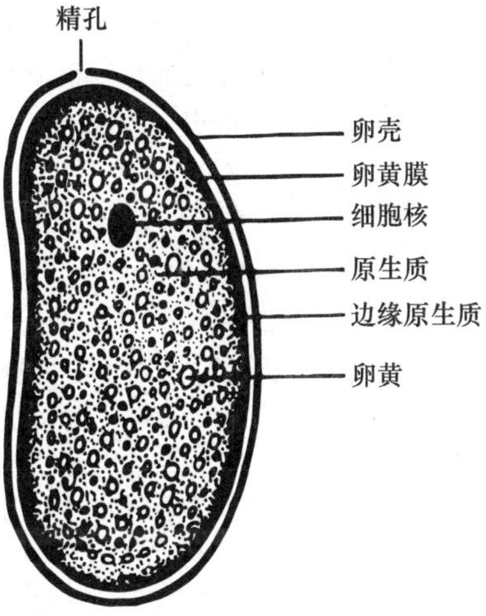

**图 1-2-2 昆虫卵的模式构造**
(西北农林科技大学.2000.农业昆虫学)

昆虫的产卵方式随种类而不同。有的单粒散产(如凤蝶)，有的集聚成块(如瓢虫)，有的在卵块上还覆盖着一层茸毛(如毒蛾、灯蛾)，有的卵则具有卵囊或卵鞘(如蝗虫、螳螂)。产卵场所亦因昆虫种类而异。多数将卵产在植物的表面(如三化螟、玉米螟)，有的将卵产于植物组织内(如稻飞虱、稻叶蝉)。金龟甲类等地下害虫则产卵于土中。成虫产卵部位往往与其幼虫(若虫)生活环境相近，一些捕食性昆虫，如捕食蚜虫的瓢虫、草蛉等常将卵产于蚜虫群落之中(图 1-2-4)。

卵是昆虫个体发育的第 1 阶段。昆虫的生命活动是从卵开始的，卵自产下后到孵化出幼虫(若虫)所经过的时间称卵期。卵的发育和孵化昆虫在卵内完成胚胎发育后，幼虫破壳而出的过程称为孵化。

一批卵(卵块)从开始孵化到全部孵化结束，称为孵化期。有些初孵化出的幼虫有取食卵壳的习性。卵期的长短因种类、季节或环境温度不同而异。卵期短的只有 1～2 d，长的达数月之久。不少昆虫的卵在孵化前其颜色可发生变化，我们可根据卵的颜色变化来预测幼虫的孵化期。

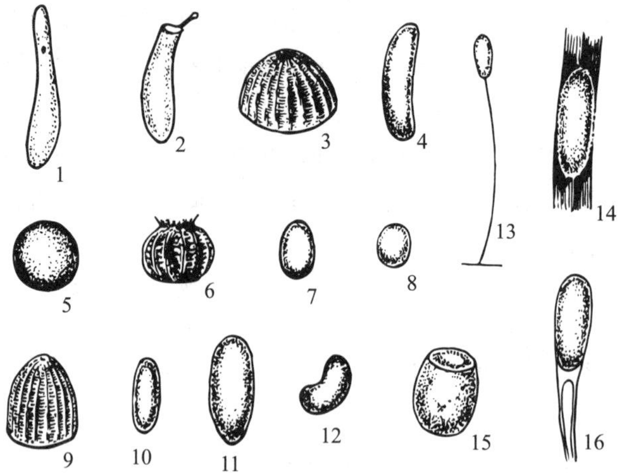


**图 1-2-3　昆虫卵的形态**

1.长茄形(飞虱)　2.袋形(三点盲蝽)　3.半球形(小地老虎)　4.肾脏形(蝗虫)　5.球形(甘薯天蛾)
6.篓形(棉金刚钻)　7.椭圆形(蝼蛄)　8.椭圆形(大黑金龟甲)　9.半球形(棉铃虫)
10.长椭圆形(棉蚜)　11.长椭圆形(豆芫菁)　12.肾形(棉蓟马)　13.有柄形(草蛉)
14.被有茸毛的椭圆形卵块(三化螟)　15.桶形(稻绿蝽)　16.双辫形(豌豆象)
(西北农林科技大学.2000.农业昆虫学)

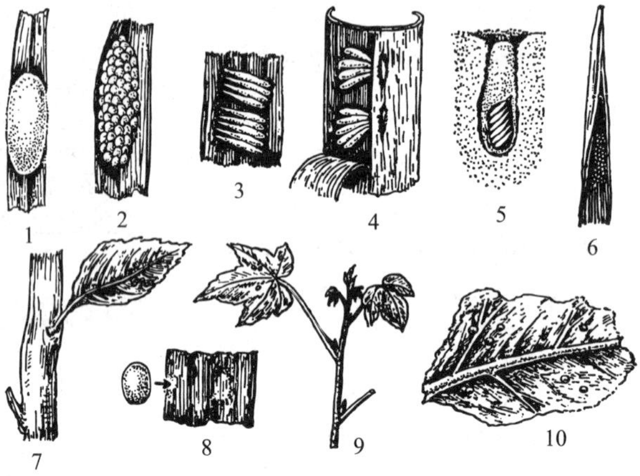


**图 1-2-4　昆虫的产卵场所和产卵方式**

1～6.聚产　1.产在叶面被有茸毛(三化螟)　2.产在叶面,排成鱼鳞状(二化螟)
3.产在叶鞘内侧(黑尾叶蝉)　4.产在叶鞘中脉内(白背飞虱)　5.产在土中(蝗虫)
6.产在叶尖卷缝内(黏虫)　7～10.散产　7.产在基部叶片背面(小地老虎)
8.产在叶片内部(铁甲虫)　9.产在顶叶叶面上(棉铃虫)　10.产在叶片背面(红蜘蛛)
(西北农林科技大学.2000.农业昆虫学)

卵期不吃不动,化学防治效果差,但人工防治和生物防治效果较好。如人工摘除三化螟卵块,在卵期释放赤眼蜂,翻耕土壤,可将地下害虫的卵暴露出来,使其失水或利于天敌取食。

**2.幼虫类型**

昆虫从卵孵化出来到成虫特征出现之前的整个发育阶段称为幼期。又分幼虫期和若虫期 2 种。不完全变态类昆虫自卵孵化到变为成虫时所经过的时间，称为若虫期；完全变态类昆虫自卵孵化到变为蛹时所经过的时间，称为幼虫期。从卵孵出的幼体通常很小，取食生长后不断增大，当增大到一定程度时，由于坚韧的体壁限制了它的生长，就必须蜕去旧表皮，代之以新表皮，这种现象叫作蜕皮。蜕下的旧表皮，称为蜕。

昆虫在蜕皮前常不食不动，每蜕一次皮，虫体就显著增大，食量相应增加，形态也发生一些变化。前后两次蜕皮之间所经历的时间，称为龄期。在每一龄期中的具体虫态称为龄或虫龄。从卵孵化后至第 1 次蜕皮前称为第 1 龄期，这时的虫态即为 1 龄；第 1 次蜕皮后至第 2 次蜕皮之前称为第 2 龄期，这时的虫态即为 2 龄，往后依此类推。即龄数等于蜕皮次数加 1。

昆虫种类不同，龄数和龄期长短也有差异。同种昆虫幼虫（若虫）期的分龄数及各龄历期，因食料等条件不同也常有区别。通常是经过饲养观察而明确的。在获得各龄标本后，分别测定其头宽和体长，观察记载翅芽长短和体色等的变化，可作为区别虫龄的依据，其中头宽是区分幼虫龄别最可靠的特征。掌握幼虫（若虫）各龄区别和历期是进行害虫预测预报和防治必不可少的资料。

完全变态昆虫的幼虫期随种类不同，其幼虫形态也不相同。常见的昆虫幼虫主要有三种类型（图 1-2-5）。

（1）无足型　这一类幼虫既无胸足也无腹足，有时甚至头部也都退化。如蚊、蝇、虻、天牛、象甲、蜂类的幼虫。

（2）寡足型　这一类幼虫具有发达的胸足，但无腹足和其他腹部附肢。如鞘翅目的步甲、金龟甲、瓢虫等。

（3）多足型　这类幼虫的特点是除具有发达的胸足外，还具有腹足或其他腹部附肢。如鳞翅目的蛾和蝶类的幼虫有腹足 2～5 对以及膜翅目的叶蜂类幼虫有腹足 6～8 对等。

幼虫（若虫）期大量取食，迅速生长伴随着蜕皮，是严重为害的时期，也是防治的关键时期。3 龄前食量小，造成的为害小，而且抗性差，化学防治效果好。化学防治应在此龄前进行，钻蛀性害虫应在钻蛀前防治。

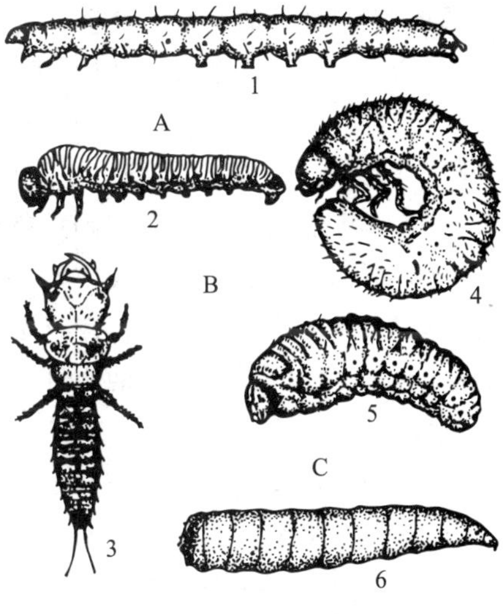

**图 1-2-5　幼虫的类型**

A.多足型　1.苹果卷叶蛾　2.叶蜂
B.寡足型　3.步甲　4.蛴螬
C.无足型　5.象甲　6.萝卜蝇蛆
（周至宏、王助引.1996.植物保护学总论）

**3.蛹的类型**

幼虫老熟以后，即寻找适当场所，准备化蛹，昆虫化蛹前体躯逐渐缩短，活动减弱，称为预蛹，所经历的时间为预蛹期。

完全变态的昆虫幼虫或预蛹蜕去最后一层皮变成蛹的过程，称为化蛹。从化蛹时起发育到成虫所经过的时间，称为蛹期。各种昆虫的预蛹期和蛹期的长短，与食料、气候及环境条件有关。在蛹期发育过程中，体色有明显的变化。根据体色的变化，可将蛹期划分成若干蛹级，作为调查发育进度的依据，可准确地预测害虫的发生期，在害虫的预测预报中已得到广泛的应用。

预蛹和蛹在外表看来是处于静止状态，其实体内在起着激烈的生理变化。昆虫种类不同，蛹的形态也不一，一般有以下三种类型(图 1-2-6)。

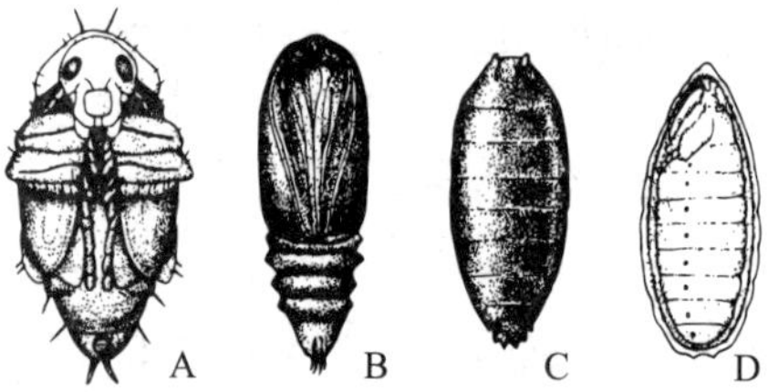


**图 1-2-6 蛹的类型**

A.离蛹 B.被蛹 C.围蛹 D.围蛹的透视

(彩万志等.2011.普通昆虫学)

(1)离蛹 又称裸蛹。它的特点是附肢(触角、足)和翅等不紧贴虫体，能够活动，同时腹节也略可活动。如金龟甲、蜂类的蛹。

(2)被蛹 蛹的附肢和翅等紧贴于蛹体，不能活动，大多数或全部腹节也不能活动。如蛾、蝶类及蚊子的蛹。

(3)围蛹 实际上是一种裸蛹，由于幼虫最后蜕下的皮包围于裸蛹之外，形成圆筒形硬壳。如蝇类的蛹。

蛹期是昆虫生命活动中的一个薄弱环节。因为蛹处于不活动期，难以逃避敌害和不良环境因子等的影响，是害虫防治的有利时机。但因其虫龄较大，化学防治效果差。可人工防治和生物防治。如黏虫，可通过耕翻土壤，将蛹翻至土表曝晒致死，或增加天敌捕食的机会。

**4.成虫**

成虫从羽化起直到死亡所经历的时间，称为成虫期。成虫是昆虫个体发育的最后阶段，其主要任务是交配、产卵、繁衍后代。因此，昆虫的成虫期实质上是生殖时期。

羽化(赤眼蜂)

(1)羽化 末龄若虫或蛹蜕皮变为成虫的过程称为羽化。初羽化的成虫，一般身体柔软而色浅，翅未完全展开，随后，身体逐渐硬化，体色加深，翅完全展开后，方能活动和飞翔。

(2)性成熟和补充营养 某些昆虫羽化为成虫后，性器官就已成熟，即能交配和产卵。如三化螟。部分成虫羽化后性器官未发育成熟，需要继续取食，这种对性成熟必不可少的成虫期营养，称为补充营养。如小地老虎需补充营养。在自然界中，蛾类获得补充营养的来源有开花的蜜源植物、腐熟的果汁、植物蜜腺及蚜虫、介壳虫的分泌物等。利用这些害虫具有补充营养的特性，可设置糖、醋、酒混合液诱杀，或设置蜜源植物观察圃进行诱集，作为害虫防治或预测的措施之一。

(3)交配和产卵 成虫性成熟后，即行交配和产卵。雌成虫从羽化开始到第一次产卵所经过的时间，称为产卵前期。产卵前期的长短，因种类而异。在农作物害虫防治上，为把成虫防治在产卵以前，应用历期法进行发生期预测，了解害虫的产卵前期是必不可少的基本资料。

雌虫开始产第一粒卵到产完所有的卵所经历的时间，称为产卵期。产卵期的长短，因昆虫种类不同和成虫寿命的长短而异，也受气候和食料等环境条件的影响。如螟蛾类一般为 3～5 d，叶蝉、蝗虫 20 d 至 1 个月；某些甲虫可达数月；白蚁类昆虫则更长。

(4)性二型和多型现象 性二型指雌雄两性除了第 1 性征(生殖器官)不同外，在形态上还有明显差异的现象，也称为雌雄异型(图 1-2-7)。如独角犀的雄虫，头部具有雌虫没有的角状突起或特别发达的上颚。介壳虫和袋蛾雌虫无翅，而雄虫有翅。

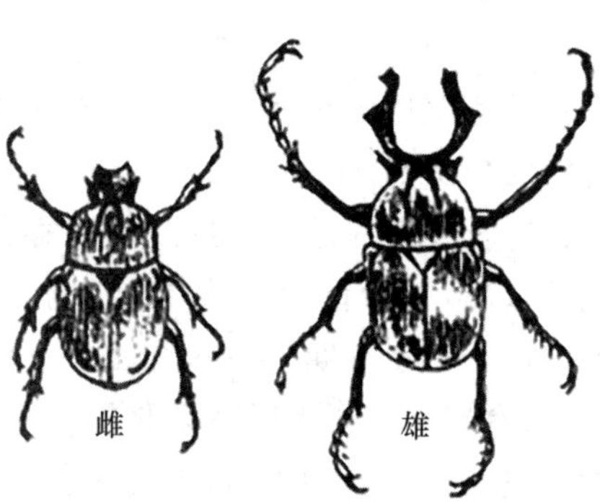


**图 1-2-7 锹甲的性二型现象**

(西北农林科技大学.2000.农业昆虫学)

多型现象指有些昆虫除了雌雄异型以外，在同一性别中，还有不同形态的类型。如白蚁有兵蚁、工蚁、蚁王、蚁后、有翅型、无翅型（图 1-2-8），稻飞虱雌雄都有长、短两种翅型。

成虫期化学防治效果差，但可利用其趋性进行诱杀，如灯光诱杀、糖醋液诱杀、潜所诱杀等。

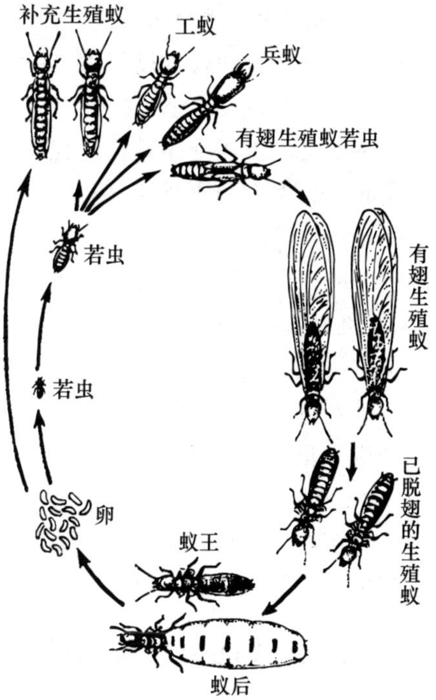

图 1-2-8　白蚁的多型现象

（西北农林科技大学.2000.农业昆虫学）

## 四、昆虫的世代和年生活史

**1.昆虫的世代**

昆虫的生活周期，从卵或幼体离开母体开始经过幼虫或若虫、蛹到成虫性成熟为止的个体发育周期，称为一个世代。

**2.昆虫的年生活史**

昆虫在整个一年中的发生经过，如发生的代数，各虫态出现的时间，和寄主植物发育阶段的配合及越冬情况等，称为年生活史或生活年史。

凡是以幼虫、蛹或成虫越冬于次年继续发育的世代，都不能算作当年的第 1 代，而是前一年的最后一个世代，称为越冬代。越冬代成虫产下的卵发育到成虫为当年的第 1 代，往后依此类推。但在以往的一些农业害虫世代的划分中，常把越冬代成虫称作第 1 代成虫，由第 1 代卵发育而成的成虫称为第 2 代成虫，在应用历史资料时应注意区别。另有一些在本地不能越冬的迁飞性害虫，如黏虫、稻纵卷叶螟、褐飞虱等，其初次迁入的成虫，可把它称为迁入代成虫，或称为 1 代虫源。

**3.化性**

昆虫因种类和环境条件不同，一年发生的代数和每个世代历期的长短也不同。将每年出现的世代数称为化性。有的昆虫一年只发生 1 代，称为一化性昆虫，有的可发生 2～6 代甚至更多，则称为多化性昆虫。例如，三化螟在长江中下游一年发生 3 代，在广西一年发生 4～5 代。蚜虫类一年可多达 20～30 代。同种昆虫每年发生代数也随分布地的有效发育总积温或海拔高度不同而异。通常是随着纬度的降低而增加，随着海拔的增加而减少。但是，有的害虫如大地老虎、大豆食心虫等，不论南北地区，一年都只发生 1 代。

在一年多代的害虫中，往往因各虫态发育进度参差不齐，造成田间发生的世代难以划分界限，即在同一时间内出现同种昆虫不同世代的相同虫态，这种现象叫作世代重叠。世代重叠必然导致田间虫情复杂化，给害虫的测报和防治带来困难。

**4.研究昆虫年生活史的意义和方法**

研究昆虫年生活史的基本方法是进行室内饲养，结合田间系统调查观察。对某些具有趋光性或趋化性的害虫，可用灯光或诱杀液诱集，来掌握成虫的发生期。为了表述昆虫的年生活史，除了用文字记载外，还可以用各种图解的方式绘制成生活史图。生活史图还可以配上寄主植物的生育期，这样，害虫发生期与寄主植物之间的关系便可一目了然。

**5.昆虫的休眠和滞育**

昆虫在一年的发生过程中,为适应不良的环境条件,常会出现一段或长或短的生长发育暂时停滞的时期或虫态,通称为越冬和越夏。

休眠是昆虫在个体发育过程中对不良环境条件的一种暂时的适应性,环境条件一旦能满足其生长发育的要求时,便可立即停止休眠而继续生长发育。休眠现象发生在冬季称为冬眠,发生在夏季称为夏眠,有时因食料缺乏而导致的休眠称饥眠。滞育是部分昆虫由内激素控制的可以遗传的一种特性,它是在一定的季节,一定的发育阶段发生的生长发育停止现象,在停育期间,虽然给予良好的生活条件,也不能立即恢复生长,而必须经过较长时间,并要求有一定的刺激因素(如低温、光照等),才能重新恢复生长。

处在休眠和滞育状态的昆虫,它们的呼吸代谢速度十分缓慢,耗氧量大大减少,体内脂肪和碳水化合物含量丰富,特别是体内游离水显著减少。因此,进入休眠和滞育状态的昆虫,对不良环境因子如寒冷、干旱、农药等都具有较强的抵抗力。

了解昆虫的世代和生活史,我们可以对害虫的发生和为害进行预测,或破坏其越冬越夏场所或利用休眠、滞育后的昆虫抗性差对害虫进行防治。

## 五、昆虫的习性及与防治的关系

昆虫的习性是种或种群的生物学特性,是生命活动的综合表现,是通过神经活动对刺激的反应。包括昆虫的活动和行为。昆虫的习性主要有如下表现:

**1.食性**

指昆虫在长期的演化过程中,形成了对食物的特殊选择和要求。根据食物的性质可分为:

(1)植食性　以活体植物为食料的称为植食性。

(2)肉食性　以活的动物体为食料的称为肉食性。肉食性又可分为捕食性和寄生性两种。如瓢虫捕食蚜虫,寄生蜂寄生于害虫的体内等。这些以害虫为食料的昆虫,称为益虫或天敌昆虫。

(3)粪食性　专门以动物粪便为食料的称为粪食性。

(4)腐食性　以动植物组织的尸体或腐败物质作为食料的称为腐食性。如取食腐败物质的蝇蛆。

(5)杂食性　既取食动物性食料又取食植物性食料的称为杂食性。如蜚蠊、蚂蚁等。

根据取食范围的广狭又可分为单食性、寡食性、多食性 3 种。单食性指只以 1 种或极近缘的少数几种植物为食料的昆虫,如三化螟、褐稻虱只为害水稻。寡食性指能取食同属、同科和近缘科的几种植物的昆虫,如菜青虫只为害十字花科的白菜、甘蓝、萝卜、油菜等,及与十字花科亲缘关系相近的木樨科植物。多食性指能取食多科、多属的植物,如玉米螟可为害 40 科 181 属 200 种以上的植物。

**2.趋性**

是指昆虫对外界环境刺激所表现的趋避行为,趋性有正负之分,昆虫向着刺激物运动的称为正趋性,背离刺激物的运动称为负趋性。按刺激物的性质主要分为 4 类:

(1)趋光性　昆虫通过视觉器官趋向光源的反应行为,称为趋光性,离开光源的称为负趋光性。一般来说,短光波的光线对昆虫的诱集力特别大。

(2)趋化性　昆虫通过嗅觉器官对于化学物质的刺激而产生的反应行为，称为趋化性。如菜白蝶有趋向含有芥子油气味(糖苷化合物)的十字花科蔬菜产卵的习性。

(3)趋温性　昆虫对温度刺激所产生的定向运动，称为趋温性。

(4)趋色性　昆虫对不同颜色的刺激所产生的定向运动，称为趋色性。

**3.群集性**

是指同种昆虫个体，高密度地聚集在一起的习性。可分为暂时群集和长期群集两类。暂时群集一般发生在昆虫生活史中的某一阶段。往往是由于有限空间内昆虫个体大量繁殖或大量集中的结果。如越冬期的二十八星瓢虫，是比较明显的暂时性群集。长期群集是群集时间较长，包括个体整个生活周期，群集形成后往往不再分散。如群居型飞蝗。

**4.迁移性**

昆虫的成虫从一发生地长距离地迁飞到另一个发生地的习性，称为迁飞性。如黏虫、小地老虎、稻纵卷叶螟、褐稻虱、白背飞虱等。昆虫从一发生地短距离地移动的习性称为扩散。

**5.自卫习性**

是指昆虫在长期适应环境的演化中，获得了多种保护自身免受其他生物为害的特性，如假死性、拟态和保护色。

(1)假死性　有些害虫如金龟甲、黏虫和小地老虎幼虫等，在受到突然的震惊时，立即将足收缩，身体卷曲，或从植株上掉落地面，这种习性称为假死性。

(2)拟态　是指有些昆虫模拟生活环境某些物体的形态，如尺蠖幼虫在树枝上栖息时，以腹足固定在树枝上，身体斜立，很像枯枝；枯叶蝶停息时双翅竖立，翅背极似枯叶，是拟态的典型例子。

(3)保护色　是指某些昆虫具有与生活环境中的背景相似的体色。如生活在绿色植物中的螽斯和蚱蜢，常随着秋季植物的枯黄而使身体由绿色转为黄褐色。

有些昆虫具有同背景环境成鲜明对照的警戒色。如一些瓢虫及蛾类等具有色泽鲜明的斑纹，能使其袭击者望而生畏，不敢接近。

研究和了解昆虫习性，对农业害虫的测报和防治具有重要意义。如我们可以利用昆虫的趋光性用黑光灯诱杀害虫，利用趋化性用糖醋液诱杀、性诱杀或毒谷诱杀害虫，利用趋温性采用高、低温杀虫，如夏天暴晒、温汤浸种等杀虫，对趋黄性可用黄板、草把诱杀害虫，对趋绿性可采用偏施、多施氮肥和种植诱虫田诱杀害虫，对单食性的昆虫可以采用轮作方式防治害虫，对群集性害虫可在其群集阶段集中消灭害虫，对有迁飞、扩散性的害虫可在其迁飞扩散前防治，对迁飞性害虫的异地测报，能较准确地预测其发生期和为害趋势；对有假死性的害虫可用振落法收集和消灭害虫。

## 【工作步骤】

(1)昆虫变态类型观察　比较、观察完全变态(蝶蛾类)和不完全变态昆虫(蝽类)生活史标本的主要区别。

(2)昆虫卵的观察　观察各种实验昆虫的卵粒形态或卵块特点(如排列情况及有无保护物等)。

(3)若虫的观察　观察比较蝗蝻、椿象、有翅蚜虫等若虫与成虫在形态上的异同，注意翅芽的形态。

(4)幼虫类型及代表观察　注意观察所给幼虫标本特征，区分它们的类型。无足型(天牛、象甲、蝇类)、多足型(蝶、蛾类)、寡足型(金龟甲、瓢虫)。注意观察所给幼虫标本属何类型，注意观察叶蜂幼虫与蝶蛾类幼虫的腹足对数有何不同。

(5)蛹的类型及代表观察　观察蝇类、粉蝶、蛾类、金龟甲、瓢虫、寄生蜂等蛹的形态，注意所属类型及其特征。离蛹(鞘翅目)、被蛹(鳞翅目)、围蛹(蝇类)。

(6)成虫的性二型及多型现象的观察　观察所给标本如蓑蛾、独角仙、稻褐飞虱、白蚁等。

## 【巩固训练】

### ◆思考题

1.昆虫有哪些繁殖方式？各种繁殖方式的特点如何？

2.何谓变态？不完全变态和完全变态的个体发育各经过哪些虫态？不完全变态和完全变态昆虫在外部形态和生活习性上有何不同？

3.研究害虫的年生活史有何重要意义？

4.名词解释：若虫、幼虫、孵化、化蛹、羽化、龄数和龄期、世代、世代重叠、休眠、滞育、产卵前期、补充营养、性二型、多型现象、昆虫学名(双名法)。

5.昆虫的主要习性有哪些？在害虫测报、防治上有何应用？

# 任务3　识别农业昆虫的重要类群

## 【材料及用具】

原尾目、弹尾目、双尾目、缨尾目、蜉蝣目、蜻蜓目、襀翅目、蜚蠊目、螳螂目、蛩蠊目、等翅目、纺足目、竹节虫目、直翅目、革翅目、缺翅目、啮虫目、食毛目、虱目、缨翅目、半翅目、同翅目、鞘翅目、捻翅目、广翅目、蛇蛉目、脉翅目、长翅目、毛翅目、鳞翅目、双翅目、蚤目、膜翅目代表昆虫成虫标本、图片、多媒体教材；东亚飞蝗、蝼蛄、蟋蟀、螽斯、椿象、盲蝽、缘蝽、网蝽、猎蝽、蝉、叶蝉、飞虱、蚜虫、介壳虫、粉虱、木虱、象蜡蝉、蛾蜡蝉、稻蓟马、草蛉、蚁蛉、蝶蛉、粉蝶、凤蝶、弄蝶、眼蝶、蛱蝶、斑蝶、木蠹蛾、螟蛾、夜蛾、毒蛾、灯蛾、尺蛾、舟蛾、卷叶蛾、小卷叶蛾、麦蛾、刺蛾、蓑蛾、天蛾、斑蛾、步甲、虎甲、金龟甲、叶甲、肉食性瓢甲、植食性瓢甲、叩头甲、象甲、天牛、吉丁虫、豆象、龙虱、水龟、菜叶蜂、梨茎蜂、姬蜂、茧蜂、赤眼蜂、金小蜂、蜜蜂、胡蜂、蚁、稻瘿蚊、食虫虻、实蝇、食蚜蝇、稻秆蝇、豌豆潜叶蝇、稻水蝇、美洲斑潜蝇、种蝇(花蝇)、寄蝇、T纹狼蛛、拟环纹狼蛛、三突花蟹蛛、八点球腹蛛、荔枝瘿螨、柑橘全爪螨、柑橘锈壁虱等的为害状和生活史标本，蝶蛾类成虫展翅标本，其他昆虫成虫、幼虫、若虫及蜘蛛的浸渍标本，微小虫螨的玻片标本，有关挂图、幻灯片、模型、多媒体教材等。体视显微镜、放大镜、镊子、挑针、载玻片等。

## 【基础知识】

# 一、昆虫分类的意义、依据及命名法则

### （一）昆虫分类的意义

通过昆虫分类，可以帮助我们正确识别种类繁多的昆虫，研究益虫和害虫的发生规律，进行预测预报，做好植物检疫，以及防治害虫和利用益虫。

### （二）昆虫分类的主要依据

昆虫分类的主要依据是成虫的形态特征及昆虫的生理学、生态学、生物学、地理和遗传学特征。

昆虫分类的单位采用生物界的分类阶元：界（kingdom）、门（phylum）、纲（class）、目（order）、科（family）、属（genus）、种（species）7个必要的阶元。昆虫属于动物界节肢动物门昆虫纲，纲下还有目、科、属、种。从界到种，均可设“亚级（sub）”，如亚门（subphylum）、亚目（suborder）、亚科（subfamily）、亚种（subspecies）等。在目和科上，有时可加上“总级（super）”，如总目（superorder）、总科（superfamily）。

种下还可以细分为种群、亚种和生态型。

种群（population）是种下的分类单元，是指在一定的生活环境内，占有一定空间的同种个体的总和。

亚种（subspecies）是由于地理隔离，不同种群基因交流降低，各自向不同方向演化，有较大的趋异，但相互间仍能杂交，未达到种的级别，就定为亚种。如地理亚种（subspecies）。

生态型（ecotype）是同一基因型在不同的生态条件下产生的不同表现型，形态上有明显差异，但其后代可随环境条件的改变而发生可逆性变化。

种群和生态型多用在描述昆虫与环境关系的生态学上。而亚种多用在昆虫分类上。

### （三）昆虫的命名法则

种，又称物种，种是分类的基本单元，又是繁殖单元。它是由种群组成，具有相同的形态特征，占有一定的生态空间，拥有一定的基因遗传型和表型，能相互配育，并产生具有繁殖力的后代，与其他种之间存在着生殖隔离现象。

**1.昆虫的学名**

每个种都有一个全世界统一的科学名称，也称为学名，用拉丁语单词或拉丁化的单词构成，种名由属名加种名两个拉丁词组成，称为双名法，为表示负责，学名后加上定名人的姓氏，但定名人的姓氏不包括在双名法内。例如棉蚜的学名为：

| *Aphis* | *gossypii* | Glover |
|---|---|---|
| 属名 | 种名 | 定名人 |

亚种的学名由三个拉丁词组成，属名、种名和亚种名，称为三名法。

属名和定名人的姓氏第一个字母大写，其余小写，印刷时属名和种名排斜体，手写稿应在下面画一横线，定名人的姓氏用正体字排列，手写稿在下面不加横线。属级以上阶元用正体。

如果一个种只鉴定到属还不知道种名或未定种名，用sp.来表示，多于一个种时用spp.表示。种名在同一篇文章再次出现时，属名可以缩写。

有些昆虫的学名，在定名人外加有圆括号，这说明该种属名已经后人修订过。如黏虫原学名为 *Leucania separata* Walker，现用学名为 *Mythimna separata*（Walker）。这种变化称为重新组合。凡是新组合种，即属的名称有变动的种，都要在定名人外加上圆括号。但修订的后人的姓氏不能代替原定名人的姓氏，这是为了尊重首次命名人。

**2.模式标本**

当一个分类单元被作为新种而描述发表时，描述者必须指定一个或多个标本作为其模式，这就是模式标本（type specimen 或 type specimens）。新属用“gen. n.”或“gen. nov.”表示，新种用“sp.n.”或“sp.nov.”表示。

**3.优先律**

优先律是指一个分类单元的有效名称是最早给予它的可用名称。命名法规定，1758 年 1 月 1 日林奈《自然系统》（第 10 版）的出版，作为分类学和学名有效的起始日期。即只有 1758 年 1 月 1 日以后所用的第一个学名才是有效的学名，之后所定的任何其他学名都称为异名（synonyms）。

有时记载新种时所用的名称以前已用于其他的种，即两种动物共用同一个名称，这就造成同名（homonyms）。优先律规定，只有使用该学名最早的种有效，后面的必须另起新名。

## 二、六足总纲的分目

六足总纲相当于广义的昆虫纲，包括内口纲和狭义的昆虫纲。六足总纲最典型的特征是：体躯具有明显的胸部和腹部，胸部由 3 个体节愈合而成，有 3 对运动足。

对于六足总纲的分目，不同专家有不同见解。本书采用目前常见的六足总纲 2 个亚纲 35 目的分类系统。其中农业主要 10 目代表昆虫形态见图 1-3-1、其他目代表昆虫形态见图 1-3-2。

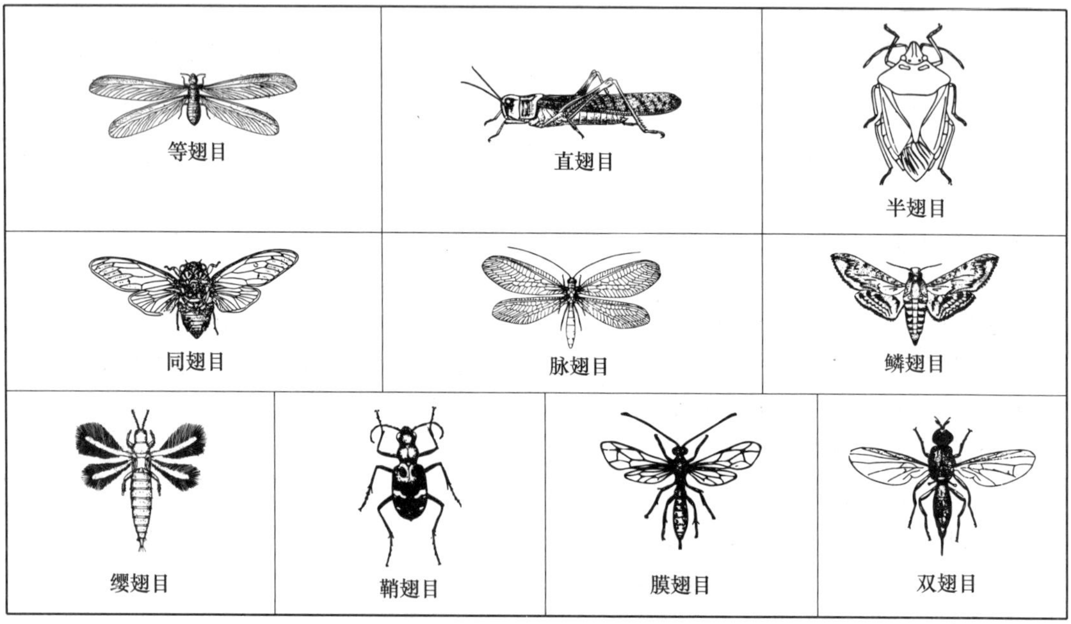


**图 1-3-1　六足总纲 35 目系统农业主要十目代表昆虫图**

（北京农业大学.1981.昆虫学通论）

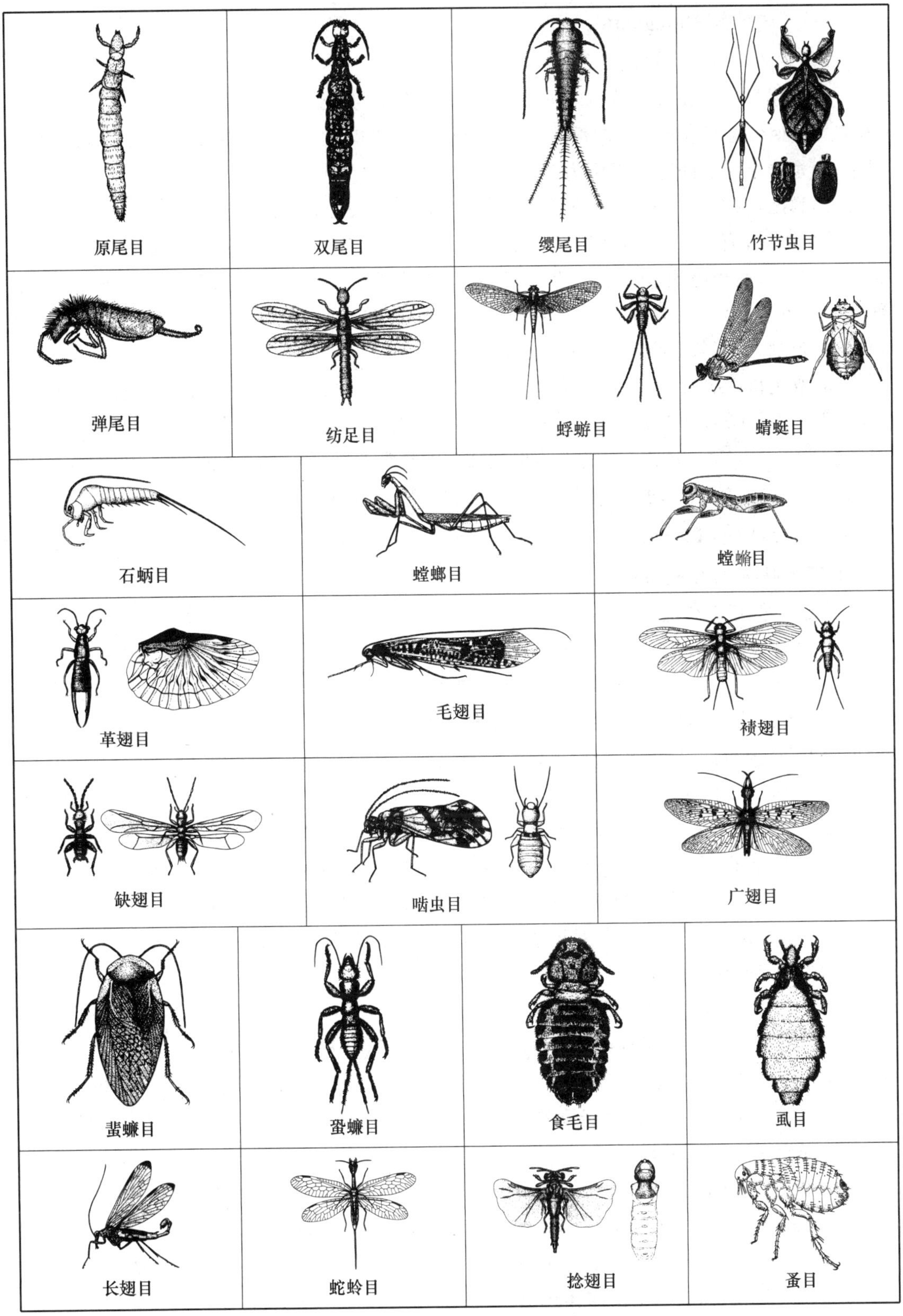


**图 1-3-2　六足总纲 35 目系统其他目代表昆虫图**

（石蛃目、螳䗛目：彩万志等.2011.普通昆虫学；其他各目：北京农业大学.1981.昆虫学通论）

**（一）内口纲 Entognatha**

原始无翅，口器内藏式。

（1）原尾目（Protura） 体微小，0.5～2 mm，无眼，无触角，前足特长，有触角功能，腹部12节。生活在腐殖质较多的湿润土壤中、砖石下或树皮里，一般分布在30 cm以内的表土层中，以植物根系上的附生真菌为食。增节变态。如原尾虫，简称蚖。

（2）弹尾目（Collembola） 体长一般1～3 mm，个别的种类超过10 mm，长形或近圆球形。体色多样，有些种类具有银色等金属光泽。体表光滑，或被有鳞片或毛。口器咀嚼式，缩入头内，适于咀嚼或吸食。没有复眼，有些种类也没有单眼。触角丝状，4～6节。腹部6节或更少，第1、3、4（或5）节有附肢，第3、4节形成弹跳构造，第4或第5节有一分叉的弹器，能弹跳，无尾须，表变态。如跳虫。

（3）双尾目（Diplura） 体小型，体长2～5 mm.少数种类可达50 mm，口器包在头内，无复眼、无单眼，无翅，胸部有气孔。腹部11节，有腹足遗迹，腹部末端有1对分节的尾须或不分节的尾铗。生活在阴暗潮湿的土表腐殖质层的枯枝落叶、倒木下、腐朽树干中、石缝内，爬行迅速多以微小的土壤动物、微生物、植物根和植物碎屑为食。表变态。如双尾虫、铗尾虫。

**（二）昆虫纲 Insecta**

**1.无翅亚纲 Apterygota**

原始无翅，口器外露。

（1）缨尾目（Thysanura） 中、小型原始无翅昆虫。体柔软，长形，体表常有鳞片。有复眼。触角长，丝状，达30节以上，末端逐渐尖削。口器咀嚼式，露出头外。胸部发达，足基节大，有刺突。腹部11节，有腹足遗迹，腹部末端有线状多节的尾须和中尾丝。无变态。生活在湿地、石下、树皮下、苔藓间、岩石上、蚂蚁或白蚁的巢穴中。有的种类为害书籍或衣服等。如衣鱼。

（2）石蛃目（Microcoryphia） 石蛃目，属中、小型昆虫，体长常短于2 cm。体近纺锤形，胸部较粗而背侧拱起，向后渐细，体表常密被形状多样的鳞。成虫体色与生境接近，多为棕褐色，常具金属光泽。触角长丝状，口器咀嚼式，位于头部腹面，下口式，下颚须7节，很发达；下唇须3节，长而明显；复眼大而近圆形，单眼1对，常为红棕色，无翅；3对胸足形状相似，腹部共11节，腹部末端有1对尾须和1根中尾丝。表变态。

**2.有翅亚纲 Pterygota**

有翅1对或2对，有的翅退化或无翅。

（1）蜉蝣目（Ephemeroptera） 体小至中型，细长，体壁柔软。触角刚毛状，口器咀嚼式，但上颚和下颚退化，无咀嚼能力。复眼发达，单眼3个。触角短，刚毛状。翅膜质，前翅脉纹网状，后翅小或无，休息时竖立在体背。尾须长，中尾丝有或无。幼虫水生，成虫寿命短，数小时至1～2 d。如蜉蝣。

（2）蜻蜓目（Odonata） 体中到大型，体长20～150 mm。颜色多艳丽。触角短小，刚毛状。复眼发达，占头部的大部分，单眼3个。口器咀嚼式，触角短，刚毛状。前胸较细如颈，中、后胸合并。腹部细长。翅膜质，狭长，网状翅脉。半变态，一生经历卵、稚虫和成虫3个时期。卵产于水面或水生植物体内，绝大多数稚虫水生。成虫、稚虫均为食肉性，捕食小虫。如蜻蜓、豆娘。

（3）襀翅目（Plecoptera） 俗称石蝇。体中到大型，细长而扁平。口器咀嚼式，较软弱，触角长，丝状。复眼发达，单眼2～3个。前胸方形，大而能活动。翅2对，膜质，或无翅，前翅中脉和肘脉间多横脉，后翅臀区发达，常大于前翅。尾须1对。半变态。雌虫产卵于水中，稚虫水生，捕食蜉蝣稚虫和双翅目的幼虫等，或取食藻类以及其他植物碎片。成虫常栖息于流水附近的树干、岩石上或堤坡缝隙间，部分植食性，主要取食蓝绿藻。稚虫和成虫是许多淡水鱼类的重要食料。稚虫因喜在含氧量高的水中生活，可作为测定山溪水质污染的指示生物之一。

(4)蜚蠊目(Blattodea)　体中到大型，扁椭圆形。口器咀嚼式，触角长丝状，多数复眼发达。前胸背板盖住头部，足发达，适于疾走。前翅为复翅，后翅膜质，臀域发达，或无翅。腹部10节，有1对多节的尾须。腹背常有臭腺，能分泌臭气，开口于第6、7腹节的背腺最显著。有些种类有雌雄异型现象，雄虫有翅，雌虫无翅或短翅。渐变态，陆生。有的种类可作中药，如地鳖虫(地元)。生活在野外的种类，有的可为害农作物。生活在室内的种类传播疾病，是重要卫生害虫，如东方大蠊。

(5)螳螂目(Mantodea)　体中到大型，10～110 mm。体色绿或褐、灰，有的有金属色或花斑。体细长或圆筒形，或扁平呈叶片状。头部三角形，复眼发达，单眼3个，触角形状各异。口器咀嚼式。前胸极度延长如颈；前翅皮革质，后翅膜质。臀区发达，前足特化成捕捉式，前翅为复翅。不完全变态。成、幼虫均肉食性，捕食小虫，是重要的天敌类群之一。卵块称螵蛸，入药。如广腹螳螂。

螳螂捕食

(6)蛩蠊目(Grylloblattodea)　体中型，细长。前口式，口器咀嚼式，触角线状，复眼小，无单眼。无翅，步行足，杂食性。尾须长。渐变态。生活于海拔1 500～3 000 m的高山地带，居于石块和倒木下以及土中。我国于1986年在长白山2 000 m山地首次发现此目昆虫，并被命名为中华蛩蠊，为我国一级保护动物。

(7)等翅目(Isoptera)　体小至中型，口器咀嚼式，有有翅、短翅及无翅的几个类型。具翅者，2对翅狭长，膜质，大小、形状及脉序相似，故称等翅目。俗称白蚁。

(8)纺足目(Embioptera)　中小型昆虫，通称“足丝蚁”。体长而扁，行动活泼。头大，口器咀嚼式，触角念珠形。复眼发达，无单眼。雌虫无翅，雄虫翅狭长，多毛，脉纹简单，前后翅相似，前足第1跗节膨大，有纺丝腺开口于此，能纺丝作巢。如足丝蚁。

(9)竹节虫目(䗛目)(Phasmida)　中型或大型昆虫，体长3～64 cm，体细长或扁，呈竹节状或叶片状。体色呈深褐色，少数为绿色或暗绿色。口器咀嚼式，前胸小，中胸和后胸伸长。翅有或无，有翅种类翅多为两对，前翅革质，多狭长，横脉众多，脉序成细密的网状，翅平展时颇似干枯叶片。几乎所有的种类均具极佳的拟态，大部分种类身体细长，模拟植物枝条，少数种类身体宽扁，鲜绿色，模拟植物叶片。翅宽扁，脉序排成叶脉状，腹部及胫节、腿节亦扁平扩张。有的形似竹节，当六足紧靠身体时，更像竹节，故称竹节虫。

(10)螳䗛目(Mantophasmatidae)　是一种外形既像螳螂，又像竹节虫的古老昆虫，个体较小，有的仅20～30 mm。体型细长，头下口式，口器咀嚼式；触角丝状，多节；复眼大小不一，无单眼；无翅；前胸小；前足和中足均为捕捉足；后足退化，尾须短，1节。略具雌雄性二型现象；卵产在卵囊中。大多生活在山区草地上石块下，捕食小型昆虫，有时也会自相残杀。21世纪初在纳米比亚被发现，2001年建立新目。

(11)直翅目(Orthoptera)　体粗壮，口器咀嚼式，后足跳跃式，或前足开掘式如蝗虫、蝼蛄、蟋蟀、螽斯等。

革翅目昆虫(蠼螋)

(12)革翅目(Dermaptera) 体小到中型。口器咀嚼式。前翅短截,角质,后翅膜质,宽大扇形,脉纹放射状,尾须钳状。如蠼螋、蝠螋。

(13)缺翅目(Zoraptera) 体微小型。触角 9 节,念珠形。跗节 2 节,尾须 1 节,有翅或无翅,脉纹简单。如缺翅虫。

(14)啮虫目(Corrodentia) 体小型。口器咀嚼式;触角丝状。前胸小如颈状,有翅或无翅,有翅者前翅有翅痣。跗节 2～3 节,无尾须。如啮虫、书虱。

(15)食毛目(Mallophage) 体小型,扁平。头大,口器咀嚼式。无翅,前足攀缘式。寄生于鸟和哺乳动物体上。如羽虱。

(16)虱目(Anoplura) 体微小型,扁平。口器刺吸式,复眼退化,无单眼。胸部愈合,无翅,前足攀缘式。寄生于哺乳动物体上。如牛虱。

(17)缨翅目(Thhymnoptera) 体微小,口器锉吸式。有翅或无翅,有翅种类翅狭长,具长缘毛蓟马类为本目代表。

(18)半翅目(Hemiptera) 体扁,口器刺吸式,前翅基部革质,端部膜质,称为半鞘翅。如蝽类。

(19)同翅目(Homoptera) 体小型或大型。口器刺吸式,前翅质地基本均匀,膜质或革质。代表昆虫如蝉、蚜虫、蚧类。

(20)鞘翅目(Coleoptera) 通称“甲虫”。小至大型,体壁坚硬,口器咀嚼式,前翅硬化为鞘翅。如叶甲、瓢虫、天牛等。

(21)捻翅目(Strepsiptera) 体小型,雌雄异型。雄性触角扇状。后胸极大,前翅退化成伪平衡棒,后翅脉纹放射状。雌虫头胸愈合,无眼、触角、翅和足。寄生于直翅目、同翅目及膜翅目等虫体上。如捻翅虫。

(22)广翅目(Megaloptera) 体中、大型。前口式,口器咀嚼式,上颚发达,前伸呈钳状。前胸方形,翅膜质,脉网状,但在翅缘不分叉,后翅臀区大。幼虫水生。如泥蛉。

(23)蛇蛉目(Raphidiodea) 体中、小型。头延长,基部收缩呈颈状,口器咀嚼式。前胸长,管状,前后翅相似,膜质,翅脉网状,翅痣明显。捕食小虫。如蛇蛉。

(24)脉翅目(Neuroptera) 体纤弱,多绿色、褐色。幼虫和成虫均为肉食性的,捕食蚜虫、蚁和鳞翅目幼虫。是重要的益虫类群。如草蛉、蚁蛉、蝶角蛉科。

(25)长翅目(Mecoptera) 体中、大型。头下口式,向下特别延长,口器咀嚼式。前后翅相似,狭长,膜质,有翅痣,脉纹近似标准脉序。雄虫腹部末端膨大,上翘如蝎尾。捕食小虫。如蝎蛉。

(26)毛翅目(Trichoptera) 体多中、小型。口器咀嚼式,退化。翅膜质,密被毛;脉纹近似标准脉序。幼虫水生,称石蚕,成虫称石蛾。

(27)鳞翅目(Lepidoptera) 包括蝶类与蛾类。成虫口器虹吸式或退化。体翅具鳞片。多为农业上害虫。

(28)双翅目(Diptera) 包括蝇、蚊、虻等,口器刺吸式或舐吸式,后翅特化成平衡棒。

(29)蚤目(Siphonaptera) 体小型,侧扁。下口式,口器刺吸式,眼退化,触角 3 节,藏于触角窝中。后足跳跃式,翅退化。外寄生于鸟及哺乳动物体上。如跳蚤。

（30）膜翅目（Hymenoptera）　包括蜂和蚁，口器咀嚼式或嚼吸式。翅膜质，雌虫产卵器发达。

## 三、农业上重要目科介绍

### （一）等翅目 Isoptera

本目昆虫俗称白蚁。

**1.形态特征**

体小至中型，白色、淡黄色至黑色。头大，前口式。口器咀嚼式，触角念珠状。有有翅、短翅及无翅的几个类型。具翅者，2 对翅狭长，膜质，大小、形状及脉序相似，故称等翅目。白蚁之翅，经一度飞翔后即脱落，脱落部位在翅基肩缝处，残存部分称为“翅鳞”。跗节 4 节或 5 节。尾须 1 对（图 1-3-3）。

**2.生物学特性**

多型性的社会性昆虫，群栖生活。在一个蚁巢中有几百到几百万只个体，从形态和机能上可分为生殖和非生殖两大类型。

生殖类型又分为原始蚁王和蚁后、短翅补充蚁王和蚁后、无翅补充蚁王和蚁后三个品级。

非生殖类型包括兵蚁、工蚁两个品级。

白蚁主要取食活的植物体、干枯的植物、真菌等。根据筑巢的地点分为木栖性、土栖性和土木两栖性三类。白蚁在广西严重为害甘蔗、桉树等经济植物。

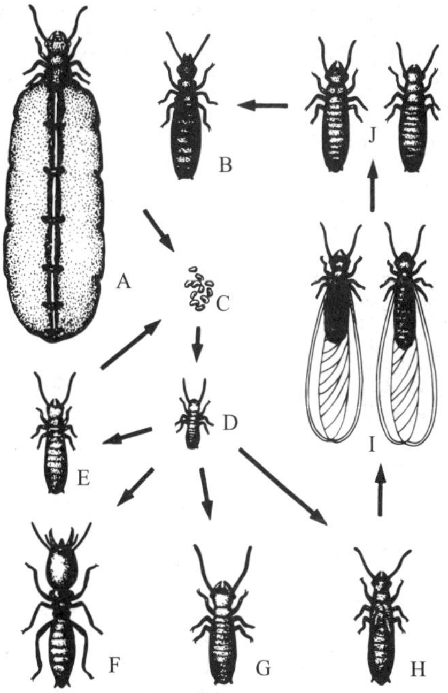


**图 1-3-3　等翅目代表（家白蚁）**

A.蚁后　B.蚁王　C.卵　D.若蚁　E.补充生殖蚁　F.兵蚁　G.工蚁　H.长翅生殖蚁若虫　I.长翅雌、雄生殖蚁　J.脱翅雌、雄生殖蚁

（彩万志等.2011.普通昆虫学）

### （二）直翅目 Orthoptera

**1.形态特征**

体中型至大型。触角为丝状、锤状或剑状。口器咀嚼式，头多呈下口式，单眼 2～3 个。前胸大而明显，中后胸愈合；前翅狭长，革质；后翅膜质，臀区大，休息时作扇状折叠在前翅之下，有些种类为短翅型或无翅；后足跳跃式，或前足开掘式。产卵器发达，呈剑状、刀状或凿状。前足胫节（蝼蛄、蟋蟀、螽斯）或第 1 腹节（蝗虫）常具听器。常有发音器，有的是左、右翅相互摩擦（蝼蛄、蟋蟀、螽斯），有的是以后足的突起刮擦翅而发音（蝗虫）。

**2.生物学特性**

不完全变态。卵一般产在土中，有的数个成小堆，有的集合成卵块，外覆保护物，形成卵鞘。螽斯和树蟀将卵产在植物的组织内。若虫的形态、生活环境和食性均和成虫相似。若虫一般有 5 龄。多生活在地面上，有的生活在土中；有些生活于树上。多数具有跳跃能力，飞翔力不强，但少数种类，如飞蝗，成群迁飞，可随气流飞翔数千米。1 年 1 代、2 代或 2～3 年完成 1 代均有。一般以卵越冬。多有保护色。多为植食性；少数捕食其他昆虫或小动物。

### 3.主要科的特征

直翅目已知种类在 20 000 种以上，我国近 2 000 种，根据本目昆虫进化的方向，周尧教授 1963 年提出分为蝼蛄、蝗、螽斯 3 个亚目。和农业关系较大的有下列几科(图 1-3-4)：

(1)蝼蛄科(Gryllotalpidae)　体大型。土栖昆虫。触角短，丝状。前胸背板椭圆形，前翅短，后翅外露如尾状。前足开掘足。发音器不发达，听器在前足胫节上，状如裂缝。尾须或长或短，不分节。产卵器不外露。是重要的地下害虫。如台湾蝼蛄、东方蝼蛄。

蝗虫

(2)蝗总科(Locustidea)　触角短，不长过身体，一般为丝状，少数种类为剑状或锤状；跗节均为 3 节，第 1 跗节腹面有 3 个垫。有 2 对发达的翅，少数为短翅型或无翅。雄虫能以后足腿节刮擦前翅而发音。听器在腹部第一节两侧。产卵器短呈凿状。植食性。如中华稻蝗、东亚飞蝗等。

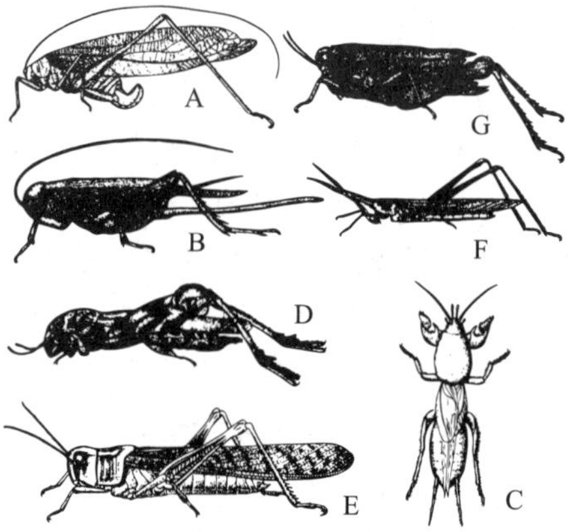


**图 1-3-4　常见直翅目昆虫代表**

A.螽斯科　B.蟋蟀科　C.蝼蛄科　D.蚤蝼科
E、F.蝗总科代表(东亚飞蝗、中华蚱蜢)
G.蚱总科(菱蝗科)
(彩万志等.2011.普通昆虫学)

(3)螽斯科(Tettigoniidae)　产卵器短而阔，刀状。跗节 4 节。植食性，有的肉食性。产卵在植物组织中。如为害林木的双叶拟缘螽，为害农作物的中华露螽等。

(4)蟋蟀科(Gryllidae)　体粗壮，产卵器细长，剑状，跗节 3 节；听器在前足胫节上。成虫在夏秋间盛发，多发生在低洼、河边、杂草丛中，雄虫昼夜发出鸣声。在华南为害农作物的，主要是大蟋蟀。

(5)其他科简介

①蚤蝼科(Tridactylidae)　体小型，10 mm 以下。前足适合于开掘，但不同于蝼蛄，后足非常发达，善跳，其胫节端部有 2 个能活动的长片，帮助起跳。无听器和发音器。生活在潮湿的地面上。有一定为害。

②菱蝗科(Tetrigidae)　前胸背板特别发达，向后延伸至腹末，末端尖，呈菱形；无听器和发音器。喜生活在土表、枯枝落叶和碎石上。

## (三)半翅目 Hemiptera

半翅目昆虫一般称为椿象，简称“蝽”，俗称臭屁虫。

### 1.形态特征

多数种类体形宽而略呈扁平，椭圆形或长椭圆形，体壁坚硬。触角多为丝状，有的端节略膨大，4 或 5 节，以 4 节最多。口器刺吸式，单眼 2 个或无。前胸背板及中胸小盾片发达。前翅基部革质，端部膜质，称为半鞘翅。革质部分由爪片缝分为爪片和革片，有的在革片的外缘有狭的缘片及在端角区有小三角形的楔片；端部膜质部分称为膜片，其上有翅脉和翅室。后翅膜质。翅不用时平置背面。有些种类无翅。跗节 1～3 节。腹部背面常可见到若虫腹臭腺孔的痕迹，能散发出臭味。雌虫产卵器锥状、针状或片状，或长或短。

**2.生物学特性**

属不完全变态昆虫。1年发生1代至数代。大多数以成虫越冬，但盲蝽科以卵越冬。卵一般为聚产于植物表面及茎干的粗皮裂缝中，也有产于植物组织中；水栖类群则产卵于水草茎秆上或水面漂浮物体上。若虫多为5龄。生活环境有陆栖、半水栖和水栖。半翅目中有植食性的农业害虫，如荔枝蝽、绿盲蝽等；也有传播人畜疾病的吸血种类，如温带臭虫。但是，也有对人类有益的种类，如捕食性的益蝽、猎蝽、姬蝽、花蝽等，是生物防治利用的对象；还有少数属于药用昆虫，如九香虫。

**3.主要科的特征**

半翅目已知种约38 000种，我国有3 100多种。陆生类群触角外露，着生于眼的前方或前下方；在半水栖、水栖类群中，触角则隐于眼的下方。由此，可将半翅目分为显角亚目和隐角亚目。和农业生产关系密切的有下述5科（图1-3-5）。

（1）蝽科（Pentatomidae） 体型小至大型。头小，三角形。触角多为5节。通常有2个单眼。复眼着生于头的基部，为头部的最宽处。前胸背板发达；中胸小盾片很大。前翅膜片上有纵脉，多从1基横脉上分出。重要的农业害虫有稻褐蝽、稻黑蝽、稻绿蝽等。

荔枝蝽（成虫）

（2）盲蝽科（Miridae） 体型小至中等。触角4节。无单眼。喙长，4节。前翅具革片、爪片和楔片，以及界线不明的缘片，膜片有2个封闭的翅室。跗节3节。本科全世界已知10 000种，我国有560种。多为植食性，部分是捕食性。常见的农业害虫有绿盲蝽、苜蓿盲蝽等，天敌有黑肩绿盲蝽，专门吸食稻飞虱的卵。

（3）网蝽科（Tingidae） 体小而扁。触角4节。无单眼。前胸背板向后延伸盖住小盾片，有网状花纹。前翅密布网纹，无明显的革片、膜片之分。跗节2节，无爪垫。若虫体侧有刺。常群集于叶片反面主脉两侧为害。主要害虫有梨网蝽、香蕉网蝽等。

（4）缘蝽科（Coreidae） 体中至大型，狭长，两侧缘略平行。头部远较前胸狭短，胸部与腹部宽度相等。触角4节。有单眼。前翅膜片具许多平行的纵脉，通常基部无翅室，但有的种类膜片脉呈网状。重要的农业害虫有针缘蝽、稻蛛缘蝽等。

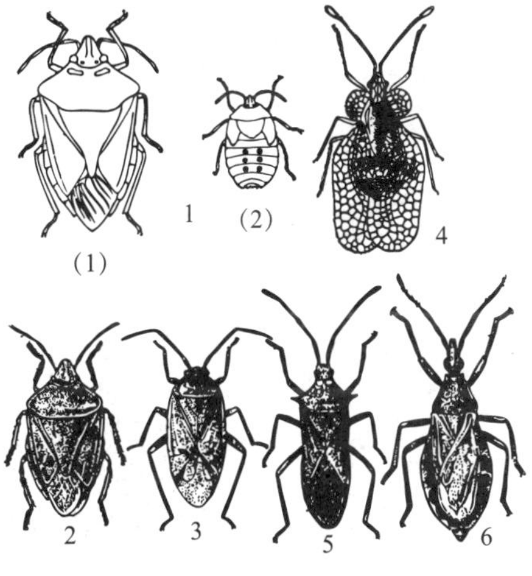


**图1-3-5 半翅目的身体构造及代表科**

1.半翅目的身体构造：(1)成虫 (2)若虫
2.蝽科 3.盲蝽科 4.网蝽科
5.缘蝽科 6.猎蝽科
（周至宏、王助引.1996.植物保护学总论）

（5）猎蝽科（Recuviidae） 体小至中型。头后部细缩如颈状。喙3节，坚硬弯曲。触角4节。有单眼。前足能捕捉。前翅膜片有2翅室。全为肉食性，如黄足猎蝽、黑红猎蝽。

（6）其他科简介

①姬猎蝽科（Nabidae） 体较小，狭长，喙长，4节，触角4节（少数5节）。前胸背板狭长，前面有横沟。半鞘翅膜片上有4条纵脉形成2～3个长形闭室，并由它们分出一些短的分支。捕食性益虫。如中华姬猎蝽。

红蝽

②红蝽科(Pyrrhocoridae) 中到大型，椭圆形，多为鲜红色而有黑斑。喙4节，触角4节，无单眼。植食性，取食果实和种子。如棉红蝽。

③盾蝽科(Scutelleridae) 小至中、大型，背面强烈圆隆，腹面平坦，卵圆形。许多种类有鲜艳的色彩和花斑。头多短宽。触角4或5节。小盾片极大，盖住整个腹部和前翅的绝大部分。

## （四）同翅目 Homoptera

同翅目包括蝉、叶蝉、飞虱、粉虱、木虱、蚜虫和介壳虫等。

**1.形态特征**

体小到大型。小的仅0.3 mm，大的可达80 mm。触角刚毛状或丝状。口器刺吸式，后口式，喙3节，也有2节或1节的。复眼发达，有时退化。有翅种类有单眼2或3个，无翅种类无单眼。前胸背板小。通常有2对翅(雄介壳虫仅有1对前翅，后翅成平衡棒)，前翅质地基本均匀，膜质或革质，休息时常放置背上呈屋脊状。多数种类有蜡腺。

**2.生物学特性**

不完全变态，但介壳虫雄虫和粉虱等少数种类是过渐变态昆虫。有些种类有多型现象。两性生殖或孤雌生殖，也有二者交替进行；有卵生，也有胎生。卵产在植物组织中或植物表面。卵多为长椭圆形或椭圆形。同翅目昆虫全部植食性，吸收植物汁液，被刺吸处出现斑点，变黄、变红，或组织增殖，畸形发展，形成卷叶甚至枯萎；不少种类能分泌蜜露，诱致煤烟病，还有些种类可以传播植物病毒病。

**3.主要科的特征**

同翅目全世界记载有45 000多种，我国已知3 000多种。根据周尧教授1963年的意见，分为5个亚目。和农业生产关系密切的有下列各科(图1-3-6、图1-3-7)。

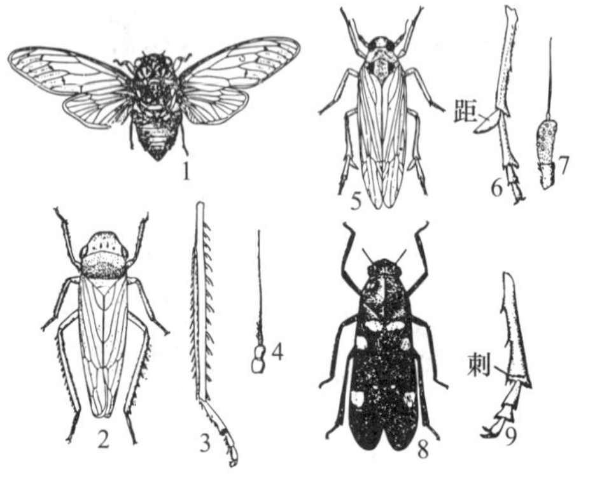


**图1-3-6 同翅目主要科(一)**

1.蝉科 2.叶蝉科 3叶蝉科后足 4.叶蝉科触角 5.飞虱科 6.飞虱科后足 7.飞虱科触角 8.沫蝉科 9.沫蝉科后足

(周至宏、王助引.1996.植物保护学总论)

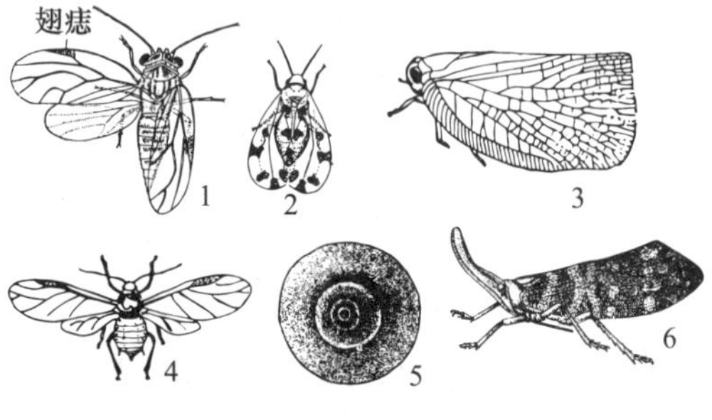


**图1-3-7 同翅目主要科(二)**

1.木虱科 2.粉虱科 3.蛾蜡蝉科 4.蚜科 5.盾蚧科 6.蜡蝉科

(周至宏、王助引.1996.植物保护学总论)

(1)蝉科(Cicadidae) 体中至大型。单眼3个，触角刚毛状，生于两复眼前方。翅膜质透明，翅脉粗大。前足开掘式。雄虫腹部第一节有鸣器。成、若虫均刺吸植物汁液。雌成虫产卵于树木枝条中，易使枝条枯死，若虫钻入土中吸食根部汁液。若虫蜕皮入药，称“蝉蜕”。常见的如黑蚱蝉、黄蟪蛄、红蝉(红娘子)，可作药用。

(2)叶蝉科(Cicadellidae) 体小型，具有跳跃能力。触角刚毛状，着生于头前方两复眼之间。单眼2个，或无。前翅革质。后足胫节棱脊上有2～4列刺状毛。有横向爬行习性。产卵器锯状，产卵于植物组织内，有些种类传播植物病毒病。趋光性强。重要的农业害虫有黑尾叶蝉、大青叶蝉、小绿叶蝉等。

(3)飞虱科(Delphacidae) 体小型。触角短，刚毛状。单眼2个。喙出自头部。翅膜质透明，不少种类有长翅和短翅二型。短翅型雌虫体肥大，繁殖力强。足能跳跃，但非典型的跳跃足；跗节3节；后足胫节端部有1个能活动的距。卵产于植物组织内。重要的农业害虫有褐飞虱、白背飞虱、灰飞虱和甘蔗扁角飞虱等。

(4)沫蝉科(Cercopidae) 体中型。前翅革质，后足跳跃式，胫节端部有2圈端刺，第一、二跗节有端刺。若虫能分泌泡沫保护自己，故有"吹泡虫"之称。重要害虫如稻赤斑黑沫蝉。

(5)木虱科(Psyllidae) 体小型，活泼。触角10节，末端开叉。跗节2节。前翅基部生出1条脉纹，中途3分支，每支再2分支。若虫体被蜡粉。多数加害木本植物，如榕树木虱、梨木虱等。

(6)粉虱科(Aleyrodidae) 体微小，仅1～3 mm。成虫体及翅上被白色蜡粉。触角细长，丝状，7节。单眼2个。前翅最多有3条翅脉，后翅只有1条；静止时翅平放背上或成屋脊状。跗节2节。卵小，有柄，附着在植物上。从卵中孵出的1龄若虫，可用足爬行，第1次蜕皮后，足和触角消失，虫体固着在植物上。若虫共4龄，末龄若虫的体壁硬化，形状似蛹，称为"蛹"壳，是本科分类的主要依据。重要的农业害虫有柑橘刺粉虱、温室白粉虱等。

(7)蛾蜡蝉科(Flatidae) 体中型，状似蛾。前翅宽大成长方形，脉序复杂，前翅前缘多横脉，爪片上散生颗粒状的突起。常见的有白蛾蜡蝉为害各种果树。和本科分类地位相近的有蜡蝉科(Fulgoridae)为害龙眼、荔枝的"龙眼鸡"。

(8)蚜科(Aphididae) 体微小，柔软。触角大多6节，细丝状，其上有圆形或椭圆形的感觉孔，复眼1对；单眼3个，无翅型大多数退化。口器刺吸式，有翅和无翅型。翅膜质透明，前翅大，后翅小，前翅有翅痣。

腹部第6节背面两侧生有1对圆柱状腹管，腹末有突起的尾片。常有世代交替或转主现象。

蚜虫每年能发生很多世代。夏、秋季营孤雌胎生，秋、冬季可出现有性雌雄蚜，交配后北方蚜虫产卵越冬，在广西以若虫越冬。有多型现象。在环境条件或营养条件变劣时，产生有翅蚜迁移。本科的重要害虫有菜蚜、橘蚜、桃蚜等。

(9)绵蚧科(Monophlebidae) 也称硕蚧科。体小型。雌虫无翅，椭圆形，常被蜡粉，分节明显。触角6～11节。足发达。产卵期有的有卵袋。雄虫有1对翅，有复眼和单眼，触角10节。成若虫均可活动。主要害虫有吹绵蚧等。

(10)粉蚧科(Pseudococcidae) 雌性成虫外形同绵蚧科相似，但体壁通常柔软，被有蜡粉，有时身体侧面的蜡粉突出成线状，腹部末节有2瓣状突起，其上各有一根刺毛，产卵时有卵袋。常见的种类有橘小粉蚧、柑橘粉蚧等。

(11)盾蚧科(Diaspididae) 若虫和雌成虫都被介壳，介壳较薄。雌成虫无翅，介壳背面由两层蜕皮和一层丝质分泌物重叠而成。虫体盖在介壳下。触角退化，无足，无复眼。雄虫微小，有1对翅或无翅，触角发达。本科的重要害虫有桑盾蚧、矢尖蚧、褐圆蚧等。

(12)蜡蚧科(Coccidae) 雌成虫无翅，长卵圆形、扁平形、半圆形或球形，有革质或坚硬的外骨骼。若虫和雌成虫都被介壳，介壳较厚。体躯分节不明显。触角多为 6～8 节。雄虫有 1 对翅或无翅。本科的重要种类有红蜡蚧、灰蜡蚧、龟蜡蚧等。

(13)其他科简介

三斑广翅蜡蝉(成虫)

三斑广翅蜡蝉(若虫)

广翅蜡蝉科：成虫体长 1 cm 左右，黑褐色至烟褐色，疏被白蜡粉。触角刚毛状，短小。单眼 2 个，红色。前翅革质，密布纵横脉，翅面被稀薄白色蜡粉。后翅半透明。若虫体被白色蜡粉，善跳跃，腹末白色蜡丝可作孔雀开屏状动作。如三斑广翅蜡蝉。

### (五)缨翅目 Thhymnoptera

缨翅目昆虫通称蓟马。

**1.形态特征**

体长 0.5～7.0 mm，多数微小。头部下口式，口器锉吸式。复眼大，圆形；单眼 3 个，无翅种类无单眼。触角 6～9 节。有翅种类翅 2 对，膜质狭长，边缘有长缘毛，翅脉最多只有 2 条纵脉，能飞。腹部末端呈圆锥状或细管状，有锯状产卵器或无产卵器(图 1-3-8)。

**图 1-3-8 缨翅目代表**
(彩万志等.2011.普通昆虫学)

**2.生物学特性**

不完全变态。有长翅型、短翅型和无翅型。卵生或卵胎生，偶有孤雌生殖。卵很小，肾形或长卵形，产在植物组织里或裂缝中。多数种类植食性，是农业害虫，少数以捕食蚜虫、螨类和其他蓟马为生，是有益天敌。

**3.主要科特征**

(1)蓟马科(Thripidae) 体略扁平。触角 6～8 节。有翅或无翅。前翅翅脉 2 条，后翅 2 条，翅面上有微毛。产卵器锯状，侧面观尖端向腹方弯曲(图 1-1-39)。为害多种植物的叶、果实、芽和花。重要种类有稻蓟马、烟蓟马和温室蓟马等。

蓟马

(2)管蓟马科(Phlaeothripidae) 又名皮蓟马科。体黑色或暗褐色。翅白色、烟黑色或有斑纹。触角 8 节，少数 7 节。前后翅均无翅脉，翅面光滑无毛。腹部末端管状，生有较长的刺毛。雌虫无产卵管。重要的农业害虫有稻管蓟马等。

(3)纹蓟马科(Aeolothripidae) 触角 9 节。前翅较宽，有横脉；产卵器端部向上弯曲。如纹蓟马。多在豆科植物上捕食蚜虫、其他蓟马等。

### (六)脉翅目 Neuroptera

脉翅目昆虫常称为“蛉”。本目昆虫有 4 500 多种，我国有 662 种。

**1.形态特征**

一般中、小型，也有大型种类。头下口式，口器咀嚼式。复眼大，相隔较远；一般无单眼，有些种类有单眼 3 个。触角细长，丝状、念珠状、栉齿状或球杆状。翅膜质，静止时呈屋脊状。翅脉密而多，网状，边缘多分叉；少数种类翅脉较少，边缘不分叉。跗节 5 节，爪 2 个。

**2.生物学特性**

属完全变态昆虫。卵长形，有的有长柄。幼虫胸足发达，双刺式口器。幼虫和成虫都是肉食性的，捕食蚜虫、蚁和鳞翅目幼虫。飞行力弱，大多有趋光性。

**3.主要科特征(图 1-3-9)**

(1)草蛉科(Chrysopidae)　体型中等，柔弱，绿、黄或灰色。翅展 31～65 mm。头小。触角丝状，长于体长。翅膜质透明，前后翅相似，后翅略小。前缘区有横脉 30 条以下，不分叉，翅外缘的翅脉分叉。卵有长柄。幼虫口器双刺式，有蚜狮之称。蛹外有白色圆形的茧。用于生物防治的常见种类有大草蛉、丽草蛉、中华草蛉等。

草蛉

(2)蚁蛉科(Myrmeleontidae)　体细长，外形略似蜻蜓。触角短棒状，翅很狭长，前后翅的形状大小及脉序相似，有时有斑纹。幼虫多在沙土地上筑漏斗形的陷阱，捕食蚂蚁及其他经过的小虫，俗称“倒退牛”，入中药用。常见的种类有蚁蛉及斑翅蚁蛉。

(3)蝶角蛉科(Ascalaphidae)　大型种类，体长 40～50 mm，外形很像蜻蜓。触角长，端部膨大而扁；前后翅形状与脉序相似，后翅稍短。常在空中飞翔，捕食小虫。常见种类是蝶角蛉。

(4)其他常见科简介　粉蛉科(Coniopterygidae)：体小型，体翅都被白色蜡粉而得名。触角念珠状，前后翅相似，翅脉少，到边缘不分叉。常见有中华粉蛉。

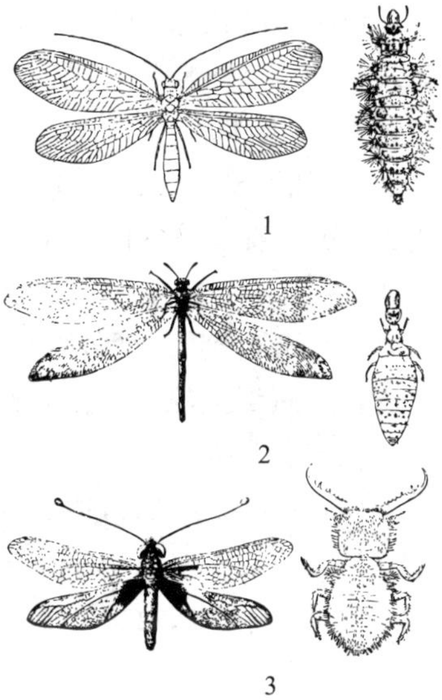


**图 1-3-9　脉翅目代表**

1.草蛉科(成虫，幼虫)
2.蚁蛉科(成虫，幼虫)
3.蝶角蛉科(成虫，幼虫)
(北京农业大学.1981.昆虫学通论)

## (七)鞘翅目 Coleoptera

鞘翅目昆虫因有坚硬如甲的前翅，常称为“甲虫”。本目是昆虫纲中种类、数量最多的一个目，也是为害农作物的第二大目。益虫、害虫均有。

**1.形态特征**

小至大型，体坚硬。口器咀嚼式；头部坚硬，前口式或下口式，正常或延长成喙。复眼发达，触角多样，线状、棒状、念珠状、锯齿状、双栉齿状、锤状、膝状和鳃叶状等；通常无单眼，偶有单眼 1～2 个。前胸发达，常露出三角形的中胸小盾片；前翅硬化，角质，为鞘翅，休息时放于腹背上，盖住大部分腹部，有的鞘翅很短，可见 7～8 节，但腹部末端绝无尾铗。后翅膜质，折叠在鞘翅下面；也有短翅的及完全无后翅的。足多数为步行足，也有跳跃、开掘、抱握、游泳等类型。各足跗节的节数有 5-5-5、5-5-4、4-4-4 和 3-3-3 等类型。

**2.生物学特性**

完全变态。卵呈圆形或圆球形等，幼虫一般体狭长。头部发达，坚硬；口器咀嚼式。幼虫至少有 4 个类型：步甲型的胸足发达，行动活泼，捕食其他昆虫，如步甲幼虫；蛴螬型的肥大弯曲，有胸足，但不善爬行，为害植物根部，如金龟甲幼虫；天牛型为直圆筒形，略扁，足退化，钻蛀为害，如天牛幼虫；象甲型的中部特别肥胖，弯曲而无足，如豆象幼虫。蛹为裸蛹。甲虫多数陆生，也有水生的。少数是肉食性的，可作益虫看待。多数是植食性的，为害植物的根、茎、叶、花、果实和种子。鞘翅目昆虫多数是幼虫期为害，但也有成虫期继续为害的(如叶甲)。成虫常有假死习性，大多数有趋光性。

**3.亚目的区分和主要科特征**

本目是昆虫纲中最大的目，已知种达 33 万种，约占全部昆虫种类的 40%，我国已知 18 405 种。可分为原鞘亚目、藻食亚目、肉食亚目和多食亚目。与农业生产关系较大的有肉食亚目和多食亚目。

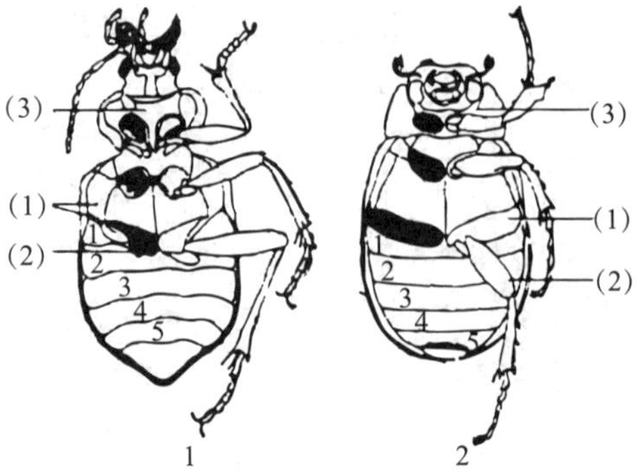


**图 1-3-10　鞘翅目的腹面特征**

1.肉食亚目(步甲)：(1)后侧片　(2)基节窝　(3)前胸腹板　2.多食亚目(金龟甲)：(1)基节　(2)腿节　(3)前胸腹板

(陕西省汉中农业学校.1993.农业昆虫学)

A.肉食亚目 Adephaga

第一腹节腹板为后足基节所分开。触角多为线状。跗节通常 5 节(图 1-3-10)。绝大部分肉食性。

(1)虎甲科(Cicindelidae)　体中型，色鲜艳。头大，复眼突出，头比前胸宽。下口式。翅发达，飞翔迅速，但有的种类无后翅。幼虫体细长，白色，有毛疣；头部坚强，上颚发达；腹节第五节背面 1 对倒逆的钩刺。成虫、幼虫均为捕食性。如多型虎甲、中华虎甲等(图 1-3-11)。

(2)步甲科(Carabidae)　体小至大型。前口式，头比前胸狭。触角丝状，11 节。足细长，适于步行。跗节式 5-5-5。后翅通常退化，不能飞翔。幼虫体长，活泼；上颚突出；腹末端背面有 1 对尾突。成虫、幼虫以昆虫、蚯蚓、蜗牛为食。常见的如中华广肩步甲、黄缘步甲等(图 1-3-11)。

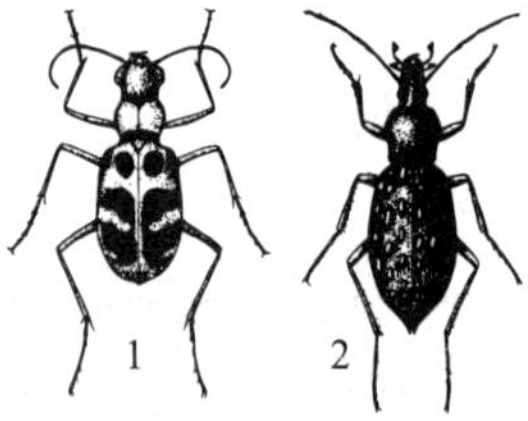


**图 1-3-11　肉食亚目重要科的代表**

1.虎甲科　2.步甲科

(李清西.2002.植物保护)

(3)龙虱科(Dytiscidae)　水生甲虫，小至大型。体椭圆形，扁平而光滑，有光泽，后翅发达，能飞。后足很大，远离中足。3 对足均为游泳足。幼虫肉食甲型。体细长，略扁。头大，足 5 节，有长毛。腹部 8 节，末 2 节呈长管状，且有毛(图 1-3-12)。成、幼虫均生活在水中，捕食水生动物，包括水生昆虫、甲壳类及小鱼，为养鱼业大害，农业上也有为害水稻秧苗的记载。成虫有趋光性。常见种类为黄缘龙虱，南方作为食品。

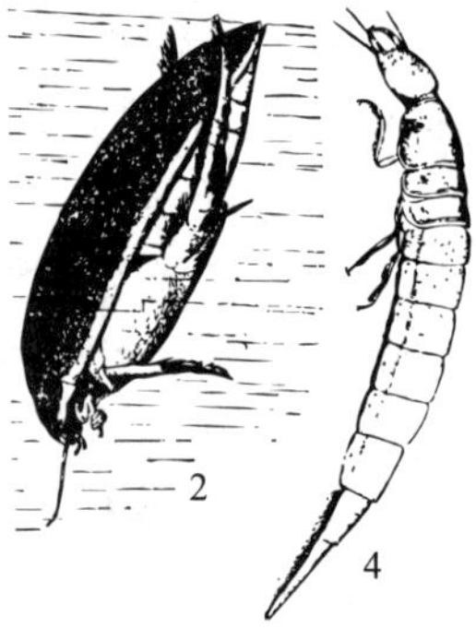


**图 1-3-12　龙虱科成虫和幼虫**

(北京农业大学.1981.昆虫学通论)

B.多食亚目 Polyphaga

第一腹节腹板不被后足基节分开。触角与跗节有种种变化。植食性或肉食性。

(1)鳃金龟科(Melolonthidae)　鳃金龟科是金龟总科中最大的科，我国有近 500 种。体小至大型，略呈圆筒形，平滑，有条纹或皱纹，部分有毛。体色有黑、褐、绿、蓝及各种金属光泽。雄虫头部有时有角状突起。触角鳃叶状。后足爪等大，胫节有 1 齿。幼虫为害植物根部，是重要的地下害虫。常见害虫有暗黑鳃金龟、华北大黑鳃金龟等(图 1-3-13)。

(2)丽金龟科(Rutelidae)　体中型，光亮，有金属的蓝、绿、褐、黄、金和红色。和鳃金龟科近缘,可以根据后足胫节有 2 个距,后足爪不相等的特征与鳃金龟科相区别。成虫为害森林、果树,喜食阔叶树叶。幼虫为地下害虫。重要害虫有铜绿异丽金龟。

(3)叩头甲科(Elateridae) 体小至大型,灰褐或棕色。头小,紧接于前胸。触角 11 节,锯齿状、栉齿状或丝状,雌雄常有差异。前胸背板发达,后侧有锐刺突出。前胸腹板中间有 1 尖突起,向后延伸,嵌在中胸腹板的凹陷内。前胸和中胸之间有关节,可以活动。各足跗节 5 节。幼虫称为"金针虫",体细长,圆筒形或稍扁,黄色或黄褐色,皮肤光滑坚韧,头和末节特别坚硬,有 3 对胸足;大多生活在土壤中,取食植物的根、块茎和播下的种子。如沟金针虫、细胸金针虫等(图 1-3-13)。

(4)吉丁虫科(Buprrslidae) 体多小至中型。有绿、蓝、青、紫、古铜等美丽的金属光泽。头小,垂直,嵌入前胸。触角多短,锯齿状,11 节。前胸背板后侧角不呈刺状;前胸腹板后端向后延伸,嵌入中胸腹板的凹槽,但无关节,不能活动。足短,跗节 5 节。幼虫乳白色,体扁,前胸特大,蛀食木材韧皮部。主要害虫有柑橘小吉丁虫、金缘吉丁虫等(图 1-3-14)。

天牛(成虫)

(5)天牛科(Cerambyddae) 体呈长筒形,略扁。头大,上颚发达。触角特别长,丝状,有时超过体长,也有较短的种类。复眼肾形,围在触角基部,有时断开成 2 个。足细长,跗节隐 5 节(假 4 节)。后翅发达,适于飞行。幼虫钻蛀树木茎根,为害严重。常见害虫有星天牛、橘褐天牛等(图 1-1-14)。

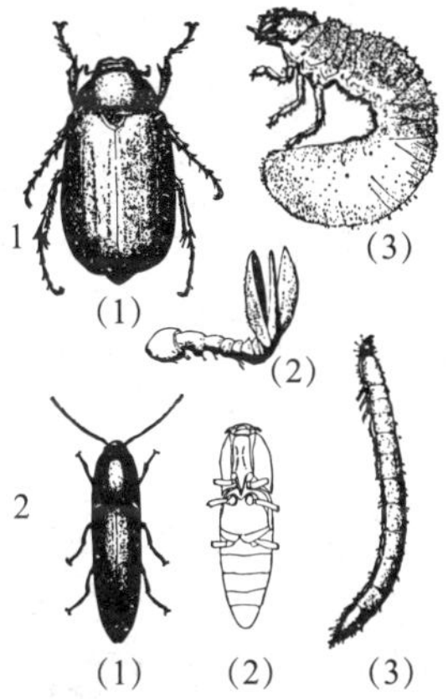


**图 1-3-13 鳃金龟科和叩头甲科**

1.鳃金龟科:(1)成虫 (2)触角 (3) 幼虫
2.叩头甲科:(1)成虫 (2)成虫腹面 (3)幼虫
(陕西省汉中农业学校.1993.农业昆虫学)

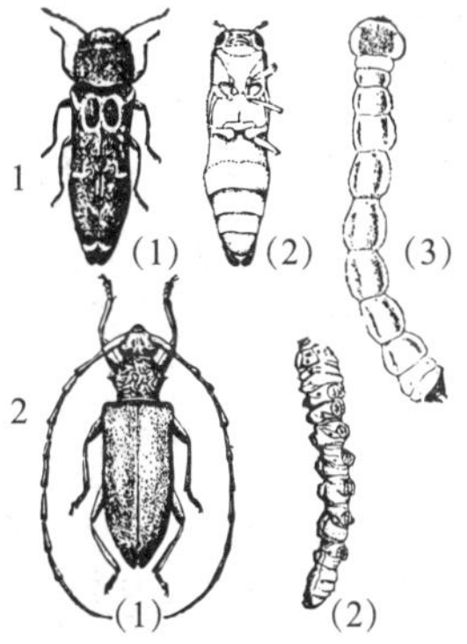


**图 1-3-14 吉丁虫科和天牛科**

1.吉丁虫科:(1)成虫 (2)成虫腹面
(3)幼虫 2.天牛科:(1)成虫 (2)幼虫
(陕西省汉中农业学校.1993.农业昆虫学)

(6)叶甲科(Chrysomdidae) 体小至中型,大多为长卵形,也有半球形。触角丝状,一般不超过体长之半,伸向前方。跗节隐 5 节。本科又名"金花虫",幼虫和成虫均食叶形成缺刻。主要害虫有大猿叶虫、小猿叶虫、黄守瓜、黄曲条跳甲等(图 1-3-15)。

叶甲

(7)瓢虫科(Coccinellidae) 体小至中型,半球形,偶有长卵形,体色鲜艳。头小，嵌入前胸甚深。触角前端3节膨大成锤状。足短，跗节隐4节，第3节很小，隐藏在第2节之间，第2节分为2叶，因而外观似为3节(又称假3节)。幼虫纺锤形，寡足型，体多枝刺或毛瘤(图1-3-15)。本科有肉食性和植食性两类。肉食性瓢虫成虫体背光滑无毛有光泽，幼虫体背毛突多，上生柔软的刚毛。植食性瓢虫成虫体背有毛少光泽，幼虫体上刺突坚硬，上生分枝的刺。

常见肉食性益虫有澳洲瓢虫、龟纹瓢虫、黑襟毛瓢虫、七星瓢虫等，植食性害虫有马铃薯瓢虫和茄二十八星瓢虫等。

(8)芫菁科(Meloidae)　体长形，鞘翅较软。头大而能动，下口式。触角11节，丝状；雄虫触角中间有几节膨大。前胸狭，鞘翅末端不完全切合。跗节5-5-4式。复变态。幼虫期是蝗虫的天敌。成虫以豆科植物的叶片为食，是农业害虫。常见种类有豆芫菁(图1-3-15)。

(9)象甲科　又称象鼻虫。其特点为头部延长成象鼻状或喙状。触角呈膝状弯曲，11节，前端3节膨大。体坚硬。跗节5节。幼虫体柔软肥胖，无足。成、幼虫均为植食性，有吃叶、蛀茎、蛀根、蛀果实或种子、卷叶或潜叶等多种习性。重要害虫有香蕉双黑带象甲、甘薯小象甲等(图1-3-15)。

(10)拟步甲科(Tenebrionidae)　多为黑色或暗褐色，扁平，坚硬。头小，部分嵌入前胸背板。触角10～11节，丝状或锤状。前胸背板发达，鞘翅盖达腹部末端，腹板可见5节。外形和步甲科相似，但跗节为5-5-4式。幼虫和叩头甲科幼虫相似，有“伪金针虫”之称，其区别是本科幼虫上唇和额之间有明显的横缝，前足一般比中后足粗。植食性，幼虫在土中或树皮中栖居，为害玉米、高粱、大豆及果苗，有的种类为害贮粮和食用菌(图1-3-16)。

(11)小蠹科(Scolytidae)　体圆筒形，色暗，头比前胸狭，喙短宽，稍向前延伸。触角短，锤状。成、幼虫蛀食形成层或蛀食贮粮(图1-3-16)。

(12)豆象科(Bruchidae)　体小型，卵圆形。头部突出，能自由转动。触角11节，锯齿状或双栉齿状。鞘翅末端截断状，尾节露出。腹板可见6节。跗节隐5节。幼虫为害豆科植物的种子。常见害虫有绿豆象、豌豆象等(图1-3-16)。

绿豆象

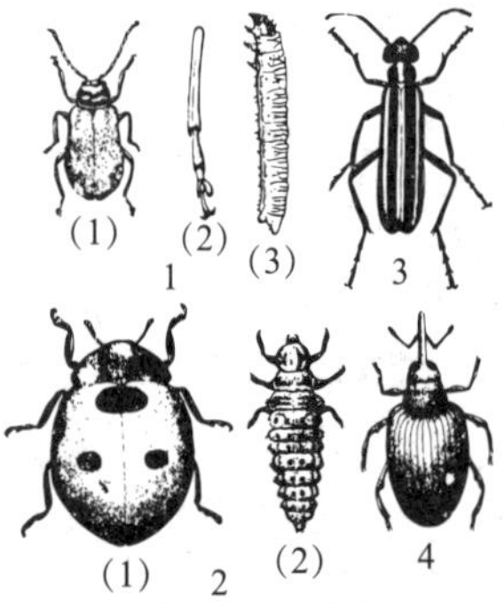


**图1-3-15　叶甲科、瓢虫科、芫菁科、象甲科**

1.叶甲科：(1)成虫　(2)成虫足胫节　(3)幼虫

2.瓢虫科：(1)成虫　(2)幼虫　3.芫菁科　4.象甲科

(陕西省汉中农业学校.1993.农业昆虫学)

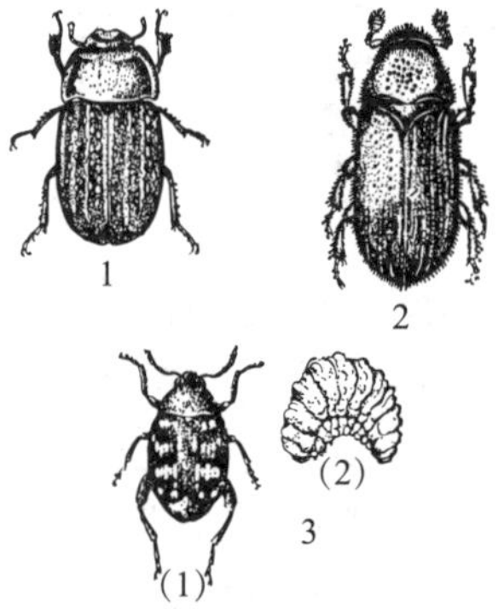


**图1-3-16　拟步甲科、小蠹科、豆象科**

1.拟步甲科　2.小蠹科

3.豆象科：(1)成虫　(2)幼虫

(陕西省汉中农业学校.1993.农业昆虫学)

(13)水龟虫科(Hydrophilidae)　水生甲虫，外形似龙虱，但背面更隆起。中胸腹面有一条长的中脊起，鞘翅盖住腹部，后翅能飞。

(14)萤科(Lampyridae)　头小，完全被大型的前胸背板所盖住。雄触角梳状或扇状。腹部可见腹板 6～7 节。通常有发光器。雌虫有时无翅。幼虫也有发光器。成虫和幼虫都在晚间活动，捕食蜗牛、小的昆虫和甲壳类。常见种有红胸萤等。

萤火虫(幼虫)

(15)隐翅甲科(Staphilinidae)　小型或中型，体长，头大，前口式，鞘翅极短，没有盖住腹部的一半。后翅发达或退化，平时褶起放在鞘翅下。腹部各节能弯曲。常见种有青翅蚁形隐翅虫，为益虫，可捕食水稻害虫。

(16)皮蠹科(Dermestidae)　体小至中型，卵圆形或蚕茧形，被鳞片和细绒毛。头小，向下弯曲，背面隆起。触角短，棒状或锤状，11 节。鞘翅盖住腹部。后翅发达，能飞。足短，各足跗节 5 节。幼虫体上有许多或长或短的毛。成虫和幼虫嗜食干的动物质，如皮毛、干肉、鱼干、动物和昆虫标本等，有时也为害种子和粮食。重要种类如谷斑皮蠹、黑皮蠹等。

(17)其他常见科简介

①锹甲科　体中型至特大型，体扁椭圆形或扁卵圆形，体色多数棕褐、黑褐至黑色，或有棕红、黄褐色等色斑，有些种类有金属光泽。头前口式，性二型现象显著，雄虫头部大，接近前胸之大小，上颚异常发达，多呈鹿角状。触角鳃片部呈梳状。成虫食液、食蜜，幼虫腐食性，栖食朽木。

②露尾甲科　体微小至小型，倒卵圆形至长形，稍扁平，背面密生柔毛。触角短，端部 3 节膨大；前胸背板宽大于长；鞘翅宽大，腹末 1～3 节背板外露。多为腐食性，取食谷物、干果、菌类、新鲜及腐败果实、花卉、树皮等，少数捕食性。

鞘翅目主要科幼虫类型见图 1-3-17、图 1-3-18。

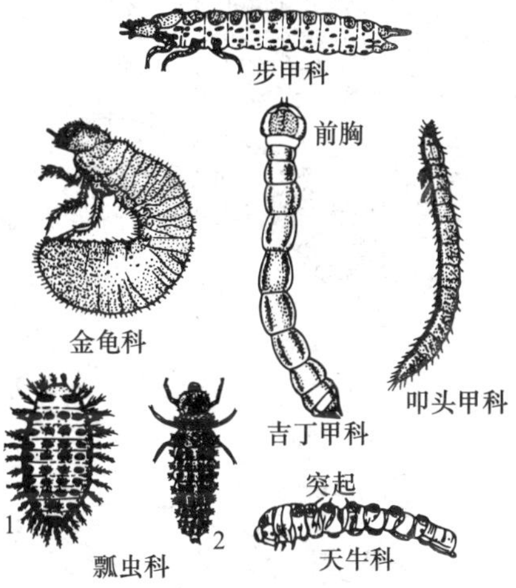


**图 1-3-17　鞘翅目幼虫类型**

1.二十八星瓢虫　2.七星瓢虫

（安徽省宿县农业学校，黑龙江佳木斯农业学校.1999.农业昆虫实验指导书）

### （八）鳞翅目 Lepidoptera

鳞翅目包括蝶类与蛾类。是昆虫纲中第二大目，也是为害农作物最严重的一个目，本目昆虫除吸果夜蛾类成虫期也能为害外，其余均以幼虫为害。

许多种类均是农林植物的大害虫，如三化螟、黏虫、斜纹夜蛾、小地老虎等，但家蚕、柞蚕、蓖麻蚕是重要的益虫。

**1.形态特征**

体小至大型，体翅密被鳞片，翅展 5～200 mm 及以上。触角丝状、梳状、羽状、棍棒、球杆状和末端钩状等多种形状。复眼发达，单眼 2 个或无。口器虹吸式，喙管不用时呈发条状卷曲在头下。前胸小，中胸最大，后胸相对较小，翅 2 对，翅脉发达，少数原始种类前后翅翅脉相似，大多数种类前翅比后翅大；翅的基部中央由脉纹围成一个大型翅室，称“中室”；翅膜质，覆盖有各种颜色的鳞片，前翅上的鳞片组成一定的斑纹，是重要的分类特征(图 1-3-19)。透翅蛾科的翅大部透明，无鳞片。

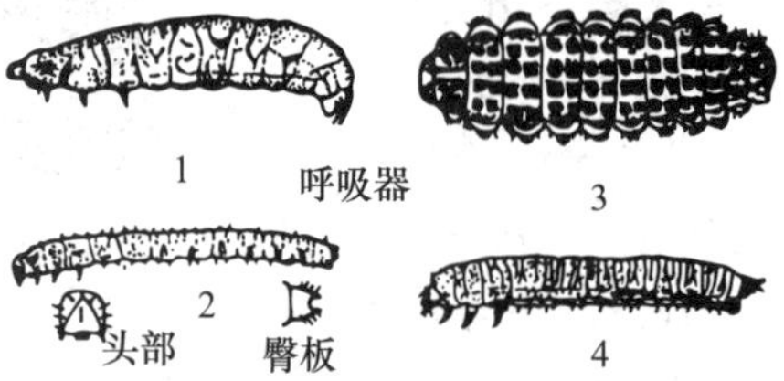


图 1-3-18 叶甲科幼虫

1.水稻食根金花虫 2.莱蓝跳甲

3.葡萄叶甲 4.黄守瓜

（安徽省宿县农业学校，黑龙江佳木斯农业学校.1999.农业昆虫实验指导书）

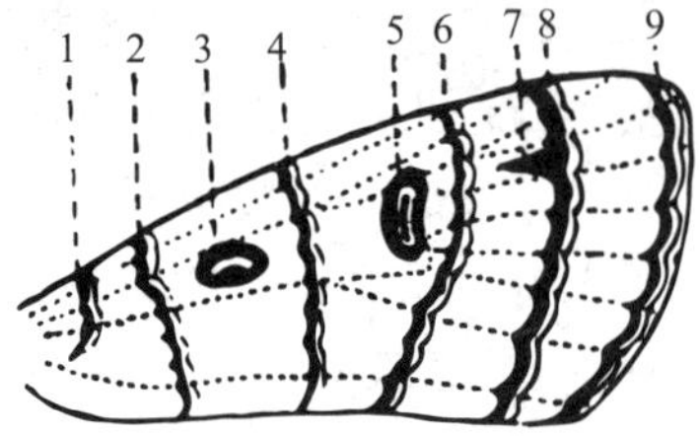


图 1-3-19 蛾类前翅模式线纹

1.基横线 2.内横线 3.环状纹

4.中横线 5.肾状纹 6.外横线

7.楔状纹 8.亚外缘线 9.外缘线

（陕西省汉中农业学校.1993.农业昆虫学）

幼虫体圆柱形，柔软。头部坚硬，每侧有 6 个单眼，唇基大，三角形，额很狭，呈"人"字形；口器咀嚼式，下唇叶变成一中间突起，叫吐丝器，能吐出丝线。胸腹部区分不明显，统称胴部。胴部上有时有线纹、毛瘤(图 1-3-20)。除 3 对胸足外，一般有腹足 2～5 对。腹足的对数有不同变化。腹足底面有钩状刺，称趾钩(图 1-3-21)。胴部的线纹数目、色泽及毛瘤多少和排列、腹足排列形式及腹足数目等，都是本目幼虫分类上常用的特征。

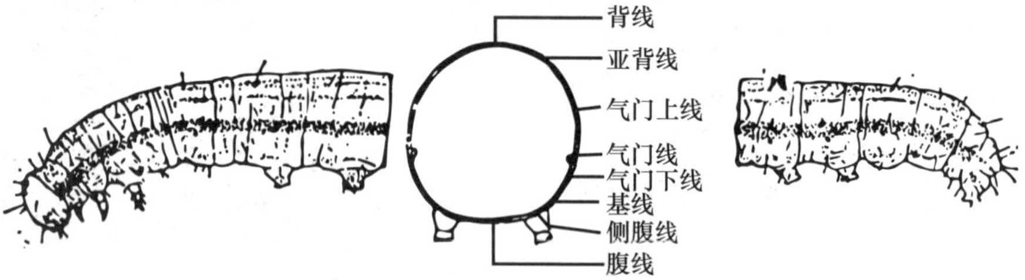


图 1-3-20 鳞翅目幼虫体线图

（袁锋.2002.农业昆虫学）

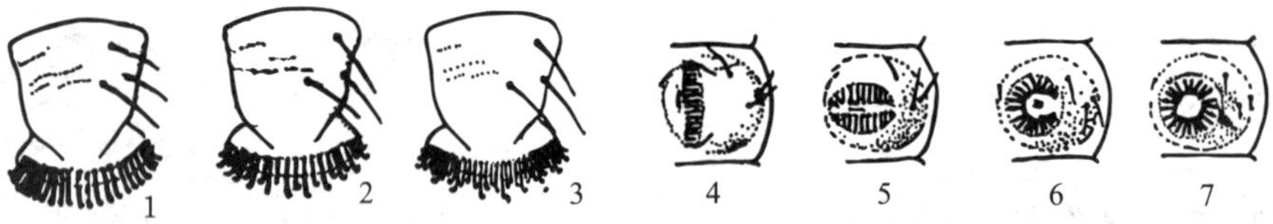


图 1-3-21 鳞翅目幼虫腹足的趾钩体线图

1.单序 2.二序 3.三序 4.中列式 5.二横带 6.缺环式 7.环式

（袁锋.2002.农业昆虫学）

**2.生物学特性**

完全变态。卵呈圆球形、半球形、馒头形、圆锥形、鼓形，表面有刻纹，单粒或多粒集聚黏附于植物上。鳞翅目幼虫绝大多数是植食性的，食叶、潜叶、蛀茎、蛀果、蛀根、蛀种子，也为害贮藏物品，如粮食、干果、药材和皮毛等。极少数种类是捕食性或寄生性的，如某些灰蝶科幼虫以蚜虫、介壳虫为食。蛹为被蛹。

成虫和幼虫食性不同。成虫口器多为虹吸式。吸食花蜜作为补充营养，一般不为害作物。有的种类根本不取食，完成交配产卵之后即行死亡。少数“吸果蛾类”的喙管末端坚实而尖锐，能刺破果皮吸收汁液。卵多产在幼虫所取食的植物上。

**3.亚目的区分和主要科特征**

全世界鳞翅目昆虫达 200 000 种，其中蝶类约 18 000 种，我国有鳞翅目昆虫 16 699 种，其中蝶类约 1 300 种。不同学者分类系统不同。一般分为 3 个亚目。其中 98%以上都属于有喙亚目。本目中重要的亚目、科有：

A.蝶亚目(锤角亚目)Rhopalocera

通称蝴蝶。触角端部膨大成棒状或锤状。前后翅无特殊连接构造，飞翔时后翅肩区贴着在前翅下。白天活动，休息时翅竖立在背面或不时扇动。贴合式连接，休息时翅直立背上。主要有如下各科(图 1-3-22)。

(1)弄蝶科(Hesperiidae)　体中型或小型，粗壮，大多暗色，头大。触角前端膨大尖出，弯成小钩。幼虫无毛，体呈纺锤形，前胸细瘦呈颈状。幼虫常吐丝缀数叶片作苞，在内取食为害。重要的农业害虫有直纹稻弄蝶、隐纹谷弄蝶。

(2)粉蝶科(Pierididae)　体中型。翅大多为白色或黄色，偶有红色和蓝色底色的，有黑色或绿色斑纹。前翅三角形，前翅径脉只有 4 条，$R_2$、$R_4$、$R_5$ 3 条脉共柄，后翅卵圆形，前翅臀脉 1 条，后翅臀脉 2 条。足 3 对，正常。幼虫圆柱形，细长，表面有小颗粒，无毛或多毛，绿色或黄色，有的有纵线。主要害虫菜粉蝶、大菜粉蝶、云斑粉蝶、檀香粉蝶等。

(3)凤蝶科(Papilionidae)　大型美丽的蝶类。我国最大的凤蝶翅展达 150 mm 以上。翅有黑、绿、黄 3 种底色，缀以红、绿、蓝、黑色斑块或花纹，常有金属闪光。无尾突或有尾突，触角棒状，基部互相接近。翅三角形，后翅外缘呈波状，有尾状突起；前翅径脉 5 条，只 $R_4$ 和 $R_5$ 共柄，臀脉 2 条(2A、3A)。后翅基部上面有 1 钩状的肩横脉，臀脉 1 条(2A)。幼虫肥大，多数光滑，前胸前缘有臭腺，受惊时翻出体外，呈“Y”状。常见害虫有柑橘凤蝶和玉带凤蝶等。

(4)蛱蝶科(Nymphalidae)　体中至大型，有各种鲜艳的色斑、闪光，显得格外美丽。前足很退化，常缩起不起作用。触角端部特别膨大。前翅的中室闭式，后翅的中室开式。幼虫头部常有突起，胴部常有成对的棘刺。如苎麻赤蛱蝶和苎麻黄蛱蝶。

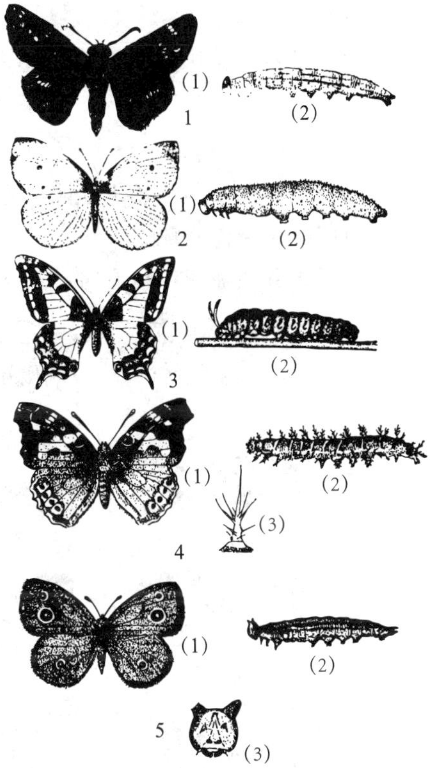


**图 1-3-22　蝶类重要科的代表**

1.弄蝶科(直纹稻弄蝶)：(1)成虫　(2)幼虫
2.粉蝶科(菜粉蝶)：(1)成虫　(2)幼虫
3.凤蝶科(黄凤蝶)：(1)成虫　(2)幼虫
4.蛱蝶科(大红蛱蝶)：(1)成虫　(2)幼虫
5.眼蝶科(稻眼蝶)：(1)成虫
(2)幼虫　(3)幼虫头部
(袁锋.2002.农业昆虫学)

(5)眼蝶科(Satyridae)　体小或中型，颜色多不鲜艳，翅上常有大小的眼状斑纹，前足退化。前翅脉纹基部膨大。幼虫体纺锤形，前胸和末端消瘦而中部肥大；头比前胸大，分为 2

瓣或有 2 个角状突起；肛板呈叉状。如为害水稻的稻眼蝶。

(6)其他科简介

金斑蝶饲养

①斑蝶科(Danaidae) 多为大型美丽的种类，触角上没有鳞片，棒状不明显，前足极退化，没有爪，经常缩在胸部下，不适于步行，雄性则前足端部膨大成球状。中室闭式。我国常见的种类是金斑蝶，为害夹竹桃等观赏植物和马利筋等药材。

②灰蝶科(Lycaenidae) 都是小型的种类，纤弱而美丽。触角有白色的环，眼的周围白色。后翅外缘常有尾状突起。前后翅的中室都是开式。如荔枝小灰蝶，幼虫为害荔枝果实。

B.轭翅亚目

包括低等蛾类。触角不呈棒状；上颚发达。前后翅连接为翅轭式，前后翅的脉序相似。常见科有：

蝙蝠蛾科(Hepialidae) 中药中的冬虫夏草就是真菌虫草菌，寄生于本科幼虫体上生成的。

C.缰翅亚目 Jugatae

包括大多数夜间活动的蛾类。触角线状、栉状或羽状，极少呈棒状；上颚不发达。休息时 4 翅伸展在身体两侧。

轭翅亚目和缰翅亚目有时统称为蛾类，主要有如下各科(图 1-3-23)：

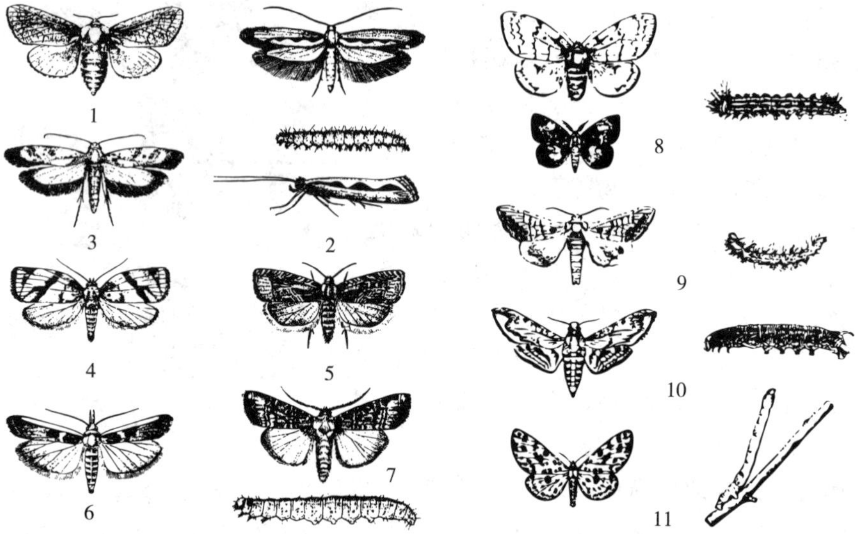


**图 1-3-23 蛾类重要科的代表**

1.木蠹蛾科 2.菜蛾科 3.麦蛾科 4.卷蛾科 5.小卷蛾科 6.螟蛾科 7.夜蛾科 8.毒蛾科 9.舟蛾科 10.天蛾科 11.尺蛾科

(李青西.2002.植物保护)

(1)木蠹蛾科(Cossidae) 中至大型，体粗壮，翅多灰色，有黑斑纹。触角栉齿状或羽毛状，无喙。幼虫粗壮，通常白色、黄色或红色，钻蛀多种树木，少数为害根部。如芳香木蠹蛾、大褐木蠹蛾等，为害果树及行道树。

(2)菜蛾科(Plutellidae) 体小型而狭长，色暗。触角在静止时伸向前方。下唇须第 2

节有三角形的毛丛。翅狭长，后翅菜刀形。幼虫小，绿色，圆筒形。臀足较长而往后斜伸。幼虫为害叶表面或潜叶、潜茎。主要害虫有小菜蛾。

(3)麦蛾科(Gelechiidae)　体小或微小，颜色暗淡。下唇须向上弯曲，长而伸过头顶。前后翅外缘和后翅内缘有长缘毛。前翅较后翅狭，后翅顶角尖，外缘内凹呈菜刀形。幼虫圆筒形，苍白色或粉红色。潜叶种类腹足和胸足均可能退化。重要害虫有麦蛾和甘薯麦蛾等。

(4)卷蛾科(Tortricidae)　小型，翅展通常不超过 20 mm。行动活泼，大多有保护色。体黄褐、褐、灰色，有条纹、斑点。下唇须第 1 节被厚鳞。前翅近长方形，休息时前翅平叠于背上略呈钟罩状。一般非挂果期卷叶为害，有果时蛀果为害。重要害虫有褐带长卷叶蛾、拟小黄卷叶蛾等。

(5)小卷蛾科(Olethreutidae)　与卷叶蛾极相似。前翅肩区不发达，前缘有一列短的斜纹，后翅中室下缘有栉状毛。幼虫蛀食荚、果。如甘蔗黄螟、大豆食心虫。

(6)螟蛾科(Pyralidae)　小型或中等，身体细长，腹部末端尖削。下唇须相当长，在头的前面或向上弯。后翅有发达的臀区。幼虫体细长，光滑，毛稀少，钻蛀或卷叶为害。本科重要害虫有玉米螟、三化螟、稻纵卷叶螟等。

(7)夜蛾科(Noetuidae)　体中型至大型，色暗，少数有鲜艳色彩，粗壮，多鳞片和毛。触角丝状，雄虫常为栉齿状。复眼大，常具单眼。前翅颜色略深，颜色常与栖居环境相似，后翅顶角圆钝，幼虫粗壮，腹足 5 对，少数种类第 3 腹节或第 3、4 节上的腹足退化，行走时似尺蛾幼虫。

夜蛾科是鳞翅目中最大的一科，有 2.1 万多种，我国已知 2 000 多种，包括许多重要害虫。根据其为害方式可分为 4 种类型：食叶种类，如黏虫、斜纹夜蛾、稻螟蛉等；蛀食种类，如大螟、棉铃虫和鼎点金刚钻等；切根种类，如小地老虎、大地老虎和黄地老虎等；成虫吸果种类，如嘴壶夜蛾、葡萄紫褐夜蛾等。

(8)毒蛾科(Lymantriidae)　体中型，强壮。触角双栉齿状。休息时，多毛的前足常伸向前方。雌虫有的无翅，腹部末端有成簇的毛，产卵时脱落覆盖卵块。幼虫生有毛瘤或毛刷，常在背上成 4 行排列，毛杆内常有毒液。趾钩单序中列式。茧丝质，其上混有幼虫的毒毛。重要害虫有盗毒蛾、舞毒蛾等。

(9)舟蛾科(Notodontidae)　又名天社蛾。中至大型，体灰色或浅黄色，前翅后缘中央常有突出的毛簇，静止时毛簇竖起如角。幼虫休息时头尾翘起似舟形，故称“舟形毛虫”。如高粱舟蛾(在广西为害甘蔗)、杨二尾舟蛾(在广西为害葡萄)。

(10)天蛾科(Sphingidae)　体大型，偶有中型的，粗壮，梭形。行动活泼，飞翔力强。触角中部加粗，末端弯曲成钩状。喙发达，有时长过身体。前翅大而狭，顶角尖而外缘倾斜。腹部第 1 节有听器。幼虫粗大，一般无毛，腹部每节分为 6～8 个小环，第 8 节背部有 1 尾角，是最易识别的特征。常见害虫有甘薯天蛾等。

(11)尺蛾科(Geometridae)　体小至中型，细弱。翅大而薄，休止时 4 翅平铺，前后翅斑纹相连，个别种类雌虫无翅。幼虫仅有 2 对腹足，行动时体呈拱桥状，一曲一伸，所以称“造桥虫”或“步曲”。如桑尺蠖、枣尺蠖、柿星尺蠖。

尺蛾(成虫)　尺蛾(幼虫)

(12)枯叶蛾科(Lasiocampidae) 中至大型,体粗壮多毛。触角羽毛状。单眼与喙退化。后翅肩角扩大,有些种类后翅外缘呈波状,休息时露于前翅两侧,形似枯叶而得名。幼虫粗壮,体被长短不一的长毛,化蛹于丝茧内。如黄褐天幕毛虫及各种松毛虫等。

(13)天蚕蛾科(Saturniidae) 亦称大蚕蛾科,体形特别大,色多绚丽。翅上一般有透明的斑,某些种类后翅有长的尾角。幼虫粗壮,体多枝刺。常见种类如樗蚕、蓖麻蚕等。

(14)潜蛾科(Lyonetiidae) 微小至小型。头颜面光滑,头项多有粗鳞,下颚须多发达;触角长。前翅披针形,顶角尖,略向上或向下弯曲;后翅线形,缘毛长。后足胫节多被长毛。幼虫扇形或圆筒形,常在叶内潜食为害。如柑橘潜叶蛾等。

(15)灯蛾科(Arctiidae) 体中型,粗壮且较鲜艳,腹部多为黄或红色,常有黑点。翅多为白、黄或灰色,翅面常有条纹或斑点。触角羽状或丝状。幼虫体被辐射状毛丛,毛丛着生在毛瘤上,毛长短较整齐。常见有人纹污灯蛾、红缘灯蛾、美国白蛾等。

(16)刺蛾科(Zimacodidae) 体中等大小,短而粗壮多毛,黄、褐或绿色,有红色或暗色斑纹。翅短而阔,有较厚的鳞和毛。幼虫又称洋辣子,体扁,生有枝刺和毒毛。胸足退化,腹足呈吸盘状,无趾钩。重要种类有黄刺蛾、褐刺蛾、扁刺蛾等,为害各种果树林木。

(17)透翅蛾科(Aegeriidae) 体狭长,小至中型,外形似蜂,黑褐色,常有红或黄色斑纹。触角棒状;雄的有齿或栉状。翅狭长,大部分透明,仅在翅缘和翅脉上有鳞片。足细长,有距。腹部尾端常生毛束。幼虫钻蛀木本植物的茎、枝条。如葡萄透翅蛾。

(18)袋蛾科(Psychidae) 又名蓑蛾、避债蛾。雌雄异形。雄蛾有翅,触角羽状,无喙,翅面鳞片薄,近于透明。雌虫无翅,形如幼虫,终生居住在幼虫编织的鞘中,交配时也不离鞘,卵就产在鞘内。幼虫肥胖,胸足发达,腹足 5 对,初龄就吐丝缀叶编织袋囊,取食时头胸伸出袋外,负鞘行走。囊外无或缀有小枝、碎叶。如大袋蛾。

鳞翅目主要科幼虫体形见图 1-3-24。

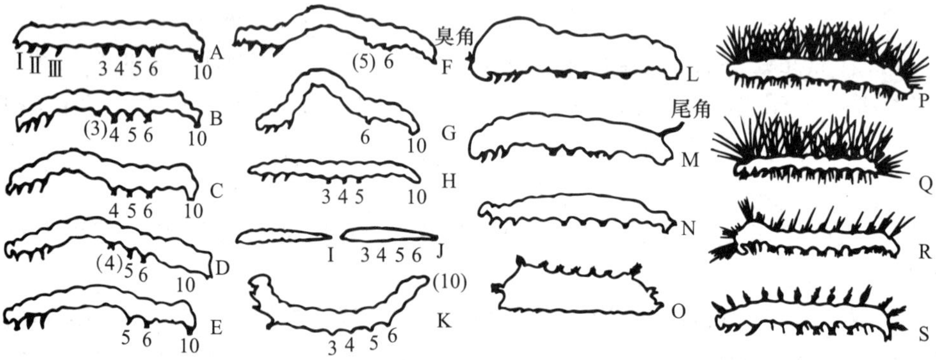


**图 1-3-24 鳞翅目幼虫体形图**

A～E.夜蛾科 F、G.尺蛾科 H.细蛾科 I、J.潜蛾科 K.舟蛾科 L.凤蝶科
M.天蛾科 N.弄蝶科 O.刺蛾科 P.灯蛾科 Q.毒蛾科 R.枯叶蛾科 S.蛱蝶科
(安徽省宿县农业学校,黑龙江佳木斯农业学校.1999.农业昆虫实验指导书)

## (九)双翅目 Diptera

双翅目包括蝇、蚊、虻等,是重要的卫生害虫,也有植食性、捕食性和寄生性的种类,和农业生产关系密切。

**1.形态特征**

体小至中型。体长 0.5～50 mm，翅展 1～100 mm。口器刺吸式或舐吸式；常为下口式。触角长而多节，或短而节少，或仅有三节，有丝状、念珠状、环毛状和具芒状等。复眼发达，有的种类左右复眼在背面相接的称合眼式，单眼 3 个。前翅发达，膜质，脉序简单，在臀区内方常有 1～3 个小型的瓣，后翅特化成平衡棒，只在飞翔时起平衡作用。跗节 5 节。雌虫腹部末端数节能伸缩，称伪产卵器。蝇类体外刚毛的排列称为鬃序，是分类的重要依据。

**2.生物学特性**

完全变态。卵一般呈长圆卵形。幼虫为无足型。根据头部骨化程度不同，可再分为全头型、半头型和无头型。喜欢潮湿的环境，有些种类幼虫生活在水中。蛹为离蛹、被蛹或围蛹。幼虫植食性、腐食性、粪食性、捕食性或寄生性均有。有些是农作物害虫，有些是家畜寄生性害虫，有些是寄生性或捕食性益虫，有些种类成虫吸食人畜血液，传染各种疾病。

**3.亚目的区分和主要科特征**

双翅目昆虫已知 15 万种，我国有 9 151 种。一般趋向于分为 3 个亚目，即长角亚目、短角亚目和芒角亚目（或称环裂亚目）。本目与农业有关的主要科有（图 1-3-25）：

A.长角亚目 Nematocera

触角长，一般长于头胸部，8～18 节有的多达 40 节。幼虫全头型。蛹为被蛹，少数离蛹，包括蚊、蠓、蚋。主要有如下各科：

(1)摇蚊科（Chironomidae） 体小或微型，柔弱。触角细长，14 节，多毛，基节膨大，雄性的环毛状。后胸有纵沟。足细长，前足特别长，休息时举起。翅狭，前面的脉纹较明显。幼虫细长，12 节，胸部第一节和腹部末节各有一伪足突起。多生活在水中。稻摇蚊，为害水稻。

(2)瘿蚊科（Cecidomyiidae） 体微小、瘦弱。足细长。触角长，10～36 节，念珠状，轮生细毛，雄虫常为环毛状。复眼发达，左右相接。有单眼。前翅阔，只有 3～5 条脉纹，横脉很少，基部只有一个闭室。幼虫体纺锤形，或后端较钝，头很退化，有触角，腹面第 2、3 节之间多有胸叉。中胸腹板上通常有剑骨片，是弹跳器官。成虫一般不取食，早晚活动，趋光性不强。幼虫的食性复杂，若干种类是植食性害虫，为害花、叶、茎、根和果实，并能形成虫瘿，因而有“瘿蚊”之名。也有腐食性、粪食性和寄生性种类。本科中重要害虫有稻瘿蚊、柑橘花蕾蛆、荔枝叶瘿蚊、龙眼叶球瘿蚊等。

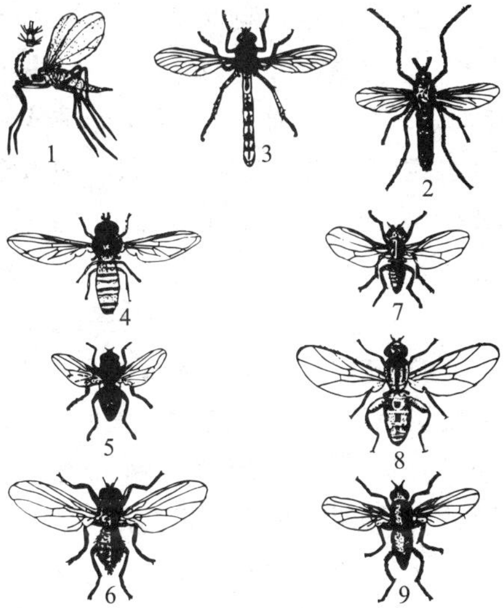


**图 1-3-25 双翅目重要科代表**

1.瘿蚊科 2.摇蚊科 3.食虫虻科
4.食蚜蝇科 5.寄蝇科 6.潜蝇科
7.水蝇科 8.黄潜蝇科 9.花蝇科
（周至宏、王助引.1996.植物保护学总论）

其他常见科还有大蚊科等。

B.短角亚目 Brachycera

触角短，比头胸部短，一般 3 节，第 3 节有分节遗迹或具端刺。幼虫半头型。蛹为被蛹。虻类。主要科有：

盗虻科（Asilidae） 又叫食虫虻科。体细长，多刺毛。头顶凹陷而复眼突出。成、幼虫均捕食小虫，吸食其汁液。常见的如中华盗虻。其他常见科还有虻科、水虻科等。

C.芒角亚目 Aristocera

触角3节，第3节上有1根刚毛状的刺毛，称触角芒。幼虫无头型。围蛹。主要有：

食蚜蝇幼虫
捕食蚜虫

(1)食蚜蝇科(Syrphidae) 体中等大小。头大。触角3节，芒状。外形像蜂，具蓝、绿等金属光泽和各种彩色斑纹。头大，与胸部约等宽；复眼大，雄的合眼式。前翅有与外缘平行的横脉，径脉和中脉之间有1条两端游离的伪脉。常在花上或芳香植物上飞舞，取食花蜜。幼虫无头式，长而略扁，后端截形，皮肤粗糙，体侧有短的突起。幼虫能捕食蚜虫、介壳虫、粉虱和叶蝉等害虫，也有在朽木、粪便中生活的。常见种有细腰食蚜蝇、黑带食蚜蝇等。

(2)寄蝇科(Tachinidae) 中型或小型。粗壮，灰黑色、黑色或褐色，全体长有粗黑刚毛。雄虫接眼式。触角芒常光滑。前翅发达，中脉第一分支向前弯曲。但后盾片发达，露在小盾片外呈一圆形突起。成虫活泼，白昼活动，常集于花上。幼虫寄生性，多寄生于鳞翅目幼虫和蛹，以及鞘翅目和直翅目等昆虫。寄生在家蚕体的寄蝇，则是重要害虫。常见种类如玉米螟厉寄蝇、黏虫缺须寄蝇等。

(3)潜蝇科(Agromyzidae) 体小型，长1.5～4 mm，黑色或黄色。触角短，第3节常呈球形，芒生于背面基部。翅前缘脉只有一个折断处，中脉间有2闭室，后方有一个小臀室，幼虫蛆式，体长4～5 mm，潜伏叶内取食。如豌豆潜叶蝇、美洲斑潜蝇。

(4)秆蝇科(Chloropidae) 也称黄潜蝇科。体微小或小型，少毛，多数绿或黄色。复眼发达，翅前缘脉只有一个断裂处；中脉间只有一个翅室，后面无臀室。幼虫圆柱形，长约6 mm，口钩明显，在植物茎内钻蛀为害。重要害虫如豆秆蝇。

(5)花蝇科(Anthomyiidae) 也称种蝇科。体小型或中型，细长多毛，一般为黑色、灰色或暗黄色。头大，能转动。复眼大，离眼式；雄虫左右复眼几乎相接。触角芒无毛或羽状。翅脉全是直的。腋瓣大。幼虫蛆式，圆柱形，后端截形，有6～7对突起。大多数腐食性，少数植食性，通常称为地蛆或根蛆。重要种类有种蝇、葱蝇、萝卜蝇等。

(6)实蝇科(Trypetidae) 小至中型。头大，有细颈。复眼大，常有绿色闪光。单眼有或无。翅阔，有褐色或黄色斑纹。休息时翅常展开并扇动。亚前缘脉末端突然弯曲向上。幼虫圆锥形，蛀食果实、茎、根，或在叶上穿孔，有的造成虫瘿或潜入叶内。本科有许多种是重要的害虫，例如柑橘大实蝇、瓜实蝇等。

(7)其他科简介 水蝇科(Ephydridae)：体小型，色暗。翅前缘脉有2个折断处。幼虫体纺锤形，末端延长成管状。多数水生。如稻水蝇、菲岛毛眼水蝇。

### (十)膜翅目 Hymenoptera

膜翅目包括蜂和蚁，是昆虫纲中较进化的目。

**1.形态特征(图1-3-26)**

最微小的蜂(卵蜂属)体长0.21 mm，粗大的熊蜂和细长的姬蜂，包括其长产卵管，体长达75～115 mm。触角丝状、锤状或膝状等。口器咀嚼式或嚼吸式。翅膜质，前翅大于后翅，有的种类退化或缺。前翅常有1显著的翅痣，脉序常愈合和减少。腹部第一节常并入胸部，称并胸腹节，有的第二腹节细小呈腰，称腰柄。常有发达的产卵器，能穿刺、钻孔和锯割，同时有产卵、刺螫、杀死、麻痹和保藏活的昆虫食物的功能。毒针是变形的产卵器，有毒囊分泌毒液。

**2.生物学特性**

完全变态。卵多为卵圆形或香蕉状。幼虫食叶性的为多足型，和鳞翅目幼虫相似，但腹足无趾钩，头部额区不呈“人”字形，头的每侧只有1个单眼，食性很复杂。蛀茎的种类足常退化，其他种类的幼虫无足。裸蛹，有茧或筑巢保护起来。

少数种类植食性，如叶蜂科、茎蜂科。多数肉食性，肉食性的有捕食性和寄生性两类。捕食性的种类，能为其子代捕捉其他昆虫，麻痹后储放于卵室中，留待幼虫孵化后食用。寄生性是膜翅目昆虫的重要特性。植食性和寄生性蜂类均营独栖生活，蚁和蜜蜂等有群栖习性，有多型现象，而且有职能的分工，因而称为“社会性昆虫”。

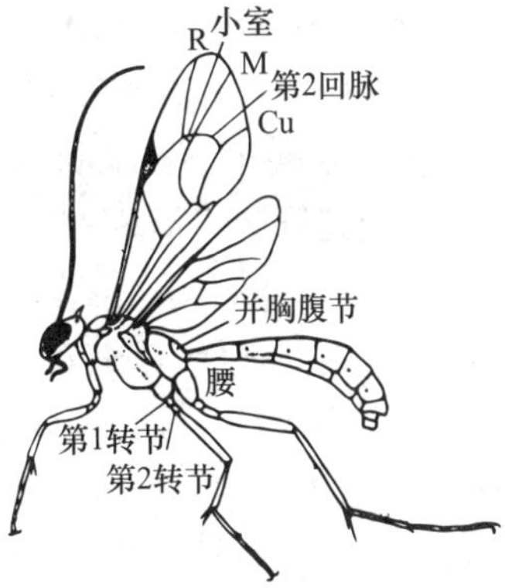


**图 1-3-26 膜翅目体躯特征**

（周至宏、王助引.1996.植物保护学总论）

**3.亚目的区分和主要科特征**

世界已知12万种以上，估计至少有25万种，我国已知8 145种。分为3个亚目。根据第2腹节和并胸腹节相连接处是否收缩成细腰状及腹部末节腹板是否纵裂，产卵器是否特化成螯刺，将本目分为广腰亚目、细腰亚目和针尾亚目。

A.广腰亚目 Symphyta

胸腹部广接，不收缩成腰状。后翅至少3个基室。产卵器锯状或管状。足的转节2节。植食性。主要有如下各科（图1-3-27）：

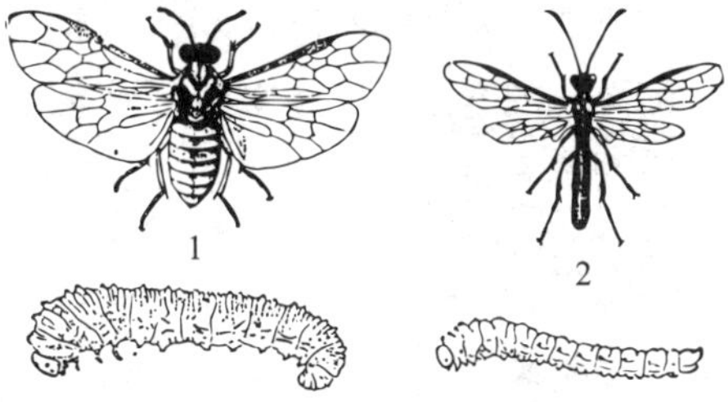


**图 1-3-27 广腰亚目重要科代表**

1.叶蜂科 2.茎蜂科

（周至宏、王助引.1996.植物保护学总论）

（1）叶蜂科（Tenthredinidae） 体型小至中等，肥胖粗短，头阔，无腹柄。触角7～10节，丝状。前胸背板后缘深凹入。前足胫节有2端距。产卵器锯状。幼虫状如鳞翅目幼虫，有腹足6～8对，无趾钩。大多以植物叶片为食，也有蛀果、蛀茎或潜叶的。蛹有羊皮纸质的茧，在地面或地下化蛹。卵扁，产在植物组织中。常见种类有黄翅菜叶蜂、梨实蜂。

（2）茎蜂科（Cephidae） 体细长。触角线状。前胸背板后缘平直；前足胫节只有一个端距。产卵器短，能收缩。幼虫无足，皮肤有皱纹，白色，腹末有尾状突起。蛀食植物茎秆。如梨茎蜂。

B.细腰亚目 Apocrita

胸腹部连接处收缩呈细腰状。后翅至多仅2个基室；腹部最后一节腹板纵裂，产卵器着生处离腹末有一段距离。足的转节多为2节。多为寄生性蜂类。主要有如下各科（图1-3-28）：

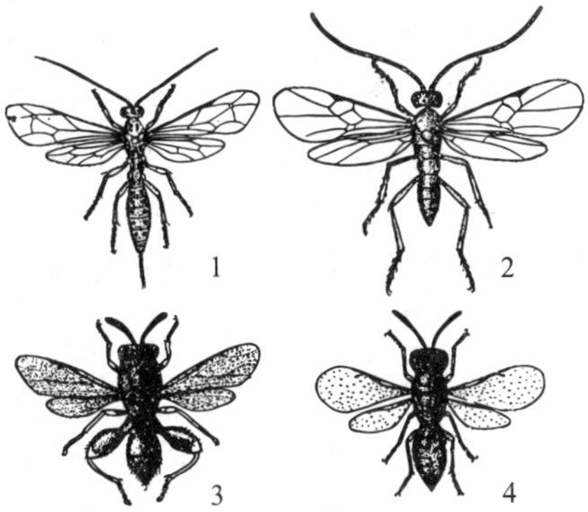


**图 1-3-28 细腰亚目重要科代表**

1.姬蜂科 2.茧蜂科 3.小蜂科 4.金小蜂科

（周至宏、王助引.1996.植物保护学总论）

（1）姬蜂科（Ichneumonidae） 微小至大型，细长。触角丝状，多节。前胸背板两侧延伸，和肩板相接。前翅翅痣明显，在第2列翅室中，中间1个翅室特别小，呈四边形或五角形，称为小室，它的下面所连的1

条横脉叫第2回脉，有第2回脉是姬蜂科的重要特征。并胸腹节常有刻点，腹柄明显。卵多产在寄主的体内，寄主是鳞翅目、鞘翅目、膜翅目昆虫的幼虫和蛹。寄生于重要农业害虫的种类有黄带姬蜂、齿唇姬蜂、螟黑点疣姬蜂等。

（2）茧蜂科（Braconidae） 体微小至中型，体长2～12 mm。触角线状。形态和姬蜂科相似，但翅脉脉序简单，无第2回脉，小室无或不明显。卵产于寄主体内，幼虫内寄生，有多胚生殖现象。老熟幼虫常钻出寄主体外结黄色或白色小茧化蛹，有些种类在寄主体壁上化蛹，如螟蛉绒茧蜂，稻纵卷叶螟绒茧蜂等。寄生在蚜虫体内的有印度蚜茧蜂和棉蚜茧蜂等。

（3）小蜂科（Chalcididae） 体微小至小型，2～9 mm，大多为黑色或褐色，并有白、黄或带红色的斑点，绝无金属光泽。触角多呈膝状，端部膨大。复眼大，单眼3个，排成1列或三角形。前胸背板不和肩板接触。前翅翅脉退化，只剩1条。后足腿节膨大，下缘有齿或刺，胫节弯曲，末端生2端距。足能爬行和跳跃。是鳞翅目、鞘翅目、双翅目昆虫幼虫和蛹的寄生蜂，常有重寄生现象。常见种类有广大腿小蜂，寄生于粉蝶、松毛虫、稻苞虫和舞毒蛾等鳞翅目昆虫的蛹。

（4）金小蜂科（Pteromalidae） 微小，多1～2 mm，活泼，能步行、跳跃和飞行，大多具有绿、蓝、金黄、铜黄等金属色泽。复眼大。触角膝状。胸部大而拱形，小盾片极大，前翅脉纹退化只有1条；后足腿节不膨大，胫节只有1个端距。细腰明显，但腹柄很短。跗节5节。翅痣或小或大。产卵管短。常见种类有黑青小蜂、蝶蛹金小蜂等。

赤眼蜂
人工饲养

（5）赤眼蜂科（Trichogra mmatidae） 也称纹翅卵蜂科。体微小型，长0.3～1.2 mm，为昆虫中最小者。黑色、淡褐色或黄色。触角膝状。前翅宽，有缘毛，翅面微毛排成纵行。后翅狭，刀状。寄生于各目昆虫的卵内。重要种类有广赤眼蜂、稻螟赤眼蜂等。

C.针尾亚目 Aculeata

胸腔连接收缩成细腰状。后翅最多只有2个基室。腹部末节腹板不纵裂，产卵器特化成螯刺。足转节1节。多为中到大型的种类（图1-3-29）。

（1）胡蜂科（Vespidae） 体中到大型，体长9～17 mm，体长形，光滑或有毛，黄色或红色，具黑色或褐色的斑或带，上颚有齿，触角细长。胸部与腹部等宽，翅狭长，静止时纵折。第1、2腹节间收缩但不明显延长。成虫捕食性，也能加害苹果、葡萄等果实，取食汁液。常见种类如普通长脚胡蜂等。

（2）蜾蠃科（Eumenidae） 似胡蜂科，但上颚长，刀状，完全闭合时相互交叉；中足胫节仅一个端距；爪两分叉；腹部第1、2间缢缩，且第1节明显延长。平时自由生活，仅在产卵时才衔泥筑巢，或寻找竹管等处产卵，成虫捕捉鳞翅目等昆虫的幼虫，经螯刺麻醉后带回筑巢室内贮存产卵。

（3）泥蜂科（Sphecidae） 体形细长，体长4～48 mm，通常黑色，并有黄、橙或红色斑纹。头大，横阔。触角一般丝状。足细长，前足适于开掘，中足胫节有2端距。翅狭，前翅一般具3个亚缘室，少数1或2个，翅脉常不达边缘，腹柄明显。常筑泥巢，捕捉其他昆虫幼虫、卵、双翅目成虫或蜘蛛作为子代储粮。可将蜂毒刺入猎物体内麻醉虫体但不会致其死亡以达到较长时间保鲜。

（4）土蜂科（Scoliidae） 小至大型，体多毛，黑色有白、黄、橙、红等斑纹。头部略呈球形，通常较胸部狭。触角短，雌虫12节、弯曲，雄虫13节、直。足短而粗，胫节扁平，有长鬃毛。翅脉多数不达外缘。腹部长，有带纹，各腹节边缘有毛。雄性末节有 3 刺（图 1-3-29）。雌虫常钻入土中寻找金龟甲幼虫，先用螫刺将其麻痹，再在其上产卵，幼虫孵化后即在寄主上行外寄生。

（5）蜜蜂科（Apidae） 体生密毛，毛多分枝。头胸等宽，后足为携粉足，成为采集与携带花粉的器官（图 1-3-29）。如人工饲养的中国蜜蜂和意大利蜜蜂。

（6）熊蜂科（Bombidae） 与蜜蜂科形态相似，但体形大而粗壮，体毛浓密，且常黑、白、橙黄、红等各色毛相混杂。上颚短宽，粗壮有力，顶端斜截形，有齿。腹部第 1 节近似圆锥形。雌蜂后足携粉足（图 1-3-29）。

蜜蜂　　熊蜂

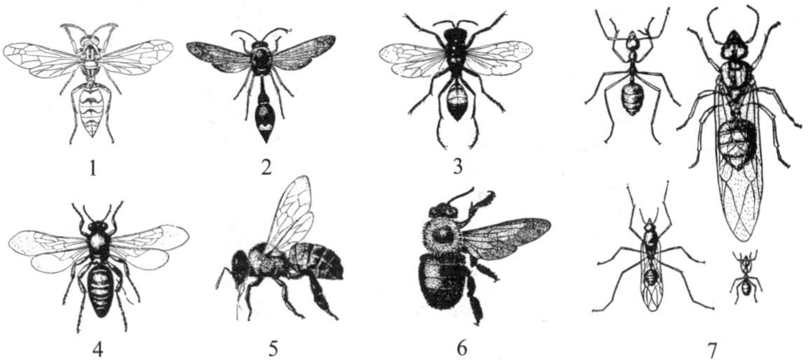


**图 1-3-29　针尾亚目重要科代表**

1.胡蜂科　2.蜾蠃科　3.泥蜂科　4.土蜂科　5.蜜蜂科　6.熊蜂科　7.蚁科

（北京农业大学.1981.昆虫学通论）

（7）蚁科（Formicidae） 是熟知的蚂蚁。体小到中型，呈黑、褐、黄、红等色。腹部第 1 节或第 1、2 节呈结状。多态性，群栖，有些种类为肉食性，捕食小虫，如黄猄蚁（又称红树蚁），是我国劳动人民在唐代就用来防治柑橘害虫的种类，成为世界上以虫治虫最早的例子。蚁科不少种类与同翅目有共栖关系。

红火蚁

其他常见科还有木蜂科、朱蜂科、青蜂科等。

## 四、蜘蛛、螨类和软体动物识别

### （一）蜘蛛特征观察

蜘蛛是节肢动物门蛛形纲蜘蛛目的动物。世界上已知蜘蛛达 35 000 余种，我国目前已知的种类有千种以上，绝大多数分布在农田、果园及森林等处，全部肉食性，以小型动物及昆虫为食。蜘蛛作为捕食性天敌，对害虫的控制作用十分巨大，其群体的杀虫作用要比瓢虫、草蛉、猎蝽的杀虫总和还要大几倍，其次是蜘蛛有种类繁多，繁殖力强，食量大，抗逆性强、寿命长等特点，因此利用蜘蛛防治害虫，已经在生产上广泛受到注视。农田中广泛分布的有草间小黑蛛、八斑球腹蛛、拟水狼蛛、三突花蛛等。

**1.形态特征**

蜘蛛分头胸部和腹部两个体段，大多数蜘蛛具有 8 个单眼，少数也有 2、4、6 个或无眼

（无眼蛛）。单眼一般排列成2列。有螯肢、触肢和口器等附肢。有步足4对，着生在头胸甲四周的基节窝内，每一步足由基节、转节、腿节、膝节、胫节、后跗节及跗节7节组成。跗节末端有爪，一般结网型蜘蛛有爪3个，游猎型蜘蛛有爪2个。腹部腹面的末端有纺丝器官（图1-3-30）。

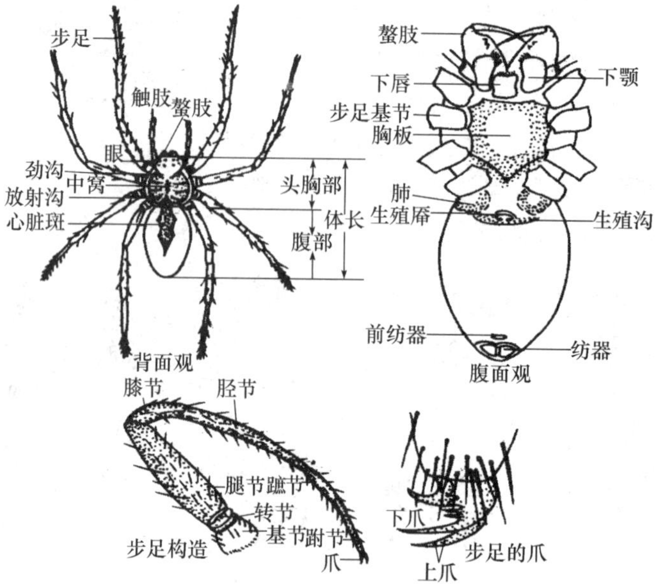


**图1-3-30　蜘蛛体躯及步足构造**

（周至宏、王助引.1996.植物保护学总论）

**2.蜘蛛的生活史和习性**

蜘蛛没有变态现象。一生中可分为卵，幼蛛（若蛛）、亚成蛛及成蛛几个时期。每年发生的世代因种而异，有1年1代、2代或1年多代，例如微蛛科中有的种类则1年发生8～10代。蜘蛛是雌雄异体，于春末夏初或夏末秋初交尾、产卵，产卵后不久即能孵化成幼蛛。幼蛛不立即出卵袋，营短暂的团居生活，蜕皮1次后才各自分散活动。若遇寒冷，幼蛛则在卵袋内越冬，春暖时才出卵袋。从幼蛛到成蛛，须经几次蜕皮，蜕皮的次数随外界环境条件和蜘蛛种类而异。蜕去最后1次皮，便进入成蛛阶段，性器官成熟，各部特征显现。

蜘蛛

蜘蛛由于有飞航习性，能在自然界中广泛分布，并以多种多样的方式生存与繁殖，其基本的生活类型可分为定居型和游猎型两大类。蜘蛛交配后即行产卵，产卵多在夜间，产卵结束，便以腹部压紧卵粒，形成扁圆形的卵块，并以纺丝覆盖卵块上，形成卵囊，而后用纺器黏住卵囊，过携带卵囊的游猎生活。蜘蛛的越冬生境广泛，有在树上、土中、枯枝落叶、石缝及洞穴等处。

与农业生产关系密切的主要有狼蛛科的"T"纹狼蛛、拟环纹狼蛛、沟渠豹蛛等，微蛛科的草间小黑蛛、食虫瘤胸蛛、驼背额角蛛等，蟹蛛科的三突花蛛、自条锯足蛛、条纹花蟹蛛等，球腹蜘蛛科的八点球腹蛛、横带球腹蛛及管巢蛛科的卷叶刺足蛛等。

**（二）螨类特征观察**

螨类属于节肢动物门蜘蛛纲蜱螨亚纲螨目。记载种类已达10余万种。螨类在自然界中分布广泛。其中植食性螨类为害农作物和果树，如叶螨科、瘿螨科和跗线螨科的一些种类等，是有害的螨类。而捕食性螨类则捕食害虫及害螨，如植绥螨科、长须螨科等，称为益螨。

植食性螨类为害农作物，引起叶片变色、变形，甚至脱落，如荔枝瘿螨在嫩叶叶背为害，刺激被害部分产生绒毛，形成毛毡病。柑橘始叶螨引起枯叶变形，有的为害柔嫩组织，形成疣状突起，如柑橘瘤壁虱，有的在仓库内为害粮食的螨类，常引起粮食色味变劣，人畜误食或被感染，易引起肠胃炎及皮疹，有的甚至寄生于动物或人体皮肤，导致人畜发病。

**1.形态特征**

螨类与昆虫的主要区别在于：体不分段；无翅，无复眼，或只有 1～2 对单眼；有足 4 对（少数有足 2 对如瘿螨科；或 3 对如幼螨）；变态经过卵—幼螨—若螨—成螨。螨类体小致微小型，身体分节不明显。螨类的形体通常为圆形或椭圆形，由颚体段、前足体段、后足体段、末体段四部分组成（图 1-3-31）。

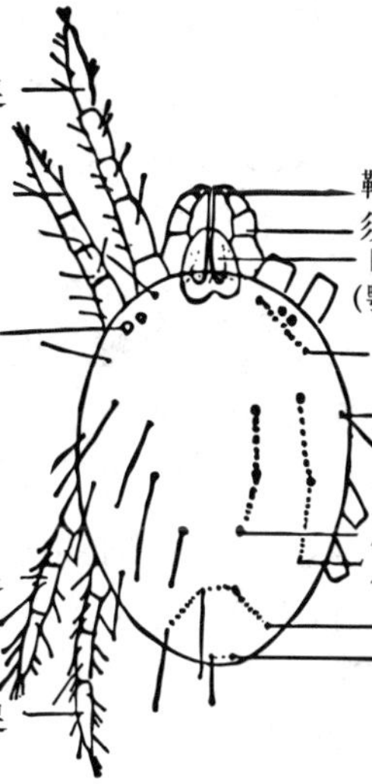


**图 1-3-31　螨类体躯结构**

（周至宏、王助引.1996.植物保护学）

螨类的口器有两种类型：一是咀嚼式口器，二是刺吸式口器。咀嚼式口器的螯肢端节连接在基节的侧面，可以活动，整个螯肢呈钳状，可咀嚼和粉碎食物，如粉螨。刺吸式口器的螯肢端部特化为细长的针刺，用以刺入植物内吸取汁液，螯基部愈合形成针鞘，如叶螨。

螨类的步足由 6 节组成：基节、转节、腿节、膝节、胫节、跗节。各节上生有一定数目和形状的刚毛，跗节末端常有 1～3 个爪和中垫式的吸盘。

**2.生物学特性**

螨类有变态，多两性卵生繁殖，有少数种类行孤雌生殖。成螨有性二型现象。发育阶段雌雄有别。雌性经过卵、幼螨、第一若螨、第二若螨到成螨等 5 个发育时期。雄性则无第二若螨期。有些种类（粉螨）在不良环境下，第 1 若螨可成为形态特殊的休眠体，一旦环境条件适宜，休眠体便蜕皮，成为第 2 若螨。幼螨和各龄若螨都有活动期和静止期。静止期蜕皮后进入下 1 龄期。繁殖迅速，一年最少 2～3 代，最多 20～30 代。

螨类食性复杂，有植食性，捕食性，寄生性等。许多植食性螨类是农业上的大害虫，其中有为害叶片和果实的叶螨科、跗线螨科、叶爪螨和瘿螨科；为害根部的粉螨科、根螨属；为害粮食、食品和药材的储藏物粉螨科；为害食用菌的微离螨科等。螨类中有许多肉食性种类，它们捕食害螨、昆虫若虫和卵，是害螨的重要天敌，如植绥螨科。

**3.主要科的特征（图 1-3-32）**

（1）叶螨科　体微小，体长 1 mm 以下，圆形或长圆形，足 4 对，2 对往前，2 对往后。雄螨腹部尖削，多半为红色、暗红色、黄色或暗绿色。口器刺吸式。须肢末端有指状复合体，跗爪具有黏毛，爪间突有不同的形状。植食性，通常群集于叶片上，吸取汁液，有些种类在叶面吐丝结网。行孤雌生殖和两性生殖，本科种类多为农作物及果树，蔬菜上常见的害螨。如柑橘

蝴类（叶螨）

始叶螨。

(2)瘿螨科　体极微小，长约 0.1 mm，蠕虫形，狭长，足 2 对，位于体躯前部，前肢体段背板大，呈盾状，后肢体段和末体段延长，分为很多环纹。口器刺吸式，螯肢针状，藏在槽内，可以伸出，体具环纹，爪间突由 1 个放射形的刷状器官代之，在背面，爪间突之上，有 1 根棍状毛。农业上重要的种类有柑橘瘤螨(柑橘瘤壁虱)、柑橘锈螨(柑橘锈壁虱)等。

(3)植绥螨科　体微小，椭圆形。白色、淡黄色。须肢爪具 2 分叉，背板完整，其上面的刚毛数为 20 对及其以下。雌雄成螨腹板与肛板愈合为肛腹板，雌螨肛腹板前方还有一块后缘平截的生殖板。雌雄螨可根据螯肢的形态特征区分，雌螨螯肢为简单的剪刀状，雄螨螯肢的跗节生有 1 个状似鹿角的导精趾。本科均为捕食性，很多种类是植食螨的重要天敌。例如智利小植绥螨、纽氏钝绥螨，在果园、温室试用防治叶螨都获得成功。

其他科有跗线螨科：体微小，圆形或长圆形。雌螨第 4 对足端部具鞭状毛，雄螨第 4 对足常粗大，足的爪间突膜质。本科螨类，以植物、真菌及昆虫为食，对农业生产有益，有些种类是农业害虫，如茶黄螨(侧多食跗线螨)，在我国为害茄子、辣椒、番茄、黄瓜等蔬菜。真足螨科：也叫走螨科，体长 0.1～1 mm，圆形，绿、黄、红或黑色。皮肤柔软，有细线或细毛，口器刺吸式，肛门开口于体背面，如麦背肛螨。粉螨科：体白色或灰白色。口器咀嚼式，前体段与后体段之间有一缢缝，足的基节与身体腹面愈合为 5 节。为仓库中最常见的一类害虫，如粉螨、卡氏长螨等。

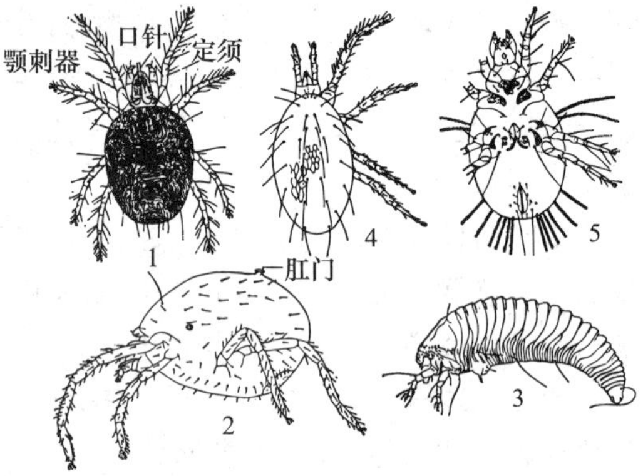


**图 1-3-32　蜱螨目重要科特征**

1.叶螨科　2.真足螨科　3.瘿螨科

4.植绥螨科　5.粉螨科

(西北农业大学.2000.农业昆虫学)

## (三)软体动物

软体动物多喜阴湿环境，南方露地花卉、北方温室大棚，在阴雨高湿天气或种植密度大时发生严重。主要种类有蜗牛、蛞蝓等，均属于软体动物门腹足纲柄眼目的一类动物。啃食花卉和观叶植物的花、芽、嫩茎及果。造成叶片缺刻、孔洞及幼苗倒伏、果实腐烂。

**1.蜗牛**

蜗牛有 4 万余种，几乎分布在全世界各地。蜗牛有一个比较脆弱的，低圆锥形左旋或右旋的壳，头部有两对触角，后一对较长的触角顶端有眼，腹面有扁平宽大的腹足，行动缓慢，足下分泌黏液，降低摩擦力以帮助行走，黏液还可以防止蚂蚁等一般昆虫的侵害。一般生活在森林、灌木、果园、菜园、农田、公园、庭院等阴暗潮湿地方，在植物丛中躲避太阳直晒。主要以植物茎叶、花果及根为食，是农业害虫之一，也是家畜、家禽某些寄生虫的中间宿主。温度 16～30 ℃，空气湿度 60%～90%，适于其生长发育。当温度低于 15 ℃，高于 33 ℃时休眠，低于 5 ℃或高于 40 ℃，则可能被冻死或热死。休眠时分泌出的黏液形成一层干膜封闭壳口，全身藏在壳中，当气温和湿度合适时就会出来活动。不同种类的蜗牛体形大小各异，非洲大蜗牛可长达 30 cm，在北方野生的种类一般只有不到 1 cm。对

蜗牛

农业生产有害的种类主要有灰巴蜗牛、福寿螺和非洲大蜗牛。

灰巴蜗牛：有触角二对，前触角较短，后触角较长，并在顶端长有黑眼。贝壳椭圆形，壳顶端尖，自左向右旋转，第5圈后突然扩大。卵圆形乳白，直径1～1.5 mm。幼贝体长约2 mm，贝壳淡褐色（图1-3-33）。1年发生1代，寿命达1年以上，成贝与幼贝白天在砖块、花盆或叶下栖息，晚间活动取食，阴天也可整天活动取食。成贝产卵于松土内，初孵幼贝群集为害，以后分散。

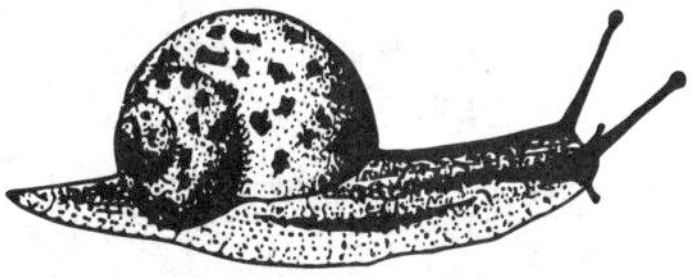

图 1-3-33　灰巴蜗牛

（张随榜，强磊.2015.园林植物保护）

**2.蛞蝓**

蛞蝓

蛞蝓俗称鼻涕虫，雌雄同体，分为头、躯干、足三部分。成体伸直时体长30～60 mm，体宽4～6 mm，长梭形，柔软，体表暗黑色、暗灰色、黄白色或灰红色。头上有触角2对，触角顶端有眼。体前端较钝，后端稍尖，腹面较平。体背有2条灰白色纵线（图1-3-34）。蛞蝓可分泌透明的胶状液体，干后发亮。蛞蝓1年发生2～6代，以成体和幼体在寄主根部湿土下越冬。成、幼体在4—7月大量活动，喜温湿环境，畏光。白天隐蔽，夜出活动取食和繁殖。空气及土壤干燥时（土壤含水量低于15%），可引起大量死亡。温度12～20 ℃，土壤含水量为20%～30%时，对其生长发育最为有利。温度在25 ℃时，潜入土隙、花盆及砖石中，30 ℃以上也会大量死亡。温湿度条件合适时，寿命可达1～3年。蛞蝓取食广泛，主要取食蔬菜、花卉、蘑菇、真菌等。

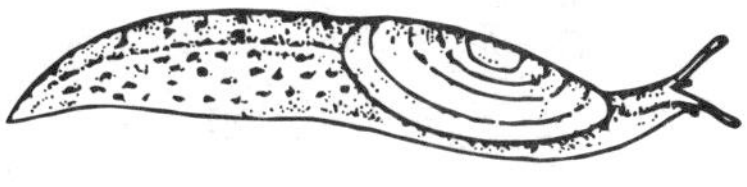

图 1-3-34　蛞蝓

（张随榜，强磊.2015.园林植物保护）

防治软体动物可用人工捕杀，在发生区域周围撒石灰粉，于夜间喷洒茶籽饼浸出液，用毒饵诱杀或用杀螺剂撒施。

## 【工作步骤】

## 一、检索表的编制与运用

检索表是分类鉴定的工具，学习分类首先必须学会并掌握检索表的制作和运用。检索表的编制是用分析和归纳的方法，将不同种类昆虫的特征，在“求同存异”的基础上，选定比较重要而稳定的特征，做成简明条文归类排列，依次检索，使用方便。因此，检索表的编制和运用，是昆虫分类工作中重要的基础内容之一。通常编制检索表需要掌握足够的材料，才能筛选出其中最明显和最确切的鉴别特征。检索表所选用的昆虫特征是最明显的外部特征，而且是严格对称的性状，用最简洁、明确的文体表达出来，以供运用。一般以“双征”（每条包括两个特征）或“三征”较好。“单征”有时不可靠，“多征”因烦琐而冗长，往往难以分清主次。

常用的检索表有单项式（连续式）、双项式、包含式3种形式。

**1.单项式（连续式）**

同一内容的两项相对特征，分别在开头数字行及括弧内数字所示行中描述，二行之一必与待查的昆虫标本特征相符。检索时，先查开头数字一行特征，如相符，便按数字继续往下查，若不符，则查括弧内数字所示一行，直至查出名称为止。单项式蜉蝣目、同翅目、捻翅目、双翅目4目昆虫检索表如下：

1 （8） 有翅1对
2 （5） 腹部有尾丝
3 （4） 无平衡棒，前翅翅脉很多 ………………………………………… 蜉蝣目
4 （3） 有平衡棒，前翅翅脉呈简单的叉状（雄蚧） ……………………… 同翅目
5 （2） 腹部无尾丝
6 （7） 前翅特化成平衡棒，后翅发达 ……………………………………… 捻翅目
7 （6） 后翅特化成平衡棒，前翅发达 ……………………………………… 双翅目
8 （1） 有翅3对

**2.包含式**

同一内容的两项相对特征，分别在二行条文中描述，二行条文中又包含着符合本条特征的所有其他相对条文。检索时，按相符的特征依次下查；直至查出名称为止。包含式弹尾目、缨尾目、直翅目、鞘翅目、半翅目、同翅目6目昆虫检索表如下：

A 无翅
B 腹末有弹器 ………………………………………………………… 弹尾目
BB 腹末有尾须一对和中尾丝一条 ……………………………………… 缨尾目
AA 有翅
B 口器咀嚼式
C 前翅革质，后足适于跳跃或前足适于开掘 ………………………… 直翅目
CC 前翅为鞘翅，无尾铗 ………………………………………………… 鞘翅目
BB 口器刺吸式
C 前翅半鞘翅，喙着生于头腹面前端 ………………………………… 半翅目
CC 前翅质地均匀，喙着生于头腹面后端 ……………………………… 同翅目

**3.双项式**

是最常用的一种形式。同一内容的两项相对特征，在一条内并列为二行描述，其中之一必与待查的昆虫标本的特征相符。检索时，按条文前面的数字进行，看两行中哪一行与标本特征相符。末尾的数字则表示下一步应查的一条的数目字，直至查出名称为止。

现以下列10目昆虫主要特征制成检索表为例说明。

(1)观察十目昆虫的主要特征。

①观察白蚁标本，注意其头式前口式、口器咀嚼式、前后翅膜质，翅的形状、大小、脉序相似。

②观察蝗虫、蝼蛄标本，注意其头式下口式、口器咀嚼式、前翅革质，后足跳跃足或前足开掘足。

③观察蝽及蝉或蜡蝉标本，注意它或蜡蝉们的头式后口式、口器均为刺吸式，但两类昆虫口器的着生部位、前翅质地、触角类型均有差别，试比较之。

④在实体显微镜下观察蓟马标本，注意其特征：头式前口式、口器锉吸式，翅为缨翅。

⑤观察蝶蛾类标本，注意其共同特征：头式后口式、口器虹吸式，体、翅上密被鳞片和鳞毛。

⑥观察甲虫类标本，注意其共同特征：头式下口式、前翅角质，口器咀嚼式、腹部末端无尾铗。

⑦观察草蛉、蝶蛉、蚁蛉标本，注意其共同特征：头式下口式、口器咀嚼式、翅膜质透明，前后翅相似，后翅略小，脉多如网或简单。

⑧观察蜂类标本，注意其共同特征：头式下口式、前翅膜质，后翅小于前翅，后翅前缘有一排翅钩与前翅相连，口器咀嚼式或嚼吸式。

⑨观察蚊、蝇、虻类标本，注意其共同特征：头式下口式、仅有1对发达的膜质前翅，后翅特化为平衡棍，口器刺吸式或舐吸式，足的跗节为5节。

(2)将10个主要昆虫目的主要特征列成表1-3-1。

**表1-3-1　10目昆虫的特征比较表**

| 目名 | 头式 | 口器类型 | 触角类型 | 翅的类型 |
|---|---|---|---|---|
| 1.等翅目 | 前口式 | 咀嚼式 | 念珠状 | 2对翅膜质，大小、翅脉相似，可自然脱落 |
| 2.直翅目 | 下口式 | 咀嚼式 | 线状或剑状 | 前翅复翅 |
| 3.半翅目 | 后口式 | 刺吸式 | 线状或棒状 | 前翅半鞘翅 |
| 4.同翅目 | 后口式 | 刺吸式 | 刚毛状、线状 | 前翅膜翅或略加厚 |
| 5.缨翅目 | 下口式 | 锉吸式 | 念珠状 | 前后翅缨翅 |
| 6.鞘翅目 | 下口式 | 咀嚼式 | 多样 | 前翅鞘翅 |
| 7.鳞翅目 | 后口式 | 成虫虹吸式<br>幼虫嚼嚼式 | 棒状或非棒状 | 前后翅鳞翅 |
| 8.膜翅目 | 下口式 | 咀嚼式<br>或嚼吸式 | 线状或膝状 | 前后翅膜质，前大后小 |
| 9.脉翅目 | 下口式 | 咀嚼式 | 线、棒、念珠状 | 前后翅膜质，脉多如网或简单 |
| 10.双翅目 | 下口式 | 成虫舐吸或刺吸式，幼虫刮吸式 | 线、环毛、具芒状 | 前翅膜质，后翅平衡棒 |

(3)根据10目昆虫特征，列出双项式主要十目昆虫成虫分目检索表。

1.翅1对 …………………………………………………… 双翅目
1′翅2对 …………………………………………………… 2
2.翅角质或革质 …………………………………………… 3
2′翅膜质或略加厚 ………………………………………… 5
3.前翅角质 ………………………………………………… 鞘翅目
3′前翅革质或部分革质 …………………………………… 4
4.前翅革质，成复翅 ……………………………………… 直翅目
4′前翅基半部革质，端半部膜质 ………………………… 半翅目
5.前后翅均为鳞翅 ………………………………………… 鳞翅目
5′前后翅非鳞翅 …………………………………………… 6
6.前后翅均有长缘毛 ……………………………………… 缨翅目
6′前后翅无长缘毛 ………………………………………… 7

7.前后翅形状、大小、翅脉均相似 …………………………………………………… 8
7′前后翅形状、大小、翅脉有差异 …………………………………………………… 9
8.头前口式,有多型现象,翅可从基部自然折断 ………………………………… 等翅目
8′头下口式,无多型现象,翅脉多如网状或简单 ………………………………… 脉翅目
9.头下口式,口器咀嚼式或嚼吸式 ……………………………………………… 膜翅目
9′头后口式,口器刺吸式 ………………………………………………………… 同翅目

取实验材料中的蓟马、草蛉、白蚁、椿象、蝇类等,对照上检索表,查出它们所属的目。

(4)根据10目昆虫特征,列出10目昆虫成虫分目检索表。

## 二、六足总纲35目昆虫分类系统其他目形态识别

通过标本和图片,观察六足总纲35目昆虫分类系统中其他目的基本特征,注意观察翅的有无和类型、翅脉、口器、头式、触角形状及特征形态。

## 三、昆虫主要目科形态特征及为害状识别

**1.直翅目及其代表科的观察**

观察飞蝗、蝼蛄、蟋蟀和螽斯标本,注意听器的位置、形状;触角的类型、口器类型、前胸背板、前后翅,足的类型,产卵器的形状及尾须的长短等。总结出目、科特征。

**2.半翅目及代表科的观察**

观察荔枝蝽标本,注意头式、喙的形状,触角的类型及着生位置,前翅的分区及翅脉的变化,产卵器的形状等。对比观察盲蝽科、缘蝽科、网蝽科、猎蝽科的形态特征。

**3.同翅目及其代表科的观察**

观察黑蚱蝉标本,注意头式,喙的着生位置,触角的形状、着生位置,头的宽窄,前翅的质地、产卵器形态与雌雄辨别,足的特点。总结出叶蝉与飞虱,粉虱与介壳虫的区分和识别要点。

**4.缨翅目及代表科的观察**

仔细观察稻蓟马形态特征,对比观察锥尾亚目、管尾亚目及其代表科的形态特征,尤其注意从翅脉和产卵器上区分。

**5.脉翅目及代表科的观察**

观察草蛉科的基本特征,对比观察蚁蛉科、蝶角蛉科的生活史标本或成、幼虫标本,注意从触角、翅型、翅脉及翅面蜡粉等特征区分主要科。

**6.鳞翅目观察**

(1)成虫体躯结构观察　天蛾:口器虹吸式,翅的形状,复眼大小,前、中、后胸的划分。凤蝶:前后翅中室位置。小地老虎:翅的斑纹。蝶、蛾类触角区别。

(2)鳞翅目幼虫形态特征观察　黏虫幼虫:头部正面“人”字纹,口器咀嚼式,胸、腹足对数。台湾稻螟、二点螟幼虫:观察身体线纹特征,识别背线、亚背线、气门上线、气门线,对比观察枯叶蛾科、毒蛾科、灯蛾科、刺蛾科、蛱蝶科、尺蛾科、凤蝶科幼虫的形态、有无腹足及对数、幼虫身上有无毛瘤、枝刺、毒腺及其着生位置等。

(3)鳞翅目蛹的特征观察　均属被蛹,蝶类的蛹有棱、蛾类的蛹光滑。

(4)蝶、蛾类的特征比较　观察凤蝶与天蛾的区别,触角的类型,静止时翅的放置情况。

(5)鳞翅目重要科成、幼虫的识别　蝶类：弄蝶、粉蝶、凤蝶、蛱蝶、眼蝶；蛾类：麦蛾、菜蛾、潜叶蛾、卷叶蛾、小卷叶蛾、螟蛾、夜蛾、尺蛾、毒蛾、灯蛾、枯叶蛾、天蛾、蚕蛾、刺蛾、蓑蛾等的特征与区别。

**7.鞘翅目观察**

先以步甲与金龟甲为代表，观察鞘翅目及其两亚目的基本特征，然后对比观察步甲与虎甲、叩头甲与吉丁虫、叶甲与天牛、瓢甲与豆象、肉食性瓢甲与植食性瓢甲、金龟甲与象甲等科的成虫、幼虫的基本特征及其相互区分。

**8.膜翅目观察**

以菜叶蜂和蜜蜂等为代表，观察膜翅目其两亚目的基本特征，然后对比观察叶蜂与茎蜂，姬蜂与茧蜂，小蜂与赤眼蜂、金小蜂科的形态特征及其相互区别。

**9.双翅目观察**

先以食蚜蝇等为代表，观察双翅目及其亚目的基本特征，然后对比观察瘿蚊与摇蚊、食虫虻与食蚜蝇、潜蝇与黄潜蝇、水蝇与种蝇、实蝇与寄生蝇的形态特征及相互区别。

10.以狼蛛与小麦红叶螨为代表，结合挂图或模型，认识蛛形纲及蜘蛛目、蜱螨目的基本特征等。

## 【巩固训练】

植保技能考核1：利用检索表鉴定害虫或天敌操作要求：熟练使用双目镜，利用检索表正确识别出1、2、3号标本（新种或未讲过的种类），写出检索过程代号及昆虫科名。

植保技能考核2：识别作物害虫或天敌操作要求：单人考核，15分钟内识别出当地主要害虫和天敌20种，写出名称。

植保技能考核3：微小虫螨识别操作要求：单人操作考核，10分钟内正确用体视显微镜观察微小昆虫或螨类5个，写出名称。

### ◆作业

1.绘叶蝉与飞虱的后足图，并注明刺与距。

2.绘弄蝶、眼蝶、蛱蝶、凤蝶、螟蛾、夜蛾、灯蛾、毒蛾、枯叶蛾、尺蛾、刺蛾、天蛾、金龟甲、象甲、天牛、叩头甲和吉丁虫幼虫形态图。

3.绘蝇、蚊、虻触角示意图，绘蜘蛛、叶螨、瘿螨体形图。

### ◆思考题

1.昆虫分类的主要依据和基本单元各是什么？

2.试编制等翅目、直翅目、半翅目、同翅目、缨翅目、双翅目6个目的双项式检索表。

3.试编制直翅目、半翅目、鞘翅目、鳞翅目蝶类（锤角亚目）主要科分科双项式检索表。

4.指出蝶、蛾类的区别。

5.指出叶步甲与虎甲，肉食性瓢虫与植食性瓢虫，叩头甲与吉丁虫，叶甲与瓢甲，拟步甲与金龟甲，蝇、蚊、虻的成虫的区别。

6.指出广腰亚目与细腰亚目、姬蜂与茧蜂、胡蜂与蚁(成虫)、叶蜂幼虫与鳞翅目幼虫的识别特征。

7.指出昆虫、蜘蛛、螨类在形态、习性方面的区别。

# 任务4 昆虫标本的采集、制作和保存

## 【材料及用具】

捕虫网、毒瓶、吸虫管、采集箱、采集袋、活虫采集盒、三角纸袋、不同型号昆虫针、展翅板、三级台等。

## 【工作步骤】

### 一、昆虫标本的采集

根据昆虫不同类型、不同虫态和习性等,选用相应的用具与方法。

**1.常用采集用具使用方法**

在教师指导下熟悉常用采集用具种类及使用方法。如捕虫网(图1-4-1)、毒瓶(图1-4-2)、吸虫管、采集箱、采集袋、活虫采集盒、三角纸包(图1-4-3)、三角纸袋(图1-4-4)等。

**2.采集方法**

根据害虫的不同种类、虫态和习性等,采用不同的采集方法。

对善飞翔的昆虫如蝶、蛾等,采用迎头网捕或从旁掠取;对生活在绿草丛中的害虫,采用扫网扫捕;对有假死性的害虫,通过振落收集,对有趋光或趋化性的昆虫采用灯光或糖醋诱集;对地下的害虫可采用挖土法采集。

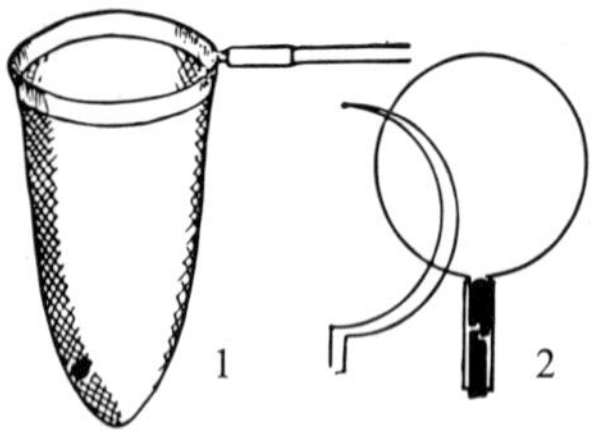


**图1-4-1 捕虫网**

1.捕虫网 2.网圈(可拆卸、折叠)

(北京农业学校.1980.蔬菜病虫害防治学)

**图1-4-2 毒瓶**

1.石膏 2.锯末 3.氰化钾

(北京农业学校.1980.蔬菜病虫害防治学)

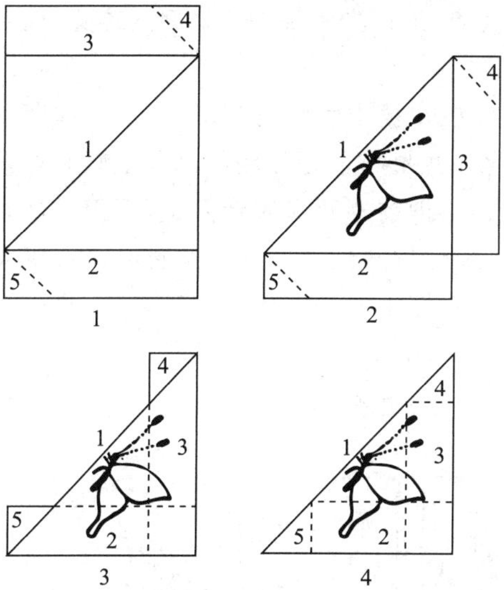


图 1-4-3　三角纸包的用法

（北京农业学校.1980.蔬菜病虫害防治学）

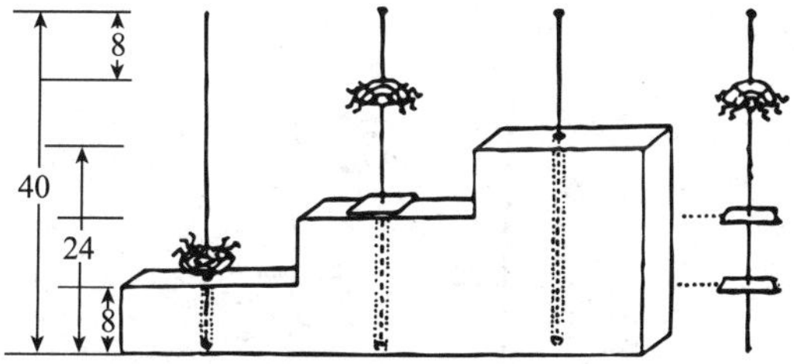


图 1-4-4　三级板(图中数字单位:mm)

（北京农业学校.1980.蔬菜病虫害防治学）

## 二、昆虫标本的制作

根据昆虫的不同特点和用途，制成针插、浸泡、展翅、玻片及生活史等标本。

**1.制作用具**

熟悉用具的种类和使用方法等。如昆虫针、展翅板、三级台等。

**2.制作方法**

(1)针插标本制作　根据标本大小，选用昆虫针。夜蛾科类一般用 3 号针，天蛾科等大型昆虫用 4 号或 5 号昆虫针，盲蝽、叶蝉、小型蛾等用 1 号或 2 号昆虫针。在虫体上的针插位置有统一要求，如鳞翅目、膜翅目等从中胸背面正中央插入；同翅目、双翅目等从中胸背中间偏右插入；直翅目从前胸背板右面稍后处插入；鞘翅目从右翅基部约 1/4 处插入；半翅目从中胸小盾片中央偏右插入(图 1-4-5)。

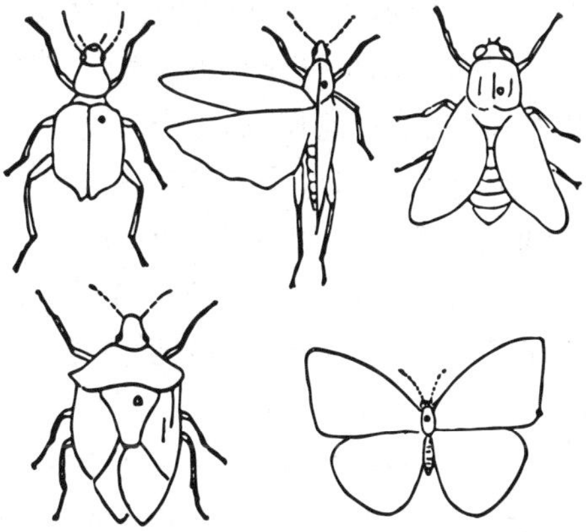

图 1-4-5　各种昆虫的插针位置

（北京农业学校.1980.蔬菜病虫害防治学）

虫体及标签在昆虫针上的高度，常用三级台调整与标定，虫体离针头顶部约 8 mm。另外一些微小昆虫和飞虱、米象、黄条跳甲等，常采用重插针法或三角纸点胶法来制作(图 1-4-6)。

重插法是先用“微针”在微小昆虫腹面插入，固定在一块长方形的小软木片上或厚纸片上，再将软木片插在普通昆虫针上，下面再插入标签。三角纸点胶法是将纸片剪成 1.5 cm 左右的小三角形，尖端蘸少许白乳胶或万能胶在虫体的前足与中足之间，再用普通昆虫针从小三角形纸片的底边插入，三角形纸片到针头的距离为 8 mm，小三角纸的尖端向左，虫的前端向前。

昆虫标本插好后，要进行整肢，尽量保持其自然状态，尤其注意触角及足部的位置，前足向前，中足向左右，后足向后，触角呈倒八字形伸向前方等。

（2）展翅标本制作　把插好针的新鲜蝶、蛾标本插在翅板中间沟内胶木上，使虫体背面与两侧展翅板同高，中间宽窄视虫体大小调整，用小号昆虫针在前翅较粗的翅脉上轻轻往前拨，拨至两前翅后缘呈一条直线（与身体纵轴垂直）为准，把前翅暂时用针固定，再用同法往前拨后翅，将后翅前缘拨在前翅后缘下边，左右对称充分展开，最后用塑料薄膜或光滑纸条压紧，以昆虫针或大头针固定后，置于遮光通风干燥处，标本完全干燥后取下保存（图 1-4-7）。

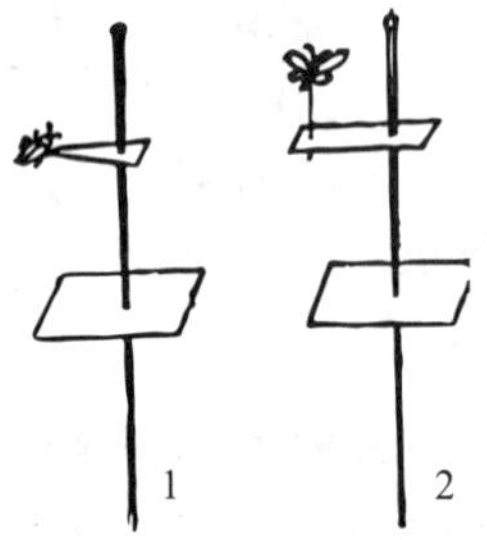


1.三角纸点胶法　2.重插针法

**图 1-4-6　微小昆虫的制作**

（北京农业学校.1980.蔬菜病虫害防治学）

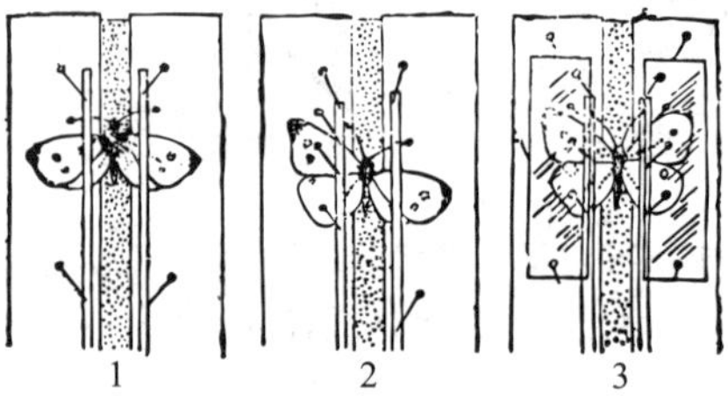


**图 1-4-7　展翅的步骤**

（北京农业学校.1980.蔬菜病虫害防治学）

（3）浸渍标本制作　昆虫的卵、幼虫、蛹或直翅目、鞘翅目、半翅目、同翅目、膜翅目、双翅目等成虫，都可制成浸渍标本。浸泡前先饿 1～2 d，排清虫体内粪便，用开水杀死后，投入浸泡液中即可。

①普通昆虫浸渍液的配制　最常用的浸泡液为白糖保色浸泡液，浸泡的标本不收缩、不变黑。此液不沉淀，对保持褐色、黄色和红色等有较好的效果，但对多种绿色昆虫不能保色。此液的配比为：冰醋酸 5 mL＋白糖 5 g＋福尔马林 4 mL＋冷开水 100 mL 或蒸馏水 100 mL＋95％酒精 6 mL，其中酒精加不加均可。

②绿色幼虫浸渍液的配制　硫酸铜 10 g＋水 100 mL，水煮溶解至煮沸，停火冷却后，将幼虫投入浸渍液，昆虫褪色后再恢复绿色时用清水洗净，然后再用 5％福尔马林液保存。

③红色幼虫浸渍液的配制　冰醋酸 4 mL＋福尔马林 4 mL＋甘油 20 mL＋蒸馏水 100 mL 混合配制而成。

④黄色幼虫浸渍液的配制　氯仿 3 mL＋冰醋酸 1 mL＋无水酒精 6 mL 混合而成。先用此混合液浸渍 24 h，然后移入 70％酒精液中保存。

⑤昆虫临时保存　75％酒精＋甘油（0.5％～1％），可保存蜘蛛、叶蝉、螨类。也可以临时保存昆虫，但是昆虫易发黑变脆。

（4）生活史标本制作　为了认识害虫的各虫态与作物被害状等，常制成昆虫的生活史标本。生活史标本的成虫可用展翅或针插的成虫标本；卵、幼虫、蛹等常用指形管或安瓿管封好后与成虫配装在铺好脱脂棉的标本盒内，盒的一角加上标签，注明害虫名称、寄主、采集地点、时间、采集人或制作者等。

（5）玻片标本的制作　在昆虫鉴定时，为了看清小型或微小昆虫的整体特征或虫体的某部分（如外生殖器等）的细微特征，还须制成透明的玻片标本，借助显微镜才能看清楚。玻片标本制作方法如下：

①材料的碱性处理　将准备好的材料——虫体的整体或部分，投入5%～10%的NaOH或KOH溶液中，直接加热或隔水加热5 min或1 h不等，以煮至材料基本透明为止，但不可煮时间太久，否则材料易损坏。

②材料清洗　将煮好的材料小心移至蒸馏水中反复冲洗直至碱性液和脏物、杂物（杂物指虫体或组织器官中不需要的部分）彻底清除为止。

③染色　清洗过的材料是否染色，要视材料而定，如鳞翅目雄性外生殖器骨化程度较高，色深而且特别明显，不需要染色。染色时将要染色的材料放入酸性品红溶液中，染色20 min至24 h不等。染色最好用浅的器皿如表面皿、凹载玻片或卧式染色缸为宜。这样，既看得清，且操作方便。

④混合脱水、透明　将清洗好或染好的材料小心移到载玻片上，在实体显微镜下初步整姿，后取无水酒精与二甲苯各半的混合液滴在虫体上脱水透明，同时用小毛笔轻轻压挤，除去污垢。在脱水过程中因混合液不断吸收昆虫体内的水分而出现白雾，因此要反复滴加混合液至白雾消失为止。最后用吸水纸吸去混合液。

⑤用油代替混合液　将丁香油或冬青油，滴在脱好水的材料上，材料浸在油滴中，可进行整姿，再将材料移到玻片的恰当位置。

⑥封片　封片前用吸水纸等吸去多余的丁香油或冬青油，待材料自然干或在酒精灯加温烘干后（切记加温烘干时严防材料皱缩），滴上适量的加拿大胶，等胶接近自然展平时，轻轻盖上盖玻片，贴上标签后置于干燥遮光又不易染灰尘处，自然干后即成永久性玻片。

**3.标本的保存**

采集制作的昆虫标本，需要永久保存。针插标本容易受虫蛀、鼠咬与受潮霉变；蝶、蛾类标本受阳光照射极易褪色；灰尘常污染标本；因此，昆虫标本保存的关键是干燥、遮光、密闭和驱治各种标本虫害与鼠害。

(1)针插标本　按昆虫分类系统放入分类柜的标本盒内，盒内定期更换樟脑或其他驱虫药物。

(2)浸渍标本、生活史标本　分类放入标本柜内。生活史标本也应放入樟脑或其他驱虫药物。浸渍标本每隔半年至一年更换一次浸泡液。

(3)玻片标本　放在专用的标本盒与标本柜内。

(4)陈列标本　陈放在专用的陈列柜中以便观察。同样要做好防虫、防鼠咬和防霉变。

## 【巩固训练】

### ◆作业

1.标本采集制作。采集到17目60科以上昆虫，每人制作蝶、蛾类展翅标本、微小昆虫标本各2～3个，其余针插标本10～20个。鉴定并写出昆虫目科名称，每小组交实习标本1份。

2.实习报告。实习结束后，每人写实习报告1份，1周后上交，底稿自留。内容包括：①实习名称；②班别学号姓名；③实习目的要求；④实习时间、地点；⑤实习内容、结果，文字简述采集、制作、考核内容及方法，列出采集清单；⑥实习收获、体会、建议。

3.每小组将采集到的昆虫、为害状及害螨、马陆、软体动物等拍摄原生境图片 60 张以上，每人拍摄昆虫和害虫图片 10 张以上，其中显微拍摄微小昆虫和螨类 3～5 张，要求单张图片 2M 以上，虫体清晰，背景无杂物。

4.每人拍摄昆虫、螨类、鼠妇、蜗牛、蛞蝓等视频 10 条以上，每条 1 min 以上。

### ◆思考题

1.昆虫标本的采集方法有哪些？你还能说出一些符合当地昆虫习性的采集方法吗？

2.试说明干制昆虫标本的针插位置。

## 知识拓展

## 昆虫与环境的关系

研究昆虫与周围环境相互关系的科学称为昆虫生态学。昆虫周围环境包括非生物因素和生物因素两方面。非生物因素也称物理因素，主要包括光、温、水、气、土等方面。光，主要是阳光，是能量的来源，是万物生长的基础，植物可以进行光合作物生产有机质，为动物和微生物提供营养物质。昆虫随着光的年变化和日变化进行有规律的活动，如日出性、夜出性、滞育等。温，即温度，所有生物需要在一定温度范围内才能生存，在适宜的温度范围内昆虫的发育时间随着温度的升高而缩短，随着温度的降低而延长，所以温度影响昆虫的发生期。水，包括降雨、湿度，一切生命形式都离不开水，湿度不适，雌虫不能产卵，已产的卵不能孵化，所以湿度影响昆虫的发生量。气，指空气、氧气，空气流动还形成风，昆虫属于动物，呼吸也需要氧气，没有氧气很快就会死亡，所以淹水是防治地下害虫及土中生活的虫态的一个经济有效的办法。土，即土壤，土壤团粒结构内有空气，有一定湿度，土壤中有多种微生物、有机质等，部分昆虫生活在土壤中。土中生活的昆虫可以调整潜藏深度而减少土温对其的影响，但只能在一定的土壤含水量的土中生存。生物环境指植物、动物、微生物。植物是一级生产者，为植食性昆虫提供食物，有些植物对昆虫具有杀虫、驱虫作用。动物，包括昆虫，有的是昆虫的天敌，有的是昆虫的食物，有的昆虫以其他昆虫为食。人为因素则主要是指人类在生产实践活动中对昆虫所产生的影响。

按研究对象的层次，昆虫生态学的研究内容可分为：①个体生态学，是以昆虫个体为对象，研究某种昆虫对环境条件的适应性和可塑性，以及环境因素对其形态、生长发育、繁殖、存活、习性、行为等的影响。②昆虫种群生态学，是以昆虫种群为对象，研究在一定环境和时间、空间条件下，昆虫种群数量变动及其变动的原因。③昆虫群落生态学，是以群落为对象，研究在一定区域和时间、空间内，昆虫所处群落的结构、功能、演替及其原因等。④生态系统生态学，是以生态系统为对象，研究昆虫在该生态系统中的地位和作用。

昆虫生态学的主要任务是研究环境条件对昆虫生命活动的影响，并进一步分析在环境条件作用下昆虫种群盛衰的变化，从而找出昆虫发生消长的规律、地理分布、数量变化的原因，以及起作用的主导因素。因此，它是预测预报和防治农业害虫的主要理论依据。

### 一、气候因素对昆虫的影响

气候因素包括温度、湿度、降水、光、气流、气压等。其中对昆虫影响较大的是温度和湿度。气候有大气候、地方气候和小气候之分。大气候是指一般气象台站观测的气候条件，地方气候是指一定生态环境的气候条件，小气候是指地面上 1.5～2.0 m 气层内的气候条件。这 3 种不同的气候各有其生态学上的意义，在分析气候条件时必须加以注意。

### （一）温度对昆虫的影响

温度是气候因素中对昆虫影响最显著的一个因素。这是因为昆虫是变温动物，体温随周围环境的变化而变动。昆虫新陈代谢的速率，在很大程度上是受外界温度支配的。

**1.昆虫对温度的一般反应**

昆虫属变温动物。温度主要影响昆虫的发育速度(即发生期)。

(1)有效温区、最适温区和发育起点温度　昆虫的生长发育、繁殖等生命活动在一定的温度范围内进行，这个范围称为昆虫的适宜温区或有效温区。不同种的昆虫的有效温区不同，温带地区的昆虫一般在 8～40 ℃之间。在有效温区内包括最适于昆虫生长发育和繁殖的温度范围，称为最适温区，一般在 22～30 ℃之间。有效温区的下限是昆虫开始生长发育的温度，称为发育起点温度，一般为 8～15 ℃。有效温区的上限是昆虫因温度过高而生长发育开始被抑制的温度，称为高温临界，一般为 35～45 ℃或更高些。

昆虫生长发育最快的温度不一定是最适宜的温度。因为昆虫在一定的高温下生长发育很快，但它的生殖力、生活力却显著降低，成虫的寿命缩短，这样的温度条件从生长发育速度来看是最适宜的，但从种的繁荣来看，则不及较低一些的温度条件更为适宜。

在一定温度范围内，昆虫的发育速度和温度成正比。温度增高则发育速度加快，而发育所需时间缩短，也就是说，发育时间和温度成反比。即在适宜温区范围内温度主要影响昆虫的发育速度(即发生期)。

(2)亚致死低温区、致死低温区　昆虫在发育起点以下的一定范围内并不死亡，因温度低而停止生长发育呈休眠状态，当温度恢复到有效温区内，仍可恢复生长发育，但持续时间过长也可造成昆虫死亡，此温区称为亚致死低温区，一般在 8～－10 ℃。温度再下降，昆虫因过冷而死亡，这个温度范围称为致死低温区，一般在－10 ℃左右，不同地区不同昆虫不同。

(3)亚致死高温区、致死高温区　同样，在高温临界以上有一个停育高温区，在此温度范围内昆虫的生长发育因温度过高而停滞，此温区也称为亚致死高温区，一般在 40～45 ℃。温度再高，昆虫因过热而死亡，即进入致死高温区，一般在 45 ℃以上。

(4)极端高温和低温　温度升高会引起昆虫体内水分过量蒸发，使体内蛋白质凝固、变性，酶系统或细胞内的线粒体被破坏。高温可抑制昆虫的发育，使其体重减轻，死亡率增加。同时，高温在一定程度上加速了各种生理过程的不协调，如不能供应足够的氧气，不能排泄更多的代谢产物而引起中毒，以及造成神经系统的麻痹等。

自然界中许多昆虫能忍耐比零度低得多的温度而不死亡，主要是在寒冬之前，它们就做好越冬准备，大量积累脂肪和糖类，减少细胞和体液中的水分，排净体内粪便，并且隐蔽在温度变化较小的地方，降低呼吸，停止生长发育，进入休眠或滞育状态。当严寒来临时，由于虫体体液浓度高，可使冻结点降低，即昆虫在 0 ℃时体内并不会结冰。因此，昆虫在越冬阶段的耐寒性比在生长发育阶段的耐寒性强得多。

一般秋季越冬前或春季越冬后的昆虫抵抗低温能力较越冬期内差，因此春季和秋季的寒流对昆虫常有很大的杀伤力。

低温对昆虫的致死作用主要是，低温导致昆虫体液结冰，使原生质脱水、遭受机械损伤和生理结构被破坏，使组织和细胞产生不可复原的变化而导致昆虫死亡。

不同种类的昆虫和不同虫态，体液结冰的温度不同。俄罗斯学者赫梅捷耶夫(1898)应用热电偶温度计研究天蛾和大天蚕蛾等在低温下体温的变化时发现，温度降低时，昆虫体温随着下降，当降至0 ℃以下的一定温度时，昆虫体温突然上升，上升至接近0 ℃而后又继续下降至与环境温度相同为止。他把开始突然上升的温点称为过冷却点，体温上升而后再下降的温点称为体液冰点。

**2.有效积温法则**

昆虫完成一定的发育阶段(一个虫期或一个世代)，需要一定的热量积累。完成这个发育阶段所需的温度积累值是一个常数。对昆虫发育起作用的温度是发育起点以上的温度，称为有效温度，有效温度积累值称为有效积温，可用下面的公式表示：$K=N(T-C)$或$N=\frac{K}{T-C}$，这里$K$是有效积温，$N$是发育天数，$T$是观测温度，$C$是发育起点温度，$T-C$就是逐日的有效温度。如果将发育天数$N$改为发育速度$V$，则得：$V=\frac{T-C}{K}$或$T=C+KV$。

昆虫发育速度与温度的直线关系只限于一定的适宜温度范围之内，超过这个范围，在整个有效温区内两者的关系呈“S”形曲线，即在低适温区内发育速度呈缓坡式增加，在高适温区内发育速度也减缓，这种关系可用逻辑斯蒂曲线配合。

**3.有效积温法则的应用**

(1)推测一种昆虫在不同地区的世代数　知道了某种昆虫一个完整世代发育的有效积温($K$)，再利用各地气象站的资料，计算出各地有效积温的总和($K_1$)，以$K_1$除以$K$，便可确定这种昆虫在该地区1年中发生的世代数($N$)。例如小地老虎完成一个世代的有效积温($K$)为504.47 ℃，南京地区常年有效总积温($K_1$)为2 220.9 ℃，则南京地区1年可能发生的代数$N=K_1/K=2\ 220.9/504.47=4.4$(代)。据南京饲养观察，可发生4～5代，预测代数与实际发生代数基本一致。

(2)预测发生期　知道了一种害虫或一个虫期的有效积温和发育起点，便可根据公式$N=\frac{K}{T-C}$进行发生期预测。例如已知黏虫卵的发育起点是12.1 ℃，有效积温是50.4 ℃，卵产下当时的平均气温是20 ℃，代入公式就可测出6 d左右孵出幼虫。

(3)控制昆虫的发育进度　在田间释放寄生蜂等益虫，用以防治害虫，根据释放日期的需要，便可按公式$T=\frac{K}{N}+C$计算出室内饲养益虫的需要温度，通过调节温度来控制益虫的发育进度，恰在合适的日期释放出去。

(4)预测害虫的地理分布　如果当地有效积温不能满足某种害虫一个世代的$K$值，则这种害虫在该地就不能完成发育。

有效积温法则有一定的准确性，但也有其局限性，有时会产生较大误差。因为该法则只注意了昆虫的发育起点和平均温度，而反映不出过高过低温度对其发育的延缓或阻止作用；该法则在实验室的恒温下测得，而昆虫在自然界变温情况下发育快；有效积温法则只注意了温度这个孤立的因子，忽视了其他环境因素的影响；另一方面，气象部门提供的平均气温也不能完全反映昆虫所处环境的小气候变化，

### （二）湿度对昆虫的影响

湿度和降雨，实质是水的问题。水是生物进行生理活动的介质。昆虫对湿度的要求有一定范围，它对昆虫的发育速度、繁殖力和成活率有明显影响。一般来说，低湿延缓发育天数、降低繁殖力和成活率。故湿度主要影响昆虫的发生量。对于降雨，除了雨量之外，还应该注意降雨次数和强度，因为许多害虫要求较高的湿度条件，可是暴雨常冲刷掉大量的卵和低龄幼虫，使害虫种群数量迅速下降。对于湿度除了注意大气湿度变化外，还要特别重视农田的湿度状况。

### （三）温湿度的综合影响

自然界中，温度与湿度总是同时存在，互相影响并综合作用于昆虫的。对一种昆虫来说，适宜的温度范围常随湿度的变化而变化，反之适宜的湿度范围也常随温度不同而变化。温湿度组合常用温度和湿度的比值来表示，叫湿温系数。一般用降水与积温之比或平均相对湿度与平均温度之比来表示，公式为

$$Q=\frac{P}{\sum(T-C)}\text{或}Q=\frac{\mathrm{RH}}{T}$$

式中：$Q$ 是湿温系数，$P$ 是降水量，$\sum(T-C)$是有效积温。RH 是平均相对湿度，$T$ 是平均温度。

在一定的温湿度范围，相应的温湿度组合能产生相近或相同的生物效能。但不同的昆虫必须限制在一定的温度、湿度范围。因为不同的温、湿度组合可得出相同的系数，它们对昆虫的作用却截然不同。

### （四）光对昆虫的作用

光主要影响昆虫的活动与行为，协调昆虫的生活周期，起信号作用。

光的性质以波长来表示，不同波长显示出不同颜色。人类可见光波长为 400～770 nm；而昆虫可见光偏于短光波，为 253～700 nm，许多昆虫对紫外光表现正趋性，黑光灯波长为 360 nm 左右，所以诱虫最多。昆虫对不同光的颜色有明显分辨能力。蜜蜂能区分红、黄、绿、紫 4 种颜色；蚜虫对黄色敏感。光的强度对昆虫的活动与行为影响也很明显。如蝶类在白天强光下飞翔，夜蛾类喜在夜间弱光下活动。昼夜交替时间在一年中的周期性变化称为光周期。它是时间与季节变化最明显的标志。不同昆虫对光周期的变化有不同反应。光照时间及其周期性变化是引起昆虫滞育的重要因素。季节周期性变化影响着昆虫的年生活史。试验证明，许多昆虫的孵化、化蛹、羽化都有一定的昼夜节奏特性，与光周期变化有密切关系。

### （五）风对昆虫的影响

主要影响昆虫的活动范围。风可以降低气温和湿度，影响昆虫的体温和体内水分的蒸发，特别是对昆虫的扩散和迁移影响较大。许多昆虫能借风力传播到很远的地方，如蚜虫可借风力迁移 1 220～1 440 km，松干蚧卵囊可被气流带到高空随风飘移。

昆虫栖息地的小气候也不容忽视。大气候虽然不适于某种害虫大发生，但由于栽培条件、肥水管理、植被状况等影响，害虫所处的小环境（田间气候）适宜，也会出现局部严重发生。

## 二、土壤因素对昆虫的影响

土壤是昆虫的一个特殊生态环境，很多昆虫都与土壤有密切关系。如蝼蛄、蟋蟀、金龟子、地老虎、金针虫等地下害虫，有些终生在土壤中生活；有些是大部分虫态在土壤中度过；有的温暖季节在土壤外面活动，冬季又在土壤中休眠。

土壤的理化性状，如温度、湿度、机械组成、有机质含量及酸碱度等，直接影响土壤中昆虫的生命活动。一些地下害虫往往随土壤温度变化而上下移动，以便栖息于适温土层中，春、秋上升到表土层为害，寒冬炎夏则潜入较深土层休眠。在一昼夜间也有一定的活动规律，如蛴螬、小地老虎夏季多于夜间或清晨上升土表为害，中午则下移到土壤深层。生活在土壤中的昆虫多数对湿度要求较高，湿度低时会影响其生命活动。人们掌握了昆虫对土壤环境的要求之后，可以通过耕作、施肥、灌溉等各种措施改变土壤条件，达到控制害虫保护益虫的目的。

## 三、生物因素对昆虫的影响

生物因素是指环境中一切有生命活动的生物，它们之间存在着相互依存和相互制约的关系。

### （一）生物因素的基本概念

**1.食物链和食物网**

自然界中生物之间的最基本关系是食物联系，又叫营养联系。

食物联系通常以植物为起点，植物从土壤中吸收水分和矿质营养，从空气中吸收二氧化碳，在阳光作用下，经过光合作用，合成有机物质，这些有机物质可提供植物生命活动所需的化学能和热能。植食性昆虫不能自己制造营养物质，必须通过取食植物才能获得营养物质和能量，而植食性昆虫又是以它为食的肉食性昆虫的营养物质和能量的来源。这种以植物为起点的彼此依存的食物联系的基本结构，称食物链。食物链的环节最少3个，多的达5～6个。

自然界中，单纯直链式的食物链是不存在的，总是由许多交错联系的食物链结合在一起，构成多分支的结构，就叫食物网。

**2.生物群落**

由食物网中看出，自然界的生物不是孤立存在或孤立地发展的。在一定的地域内，由于气候、地形地势、土壤等非生物因素的相似，往往有一定的相互联系着的动物和植物组合，由此形成了该地域内特定的动、植物组合结构，这个结构的总体称生物群落。生物群落由若干个食物网联系而成。因此，生物群落并非杂乱无章的动物和植物总体，而是有层次和结构的总体。

**3.生态系统**

在一定的气候和土壤条件下，具有一定的生物群落，这些生物和非生物因子相互作用形成一个自然综合体，常有一定的结构，并能凭借这一结构进行物质循环，能量转换，具有相互依存和相互制约的功能，生态学上将这种自然综合体称为生态系统。在生态系统中，植物是“生产者”、动物是“消费者”、腐食性动物以及微生物是“分解者”。

**4.农业生态系统**

农业生态系统是在人类社会经济体系作用下，以农业植物群落和人类农业经济活动为中心而建立的生态系统。由于农业生产系统中作物群体的单纯性，和其相联系的昆虫类群也变得单纯，少数种类由于获得了较好的营养条件，个体数量剧增，成为当地的重要害虫。再加上人为地施用化学农药，则植物相和昆虫相变得更为单纯，趋于不稳定，一旦环境条件对某种害虫发育繁殖有利，在短期内就暴发成灾。所以生态系统的多样性和稳定性，是农田生态系统害虫治理中值得重视的中心问题。

### （二）植物抗虫性

植物抗虫性是指田间存在某种害虫的条件下，植物很少受害的特性。抗虫性是植物与害虫在外界环境条件作用下斗争的结果，表现为不选择性、抗生性与耐害性，统称为抗虫性三机制。

(1)不选择性　即在害虫发生数量相同的条件下，一些品种很少或不被害虫选择前来产卵、取食。

(2)抗生性　是指昆虫取食一些品种时，发育不良，体形变小，体重减轻，寿命缩短，生殖力降低，死亡率增加。例如一些玉米品种，由于抗螟素含量高，抑制玉米螟幼虫取食，促使幼虫死亡。

(3)耐害性　是指有些作物品种受害后，有很强的增殖或补偿能力，使害虫造成的损失很低。例如一些水稻品种，虽也被稻瘿蚊幼虫为害，造成“标葱”，但由于分蘖力强，可以补偿被害苗的损失。

选育和利用抗虫品种是防治一些农业害虫最经济和有效的措施，很值得作物育种学家和昆虫学家合作，进行研究。

### （三）天敌因素

**1.天敌昆虫**

包括寄生性和捕食性两大类。寄生性天敌种类很多，其中膜翅目、双翅目的昆虫利用价值最大。根据寄生和取食方式分内寄生与外寄生两类。凡是寄生在寄主的卵、幼虫、蛹和成虫体内的称内寄生，凡寄生在寄主体表称外寄生。

捕食性天敌种类也很多，分属 10 余目 100 多科。常见的如螳螂、蜻蜓、草蛉、虎甲、步甲、瓢甲、食虫虻、食蚜蝇、胡蜂等。这些益虫在自然界中帮助人们消灭大量害虫，许多在生物防治中已发挥了巨大作用。如澳洲瓢虫、大红瓢虫、草蛉等。

**2.昆虫致病微生物**

这类微生物常使昆虫在生长发育过程中染病死亡。利用病原微生物防治害虫已受到人们的重视。主要包括细菌、真菌、病毒、线虫、微孢子虫等。昆虫感染不同的致病微生物后，其症状有不同的表现。昆虫感染真菌死亡后虫体硬化，长出各色霉层；昆虫感染细菌死亡后虫体软化，皮破流液，腐烂发臭；昆虫感染病毒死亡后虫体腹足紧贴树梢，头尾下垂，身体软化，皮破流液，但无臭味。昆虫感染线虫后身体膨胀、发育迟缓，有的出现畸形，甚至导致败血症死亡。我们可以收集田间病死的昆虫，捣碎磨烂，过滤后加水喷于原田间作物上，可使田间同类害虫染病死亡。有些病原微生物已能人工繁殖生产。

**3.捕食性鸟兽及其他有益动物**

主要包括蜘蛛、捕食螨、鸟类、两栖类、爬行类等。鸟类的应用早为人们所见，蜘蛛的作用在生物防治中越来越受到人们的重视。

## 四、人类的生产活动对昆虫的影响

人类是改造自然的强大动力，对昆虫当然有着巨大影响，突出表现在：

**1.改变一个地区的昆虫组成(即昆虫相)**

人类在生产活动中，常有目的地从外地引进某些益虫，如澳洲瓢虫相继被引进各国，控制了吹绵介。但人类在活动中无意带进一些危险性害虫，如松突圆蚧、葡萄根瘤蚜、美国白蛾、棉红铃虫等，给带进国带来灾难。

**2.改变昆虫的生活环境和繁殖条件**

人类培育出抗虫耐虫的作物、蔬菜良种及果树、茶树苗木，大大减轻了它们的受害程度。大规模地兴修水利，植树造林和治山改水的活动，改变自然面貌，从根本上改变昆虫的生存环境，从生态上控制害虫的发生，如对东亚飞蝗的防治就是一个典型的例子。

**3.人类直接消灭害虫**

新中国成立后开展大规模的治虫运动，如对东亚飞蝗的飞机防治，对果树食心虫、红叶螨和卷叶蛾的成功防治，就是最明显的历史鉴证。但是，在化学治虫中，由于用药不当又常出现某些害虫猖獗为害的现象。如果树上的红叶螨一再猖獗，其原因之一就是滥用农药所造成的。

另外，在人类的生产活动和贸易往来中，一些为害严重的新的害虫，也常随人类的频繁交往传播蔓延，给农业生产带来新的为害，因此加强植物检疫，增强检疫意识是十分必要的。

## 五、昆虫种群特征及数量变动

### (一)种群的概念、特征

**1.种群的概念(population)**

种群是种下的分类单元，是指在一定的生活环境内，占有一定空间的同种个体的总和。种群是一个有机统一整体，能自动调节，使其能在生态系统内维持自身的稳定性。在自然界，种群是物种存在和物种进化的基本单元，也是生物群落和生态系统的基本组成单元。

**2.种群特征**

种群的变动一方面表现为数量的增减；另一方面数量的增减必然伴随出现种群所占空间的收缩或扩张，而这两种变化均是同时间因素紧密联系在一起的。因而种群的数量、空间和时间特征是种群存在的3个基本表现形式。

(1)空间特征　种群具有一定的分布区域即占据一定空间，分布区受非生物因素(如气候、水文地质等)和生物因素(如种间竞争、捕食和寄生)的影响。

(2)数量特征　种群具有一定的大小(个体数量或种群密度)，并随时间变动。

(3)遗传特征　种群具有一定的遗传组成。

### (二)种群结构特征

是指种群内部某些生物学特性互不相同的各类个体群在总体中所占比例的分布状况，或称在总体中的分布。

种群具有两个基本特征：一是统计学特征，如种群密度、出生率、死亡率、存活率、繁殖率、迁移率、平均寿命、性比、年龄组配、空间分布型等；二是遗传学特征，如适应能力、繁殖适度、持续力等。种群不同的组成结构与种群未来的数量动态有很大的关系。因此，掌握害虫种群的组成结构，可为害虫的预测预报及适时防治提供依据。

(1)种群密度　种群密度指单位空间内的昆虫个体数，也称为虫口密度。在实际工作中常以单位面积或单位作物（或器官）上的昆虫个体数表示，例如每株虫数、百丛虫数、百叶虫数、每平方米虫数，每 667 $m^2$ 虫数等。

(2)出生率　出生率是种群数量增长的固有能力，有理论出生率和生态出生率之分。理论出生率是指在理想的条件下（即无任何生态因子限制，只受生理状况影响）种群的最高出生率，这是一个理论常数。生态出生率也称实际出生率，是指在特定的生态条件下种群的实际出生率。出生率用单位时间内种群新出生的个体数表示。也有用单位时间内平均每个个体所产生的后代个体数来表示，此时称为种群的特定出生率，一般用 $b$ 表示。

(3)死亡率（或存活率）　生态学中常用死亡率或存活率来描述种群的个体死亡对种群数量的影响。与出生率一样，死亡率也有生理死亡率（最低死亡率）与生态死亡率（实际死亡率）之分。前者表示在最理想的条件下，种群每个个体都因“年老”而死亡时的种群死亡率。后者表示实际条件下的种群死亡率。种群死亡率常用单位时间内种群死亡的个体数表示，一般用 $M$ 表示。

种群存活率一般用 $S$ 表示，$S=1-M$。

(4)种群增长率　表示特定时间内，特定生态条件下的种群消长状况，又称为净增殖率。在理想的环境条件下，允许种群无限制地增长时的种群出生率称为内禀自然增长率。对于一个年龄结构稳定的种群，内禀自然增长率是一个常数，用 $r_m$ 表示，称为种群的生殖潜能。

(5)种群迁移率　是指一定时间内种群的迁出数量与迁入数量之差占总体的百分率。

(6)平均寿命　种群平均寿命就是种群所有个体寿命的平均值。

(7)性比　是种群中雄性个体和雌性个体数目的比例，也有用雌虫数量占种群总个体数的比率来表示的。对孤雌生殖的昆虫，如蚜虫、介壳虫、蓟马等，以及部分螨类，因其种群大部分时间中只有雌性个体存在，所以在分析种群结构时，可以忽略其性比。

(8)年龄组配　是指昆虫种群中各年龄组（或各虫态或虫期）个体数的相对比率。

(9)翅型比例　如稻飞虱的长翅型和短翅型的比例。

昆虫种群空间分布型在项目二再详细介绍。

## 六、昆虫种群生命表

昆虫种群生命表的应用，可为种群系统的描述提供基础数据。同时，生命表方法还有助于建立各个因子的控制指数，表示各个因子或各类因子的作用强度，进而为害虫综合控制效应的研究提供定量指标。应用较多的生命表有以等期年龄组配的生命表、以昆虫虫期组配的生命表、以作用因子组配的生命表 3 种。现以稻飞虱为例，说明作用因子生命表的组建方法和特点。

以作用因子组配的生命表在等期年龄生命表或昆虫虫期组配的生命表的基础上，按照各类因子作用的先后逻辑顺序排列，通过各种调查试验方法，分别获得与作用因子相对应的存活率数据，通过统计，力求取得各重要作用因子对存活率和生殖率作用的数据，使各类重要因子成为相对独立的组分，以便进行综合和分解。

下面以褐飞虱（*Nilaparvata lugens*）平均生命表为例，说明作用因子组配的生命表的组建方法和特点。

褐飞虱第二世代平均生命表

(广东阳江,1976—1990)

| 虫期($X$) | 起始虫数($l_x$) | 作用因子($f_i$) | 与作用因子相对应的存活率($S_i$) | 各虫期存活率($S_x$) |
|---|---|---|---|---|
| 卵 | 1 000 | 捕食 | $S_1=0.561$ | $S_E=0.509$ |
| | 561 | 寄生 | $S_2=0.948$ | |
| | 532 | 其他 | $S_3=0.951$ | |
| 1~2 龄若虫 | 506 | 捕食 | $S_4=0.411$ | $S_S=0.336$ |
| | 208 | 抗性及其他 | $S_5=0.817$ | |
| 3~5 龄若虫 | 170 | 捕食 | $S_6=0.365$ | $S_L=0.271$ |
| | 62 | 寄生 | $S_7=0.887$ | |
| | 55 | 抗性及其他 | $S_8=0.836$ | |
| 成虫 | 46 | 设定的标准卵量($F$) | 1 000 | 1 000 |
| | | 达标卵量概率($P_F$) | 0.246 | 0.246 |
| | | 雌虫比率($P_♀$) | 0.728 | 0.728 |
| | | 迁移后的居留率($P_h$) | 0.390 | 0.390 |
| | | $\sum P_{fd}(S_{Aa})^d$ | 0.178 | 0.178 |
| 种群趋势指数 | | $I=S_1S_2S_3\cdots S\&FP_FP_♀P_h\sum P_{fd}(S_{Aa})^d$ | 0.576 | |

注:$P_{fd}$=[000 0.003 0.058 0.149 0.202 0.198 0.160 0.113 0.073 0.044]

$(S_{Aa})^d$=[0.800 0.640 0.512 0.410 0.328 0.262 0.210 0.168 0.134 0.107 0.086 0.068]

$P_{fd}(S_{Aa})^d$=000 0.001 0.019 0.039 0.042 0.033 0.021 0.012 0.006 0.003]

由于表 1-5-1 为多年平均生命表,起始虫数栏内以卵期的起始虫数 1 000 代替实际值开始计算,其后为计算值。与作用因子相对应的存活率为调查数据计算值。同时,各虫期作用因子按照作用先后的逻辑顺序排列,假设捕食者对被寄生或正常的个体的选择是随机的,先计算被捕食的概率,在被捕食后的个体数的基础上计算寄生率。同样,在卵期中,假设寄生物对不育和正常卵的选择是随机的,先计算寄生率,以寄生后的卵数为基础计算不育(或其他)相对应的存活率。在若虫期,抗性及其他相对应的存活率是通过排除天敌的试验结果而统计出来的。

## 七、生态对策与生态位

生态对策是指昆虫适应环境并朝着有利于其繁殖的方向发展的过程,是昆虫在进化过程中,经自然选择获得的对不同生态环境的适应方式。生态对策是物种在不同栖息环境下长期演化的结果,是昆虫对其生态环境适应能力的体现,是种群的一种遗传学特性。主要包括繁殖开始时种群的大小、年龄;与繁殖、生长、生存、逃避天敌等有关的能力;生产量多而体小的后代或量少而体大的后代间的繁殖能力的分配比例;这些繁殖能力在个体寿命中的时间分布，以及迁飞和扩散能力等内容。

**1.生态对策的类型和特征**

昆虫和其他生物一样，在能量分配上有一定的协调性。在生殖上耗去的能量多，在生存机能上耗去的能量相对就少；如果昆虫具有很好的照顾后代的能力，其本身繁殖能力就小。

昆虫种群大小的变化速度取决于昆虫种群的内禀增长率（$r$）和环境容量（$K$）。种群的内禀增长率是指在特定的环境条件下，具有稳定年龄组配的种群的最大瞬间增长速率。环境容量是指在食物、天敌等各种环境因素的制约下，种群可能达到最大稳定的数量。$r$ 反映了昆虫种群的增长速率，$K$ 反映了昆虫种群发展的最大范围。所以当 $K$ 保持一定时，$r$ 越大，种群增长速率越快，种群越不稳定；当 $r$ 保持一定时，$K$ 越大，种群发展的范围越大，种群越趋向稳定。根据 $r$ 和 $K$ 的大小，可将昆虫种群分为 $r$ 对策和 $K$ 对策两个生态对策类型（表 1-5-2）。

$r$ 对策的种群通常是短命的，其生殖率很高，产生大量的后代，但后代存活率低，发育快（早熟），成年个体小及寿命短且单次生殖多而小的后代，一旦环境条件转好就会以其高增长率 $r$ 迅速恢复种群，使物种得以扩展。

而 $K$ 对策的种群通常是寿命长，种群数量稳定，竞争能力强；生物个体大，但生殖力弱，只能产生很少的种；亲代对子代提供良好的庇护；该对策适应于可预测的稳定环境，一旦受损很难恢复甚至可能灭绝。$r$ 和 $K$ 对策者特征的比较见下表。

**$r$ 和 $K$ 对策者特征的比较**

| 生态对策 | $K$ 对策者 | $r$ 对策者 |
|---|---|---|
| 大小 | 大型动物，如脊椎动物 | 小型动物，如昆虫 |
| 寿命 | 长 | 短 |
| 出生率 | 低 | 高 |
| 死亡率 | 低 | 高 |
| 对后代的投入 | 高 | 低 |
| 能量分配 | 更多的能量分配给逃避死亡和提高竞争力 | 高能量分配给繁殖 |
| 抵御捕食者能力 | 强 | 弱 |
| 生境嗜好性 | 稳定性生境 | 暂时性生境 |
| 种群波动 | 较为平稳 | “突然爆发，猛烈破产” |
| 灭绝性 | 种群密度过低难恢复 | 恢复力强 |

**2.生态位**

生态位是指昆虫在生态系统中或群落中的功能和地位，特别是它与其他生物间的营养关系。按照物种对空间或资源占据或利用的程度，可将生态位分为基础生态位和实际生态位。前者指物种占据空间或利用资源的最大程度；后者指由于竞争者的存在，该物种实际占据的空间或利用的资源。

实际上，在很多情况下，$r$ 和 $K$ 对策者都共存于同一种生境中，但它们可能占据了不同的生态位置，这也就是所谓的“生态位”的概念。如一株水稻植株可以同时生活多种害虫和天敌，水稻螟虫蛀食稻茎，稻纵卷叶螟啃食叶肉，稻飞虱在稻丛基部吸汁为害，稻叶蝉在叶部吸汁为害，而稻象甲、稻水象甲则为害水稻根部，在一定时间内它们可各居其位，各取所需，共同生活。此外，生态系统既有各种各样的生产者，还有各种各样的消费者及分解者，同一个生境也需要各式各样的生物行使不同的生态功能。

## 课程思政

**1.我国现行植保方针**

1975年：预防为主、综合防治。

**2.益虫、害虫划分标准**

直接或间接对人有利是益虫，如害虫的天敌，直接或间接对人有害是害虫，如为害农作物的三化螟。

**3.IPM中文含义**

有害生物综合治理，英文 integrated pest management 的缩写。

**4.“三R”和“三致作用”**

“三R”指抗性、残毒和再猖獗。抗性 Resistance：长期单纯大量施用广谱性农药，导致病虫草害的抗药性增强，防治效果下降。残毒 Residue：农药对环境的污染和农产品的残毒对人畜为害也越来越严重。再猖獗 Resurgence：大量杀伤天敌引起害虫再猖獗和次要害虫上升。

“三致作用”指环境中的有毒有害物质最终通过食物链进入人体，对人类造成“三致”作用——致癌、致畸、致突变。

**5.害虫发生历史**

昆虫在地球上出现的时间比人类还早，当人类出现并逐渐掌握栽培植物后，农作物从种到收都受到昆虫的为害。东亚飞蝗虫发生历史：几千年来，蝗虫一直是我国农业生产上的一大害虫，严重影响了人民的生产和生活。从公元前707年最早蝗灾记载开始，一直到新中国成立前，共发生蝗灾800余次。据中国农业大学陈家祥教授记载，1944年我国发生的那次大蝗灾，作物受害面积达5 000万亩，飞蝗所到之处，绿色全无，造成了大面积饥荒，饿死了无数百姓，真是“飞蝗蔽日，禾草一空，赤地千里，饿殍载道”。新中国成立前，历来是把蝗灾与黄河水灾相提并论的。

**6.害虫防治历史**

在3 000多年前，中国人就懂得利用物理方法治虫，有“掘沟治蝻”的记载。在1 800多年前就已利用砷剂、汞剂、藜芦、硫黄、油类、铜及各种有毒物质作为杀虫剂，并掌握了喷洒、涂抹和熏蒸等施药方法。

在公元304年前后，果农就已利用黄猄蚁防治柑橘害虫，这是世界上“以虫治虫”的最早记录。

我国是通过“生态控制”防治东亚飞蝗最成功的国家。新中国成立前我国3～5年就会发生一次大蝗灾，新中国成立后我国通过兴修水利，开垦荒地，实行改制（旱改水）以及植树造林等综合治理措施，改造了飞蝗发生基地，形成不利于飞蝗发生的生态环境，从根本上控制了东亚飞蝗的大面积发生为害。

**7.益虫利用历史**

养蚕：我国劳动人民对昆虫的研究与利用，比西方国家要早几个世纪。早在5 000多年前，就掌握了养蚕知识，并用蚕丝纺织成布，开创了有名的“丝绸之路”。

养蜂：在 3 000 多年前，就有了养蜂业，帮助作物传粉，为人类提供蜂蜜。

药用昆虫：冬虫夏草、蝉蜕、斑蝥、蜂毒、地元、桑螵蛸、僵蚕等。

**8.昆虫专家周尧**

中国昆虫分类泰斗——周尧（1912 年 6 月 8 日—2008 年 12 月 15 日），昆虫分类学家，创办了《趣味昆虫》《中国昆虫学杂志》，主编国际性学术刊物《昆虫分类学报》，其生平被拍成电影电视剧《蝶之梦》。发表《中国昆虫学史》《中国盾蚧志》《中国蝶类志》《中国蝴蝶分类研究》《周尧昆虫图集 1—8》等专著和论文 200 部（篇），建立了 23 个新亚目、45 个新总科和 2 个新科，发现 420 多个新种与 26 个新属。1990 年获中国优秀科技史图书一等奖，1995 年获全国优秀科技图书二等奖及第九届中国图书奖，2000 年获第十二届中国图书奖，被国内外誉为“亚洲之光”“虫坛怪杰”“蝶神”。其中《周尧昆虫图集 1—8》是涉及昆虫黑白图片的教材，绝大部分是周尧所绘或仿周尧原图。

## 学习评价

农业昆虫识别考核评价表

| 序号 | 考核项目 | 考核内容 | 考核标准 | 考核方式 | 分值 |
|---|---|---|---|---|---|
| 1 | 昆虫外部形态观察 | 体躯的基本构造观察 | 能正确划分体段，准确指明代表昆虫各种附器（口器、触角、胸足、翅）的名称及类型 | 口试 | 2 |
| 2 | 昆虫生物学特性观察 | 变态类型及虫态观察 | 能识别出昆虫的变态类型、完全变态昆虫幼虫、蛹所属的类型及性二型和多型现象 | 口试 | 2 |
| 3 | 昆虫标本采集、制作与保存 | 昆虫标本采集 | 懂得配制昆虫浸渍液，采集到当地主要昆虫 15 目 60 科以上，标本完整 | 标本鉴定验收 | 10 |
| | | 昆虫标本制作与保存 | 能制作针插标本、浸渍标本、蝶蛾类展翅标本、微小昆虫标本 | 单人标本制作考核 | 5 |
| 4 | 农业昆虫常见类群识别 | 农业昆虫重要目、科分类特征观察 | 能正确识别农业昆虫重要目、主要科代表性昆虫，并准确指明所观察各目主要代表科昆虫的分类特征 | 单人、分批标本识别考核 | 10 |
| 5 | 知识点考核 | | 了解昆虫外部形态、生物学特性及其与防治的关系，了解昆虫发生与环境的关系 | 闭卷笔试 | 50 |
| 6 | 作业、实验报告 | | 完成认真，内容正确；绘制的害虫形态图特征明显，标注正确 | 教师评分 | 6 |
| 7 | 学习纪律及态度 | | 遵守学习纪律，学习态度好 | 课堂考勤 | 15 |

# 项目二
# 农业昆虫的田间调查和预测预报

## 学习目标

学习掌握主要农作物害虫及天敌的取样和调查的方法，调查数据整理、统计，根据调查结果进行分析，结合天气及害虫发生情况做出短期预测的方法。

## 任务1　水稻主要害虫的田间调查和预测

### 【场地及材料】

水稻害虫发生重的田块，记录本、放大镜、铅笔、皮卷尺或米尺、黏虫胶、33 cm×45 cm的白搪瓷盘、2 m长竹竿等用具。

### 【工作步骤】

### 一、水稻螟虫田间调查和预测

#### （一）田间调查

**1.成虫诱测**

用200 W白炽灯或用20 W的黑光灯(波长360 nm)。灯源离地面1.5 m，上方架设防雨罩，下方装集虫漏斗、杀虫和集虫装置。每年从越冬代幼虫化蛹始盛期开始，至秋季末代螟蛾终见后一周止。每天黄昏开灯，天明关灯。每天上午(每周取1次)取回诱集物，置于室内区别种类，并清点虫数。将调查结果记入表2-1-1。

表 2-1-1　稻螟蛾灯诱记载表

| 诱蛾日期 | | 二化螟/头 | | | 三化螟/头 | | | 大螟/头 | | | 开灯时间内气象要素 | 备注 |
|---|---|---|---|---|---|---|---|---|---|---|---|---|
| 月 | 日 | 雌 | 雄 | 合计 | 雌 | 雄 | 合计 | 雌 | 雄 | 合计 | | |
| | | | | | | | | | | | | |
| | | | | | | | | | | | | |

**2.卵块密度调查**

每代调查 3 次，分别在成虫始盛、高峰和盛末期后 2 d 各调查 1 次。根据水稻品种、播期、移栽期等将水稻大田划分几种类型田，每类型田选择有代表性的田块 3 块，秧田每块田调查 10～20 $m^2$，本田采用平行跳跃式取样，每块田取 5 个样点，每个样点查 50 丛水稻。计算卵块密度，摘取卵块回室内放入试管内，1 管放 1 块，管口用湿脱脂棉塞住，保湿培养，观察卵块孵化情况，累计孵化进度。调查二化螟时每块田标定 100 丛，每次调查摘取所取样点内的全部卵块，秧田划定 10 $m^2$ 作卵量观察圃，每次调查在计数全部卵块后，摘除卵块，计算卵块密度。

**3.螟害率和虫口密度调查**

枯鞘率或枯心率调查结合当代稻螟残留虫量调查进行；枯孕穗、白穗、虫伤株调查于水稻黄熟期进行。按稻作类型（早、中、晚稻）、品种、栽插期、抽穗期或螟害轻、中、重分为几个类型，在每类型田中选择有代表性的田块 2 块。采用平行跳跃式取样，二化螟每块田取 100 丛，三化螟每块田取 200 丛，计数其中的被害株。连根拔取全部被害株，如枯鞘、枯心、虫伤株、枯孕穗和白穗等，剥查其中幼虫和蛹的数量及其发育级别。计算被害率及虫口密度。调查 20 丛稻的分蘖或有效穗数。将调查结果记入表 2-1-2。

表 2-1-2　水稻螟虫虫口密度及被害率调查表

| 调查日期 | 世代 | 类型田 | 品种 | 生育期 | 调查丛数 | 平均每丛 | | 调查株数 | 调查虫量/头 | | 每 667 $m^2$ 活虫量/头 | 死亡率/% | 二化螟占稻螟总活虫比例/% | 被害株数 | 被害株率/% | 稻螟被害总株数 | 稻螟被害总株率/% | 备注 |
|---|---|---|---|---|---|---|---|---|---|---|---|---|---|---|---|---|---|---|
| | | | | | | 分蘖数 | 有效穗数 | | 活虫数 | 死虫数 | | | | | | | | |
| | | | | | | | | | | | | | | | | | | |

## （二）短期预测

发生期分为始见期、始盛期（16%）、高峰期（50%）、盛末期（84%）和终见期。田间化蛹率达 16%、50%、84%的日期加当代蛹历期，或田间某一蛹级达 16%、50%、84%的日期加上该蛹级至羽化所需的发育天数，分别为该代蛾的始盛期、高峰期、盛末期；再分别加上产卵前期和卵历期则分别为卵孵化始盛期、高峰期、盛末期。结合灯测和田间卵孵化进度调查可较为准确地了解当地的卵孵化时期，用以指导螟害防治。

**1.防治枯鞘、枯心两查两定**

（1）查卵块孵化进度，定防治适期。在发蛾高峰期，根据水稻品种、移栽期划分类型，每类型选有代表性的田块 2～3 块，每块田采取多点平行线取样法查 300～500 丛，每隔 2～3 d 查 1 次，连查 3 次，每次将查到的有卵株连根拔起，移栽到田边或盆罐中，每天下午观察 1 次孵化情况，以确定孵化进度。药剂防治适期二化螟掌握在卵孵化高峰后至枯心形成前，三化螟掌握在卵孵化高峰期防治，卵块密度特别大时在卵孵始盛期和高峰期各防治 1 次。

(2)查卵块密度，定防治对象田。在卵块孵化高峰期开始调查，采用多点平行取样，每块田查 200 丛。当查到每 667 $m^2$ 二化螟卵块达 150 块时，三化螟卵块达 100 块(7—8 月第 3 代达 1 000 块)以上时列为防治对象田。

**2.防治虫伤株和白穗两查两定**

查发蛾情况，预测卵块孵化进度，定防治适期：根据幼虫、蛹发育进度调查或灯下发蛾情况，推算卵块孵化进度，掌握在卵孵化高峰期或高峰期后 5～7 d 用药。查虫情与苗情配合情况，定防治对象田：螟卵孵化始盛期到水稻成熟不到半个月的早熟早稻，可不必防治，相隔 15 d 以上中、迟熟早稻，要挑治上一代残留虫口较高、生长嫩绿的早稻，或调查中心凋萎虫伤株数量，在螟卵孵化始盛期，查到每 667 $m^2$ 中心凋萎虫伤株 50 个以上的田块，定为防治对象田。

防治白穗，在螟卵盛孵期内掌握早破口早用药，迟破口迟用药的原则，一般在破口抽穗 5%～10%时用药 1 次，如果螟虫发生量大或水稻抽穗期长，则隔 4～5 d 再用药 1 次。螟卵盛孵前已经抽穗而尚未齐穗的稻田，则掌握在螟卵孵化始盛期用药。凡在螟卵盛孵期内，孕穗(大肚)植株达 10%以上至齐穗植株 80%以下的稻田，均列为防治对象田。

### (三)测报参考资料

(1)三化螟各龄幼虫特征(表 2-1-3)

**表 2-1-3 三化螟各龄幼虫特征**

| 龄别 | 体长/mm | 腹足趾钩数目 | 头色 | 其他特征 |
|---|---|---|---|---|
| 1 | 1.2～3 | 9～10 | 黑褐 | 前胸背板黑褐色，腹部灰黑色，第一节白色 |
| 2 | 3.5～6 | 12～16 | 黄褐 | 前胸背板黄褐色，与中胸之间有 1 对纺锤形隐纹(死虫看不清楚) |
| 3 | 6～8 | 16～22 | 黄褐 | 前胸背板淡褐色，后缘左右各有 1/2 圆弧形斑紧靠一起，呈半圆形，背血管清晰可见 |
| 4 | 6.5～12.1 | 21～27 | 黄褐 | 前胸背板后缘有一对新月形褐斑，靠中线排列 |
| 5 | 14～24 | 29～32 | 黄褐 | 前胸背板后缘的新月形斑深褐色，腹足趾钩环的纵横径均为 4 龄的 1.5 倍 |

(2)三化螟各级蛹特征

1 级：体淡黄至黄绿色，复眼无色透明至 1/2 有淡褐色；

2 级：体色同上，复眼全部淡褐色；

3 级：体淡黄褐色，复眼深褐色；

4 级：体色同 3 级，复眼黑色；

5 级：头、胸和翅基部分淡褐色，复眼银灰色，隐约可见翅点；

6 级：体黄褐色，复眼灰黑并覆盖金黄色薄膜，黑色翅点明显；

7 级：体被灰黄色鳞粉，翅点明显，复眼被赤金色薄膜。

(3)其他水稻螟虫形态特征观察

## 二、稻纵卷叶螟田间调查和预测

### （一）田间调查

**1.田间赶蛾**

从灯下或田间始见蛾开始，至水稻齐穗期。选取不同生育期和好、中、差 3 种长势的主栽品种类型田各 1 块，每块田调查面积为 50～100 $m^2$，手持长 2 m 的竹竿沿田埂逆风缓慢拨动稻丛中上部（水稻分蘖中期前同时调查周边杂草），用计数器计数飞起蛾数，隔天上午 9 时以前进行 1 次，将赶蛾数据记入表 2-1-4。结合赶蛾，用捕虫网采集雌成虫 20～30 头进行卵巢解剖。

表 2-1-4　稻纵卷叶螟田间赶蛾调查记载表

| 调查地点 | 调查日期（年 月 日） | 世代 | 稻作类型 | 品种 | 生育期 | 赶蛾面积/$m^2$ | 蛾量/头 | 折合 667 $m^2$ 蛾量/头 | 备注 |
|---|---|---|---|---|---|---|---|---|---|
| | | | | | | | | | |
| | | | | | | | | | |

**2.虫口密度或受害率调查**

幼虫密度调查选主要类型田各 3 块，双行平行跳跃式，每块田查 50～100 丛，调查百丛虫量，并折算为每 667 $m^2$ 虫量；取其中 20 丛查卷叶数，计算卷叶率；发育进度调查：每类型田取 50 条幼虫，分别记录虫态和龄期。调查稻株顶部 3 张叶片的卷叶率，确定稻叶受害程度。

### （二）短期预测

**1.查幼虫发育进度，定防治适期**

赶蛾时蛾量突增为始盛期，蛾量最多时为发蛾高峰日。2 龄幼虫高峰期或卵孵高峰后 3～5 d 或新卷叶苞长度不超过 4 cm 时进行防治。2 龄幼虫高峰期＝发蛾高峰日＋当地该虫产卵前期＋卵历期＋1 龄幼虫期（成虫高峰后 10 d 左右）。

**2.查虫口密度，定防治对象田**

在水稻分蘖期，束尖或新虫苞或 1～3 龄幼虫密度达 150 头/百丛，孕穗期至抽穗期，束尖或新虫苞或 1～3 龄幼虫密度达 60 头/百丛的田块列为防治对象田。

### （三）测报参考资料

稻纵卷叶螟各龄幼虫、预蛹、蛹特征见表 2-1-5。

表 2-1-5　稻纵卷叶螟各龄幼虫、预蛹、蛹特征

| 龄期 | 体长/mm | 特征 |
|---|---|---|
| 1 龄 | 1～2 | 头黑色，体淡黄绿色，前胸背板中央黑点不明显 |
| 2 龄 | 3～4 | 头黄褐色，体黄绿色，前胸前缘，后缘中部各出现 2 个黑点。中胸隐约可见 2 毛片 |
| 3 龄 | 5～7 | 头褐色，前胸后缘两黑点转变为 2 个三角形黑斑，中胸毛片褐色，后胸毛片隐约可见 |
| 4 龄 | 10～12 | 头暗褐色，体深绿色，前胸前缘 2 黑点两侧出现许多小黑点连成括弧形，中后胸毛片乌黑 |
| 5 龄 | 14～19 | 头褐色，前胸中部黑点色褪淡，中后胸毛片内侧颜色渐消失，呈括弧状，老熟幼虫体橘黄至棕红色 |
| 预蛹 | 13～17 | 身体收缩，体节膨大，橘黄色至橙红色 |

续表2-1-5

| 龄期 | 体长/mm | 特征 |
| --- | --- | --- |
| 蛹 | 7～9 | 圆筒形，尾部尖，上生8根钩刺；腹部第5～7节近前缘处有1黑褐色细横隆线，初期淡黄色，渐变为黄褐色，羽化前带金黄色。茧薄，白色 |

## 三、稻飞虱田间调查和短期预测

### （一）大田虫情普查

**1.灯光诱测**

用200 W白炽灯作标准光源。已使用多年黑光灯诱测的地方，仍可继续使用黑光灯，光源为20 W(波长为365 nm)。光源离地面1.5 m，上方架设防雨罩，下方装集虫漏斗、杀虫和集虫装置。诱测灯安装应紧靠稻田，直径300 m范围内无高度超过6 m的建筑物和丛林，距路灯等干扰光源300～350 m。从当地最早见虫年份的成虫初见期前10 d开始，至常年成虫终见后10 d结束。每天天黑前开灯，天明后关灯。逐日对诱获的成虫计数，区别白背飞虱、褐飞虱种类和性别，并记载其他种类飞虱诱集数量。当日诱虫总重量超过100 g时，将所诱集的成虫均匀平铺于瓷盘内，用“十字交叉”法将成虫分为4等份，如1/4虫量仍超过100 g时，继续4等分，使1/4虫量低于100 g后，再分类、计数。将各类型稻飞虱数量$\times 4^n$($n$为等分次数)即为各类总诱获量。同时记录开灯时的天气状况。

**2.大田虫情普查**

主害前一代若虫2、3龄盛期查1次，主害代防治前后各查1次，共查3次。每次成虫迁入峰后，立即普查1次田间成虫迁入量。在观察区和辖区范围内调查每种主要水稻类型田不少于20块，面积不少于1 $hm^2$。每块田采用平行跳跃式取样，每块田取5～10点，每点2丛。每块田的调查丛数可根据稻飞虱发生量而定。每丛低于5头时，每块田查50丛以上；每丛5～10头时，每块田查30～50丛；每丛大于10头时，每块田查20～30丛。用白搪瓷盘(33 cm×45 cm)，用水湿润盘内壁。查虫时将盘轻轻插入稻行，下缘紧贴水面稻丛基部，快速拍击植株中、下部，连拍三下，每点计数1次，计数各类飞虱不同翅型的成虫，以及低龄和高龄若虫数量，同时记录蜘蛛和黑肩绿盲蝽数量。每次拍查计数后，清洗白搪瓷盘，再进行下次拍查。调查结果记入表2-1-6。

**表2-1-6 稻飞虱大田虫口密度普查记载表**

| 调查日期 | | 调查地点 | 类型田 | 品种 | 生育期 | 成虫量/(头/百丛) | | | 若虫量/(头/百丛) | | | 总虫量/(头/百丛) | 褐飞虱百分率/% | 防治情况 |
| --- | --- | --- | --- | --- | --- | --- | --- | --- | --- | --- | --- | --- | --- | --- |
| 月 | 日 | | | | | 长翅 | 短翅 | 小计 | 低龄 | 高龄 | 小计 | | | |
| | | | | | | | | | | | | | | |
| | | | | | | | | | | | | | | |

## （二）短期预测

**1.查虫龄，定防治适期**

在各地主害代田间成虫高峰出现后，调查有代表性的类型田1～2块，每隔2～3 d抽查1次。采用直线跳跃式取样，每块田查25～50丛。当查到田间1～3龄若虫占田间总虫量50%以上时，即为防治适期。

**2.查虫口密度，定防治对象田**

根据县（市）病虫测报站防治适期预报，对当地水稻不同品种类型、插秧期早迟和前一世代防（兼）治情况划分若干类型田，进行稻飞虱密度普查。水稻秧田期，稻飞虱混合种群量达30～40头/$m^2$，分蘖期百丛虫量达1 000头，孕穗至灌浆期百丛虫量达1 000～1 500头时应列为防治对象田。对未达到防治指标的田块，过4～5 d再复查1次，已经达到防治指标的田块，立即施药1次。当早稻田蜘蛛和稻飞虱的比例为1∶4，晚稻田为1∶（8～9）时，可不用药防治。

## （三）测报参考资料

3种稻飞虱若虫形态特征见表2-1-7。

**表2-1-7　3种稻飞虱若虫形态特征**

| 龄期 | 褐飞虱 | 白背飞虱 | 灰飞虱 | 翅芽形状 |
|---|---|---|---|---|
| 1 | 平均体长1.1 mm，体灰白色。腹背中央有1淡色“T”形斑纹 | 平均体长1.1 mm。腹背灰褐色，第3～4腹节背面呈“丰”形浅色斑纹 | 平均体长1 mm，腹背豆浆色。斑纹不明显 | 无翅芽，后胸后缘平直 |
| 2 | 体长约1.5 mm，腹背淡黄褐色，第3～4腹节黄白色 | 体长约1.3 mm，腹背灰褐色，第3～4节淡褐色呈“丰”形 | 体长约1.2 mm，腹背黄白色，二侧淡灰色，斑纹模糊 | 无翅芽，后胸两侧向后伸，中间向前凹 |
| 3 | 体长约2.0 mm，腹背黄褐色，第4～5腹节各嵌1对白色三角形斑纹，第6～8节有“山”形浅色斑 | 体长1.7 mm，腹背灰黑色，第4～5腹节各嵌有1对乳白色大型斑。第6节背面有浅色横带 | 体长1.5 mm，腹背灰褐色，二侧深灰色。第4～5腹节各嵌1淡褐“人”字形纹 | 中、后胸两侧向后延伸呈“八”字形翅芽 |
| 4 | 体长2.4 mm，其余同上 | 体长2.2 mm，其余同上 | 体长2.0 mm | 前翅芽尖端与后翅芽相接近或平齐 |
| 5 | 体长3.2 mm | 体长约2.9 mm，其余同上 | 体长2.7 mm，其余同上 | 前翅芽尖端超过后翅芽尖端 |

卵（不分种）：长约0.8 mm，香蕉形、新月形至尖辣椒形，常数粒至一二十粒排列成串。初产时乳白色，后变淡黄色，孵化前出现眼点。

# 四、稻瘿蚊田间调查和短期预测

## （一）大田虫情普查

**1.晚稻秧田虫口密度调查**

选择早、中、晚稻类型秧田各1块，随机或对角线5点取样，每个点调查0.1 $m^2$，共查

$0.5\ m^2$。调查其总株数、出葱率、葱管类型、虫口密度。将调查结果记入表 2-1-8。

**表 2-1-8　稻瘿蚊虫口密度和发育进度调查表**

单位：　　　　年度：

| 日期 | 地点 | 类型田 | 调查株数 | 出葱数 | 出葱率/% | 活虫数/头 | | 化蛹率/% | 被寄生数/头 | 寄生率/% | 折合每 667 $m^2$ 虫量/头 |
|---|---|---|---|---|---|---|---|---|---|---|---|
| | | | | | | 幼虫 | 蛹 | | | | |
| | | | | | | | | | | | |
| | | | | | | | | | | | |

**2.本田虫口密度和发育进度调查**

本田期(早稻生长后期,晚稻返青至分蘖期),在各代出葱高峰期后或成虫盛发期前 10 d,结合为害率调查进行。选择各种稻作类型田,采用平行跳跃 5 点取样法,每个类型田查 5 个点,每个点查 10～40 丛(早稻生长后期查 40 丛,晚稻返青至分蘖期查 10 丛)。调查出葱率、虫口密度。将调查结果记入表 2-1-8。每类型田剥查活虫数应大于 50 头,分别对幼虫、蛹进行分龄、分级,并计算比率。将调查结果记入表 2-1-9。

**表 2-1-9　稻瘿蚊田间幼虫、蛹发育进度调查表**

单位：　　　　年度：

| 日期 | 地点 | 类型田 | 各龄幼虫数(头)及百分比 | | | | | | | | 各级蛹数量(头)及百分比 | | | | | | | | | | | |
|---|---|---|---|---|---|---|---|---|---|---|---|---|---|---|---|---|---|---|---|---|---|---|
| | | | 1 龄 | | 2 龄 | | 3 龄 | | 预蛹 | | 1 级 | | 2 级 | | 3 级 | | 4 级 | | 5 级 | | 6 级 | |
| | | | 虫数 | % | 虫数 | % | 虫数 | % | 虫数 | % | 虫数 | % | 虫数 | % | 虫数 | % | 虫数 | % | 虫数 | % | 虫数 | % |
| | | | | | | | | | | | | | | | | | | | | | | |
| | | | | | | | | | | | | | | | | | | | | | | |

## (二)短期预测

**1.查虫龄,定防治适期**

在晚稻苗期每隔 3 d 查 1 次,本田返青至分蘖期每隔 5～7 d 查 1 次,选择各种稻作类型田,采用平行跳跃 5 点取样法,每个类型田查 5 个点,每个点查 10～40 丛。调查出葱率、虫口密度。当查到丙型葱管达 20%时,即为成虫始盛期,3 d 后即为卵孵始盛期。成虫始盛期至卵孵始盛期是化学防治适期。如近期有阴雨、浓雾、重雾天气,则利于发生。

**2.查虫口密度,定防治对象田**

根据县(市)病虫测报站防治适期预报,对当地水稻不同品种类型、插秧期早迟和前一世代防(兼)治情况划分若干类型田,进行稻瘿蚊密度普查。早稻后期无效分蘖标葱率 0.5%,晚稻秧田需防治;晚稻秧田标葱率达 20%,本田达 10%,应列为防治对象田。

注:葱管类型有 3 种。甲型标葱:即大肚秧,此时葱管尚未抽出,被害状表现为无心叶或心叶缩短。乙型标葱:葱管已伸出叶鞘,幼虫已老熟化蛹,葱管末端封闭。丙型标葱:葱管末端有羽化孔,常残留白色蛹壳,成虫已羽化。

## (三)测报参考资料

稻瘿蚊幼虫 3 龄,分龄特征:

1 龄幼虫体乳白色透明,第 3 节背面有浅赤色 X 形眼点,第 12 节和第 13 节末端两侧有管突和刺毛；

2 龄表皮半透明，眼点在第 2 节背面中央末端。第 2 节和第 12～13 节各有一对黑褐色的气孔；

3 龄表皮不透明，第 2 节腹面中央有红褐色的胸骨片，末端分叉。

蛹：体长约 4 mm，长椭圆形，橙红色，头顶有分叉的额刺 1 对，前胸背前缘有背刺 1 对。

稻瘿蚊蛹分为 6 级，分级特征：

1 级蛹体和复眼无色；

2 级蛹体淡黄白色；

3 级蛹体橙黄色，复眼浅红色；

4 级蛹体橙红色，复眼枣红色；

5 级蛹复眼黑褐色，翅芽浅棕色；

6 级蛹复眼乌黑色，翅芽棕褐色。

## 【巩固训练】

### ◆作业

1.灯光诱测。在本校实习农场安装频振式测报诱虫灯或 20 W 的黑光灯，北纬 24°以南并属于南亚热带季风气候区的地区每年 3 月 1 日起至 11 月 10 日止，其他地区于 3 月 20 日起至 11 月 10 日止，晚上开灯，白天关灯，每天上午取虫回室内，分种类记录水稻主要害虫灯下诱测数据，根据成虫高峰日预测幼虫孵化高峰期。没有条件的可到当地县级植物病虫测报站参观，了解灯光诱虫情况。

2.水稻害虫田间调查和短期预测。根据各地水稻害虫发生实况，选择水稻螟虫、稻纵卷叶螟和稻飞虱等主要害虫开展发生情况普查和短期测报工作，按有关要求认真记载各项调查数据，并进行统计分析。

### ◆思考题

1.水稻的苗期、分蘖期和孕穗期各有什么主要害虫发生？水稻的什么生育期害虫为害最严重？

2.当年水稻主要害虫的发生与历年有什么不同？分析其主要原因。

3.如何实现在同一时间同时调查几种水稻虫害？

# 任务 2　玉米主要害虫的田间调查和预测

## 【场地及材料】

玉米害虫发生重的田块，记录本、放大镜、铅笔、皮卷尺或米尺及其他有关用具。

## 【工作步骤】

# 一、玉米螟田间调查和预测

## （一）田间调查

### 1.玉米螟田间卵量调查

在黑光灯下出现当代成虫开始，每 3 d 调查 1 次，至成虫或卵终见 3 d 后止，选择长势好、种植主栽品种的玉米田 3 块，每块田对角线五点取样，每点固定 20 株，逐叶观察记录卵块数，发现卵块及时记载，并做好标记，便于观察孵化率、寄主情况和防止重复计数。统计百株卵块数和被寄生数。在产卵的始盛、高峰、盛末分别调查 10 块卵，计算平均卵粒数。将调查结果记入表 2-2-1。

表 2-2-1　玉米螟卵量调查记载表

单位：　　　　　年度：

| 日期 | 地点 | 品种 | 生育期 | 调查株数 | 正常卵数 | 寄生卵数 | 卵块寄生率/% | 折合百株卵块数 |
|---|---|---|---|---|---|---|---|---|
| | | | | | | | | |
| | | | | | | | | |

### 2.玉米螟幼虫为害情况调查

在心叶中期、末期，抽雄、抽丝和成熟期各查 1 次，一般选择有代表性的玉米田若干块，五点取样法每块田调查 50～100 株，调查花叶株率，凡新生 2 片叶有明显食痕的即为花叶株，在玉米穗期，调查雌穗上的虫穗率，统计花叶株率、被害株率、有虫雌穗率等。调查结果记入表 2-2-2。

表 2-2-2　玉米螟幼虫为害程度调查记载表

单位：　　　　　年度：

| 日期 | 品种 | 生育期 | 调查株数 | 被害株数 | 被害株率/% |
|---|---|---|---|---|---|
| | | | | | |
| | | | | | |

## （二）短期预测

### 1.查玉米发育进度，定防治适期

玉米心叶末期和抽丝盛期是心叶末期和穗期玉米螟幼虫的防治适期。心叶末期的确定：选择具有代表性玉米品种若干株，将玉米喇叭口卷成筒状而尚未展开的叶片拔出，层层剥开嫩叶，逐叶片计数，直到露出雄穗芽为止，当剥开 4～5 片叶片见到雄穗芽，这是心叶中期；当剥开 2～3 片叶片就已看到雄穗芽，此时为心叶末期；一般春玉米心叶期叶片的生长速度为 3 d 长 1 叶或 5 d 长 2 叶，因此，在心叶中期就可推测再过 5～6 d 将达心叶末期。抽丝盛期的确定：自见到玉米抽丝开始，每 2 d 调查 1 次，当抽丝达 60%时，为抽丝盛期。

### 2.查被害率或虫口密度，定防治对象田

心叶期世代百株卵量感虫品种累计达 12 块，中抗品种达 20 块或花叶株率超过 10%；穗期世代百株累计 12 块卵或百穗花丝有虫 50 头或虫穗率达 10%的玉米田均列为防治对象

田。如果心叶中期花叶株率超过20%，或累计卵量百株超过30块，除在心叶末期防治1次外，心叶中期需增加防治1次。

## 二、草地贪夜蛾田间调查和预测

### （一）田间调查

**1.诱测成虫**

（1）高空测报灯诱测成虫　高空测报灯为1 000 W金属卤化物灯，能够实现控温杀虫、烘干、雨天不断电、按时段自动开关灯等一体化功能，诱到活虫后处理灭杀、翅膀鳞片完整，翅征易于辨别。高空测报灯可设在楼顶、高台等相对开阔处，或安装在病虫观测场内，要求其周边无高大建筑物遮挡和强光源干扰。在观测期内逐日记载诱集的雌蛾、雄蛾数量，结果记入表2-2-3。单日诱虫量出现突增至突减之间的日期，记为发生高峰期（或称盛发期）。长江以南地区全年开灯监测，长江以北地区4—10月开灯监测。

表2-2-3　草地贪夜蛾成虫灯诱记载表

| 日期 | 作物种类和生育期 | 高空测报灯 | | | 测报灯 | | | 备注天气要素 |
|---|---|---|---|---|---|---|---|---|
| | | 雌蛾/头 | 雄蛾/头 | 合计/头 | 雌蛾/头 | 雄蛾/头 | 合计/头 | |
| | | | | | | | | |
| | | | | | | | | |

（2）性诱剂诱测成虫　在玉米等寄主作物生长期开展监测。设置罐式、桶形或新型干式诱捕器，诱芯置于诱捕器内，诱芯每隔30 d更换1次。每块田放置3个诱捕器。苗期玉米等低矮作物田，3个诱捕器呈正三角形放置，相距至少50 m，每个诱捕器与田边距离不少于5 m，诱捕器距地面1 m左右或高于植株冠层20 cm。成株期玉米等高秆作物田，最好选田埂走向与当地季风风向垂直的田块，诱捕器放置于田边方便操作的田埂上，与田边相距1 m左右，诱捕器呈直线排列、间距至少50 m。每天上午检查记载诱到的蛾量，结果记入表2-2-4。

表2-2-4　草地贪夜蛾成虫性诱记载表

| 日期 | 作物种类和生育期 | 诱捕器1 | 诱捕器2 | 诱捕器3 | 平均诱虫/(头/台) | 备注天气要素 |
|---|---|---|---|---|---|---|
| | | 数量/头 | 数量/头 | 数量/头 | | |
| | | | | | | |
| | | | | | | |

**2.卵密度调查**

当灯具或性诱剂诱到一定数量的成虫（始盛期）、雌蛾卵巢发育级别较高时，开始田间查卵，3 d调查1次，成虫盛末期结束。采用五点取样，玉米抽雄前采用“W”形取样，抽雄后“梯子”形取样（图2-2-1），每点取10株，每点间隔距离视田块大小而定。主要调查植株基部叶片正面、背面和叶基部与茎连接处的茎秆，成虫种群数量较大时，卵也会产在植株的高处或附近的其他植被上，应注意调查。记载调查株数、卵块数和每块卵粒数，结果记入表2-2-5。

图 2-2-1 草地贪夜蛾卵、幼虫、蛹田间取样方法
(左为"W"形,右为"梯子"形)
(农业部全国农业技术推广服务中心.2019.草地贪夜蛾调查规范)

表 2-2-5 草地贪夜蛾查卵情况记载表

| 日期 | 作物种类和生育期 | 调查株数 | 卵块数/块 | 估算单块卵粒数/粒 | | | 产卵部位 | 备注 |
|---|---|---|---|---|---|---|---|---|
| | | | | 最多 | 最少 | 平均 | | |
| | | | | | | | | |
| | | | | | | | | |

**3.受害株率调查**

苗期至灌浆期的玉米均可受害,也要注意观察甘蔗、高粱、谷子、花生、大豆、棉花、香蕉及各种蔬菜等作物发生情况。田间受害株呈聚集分布,发现1株受害,其周围可见数量不等的受害株。受害部位依生育期不同而变化,应观察记载叶片、心叶、茎秆、雄穗、花丝、雌穗等部位受害情况,苗期注意调查枯心苗引起的死苗。3 d调查1次,结果记入表2-2-6。

表 2-2-6 草地贪夜蛾为害情况记载表

| 日期 | 作物种类 | 生育期 | 调查株数 | 被害株数 | 被害部位 | 死苗株数 | 被害株率/% | 死苗株率/% | 雌穗被害率/% |
|---|---|---|---|---|---|---|---|---|---|
| | | | | | | | | | |
| | | | | | | | | | |

**4.幼虫密度和天敌调查**

与受害株调查同时进行。观察为害状后,再调查叶片正反面、心叶、叶鞘、茎秆、未抽出雄穗苞、花丝、果穗等部位的幼虫数量、分辨龄期,同时注意观察天敌发生情况,结果记入表2-2-7。

表 2-2-7 草地贪夜蛾幼虫和天敌情况记载表

| 日期 | 作物种类和生育期 | 调查株数 | 各龄幼虫数/头 | | | | | | 百株虫量/头 | 天敌 | | 备注 |
|---|---|---|---|---|---|---|---|---|---|---|---|---|
| | | | 1～2龄 | 3龄 | 4龄 | 5龄 | 6龄 | 合计 | | 种类 | 数量 | |
| | | | | | | | | | | | | |
| | | | | | | | | | | | | |

### （二）短期预测

**1.预测发生期，确定防治适期**

依据当地调查虫态、发育历期和温度情况，估算发育进度，做出幼虫发生期预报。防治适期为2龄幼虫高峰期。

**2.预测发生量，确定防治对象田**

玉米田虫口密度达到10头/百株时，需进行化学防治。

### （三）测报参考资料

草地贪夜蛾卵期夏季一般2～3 d；幼虫期12～30 d，25 ℃条件下13.7 d；蛹期夏季8～9 d，春秋季12～14 d，冬季20～30 d；成虫寿命7～21 d，平均约10 d，多为2～3周。1～6龄幼虫平均头宽和体长见表2-2-8，幼虫25 ℃发育历期见表2-2-9。

**表2-2-8 草地贪夜蛾1～6龄幼虫平均头宽和体长**

| 龄期 | 1 | 2 | 3 | 4 | 5 | 6 |
|---|---|---|---|---|---|---|
| 头宽/mm | 0.35 | 0.45 | 0.75 | 1.3 | 2.0 | 2.6 |
| 体长/mm | 1.7 | 3.5 | 6.4 | 10.0 | 17.2 | 34.2 |

**表2-2-9 草地贪夜蛾幼虫25 ℃发育历期**

| 龄期 | 1 | 2 | 3 | 4 | 5 | 6 | 合计 |
|---|---|---|---|---|---|---|---|
| 历期/d | 3.3 | 1.7 | 1.5 | 1.5 | 2.0 | 3.7 | 13.7 |

## 三、黏虫田间调查和预测

### （一）田间调查

**1.诱测成虫**

各地诱蛾时间不同。一代发生区南部自2月10日至4月10日，北部自3月5日至4月15日；二代发生区自5月10日至6月20日；三代发生区自7月15日至8月15日；四代发生区自9月1日至10月10日。各地可选用糖醋液、糖醋毒草把和虫情测报灯中一种诱蛾效果最好的进行诱蛾。

糖醋液诱蛾，配方为45°～50°白酒125 mL，水250 mL，红糖375 g，食醋500 mL，90%晶体敌百虫3 g。先将红糖和敌百虫称出，用温水溶化后，加入醋、酒，拌匀即为一台诱蛾器诱剂全量。可使用专门的诱蛾器，或用5 L旧塑料油瓶自制简易诱蛾器。选择离村庄稍远、比较空旷容易遭受为害的作物田，一般设置2台诱蛾器，间距应在500 m以上，诱蛾器可以用木或铁器架架起，诱蛾器底部距地面1 m。设立后不要轻易移动位置，保持相对稳定。加入诱剂后，每日黄昏前将诱剂皿盖打开，次日清晨将落在皿内和皿外死亡的黏虫蛾取出，带回检查并将诱剂皿盖盖好，减少诱剂蒸发，再罩好筒罩。诱剂每逢5(每月5日、15日、25日)增加半量，逢10(每月10日、20日、30日或31日)更换全量。以糖醋毒草把诱蛾，选用粗壮未发霉干稻草，剪成50 cm长，基部扎紧呈直径10 cm的草把，端部朝下，插在1.5 m左右长的木棍或竹竿上。草把下边装一个盛蛾铁皮漏斗，漏斗直径60 cm、高30 cm，草把上安装一棚罩，以防雨淋。

糖醋毒草把诱剂成分为：红糖100 g、食醋100 mL、水100 mL、40°～50°白酒50 mL、

90%晶体敌百虫 2 g,以上为 5 个毒草把诱剂全量,配制方法同诱蛾器诱剂。诱液于傍晚涂在草把上,漏斗中可放入少许稻草,防止鸟雀啄食蛾子;次日清晨将落在漏斗内的黏虫蛾取出,带回检查。诱液每 2 d 涂 1 次。

虫情测报灯诱蛾,在常年适于成虫发生的场所,装设 1 台多功能自动虫情测报灯或 20 W黑光灯,要求设在视野开阔处,其四周没有高大建筑物或树木遮挡,灯管下端与地表面垂直距离为 1.5 m。一般每年更换 1 次灯管。灯的高度一般应以灯管下端高出作物 30～70 cm 为宜,也可以安装在便于管理的田边或路边。每天黄昏开灯,次日清晨关灯。自各代成虫发生初期起,逐日调查统计蛾量及雌雄比,并解剖雌蛾卵巢,观察发育进度和抱卵量。也可进行草把诱卵。

黏虫发生区划分如下。

越冬代发生区:广东、广西、福建、云南、江西、湖南;

一代发生区:上海、浙江、湖北、江苏、安徽、河南、山东;

二代发生区:黑龙江、吉林、辽宁、内蒙古、山西、山东、河北、天津、北京、云南、贵州、四川、陕西、甘肃、宁夏;

三代发生区:黑龙江、吉林、辽宁、内蒙古、河北、山西、山东、天津、北京;

四代发生区:广东、广西、福建、江西、云南。

**2.幼虫普查**

当系统调查大部分幼虫进入 2 龄期时,立即组织 1 次普查。选具有代表性各种寄主作物田进行,普查田块总数不少于 20 块,每块田以棋盘式 10 点取样,条播、穴播的小麦、谷子、水稻每点 1 $m^2$,撒播的作物每点 0.3 m×0.3 m;玉米、高粱每点 10 株,调查后均折算成平均每平方米虫数。调查条播麦田、谷田时,样点下铺一白布,拍打植株,如此重复数次,直至拍打后再不出现幼虫为止,然后扒开行间,检查布上或地表上的幼虫数量及其发育龄期;还应翻转根际松土,检查潜土的幼虫;谷叶心内常有低龄幼虫潜伏,除拍打外,对心叶及穗轴应仔细检查。玉米、高粱等高秆作物,先检查心叶、叶腋、雌雄穗及干叶卷缝内的虫量、虫龄;再查地表及土内虫量、虫龄;如田中杂草较多,也要查清杂草上的虫量、虫龄。

### (二)短期预测

**1.根据发蛾高峰,推测防治适期**

根据诱蛾结果,由发蛾高峰日(蛾量最多的 1 d)起,加上卵期、1 龄和 2 龄幼虫历期,即为 3 龄幼虫发生盛期,也是用药防治的关键时期。

**2.查幼虫密度,定防治对象田**

根据测报站预报,在卵块孵化盛期开始幼虫普查,每隔 3 d 查 1 次,当查到 1 代黏虫,1 类麦田幼虫密度达 25 头/$m^2$,2 类麦田达 15 头/$m^2$;2 代黏虫,玉米 10 头/百株;3 代黏虫,谷子、水稻 25 头/$m^2$的田块,列为防治对象田。

## 【巩固训练】

### ◆作业

1.灯光诱测。在本校实习农场安装频振式测报诱虫灯或 20 W 的黑光灯,北纬 24°以南并属于南亚热带季风气候区的地区每年 3 月 1 日起至 11 月 10 日止,其他地区于 3 月 20 日起至 11 月 10 日止，晚上开灯，白天关灯，每天上午取虫回室内，分种类记录当地杂粮主要害虫灯下诱测数据，根据成虫高峰日预测幼虫孵化高峰。

2.草把诱测、糖醋液诱测。早春在玉米田开展草把诱测、糖醋液诱测。

3.根据各地杂粮害虫发生实况，选择玉米螟、黏虫、草地贪夜蛾、玉米铁甲虫等主要害虫开展发生情况普查和短期测报工作，按有关要求认真记载各项调查数据，并进行统计分析。

### ◆思考题

1.在当地黏虫为害的作物种类有哪些？为害不同作物的时间有何不同？

2.除上述所列的害虫外，当地还有哪些害虫为害玉米较严重？

# 任务 3　甘蔗主要害虫的田间调查和预测

## 【场地及材料】

甘蔗害虫发生重的田块，记录本、放大镜、铅笔、皮卷尺或米尺及其他有关用具。

## 【工作步骤】

### 一、甘蔗螟虫田间调查和预测

#### （一）田间调查

**1.成虫诱测**

用 220 W 的黑光灯(波长 360 nm)。黑光灯设在虫口密度较大、连片面积在 1 $hm^2$ 以上的连作蔗田内。每年 4 月开始点灯，至末代蛾终见后一周结束。每天黄昏开灯、天明关灯。逐日检查螟蛾种类、数量和雌雄比，将数据记入表 2-3-1。

**表 2-3-1　甘蔗螟虫成虫诱测结果记载表**

单位：　　　　　年度：

| 时间 | 地点 | 类型田 | 二点螟 | | | 条螟 | | | 黄螟 | | |
|---|---|---|---|---|---|---|---|---|---|---|---|
| | | | 雌 | 雄 | 总数 | 雌 | 雄 | 总数 | 雌 | 雄 | 总数 |
| | | | | | | | | | | | |
| | | | | | | | | | | | |

**2.性诱剂诱测**

用 3 个饭钵，各装半钵水，加少量洗衣粉搅匀，把性诱剂架于钵上即可，放置田间。到甘蔗伸长期，要用小棍支架性诱钵，使之与蔗梢齐平。天黑放钵，天亮收钵，清点雄蛾数，按 1∶(0.9～1)的雌雄比计算，可掌握田间数量的消长，并以此确定发蛾盛期及高峰日，将数据记入表 2-3-2。

**3.化蛹进度调查**

于越冬代、第 1 代的化蛹始盛期开始，到盛蛹末期进行，在丘陵旱地和水田蔗园，选择具有代表性的虫源田。二点螟、条螟于 3 月上旬开始；黄螟则于 2 月中旬开始，每 5～7 d 调查 1 次。越冬以宿根蔗头、田间残株，秋、冬植蔗的枯心苗为调查重点。第一代的调查，割取甘蔗螟害的枯心苗、虫伤无效分蘖或虫蛀茎等，小心剖开，检查其中幼虫化蛹进度。每代每次要调查当地的主要蔗螟 30 头以上，直查到化蛹率在 80%时停止。将调查记录于表 2-3-2。

**表 2-3-2　第 1 代蔗螟化蛹进度记载表**

单位：　　　　　年度：

| 日期 | 地点 | 类型田 | 二点螟 | | | | | | | 条螟 | | | | | | | 黄螟 | | | | | | |
|---|---|---|---|---|---|---|---|---|---|---|---|---|---|---|---|---|---|---|---|---|---|---|---|
| | | | 总活虫数 | 其中 | | | | | | 总活虫数 | 其中 | | | | | | 总活虫数 | 其中 | | | | | |
| | | | | 幼虫数 | % | 蛹数 | % | 蛹壳 | % | | 幼虫数 | % | 蛹数 | % | 蛹壳 | % | | 幼虫数 | % | 蛹数 | % | 蛹壳 | % |
| | | | | | | | | | | | | | | | | | | | | | | | |
| | | | | | | | | | | | | | | | | | | | | | | | |

**4.卵密度和孵化进度调查**

从蛾始盛期开始，选宿根蔗和新植蔗田各 2～3 块，每块固定五点，每点 67 $m^2$，3 d 调查 1 次，主要查 1～4 叶，至蛾盛末止。记载并标记每次调查的卵块数，并每天定时观察孵化情况。据此确定当年当代的卵块密度增长情况及孵化进度。卵块密度普查则可在盛蛾高峰后 3～5 d 查不同类型田，按五点取样，每点 133 $m^2$，记载卵量，将调查结果记入表 2-3-3。

**表 2-3-3　蔗螟卵密度和孵化进度调查记载表**

单位：　　　　　年度：

| 日期 | 地点 | 蔗田类型 | 调查株数 | 调查叶数 | 二点螟 | | | 条螟 | | | 黄螟 | | | 平均每 667 $m^2$ 卵块数 |
|---|---|---|---|---|---|---|---|---|---|---|---|---|---|---|
| | | | | | 卵块数 | 孵化卵块数 | 孵化率/% | 卵块数 | 孵化卵块数 | 孵化率/% | 卵块数 | 孵化卵块数 | 孵化率/% | |
| | | | | | | | | | | | | | | |
| | | | | | | | | | | | | | | |

## （二）短期预测

**1.根据发蛾高峰，推测防治适期**

根据诱蛾结果，由发蛾高峰日（蛾量最多的 1 d）起，加上产卵前期和卵历期，即为卵孵高峰期，施药适期为卵块盛孵期。

**2.查卵块密度，定防治对象田**

根据测报站预报，从盛蛾高峰后 3～5 d 开始，选宿根蔗和新植蔗田各 2～3 块，每块固定五点，每点 67 $m^2$，3 d 调查 1 次，主要查 1～4 叶，至蛾盛末止。记载卵量，当查到甘蔗二点螟、条螟卵块密度达 50 块/667 $m^2$的田块，列为防治对象田。

## （三）测报参考资料

二点螟、条螟、黄螟发生期和各虫态历期见表 2-3-4、表 2-3-5、表 2-3-6。

表 2-3-4　二点螟发生期和各虫态历期

| 世代 | 发生期/(月/旬) | 各虫态历期/d | | | | 全世代历期/平均天数 |
|---|---|---|---|---|---|---|
| | | 卵 | 幼虫 | 蛹 | 成虫 | |
| 1 | 3/上—6/下 | 9 | 20.5 | 5.5 | 4.3 | 39.3 |
| 2 | 5/中—8/上 | 5.5 | 19.4 | 6.0 | 4.7 | 35.6 |
| 3 | 6—9/上 | 8 | 12.8 | 5.5 | 4.7 | 31.0 |
| 4 | 8/上—10/中 | 4.5 | 18.4 | 6.0 | 3.0 | 31.9 |
| 5 | 9/中—次年 4/下 | 7.5 | 65 | 11.0 | 5.0 | 88.5 |

表 2-3-5　条螟发生期和各虫态历期

| 世代 | 发生期/(月/旬) | 各虫态历期/d | | | | 全世代历期/平均天数 |
|---|---|---|---|---|---|---|
| | | 卵 | 幼虫 | 蛹 | 成虫 | |
| 1 | 4/中—6/中 | 9.5 | 36.7 | 11.0 | 5.0 | 62.2 |
| 2 | 5/下—7/下 | 5.8 | 34.2 | 10.0 | 5.0 | 55.0 |
| 3 | 7/中—9/下 | 6.7 | 34.3 | 9.0 | 5.0 | 55.0 |
| 4 | 9/上—次年 5 月上旬 | 7.0 | 118.8 | 14.3 | 11.7 | 151.8 |

表 2-3-6　黄螟发生期和各虫态历期

| 世代 | 发生期/(月/旬) | 各虫态历期/d | | | | 全世代历期/平均天数 |
|---|---|---|---|---|---|---|
| | | 卵 | 幼虫 | 蛹 | 成虫 | |
| 1 | 3/上—5/上 | 6.3 | 33.9 | 10.5 | 8.5 | 59.2 |
| 2 | 4/下—6/中 | 6.1 | 17.2 | 8.7 | 6.3 | 38.3 |
| 3 | 5/上—7/下 | 5.6 | 19.7 | 8.1 | 5.8 | 39.2 |
| 4 | 7/上—9/上 | 5.6 | 19.4 | 8.1 | 7.2 | 40.3 |
| 5 | 8/下—10/下 | 6.0 | 18.7 | 8.9 | 8.1 | 41.7 |
| 6 | 9/下—11/中 | 8.4 | 18.4 | 10.3 | 10.5 | 47.6 |
| 7 | 11/上—次年 3/下 | 12.4 | 65.0 | 25.4 | 14.8 | 117.6 |

## 二、甘蔗蓟马田间调查和预测

### (一)田间调查

3—4 月甘蔗幼苗期开始至伸长期末，每 5 d 调查 1 次。选择坡地、平坦地的宿根蔗、新植蔗各 2 块，每块 667 $m^2$ 以上，每块随机取样 20 个点，每点 2 株。坡地采用“Z”字形取样；平坦地采用平行跳跃式取样。调查卷叶数，计算卷叶株率，卷叶率。5—6 月蓟马发生盛期时普查。调查不同地形地貌的蔗地宿根蔗、新植蔗及当家品种 2～3 个。应特别注意对历年甘蔗蓟马发生重的蔗田进行调查。每块随机取样调查 100 株，计数蓟马卷叶株数，将调查结果分别记入表 2-3-7。

表 2-3-7 甘蔗蓟马田间消长调查记载表

单位：　　　　年度：

| 日期 | 地点 | 类型田 | 品种 | 生育期 | 调查株数 | 卷叶株数 | 卷叶株率/% | 调查叶数 | 卷叶数 | 卷叶率/% |
|---|---|---|---|---|---|---|---|---|---|---|
| | | | | | | | | | | |
| | | | | | | | | | | |

### （二）短期预测

**1.预测发生期，确定防治适期**

根据春季虫源基数及田间虫量消长调查结果，结合气象情况，预测若虫和成虫盛发期。

如春季虫源基数大，遇干燥或下雨积水，栽培管理不善，甘蔗生长缓慢，则当年蓟马的发生趋势可能为偏早、偏重。5—6 月蓟马发生盛期是防治适期。

**2.预测发生量，确定防治对象田**

低洼、管理差、间种其他作物的蔗田，大田虫情调查蓟马卷叶株率达 5%以上定为防治对象田。

### （三）测报参考资料

甘蔗蓟马虫情严重度分级标准如下。

1 级：卷叶株率 5%以下；

2 级：卷叶株率 5.1%～15.0%；

3 级：卷叶株率 15.1%～30.0%；

4 级：卷叶株率 30.1%～70%；

5 级：卷叶株率 70%以上。

## 【巩固训练】

### ◆作业

1.灯光诱测。在本校实习农场安装频振式测报诱虫灯或 20 W 的黑光灯，北纬 24°以南并属于南亚热带季风气候区的地区每年 3 月 1 日起至 11 月 10 日止，其他地区于 3 月 20 日起至 11 月 10 日止，晚上开灯，白天关灯，每天上午取虫回室内，分种类记录当地甘蔗主要害虫灯下诱测数据，根据成虫高峰日预测幼虫孵化高峰。

2.草把诱测、糖醋液诱测。早春在甘蔗田开展草把诱测、糖醋液诱测。

3.根据各地甘蔗害虫发生实况，选择甘蔗螟虫、甘蔗蓟马开展发生情况普查和短期测报工作，按有关要求认真记载各项调查数据，并进行统计分析。

### ◆思考题

在当地为害甘蔗的主要害虫有哪些？分别为害甘蔗的什么生育期？为害什么部位？为害状如何？

# 任务4　油料作物主要害虫的田间调查和预测

## 【场地及材料】

油料作物害虫发生重的田块，记录本、放大镜、铅笔、皮卷尺或米尺及其他有关用具。

## 【工作步骤】

### 一、大豆食心虫田间调查和预测

#### （一）成虫发生数量消长调查

选当地种植的主栽大豆品种，固定两块上年豆茬邻近田块，每块面积不少于0.5 $hm^2$，每隔20垄取1点，每点长100 m、宽二垄，共取5点，做好标记。持1 m长木棍，行进并拨动豆株，目测惊起蛾量。用捕虫网采集成虫20头以上，分辨雌雄，计算性比。

#### （二）短期预测

吉林等东北地区的经验，如7月上旬降水较多，中、下旬降水不多，日降水量低于60 mm，8月上旬无特殊干旱，成虫期无大的暴雨，又加上豆田蛾量剧增，蛾团数也在增加，雌雄比接近1∶1，连续3 d累计双行百米蛾量达100头，应立即进行防治。如用药棒熏成虫（如敌敌畏浸泡的高粱秸或玉米秸），可在成虫初盛期开始；如药剂喷雾防治成虫和幼虫，可在成虫高峰期后5～7 d内进行。

## 【巩固训练】

### ◆作业

根据各地油料作物大豆食心虫的发生情况开展普查和短期测报工作，按有关要求认真记载各项调查数据，并进行统计分析。

### ◆思考题

1.什么气象条件利于大豆食心虫的发生？

2.除大豆食心虫外，当地还有哪些害虫为害油料作物较严重？

# 任务5　蔬菜害虫的田间调查和预测

## 【场地及材料】

蔬菜害虫发生重的田块，记录本、放大镜、铅笔、皮卷尺或米尺、锄头或铁锹等用具。

## 【工作步骤】

# 一、小菜蛾田间调查和预测

## (一)田间调查

### 1.成虫的消长调查

3月初至11月底,每日晚7时后点20 W黑光灯1盏,逐日早晨调查诱蛾数。将结果填入表2-5-1。

表2-5-1 小菜蛾成虫灯下诱蛾消长记载表

单位:　　　　年度:

| 日期 | 灯诱蛾量 | 当日合计 | 本旬累计 | 本月累计 |
|---|---|---|---|---|
| | | | | |
| | | | | |

### 2.发育进度和虫口密度调查

3月初至11月底,选早、中、晚茬花菜及结球白菜、甘蓝类型田各2块,采用对角线五点取样法,每隔10 d调查1次,每田每次取样共25株(小株菜50株)。调查有虫株率,卵、幼虫、蛹数,计算发育进度,将结果填入表2-5-2。

表2-5-2 小菜蛾田间虫口密度与发育进度调查表

单位:　　　　年度:

| 日期 | 调查株数 | 有虫株数 | 有虫株率/% | 幼虫数/头 | | | | 蛹数 | 合计虫数 | 有卵株数 | 有卵株率/% | 百株卵量 | 发育进度/% | | | |
|---|---|---|---|---|---|---|---|---|---|---|---|---|---|---|---|---|
| | | | | 1龄 | 2龄 | 3龄 | 4龄 | | | | | | 1龄 | 2龄 | 3龄 | 4龄 |
| | | | | | | | | | | | | | | | | |
| | | | | | | | | | | | | | | | | |

## (二)短期预测

### 1.预测发生期,确定防治适期

根据诱蛾结果、田间虫量消长情况和虫态历期,采用期距和历期法预测卵孵盛期及2龄幼虫期。

卵孵盛期=发蛾高峰日(蛾量突增日)+产卵前期+卵历期;2龄幼虫盛期=卵孵盛期+1龄幼虫历期。

防治适期为2龄幼虫期,或田间查卵孵化率达20%~50%时,即

防治适期(2龄幼虫期)=发蛾高峰日(蛾量突增日)+产卵前期+卵历期+1龄幼虫历期+(1/2)2龄幼虫历期

### 2.预测发生量,确定防治对象田

根据虫口密度、成虫诱集量及发育进度调查情况,结合天气、作物布局、长势情况、天敌数量和历史资料综合分析,做出发生量、发生程度预测。在春、秋两个主要为害季节开展大田虫情查定预报。

一般当每百株虫量达 30 头时，苗期至采收期 10 d 前的类型田确定为防治对象田。

（三）测报参考资料

菜蛾幼虫共 4 龄。老熟幼虫体长 9 mm 左右，两头尖细，呈纺锤形。前胸背板有淡褐色小点组成的两个"U"字形纹。臀足往后伸长超过腹端。1～4 龄幼虫头宽分别为 0.17 mm、0.27 mm、0.39 mm、0.59 mm；体长分别为 1.08 mm、2.83 mm、4.87 mm、8.76 mm。

小菜蛾各虫态历期见表 2-5-3。

**表 2-5-3　小菜蛾各虫态历期(室内 1992—1994 年广州华南农业大学)**

| 温度/℃ | 虫态 | | | | | | | 备注 |
|---|---|---|---|---|---|---|---|---|
| | 卵 | 幼虫 | | | | 预蛹 | 蛹 | |
| | | 1 龄 | 2 龄 | 3 龄 | 4 龄 | | | |
| 8 | 27 | 22 | 15 | 16 | 21 | 5 | 38 | 在人工气候室进行养虫 |
| 12 | 15 | 11 | 8 | 8 | 12 | 3 | 19 | |
| 14 | 9 | 9 | 6 | 6 | 8 | 2 | 12 | |
| 17 | 6 | 6 | 4 | 5 | 6 | 2 | 8 | |
| 20 | 5 | 4 | 3 | 3 | 4 | 1 | 5 | |
| 23 | 4 | 3 | 2 | 3 | 4 | 1 | 4 | |
| 25 | 3 | 3 | 2 | 3 | 3 | 1 | 4 | |
| 27 | 3 | 2 | 2 | 2 | 2 | 1 | 4 | |
| 28.5 | 2 | 2 | 2 | 2 | 2 | 1 | 3 | |
| 30 | 2 | 2 | 2 | 2 | 2 | 1 | 3 | |
| 33 | 2 | 2 | 1 | 1 | 2 | 0 | 3 | |
| 35 | 2 | 2 | 2 | 3 | 1 | 4 | | |

注：均用四舍五入法取数值。

## 二、黄曲条跳甲田间调查和预测

### （一）田间调查

**1.色诱成虫消长系统调查**

当地春季温度达到 10 ℃左右开始至秋季温度回落到 10 ℃以下时止，在主要生产基地，选择有代表性的茬口、主栽品种，在露地观察点放置 30 cm×30 cm×10 cm 大小的中黄色方形诱杀盆(或用 18～25 cm 直径，中黄色圆盆)3 只(编号)。将诱虫设备放在空旷、便于调查进出的田边，周边应避免有同类的光谱干扰，各盆间隔距离 10 cm 以上，在盆深 2/3 左右位置开 5～8 个 2 mm 直径的溢水孔，盆放在近地面，盆内盛清水至溢水孔，并加入少量敌百虫农药，防止已诱捕入盆的成虫再跳出。每日上午同一时间(一般上午上班时)调查隔日的投盆虫数。将结果填入表 2-5-4。

表 2-5-4　黄曲条跳甲黄盆诱捕消长记载表

调查单位：________　　　年度：________

| 调查日期 | 地点 | 黄盆 1 | 黄盆 2 | 黄盆 3 | 当天合计 | 当天单盆平均 | 平均单盆累计 | 备注 |
|---|---|---|---|---|---|---|---|---|
| | | | | | | | | |

**2.大田虫情系统调查**

自黄盆诱虫始见后 10 d 至黄盆诱虫终见止。直播的叶菜或萝卜播种出苗后 10 d 开始，至采收前 10 d 止；移栽定植的大田自活棵后 10 d 开始，至采收前 5 d 止。采用对角线五点取样法，每 5 d 调查 1 次，每点取样 10 株，共调查取样 50 株。记载虫害株数、被害叶率，将结果填入表 2-5-5。

表 2-5-5　黄曲条跳甲田间叶片为害率调查

调查单位：________　　　年度：________

| 日期 | 地点 | 生育期 | 品种 | 调查株数/株 | 被害株数/株 | 被害株率/% | 调查总叶片数/片 | 被害叶片数/片 | 叶片被害率/% |
|---|---|---|---|---|---|---|---|---|---|
| | | | | | | | | | |
| | | | | | | | | | |

**3.大田普查**

从当地黄曲条跳甲发生盛期开始至年度的发生末期止。采用对角线五点取样法，每 10 d 查 1 次，每点取样 20 株。调查虫害株率。将大田虫情巡回普查结果汇总填入表 2-5-6。

表 2-5-6　黄曲条跳甲大田普发率调查表

单位：　　　年度：

| 日期 | 地点 | 类型田 | 生育期 | 调查株数/株 | 有虫株率/% | 受害叶率/% |
|---|---|---|---|---|---|---|
| | | | | | | |
| | | | | | | |

## （二）短期预测

根据黄盘诱虫系统消长调查，在成虫盛发期前 5～7 d，向主要生产区发布大田虫情防治适期预报。

防治适期为成虫始盛至高峰期。连茬种植的十字花科播种时用颗粒剂随种子同时散布于浅土层。

防治对象田为大田虫情普查有虫株率达到 10%以上的田块（或发生程度属中等发生以上）和连茬种植萝卜类型田。

## （三）测报参考资料

黄曲条跳甲老熟幼虫体长 4 mm 左右，长圆筒形，乳白色。胸足发达。头部、前胸盾片和腹末臀板呈淡褐色。各节都有不显著的肉瘤，上生细毛。幼虫多为 3 龄，1～3 龄头宽依次为 151.6 μm、200.9 μm 和 310.1 μm。

黄曲条跳甲卵历期（室内饲养，上海）：17～19 ℃ 7～8 d，21～23 ℃ 5～6 d，24～25 ℃ 4 d，27.5～30 ℃ 3 d。

幼虫、成虫的发生期见表 2-5-7、表 2-5-8。

表 2-5-7　黄曲条跳甲幼虫历期(室内饲养,上海)

| 虫龄 | 平均温度/℃ | 历期/d |
|---|---|---|
| 1 龄 | 29.0～31.5 | 2～3 |
| 2 龄 | 28.0～31.0 | 2 |
| 3 龄 | 27.5～31.0 | 2 |
| 预蛹 | 29.0～32.0 | 1～2 |

表 2-5-8　上海地区黄曲条跳甲各代成虫的发生期

| 代别 | 发生时期(月/旬) | 代别 | 发生时期(月/旬) |
|---|---|---|---|
| 越冬代 | 4/中、下 | 第 4 代 | 8/中、下 |
| 第 1 代 | 5/下 | 第 5 代 | 9/中、下 |
| 第 2 代 | 6/下 | 第 6 代 | 10/中、下—11/中 |
| 第 3 代 | 7/下 | | |

## 三、菜粉蝶田间调查和预测

### (一)田间调查

#### 1.发育进度和虫口密度调查

于 3 月初至 11 月中旬,根据当地十字花科蔬菜种植情况,分早、中、晚栽的类型田各 1～2 块。每块田采用对角线五点取样,取五点,每点查 5 株(小菜 10 株),共查 25 株(小菜 50 株),每隔 5 d 调查 1 次,将卵、幼虫、蛹的数量填入表 2-5-9。

表 2-5-9　菜粉蝶田间虫口密度与发育进度调查记载表

单位：　　　　年度：

| 日期 | 地点 | 类型田 | 品种 | 生育期 | 调查株数 | 有卵株数 | 有卵株率/% | 卵粒数 | 百株卵量/粒 | 有虫株率/% | 百株虫量 | | | | | | 有蛹株数 | 百株蛹数 |
|---|---|---|---|---|---|---|---|---|---|---|---|---|---|---|---|---|---|---|
| | | | | | | | | | | | 1 | 2 | 3 | 4 | 5 | 合计 | | |
| | | | | | | | | | | | | | | | | | | |
| | | | | | | | | | | | | | | | | | | |

#### 2.幼虫发生普查

于 4 月初至 10 月底进行。选择具有代表性的乡(镇)、村进行抽样,各类型田的调查块数应按当地其相应比例确定。调查采用对角线 5 点取样,调查百株虫口密度,并以此确定幼虫发生级别。记录各级别所占田块数及比例。将调查结果记入表 2-5-10。

表 2-5-10　菜粉蝶大田普查记载表

单位：　　　　年度：

| 日期 | 地点 | 品种 | 生育期 | 调查株数 | 调查叶数 | 有虫株数 | 有虫株率/% | 有虫叶数 | 有虫叶率/% | 幼虫量/头 | | | 百株虫量 |
|---|---|---|---|---|---|---|---|---|---|---|---|---|---|
| | | | | | | | | | | 低龄 | 高龄 | 合计 | |
| | | | | | | | | | | | | | |
| | | | | | | | | | | | | | |

## （二）短期预测

**1.预测发生期，确定防治适期**

一般以 2 龄幼虫高峰期至 3 龄幼虫始盛期(3 龄幼虫占 20%)为防治适期，球菜、花椰菜等补偿能力较强，可推迟至 3 龄幼虫高峰期防治。

防治适期＝卵高峰日＋1 龄幼虫历期＋2 龄幼虫 1/2 历期

根据越冬虫口存活率和羽化进度及田间卵量消长调查结果，累计羽化率分别达到 20%、50%、80%时作为羽化始盛期、高峰期和盛末期，采用期距法，结合气象情况，预测幼虫发生初、盛期及 2～3 龄幼虫盛发期。

**2.预测发生量，确定防治对象田**

根据大田虫情调查情况，以及不同蔬菜品种和生育期，百株幼虫 2～5 头，百株卵量 50 粒以上为防治对象田。

根据虫口基数、田间虫量消长动态，结合天气条件、天敌数量、作物布局、长势等进行综合分析，预测发生量。在春、秋两个主要为害季节开展大田虫情查定预报。

## （三）预测预报参考资料

各虫态历期见表 2-5-11、表 2-5-12、表 2-5-13。

表 2-5-11　菜粉蝶卵历期

| 代别 | 1 | 2 | 3 | 4 | 5 | 6 | 7 | 8 | 地点 |
|---|---|---|---|---|---|---|---|---|---|
| 平均温度/℃ | 20.3 | 22.6 | 27.9 | 29.8 | 28.3 | 28.1 | 20.0 | 15.7 | 宁波(1985，室内) |
| 平均历期/d | 5.5 | 3.6 | 2.5 | 2.0 | 2.0 | 2.0 | 5.5 | 7.5 | |
| 平均历期/d | 6.6 | 3.9 | 3.8 | 3.1 | 2.9 | 3.1 | 3.9 | 4.6 | 无锡(1982，1983) |

表 2-5-12　菜粉蝶蛹历期

| 代别 | 1 | 2 | 3 | 4 | 5 | 6 | 7 | 地点 |
|---|---|---|---|---|---|---|---|---|
| 平均温度/℃ | 21.6 | 22.7 | 29.7 | 28.2 | 26.6 | 23.2 | 17.4 | 宁波(1985，室内) |
| 平均历期/d | 9.3 | 8.1 | 5.8 | 5.3 | 6.1 | 8.0 | 12.6 | |
| 平均历期/d | 8.9 | 8.1 | 6.0 | 5.8 | 6.2 | 7.6 | 13.6 | 无锡(1982，1983) |

表 2-5-13　菜粉蝶成虫历期

| 代别 | 1 | 2 | 3 | 4 | 5 | 6 | 7 | 地点 |
|---|---|---|---|---|---|---|---|---|
| 平均温度/℃ | 22.4 | 22.9 | 32.0 | 29.7 | 27.1 | 21.1 | 14.9 | 宁波(1985，室内) |
| 平均历期/d | 3.3 | 5.3 | 2.0 | 2.1 | 3.2 | 4.0 | 6.7 | |

续表2-5-13

| 代别 | 1 | 2 | 3 | 4 | 5 | 6 | 7 | 地点 |
|---|---|---|---|---|---|---|---|---|
| 平均历期/d | 5.8 | 6.6 | 5.3 | 4.0 | 5.5 | 5.7 | 12.3 | 无锡(1982,1983) |

## 【巩固训练】

### ◆作业

1.灯光诱测。在本校实习农场安装频振式测报诱虫灯或 20 W 的黑光灯,北纬 24°以南并属于南亚热带季风气候区的地区每年 3 月 1 日起至 11 月 10 日止,其他地区于 3 月 20 日起至 11 月 10 日止,晚上开灯,白天关灯,每天上午取虫回室内,分种类记录当地蔬菜主要害虫灯下诱测数据,根据成虫高峰日预测幼虫孵化高峰。

2.黄盘诱测。当地春季温度达到 10 ℃左右开始至秋季温度回落到 10 ℃以下时止,在本校实习农场蔬菜种植地空旷、便于调查进出的田边,放置 30 cm×30 cm×10 cm 大小的黄色方形诱杀盆 3 只(编号),各盆间隔距离 10 cm 以上,在盆深 2/3 左右位置开 5～8 个 2 mm 直径的溢水孔,盆放在近地面,盆内盛清水至溢水孔,并加入少量敌百虫农药。每日上午同一时间(一般上午上班时)调查记录隔日的投盆虫数。

3.根据蔬菜害虫发生实况,选择小菜蛾、黄曲条跳甲、菜粉蝶开展发生情况普查和短期测报工作,按有关要求认真记载各项调查数据,并进行统计分析。

### ◆思考题

在当地为害各类蔬菜的主要害虫有哪些?为害时间何时?寄主生育期多少?为害什么部位?为害状如何?

# 任务 6　果树主要病虫害的田间调查和预测

## 【场地及材料】

果树病虫害发生重的田块,各种调查记载表格、记录本、放大镜、铅笔、捕虫网、采集袋、皮卷尺或米尺等。

## 【工作步骤】

### 一、柑橘潜叶蛾田间调查和预测

#### (一)田间调查

**1.发育进度调查**

11 月至翌年 2 月每 15 d 查 1 次,其余时期每 5 d 查 1 次,选有代表性的苗圃地或幼树园一个，五点取样，每点查幼树2株，共定点查幼树10株(或每点查橘苗40株，共定点查幼苗200株)。每次查定点树嫩梢40枝，每梢查最顶部5片嫩叶，共查200片叶，记载叶片上的卵、幼虫、蛹活虫数，幼虫分龄记载，统计平均每叶虫数，将结果填入表2-6-1、表2-6-2。

**表2-6-1　柑橘潜叶蛾发育进度调查**

单位：　　　　　年度：

| 日期 | 地点 | 户主 | 品种 | 生育期 | 调查株数 | 调查叶数 | 总活虫数 | 1～2龄 | | 3龄 | | 4龄 | | 蛹 | |
|---|---|---|---|---|---|---|---|---|---|---|---|---|---|---|---|
| | | | | | | | | 头 | % | 头 | % | 头 | % | 头 | % |
| | | | | | | | | | | | | | | | |
| | | | | | | | | | | | | | | | |

**表2-6-2　柑橘潜叶蛾卵、幼虫密度调查**

单位：　　　　　年度：

| 日期 | 地点 | 户主 | 品种 | 生育期 | 调查株数 | 调查叶数 | 总卵粒数 | 叶均卵数 | 总幼虫数 | 总蛹数 | 受害叶数 | 叶受害率/% | 叶均虫(卵)数 |
|---|---|---|---|---|---|---|---|---|---|---|---|---|---|
| | | | | | | | | | | | | | |
| | | | | | | | | | | | | | |

**2.卵、幼虫密度调查**

在预定放梢前20 d，每5 d在果园随机调查50枝嫩梢(梢长7～10 mm，)检查每梢顶上5片叶上的卵数及幼虫数，统计平均叶卵和虫量。

### (二)短期预测

**1.放梢避虫适期预报**

当平均每叶卵(虫)数由多开始变少时，即发生高峰开始下降的时期为放梢期，立即抹去全部嫩梢，施速效肥，统一放梢。

**2.防治适期预测**

放梢后7～10 d，当嫩梢的卵(虫)率达3%、虫口密度达到1.21头1龄幼虫/嫩叶、新梢放梢5 cm和11 cm时为防治适期。

### (三)预测预报参考资料

广东春季卵期3～5 d，幼虫期11～12 d，蛹期10～11 d；夏季卵期2～3 d，幼虫期5.5 d，蛹期5 d；秋季卵期2～3 d，幼虫期5～9 d，蛹期4.5～9 d。成虫产卵前期一般为0.5 d。

## 二、荔枝蝽田间调查和预测

### (一)田间调查

每年3月上旬(平均气温15 ℃以上)至6月下旬，选择当地有代表性的早、中、晚熟品种各1～2个果园，每个果园按五点取样法随机调查10株，每7 d调查1次。每株按东、西、南、北四个方位，每方位随机查5个梢(或花穗)。全园共查200个梢。观察记载各梢上的成虫、若虫和卵块数，计算百梢虫量、卵块数及孵化率，虫口密度和卵块密度调查结果分别填入表2-6-3、表2-6-4。

表 2-6-3　荔枝蝽虫口密度调查表

单位：　　　　年度：

| 日期 | 地点 | 品种 | 树龄 | 调查总梢数 | 有虫梢数 | 成虫数 | 若虫数 | | | | | | 百梢虫量 |
|---|---|---|---|---|---|---|---|---|---|---|---|---|---|
| | | | | | | | 1 龄 | 2 龄 | 3 龄 | 4 龄 | 5 龄 | 合计 | |
| | | | | | | | | | | | | | |
| | | | | | | | | | | | | | |

表 2-6-4　荔枝蝽卵块密度调查表

单位：　　　　年度：

| 日期 | 地点 | 品种 | 树龄 | 调查总梢数 | 卵块数 | 卵粒数 | 卵块密度/(块/百梢) | 孵化卵粒数 | 孵化率/% | 寄生卵粒数 | 寄生率/% |
|---|---|---|---|---|---|---|---|---|---|---|---|
| | | | | | | | | | | | |
| | | | | | | | | | | | |

### （二）短期预测

**1.调查发生期，定防治适期**

根据田间发育进度，结合气象资料，预测发生期。防治适期有两个：一是成虫越冬后产卵前即在每年的 3 月下旬至 4 月上旬；二是 5 月初，以 1、2 龄若虫盛发高峰期为宜。

1 龄若虫孵化高峰期＝成虫盛发高峰期＋产卵前期 15 d 左右＋卵期。

2 龄若虫孵化高峰期＝1 龄若虫盛发高峰期＋1 龄若虫期。

**2.调查发生量，定防治对象田**

防治指标是百梢成虫量达 5 头的荔枝园。

### （三）预测预报参考资料

荔枝蝽卵历期：7～12 ℃ 22 d，17～19 ℃ 20 d，20～25 ℃ 18 d。荔枝蝽发生程度划分标准见表 2-6-5。

表 2-6-5　荔枝蝽发生程度划分标准表(参考)

| 划分标准 | 轻发生 | 中等偏轻 | 中等 | 中等偏重 | 大发生 |
|---|---|---|---|---|---|
| 百梢成虫量 | 5 | 10 | 20 | 30 | 45 以上 |

## 三、桃小食心虫田间调查和预测

### （一）田间调查

**1.利用性诱剂诱测成虫**

在 6 月中下旬，在果园悬挂桃小食心虫性诱剂诱捕器，每片果园（1.33 $hm^2$ 以内）挂 5 个，按梅花状分布，诱捕器间距 30 m 以上，并尽量在园内分布均匀。诱捕器挂在树冠，近外围处，距离地面 1.5 m。放置诱捕器后，每天调查记载诱到雄蛾时，约是幼虫出土始盛期，即地面防治适期。同时每天检查诱捕器诱捕蛾数，可知成虫发生始盛期、高峰期和盛末期等。

**2.查卵果率**

当桃小食心虫性诱捕器连续 3 d 诱到雄蛾时，马上开始田间卵量调查。每 2 d 调查 1 次。采用随机调查法，每百株随机调查 5～10 株，每株按东、南、西、北、中 5 个部位各调查

25～50 个果，共调查 500～1 000 个果，记录卵果数，统计卵果率。注意由于桃小食心虫产卵时对品种选择性很强，品种间卵量差异较大，因此，必须分品种调查，分别计算卵果率；另外，同品种株间差异也较大，因此调查株数多些则比较准确。

（二）预测预报

当卵果率达 0.5%～1%，同时又发现极少数已孵化蛀果，果面有果汁流出时，为树上防治适期。

## 四、桃蚜或其他果树、园林植物蚜虫田间调查

（一）田间调查

桃树嫩梢生长期，选择不同类型的桃树，选有代表性的苗圃地成、幼树园各一个，每 5 d 查一次，五点取样，每点查幼树 2 株，每株分东、南、西、北、中 5 个方向，每方向分上、中、下 3 个层次，每层各取 2 个新梢，每梢查最顶部 2 片嫩叶，共查 60 片叶，记载叶片上的卵、幼虫、蛹数，将结果填入表 2-6-6。

**表 2-6-6　桃蚜虫系统消长调查记载表**

单位：　　　　年度：

| 日期 | 作物 | 生育期 | 调查株数 | 有蚜株数 | 有蚜株率/% | 总蚜量 | 平均单株蚜量 |
|---|---|---|---|---|---|---|---|
| | | | | | | | |
| | | | | | | | |

其他果树或园林植物蚜虫田间调查参照执行。

（二）防治决策

春季有蚜梢率达 15%，秋季有蚜梢率达 20%，1 周内无中等以上降雨时即需防治。

## 【巩固训练】

### ◆作业

根据各类果树主要害虫发生实况，选择柑橘潜叶蛾、荔枝蝽、桃小食心虫、桃蚜或其他果树蚜虫开展发生情况普查和短期测报工作，按有关要求认真记载各项调查数据，并进行统计分析。

### ◆思考题

除上述害虫外，在当地为害各种果树的主要害虫有哪些？为害时间和寄主生育期是多少？为害什么部位？为害状如何？

# 任务 7　地下害虫的田间调查和预测

## 【场地及材料】

地下害虫发生重的田块，记录本、放大镜、铅笔、皮卷尺或米尺、锄头或铁锹等用具。

## 【工作步骤】

### 一、田间调查

挖土调查是地下害虫种类和数量调查中最常用的方法。一般在春、夏、秋播种前或在秋季(收获后,结冻前)进行,选择当地代表性强的田块5块以上,分别按不同土质、地势、茬口、水浇地、旱地等进行调查,每块田不少于2×667 m²。每块田采用对角线5点取样或棋盘式取样方法,每点1 m²(长宽各1 m或长2 m、宽0.5 m均可),1 hm²内取5点,1 hm²以上每加大0.7 hm²增加1点,挖土深度一般30 cm(如进行蝼蛄垂直活动调查,则要分层挖土,一般分为0～15 cm、16～34 cm、35～45 cm、46 cm以下四层进行,分别统计虫口数),记录各种地下害虫的种类及数量,统计虫口密度(头/m²)。5点内未发现地下害虫,应增加点数,至少挖到1头地下害虫为止。将调查结果填入表2-7-1。

表2-7-1　主要地下害虫田间密度调查表

| 调查日期 | 地点 | 地势 | 土质 | 前茬作物 | 土地类型 | 取样面积/m² | 蝼蛄 | 蛴螬 | 地老虎 | 金针虫 | 其他地下害虫 | | 平均每平方米虫量 | | | | 备注 |
|---|---|---|---|---|---|---|---|---|---|---|---|---|---|---|---|---|---|
| | | | | | | | | | | | | | 蝼蛄 | 蛴螬 | 金针虫 | 总计 | |
| | | | | | | | | | | | | | | | | | |
| | | | | | | | | | | | | | | | | | |

也可采用灯光诱测成虫、食物诱集或目测(如蝼蛄在上午10时以前调查土表虚土堆或短虚土隧道数以确定虫量)的方法进行调查或在作物苗期调查被害率。

### 二、短期预测

地下害虫的发生为害受多种因素的影响,应根据当地情况对不同种类采取不同的预测方法。

**1.查成虫发生盛期,定防治适期**

小地老虎可采用蜜糖液诱蛾器,如平均每天每台诱蛾器诱蛾5～10头及以上,表示进入发蛾盛期,蛾量最多的一天即为发蛾高峰期,后推20～25 d为1～3龄幼虫盛期,即为防治适期;诱蛾器如连续两天诱蛾在30头以上,预示小地老虎将有大发生的可能。金龟甲可从当地优势种常年始见期开始,设置诱虫灯逐日观测;或在金龟甲经常活动的场所,如大豆田、灌木丛等,固定3～5点,每点10 m²,由专人于每晚18～20时检查虫量,当金龟甲数量激增时,即为防治成虫的适期。

**2.查害虫活动情况,定防治适期**

春季当蝼蛄已上升至表土层20 cm左右,蛴螬和金针虫在10 cm左右,田间发现被害苗时,即须及时防治。当蝼蛄达0.5头/m²(或有新鲜浮土或隧道1个/m²),或作物被害率在10%左右;蛴螬达3～5头/m²,或作物受害率达10%～15%;小地老虎幼虫达1头/m²,或作物被害叶率(花叶)达25%;金针虫达5头/m²的田块列为防治对象田。

## 【巩固训练】

### ◆作业

1.灯光诱测。从当地金龟甲优势种常年始见期开始,设置诱虫灯逐日观测,分种类记录金龟甲灯下诱测数据,根据成虫高峰日预测防治适期。

2.用挖土法调查各种地下害虫密度,确定防治对象田。

3.采用蜜糖液诱蛾器诱测小地老虎发蛾高峰期,预测幼虫防治适期。

4.田间调查作物花叶株率,确定防治对象田。

5.目测浮土法调查蝼蛄田间密度,确定防治对象田。

### ◆思考题

1.当地主要地下害虫有哪些?

2.当地什么作物、什么生育期受地下害虫为害最严重?

3.当几种地下害虫同时发生时,如何确定防治指标?

4.当地水稻遭受地下害虫为害吗?是什么生育期遭受地下害虫为害?

## 知识拓展

## 农业昆虫田间调查与预测预报

### 一、农业昆虫田间调查

#### (一)调查类型

害虫调查根据其目的和要求大致可分为3种类型。

**1.普查**

用于了解当地各种作物或某种作物上害虫的种类、分布特点、为害损失程度等,或当年某种害虫在各阶段发生的总体情况,可采用访问和田间调查等方法。一般调查面积较大,范围较广,但较粗放。

**2.系统调查**

用于了解害虫在当地的年生活史或某种害虫在当年一定时期内发生发展的具体过程。一般要选择、确定有代表性的场所或田块,按一定时间间隔进行多次调查,每次都要按规定的项目、方法进行调查和记载。

**3.专题调查**

用于对害虫发生发展规律、调查或防治中的某些关键性因子或技术进行研究。这类调查要有周密计划,并与田间或室内试验相结合。

#### (二)调查内容

**1.害虫发生及为害情况调查**

主要是了解一个地区一定时间内害虫种类、发生时期、发生数量及为害程度等。

**2.害虫、天敌发生规律的调查**

调查某一害虫或天敌的寄主范围、发生世代、主要习性以及在不同农业生态条件下数量变化的情况等。为制订防护措施和保护利用天敌提供依据。

**3.越冬情况调查**

调查害虫的越冬场所、越冬基数、越冬虫态等,为制订防治计划和开展预测预报提供依据。

**4.防治效果调查**

包括防治前后害虫发生程度的对比调查;防治区与未防治区的对比调查和不同防治措施的对比调查等,为选择有效的防治措施提供依据。

## (三)调查方法

昆虫田间调查方法取决于昆虫的田间分布型(也称为空间格局、空间分布型)。

**1.昆虫种群田间分布型**

有害生物田间分布型主要有以下3种:

(1)随机分布　又称泊松分布。昆虫种群在田间分布是随机的,个体间具相互独立性,即个体之间既不互相吸引也不互相排斥,每个个体之间的距离不等。如玉米螟卵块属此类型。

(2)核心分布　又称奈曼分布。昆虫种群内个体之间互不独立,因环境或生物本身的行为原因在田间呈现出明显的多个小集团核心分布。核心内为密集的,而核心间是随机的。如玉米螟幼虫及其被害株在玉米田内的分布属此类型。

(3)嵌纹分布　又称负二项式分布。昆虫种群中个体在田间呈不规则的疏密相间的不均匀分布。

在自然状态下,昆虫是不均匀分布的,如不可能1棵玉米都有1头玉米螟,每隔100 m就有1个马蜂窝,但在人为因素干扰下可出现均匀分布。

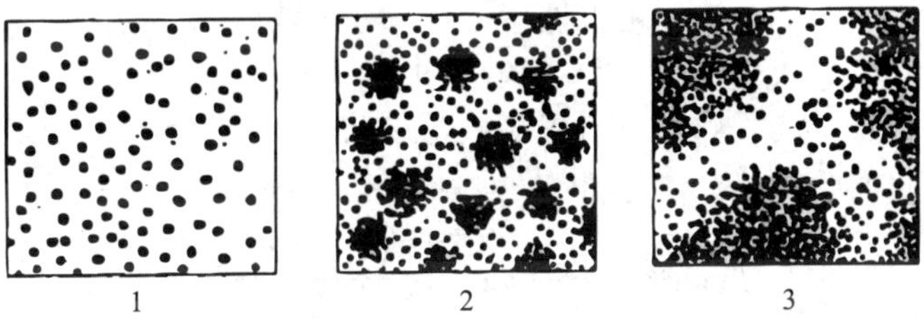


**植物虫害的田间分布型**

1.随机分布　2.核心分布　3.嵌纹分布

(李清西.2002.植物保护)

**2.调查取样方法**

取样方法有多种,可根据害虫在田间的分布不同而采取不同的取样方法。无论采用何种取样方法,总的原则是抽样的样本要有代表性,以最大限度地缩小误差。常用的取样方法有5点取样、棋盘式取样、对角线取样(单对角线、双对角线)、分行式取样和"Z"字形取样等。一般前3种取样适用于随机分布型的病虫调查,分行式取样和棋盘式取样适用于核心分布型的病虫,"Z"字形取样适用于嵌纹分布型的

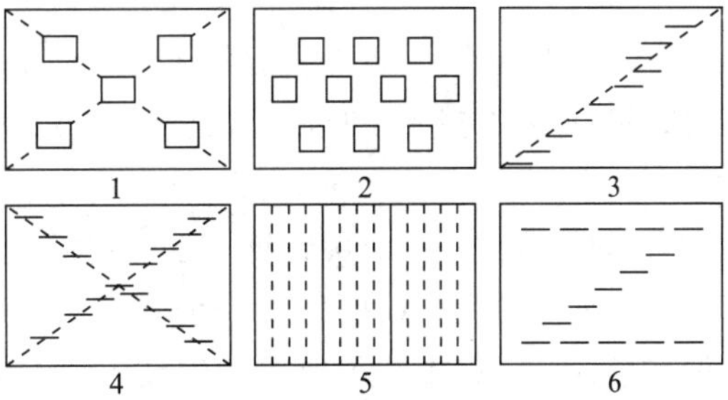


**田间调查常用的取样方法**

1.5点式(面积)　2.棋盘式　3.单对角线式

4.双对角线式　5.分行式　6."Z"字形

(李清西.2002.植物保护)

病虫。

**3.取样单位和数量**

应随作物和害虫的种类而定，一般常用的单位有：长度单位（m），适用于调查麦类等条播密植作物上的虫害；面积单位（$m^2$），适用于调查地下害虫和密集作物或作物苗期害虫；重量单位（kg），多用于调查粮食、种子中的害虫；以植株和部分器官为单位，适用于调查全株或茎、叶、果等部位上的害虫；以网捕为单位，即以一定大小口径捕虫网的扫捕次数为单位，多用于调查虫体小而活动性大的害虫；此外还有以体积、诱集器械为单位的。

取样数量因害虫的分布和作物的受害程度而不同，一般每样点取样数量是：全株性害虫100～200株，叶部害虫10～20片叶，果部害虫100～200个果。

### （四）资料记载和计算

**1.资料的记载**

记载是田间调查的重要工作。记载要求准确、简明、有统一标准。田间调查记载内容根据调查的目的和对象而定，一般采用表格的形式记载。应有调查时间、地点、作物及生育期、调查株（丛、叶等）数或面积、查得害虫数、害虫严重分级数、统计数等。对于较深入的专题调查，记载的内容应更详尽。

**2.调查资料的整理与计算**

通过抽样调查，获得的资料和数据必须经过整理、简化、计算和比较分析，才能提供给病虫预测预报使用。调查资料的常用计算方法：

(1)被害率计算　反映害虫发生或为害的普遍程度，其计算公式为：

$$\text{被害率}=\frac{\text{被害株（秆、叶、花、果）数}}{\text{调查总株（秆、叶、花、果）数}}\times 100\%$$

(2)虫口密度计算　一般用单位面积的虫量表示。虫口密度也常用百株（穗、铃、丛等）虫量表示，密度很大时也可用单株（或其他单位）虫量表示。

$$\text{虫口密度（头/hm}^2\text{）}=\frac{\text{查得的总虫数}}{\text{调查总面积}}$$

(3)被害指数计算　被害指数表示田间总体受害程度，是害虫发生普遍程度和严重程度的综合指标。常用于植株局部受害且各株受害程度不同的害虫。其计算公式为：

$$\text{被害指数}=\frac{\sum[\text{各级虫害株（秆、叶、花、果）数}\times\text{该级代表值}]}{\text{调查总株（秆、叶、花、果）数}\times\text{最高级代表值}}\times 100$$

在虫害调查时，也可根据作物受害程度分级，然后计算被害指数。计算方法一般与病情指数相同，但有时为了反映不同级别的重要性，用代表值来代替级数。如棉蚜蚜量指数的计算中以1、5、10分别代表Ⅰ、Ⅱ、Ⅲ级量。

(4)发育进度的有关计算　发育进度表示种群完成某一阶段发育的虫数占调查虫数的比例。害虫的发生期按各虫态可划分为始见期、始盛期、高峰期、盛末期、终见期。预报时着重始盛、高峰、盛末三个时期。习惯上将该虫态出现达16%～20%时称为始盛期；出现达46%～50%时称为高峰期；出现达80%～84%时称为盛末期。有时可将该虫态出现18%时定为始盛期；出现48%时定为高峰期。计算公式为：

$$\text{当日孵化率}=\frac{\text{到当天为止的卵块（粒）孵化数}}{\text{当天检查卵块（粒）总数（已孵化＋未孵化）}}\times 100\%$$

$$累计孵化率=\frac{累计孵化卵块(粒)数}{累计总卵块(粒)数(已孵化+未孵化)}\times 100\%$$

$$化蛹率=\frac{活蛹数+蛹壳数}{总活虫数(幼虫+蛹+蛹壳)}\times 100\%$$

$$羽化率=\frac{蛹壳数}{总活虫数(幼虫+蛹+蛹壳)}\times 100\%$$

数据统计分析，推算发生期。

(5)损失率计算　除少数害虫如三化螟的白穗率接近或等于损失率外，大部分害虫的作物被害率与损失率不一致。害虫所造成的损失应以生产水平相同的受害田与未受害田的产量或经济产值对比来计算。

$$损失率=\frac{未受害区产量(产值)-受害区产量(产值)}{未受害区产量(产值)}\times 100\%$$

(6)防治效果计算

①以虫口减退率表示防治效果　在防治前、后分别调查活虫数，以虫口减退率表示防治效果，其公式为：

$$虫口减退率=\frac{防治前活虫数-防治后活虫数}{防治前活虫数}\times 100\%$$

该式计算出的虫口减退率包含了杀虫剂和自然因素两种原因造成的死亡，若害虫的自然死亡率(对照区死亡率)低于5%，则计算结果基本上反映了药剂的真实效果，若自然死亡率在5%～20%之间，则应以下列校正虫口减退率予以更正，若自然死亡率大于20%，则试验失败。

$$校正虫口减退率=\frac{处理区虫口减退率-对照区虫口减退率}{1-对照区虫口减退率}\times 100\%$$

②以被害减少率表示防治效果　对于地下或钻蛀性等隐蔽为害的害虫，由于不易观察到死活虫体，一般用被害减少率表示防治效果。其公式为：

$$被害率=\frac{作物被害单位数}{调查总单位数}\times 100\%，即$$

$$被害率=\frac{被害苗(株、叶、秆)数}{调查总苗(株、叶、秆)数}\times 100\%$$

$$被害减少率=\frac{对照区被害率-处理区被害率}{对照区被害率}\times 100\%$$

## 二、农业害虫预测预报

农业害虫预测预报是在认识害虫发生消长规律的基础上，有目的、有计划地进行调查，取得数据，结合历年观测资料和天气预报等信息，进行分析判断，推测出害虫在未来一段时间内的发生期、发生量及为害程度等，并及时发出情报，使有关部门和农户及时做好准备，抓住有利时机，开展防治工作。预测预报是植物保护工作的重要组成部分，是贯彻落实“预防为主，综合防治”植保工作方针，保证农业增产增收的重要手段。

### （一）预测预报的类型

预测按其内容可分为发生期预测、发生量预测、发生程度预测和产量损失预测等。

按时效分，预测又可分为长期预测、中期预测和短期预测 3 类。长期预测一般是在年初预测全年的病虫消长动态和灾害程度。其期限为 31 d 以上(含 31 d)，也可以是一个季度、作物的一个生长季节、半年或几年不等，长期预测难度大；中期预测的期限为 11～30 d，对害虫通常是从上一代预测下一代；短期预测就是在小范围内预测病虫害在未来 7～10 d 内的发生情况。短期预测对害虫来说一般是从前一、二个虫态的发生情况推测后一、二个虫态的发生期和发生量等，以确定防治适期、次数和方法等。对病害是在其发生前不久预测流行的可能性和程度，以指导防治。短期预测准确性高。

害虫预测还可以根据其手段、方法分为常规预测、数理统计预测、种群系统模型预测和专家系统预测等。

预报按其性质可分为通报、补报和警报等。通报是正常预报，一般由县级测报部门定期或不定期地发布书面“病虫情报”；补报是根据情况的变化发出的补充预报，用于对通报内容进行补充或修正；警报是就即将在短时间内暴发的病虫害做出紧急防治部署。

### （二）害虫的预测

**1.发生期预测**

害虫发生期的预测主要是根据某种害虫防治对策的需要，预测某个关键虫期(适于防治的虫期)出现的时间。常用的预测方法如下：

(1)发育进度预测法　此法是根据实查的田间害虫发育进度和气温条件，参考历史资料，将实查日期加上相应的虫态历期，来推算以后虫期的发生期。此法适用于短期预测。主要有历期预测法、分龄分级预测法和期距预测法 3 种。

历期预测法：昆虫各虫态在一定温度条件下，完成其发育所需天数称历期。一般是通过对田间某种害虫前一个虫态发生情况的系统调查，明确其发育进度，如化蛹率、羽化率、孵化率及各龄幼虫，并确定其发育百分率达始盛期、高峰期和盛末期的时间，在此基础上分别加上当时当地气温下各虫态的平均历期，推算出后 1 个或几个虫态、虫龄发生的相应日期。习惯上将昆虫某一虫态出现达 16%时称为始盛期；出现达 50%时称为高峰期；出现达 84%时称为盛末期。

分龄分级预测法：是通过对害虫作 2～3 次田间发育进度调查，仔细进行卵分级、幼虫分龄、蛹分级，并分别计算其所占百分率，再从后往前累加其百分率，当累加值达到始盛期(16%)、高峰期(50%)、盛末期(84%)标准之一时，将起算日加上该虫态或虫龄至成虫羽化的历期，即可推算出下一代成虫的始盛期、高峰期、盛末期。这种预测方法多适用于各虫态发育历期较长的昆虫，如果各虫态历期较短，则用历期预测法。

期距预测法：期距一般是指一个虫态到下一个虫态，或者是由一个世代到下一个世代的时间距离，是根据当地累积多年的历史资料总结出的经验值。一般是以前一虫态田间害虫系统发育进度为依据，当调查到其百分率达到始盛期、高峰期、盛末期的标准时，分别加上当时气温下各虫态历期，即可预测下一虫态或下一个世代的发生期。不同地区、同一地区不同世代的期距不同，测报时一定要用当地资料。

(2)物候预测法　利用自然界各种生物现象的相互关系预测。由于害虫的发生受到自然界气候的影响，其某一发育阶段也必然只在一定的节令才能出现，这是长期适应的结果。如在辽宁黏虫的发蛾盛期与刺槐的盛花期相吻合。在河南小地老虎的发生规律则是“桃花一片红，发蛾到高峰”“榆钱落，幼虫多”。人们可以利用物候作为预测该种害虫发生时期的指标。利用物候法要注意地域性，特别要注意将观察重点放在害虫即将大发生的物候上，以便更好地指导防治。

(3)有效积温预测法　根据有效积温公式 $K=N(T-C)$，可推出 $N=K/(T-C)$。只要知道了某虫态的 $C$ 和 $K$ 值，就可根据近期气象预报或常年同期平均温度，预测下一虫态的发生期。

**2.发生量预测**

害虫发生量预测主要依照当时害虫的发生动态和环境条件，参考历史资料，估计未来发生数量。影响害虫发生量的因素较多，因此准确预测害虫发生量比较困难。目前主要是预测害虫的发生程度，在防治时再进行两查两定，调查田间实际虫口密度，确定防治对象田。发生量预测常用以下几种方法：

(1)依据有效基数预测　这是当前常用的方法，对一化性害虫或一年发生 2～4 代害虫的第一、二代预测效果较好。害虫的发生数量通常与前一代的虫口基数有关，因此，许多害虫越冬后在早春进行有效基数的调查，可作为第一代发生数量的依据。在实际运用中，根据害虫前一世代的有效基数，推测后一世代的发生数量。

(2)依据主导环境因子预测　环境对害虫发生量的影响很大，特别是一年多代的害虫，其发生量大小主要受环境条件的支配。影响发生量的环境条件有气候(温度、湿度、雨量、雨日数、日照时数等)、食料和天敌等。它们对害虫的作用是综合的，而且错综复杂，但一般都可以找出一种或若干种关键性或比较重要的因子。利用主导因子对害虫发生量进行预测，一般要先通过对历史资料的统计分析，得出与害虫各发生程度相对应的指标或综合指数，然后用于预测。或直接应用经统计分析求得的回归方程进行预测。

(3)依据形态指标预测　环境条件对昆虫是否有利，往往会通过昆虫的形态及生理状态的变化反映出来。如食料、气候等条件适宜时，蚜虫中的无翅蚜数量多，介壳虫中的无翅雌虫数量多，飞虱中的短翅型个体数量多，短翅型飞虱和无翅蚜及无翅雌蚧属于居留繁殖型，它们的比例大，是种群数量将要激增的预兆。在环境条件不适时，多产生有翅蚜、有翅雄蚧和长翅型飞虱，它们属于迁移型，预示着种群密度下降而为害范围扩大。所以，昆虫种群中各型的比例大小，反映了环境条件的适宜程度，可以作为预测种群数量发展趋势的指标。

## 课程思政

1.实践调查是农业昆虫学教学的重要环节之一。在害虫实践调查中要始终做到不损毁庄稼，爱护一草一木，尊重他人劳动成果；同时遵守规范，依据行业标准、职业标准实施调查，做到实事求是，不弄虚作假，编造数据，确保调查数据真实、调查结果准确，养成科学严谨、求真务实、脚踏实地、规范操作的职业素养。同时，大学生深入田间地头，能够亲身接触、感受我国农业、农村的发展现状。通过组织大学生调查作物上发生的主要害虫种类及采用的防治方法，了解农村现有植保技术的状况，增强社会责任感，激发学生投身“三农”事业的热情和实现乡村振兴的信心。

2.2021 年 4 月 15 日，我国颁布实施了《中华人民共和国生物安全法》，其中明确指出要防范外来物种入侵与保护生物多样性。近 20 年来，我国农林生态系统新增外来入侵生物 90 种，其中昆虫种类数量最多，达到 52 种。我们要了解国家生物安全法，防止外来入侵害虫，对生物多样性进行保护，牢固树立维护国家安全和生物安全的意识，积极参与生物资源和生态环境的保护，推动构建人类命运共同体，实现人与自然和谐共生。

## 学习评价

农作物重要害虫田间调查及预测预报考核评价表

| 序号 | 考核项目 | 考核内容 | 考核标准 | 考核方式 | 分值 |
|---|---|---|---|---|---|
| 1 | 制订调查方案 | 制订调查方案，设计调查记载表 | 根据当地当时农作物重要害虫发生情况，制订出调查取样方法，正确设计田间调查记载表 | 现场考核 | 20 |
| 2 | 田间调查 | 能采取正确的方法实地调查 | 能现场区分类型田，并选择其中之一进行调查，在田间用挂标签的方式标明农作物重要害虫为害状，针对调查对象，采取正确的调查方法实地调查，要求能调查害虫种类、虫口密度。数据记录正确、完整 | 现场考核 | 20 |
| 3 | 数据统计 | 数据统计分析，能编制统计图、表 | 能统计各种害虫数量，统计虫口密度，使用计算工具做简单的统计分析，能根据调查结果编制统计图、表 | 教师评分 | 20 |
| 4 | 预测分析 | 获取植保信息，防治决策 | 能使用计算机查看农作物重要害虫发生信息，能根据调查结果，查对防治指标，确定调查田块是否需要防治 | 教师评分 | 15 |
| 5 | 实验报告 | | 报告完成认真、规范，内容真实；调查数据完整，统计分析正确 | 教师评分 | 10 |
| 6 | 学习纪律及态度 | | 遵守学习纪律，学习态度好 | 教师评分 | 15 |

# 项目三 农业害虫综合防控技术

## 子项目一 综合防控方案的制订

### 学习目标

了解农业害虫综合防治的概念及其在农业生态平衡中的意义，了解农业害虫综合防治方案的制订原则，掌握农业害虫综合防治的基本方法，了解农药对环境为害性，在农业害虫综合防治中应遵循绿色植保理念，少用或不用化学农药，持续推进农业农药零增长的各项行动。能结合实际制订本地主要农业害虫的综合防治方案，并能组织落实农业害虫综合防控技术措施。

### 【材料及用具】

本地气象资料、栽培品种特点、栽培技术措施和当地害虫种类及发生情况等资料。

### 【基础知识】

#### 一、农业害虫综合防治的概念

农业害虫综合防治是对有害生物进行科学管理的体系，它从生态系统的整体观点出发，本着“预防为主，综合防治”的植保方针和安全、有效、经济、简便的原则，因地制宜协调应用植物检疫、农业防治、生态控制、物理防治、生物控制、化学防治等多种技术手段，把农业害虫控制在经济受害允许水平之下，以获得最佳的经济、生态和社会效益。它和国外流行的害虫综合治理(integrated pest management，IPM)的意义内涵基本一致，都包含了经济观点、生态观点、综合协调观点和环境保护观点。

#### 二、经济受害允许水平和经济阈值

经济受害允许水平(EIL)：是作物因害虫造成的损失与防治费用相等时的关键性害虫种

群密度，是指造成经济损失最低时的种群密度。经济受害允许水平是一个密度指标，当最终发生程度低于这一指标的一场虫害可不进行防治，而高于这一指标进行防治则可能带来纯经济效益。

经济阈值(ET)：是指害虫的某一密度，当受害在此密度下，应采取控制措施，以防止害虫种群密度增加而达到经济受害允许水平，是决定采取防治手段以防治害虫种群上升到经济受害水平时的种群密度。

经济受害允许水平和经济阈值都是农业害虫管理体系中的重要组成部分，是确定采取防治措施的主要依据，是从经济效益出发确定害虫系统管理目标，合理制订防治措施，减少滥用农药所造成的不良后果，对科学植保有重大作用。

## 三、农业害虫综合防治方案的制订

农业害虫综合防治实施方案，应以建立最优的农业生态系统为出发点，一方面要利用自然有利因素，另一方面要根据需要和可能，协调各种防治措施，把农业害虫控制在经济受害允许水平以下。

**1.综合防治方案的基本要求**

(1)选择的技术措施要符合"安全、有效、经济、简便"的原则。"安全"指的是人、畜、作物、天敌及其生活环境不受损害和污染；"有效"是指能大量杀伤农业害虫或明显压低其密度，起到保护植物不受侵害或少受侵害的作用；"经济"是以最少的投入，获取最大的经济收益；"简便"指要求因地、因时制宜，防治方法简便易行，便于群众掌握。

(2)要做好农业害虫的监测预报，做好做到联防联治工作，才能把农业害虫最有效地控制好。

(3)要结合绿色植保，科学植保，推进现代绿色生态农业发展，推进农业农药零增长各项行动工作。

**2.农业害虫综合防治方案的类型**

(1)以单个农业害虫为对象　即以一种有害生物为对象制订综合防治措施，如对稻纵卷叶螟的综合防治方案。

(2)以一种农作物为对象　即以一种农作物所发生的主要有害生物为对象制订综合防治措施，如对甘蔗害虫的综合防治方案。

(3)以整个农田为对象　即以某个村(屯)、镇或地区的农田为对象，制订该村镇或地区各种主要作物的重点害虫的综合防治措施，并将其纳入整个农业生产管理体系中去，进行科学系统的管理。如对某个村(屯)、镇的各种作物害虫的综合防治方案。

## 四、农业害虫综合防治的主要措施

### (一)植物检疫

**1.植物检疫(plant quarantine)概念**

不同时期不同组织有不同见解，1997 年联合国粮农组织(FAO)将植物检疫定义为"一个国家或地方政府为防止检疫性有害生物的进入或传播而由官方采取的所有措施"。

目前，我国植物检疫机构按其职责和任务，分为口岸植物检疫和内地植物检疫两部分。我国口岸植物检疫也称出入境检疫，通称外检，归口中国海关管理。国内植物检疫也称国内检疫，通称内检，归口农业农村部和国家林业和草原局分别管理。

**2.植物检疫的主要措施**

(1)制订植物检疫法律、法规或条例，使植物检疫有法可依。如进出境检疫方面，1991年10月30日中华人民共和国主席令第53号发布《中华人民共和国进出境动植物检疫法》，自1992年4月1日起施行。1996年12月2日中华人民共和国国务院令第206号公布《中华人民共和国进出境动植物检疫法实施条例》，自1997年1月1日起施行。2007年5月29日发布并实施《中华人民共和国进境植物检疫性有害生物名录》(中华人民共和国农业部公告第862号)，1992年7月25日发布的《中华人民共和国进境植物检疫危险性病、虫、杂草名录》同时废止。

国内检疫方面，1983年发布《植物检疫条例》(1992年、2017年修订)，1995发布其实施细则(1997年、2004年、2007年、2017年修订)。

(2)确定植物检疫对象名单。植物检疫对象也称为植物检疫性有害生物。植物检疫对象名单是每个国家或地区为保护本国或本地区农业生产安全，在充分了解国内外危险性有害生物的种类、分布和发生情况和对可能传入的危险性有害生物等进行风险性评估后而制订的。凡局部地区发生的危险性大、能随植物及其产品传播的病、虫、杂草等，应定为植物检疫对象。

如外检方面，1992年7月25日发布了《中华人民共和国进境植物检疫危险性病、虫、杂草名录》，2007年5月29日农业部与国家质量监督检验检疫总局共同制订，并由农业部发布了《中华人民共和国进境植物检疫性有害生物名录》(中华人民共和国农业部公告第862号)，规定了禁止进境有害生物共435种。1992年7月25日发布的《中华人民共和国进境植物检疫危险性病、虫、杂草名录》同时废止。

内检方面，1957年发布第一份《国内农业植物检疫对象和应检的植物、植物产品名单》，后经1995年、2006年修改，2009年再次修订发布《全国农业植物检疫性有害生物名单》(2010年增补后有30种检疫性有害生物名单)。各省、自治区、直辖市还制订有省级植物检疫性补充名单。

(3)划定疫区和保护区。是指局部地区发生植物检疫性有害生物，经省级以上政府批准公布，把该地区划定为疫区，并采取封锁、消灭措施，防止植物检疫性有害生物由疫区传出。在检疫性有害生物已普遍发生的地区，用行政手段将未发生的地方经省级以上人民政府批准公布划定为保护区，并采取严格的保护措施，防止检疫性有害生物传入。

(4)国内植物检疫措施主要是实施调运检疫、产地检疫和国外引种隔离试种检疫。检疫合格时，发给《产地检疫合格证》(可换取《植物检疫证书》)或“植物检疫证书”；发现有检疫对象，对能进行除害处理的，在指定地点按规定进行处理后，经复查合格发给“植物检疫证书”；不能进行除害处理或除害处理无效时，视不同情况分别给予转港、改变用途、禁运、退回、销毁等处理。严禁带有检疫对象的种子、苗木、农产品及其他材料进入保护区。

**3.植物检疫制度**

我国植物检疫制度实行检疫审批制度、检疫报检制度、现场检疫制度、隔离检疫制度、调离检疫制度、检疫放行制度、废弃物处理制度、检疫监督制度、检疫收费制度。

### (二)农业防治

农业防治(agriculturalcontrol)是结合农事操作的各种具体措施，有目的地创造有利于农作物的生长发育而不利于有害生物发生的环境条件，以达到直接消灭或抑制有害生物的目的。

农业防治是有害生物综合治理的基础措施，其优点是对有害生物的控制以预防为主，多数情况下是结合栽培管理措施进行的，不需要增加额外的成本，无杀伤自然天敌、造成有害生物产生抗药性以及污染环境等不良副作用，可长期控制多种有害生物，有利于保持生态平衡，符合农业可持续发展要求，易于被群众接受，易推广。但其局限性是防治效果慢，地域性较强，受自然条件限制较大，有害生物大发生时必须依靠其他防治措施，有些措施与丰产要求或耕作制度有矛盾。具体措施主要有：

**1.选用抗性良种**

选育和推广抗性良种是防治农业害虫最经济、有效的办法。目前我国在玉米、小麦、棉花、向日葵、烟草等作物上已培育出一批具有综合抗性的品种，并在生产上发挥作用，如通过基因工程将细菌的抗虫基因引进棉花培育出来的转基因抗虫棉。

**2.使用无害种苗**

种子、苗木和其他繁殖材料可以传播多种害虫。建立无害虫种苗基地是杜绝种苗传播害虫的有效措施。无害虫留种基地应选择无虫地块，播前选种或进行消毒，加强田间管理，采取适当防治措施，或通过种苗无害化处理、工厂化组织培养脱毒苗等途径获得无害优质种苗。

**3.改进耕作制度**

耕作制度的改变常可使一些常发性重要农业害虫变成次要农业害虫，并成为大面积农业害虫治理的一项有效措施。如广西冬种地区采用的稻—稻—肥，稻—稻—菜，菜—稻—薯(马铃薯)等水旱轮作方式，可使为害蔬菜的害虫和为害水稻的害虫都大为减少。大棚中的瓜—瓜—蒜(或葱、椒)等间种(或合理作物布局)，由于葱、蒜、椒含有天然杀菌素——大蒜素，能散发出特殊气味，具有很好杀菌驱虫作用，能有效地减少甜瓜多种害虫的发生。

**4.加强田间管理**

田间管理涉及一系列农业技术措施，可以有效地改善农田小气候和生物环境，使之有利于作物的生长发育，而不利于有害生物的发生为害。

如适时播种、合理密植、中耕除草、适时间苗、定苗、拔除弱苗和虫害苗、及时整枝打杈、适当修剪，可使作物生长整齐健壮，增强抵抗力；调节栽培时期，避开某些害虫的严重为害期，同时植株间通风透气好，湿度降低，都能明显地抑制害虫的发生。清洁田园，及时清除枯枝、落叶、落果、残枝败叶等，可消灭大量潜伏其间的害虫。合理施肥，合理排灌，能改善土壤理化性状和作物的营养条件，提高作物的抗性，还能直接杀死害虫。如氮肥过多易致作物生长柔嫩，田间郁闭阴湿利于害虫发生；适时排水晒田，可抑制稻飞虱等的发生。

**5.安全收获**

采用适当的方法、机具和后处理措施适时收获作物，对害虫的防治也有重要作用。如取食大豆的大豆食心虫和豆荚螟，在大豆成熟时幼虫脱荚入土越冬，如能及时收割、尽快干燥脱粒，即可阻止幼虫入土，减少次年越冬虫源。作物收获后要适当处理，如大田作物的籽实要经干燥后才贮藏，而多汁的水果、蔬菜，收获时必须注意避免机械创伤，防止感染致病，必要时还需进行消毒和保鲜处理。

## (三)物理防治

物理防治(physical control)是指利用简单的器械和各种物理因素(如光、热、电、色、温度、湿度和高频电流、声波等)来防治有害生物。此法简单易行,经济安全,很少有副作用。

**1.捕杀法**

利用人工或简单的器械捕捉或直接消灭害虫。如人工挖掘捕捉地老虎幼虫,挖蝼蛄卵,振落捕杀金龟甲,用铁丝钩杀树干中的天牛幼虫等。

**2.阻隔法**

根据害虫的生活习性,设置各种障碍物,防止害虫为害或阻止其活动、蔓延。如利用防虫网可防止蚜虫、叶蝉、粉虱、蓟马等害虫侵害温室花卉和蔬菜,果实套袋防止害虫侵害水果,树干刷白、涂胶阻止某些害虫上树为害或下树越冬,撒药带阻杀群迁的黏虫幼虫等。

**3.窒息法**

人为造成缺氧环境,使害虫窒息死亡。如在豌豆收获后,将豌豆粒(豌豆粒含水量<14%)装入双席包密闭囤内,四周填充麦糠密闭 15 d,囤内呈高温缺氧环境,即可杀死潜伏于豆粒内的豌豆象。

**4.诱杀法**

利用害虫的趋性,人为设置器械或引诱物来诱杀害虫。常用方法有:

(1)灯光诱杀　利用害虫的趋光性进行诱杀,常用波长 365 nm 的 20 W 黑光灯或与日光灯并联或旁加高压电网进行诱杀。

(2)潜所诱杀　利用害虫在某一时期喜欢某一特殊环境的习性,人为设置类似的环境引诱害虫来潜伏,然后及时消灭。如在树干基部绑扎草把或包扎布条诱集梨星毛虫、梨小食心虫越冬幼虫。在玉米地插枯草把诱集黏虫成虫产卵,在玉米苗期地头堆放新鲜杂草,诱集小地老虎幼虫潜伏草下。

(3)食饵诱杀　利用害虫的趋化性,在其所喜欢的食物中掺入适量毒剂来诱杀害虫。例如常用炒香的麦麸、谷糠拌入适量敌百虫、辛硫磷等来诱杀蝼蛄、地老虎等地下害虫,常以糖、酒、醋加敌百虫来诱杀地老虎、黏虫成虫。

(4)色板诱杀　将黄色黏胶板设置于田间、菜地、果园,可诱粘到大量有翅蚜、白粉虱、斑潜蝇、果食蝇等害虫,蓝色诱虫板则可以诱杀到大量蓟马。

(5)银膜驱蚜　有翅蚜对银灰色有负趋性,可用银灰色反光塑料薄膜覆盖蔬菜育苗地,避蚜效果良好。

**5.汰选法**

利用健全种子与被害种子在体形大小、比重上的差异进行器械或液相分离,剔除带有害虫的种子。常用的有手选、筛选、风车选、盐水选等。

**6.温度处理**

夏季利用室外日光晒种,能杀死潜伏其中的害虫。冬季,在北方地区,可利用自然低温杀死贮粮害虫。如荔枝果实蒸汽热处理,在果心温度达到 45.6 ℃,处理 105 min,然后置于 2 ℃低温下处理 40 h,杀虫率达 100%,而且不影响荔枝品质。瓜类、茄果类种子消毒可用 55 ℃温水浸种,维持 55 ℃水温 10~15 min,可杀死种子内多种害虫。

此外,还可用高频电流、超声波等技术防治害虫。

## （四）生物防治

生物防治（biological control）就是利用有益生物及代谢产物来防治农业害虫的方法，主要是基于生物相生相克原理来控制农业害虫。生物防治的特点是对人、畜、植物安全，不污染环境，害虫不易产生抗性，天敌来源广，且有长期抑制作用。但往往局限于某一虫期，杀虫作用慢，人工培养及使用技术要求比较严格，成本高。通常要与其他防治措施相结合，才能充分发挥其应有的作用。生物防治主要包括以下几方面内容：

**1.利用天敌昆虫消灭害虫**

以害虫作为食料的昆虫称为天敌昆虫。利用天敌昆虫防治害虫又称为“以虫治虫”。

天敌昆虫可分为捕食性和寄生性两类。常见的捕食性天敌昆虫如螳螂、瓢虫、草蛉、猎蝽、食蚜蝇等，直接蚕食虫体的一部分或全部，或吸食害虫体液使其死亡。它们的个体一般较被捕食者大，一生须捕食多个个体，在自然界中抑制害虫的作用十分明显。寄生性天敌昆虫主要包括寄生蜂和寄生蝇，它们的某个时期或终身寄生在其他昆虫的体内或体外，以后者体液和组织为食来维持生存，最终导致寄主昆虫死亡。这类昆虫个体一般较寄主小，1 个个体或多个个体才能导致一个寄主死亡，但它们的数量比寄主多得多。利用天敌昆虫防治害虫的主要途径有：

（1）保护利用本地自然天敌昆虫　自然界的天敌昆虫种类很多，人们可以有意识地改善或创造有利于自然天敌昆虫生存的环境条件，如直接保护天敌昆虫安全越冬，人为创造条件使天敌昆虫增殖。同时，进行化学防治时应选择合适的农药种类、浓度、用药时间和方法，以免农药对天敌的杀伤等。

（2）人工大量繁殖和释放天敌昆虫　常用人工饲养的方法是在室内大量繁殖天敌昆虫，在害虫大发生前释放到田间或仓库中去，以补充自然天敌数量的不足，达到控害的目的。如饲养释放赤眼蜂用于防治玉米螟，在柑橘上释放捕食螨防治柑橘红蜘蛛等。

（3）引进外地天敌昆虫　我国解放初曾从国外引入澳洲瓢虫防治柑橘吹绵蚧，效果显著。在 20 世纪 50 年代从苏联引进日光蜂与胶东地区日光蜂杂交，提高了生活力与适应性，从而有效地控制了烟台等地苹果绵蚜的为害。1978 年从英国引进丽蚜小蜂控制温室白粉虱获得成功。引进天敌时，必须选择适应能力强，寻找寄主的活动能力大，繁殖率高，繁殖速度快，生活周期短，无重寄生物的天敌昆虫。

**2.利用微生物及其代谢产物防治害虫**

也称为“以菌治虫”，引起昆虫疾病的微生物有真菌、细菌、病毒、原生动物及线虫等多种类群。

（1）细菌　昆虫病原细菌目前已知 90 多种，其中以苏云金杆菌类（Bt）应用较广（包括松毛虫杆菌、青虫菌均为其变种），主要用于防治棉花、蔬菜、果树等作物上的多种鳞翅目害虫。目前国内已成功地将从细菌中得到抗棉铃虫的基因转入棉花，培育成转基因抗虫棉品种。此外，形成商品化生产的还有乳状芽孢杆菌，主要用于防治蛴螬。

（2）真菌　寄生于昆虫的真菌多达 750 余种，但研究较多且实用价值较大的主要是接合菌中的虫霉目虫霉属，半知菌中的白僵菌属、绿僵菌属及拟青霉属。目前应用最广泛的是白僵菌，主要用于防治玉米螟、松毛虫、大豆食心虫、甘薯小象甲、稻叶蝉、稻飞虱等。

（3）病毒　目前有 700 多种昆虫可被病毒感染而发病致死。能引起昆虫发病的病毒以核型多角体病毒（NPV）最多，其次为颗粒体病毒（GV）和质型多角体病毒（CPV）。目前主要利用核型多角体病毒防治桑毛虫、棉铃虫等鳞翅目害虫。

(4)杀虫素　某些放线菌类微生物在代谢过程中能够产生杀虫的活性物质，称为杀虫素。我国已经批量生产的有阿维菌素、杀蚜素、T21、44 号、7180、浏阳霉素等。

**3.其他有益生物治虫**

其他有益生物包括蜘蛛、捕食螨、两栖类、爬行类、鸟类、家禽等。农田中蜘蛛有百余种，常见的有草间小黑蛛、八斑球腹蛛、三突花蛛、拟水狼蛛等。此类蜘蛛繁殖快、适应性强，对稻田飞虱、叶蝉及棉蚜、棉铃虫等的捕食作用明显，是农业害虫的一类重要天敌。1 头狼蛛 1 d 可捕食稻飞虱 23 头以上，当早稻田蜘蛛和稻飞虱的比例为 1∶4，晚稻田为 1∶(8～9)时，可不用药防治。农田中的捕食性螨类，如植绥螨、长须螨等，在果树、棉田、蔗地害螨的防治中有较多应用，如应用胡瓜钝绥螨防治柑橘、苹果、茶叶、梨、枇杷等害螨，普遍效果显著；应用尼氏钝绥螨防治甘蔗叶螨也获得了成功，当蔗田中尼氏钝绥螨与甘蔗叶螨的数量比达 1∶25 时，可有效地控制叶螨的发生。青蛙、蟾蜍和鸟类也主要以昆虫为食，所以要保护青蛙、蟾蜍和鸟类。此外，稻田养鸭、养鱼、果园养鸡也可减少害虫的发生。

**4.利用昆虫激素和不育性防治害虫**

我国商品化的昆虫激素类农药达 50 多种，其中性外激素在害虫防治及测报上有很大的应用价值。我国已合成利用的有甘蔗螟虫、菜蛾、棉铃虫、玉米螟等性外激素。在生产上，常把性诱剂与黏胶、毒药、诱虫灯或高压电网灯配合使用，可诱杀雄虫(诱杀法)，或在农田、果林等处喷洒，使雄虫找不到雌虫交配而无法繁殖(迷向法)。市场上商品有虫死净、米满、卡死克等激素类农药可防治鳞翅目、鞘翅目、同翅目的多种农业害虫。

不育性治虫是采用辐射源或化学不育剂处理昆虫或用杂交方法使其不育，然后释放到田间，使其与正常的防治对象交配，使其无法繁殖后代，经过多代释放，可造成害虫种群数量不断下降，达到防治害虫的目的。这种方法对某些一生只交配一次的昆虫效果更好。

## （五）化学防治

化学防治概念　利用化学农药直接杀灭农业害虫的方法，称为化学防治。

化学防治的优点可用五个字概括：“多快好省高”，即品种多，作用速度快，防治效果好，省时省力，可高度机械化。化学防治的缺点也可用五个字概括：“毒伤残抗害”，即人畜易中毒，杀伤天敌，部分品种可残留在环境中，容易引起农业害虫产生抗药性，作物易产生药害。

但是，当某些害虫大发生时，化学防治可能是唯一的有效方法。今后相当长时期内化学防治仍然占重要地位。至于化学防治的缺点，可通过发展选择性强、高效、低毒、低残留的农药以及选择高效施药器械、通过改变施药方式、减少用药次数等措施逐步加以解决，同时还要与其他防治方法相结合，扬长避短，充分发挥化学防治的优越性，减少其毒副作用。要结合绿色植保，科学植保，要做好农业虫害的预测预报，用药应符合最新绿色食品生产农药使用准则，推进现代绿色生态农业发展，努力践行农业农药零增长行动目标。

## 【巩固训练】

### ◆作业

1.考核:试以当地某种主要作物的三种主要害虫为对象,编制一份综合防治方案(课余完成)。

2.综合防治、农业防治、生物控制、植物检疫、物理防治、化学防治概念。

3.常用的农业害虫防治法有哪些具体措施?

4.常用的物理防治法有哪些具体措施?

### ◆思考题

1.试以当地主要作物的某种主要害虫为对象,编制一份综合防治方案。

2.试以当地某种主要作物的各种主要害虫为对象,编制一份综合防治方案。

## 知识拓展

### 绿色食品生产中允许使用的农药简介

由于植物保护与检疫技术专业开设有植物化学保护课程,本教材仅介绍绿色食品生产中允许使用的部分杀虫、杀螨、杀螺剂。

#### 一、杀虫剂的使用

##### (一)AA级绿色食品生产均允许使用的杀虫剂

(1)印楝素(azadirachtin)　一种高效、广谱、低毒、易降解、无残留的植物源杀虫剂,无抗药性,兼具拒食剂和昆虫生长调节剂等作用方式。高剂量的印楝素可以直接杀死臭虫、跳蚤等昆虫,低剂量则致使出现永久性幼虫,或畸形的蛹、成虫等。适宜于农作物、观赏植物以及草坪,对鳞翅目、鞘翅目及双翅目等害虫有特效,防治美洲斑潜蝇、白粉虱和小菜蛾、菜粉蝶及水稻、玉米、果树、茶树等多种害虫,使用剂量为10～20 g(有效成分)/$hm^2$。目前印楝素以0.3%、0.5%的乳油居多,1%微乳剂和水分散粒剂也较常见。一般0.5%印楝素乳油使用量为1 875～2 250 mL/$hm^2$,兑水750～900 kg均匀喷雾(或使用800～1 000倍稀释液)喷雾;用于防治韭菜韭蛆,使用1 000倍稀释液灌根。

(2)天然除虫菊素　采用人工种植的除虫菊的花经溶剂法提取的浸膏配制而成。具有触杀、胃毒和驱避作用,能对周围神经系统、中枢神经系统及其他器官组织同时起作用。对害虫击倒力强,杀虫谱广,使用浓度低,对人、畜低毒,对植物及环境安全。其配制成卫生喷雾剂可用于家庭卫生杀虫,目前在市场上比较常见。1%除虫菊素水乳剂防治跳蚤、蚊子、苍蝇150～300 mg/$m^3$,喷雾。5%除虫菊素乳油防治十字花科蔬菜、烟草蚜虫450～750 mL/$hm^2$,兑水750～900 kg喷雾。

(3)苦参碱(matrine)　别名苦参、蚜螨敌、苦参素,是由中草药植物苦参的根、茎、果实经乙醇等有机溶剂提取制成的植物杀虫剂,其成分主要是苦参碱、氧化苦参碱等多种生物碱。具触杀和胃毒作用,对各种作物上的菜青虫、蚜虫、红蜘蛛等有明显防治效果,也可防治地下害虫。常见剂型有1%醇溶液,0.2%、0.3%水剂,1.1%粉剂。一般使用量0.2%水剂7 500～

12 000 mL/ hm²,兑水 750 kg 喷雾(或使用浓度 0.2%水剂 100～300 倍稀释液喷雾)。

(4)苦皮藤素　从苦皮藤中提取,具有麻醉、拒食和胃毒、触杀作用,不杀伤天敌、理化性质稳定,作为一种植物源农药,苦皮藤具有对哺乳动物低毒和对非靶标生物安全的特性。用于蔬菜作物驱杀跳甲、菜青虫、小菜蛾、蚜虫等。施药在蔬菜上不含对人畜有毒性残留物质,符合供人们食用"放心蔬菜"的用药要求。常见剂型有 0.2%、0.3%、1%水乳剂。0.3%苦皮藤水乳剂防治甘蓝跳甲 100～120 mL/667 m²,喷雾;防治韭菜根蛆,90～100 mL/667 m² 灌根。

(5)球孢白僵菌(beauvefia)　白僵菌是一种真菌杀虫剂,是由昆虫病原真菌半知菌类丛梗孢目丛梗孢科白僵菌属发酵、加工成的制剂。白僵菌有球孢白僵菌(球形孢子占 50%)和卵孢白僵菌(卵形孢子占 98%)2 个种,对人、畜无毒,对家蚕、柞蚕的染病力强。可寄生鳞翅目、同翅目、膜翅目、直翅目等 200 多种昆虫和螨类,球孢白僵菌杀虫谱较广,用得较多。卵孢白僵菌对蛴螬等地下害虫有特效。常见剂型有 50 亿～70 亿个活孢子/g 白僵菌粉剂。一般使用浓度为每克药液含有孢子 1 亿个。

(6)金龟子绿僵菌(*Metarhizium anisopliae*)　微毒,是高效、广谱、环保的昆虫内寄生真菌活体杀虫剂。能够侵染鳞翅目、鞘翅目、同翅目、半翅目、直翅目和双翅目多种害虫。主要用于防治飞蝗、地下害虫、桃小食心虫、小菜蛾、菜青虫、蚜虫、稻飞虱、稻纵卷叶螟等。主要剂型有:80 亿个孢子/mL、100 亿个孢子/mL 可分散油悬浮剂,2 亿个孢子/g、80 亿个孢子/g、100 亿个孢子/g 的可湿性粉剂。防治蛴螬、地老虎、黄曲条跳甲幼虫等用 2 亿个孢子/g金龟子绿僵菌颗粒剂 4～6 kg/667 m²,与细土 50 kg 或有机肥 100 kg 混匀后撒施;防治小菜蛾、菜青虫和斜纹夜蛾等用 80 亿个孢子/g 的金龟子绿僵菌可湿性粉剂,80 mL/667 m²,兑水 50 kg 喷雾。

(7)苏云金杆菌(*Bacillus thuringiensis*,Bt)　一种细菌杀虫剂,由昆虫病原细菌苏云金杆菌的发酵产物加工成的制剂。苏云金杆菌进入昆虫消化道后,可产生两大类毒素:内毒素(即伴孢晶体)和外毒素($\alpha$、$\beta$ 和 $\gamma$ 外毒素)。伴孢晶体是主要的毒素,在昆虫的碱性中肠中,可使肠道在几分钟内麻痹,昆虫停止取食,并很快破坏肠道内膜进入血淋巴,最后昆虫因饥饿和败血症而死亡。苏云金杆菌制剂的速效性较差,对人、畜安全,对作物无药害,不伤害蜜蜂和其他昆虫。

苏云金杆菌制剂具有胃毒作用,是一种广谱生物杀虫剂,能防治上百种害虫,可用于防治鳞翅目、直翅目、鞘翅目、双翅目、膜翅目等害虫。常见剂型有苏云金杆菌乳剂(100 亿个孢子/mL)、100 亿个活芽孢/g 可湿性粉剂。使用剂量苏云金杆菌乳剂(100 亿个孢子/mL) 100～300 mL/hm² 兑水 750～1 125 kg 喷雾(或 300～1 000 倍稀释液喷雾)。

(8)多杀菌素(spinosad)　别名菜喜、催杀,是从放射菌代谢物提纯的生物源杀虫剂。适用于防治菜蛾、甜菜夜蛾及蓟马等害虫。杀虫速度可与化学农药相当,喷药当天即可见效。杀虫机理独特,与目前使用的各类杀虫剂没有交互抗性。毒性极低,采收安全间隔期仅为 1 d,特别适合无公害蔬菜生产应用。常用剂型为 48%催杀悬浮剂,2.5%菜喜悬浮剂。一般使用量 2.5%乳油 500～825 mL/hm²,兑水 300～750 kg 喷雾(或使用浓度 2.5%乳油 1 000～1 500 倍稀释液喷雾)。市场上的 6%乙基多杀菌素(艾绿士)是多杀菌素的升级版,应用更多。

(9)乙基多杀菌素　别名艾绿士,是陶氏益农公司出品的一种新型多杀菌素类杀虫剂，主要用于防治鳞翅目幼虫、蓟马和潜叶蝇等，对小菜蛾、甜菜夜蛾、潜叶蝇、蓟马、斜纹夜蛾、豆荚螟有好的防治效果。对鸟类、鱼类、蚯蚓和水生植物低毒；在实际应用中，对蜜蜂几乎无毒；对田间有益节肢动物的影响是轻微的、短暂的；适用于有害生物综合治理。是目前防治蓟马最好的药剂。只有2个剂型，25%水分散粒剂，60 g/L悬浮剂，使用方法都是喷雾。60 g/L乙基多杀菌素悬浮剂防治小菜蛾、甜菜夜蛾20～40 mL/667 $m^2$，防治稻纵卷叶螟20～30 mL/667 $m^2$，防治杧果蓟马1000～2000倍稀释液，防治西瓜蓟马40～50 mL/667 $m^2$，防治豇豆上的美洲斑潜蝇50～58 mL/667 $m^2$，兑水50 kg喷雾，防治杨梅果蝇1 500～2 500倍稀释液喷雾。

(10)核型多角体病毒(autographa california nuclear polyhedros isvirus) 病毒杀虫剂，具有胃毒作用。对人、畜、鸟、益虫、鱼及环境安全，对作物安全，害虫不易产生抗性；不耐高湿，易被紫外线照射失活，作用较慢。适于防治鳞翅目害虫。常见的剂型有粉剂、可湿性粉剂(10亿个核型多角体病毒/g)。一般使用浓度为10亿个核型多角体病毒/g可湿性粉剂，1 500 g/$hm^2$，兑水750 kg喷雾。

(11)石硫合剂(Calcium polysulphides) 属于无机农药，具有很好的杀菌、杀虫、杀螨作用。是用生石灰、硫黄和水按一定比例配制熬制成的红褐色透明液体，有臭鸡蛋气味，呈强碱性，有效成分为多硫化钙，溶于水，易被空气中的氧气和二氧化碳分解，游离出硫和少量硫化氢。因此，必须贮存在密闭容器中，或在液面上加一层油，以防止氧化。其碱性可侵蚀害虫表皮蜡质层，对蜱、螨、介壳虫及其卵都可杀死。一般用作喷雾，休眠季节可用3～5波美度，植物生长期可用0.1～0.3波美度，也可灌根和涂抹伤口，在树冠滴水线内开沟，用1波美度药液灌根后盖土可防治果树根腐病，原液涂抹植株伤口可起杀菌作用。石硫合剂现已工厂化生产，常见剂型有29%水剂、20%膏剂、30%和40%固体及45%结晶。清园一般用29%石硫合剂30～60倍稀释液，植株喷雾时用150～200倍稀释液。

石硫合剂对人的眼睛、鼻黏膜、皮肤有一定的刺激性，要注意防护。对金属腐蚀性强，煮液锅不能用铜、铝器(铁锅用后要彻底清洗干净)，贮液也不能用铜、铁器。喷雾器使用后及时用清水冲洗。不能与有机磷农药及其他忌碱性农药以及铜制剂、波尔多液混用。李、梨、桃、葡萄等对硫黄粉较敏感，在生长旺盛期，不宜施用。夏季高温(32 ℃以上)易造成药害，冬季低温(4 ℃以下)药效降低，均不宜使用。柑橘采收前45～60 d，落叶果树采果前1个月不宜喷洒石硫合剂，以免造成果面药斑。

### (二)A级绿色食品生产允许使用的杀虫剂

(1)吡丙醚(pyriproxifen) 苯醚类扰乱昆虫生长的昆虫生长调节剂，属保幼激素类似物的新型杀虫剂，具有内吸转移活性、低毒，持效期长，对作物安全，对鱼类低毒，对生态环境影响小。对梨木虱、烟粉虱、介壳虫、小菜蛾、甜菜夜蛾、斜纹夜蛾、梨黄木虱、蓟马等有良好的防治效果，同时本品对苍蝇、蚊虫等卫生害虫具有很好的防治效果。具有抑制蚊、蝇幼虫化蛹和羽化作用。蚊、蝇幼虫接触该药剂，基本上都在蛹期死亡，不能羽化。该药剂持效期长达1个月左右，且使用方便，无异味，是较好的灭蚊、蝇药物。常见10%乳油、微乳剂，0.5%颗粒剂，24%悬浮剂。10%吡丙醚可湿性粉剂防治柑橘木虱、介壳虫1 000～1 500倍稀释液，喷雾；防治番茄白粉虱47.5～60 mL/667 $m^2$，喷雾。

(2)虫螨腈(chlorfenapyr) 低毒，为新型吡咯类杀虫、杀螨剂，对多种害虫具有胃毒和触杀作用，对作物安全，防治小菜蛾具有防效高、持效期较长、用药量低等优点。常见剂型有。240 g/L、30%悬浮剂，8%、10%、12%微乳剂。240 g/L 虫螨腈悬浮剂防治甘蓝小菜蛾、甜菜夜蛾、菜青虫 25～33.3 mL/667 $m^2$；防治茶小绿叶蝉 25～30 mL/667 $m^2$；防治梨树木虱 1 500～2 000 倍稀释液；防治苹果树金纹细蛾 4 000～5 000 倍稀释液；防治茄子蓟马、朱砂叶螨 20～30 mL/667 $m^2$，均为喷雾。

(3)氟啶虫胺腈(sulfoxaflor)　也称啶虫胺腈。砜亚胺类杀虫剂，作用于烟碱类乙酰胆碱受体内独特的结合位点而发挥杀虫功能。可经叶、茎、根吸收而进入植物体内。适用于防治棉花盲蝽、蚜虫、粉虱、飞虱和介壳虫等所有刺吸式口器害虫；高效、快速并且持效期长，能有效防治对烟碱类、菊酯类、有机磷类和氨基甲酸酯类农药产生抗性的吸汁类害虫。美国陶氏益农的专利产品。剂型有 50%氟啶虫胺腈水分散粒剂、22%氟啶虫胺腈悬浮剂。50%氟啶虫胺腈水分散粒剂防治小麦、西瓜、棉花蚜虫 2～5 g/667 $m^2$，防治桃树蚜虫 15 000～20 000倍稀释液，喷雾；防治棉花盲椿象 7～10 g/667 $m^2$，防治棉花烟粉虱 10～13 g/667 $m^2$，喷雾。

(4)氟啶虫酰胺(flonicamid)　属于新型低毒吡啶酰胺类昆虫生长调节剂类杀虫剂，2007 年获得中国农药产品临时登记证，制剂为 10%水分散粒剂。对各种刺吸式口器害虫有效，并具有良好的渗透作用。它可从根部向茎部、叶部渗透，但由叶部向茎、根部渗透作用相对较弱。该药剂通过阻碍害虫吮吸作用而致效。害虫摄入药剂后很快停止吮吸，最后饥饿而死。剂型以 15%、20%悬浮剂，10%、20%、50%水分散粒剂为主。10%氟啶虫酰胺水分散粒剂防治黄瓜、马铃薯蚜虫 30～50 g/667 $m^2$，防治苹果蚜虫 2 500～5 000 倍稀释液，喷雾。

(5)氟铃脲(hexaflumuron)　低毒，触杀(抑制几丁质合成)，苯甲酰脲类杀虫剂，是几丁质合成抑制剂。是昆虫激素类杀虫剂，抑制害虫蜕皮和吃食速度，以胃毒作用为主，兼有触杀作用，击倒力强，具有很高的杀虫和杀卵活性而且速效，尤其棉铃虫。防治食叶害虫应在低龄幼虫期施药，防治钻蛀性害虫宜在产卵末期、卵孵盛期使用，使用时喷洒均匀周到。剂型以 5%乳油、10%悬浮剂为主。5%氟铃脲乳油防治蔬菜菜青虫、小菜蛾 40～70 mL/667 $m^2$，多数都是配药用，喷雾。

(6)甲氨基阿维菌素苯甲酸盐(emamectin benzoate)　触杀、胃毒，本品高效、广谱、残效期长，为优良的杀虫杀螨剂，其作用机理是阻碍害虫运动神经信息传递而使身体麻痹死亡。作用方式以胃毒为主触杀作用，对作物无内吸性能，但能有效渗入施用作物表皮组织，因而具有较长残效期。对防治棉铃虫等鳞翅目、螨类、鞘翅目及同翅目害虫有极高活性，且不与其他农作物产生交叉，在土壤中易降解无残留，不污染环境，在常规剂量范围内对有益昆虫及天敌、人、畜安全，可与大部分农药混用。剂型以 0.5%、1%、2%、5%乳油，2%、5%微乳剂，5%、8%水分散粒剂，5%悬浮剂为主，杀虫谱非常广。5%甲维盐微乳剂 3～4 g/667 $m^2$ (2 000～3 000 倍稀释液)防治豇豆豆荚螟，甘蓝甜菜夜蛾、小菜蛾；防治豇豆蓟马 75～90 mL/667 $m^2$，兑水喷雾。

(7)甲氧虫酰肼(methoxyfenozide)　第 2 代双酰肼类昆虫生长调节剂，对鳞翅目害虫具有高度选择杀虫活性，没有渗透作用及韧皮部内吸活性，主要通过胃毒作用致效，同时也具有一定的触杀及杀卵活性。为蜕皮激素激动剂，它引起鳞翅目幼虫停止取食，加快蜕皮进程，使害虫在成熟前因提早蜕皮而致死。该药与抑制害虫蜕皮的药剂的作用机制相反，可在害虫整个幼虫期用药进行防治。甲氧虫酰肼主要用于防治鳞翅目害虫的幼虫，如甜菜夜蛾、甘蓝夜蛾、斜纹夜蛾、菜青虫、棉铃虫、金纹细蛾、美国白蛾、松毛虫、尺蠖及水稻螟虫等。也适用作物如十字花科蔬菜、茄果类蔬菜、瓜类、棉花、苹果、桃、水稻、林木等。剂型主要有24%悬浮剂，防治水稻二化螟 19～28 mL/667 $m^2$，防治甘蓝甜菜夜蛾 10～20 mL/667 $m^2$，防治苹果树卷叶蛾 3 000～5 000 倍稀释液，喷雾。

(8)螺虫乙酯(spirotetramat)　季酮酸类化合物，是拜耳公司刚过专利期的杀虫剂。是具有独特的作用特征，是具有双向内吸传导性能的现代杀虫剂之一。该化合物可以在整个植物体内向上向下移动，抵达叶面和树皮，从而防治如生菜和白菜内叶上及果树皮上的害虫。这种独特的内吸性能可以保护新生茎、叶和根部，防止害虫的卵和幼虫生长。其另一个特点是持效期长，可提供长达 8 周的有效防治。高效广谱，可有效防治各种刺吸式口器害虫，如蚜虫、蓟马、木虱、粉蚧、粉虱和介壳虫等。可应用的主要作物包括棉花、大豆、柑橘、热带果树、坚果、葡萄、啤酒花、土豆和蔬菜等。研究表明，其对重要益虫如瓢虫、食蚜蝇和寄生蜂具有良好的选择性。剂型有 22.4%、30%悬浮剂。22.4%螺虫乙酯悬浮剂防治番茄烟粉虱 20～30 mL/667 $m^2$，防治柑橘红蜘蛛、木虱、介壳虫 4 000～5 000 倍稀释液，防治梨树梨木虱4 000～5 000 倍稀释液，防治苹果树蚜虫 3 000～4 000 倍稀释液，喷雾。

(9)辛硫磷(phoxim)　别名肟硫磷、倍腈松，是高效、低毒、低残留、广谱性杀虫剂，是一种优良的地下杀虫剂，具有触杀和胃毒作用，并有一定的杀卵作用。具有击倒速度快、易光解的特点。叶面喷雾持效期仅 2～3 d，处理土壤可达 1～2 个月。可防治果树、蔬菜、桑、茶、农作物及中药材等多种作物上的鳞翅目害虫及地下害虫和卫生害虫，是生产上应用最多最广的杀虫剂之一。常见剂型有 3%、5%颗粒剂，25%微胶囊剂，50%、75%乳油。一般使用量50%乳油 750 mL/$hm^2$，兑水 750～1 075 kg 喷雾(或使用浓度为 50%乳油 1 000～1 500 倍稀释液喷雾)；5%颗粒剂 30～40 kg/ $hm^2$防治地下害虫。注意高粱、黄瓜、菜豆和甜菜等都对辛硫磷敏感，不慎使用会引起药害。

(10)高效氯氰菊酯(beta-cypermethrin)　低毒，广谱性杀虫剂，具触杀和胃毒作用。可应用于防治果树、蔬菜、粮、棉、油、茶等作物及林木、中药材上的鳞翅目、鞘翅目、同翅目、半翅目、缨翅目害虫，如小菜蛾、斜纹夜蛾、蚜虫、斑潜蝇、甲虫、椿象、木虱、蓟马及柑橘潜叶蛾、红蜡蚧等。也用于防治公共卫生害虫和畜牧业害虫、蜱、螨。常用剂型有 4.5%乳油、5%可湿性粉剂和 10%乳油。一般使用 4.5%乳油或 5%可湿性粉剂 1 500～2 000 倍稀释液，10%乳油 3 000～4 000 倍稀释液，在害虫发生初期均匀喷雾。对蜜蜂、鱼、蚕、鸟均为高毒，使用时应注意避免污染水源地、避免在蜜源作物开花期使用、避免污染桑园处。

(11)甲氰菊酯(fenpropathrin、灭扫利)　高效、中等毒性、低残留、广谱性杀虫剂，具强烈的触杀作用，有一定的胃毒及忌避作用。对多种叶螨有良好防效，可虫螨兼治。可用于防治鳞翅目、鞘翅目、同翅目、双翅目、半翅目等害虫及多种害螨。在虫螨混合发生的植物场所应用该剂可起到一药治二害的效果。常见剂型为 20%乳油。一般使用量 20%乳油 300～600 mL/$hm^2$，兑水 750～1 075 kg 喷雾(或使用浓度为 20%乳油 2 000～3 000 倍稀释液喷雾)。

(12)甲氧虫酰肼(methoxyfenozide)　第 2 代双酰肼类昆虫生长调节剂，对鳞翅目害虫具有高度选择杀虫活性，具胃毒作用，有一定的触杀及杀卵活性。为蜕皮激素激动剂，它引起鳞翅目幼虫停止取食，加快蜕皮进程，使害虫在成熟前因提早蜕皮而致死。主要用于防治鳞翅目害虫的幼虫，适用十字花科蔬菜、茄果类蔬菜、瓜类、棉花、桃、水稻、林木等。常见剂型 24%悬浮剂。防治水稻三化螟，一般在蚁螟孵化高峰前 2～3 d 施药，用 24%悬浮剂

312～417 g/$hm^2$，兑水 750～900 kg 喷雾。防治蔬菜害虫，在卵孵化盛期和低龄幼虫期施药，用 24%悬浮剂 150～300 g/$hm^2$，兑水 600～750 kg 喷雾。

(13)杀虫双(bisultap thiosultapdisodium)　毒性中等、杀虫广谱的沙蚕毒素杀虫剂，具较强的内吸、触杀及胃毒作用，兼有一定的熏蒸和杀卵作用。持效期一般可达 10 d 左右。可用于防治水稻、蔬菜、果树等作物上的多种鳞翅目幼虫、蓟马等。常见剂型有 29%水剂、3%颗粒剂、5%颗粒剂。一般使用量 29%水剂 2 100～3 150 g/$hm^2$，兑水 750～1 075 kg 喷雾(或使用浓度为 29%水剂 500～700 倍稀释液喷雾)。

(14)除虫脲　别名敌灭灵、灭幼脲一号，是苯甲酰脲类杀虫剂第一个商品化的品种。除虫脲对鳞翅目幼虫有特效(但对棉铃虫防效不好)，对双翅目、鞘翅目多种害虫也有效。产品有 20%悬浮剂，5%和 25%可湿性粉剂。常用浓度为 20%悬浮剂 1 000～2 000 倍稀释液喷雾。

(15)氟虫脲(flufenoxuron)　别名卡死克，是低毒，苯甲酰脲类杀虫杀螨剂，具有触杀和胃毒作用。杀幼、若螨效果好，对成螨效果差。毒杀速度慢，须经 10 d 左右药效才明显上升。但药效期长，对鳞翅目害虫的药效期达 15～20 d，对害螨可达 1 个月以上。对叶螨天敌安全，是较理想的选择性杀螨剂。适用于棉花、果树、蔬菜、烟草、大豆、玉米、观赏植物等，防治各类害螨和鳞翅目、鞘翅目、双翅目、半翅目等害虫。常见剂型有 5%乳油。一般使用浓度为 5%乳油 1 000～1 500 倍稀释液喷雾。

(16)氟铃脲(hexafluron)　别名盖虫散，具有苯甲酰脲类杀虫剂的特点，但它对棉铃虫有特效，故得名“氟铃脲”。对舞毒蛾、冷杉毒蛾、甜菜夜蛾、斜纹夜蛾、谷实夜蛾等夜蛾科害虫效果良好，对螨无效。产品有 5%乳油。防治菜青虫用 5%乳油 2 000～3 000 倍稀释液喷雾，小菜蛾、豆野螟、柑橘潜叶蛾用 5%乳油 1 000～2 000 倍稀释液喷雾。

(17)灭幼脲(chlorbenzuron)　别名灭幼脲 3 号、苏脲 1 号，为高效、低毒的苯甲酰脲类杀虫剂，属昆虫几丁质合成抑制剂。以胃毒作用为主，触杀次之。迟效，一般药后 3～4 d 药效明显。持效期 15～20 d。对多种鳞翅目幼虫有特效，常见剂型有 25%胶悬剂。一般使用量 450～750 mL/$hm^2$，兑水 750～1 075 kg 喷雾(或使用浓度为 1 000～1 500 倍稀释液)，在幼虫 3 龄前用药效果最好。

(18)杀铃脲(tfiflumuron)　别名杀虫隆，具有触杀及胃毒作用。对人、畜低毒。适于防治鳞翅目、鞘翅目和双翅目害虫。常见剂型为 25%可湿性粉剂。一般使用浓度为 25%可湿性粉剂 2 000～4 000 倍稀释液喷雾。

(19)虱螨脲(lufenuron)　低毒，具胃毒、杀卵作用，持效期长。是先正达公司生产的最新一代取代脲类杀虫剂。药剂通过作用于昆虫幼虫、阻止蜕皮过程而杀死害虫，是通过摄入后起作用的蜕皮抑制剂，该药作用于产下后 24 h 内的卵、低龄幼虫和高龄幼虫。抑制昆虫蜕皮、杀虫、杀卵效果好，害虫吃了喷施了虱螨脲的作物 2 h 停止取食，2～3 d 进入死虫高峰。对多种作物上的鳞翅目害虫有特效，尤其对果树等食叶毛虫有出色的防效，对蓟马、锈螨、白粉虱有独特的杀灭机理，适于防治对合成除虫菊酯和有机磷农药产生抗性害虫。主要剂型有 5%、20%乳油、悬浮剂。5%虱螨脲乳油防治甘蓝甜菜夜蛾 30～40 mL/667 $m^2$，喷雾。

(20)氰氟虫腙(metaflumizone)　德国巴斯夫公司和日本农药公司联合开发的一种全新的化合物，属于缩氨基脲类杀虫剂。作用机制独特，本身具有杀虫活性，不需要生物激活，与现有的各类杀虫剂无交互抗性。可以有效地防治各地鳞翅目害虫及某些鞘翅目的幼虫、成虫，还可以用于防治蚂蚁、白蚁、蝇类、蟑螂等害虫。主要剂型有22%氰氟虫腙悬浮剂，防治稻纵卷叶螟30～50 mL/667 $m^2$，喷雾，防治甘蓝小菜蛾、甜菜夜蛾60～80 mL/667 $m^2$，喷雾。

(21)溴氰虫酰胺(cyantraniliprole) 美国杜邦公司继氯虫苯甲酰胺之后成功开发的第二代鱼尼丁受体抑制剂类杀虫剂，氰虫酰胺是通过改变苯环上的各种极性基团而成，具有更高效，适用作物更广泛的特点，可有效防治鳞翅目、半翅目和鞘翅目害虫。不仅防治小菜蛾、甜菜夜蛾等咀嚼式口器害虫，而且防治斑潜蝇、蓟马、烟粉虱、蚜虫等刺吸式口器害虫。主要剂型有10%、19%悬浮剂，48%种子处理悬浮剂。10%溴氰虫酰胺悬浮剂防治甘蓝小菜蛾、甜菜夜蛾10～23 mL/667 $m^2$，甘蓝蚜虫20～40 mL/667 $m^2$；防治辣椒白粉虱、烟粉虱、蓟马40～60 mL/667 $m^2$；防治辣椒棉铃虫10～30 mL/667 $m^2$，兑水50 kg喷雾。

(22)噻嗪酮(buprofezin) 别名扑虱灵、优乐得，是一种抑制昆虫生长发育的新型选择性杀虫剂，该药虽不属于苯甲酰脲类化合物，但它与苯甲酰脲类杀虫剂的杀虫原理相同，是抑制昆虫几丁质合成和干扰新陈代谢。具较强的触杀作用，也有胃毒作用，对同翅目的飞虱、叶蝉、粉虱及介壳虫类害虫高效，对其他害虫效果差，对天敌安全，施药后3～7 d才能显效，持效期长达30 d。常用剂型为25%可湿性粉剂，一般使用量300～450 g/$hm^2$，兑水450～900 kg喷雾(或使用浓度1 500～2 000倍稀释液喷雾)。

(23)吡虫啉(imidacloprid) 别名蚜虱净、一遍净、咪蚜胺、扑虱蚜，是高效、低毒、广谱性硝基亚甲基类内吸杀虫剂，对有机磷、氨基甲酸酯、拟除虫菊类等杀虫剂无交互抗药性，具有胃毒和触杀作用，持效期长，对刺吸式口器害虫防效突出。可用于水稻、小麦、棉花、蔬菜、果树、园林、花卉、烟草等植物上的蚜虫、飞虱、叶蝉、粉虱、蓟马等。常见剂型有10%、25%可湿性粉剂，70%拌种剂。一般使用量10%可湿性粉剂375～525 g/$hm^2$，兑水900～1 075 kg喷雾(或使用浓度10%可湿性粉剂2 000～3 000倍稀释液喷雾)。

(24)吡蚜酮(pymetrozine) 低毒、触杀、内吸，吡啶类或三嗪酮类杀虫剂。在植物体内既能在木质部输导也能在韧皮部输导；因此既可用作叶面喷雾，也可用于土壤处理。由于其良好的输导特性，在茎叶喷雾后新长出的枝叶也可以得到有效保护。可以防治抗有机磷和氨基甲酸酯类杀虫剂的桃蚜等抗性品系害虫。预防蔬菜、小麦、水稻、棉花、果树等作物上蚜虫科、飞虱科、粉虱科、叶蝉科等多种害虫，如甘蓝蚜、棉蚜、麦蚜、桃蚜、小绿斑叶蝉、褐飞虱、灰飞虱、白背飞虱、甘薯粉虱及温室粉虱等。常见剂型25%吡蚜酮可湿性粉剂，50%吡蚜酮水分散粒剂。用药量以50%吡蚜酮水分散粒剂为例：防治蔬菜蚜虫、温室粉虱，667 $m^2$用药5 g；防治小麦蚜虫，667 $m^2$用药5～10 g；防治水稻飞虱、叶蝉，667 $m^2$用药15～20 g；防治果树桃蚜、苹果蚜，可配成2 500～5 000倍稀释液喷雾。

(25)啶虫脒(acetaniprid) 别名莫比朗、吡虫清，属新型、高效、毒性中等、杀虫广谱的氯代烟碱吡啶类化合物，具有触杀、胃毒和渗透作用。杀虫速效，且持效达20 d左右。适用于防治果树、蔬菜、烟草、茶等经济作物上的同翅目害虫；用颗粒剂做土壤处理，可防治地下害虫。常见剂型为3%乳油，一般使用量600～750 mL/$hm^2$，兑水900～1 075 kg喷雾(或使用浓度为3%乳油2 000～2 500倍稀释液喷雾)。

(26)噻虫嗪(Thiamethoxam) 别名阿克泰，第二代烟碱类高效低毒杀虫剂，对害虫具有胃毒、触杀及内吸活性。其施药后迅速被内吸，并传导到植株各部位，对鞘翅目、双翅目、鳞翅目，尤其是同翅目害虫有高活性，可有效防治各种蚜虫、叶蝉、飞虱类、粉虱、金龟子幼虫、线虫、地面甲虫、潜叶蛾等害虫，既可用于茎叶处理、种子处理，也可用于土壤处理。适宜作物为稻类作物、甜菜、油菜、马铃薯、棉花、菜豆、果树、花生、向日葵、大豆、烟草和柑橘等。常见剂型有25%、50%水分散粒剂，70%种子处理可分散粒剂。防治稻飞虱用25%噻虫嗪水分散粒剂24～48 g/$hm^2$，防治瓜类白粉虱使用浓度为2 500～5 000倍，或150～300 g/$hm^2$进行喷雾；防治柑橘潜叶蛾用25%噻虫嗪水分散粒剂3 000～4 000倍稀释液喷雾。

(27)茚虫威(indoxacarb)　别名安打，低毒、高效杀虫剂，通过阻断昆虫神经细胞内的钠离子通道，使神经细胞失去功能，导致靶标害虫协调差、麻痹，最终死亡。可有效防治粮、棉、果、蔬等作物上的小菜蛾、菜青虫、斜纹夜蛾、卷叶蛾类、茶小绿叶蝉、金刚钻、稻纵卷叶螟等多种害虫。对各龄期幼虫都有效。药剂通过接触和取食进入昆虫体内，害虫的行为迅速变化，0～4 h内昆虫即停止取食，随即被麻痹，昆虫的协调能力会下降(可导致幼虫从作物上落下)，一般在药后24～60 h内死亡。对哺乳动物、家畜低毒，对环境中的非靶生物安全，在作物中残留低，用药后第2天即可采收。常见剂型是15%悬浮剂，150 g/L乳油。防治夜蛾，在2～3龄幼虫期，667 $m^2$用15%安打悬浮剂132～200 mL兑水600～750 kg喷雾。

(28)氯虫苯甲酰胺(Chlorantraniliprole)　别名康宽，微毒，无残留。具胃毒和触杀作用，全新杀虫原理，高效激活昆虫细胞内的鱼尼丁受体与之结合，导致该受体通道非正常长时间开放，从而过度释放细胞内的钙离子，导致昆虫肌肉麻痹，最后瘫痪死亡。害虫在接触药物几分钟内即停止取食，从而迅速保护作物；然后害虫表现出活力丧失，生长受到显著抑制，在3 d内死亡。可用于防治稻纵卷叶螟和三化螟(二化螟)、小菜蛾、斜纹夜蛾、甜菜夜蛾、豆荚螟、玉米螟等几乎所有鳞翅目害虫，对稻瘿蚊、稻象甲、稻水象甲也有很好的防治效果。对稻田有益昆虫、鱼虾也非常安全。持效期可以达到15 d以上，对农产品无残留影响，同其他农药混合性能好。常见剂型有20%悬浮剂、5%悬浮剂、35%氯虫苯甲酰胺水分散粒剂等。20%悬浮剂防治稻纵卷叶螟和三化螟、二化螟、大螟，5～10 mL/667 $m^2$，可以维持一个月的高药效。随着这几年的用药，各地抗性开始出现，尤其是在二化螟的重发生区效果已经明显降低。防治甘蔗蔗螟15～20 mL/667 $m^2$，防治甘蔗小地老虎6.7～10 mL/667 $m^2$，防治玉米螟3～5 mL/667 $m^2$、玉米黏虫10～15 mL/667 $m^2$、玉米小地老虎3.3～6.6 mL/667 $m^2$、玉米二点委夜蛾7～10 mL/667 $m^2$，防治菜豆豆荚螟6～12 mL/667 $m^2$，喷雾。

(29)灭蝇胺(cyromazine)　一种昆虫生长调节剂类低毒杀虫剂，有非常强的选择性，主要对双翅目昆虫有活性。其作用机理是使双翅目昆虫幼虫和蛹在形态上发生畸变，成虫羽化不全或受抑制。该药具有触杀和胃毒作用，并有强内吸传导性，持效期较长，但作用速度较慢。对人、畜无毒副作用，对环境安全。适用于多种瓜果蔬菜，主要对"蝇类"害虫具有良好的杀虫作用。在瓜果蔬菜生产中主要用于防治各种瓜果类、茄果类、豆类及多种叶菜类蔬菜的美洲斑潜蝇、南美斑潜蝇、豆秆黑潜蝇、葱斑潜叶蝇、三叶斑潜蝇等多种潜叶蝇，韭菜及葱、蒜的根蛆等。主要剂型有10%悬浮剂、20%可溶性粉剂、50%可湿性粉剂、50%可溶性粉剂、70%可湿性粉剂、70%水分散粒剂、75%可湿性粉剂。50%可湿性粉剂防治菜豆斑潜蝇20～30 g/667 $m^2$，喷雾。

(30)抗蚜威(pirimicarb)　别名辟蚜雾，为高效、中等毒性的选择性杀蚜剂，具有触杀、熏蒸和渗透作用。对蚜虫(棉蚜除外)高效，药效迅速，残效期短，对作物安全，对蚜虫天敌毒性低，是综合防治蚜虫较理想的药剂。常用剂型有 50%可湿性粉剂、20%水溶剂。一般使用量 50%可湿性粉剂 150～300 g/$hm^2$，兑水 450～900 kg 喷雾(或使用浓度 50%可湿性粉剂 2 000～3 000 倍稀释液喷雾)。

## 二、杀螨剂的使用

以下杀螨剂仅 A 级绿色食品生产允许使用。

(1)苯丁锡(fenbutatinoxide)　别名托尔克、克螨锡，以触杀作用为主，对成螨、若螨杀伤力强，对卵几乎无效。对天敌影响小。对人、畜低毒。该药为感温型杀螨剂，22 ℃以下时活性降低，15 ℃以下时药效差，因而冬季勿用。常见的剂型有 25%、50%可湿性粉剂，25%悬浮剂。一般使用浓度为 50%可湿性粉剂稀释 1 500～2 000 倍喷雾。

(2)四螨嗪(clofentezine)　别名螨死净、阿波罗，为有机氮杂环类杀螨剂，为活性很高的杀螨卵药剂，对幼、若螨也有效，对成螨效果差。具触杀作用，无内吸性。持效期长，可达 50～60 d，作用较慢，一般药后 1～2 周才达到最高杀螨活性。对人、畜低毒，对鸟类、鱼虾、蜜蜂及捕食性天敌安全。适用于果树、棉花、蔬菜、花卉等作物，防治多种害螨。常用剂型有 20%、50%悬浮剂，10%可湿性粉剂。使用 20%悬浮剂 2 000～2 500 倍稀释液喷雾。是生产上最常用的杀螨剂之一。

(3)螺螨酯(spirodiclofen)　别名季酮螨酯、螨危，低毒、触杀、无内吸，具有全新的作用机理，作用机制是抑制有害螨体内的脂肪合成，与现有杀螨剂之间无交互抗性，适用于用来防治对现有杀螨剂产生抗性的有害螨类，通过触杀对螨的各个发育阶段都有效，包括卵。杀螨谱广、适应性强，对红蜘蛛、黄蜘蛛、锈壁虱、茶黄螨、朱砂叶螨和二斑叶螨等均有很好防效，可用于柑橘、葡萄等果树和茄子、辣椒、番茄等茄科作物的螨害治理。此外，螺螨酯对梨木虱、榆蛎盾蚧以及叶蝉类等害虫有很好的兼治效果；卵幼兼杀，杀卵效果特别优异。虽然不能较快地杀死雌成螨，但对雌成螨有很好的绝育作用。雌成螨触药后所产的卵有 96%不能孵化，死于胚胎后期；螺螨酯的持效期长。常见剂型有 34%螺螨酯悬浮剂，使用 4 000～5 000 倍稀释液均匀喷雾，控制红蜘蛛、黄蜘蛛持效期达 40～50 d。螺螨酯施到作物叶片上后耐雨水冲刷，喷药 2h 后遇中雨不影响药效的正常发挥；无互抗性，可与大部分农药(强碱性农药与铜制剂除外)现混现用。与现有杀螨剂混用，既可提高螺螨酯的速效性，又有利于螨害的抗性治理。这几年在柑橘园区是主打品种，在老园区已经开始产生抗药性。

(4)乙螨唑(etoxazole)　别名来福禄，属于二苯基恶唑啉衍生物，新一代杀螨剂。抑制螨卵的胚胎形成以及从幼螨到成螨的蜕皮过程，对卵及幼螨有效，对成螨无效，但是对雌性成螨具有很好的不育作用。因此其最佳的防治时间是害螨为害初期。耐雨性强，持效期长达 50 d。主要防治苹果、柑橘的红蜘蛛，对棉花、花卉、蔬菜等作物的叶螨、始叶螨、全爪螨、二斑叶螨、朱砂叶螨等螨类也有卓越防效。11%的乙螨唑悬浮剂兑水稀释 5 000～7 500 倍进行喷施。

(5)联苯肼酯(bifenazate)　是一种新型选择性叶面喷雾用杀螨剂。其具有对螨类的线粒体电子传递链复合体Ⅲ抑制的独特作用。其对螨的各个生活阶段有效，具有杀卵活性和对成螨的击倒活性(48～72h)，且持效期长，持效期 14 d 左右，推荐使用剂量范围内对作物安全。对寄生蜂、捕食螨、草蛉低风险。主要剂型有 24%、50%联苯肼酯悬浮剂，43%联苯肼酯悬浮剂。43%联苯肼酯悬浮剂防治柑橘红蜘蛛 4 000～5 000 倍稀释液，喷雾。

## 三、杀软体动物药剂的使用

A 级绿色食品生产允许使用的杀软体动物药剂只有四聚乙醛一种。

四聚乙醛(metaldehyde)　别名密达、多聚乙醛、蜗牛敌,中毒,有胃毒作用。对福寿螺、蜗牛和蛞蝓有一定的引诱作用。植物体不吸收该药,因此不会在植物体内积累。主要用于防治稻田福寿螺。常见的剂型为 5%、6%颗粒剂。一般使用量为 6%密达颗粒剂 7.5～9.0 $kg/hm^2$,即 667 $m^2$用 6%四聚乙醛颗粒剂 0.5 kg,加细土 15 kg 拌均匀撒施。蔬菜在喷洒了四聚乙醛后,需间隔 7 d 左右的时间再食用。旱田蔬菜:在有露水的早晨或者傍晚时分,使用 40%四聚乙醛悬浮剂 300～500 倍稀释液喷雾。水稻福寿螺:每 667 $m^2$地使用 80～100 g 的 40%四聚乙醛悬浮剂兑水喷洒。四聚乙醛不宜在低温(15 ℃以下)或高温(35 ℃以上)进行。稻田施药后当天内禁止在田内操作,以免造成田水混浊,药粒被浮泥掩埋,降低药效。

## 课程思政

1.植保工作必须贯彻"预防为主,综合防治"的植保方针和安全、有效、经济、简便的原则,因地制宜协调应用植物检疫、农业防治、生态控制、物理防治、生物控制、化学防治等多种技术手段,把农业害虫控制在经济受害允许水平之下,以获得最佳的经济、生态和社会效益。

2.农作物病虫害防治有法可依。《农作物病虫害防治条例》(中华人民共和国国务院令第 725 号,2020 年 5 月 1 日起施行),《条例》给出了农作物病虫害防治定义,病虫害分类,工作内容,国务院农业农村主管部门、县级以上人民政府农业农村主管部门、乡镇人民政府的工作职责、法律责任。农作物病虫害防治实行预防为主、综合防治的方针,坚持政府主导、属地负责、分类管理、科技支撑、绿色防控。

3.违法生产、使用农药入刑。《农药管理条例》(中华人民共和国国务院令第 677 号,2017 年 6 月 1 日起施行)规定了国家实行农药登记制度,申请农药登记的,应当进行登记试验。规定了农业主管部门及其工作人员、农药登记评审委员会组成人员、农药登记试验单位、农药生产、农药经营、农药使用、监督管理等方面必须遵守的法律条例及应负的法律责任。如农药登记试验单位出具虚假登记试验报告的;未取得农药生产许可证生产农药或者生产假农药的,生产劣质农药的;农药经营者未取得农药经营许可证经营农药;经营假农药、劣质农药的,在农药中添加物质的;农药使用者不按照农药的标签标注的使用范围、使用方法和剂量、使用技术要求和注意事项、安全间隔期使用农药;使用禁用的农药;将剧毒、高毒农药用于防治卫生害虫,用于蔬菜、瓜果、茶叶、菌类、中草药材生产或者用于水生植物的病虫害防治;在饮用水水源保护区内使用农药;使用农药毒鱼、虾、鸟、兽等;在饮用水水源保护区、河道内丢弃农药、农药包装物或者清洗施药器械。构成犯罪的,依法追究刑事责任。

4.《农药包装废弃物回收处理管理办法》(中华人民共和国农业农村部生态环境部令 2020 年第 6 号)要求,农药生产者、经营者应当按照"谁生产、经营,谁回收"的原则,履行相应的农药包装废弃物回收义务。国家鼓励和支持对农药包装废弃物进行资源化利用;资源化利用以外的,应当依法依规进行填埋、焚烧等无害化处置。资源化利用按照"风险可控、定点定向、全程追溯"的原则,资源化利用不得用于制造餐饮用具、儿童玩具等产品,防止为害人体健康。资源化利用单位不得倒卖农药包装废弃物。《办法》强调,县级以上人民政府农业农村主管部门或生态环境主管部门未按规定履行职责的,对直接负责的主管人员和其他直接责任人依法给予处分;构成犯罪的,依法追究刑事责任。农药包装废弃物回收处理过程中,造成环境污染的,由地方人民政府生态环境主管部门按照《中华人民共和国固体废物污染环境防治法》等法律的有关规定予以处罚。

## 学习评价

农业昆虫综合防治方案制订考核评价表

| 序号 | 考核项目 | 考核内容 | 考核标准 | 考核方式 | 参考分值 |
| --- | --- | --- | --- | --- | --- |
| 1 | 综防方案 | 能针对不同作物制订综合防治方案 | 能结合实际对3种主要害虫发生规律制订出综防计划,防治方案制订科学、可行性强 | 个人表述,小组讨论,成果展示,教师点评相结合 | 15 |
| 2 | 实施综防措施 | 能组织实施防治方案 | 了解主要害虫综防技术规程,能组织落实综防技术措施 | 现场操作考核:防治操作规范、熟练 | 10 |
| 3 | 知识点考核 | | 掌握综合防治基本理论知识 | 闭卷笔试 | 50 |
| 4 | 调查报告 | | 格式规范,内容真实,文字精练 | 防治总结内容真实,有参考价值 | 10 |
| 5 | 学习态度 | | 遵守纪律,服从安排,积极思考,能综合应用所掌握的基本知识分析问题和解决问题 | 学生自评、小组互评和教师评价相结合 | 15 |

# 子项目二　地下害虫识别与综合防控技术

## 学习目标

识别地下害虫种类及为害状,掌握地下害虫田间调查及数据记载和统计方法,并能根据调查结果进行防治决策,并实施防治。

## 任务1　地下害虫识别及其防控技术

### 【材料及用具】

地老虎类、蝼蛄、蛴螬、各种金龟甲成虫、蟋蟀、金针虫、白蚁等地下害虫标本及为害状。体视显微镜、放大镜、镊子、培养皿、挂图。

### 【基础知识】

地下害虫是指活动为害期或主要为害虫态生活在土壤中,为害作物种子、幼苗、幼树根部或近地面的幼茎，造成死株缺苗的一类害虫。主要种类有地老虎、蝼蛄、蛴螬、金针虫、蟋蟀、根蛆和白蚁，局部地区还有甘蔗刺根蚜。适宜发生于旱作地区，多数种类的生活周期和为害期很长，寄主种类复杂，且多在春秋两季为害，蝼蛄在水稻晒田期间也为害水稻。地下害虫主要为害植物的种子、地下部及近地面的根茎部，小地老虎幼虫 3 龄前还为害地上部分形成“花叶”。地下害虫的发生与土壤环境和耕作栽培制度的关系极为密切。由于它们在地下潜伏为害，不易被发现，因而增加了防治上的困难。目前国内利用白僵菌、金龟子绿僵菌、乳状芽孢杆菌和线虫等生物防治地下害虫得到迅速发展。今后应大力开展其天敌种类的调查和引进，开发农业防治和其他配套防治技术，以提高综合防治的水平。化学防治主要采用药剂拌种、土壤处理、毒饵和毒水浇灌等方法。

## 一、地老虎类

### （一）发生概况

地老虎属鳞翅目、夜蛾科。目前国内已知有 10 余种，主要有小地老虎（*Agrotis ypsilon* Rottemberg）、大地老虎（*A.tokionis* Butler）和黄地老虎[*A. segetum* (Schiffermüller)]。小地老虎是一种迁飞性害虫，在南岭以南，1 月平均气温高于 8 ℃的地区终年可繁殖为害；南岭以北，北纬 33°以南地区，有少量幼虫和蛹越冬；在北纬 33°以北，1 月平均气温 0 ℃以下的地区，不能越冬。因此，我国北方地区小地老虎越冬代成虫均由南方迁入。小地老虎在我国分布广泛，严重为害地区为长江流域、东南沿海各省，在北方分布在地势低洼、地下水位较高的地区。黄地老虎分布在淮河以北，主要为害区为甘肃、青海、新疆、内蒙古及东北北部地区。大地老虎只在局部地区造成为害。

### （二）为害状识别

地老虎食性很杂，幼虫为害寄主的幼苗，从地面截断植株或咬食未出土幼苗，亦能咬食作物生长点，严重影响植株的正常生长。

### （三）形态识别

**表 3-2-1　3 种地老虎形态比较**

| 虫态特征 \ 虫名 | | 小地老虎 | 大地老虎 | 黄地老虎 |
|---|---|---|---|---|
| 成虫 | 体长 | 16～23 mm | 20～23 mm | 14～19 mm |
| | 翅展 | 42～54 mm | 42～52 mm | 32～43 mm |
| | 前翅 | 暗褐色，肾状纹外有 1 尖长楔形斑，亚缘线上也有 2 个尖端向里的楔形斑，3 斑相对 | 黄褐色，横线不明显，有肾状纹和环状纹，无楔形纹 | 黄褐色，无楔形斑，肾状纹、环状纹、棒状纹均明显，各横线不明显 |
| | 触角（雄） | 双栉齿状，分枝仅达 1/2 处，其余为丝状 | 双栉齿状分枝逐渐短小，几达末端 | 分枝达 2/3 处，其余为丝状 |
| 卵 | 直径 | 半球形，直径 0.6 mm，有纵横交错的隆起线 | 半球形，直径约 1.8 mm | 球形，直径约 0.5 mm，有多条纵脊 |

续表3-2-1

| 虫态特征 \ 虫名 | | 小地老虎 | 大地老虎 | 黄地老虎 |
|---|---|---|---|---|
| 幼虫 | 体长 | 37～44 mm | 40～60 mm | 33～34 mm |
| | 体色 | 黄褐至黑褐色 | 黄褐色 | 灰黄褐色 |
| | 毛片 | 各节背板上 4 个毛片，前后各 2 个，后面 2 个比前面 2 个大 1 倍以上 | 各节两对毛片大小约相等 | 各节两对毛片大小约相等 |
| | 臀板 | 黄褐色，有 2 条深色纵带 | 深褐色，表面密布龟裂状皱纹 | 黄褐色，有时有 1 对稍暗的斑点 |
| 蛹 | 腹末 | 长 18～24 mm，4～7 节基部有圆刻点，背面的大而深 | 长 23～24 mm，4～7 节基部密布刻点，气门下方无刻点 | 长 15～20 mm，第 4 节腹节背中央刻点不明显，5、7 腹节刻点多，气门下方有一列刻点 |

## （四）发生规律

### 1.生活史和习性

在这 3 种地老虎中以小地老虎分布最广，为害最严重。下面以小地老虎（图 3-2-1）为例说明。

在华北每年发生 2～3 代，在华南为 5～6 代。以蛹或老熟幼虫越冬。小地老虎发生期依地区及年度不同而异，一年中常以第 1 代幼虫在春季发生数量最多，造成为害最重。成虫多在下午 3 时至晚上 10 时羽化。成虫具迁飞性，昼伏夜出，具强趋光性和趋化性。成虫需取食花蜜补充营养。对发酵的酸、甜气味和萎蔫的杨树枝把有较强趋性，喜食花蜜和蚜露，故可设置黑光灯、糖醋液和杨树枝把来诱杀成虫。卵散产或堆产于矮杂草、幼苗的叶背或嫩茎上。每雌可产卵 800～1 000 粒。1～2 龄幼虫群集在寄主心叶内活动，昼夜取食，形成半透明斑或不规则孔洞的“花叶”为害状。3 龄后即分散为害，4～6 龄幼虫白天潜伏土中，夜出咬断幼苗，将其拖入穴中。幼虫有假死性。老熟幼虫在土表 5～6 cm 深处做土室化蛹。

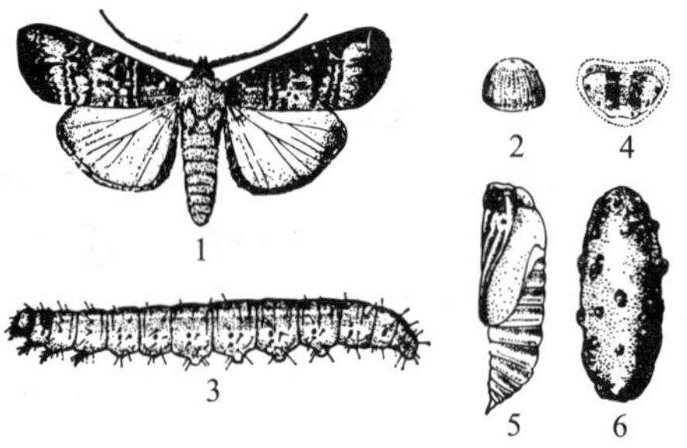


**图 3-2-1　小地老虎**

1.成虫　2.卵　3.幼虫　4.幼虫末节　5.蛹　6.土室

（张随榜.2015.园林植物保护）

### 2.发生与环境的关系

小地老虎幼虫为害玉米

小地老虎喜温暖潮湿，以 15%～20%土壤含水量最为适宜，怕高温，地势低洼、排水不良、杂草丛生的圃地发生重。沙土地、重黏土地发生少，沙壤土、壤土、黏壤土发生多。

小地老虎捕食性天敌主要有蚂蚁、蟾蜍、步甲、虻、草蛉、鼩鼠、鸟类、蜘蛛等；寄生性天敌主要有姬蜂、寄生蝇、寄生螨、线虫和病原细菌、病毒等。

## (五)防控技术

**1.减少虫源**

春播前整地时多犁耙,可消灭部分卵和停留在土表、杂草间的幼虫。在作物幼苗期或幼虫1～2龄时结合松土,清除田内外杂草,均可消灭大量卵和幼虫。清晨在被咬断的幼苗附近扒土深5～15 cm,直径30 cm,即可找到高龄幼虫,直接捕杀。

**2.诱杀幼虫**

堆草诱杀,在幼苗出土前及幼虫为害期,用杨树枝或新鲜泡桐叶(每667 $m^2$ 70～85张),或鲜嫩菜叶或杂草切成1 cm左右,于傍晚成堆撒布地面,每隔2～3 m一堆,每堆约250 g,利用地老虎幼虫的畏光性,晚上外出活动取食后天亮前潜藏于杂草内的习性,次日清晨捕捉叶下幼虫。

**3.诱杀成虫**

利用黑光灯、糖醋液(糖、醋、酒、水的比例为3∶4∶1∶2,加少量敌百虫,傍晚将盆置于田间1 m高处)、杨树枝把或性诱剂等在成虫发生期均可进行大量诱杀成虫。

在春季成虫羽化盛期,利用黑光灯糖醋液和性诱剂可诱杀到大量成虫。挂灯高度和要求同蝼蛄。

糖醋液的配制比例为糖∶醋∶酒∶水=3∶4∶1∶2,加总液量0.5%～1%的90%晶体敌百虫,傍晚将盆置于高出作物约30 cm处。

杨树枝把的制作:将萎蔫的杨树枝条截成长约60 cm,8～10枝捆成一束,基部扎紧,端部朝下,捆在1.5 m左右长的木棍或竹竿上,于傍晚时分插放在苗圃内,每667 $m^2$插放6～8把。第二天清晨将草把放入大塑料袋中用力抖动,将潜伏在草把中的成虫抖落杀死即可。

**4.生物防治**

地老虎的天敌种类很多,有利于天敌生存的环境应加以保护利用。利用活孢子含量为40亿个/g的卵白僵菌每667 $m^2$ 10万亿个孢子防治,将菌粉和土混匀,均匀撒入土中或将菌粉混于水中,将菌水灌入根部,采用植物源农药如藜芦碱、苦参碱和生物源农药如齐墩螨素等防治。

**5.药剂防治**

当虫口密度达到防治指标:1头/$m^2$,作物被害叶率(花叶)达10%时,应及时用药防治。一般在第1次防治后,隔7 d左右再治1次,连续2～3次。防治1～2龄幼虫可喷雾或撒毒土,防治3龄以上幼虫可撒施毒饵诱杀。常用药剂和使用方法主要有以下几种。

(1)种子包衣或药液拌种　在玉米、花生等播种前用600 g/L吡虫啉悬浮种衣剂进行种子包衣,或用70%噻虫嗪种子处理悬浮剂,按照1份药∶400份种子的比例进行拌种,或用50%辛硫磷微胶囊缓释剂1份药∶50份水∶500份种子的比例进行拌种,闷3～4 h,待种子干后即可播种。

(2)喷雾　幼虫3龄前用50%辛硫磷乳油1 000倍稀释液、4.5%高效氯氰菊酯1 500～2 000倍稀释液、0.2%苦参碱水剂100～300倍稀释液,喷洒在作物幼苗或杂草上。

(3)毒土、毒沙　用75%辛硫磷、50%敌敌畏、20%除虫菊酯等乳剂分别以1∶300、1∶1 000、1∶2 000的比例,拌成毒土或毒沙,每667 $m^2$撒施20～25 kg,对低龄幼虫和高龄幼虫均有效。

(4)毒饵诱杀　以1份药∶10份水∶100份饵料的比例,将90%敌百虫晶体用水稀释

10 倍后均匀拌入炒香的米糠或谷子、麦麸、豆饼中，于傍晚成堆撒布地面，每堆 25～50 g，每 667 $m^2$需用饵料 4～5 kg。诱杀 3 龄以上幼虫，可用 90%敌百虫晶体 10 倍稀释液，喷拌在切碎的鲜草或小白菜上制成毒草，于傍晚成小堆撒放在田间，每 667 $m^2$用 15～20 kg。

## 二、蛴螬

### （一）发生概况

蛴螬是鞘翅目金龟甲总科的幼虫统称，是地下害虫中分布最广、种类最多、为害也最严重的一大类群。我国已经记载的蛴螬种类 1 800 余种，其中为害农、林、牧草常见的蛴螬有 110 种以上，华南地区发生较普遍而严重的主要有铜绿丽金龟(*Anomala corpulenta* Motchchulsky)、红脚异丽金龟(*A. cupripes* Hope)、华南大黑鳃金龟(*Holtrichia sauteri* Moser)和卵圆齿爪鳃金龟(*H. ovata* Chang)。前 2 种属丽金龟科，后 2 种属鳃金龟科。铜绿丽金龟国外分布于俄罗斯、朝鲜、日本，国内除西藏、新疆尚未报道外，其他各省（区）均有分布。华南大黑鳃金龟国内分布在广东、贵州、浙江、江西、福建、台湾等地。

一个地区多种蛴螬常混合发生。蛴螬多食性，主要为害玉米、花生、甘蔗、豆类、薯类、麦类、棉花、蔬菜、甜菜、果树、林木、牧草和草坪。

### （二）为害状识别

各种金龟甲以幼虫为害为主，取食多种植物的地下部分及播下的种子，如直接咬食花生嫩果或马铃薯、甘薯、甜菜的块茎和块根，或咬断麦苗、牧草和草坪的根茎，咬食果树、林木的幼苗的根部，造成缺苗断株，甚至连片死亡，咬断处切口平截，不但造成减产，而且容易引起病菌的侵染。成虫啃食各种植物叶片形成孔洞、缺刻或秃枝。

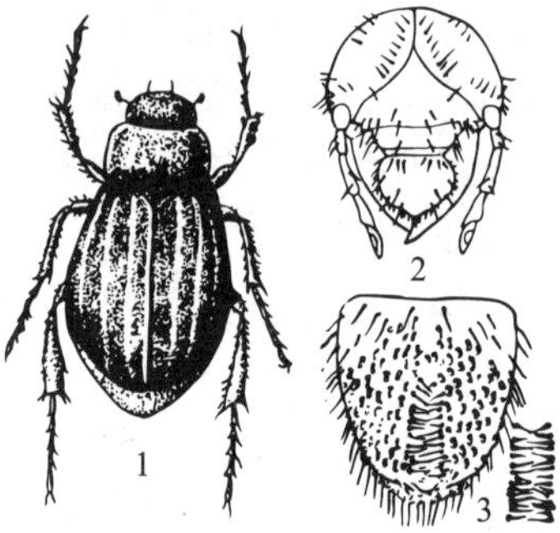


**图 3-2-2　铜绿丽金龟**

1.成虫　2.幼虫头部　3.幼虫肛腹

（张随榜.2015.园林植物保护）

### （三）形态识别

成虫体长 15～18 mm，宽 8～10 mm。背面铜绿色，有光泽。额及前胸背板两侧边缘黄色。复眼黑色，大而圆。触角 9 节，黄褐色。鞘翅黄铜绿色，有光泽，上有不甚明显的 3 条隆起线。虫体腹面及足均为黄褐色。足的胫节和跗节红褐色。卵白色，初产时为长椭圆形，以后逐渐膨大至近球形，卵壳表面平滑。幼虫体长 30～40 mm。头黄褐色，胴部乳白色，身体肥大、弯曲，皮肤柔软、多皱纹，前顶毛每侧各为 8 根，后顶毛 10～14 根。臀节腹面具刺毛列，肛门孔横列状。蛹椭圆形，长约 18 mm，土黄色，末端圆平(图 3-2-2)。

**犀金龟雄成虫**　**蛴螬(金龟甲幼虫)**

### （四）发生规律

**1.生活史和习性**

1 年发生 1 代，以 3 龄幼虫在土中越冬。次年 5 月开始化蛹，6—7 月为成虫出土为害期，7 月中旬逐渐减少，8 月下旬终止。成虫白天隐伏于灌木丛、草皮中或表土中，傍晚飞出，交尾产卵、取食为害。5—6 月雨量充沛，成虫出土较早，盛发期提前。成虫有假死性和趋光性。卵散产，多产于 5～6 cm 深土壤中，每头雌虫平均产卵 40 粒，卵期 10 d。1、2 龄幼虫多出现在 7—8 月，食量较小，9 月后大部分变为 3 龄，食量猛增，越冬后又继续为害到 5 月。幼虫一般在清晨和黄昏由深处爬到表层，咬食苗木近地面的基部、主根和侧根。

**2.发生与环境的关系**

铜绿丽金龟成虫卵和幼虫对土壤湿度要求较高。适宜卵孵化的温度为 25 ℃，土壤含水量为 8%～15%；适宜幼虫活动为害的土温(10 cm)为 23.3 ℃，土壤含水量为 15%～20%。

### （五）防治措施

**1.农业防治**

翻耕土地，人工拾虫，加强田间管理，不使用未腐熟的有机肥，中耕除草，实行轮作，有条件的冬季翻耕灌水，或于 5 月上、中旬作物生长期间适时浇灌大水，均可减轻为害。

**2.物理防治**

在成虫发生盛期，设置黑光灯诱杀成虫，人工振落捕杀成虫。

**3.生物防治**

保护利用天敌，如各种益鸟、刺猬、青蛙、蟾蜍、步甲及寄生蜂、寄生蝇和乳状菌等。

**4.药剂防治**

(1)种子包衣或药液拌种　在玉米、花生等播种前用 600 g/L 吡虫啉悬浮种衣剂进行种子包衣，或用 70%噻虫嗪种子处理悬浮剂，按照 1 份药：400 份种子的比例进行拌种，或用 50%辛硫磷微胶囊缓释剂 1 份药：50 份水：500 份种子的比例进行拌种，闷 3～4 h，待种子干后即可播种。

(2)防治成虫　在成虫盛发期可用 4.5%高效氯氰菊酯 1 500～2 000 倍稀释液，或 29%杀虫双水剂 500～700 倍稀释液，或 5%甲维盐微乳剂 2 000～3 000 倍稀释液任一种，于 18 时后树冠喷雾。

(3)防治幼虫　播种前用 70%噻虫嗪种子处理悬浮剂，按照 1 份药：400 份种子的比例进行拌种，或用 50%辛硫磷乳油拌种，按 1 份药加 50 份水稀释，然后与 500 份种子混匀，闷 3～4 h，待种子干后即可播种。或用 2 亿个孢子/g 金龟子绿僵菌颗粒剂 4～6 kg/667 $m^2$，与细土 50 kg 或有机肥 100 kg 混匀撒施后翻耕土壤。植株生长期发现蛴螬为害，可用 50%辛硫磷乳油 1 000～1 500 倍稀释液灌根。

## 三、蝼蛄类

### （一）发生概况

蝼蛄属直翅目、蝼蛄科，俗称土狗、地狗、拉拉蛄等，为典型的地下害虫。我国记载蝼蛄有 6 种，较常见的有东方蝼蛄[(*Gryllotalpa orientalis* Burmeister)，原称非洲蝼蛄(*G. africana* Palisot de Beauvois)，国内 1992 年改为东方蝼蛄]、普通蝼蛄(*G. gryllotalpa* Linnaeus)、单刺蝼蛄(*G. unispina* Saussure，曾称为华北蝼蛄)和台湾蝼蛄(*G. formosana* Shiraki，也称小蝼蛄)4 种。东方蝼蛄是世界性大害虫，国外在亚洲、非洲、欧洲普遍发生，国内几乎遍及全国，但以南方各地发生较普遍，一般在低湿和较黏的土壤发生多，为害较重。台湾蝼蛄发生在我国的台湾、广东、广西，为害也较重。华北蝼蛄国外在西伯利亚、土耳其等地区有发生，国内主要分布在北方地区，在盐碱地、沙壤土发生多。普通蝼蛄国外在欧洲、中亚有发生,国内仅分布在新疆。在华南为害较重的是东方蝼蛄和台湾蝼蛄。蝼蛄食性复杂,寄主植物主要有小麦、谷子、高粱、玉米、棉花、马铃薯、豆类、蔬菜、果树、林木、中草药等。水稻晒田期间也可受害。

### (二)为害状识别

蝼蛄的为害表现在两个方面,即直接为害和间接为害,直接为害就是各种蝼蛄以成虫、若虫咬食寄主植物的根部及靠近地面的幼茎,断口处乱麻状;也常食害新播和刚发芽的种子。间接为害是成虫和若虫在土壤表层开掘纵横交错的隧道,造成种子架空不能发芽,或使幼苗须根与土壤脱离枯萎而死,造成缺苗断垄。"不怕蝼蛄咬,就怕蝼蛄跑"就是这个道理。在华南地区为害蔬菜和粮、棉、麻等作物。

### (三)形态识别

(1)东方蝼蛄(图 3-2-3) 成虫体长 30～35 mm,前胸阔 6～8 mm,雌大雄小,黑褐色。全身密被细毛。头圆锥形,触角丝状。头胸相连稍呈卵形,前胸背板中央具一个长 4～5 mm,凹陷明显的暗红色长心脏形坑斑。腹部近纺锤形。前足粗短扁平,跗节分叉如掌状,能开挖洞穴,后足胫节内上方有等距离排列的刺 3～4 个或 4 个以上。卵椭圆形,初产时长约 2.8 mm,宽约 1.5 mm,孵化前长约 4 mm,宽约 2.3 mm。初产乳白色,后渐变为米黄色、浅红斑至红紫色,孵化前为灰黑色。若虫共 8～9 龄。初孵若虫体长约 4 mm,头胸细,腹部大,乳白色。2、3 龄以后若虫体色接近成虫,末龄若虫体长约 25 mm。

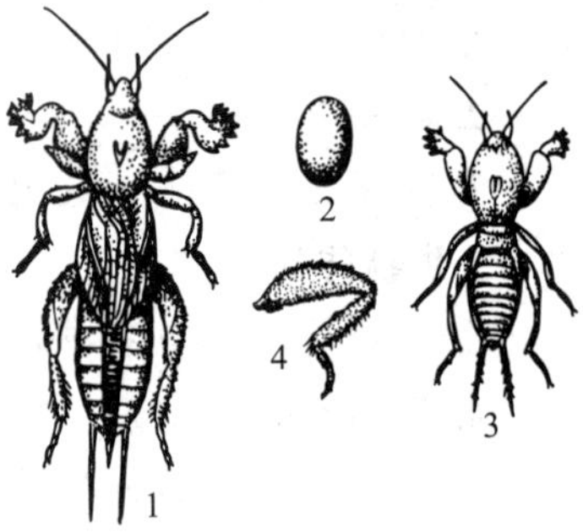


**图 3-2-3 东方蝼蛄**

1.成虫 2.卵 3.若虫 4.后足

(张随榜.2015.园林植物保护)

(2)台湾蝼蛄 成虫体长 25～30 mm,头、胸部及触角浅褐色,腹部背面浅灰色,身体腹面淡黄色,翅浅灰色,后翅短,不及腹部末端,但长于前翅。单眼椭圆形,复眼显著分离。腹部末节背面两侧,各生一对刚毛。刚毛末端交叉。

### (四)发生规律

#### 1.生活史和习性

东方蝼蛄发生不整齐,南方各省每年发生 1 代,华北、西北、东北 2 年发生 1 代,陕西南部约 1 年 1 代,陕北和关中 1～2 年 1 代。台湾蝼蛄每年发生 1 代。

在广西,蝼蛄多以成虫在土穴内越冬。次年 3—4 月越冬成虫开始活动,4—5 月间交配产卵,产卵盛期在 6—7 月。卵堆产于地下 6～30 cm 深的土室中,每室有卵 30～40 粒。每雌产卵 100～300 粒。卵历期约 15 d。初孵若虫群集于洞穴内,2 龄后渐分散。若虫期共 9 龄,若虫历期约 3 个月。一般在 10 月下旬入土越冬。成虫寿命为 35～160 d。

蝼蛄成虫、若虫都在晚上活动,21～23 时为活动、取食高峰,成虫具强趋光性、趋化性、趋粪性和喜湿性,对具有香、甜味的物质趋性强,嗜食煮至半熟的谷子、棉籽,炒香的豆饼、麦麸等,对马粪、有机肥等未腐熟的有机物也有一定的趋性,喜欢在潮湿的土中生活。

蝼蛄对产卵场所有严格的选择性。东方蝼蛄喜欢潮湿,多集中在沿河两岸、池塘和沟渠附近产卵。产卵前先在 5～20 cm 深处做窝,窝中仅有 1 个长椭圆形卵室,雌虫在卵室周围约 30 cm 处另做窝隐蔽,每雌产卵 60～80 粒。一般低洼地,雨后和灌溉后为害最烈。

蝼蛄初孵若虫有群集性，怕光、怕风、怕水。东方蝼蛄孵化后 3～6 d 群集一起，以后分散为害；台湾蝼蛄初孵化的若虫在卵室内群集生活 5～11 d，始分散潜入土中为害。

**2.发生与环境的关系**

(1)土壤类型　土壤类型极大地影响蝼蛄的分布和虫口密度。蝼蛄在盐碱地虫口密度大，壤土地次之，黏土地最小。

(2)温度　蝼蛄活动受温度(特别是土温)的影响很大。在春秋两季，当旬平均 20 cm 土温达 16～20 ℃时，是东方蝼蛄猖獗为害时期，在一年中可形成春季和秋季两个为害高峰。夏季当气温达 23 ℃以上时，蝼蛄则潜入较深层土中，一旦气温降低，再又上升至耕作层活动。在秋季，当旬平均气温下降至 6.6 ℃左右，20 cm 土温下降至 10.5 ℃左右时，蝼蛄的成、若虫开始潜入深土层越冬。

(3)土壤湿度　土壤湿度影响蝼蛄的活动，蝼蛄喜湿，土壤湿润有利于蝼蛄活动，为害也较重。20 cm 表土层含水量达 20%以上时对东方蝼蛄最为适宜，小于 15%时则活动减弱。水浇地东方蝼蛄的虫口密度大于旱地，在降雨或灌水后 2～3 d 的夜晚常严重为害。而台湾蝼蛄则以干燥地区发生最多。

(4)寄主和前茬作物　蝼蛄为害大田作物，以小麦、谷子受害重；蔬菜以苗床内的菜苗及刚移栽的辣椒、甘蓝、番茄等受害重；水稻晒田期间也可受害，特别是灌浆后受害严重。蔬菜、甘蓝、薯类等作物茬口，蝼蛄虫口密度大，高粱次之，谷子最少。

(5)肥料　蝼蛄有趋向粪肥等有机质的习性，凡是施用未经腐熟的牲畜粪肥等有机肥料的地块，蝼蛄虫发生为害比较严重。所以，施用有机肥料，必须腐熟和深施。

(6)灯光　靠近村庄的地块由于灯光的影响，一般比远离村庄的地块蝼蛄发生多。

### (五)防治措施

**1.农业防治**

有条件的地区实行水旱轮作。挖巢灭卵：在产卵盛期，发现产卵洞孔后，再向下深挖 10～18 cm，即可挖到卵，还能捕到成虫。

**2.灯光诱杀成虫**

使用频振式杀虫灯或黑光灯诱杀成虫。

**3.保护利用天敌**

食虫鸟类是蝼蛄的天敌，可在周围栽防风林，招引益鸟栖息繁殖。

**4.药剂防治**

蝼蛄防治指标：0.5 头/$m^2$，作物被害率在 10%左右。

(1)种子包衣或药液拌种　在玉米、花生等播种前用 600 g/L 吡虫啉悬浮种衣剂进行种子包衣，或用 70%噻虫嗪种子处理悬浮剂，按照 1 份药：400 份种子的比例进行拌种，或用 50%辛硫磷 100 倍稀释液拌种，闷 3～4 h，待种子干后即可播种。

(2)毒土预防　下种前 667 $m^2$用 5%辛硫磷颗粒剂 2～2.5 kg 拌细土 20～25 kg，或用 50%辛硫磷乳油 100～120 mL，加适量水稀释后拌细土 20～25 kg，随粪肥翻入地下，有预防作用。

(3)毒饵诱杀　发生期用粉碎炒香的米糠、花生麸或麦麸 50 份，加 1 份敌百虫，洒上清水搓匀，做成黄豆大的毒饵于傍晚均匀撒在苗床上。或在苗圃步道间，每隔 20 m 左右挖一规格为(30～40)cm×20 cm×6 cm 的小坑，然后将马粪或带水的鲜草放入坑内诱集，加上毒饵效果更好，次日清晨可到坑内集中捕杀。

(4)药液灌根　发生期用 50%辛硫磷乳油 1 000 倍稀释液灌根或有新鲜造浮泥的洞，可杀土中若虫。

## 四、金针虫类

### (一)发生概况

金针虫是鞘翅目叩头甲幼虫的通称，是我国重要的地下害虫。我国记载有 600～700 种或以上。为害农作物的主要种类有沟金针虫(*Pleonomus canaliculatus* Faldcrmann)、细胸金针虫(*Agriotes fuscicollis* Miwa)、褐纹金针虫(*Melanotusu scaudex* Lewis)和宽背金针虫[(*Selatosomus latus* (Fabricius)]4 种。广西常见的是褐纹金针虫和细胸金针虫，细胸金针虫北至黑龙江、内蒙古、新疆，南至福建、湖南、贵州、广西、云南都有分布。主要发生在水湿地和低洼地。

### (二)为害状识别

金针虫以幼虫为害刚发芽的种子和幼苗的根部，造成缺苗断垄。成虫食叶成缺刻。

### (三)形态识别

(1)细胸金针虫　成虫体长 8～9 mm，宽 25 mm，暗褐色，密被灰色短毛，并有光泽，头胸部黑褐色，前胸背板略带圆形；翅鞘暗褐色密被灰色短毛，有 9 条纵列点刻。足胫节较大，赤褐色。卵近圆形，乳白色，径 0.5～1 mm，老熟时体长约 32 mm，淡黄褐色，细长圆筒形，尾节圆锥形，近基部两侧各有一褐色圆斑和 4 条褪褐色纵纹长 8～9 mm(图 3-2-4)。

(2)褐纹金针虫　成虫体长约 9 mm，黑褐色并生有灰色短毛；头部突出，触角暗褐色；腹部红褐色；足胫节较大，暗褐色。卵近圆形，黄色，卵径约 1 mm。老熟幼虫体长 20～25 mm，圆筒形，金黄色至茶褐色，有光泽。蛹体长 9～10 mm，淡黄色至黄色(图 3-2-5)。

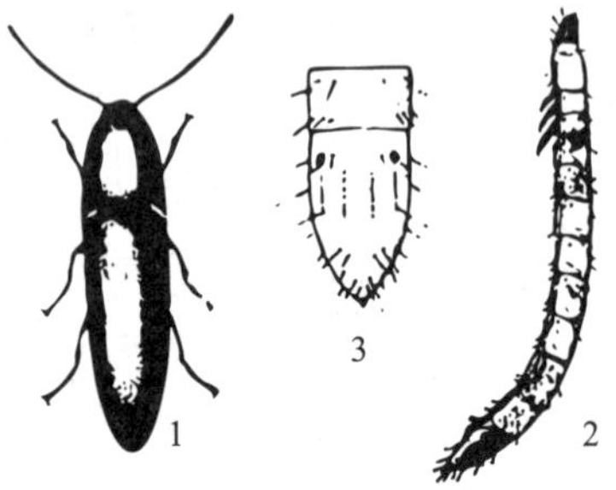


**图 3-2-5　细胸金针虫**

1.成虫　2.幼虫　3.幼虫腹末

(李云瑞.2015.农业昆虫学)

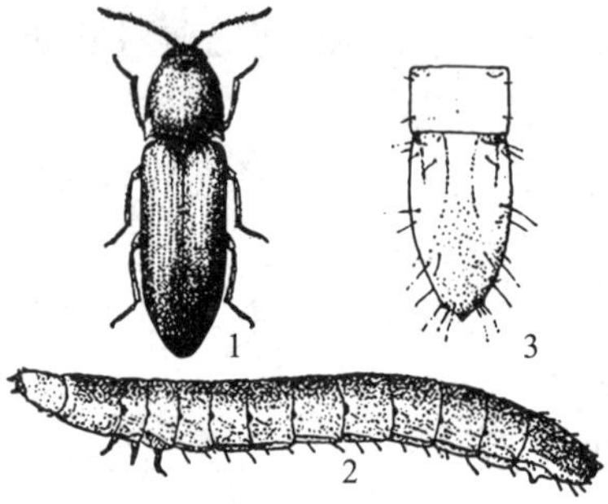


**图 3-2-4　褐纹金针虫**

1.成虫　2.幼虫　3.幼虫腹末

(李云瑞.2015.农业昆虫学)

### (四)发生规律

褐纹金针虫食性杂，为害甘蔗、高粱、玉米、黄豆、木薯、棉花、红薯等旱地作物。成虫于 4 月中旬至 11 月上旬均有发现，以 5—6 月为发生盛期，有趋光性，夜间交尾，白天多栖息于甘蔗心叶或开裂的叶鞘缝内。雌虫经交配后即潜入土中产卵，多产在寄主根系附近的土里或根茎内。孵化后的幼虫长期蛰居土中，取食寄主根及地下茎等地下部分，幼虫常将根部啃成小洞即蛀入幼苗内,使幼苗形成枯心。可转移为害。连作地发生重。幼虫常年可见,而以4—5月间为害最烈,老熟幼虫即在土内化蛹。

细胸金针虫在东北约需要3年完成一个世代,在内蒙古6月上旬土中有蛹,多在7～10 cm深处,6月中下旬羽化成虫,在土中产卵,散产。卵期一般为15～18 d。细胸金针虫在旱地几乎不发生,早春土壤解冻即开始活动,10 cm深土温达7～12 ℃时为为害盛期。

### (五)防治方法

**1.农业防治**

棉、麻、豆类等直根系与玉米、小麦等须根作物轮作,有条件的地区实行水旱轮作,播种前深耕细耙,中耕除草,用腐熟的有机肥,在地边堆放杂草,第二天捕捉草堆下成虫。

**2.药剂防治**

(1)土壤处理　播种或移植前,667 $m^2$用5%辛硫磷颗粒剂2～2.5 kg或用50%辛硫磷乳油100 mL,用适量水稀释,拌细土20～25 kg,拌均匀后撒于地面,深耙20 cm。

(2)种子包衣或药液拌种　在玉米、花生等播种前用600 g/L吡虫啉悬浮种衣剂进行种子包衣,或用70%噻虫嗪种子处理悬浮剂,按照1份药∶400份种子的比例进行拌种,或用50%辛硫磷微胶囊缓释剂1份药∶50份水∶500份种子的比例进行拌种,闷3～4 h,待种子干后即可播种。

(3)药液灌根　发生较重时可用50%辛硫磷乳油1 000～1 500倍稀释液灌根。

## 五、种蝇

### (一)发生概况

种蝇[*Hylemyia platura* (Meigen)]　又名灰地种蝇,幼虫称地蛆、根蛆,属双翅目花蝇科。分布于西南、华北、华中等地区。是一种多食性害虫,寄主植物包括豆类、瓜类、棉花、十字花科蔬菜、玉米等的幼苗和种子。萝卜蝇和小萝卜蝇是寡食性害虫,主要为害十字花科蔬菜尤其是萝卜、白菜。葱蝇主要为害葱、洋葱、大蒜等。

### (二)为害状识别

种蝇均以幼虫取食种子胚乳、子叶和茎,使种子不能发芽,幼芽腐烂不能出苗。也能从根部蛀入,顺茎向上食害,或在根部为害,造成根茎枯烂而枯死。

### (三)形态识别

成虫体长约5 mm,头部银灰色,复眼暗褐色,胸部背面有3条纵线。卵椭圆形,稍弯,弯内有纵沟陷,乳白色,表面有网状纹。幼虫长7 mm,形似粪蛆,乳白而略带淡黄色,尾节上有7对突起,第7对很小。蛹长4～5 mm,褐色或红褐色,圆筒形,围蛹(图3-2-6)。

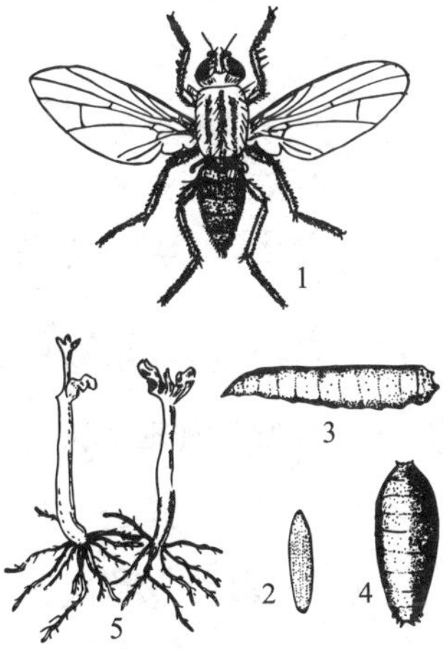


**图 3-2-6　种蝇**

1.雌成虫　2.卵　3.幼虫　4.蛹

(张随榜.2015.园林植物保护)

### (四)发生规律

1年2～6代,以蛹在土内越冬。4月底早春气温稳定在5 ℃成虫即能羽化,超过13 ℃可大量发生。喜在厩肥处活动。成虫产卵于肥料堆或苗根附近的湿松土中。幼虫孵化后即在根、茎处为害。种蝇在水肥充足条件下发生严重，尤其是粪肥施在表面的花圃地和盆花中发生严重，夏季高温则发生较轻。成虫在干燥晴天活动，晚上静止，在较阴凉或多风天气，大多躲在土块缝或其他隐蔽场所。第1代幼虫为害最重。成虫对蜜露、腐烂有机质、糖醋的酸甜味有较强的趋性。

（五）防治措施

**1.合理施肥**

播种育苗前，施用腐熟有机肥，尤其是饼肥，要充分腐熟，施肥后要及时翻耕整地。

**2.化学防治**

幼虫发生期间用90%敌百虫800倍稀释液或50%辛硫磷乳油1 000～1 500倍稀释液泼浇苗床，杀死幼虫。也可用其他杀虫剂泼浇。

## 六、其他地下害虫

大蟋蟀(*Brachytrupes portentosus* Lichtenstein)属直翅目、蟋蟀科。其食性杂，喜取食带甜味的植物，瓜、豆、十字花科蔬菜受害较重。成虫体长30～40 mm，棕褐色，后足腿节粗壮，胫节较粗，善跳。若虫与成虫形态相似。每年发生1代，以若虫在土穴中越冬。3—5月大量活动取食为害，6—7月羽化为成虫。此虫喜在粗沙土中穴居。

### 【工作步骤】

观察地老虎类、蝼蛄、蛴螬、各种金龟甲成虫、蟋蟀、金针虫等各虫态和为害状。

### 【巩固训练】

植保技能考核：识别并写出当地主要地下害虫(或为害状)的名称。

# 任务2　地下害虫综合防控技术

### 【材料、用具与场所】

记录本、铅笔、皮卷尺或米尺、农药及施药器械等，地下害虫发生严重的地块。

### 【基础知识】

广西常见的地下害虫有蝼蛄、蛴螬、地老虎、金针虫、蟋蟀、白蚁、种蝇等。综合防控技术如下：

## 一、农业防治

减少虫源，及时清除苗床及圃地杂草，杀灭卵和幼虫，在被咬断苗木附近土中挖除幼虫。实行水旱轮作，深耕勤耙，中耕除草，适时灌水，合理施肥，不施未腐熟的有机肥。用鲜草堆草诱杀、马粪诱杀各种地下害虫。挖穴灭卵，在蝼蛄产卵盛期，发现产卵洞孔后，再向下深挖10～18 cm，即可挖到卵，还能捕到成虫。

## 二、物理防治

在春季成虫羽化盛期，利用黑光灯、糖醋液和性诱剂可诱杀到大量蝼蛄、蛴螬、地老虎、白蚁等成虫。用 200 W 白炽灯或用 20 W 的黑光灯(波长 360 nm)。灯源离地面 1.5 m，上方架设防雨罩，下方装集虫漏斗、杀虫和集虫装置。每年从越冬代幼虫化蛹始盛期开始，至秋季末代终见后一周止。每天黄昏开灯，天明关灯。每天上午取回诱集物，置于室内区别种类，并清点虫数。

用糖醋液诱杀地老虎成虫，糖醋液的配制比例为糖：食醋：45 度以上白酒：水＝3：4：1：2，或 6：1：1：10 加总液量 0.5%～1%的 90%晶体敌百虫，傍晚将盆置于高出作物约 30 cm 处。

可用 500 mL 空矿泉水瓶自行制作盛放糖醋液的容器，方法是，在离瓶底约 15 cm 处的瓶身两侧向上各剪一个约 5 cm×4 cm 的“U”口，向上折起“U”塑料片，可防止雨水流入瓶内，保留瓶盖，在瓶口处扎上绳子，拴在竹竿上插到作物田中即可。注意天气干燥时糖醋液里的酒和醋易蒸发，3～4 d 要加半量糖醋液，7 d 更换一次糖醋液。

利用草把诱蛾产卵。杨树枝把(或稻叶、甘蔗叶、玉米叶、香蕉叶、棕榈科植物叶片)制作：将萎蔫的杨树枝条截成长约 60 cm，8～10 枝捆成一束，基部扎紧，端部朝下，捆在 1.5 m 左右长的木棍或竹竿上，于傍晚时分插放在苗圃内，每 667 $m^2$ 插放 6～8 把。第二天清晨将草把放入大塑料袋中用力抖动，将潜伏在草把中的成虫抖落杀死即可。3～5 d 后更换枝把，将旧枝把烧掉。

## 三、生物防治

地下害虫的天敌种类很多，如各种益鸟、刺猬、青蛙、蟾蜍、步甲及寄生蜂、寄生蝇和乳状菌等，有利于天敌生存的环境应加以保护利用。

## 四、施药防治

化学防治指标：蛴螬、金针虫、蝼蛄混合种群虫口基数≥30 000 头/$hm^2$；当混合种群的组成以中型蛴螬(如大黑鳃、铜绿丽)占绝对优势种群时，这一防治指标可适当缩小。当金针虫数量不多，可用以下防治指标：蝼蛄达 0.5 头/$m^2$，或作物被害率在 10%左右；蛴螬达 3～5 头/$m^2$，或作物受害率达 10%～15%；小地老虎达 1 头/$m^2$，或作物被害叶率(花叶)达 25%。

主要采用种子包衣、药剂拌种、土壤处理、毒饵和毒水浇灌等方法。

(1)种子包衣或药液拌种　在玉米、花生等播种前用 600 g/L 吡虫啉悬浮种衣剂进行种子包衣，或用 70%噻虫嗪种子处理悬浮剂，按照 1 份药：400 份种子的比例进行拌种，或用 50%辛硫磷微胶囊缓释剂 1 份药：50 份水：500 份种子的比例进行拌种，闷 3～4 h，待种子干后即可播种。

(2)土壤处理　下种前或移植前，667 $m^2$ 用 50%辛硫磷乳油 100 mL 兑 600～1 000 mL 水稀释均匀后喷到 20～25 kg 的细沙上搅拌均匀，均匀撒于地面，深耙 20 cm。或用 2 亿个孢子/g 金龟子绿僵菌颗粒剂 4～6 kg/667 $m^2$，或用活孢子含量为 40 亿个/g 的卵白僵菌每 667$m^2$ 10 万亿个孢子与细土 50 kg 或有机肥 100 kg 混匀，撒施后翻耕土壤。

(3)毒饵诱杀　在幼苗出土前及幼虫为害期，将鲜嫩菜叶或杂草浸入 90%敌百虫晶体

150倍稀释液中10 min,于傍晚成堆撒布地面,每隔2～3 m一堆。每堆约250 g。以1份药∶10份水∶100份米糠的比例,将90%敌百虫晶体用水稀释10倍后均匀拌入炒香的米糠中,于傍晚成堆撒布地面,每堆25～50 g,每公顷需米糠150 kg。诱杀3龄以上幼虫。

(4)喷雾防治　小地老虎3龄前为害嫩叶造成"花叶"为害状时,选用50%辛硫磷乳油1 000倍稀释液、4.5%高效氯氰菊酯1 500～2 000倍稀释液、0.2%苦参碱水剂100～300倍稀释液喷雾。

(5)药液灌根,在苗期地下害虫发生时,可用活孢子含量为40亿个/g的卵白僵菌每667$m^2$ 10万亿个孢子混于水中,将菌水灌入根部,或用50%辛硫磷乳油1 000～1 500倍稀释液灌根,每株50～100 mL。

## 【工作步骤】

1.以小组为单位,制订地下害虫调查方案并实施调查。

2.以小组为单位,根据调查结果查对防治指标,进行防治决策,制订综合防治方案。

3.采取相应措施实施地下害虫综合防治,调查防治效果,写出调查报告。

## 【巩固训练】

### ◆作业

列表表示当地地下害虫的为害虫态、典型为害状、非化学防治要点、防治对口农药及施用方法。

### ◆思考题

我院实习农场地下害虫有何特点?

## 知识拓展

地下害虫是指活动为害期或主要为害虫态生活在土壤中的一类害虫。主要为害植物的种子、地下部及近地面的根茎部。我国已记载的地下害虫有320余种,隶属于昆虫纲的8目38科,包括地老虎、蛴螬、蝼蛄、根蛆、蟋蟀、金针虫、白蚁、根天牛、拟地甲、根蚜、根象甲、根叶甲、根粉蚧、根蝽和弹尾虫等。地下害虫适宜发生在旱作地区,多数种类的生活周期和为害期很长,寄主种类复杂,且多在春、秋两季为害。发生与土壤环境和耕作栽培制度的关系极为密切。从全国发生为害的情况来看,北方重于南方,旱地重于水田,优势种群则因地而异。其中南方地区以前4种害虫发生面积最广,为害程度最重,其他类群在局部地区有时也能造成较大的危害。

20世纪90年代以来,随着农业产业结构的调整和水利设施条件的不断改善,农田生态系有了新的变化,地下害虫的发生和为害也有所变化,南方地区蛴螬、蝼蛄为害仍较严重,早春地老虎为害有所加重,部分蔗区近年蔗根锯天牛严重发生。新的地下害虫也时有发生,例如,甘蔗刺根蚜在广东省的雷州半岛,广西、云南及福建的部分地区有发生,以成蚜、若蚜群集根部吸食汁液,还取食野生甘蔗、陆稻及禾本科杂草。

地下害虫防治方面也经历了数次变化。20世纪50年代初,地下害虫普遍严重,当时采用六六六为主的药剂进行防治，虫口密度大为减少。20世纪80年代以后，各地推广使用辛硫磷、甲基异柳磷取代六六六大面积防治地下害虫，取得明显效果。2002年我国禁止在蔬菜、果树、茶叶上使用甲基异柳磷、呋喃丹后，在蔬菜上推广使用辛硫磷、毒死蜱防治地下害虫，其他农作物仍使用甲基异柳磷、呋喃丹防治地下害虫，效果良好。2016年12月31日起，我国禁止在蔬菜上使用毒死蜱后，各地相关部门积极开展研究，以寻求更环保的方法防治地下害虫。目前，我国利用白僵菌、金龟子绿僵菌、乳状芽孢杆菌和线虫等生物防治地下害虫得到迅速发展。今后应大力开展其天敌种类的调查和引进，开发农业防治和其他配套防治技术，以提高综合防治的水平。化学防治主要采用药剂拌种、土壤处理、毒饵和毒水浇灌等方法。

## 课程思政

1.作物病虫害在中国古代造成过严重的饥荒，随之农民起义伴着饥荒而起，引起了巨大的社会动荡。社会稳定的重要基础是“粮丰民安”，因此，习近平总书记强调“中国人的饭碗任何时候都要牢牢端在自己手上”。植物保护科技工作者是作物抗虫防病的守护神，在维护国家粮食安全中具有举足轻重的地位。我们青年大学生应该守初心，担当起强农兴农的使命，做“一懂两爱”的新型农业人才。

2.制订防治方案要牢固树立“绿色植保、公共植保、科学植保”的理念，必须贯彻落实习近平总书记“绿水青山就是金山银山”的新发展理念。我们作为新时代的大学生要传递“环境保护，人人有责”的思想，坚持生态优先、绿色发展不动摇，做美丽中国的建设者和践行者。

## 学习评价

地下害虫综合防治考核评价表

| 序号 | 考核项目 | 考核要点 | 考核标准 | 考核方式 | 参考分值 |
|---|---|---|---|---|---|
| 1 | 地下害虫识别 | 地下害虫形态及为害状识别 | 能正确识别出当地各种地下害虫和为害状 | 标本考核 | 4 |
| 2 | 田间调查 | 地下害虫田间调查方法 | 能现场区分类型田，并选择其中之一进行调查，采取正确的调查方法实地调查，数据记录正确、完整 | 现场考核 | 6 |
| 3 | 制订综合防治方案 | 能根据当地地下害虫的发生规律制订综合防治方案 | 防治方案制订科学、可行性强 | 小组综合评分 | 5 |
| 4 | 组织实施综合防治 | 能根据实际情况按照操作程序进行当地地下害虫的各项防治操作，并进行防治效果调查，撰写防治总结 | 防治操作规范、熟练；防治总结完成认真，内容真实，有参考价值 | 操作考核 | 10 |
| 5 | 知识点考核 | | 地下害虫发生种类，为害状，发生特点，综合防治方法 | 闭卷笔试 | 50 |

续表

| 序号 | 考核项目 | 考核要点 | 考核标准 | 考核方式 | 参考分值 |
|---|---|---|---|---|---|
| 6 | 作业、实验报告 | | 完成认真，内容正确；绘图特征明显，标注正确，调查方法正确，数据记录清楚，统计、防治决策正确 | 教师评分 | 10 |
| 7 | 学习纪律及态度 | | 遵守纪律，服从安排，积极思考，能综合应用所掌握的基本知识，分析问题和解决问题 | 课堂考勤 | 15 |

# 子项目三　水稻害虫识别与综合防控技术

## 学习目标

识别水稻主要害虫形态特征及为害状，掌握水稻害虫的发生规律和综合防治方法。

## 任务 1　水稻害虫害螨、软体动物识别及其防控技术

### 【材料及用具】

水稻螟虫、稻纵卷叶螟、褐飞虱、稻叶蝉、稻瘿蚊、稻蓟马、稻蝽类、稻蝗、稻苞虫、水稻斯氏狭跗线螨、福寿螺等害虫、害螨、软体动物标本及为害状。体视显微镜、放大镜、镊子、培养皿、挂图。

### 【基础知识】

#### 一、水稻螟虫

##### （一）发生概况

我国水稻螟虫主要有三化螟[*Tryporyza incertulas* (Walker)]、二化螟[*Chilo suppressalis* (Walker)]、大螟[*Sesamia inferens* (Walker)]和台湾稻螟(*Chilo auricilius* Dudgeon)均属鳞翅目。其中大螟属夜蛾科，其他 3 种属螟蛾科。三化螟为东南亚和我国长江流域及以南稻区的重要害虫，在我国分布北界为山东烟台附近。自 20 世纪 80 年代以后，三化螟成为水稻生产上发生量较大的钻蛀性害虫，常造成“枯心窝”和“白穗团”；二化螟广泛分布于亚洲温带和热带稻区，我国长江流域及以南各地的丘陵山区发生较重；大螟在国外分布于东南亚产稻国家，在我国主要分布于江淮之间的中北部，在双季稻区推广杂交稻后，发生数量上升，成为水稻主要害虫之一；台湾稻螟在国外分布于东南亚各地，在我国分布于福建、台湾、广东、广西、湖南等地。

## （二）为害状识别

4种螟虫均以幼虫钻蛀稻株。水稻分蘖期被蛀害，形成枯心苗；孕穗至抽穗期被蛀害，形成枯孕穗、白穗；灌浆后形成虫伤株，严重影响产量。被害株成团出现。此外，二化螟和大螟还能蛀食叶鞘，形成枯鞘。三化螟造成的枯心苗早期叶鞘不枯黄，易拔起，断处有虫咬痕迹且平齐，造成的白穗剑叶鞘也不枯黄，断口平齐，茎外无虫粪，剥开穗茎，茎内虫屑、虫粪较少，且青白干爽。二化螟造成的枯心苗和白穗断口不齐平，茎内外都有虫粪，且粪粒较细而多，新鲜粪粒黄色、湿润。大螟所造成的为害状与二化螟相仿，但蛀孔大，虫粪多而稀。台湾稻螟先集中为害叶鞘组织，然后钻至心叶或拔节后的茎秆内，在其内取食内壁组织。在孕穗期幼虫也取食嫩穗。随着水稻生育期不同，分别会造成水稻枯鞘、枯心苗、白穗、虫伤株等，被害株茎秆穿孔很多，孔口排出黄白色粪便，幼虫有群集性。

三化螟是单食性害虫，一般只为害水稻。二化螟和大螟除为害水稻外，还为害茭白、玉米、高粱、甘蔗、芦苇以及稗草、李氏禾等杂草；未发育成熟的越冬幼虫冬后还会转到小麦、大(元)麦、油菜、蚕豆和紫云英等作物的茎中取食为害。台湾稻螟的寄主除水稻外，还有甘蔗、玉米、小麦、高粱、粟等。受害水稻也发生变色茎、枯鞘、枯心苗和白穗等症状。

## （三）形态识别

**表 3-3-1　4种水稻螟虫的形态特征(农业部人事劳动司等.2004.农作物植保员)**

| 虫态 | 三化螟 | 二化螟 | 大螟 | 台湾稻螟 |
|---|---|---|---|---|
| 成虫 | 体长约12 mm。雌蛾黄白色，前翅近三角形，中央有一黑点，腹末端有棕黄色绒毛；雄蛾灰褐色，体型比雌蛾稍小，前翅中央有一小黑点，从顶角至后缘有1条暗褐色斜纹，外缘有7个小黑点 | 体型比三化螟稍大，体长10～15 mm淡灰色，前翅近长方形，中央无黑点，外缘具有7个小黑点，排成1列。雌蛾腹部纺锤形，雄蛾腹部细圆筒形 | 体型比二化螟肥大，体长15 mm，雄蛾体长1～13 mm。灰褐色，前翅近长形，翅中部有一明显暗褐色带，其上、下方各有2个号点。排列成不规则的四方形，后翅银白色 | 雄蛾体长6.5～8.5 mm，翅展18～23 mm；触角呈栉齿状；前翅黄褐色，中内有隆起而具金属光泽的深褐色斑4个，排列呈“>”型(右翅)在其外侧连接1条银条线纹，亚外缘线部位有黑褐色点列，外缘有7个小黑点 |
| 卵 | 卵扁平椭圆形，分层排列成椭圆形卵块，上覆盖有棕黄色绒毛，似半粒发霉的黄豆 | 卵扁平椭圆形，呈鱼鳞状单层排列。卵块长椭圆形，表面有胶质 | 卵扁球形，卵粒常2～3行排列呈带状 | 卵扁平椭圆形，初产时白色，后转灰黄色，卵块外盖胶质物，卵粒呈鱼鳞状排列，构成明显的纵行，通常为1～3行 |
| 幼虫 | 体淡黄绿色，背面只有1条半透明背线。腹足不发达，趾钩排列为扁椭圆形，单序全环。成熟时体长21 mm左右 | 体淡褐色，背面有5条紫褐色纵纹，腹足较发达，趾钩排列呈圆形，外侧单序，内侧三序，一般全环。成熟时体长20～30 mm | 体粗壮，头红褐色，胴部背面紫红色，腹足发达，趾钩1行单序半环形。体长30 mm左右 | 老熟幼虫体长16～25 mm，头部曦红色至黑褐色；体背面具5条纵线，即背线、亚背线和气门上线 |

续表3-3-1

| 虫态 | 三化螟 | 二化螟 | 大螟 | 台湾稻螟 |
| --- | --- | --- | --- | --- |
| 蛹 | 瘦长，长约 13 mm，黄白色，后足伸出翅芽外，雄蛹伸出较长 | 圆筒形，黄褐色，体长 11～17 mm，腹背 5 条紫色纵纹，隐约可见。左右翅芽不相接，后足不伸出翅芽端部 | 肥壮，体长 13～18 mm，长圆筒形，淡黄至褐色，头胸部有白粉状分泌物。左右翅芽有一段相接，后足不伸出翅芽端部。腹部末端有明显的棘状突起 4 个 | 体长 9～16 mm，初化时黄色，背面有 5 条棕色纵纹；颊在左右两边各形成 1 个近似三角形的穿越。中胸气门呈两具扁形的耳状突起。腹部第 5～7 节背面近前缘各有 1 横列齿状小突起；臀刺显著，背面具 4 刺，腹面具 2 刺 |

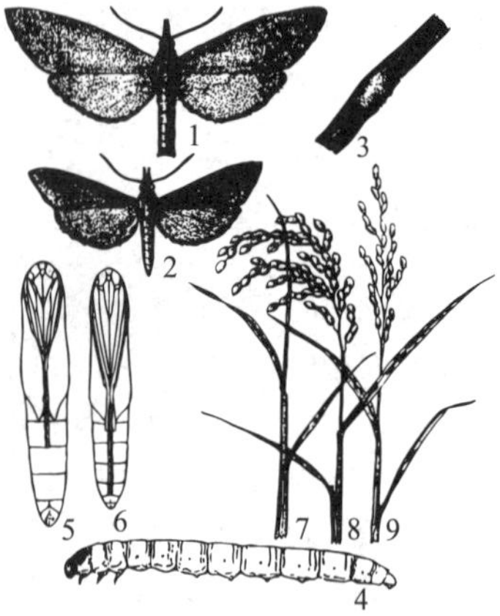

图 3-3-1　三化螟

1.雌成虫　2.雄成虫　3.卵块　4.幼虫　5.雌蛹　6.雄蛹

（叶银恭.2006.植物保护学）

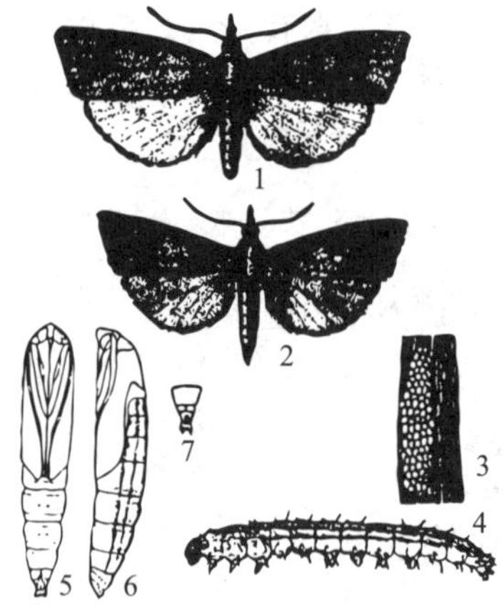

图 3-3-2　二化螟

1.雌成虫　2.雄成虫　3.卵块　4.幼虫　5.雄蛹腹面观　6.雌蛹腹面观

（丁锦华等.2002.农业昆虫学）

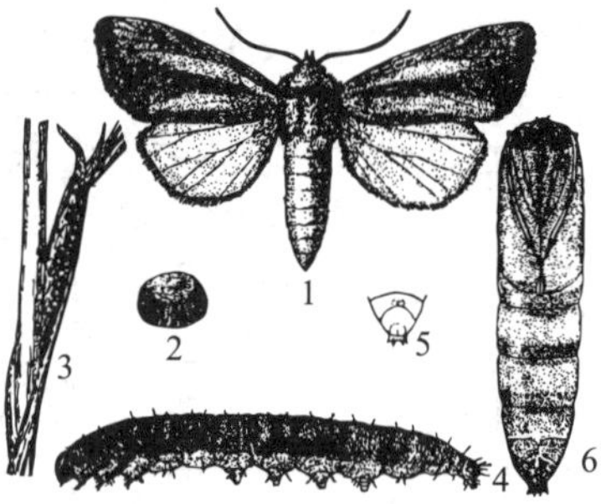

图 3-3-3　大螟

1.成虫　2.卵　3.产在叶鞘内的卵　4.幼虫　5.雌蛹　6.雄蛹腹部末端

（袁锋.2001.农业昆虫学）

剥查水稻螟虫

## （四）发生规律

### 1.生活史和习性

（1）三化螟　以老熟幼虫在稻桩内滞育越冬，广西 1 年发生 4～5 代。成虫有强趋光性，白天静伏在稻丛中，黄昏活动。产卵前期越冬代 2 d，其余世代 1 d。羽化后 2～3 d 内产卵最多，卵块多产在叶片上，秧苗期产在离叶尖 610 mm 的叶片正面，分蘖期多产在稻株外围第 3～4 叶片背面，圆秆拔节到抽穗期多产在稻株外围第 2～4 叶片背面，趋嫩绿叶片产卵。成虫寿命 2～6 d，幼虫龄数 4 龄，幼虫历期 20～30 d，幼虫在分蘖期蛀食稻茎内幼嫩而呈白色的组织，将心叶咬断；在穗期幼虫蛀食稻茎内壁组织，咬断维管束。稻茎基部近水面处或土下 1～2 cm 的稻茎内化蛹。

（2）二化螟　以 4～6 龄幼虫在稻桩和稻草中越冬，还有的在茭白遗株、三棱草及杂草中越冬；在我国 1 年发生 1～5 代，其中广西、广东 1 年 4 代。成虫有强趋光性，白天静伏在稻丛中，黄昏活动。产卵前期 1 d，羽化后 2～3 d 内产卵最多，卵块多产在叶片上，秧苗期至分蘖期多产在离叶尖3～6 mm的叶片正面，分蘖期至抽穗期，绝大多数卵产在离水面7～10 cm的第2叶鞘上。趋叶色嫩绿及粗壮高大稻株叶片产卵，以分蘖期、孕穗期产卵最多。成虫寿命5.8～9.1 d，幼虫龄数7龄，幼虫历期30.5～44.4 d。蚁螟先群集在叶鞘内取食内壁组织，幼虫发育至2龄后，开始蛀食稻茎，再形成枯心、枯孕穗、白穗和虫伤株。在稻株茎秆内或叶鞘内侧化蛹。

二化螟

(3)大螟　3龄以上幼虫在水稻、茭白、芦苇的根部或三棱草的球茎内越冬。在我国1年发生3～7代。4月中旬至11月上旬均可发生。成虫有强趋光性，白天静伏在田边禾本科杂草和稻丛中，黄昏活动。产卵前期2～3 d，卵主要产在水稻叶鞘内侧，多数产在距叶枕3 cm以内，分蘖期多产在剑叶自下而上第1～4片叶鞘内侧，其中以第2叶鞘内最多，其次是第3叶鞘。趋边和趋稗草产卵，水稻圆秆到孕穗期，卵多产于田边，穗期向田中心扩散。成虫寿命2～6 d，幼虫龄数6龄，少数7龄。幼虫历期7～22 d。初孵幼虫先群集在叶鞘内取食，3～5 d造成枯鞘，发育至2～3龄开始分散蛀入稻茎，出现大量枯心，以后幼虫频繁转株为害。稻株下部叶鞘内或稻丛间化蛹，少数化蛹在枯孕穗或稻茎内。

大螟

(4)台湾稻螟　老熟幼虫在稻桩内、甘蔗残�中越冬。在我国1年发生3～6代。成虫具趋光性，赴嫩绿的稻苗上产卵，白天静伏在稻丛中，黄昏活动。产卵前期1～2 d，卵多产于稻叶正面，也有产于叶背面，趋浓绿的稻苗上产卵。成虫寿命2～5 d，幼虫龄数4～5龄。幼虫历期23～32 d。初孵幼虫先集中为害叶鞘组织，然后转至心叶或拔节后的茎秆内，在其内取食内壁组织，在孕穗期也取食嫩穗。老熟幼虫在稻茎内化蛹，也有在叶鞘内化蛹。

**2.发生与环境的关系**

(1)三化螟发生与环境条件的关系　三化螟的发生受气候、水稻栽培制度、品种、天敌等因素的综合影响，其中水稻栽培制度是决定三化螟发生量和为害程度的关键因子，气候主要影响发生期和最后一代(局部世代)数量的多少，天敌对发生数量也有重要的抑制作用。

①气候因素　三化螟发生期的迟早常受气候因素的支配。春季16 ℃以上日平均温度的出现期与越冬代始蛾期相符合。春季温度回升早，越冬代蛾始见期即早，反之则迟。同一地区，由于年度间春季温度变化较大，越冬代蛾始见期早发与迟发年可相差10 d以上，以后各代成虫始见期和盛期的迟早均与前一代发生期间气温的高低有关。气温的高低也影响秋季局部世代的发生。春季雨水多少关系到越冬后幼虫及蛹的存活率，如果4—5月干旱少雨，则死亡率低，全年的发生基数就大。

②栽培制度　三化螟发生数量与水稻栽培制度的关系极为密切。水稻是三化螟唯一的寄主和栖息场所，不同的栽培制度不仅影响蚁螟的蛀入成功率，而且涉及有效虫源田和世代转化的桥梁田，从而决定了三化螟种群的盛衰和为害程度的轻重。

水稻栽培制度演变的历史经验表明，水稻栽培制度由单纯改向复杂时，三化螟代代都有适宜生存繁殖的寄主，发生量就增多，为害加重；栽培制度由复杂改为单纯时，则在世代发生过程中，缺少适于三化螟发生的条件，种群数量就会受到抑制，为害就轻。

③品种栽培技术　水稻品种涉及三化螟食物的品质和数量、生育期的长短等，这些都对三化螟种群的消长起一定的促控作用。一般粳稻比籼稻、杂交稻比常规籼稻有利于三化螟的生长发育。品种结合一定的栽培制度，对三化螟种群的盛衰起决定性作用。不同栽培技

术也会影响三化螟的发生与为害。一般返青早、生长嫩绿的稻田,卵量多,螟害重。施肥不当,例如追肥过多过迟,常造成水稻发棵和生长期拉长,抽穗不整齐,很容易碰上蚁螟侵入,因而加重螟害。

④天敌　三化螟天敌种类很多,卵期主要有稻螟赤眼蜂、长腹黑卵蜂、等腹黑卵蜂、螟卵啮小蜂等。稻螟赤眼蜂的自然寄生率逐代增加,最高可达47.5%,对抑制晚稻三化螟有重要的作用,幼虫寄生蜂有姬蜂和茧蜂两类。生物真菌(白僵菌)是引起早春幼虫死亡的重要因子。捕食性天敌有青蛙、蜻蜓、步甲、隐翅虫、瓢虫、蜘蛛等。

(2)二化螟发生与环境条件的关系

①气候因素　二化螟生长发育的最适温度为23～26 ℃,最适相对湿度为85%～100%。幼虫抗寒能力强,但抗高温能力弱,夏季高温干旱,温度超过30 ℃,对幼虫发育不利。稻田水温连续几天在35 ℃以上,幼虫死亡率达80%～90%。7—8月如遇台风暴雨,田间积水较深,可淹死大量的幼虫和蛹。春季气候温暖、湿度正常的年份,越冬幼虫死亡率低,发生期早,数量多,如果春季低温多湿,就会推迟发生期,蛹期遇寒流侵袭,则增加死亡率,使为害减轻。

②耕作制度　我国水稻栽培制度的变化表明,栽培制度由单纯改向复杂时,二化螟种群趋向衰退;耕作制度由复杂改为单纯,则相对地有利于二化螟的发生。

③水稻品种　二化螟为害程度与水稻品种特性有关。在籼稻与粳稻并存的稻区,受害程度籼稻大于粳稻;一个卵块孵出的幼虫所造成的枯心苗数,籼稻比粳稻多1倍以上。从水稻形态学和生理特性来看,一般是有芒稻重于无芒稻;叶片长而宽、高秆、分蘖多的品种,受害程度大于叶片狭而短、矮秆、分蘖中等的品种;茎秆表面光滑、茎粗而组织疏松的品种,较茎秆坚硬、维管束排列密集、茎腔直径小的品种受害重。此外,水稻体内淀粉含量高,米粒带香味的稻种,受害也重;稻株细胞中含草酸、苯甲酸和水杨酸多的品种,则具有抗螟性。杂交稻具有长势旺、株高、茎粗、叶宽大、叶色浓绿、茎秆含硅量低的特点,既吸引二化螟成虫产卵,又有利于幼虫的侵蛀和成活,同时营养条件好,取食杂交稻的幼虫、蛹体质量增加,成虫繁殖力强。因此扩种杂交稻是引起二化螟虫量上升的重要原因之一。

④栽培管理　偏施氨肥,植株生长旺盛,能诱集二化螟多产卵,还能使虫体质量增加,提高繁殖势能,使为害加重。浅水勤灌,稻苗生长健壮,幼虫转株为害少、能减轻为害程度。如果田间脱水干裂,可促使幼虫转株为害,从而加重为害程度。

⑤天敌　天敌对二化螟的数量消长起到一定的抑制作用,其中以卵寄生蜂为最重要,主要种类有稻螟赤眼蜂、拟澳洲赤眼蜂、松毛虫赤眼蜂、等股黑卵蜂等,其他寄生于幼虫和蛹的天敌有多种姬蜂、寄生蝇、线虫等。有些地区,白僵菌和黄僵菌对降低越冬幼虫密度也能起很大的作用。

(3)大螟发生与环境条件的关系　大螟的繁殖为害与水稻栽培制度和品种布局关系最为密切。据江苏省武进区的资料分析,20世纪70年代前后大螟发生量随着双季稻、三熟制水稻面积的扩大而成倍增加。在水稻与春玉米混种区和与菱白、芦苇混种的湖区,因有利于大螟世代的连续和虫量的积累,发生较重。就水稻类型而言,一般杂交稻受害重于常规稻,糯、粳稻重于籼稻。

此外,一般杂草寄主多的丘陵山区比平原地区为害重,水旱轮作地区发生量也较多,杂交稻插花种植比连片种植区发生为害严重。

### （五）防控技术

**1.农业防治**

(1)调整耕作制度和合理安排作物布局；

(2)选用种子和调整播种、栽植期；

(3)春耕灌水。

**2.人工、物理防治**

利用黑光灯等诱虫灯诱杀蛾类；人工采卵；拔除枯心和白穗；拾毁外露稻根等，对于白穗较多的田块，在收割时应尽可能低地割稻。

**3.生物防治**

在成虫产卵高峰期，人工繁放赤眼蜂、绒茧蜂等寄生蜂；应用生物杀虫剂喷雾防治，如苏云金芽孢杆菌、白僵菌、绿僵菌、棉铃虫核型多角体病毒等生物杀虫剂。

**4.化学防治**

10%稻腾悬浮剂（由 6.7%氟虫双酰胺和 3.3%阿维菌素混配而成）1 000～1 500 倍稀释液，或者 20%氯虫苯甲酰胺悬浮剂 1 000～1 500 倍稀释液，或 3%印楝素水剂 1 000 倍稀释液等喷雾防治。

## 二、稻飞虱和稻叶蝉

### （一）发生概况

稻飞虱是为害水稻的飞虱科害虫的统称，其中对水稻为害较大的主要是褐飞虱[*Nilaparvata lugens* （Stla）]、白背飞虱[*Sogatellau frcifera* （Horvath）]和灰飞虱[*Laodelphax striatellus* （Fallen）]3 种。褐飞虱是单食性害虫，白背飞虱和灰飞虱的寄主种类多，除水稻外，还有小麦、玉米等。

### （二）为害状识别

3 种稻飞虱均以成虫、若虫群集稻丛基部，刺吸水稻汁液，产卵时刺伤稻株茎叶组织形成大量伤口，加速稻株水分蒸腾。水稻被害后，生长受抑，下部叶片枯黄，千粒重下降；严重受害时，引起稻株下部变黑，稻田内出现成团成片的死秆瘫倒，俗称“冒穿”或“透顶”，导致严重减产或失收。稻飞虱还会传播和诱发水稻病害，其取食及产卵时，造成大量伤口，有利于稻纹枯病、菌核病的侵染为害，加重这些病害的发生。褐飞虱和灰飞虱都能传播病毒病。灰飞虱能传播水稻条纹叶枯病、水稻黑条矮缩病、小麦丛矮病、玉米粗缩病等，其传毒所造成的损失远大于直接吸食的为害。

稻叶蝉包括黑尾叶蝉、二点黑尾叶蝉、二条黑尾叶蝉、电光叶蝉、白翅叶蝉等 5 种，均属同翅目叶蝉科。以成虫、若虫群集稻丛基部刺吸汁液，造成许多褐色斑点，影响水稻生长。受害严重时稻苗枯死，后期基部发黑，甚至倒伏。除刺吸为害外，还能传播多种水稻病毒病。

### （三）形态识别

稻虱雌雄成虫有长翅型和短翅型之分，其主要形态特征见表 3-3-2，图 3-3-4 至图 3-3-6。

**表 3-3-2　3 种稻飞虱的形态特征**

（蔡银杰.2006.植物保护学）

| 虫态 | 褐飞虱 | 白背飞虱 | 灰飞虱 |
|---|---|---|---|
| 成虫 | 雄虫 4.0 mm，雌虫 4.5～5.0 mm，短翅雌虫 3.8 mm；体褐色、茶褐色或黑褐色，头顶较宽，褐色，小盾片褐色，有 3 条隆起线，翅浅褐色 | 雄虫 3.8 mm，雌虫 4.5 mm，短翅雌虫 3.5 mm，雄虫灰黑色；雌虫和短翅雌虫体灰黄色；头顶突出，小盾片两侧黑色，雄虫小盾片中间淡黄色，翅末端茶色；雌虫小盾片中间姜黄色 | 雄虫 3.5 mm，雌虫 4.0 mm，短翅雌虫 2.6 mm；雄虫灰黑色，雌虫黄褐色或黄色，短翅雌虫淡黄色；雄虫小盾片黑色，雌虫小盾片淡黄色或土黄色，两侧有半月形的褐色或黑褐色斑 |
| 卵 | 香蕉型，10～20 粒，呈行排列，前部单行，后部挤成双行，卵帽稍露出 | 尖辣椒型，5～10 粒，前后呈单行排列，卵帽不露出 | 茄子型，2～5 粒，前部单行，后部挤成双行，卵帽稍露出 |
| 若虫 | 1～2 龄体灰褐色，腹面有一明显的乳白色“T”字形纹，2 龄时腹背 3、4 节两侧各有 1 对乳白色斑纹，3～5 龄体黄褐色，腹背第 3、4 节白斑纹扩大，第 5～7 节有几个“山”字形浓色斑纹，翅芽明显 | 1 龄浅蓝色，2 龄灰白色，腹部各节分界明显，2 龄若虫体背现不规则的云斑纹，3～5 龄体石灰色，胸、腹部背面有云纹状的斑纹，腹末较尖，翅芽明显 | 体乳黄、橙黄色，胸部中间有 1 条浅色的纵带；3～5 龄体乳白、淡黄等色，胸部中间的纵带变成乳黄色，两侧显褐色花纹，第 3、4 腹节背面有“八”字形淡色纹，腹末较钝圆，翅芽明显 |

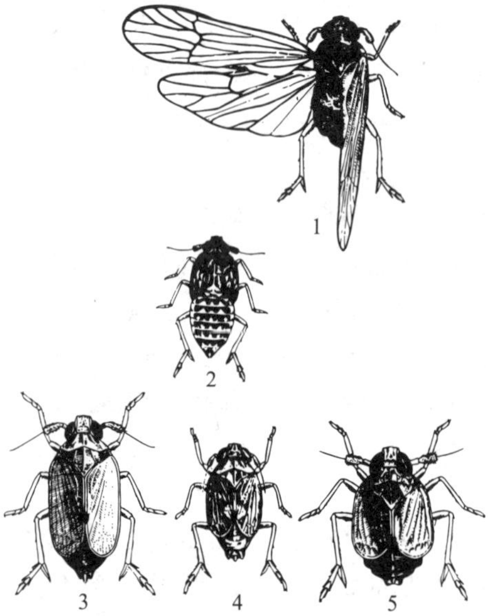

**图 3-3-4　褐飞虱**

1.长翅型成虫　2.短翅型雌虫　3.短翅型雄虫

4.3 龄若虫　5.5 龄若虫

（袁锋.2001.农业昆虫学）

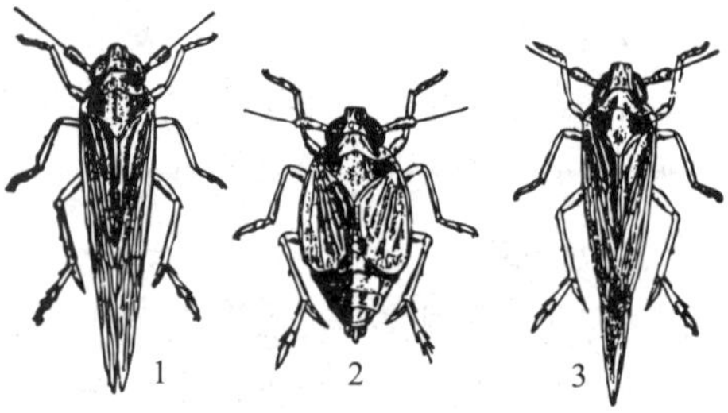

**图 3-3-5　白背飞虱**

1.长翅型雌虫　2.短翅型雌虫　3.长翅型雄虫

（袁锋.2001.农业昆虫学）

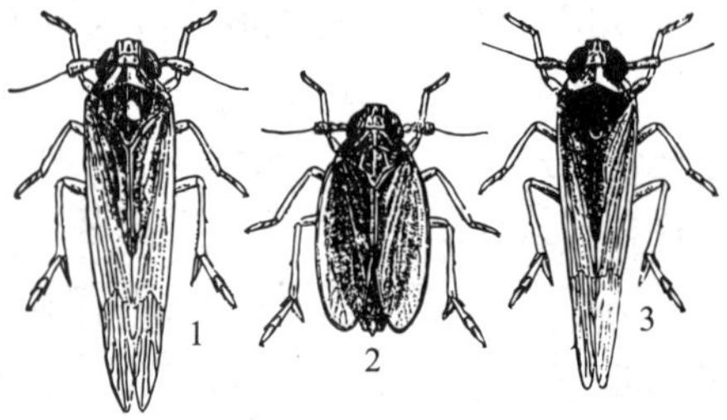

**图 3-3-6　灰飞虱**

1.长翅型雌虫　2.短翅型雌虫　3.长翅型雄虫

（袁锋.2001.农业昆虫学）

### （四）发生规律

褐飞虱和白背飞虱属迁飞性害虫。褐飞虱在21°N以南、白背飞虱在26°N以南地区越冬，其他稻区的褐飞虱和白背飞虱由南方稻区迁飞而来。

褐飞虱仅在我国两广南部、福建和云南南部以及台湾、海南等冬春温暖地区越冬，分终年繁殖区、少量越冬区和不能越冬区。有少量虫态在再生稻、落谷苗上可过冬。在北回归线两侧，以北纬21°为界限划分常年稳定越冬区与间歇越冬区。长翅型褐飞虱迁飞扩散，短翅型褐飞虱定居繁殖，趋向于分蘖期至拔节期水稻为害时，由于含氮量高，产生短翅型。长翅型具有趋光性。产卵前期3～5 d，在青嫩或拔节期的稻株上，卵多产于叶鞘的肥厚部分；在老的稻株上也有的产在叶片基部中脉组织内。趋向产卵于嫩绿或拔节期的稻株叶鞘组织内。成虫寿命8～9 d，若虫龄数5龄，若虫历期11.9～28.4 d，以若虫群集刺吸稻株中、下部叶鞘汁液。

白背飞虱成虫在再生稻和薄谷苗上越冬。越冬北限北纬26°N以南，在云南省无量山以南。白背飞虱成虫和若虫多生活在稻丛基部叶鞘上，稻穗成熟后，常迁移到剑叶的叶脉上和穗部取食。成虫有趋光、离株飞翔和迁飞习性。产卵前期2～3 d，卵成条产于叶鞘或叶片基部中脉组织内。喜在生长茂密嫩绿的稻株上产卵。成虫寿命12.0～21.3 d，若虫龄数5龄，若虫历期11.3～55.7 d，喜欢生活在稻丛基部叶鞘上，栖息位置比褐飞虱高。

灰飞虱抗寒力强，在各发生区以卵在杂草组织中或以若虫在绿肥田、杂草根际、落叶下或土缝中越冬。在国内南部稻区无越冬现象，其他稻区均可越冬。有趋食禾本科杂草、趋光、趋嫩绿、趋边行的习性。产卵前期4～6 d，卵数粒成行产于稻株下部叶鞘和叶片基部中脉两侧的组织内，抽穗后也有产于稻穗腔轴内的。喜在生长茂密嫩绿、分蘖多的稻株上产卵，以越冬代成虫产卵最多。成虫寿命6～12 d，若虫龄数5龄，若虫历期16～17 d，若虫在稻田多栖息在离水面3～6 cm处，抽穗后也有若虫移至植株中上部和穗上。

稻飞虱在各地每年发生的世代数差异很大，褐飞虱1～13代/年，白背飞虱1～11代/年，灰飞虱4～8代/年。褐飞虱和白背飞虱为害较重，白背飞虱在水稻生长前中期发生，与2代稻纵卷叶螟发生的时间接近，在防治稻纵卷叶螟的同时可得到控制。而有些年份在水稻生长中后期造成为害最重的是褐飞虱。该虫有群集为害的习性，为害时群集在稻株的下部取食，用刺吸式口器刺进稻株组织吸食汁液，虫量大时引起稻株下部变黑，瘫痪倒伏，叶片发黄干枯。能传播水稻病毒病。成虫趋光性强，喜在嫩绿且湿的稗草上和稻丛下部叶鞘及嫩茎组织内产卵。一头雌虫能产卵200～300粒。长翅型与短翅型成虫的比例主要受温度及营养条件的影响，短翅型繁殖力较强，大量出现时说明环境条件对其有利，是大发生的预兆。水稻在孕穗期到乳熟期，温度25～30 ℃时，相对湿度80%～85%，是飞虱发生的有利条件。虫害发生时多呈点片状现象，先在下部为害，很快暴发成灾，导致严重减产或失收。在亚洲已发现褐飞虱有5种生物型。水稻田间管理措施也与褐飞虱的发生有关。凡偏施氮肥和长期浸水的稻田，较易暴发。褐飞虱的天敌已知150种以上，卵期主要有缨小蜂、褐腰赤眼蜂和黑肩绿盲蝽等，若虫和成虫期的捕食性天敌有草间小黑蛛、拟水狼蛛、拟环纹狼蛛、黑肩绿盲蝽、宽黾蝽、步行虫、隐翅虫和瓢虫等；寄生性天敌有稻飞虱螯蜂、线虫、稻虱虫生菌和白僵菌等。

### （五）防控技术

褐飞虱的防治，应在选用抗性品种、加强水肥管理、准确掌握虫情的基础上，及时合理地使用与保护天敌相协调的化学防治。

**1.农业防治**

推广种植高产、优质、抗病的水稻品种，做好水稻品种合理布局，同一品种连片种植，便于集中统一防治。在栽培技术上，要抓好水浆管理，适时晒田，后期干干湿湿，避免深浸漫灌和稻田长期积水。肥料管理上要施足基肥，合理追肥，包控适当，防止封行过早，贪青倒伏。

**2.物理防治**

诱虫灯诱杀成虫。

**3.生物防治**

(1)培育与推广抗性品种　利用抗虫和耐虫品种，是当前防治褐飞虱最经济有效的措施。褐飞虱是一种具有极强的适应品种抗性能力的害虫，在抗性品种上经受强大的选择压力后，容易产生新的能适应该寄主抗性的生物型，从而影响抗性品种对褐飞虱种群发展的持续控制作用。因此，对褐飞虱生物型进行监测成为当前利用抗性品种防治褐飞虱的一项重要工作。

(2)保护利用天敌　褐飞虱各虫期的天敌有数十种之多，应加强保护和利用。尤其是在化学防治中应注意采用选择性药剂，调整用药时间，改进施药方法，减少用药次数，以避免大量杀伤天敌，使天敌充分发挥对褐飞虱的抑制作用。此外，广东、福建、湖南、湖北等地，试验推广稻田放鸭食虫，对褐飞虱的防治可收到显著效果。

**4.化学防治**

根据水稻品种类型和虫情发展情况，分别采用压前控后或狠治主害代的防治策略，选用噻嗪酮、吡蚜酮、噻虫嗪、吡虫啉及其复配制剂与氨基甲酸酯类农药交替轮换使用。螺虫乙酯具有很强的内吸作用，对防治刺吸式口器害虫如飞虱等有很好的效果。

在低龄若虫始盛至高峰期，每公顷用10%吡虫啉可湿性粉剂225～300 g或25%噻嗪酮可湿性粉剂450～600 g，兑水900 L常规喷雾或兑水300 L弥雾。氨基甲酸酯类药剂可选用叶蝉散。值得注意的是，2006年以来我国局部地区褐飞虱对吡虫啉已产生较高抗性；2009年全国农业技术推广服务中心建议暂停使用吡虫啉防治褐飞虱。2015年全国农业技术推广服务中心在20个省、直辖市、自治区监测发现，稻飞虱对吡虫啉产生了高水平抗性，抗性倍数都在1 000倍以上。

使用触杀药剂时，必须注意将药液或药粉喷洒到稻丛基部飞虱栖息为害部位，才能提高防治效果。

**5.生态控制**

据浙江省农业科学院在浙江金华的实践，以应用抗性水稻品种、调整播种期田边留草、冬季种植绿肥、稻田养鸭、间作茭白或慈姑、田埂或田块插花种植显花植物(芝麻和大豆)等为基础的褐飞虱生态控制技术，提高了稻田生态系统的服务功能，可有效地控制褐飞虱的为害，且农药使用量减少80%以上。

## 三、稻纵卷叶螟

### （一）发生概况

稻纵卷叶螟(*Cnaphalocrocis medinalis* Guente)属鳞翅目螟蛾科。

### （二）为害状识别

其以幼虫吐丝将稻白叶叶纵缀成苞，在苞内取食上表皮和叶肉，仅留白色下表皮。大发生时，田间虫苞累累，严重影响水稻的生长发育和产量。

### （三）形态识别（图 3-3-7）

(1)成虫　贡褐色体长 8～9 mm，翅展约 18m 前翅近三角形，外缘有暗褐色带。有黑褐色的内模线和外横线，两线之间有 1 条接于前缘的黑褐色短横线，雄蛾在此短横线的近前缘有 1 丛暗褐色毛。后翅内横线短，外横线达后缘，外缘暗褐色带与前翅相同。休息时，雄蛾尾部常向上翘起，雌蛾则尾部平直。

(2)卵　椭圆形，扁平。初产时白色，后变淡黄色，即将孵化时可见黑点。

(3)幼虫　成熟幼虫体长 14～19 mm，一般有 5 龄，少数 6 龄。体色由淡黄绿色到黄绿色，将老熟时变为橘红色。头部黑色，体细，长 1～2 mm。2 龄以后，头部由黄褐色到褐色，前胸背板上褐色纹和中后胸背面毛片渐渐清晰可见。到 4 龄时，前胸背板褐色纹和中、后胸背面毛片周围的黑色纹色最深。

(4)蛹　长 7～10 mm 长圆筒形，末端较尖细，初为淡黄色，渐变为黄褐色至金黄色。臀棘明显突出，上有 8 根钩刺。蛹外常裹有白色的薄茧。

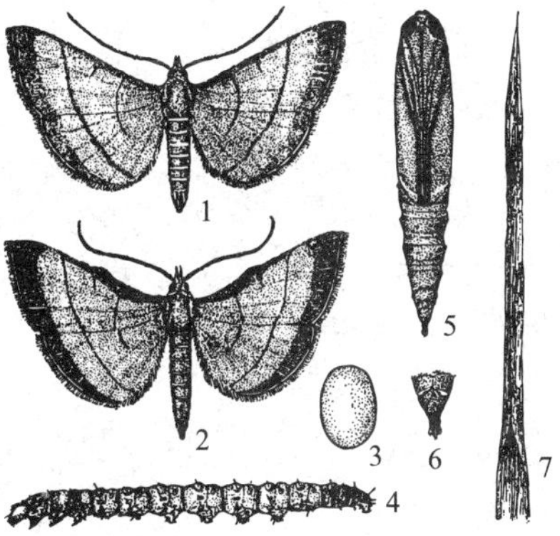

图 3-3-7　稻纵卷叶螟

1.雌成虫　2.雄成虫　3.卵
4.幼虫　5.蛹　6.雄蛾腹部末端
7.稻叶被害状
(李去端.2006.农业昆虫学)

### （四）发生规律

稻纵卷叶螟是一种迁飞性害虫，自北而南每年发生 1～11 代；南岭山脉一线以南，常年有一定数量的蛹和少量幼虫越冬，北纬 30°以北稻区不能越冬，故广大稻区初次虫源均自南方迁来。成虫有趋光性，栖息趋隐蔽性和产卵趋嫩性，适温高湿产卵量大，一般每雌产卵 40～70 粒；卵多单产，也有 2～5 粒产在一起，气温 22～28 ℃、相对湿度 80％以上，卵孵化率可达 80％～90％及以上。初孵幼虫大部分钻入心叶为害，进入 2 龄后，则在叶上结苞，在虫苞里取食，啃食叶片上表皮和叶肉，使被害叶片看上去是长短不一的条状白斑。随虫体长大，幼虫不断将虫苞向前延长。虫苞一般是叶片向正面纵卷成筒状，也有少数将叶尖折向正面或只卷一叶缘的。孕穗后期可钻入穗苞取食。幼虫一生食叶 5～6 片，多达 9～10 片，食量随虫龄增加而增大，1～3 龄食叶量仅在 10％以内，幼虫老熟多数离开老虫苞，在稻丛基部黄叶及无效分蘖嫩叶上结满茧化蛹。稻纵卷叶螟发生轻重与气候条件密切相关，适温高湿情况下，有利于成虫产卵、孵化和幼虫成活，因此，多雨日及多露水的高湿天气，有利于猖獗发生。

### （五）防控技术

稻纵卷叶螟的防治应以农业防治为基础，通过合理使用农药，协调化学防治与保护和利用自然天敌的矛盾，将害虫密度控制在经济损害允许水平之下。

**1.农业防治**

合理施肥，防止前期猛发旺长、后期贪青迟熟，促使水稻生长发育健壮、整齐和适期成熟，提高耐虫力或缩短易受害期。适当调节搁田时期，降低幼虫孵化期的田间湿度，或在化蛹高峰期灌深水 2～3 d，均可收到较好的防治效果。

**2.物理防治**

趋光灯诱杀蛾类。

**3.生物防治**

施用生物农药 Bt 制剂，每公顷用 Bt 可湿性粉剂或 Bt 乳剂（每克或每毫升含 100 亿个活芽孢）1.5～2.25 kg，兑水 900 L 常规喷雾。

**4.化学防治**

考虑到水稻孕穗至抽穗期受害损失大于分蘖期，现提出的防治指标是：第 2 代为分蘖期百丛有虫（卵）150～200 头（粒），第 3 代孕穗期为百丛有虫（卵）100～150 头（粒）。防治适期为 2 龄幼虫高峰期。

药剂种类和用量参考三化螟的化学防治。

## 四、稻瘿蚊

### （一）发生概况

稻瘿蚊［*Orseolia oryzae*（Wood-Mason）］异名：*Pachydiplosis oryzae*（Wood-Mason），为双翅目瘿蚊科的一种昆虫。现分布于广东、广西、福建、云南、贵州、海南、江西、湖南、台湾等地。主要为害水稻。其他寄主有游草、陆稻、野生稻和禾本科杂草等。20 世纪 90 年代在广西桂北、桂中等只种一季中稻的地区发生较重，严重时株受害率高达 80%，甚至由于发现较迟，已错过播种时间，不能重新播种，2000 年后由于多地将水育秧改为旱育秧，成功培育出抗虫品种和对口农药的使用，此虫基本得到控制。稻瘿蚊是广西水稻第四大害虫。

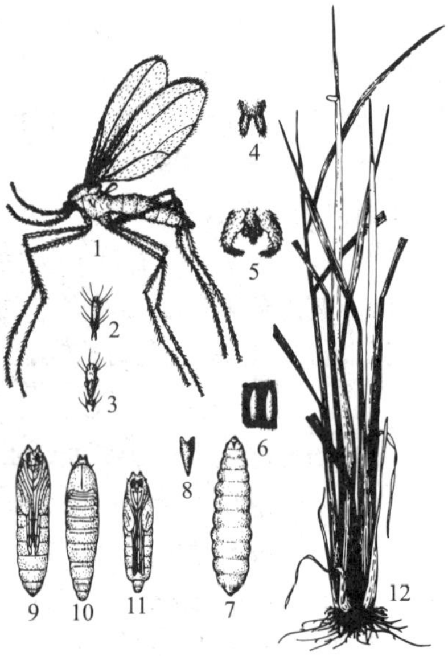


**图 3-3-8　稻瘿蚊**

1.雌成虫　2.雌成虫触角　3.雄成虫触角　4.雌成虫腹部末端　5.雄成虫腹末端　6.卵　7.幼虫　8.幼虫叉状骨　9.雌蛹腹面观　10.雄蛹背面观　11.雄蛹　12.被害状（标葱）

（西北农业大学.2000.农业昆虫学）

### （二）为害状识别

在幼虫期吸食水稻生长点汁液，致使水稻不能抽穗。受害秧苗初期症状不明显，中期基部膨大，称“大肚秧”，愈合的叶鞘后期成管状伸出，称“标葱”。有时，也将其为害状分为甲、乙、丙型 3 种类型，甲型即“大肚秧”，此时葱管未抽出，外观无心叶或心叶缩短，顶叶角度大，叶色暗绿，叶质变硬，节间缩短，分蘖增加，茎基部膨大；乙型为葱管已伸出叶鞘，幼虫已老熟，但成虫未羽化；丙型葱管有羽化孔，成虫已羽化。

### （三）形态识别（图 3-3-8）

（1）成虫　体长 3.5～4.8 mm，形状似蚊，浅红色，触角 15 节，黄色，第 1、2 节球形，第

3～14 节的形状雌、雄有别，雌虫近圆筒形，中央略凹；雄虫似葫芦状，中间收缩，好像 2 节。中胸小盾板发达，腹部纺锤形隆起似驼峰。前翅透明具 4 条翅脉。

(2)卵　长 0.5 mm 左右，长椭圆形，初白色，后变橙红色或紫红色。

(3)幼虫　末龄幼虫体长 4～4.5 mm，纺锤形，蛆状，体乳白色。前胸腹板具 1 剑状骨，前端分叉。腹部末端分叉。幼虫共 3 龄，1 龄蛆形，长约 0.78 mm；2 龄纺锤形长约 1.3 mm；3 龄体形与 2 龄虫相似，体长约 3.3 mm。

(4)蛹　椭圆形，浅红色至红褐色，长 3.5～4.5 mm。头顶具端部分叉的额刺 1 对，前胸背面前缘也具背刺 1 对。

## (四)发生规律

### 1.生活史和习性

稻瘿蚊在广西 1 年发生 6～8 代，广东南部及海南岛 9～11 代。世代重叠。第 1、2 代虫量少，为害轻；第 3 代虫量激增，中稻、晚稻严重受害，迟中稻受害较重。以幼虫在游草或野生稻上越冬。

越冬幼虫 4—5 月化蛹。成虫夜间羽化，羽化当晚即可交尾，次日产卵，多产在嫩叶上；卵散产，1～3 粒不等。单雌产卵平均 194 粒左右。成虫具有趋光性，且大多是已交配未产卵的雌虫，诱虫灯下雌虫出现的高峰日就是田间产卵高峰日。成虫飞翔能力弱。

幼虫夜间孵化，初孵幼虫必须借叶上的露水湿润才能向下移动，从叶鞘或叶舌边缘侵入稻株，再沿叶鞘内壁垂直下行，或螺旋形下行至基部，然后再从叶鞘间隙侵至生长点。入侵速度很快，孵化后 2～3 d 即侵至生长点。只有侵至生长点的幼虫才能正常发育。幼虫侵至生长点后 3～4 d，即 1 龄幼虫后期，最内嫩叶鞘明显加厚；侵至生长点后 5～7 d 即 2 龄幼虫中、后期，葱管形成，此时生长点完全被破坏。幼虫孵化后 7～9 d 进入 3 龄，继续在生长点处取食，当发育成熟时，头部转向上，停止取食，成为“预蛹”。蛹白天常在葱管下部，移动较少。预蛹时葱管开始伸长，蛹中后期葱管伸长最快。羽化时，蛹升至葱管顶端，用额刺刺一羽化孔，然后钻出羽化，在羽化孔口处留下白色的蛹衣。各虫态历期：卵（主害代）3 d 左右，幼虫 10～13 d，预蛹 2 d，蛹 5～7 d。成虫寿命，雄 1 d；雌 1～3 d，多数 2 d。

### 2.发生与环境的关系

稻瘿蚊适宜温度为 25～28 ℃，相对湿度 90％以上。高温、干旱死亡率高。潮湿有水活动力强，存活率高。5—8 月雨日多，有利于产卵、孵化和幼虫侵入，当年有可能大发生，8—9 月水稻被害重。但降水量过多、过大，成虫死亡率高。栽培制度复杂，单、双季混栽，一季早、中、晚稻混栽发生都很严重。如分蘖期适遇成虫盛发期，则受害严重。旱育秧轻，水秧重。早栽、分蘖整齐、早熟、适时晒田者轻，反之则重。稻瘿蚊趋向为害嫩绿的稻田。

寄生性天敌有黄柄黑蜂、金小蜂、旋小蜂等，寄生率可达 85.9％。捕食性天敌有蜘蛛、蚂蚁、青蛙、步行虫等。

## (五)防控技术

### 1.农业防治

选用早熟、分蘖整齐品种或抗虫品种如抗蚊 1 号、抗蚊 2 号、抗蚊青占、多抗四号等。春天及时铲除稻田游草及落谷再生稻，减少越冬虫源。把单、双季稻混栽区因地制宜改为纯双季稻区，调整播种期和栽插期，适时早栽，避开成虫产卵高峰期，或同类型稻成片种植，减少桥梁田。改水育为旱育秧，培育老健壮秧，合理施肥，适时晒田，控制无效分蘖。注意防止秧苗带虫。

**2.物理防治**

利用黑灯光诱杀成虫。

**3.生物防治**

稻瘿蚊的主要天敌是寄生蜂。可采取旱育秧方式，培育老壮秧，使秧田小气候干燥，改善生态环境，以利于寄生蜂生长繁殖。保护稻田蜘蛛、蚂蚁、青蛙、步行虫等捕食性天敌。

**4.药剂防治**

早稻后期无效标葱率达 0.5%时，晚稻播种期需防治。播种前用 10%吡虫啉可湿性粉剂 10 mL 加 10 mL 水拌 1 kg 露白后的种子再播种；或本田标葱率达 20%时，在幼虫盛孵期用药。每 667 $m^2$ 用 3%氯唑磷颗粒剂1 kg，或 8%噻嗪·毒死蜱颗粒剂 1.5 kg，或 48%毒死蜱 250 mL+水 750 mL，拌细沙 15 kg 撒施，或用 48%毒死蜱 250～300 mL 或 10%吡虫啉可湿性粉剂 30～40 mL，兑水 50～60 kg 喷雾。秧田于播种后 7～10 d，移栽前 2～3 d 或本田于移栽后 5～7 d 用药。保持浅水层 5～7 d。

## 五、稻蓟马

### （一）发生概况

为害水稻的蓟马主要有稻蓟马[*Stenchaetothrips biformis* (Bagnall)]、稻管蓟马(禾谷蓟马)[*Haplothrips aculeatus* (Fabricius)]等，均属缨翅目，稻蓟马属蓟马科，稻管蓟马属管蓟马科。稻蓟马和稻管蓟马在全国稻区均有分布。稻蓟马主要在苗期、分蘖期为害，稻管蓟马主要在后期为害穗粒和花器。寄主有稻、麦、游草、稗、看麦娘、淡竹叶、丝茅草、鹅冠草等。

### （二）为害状识别

稻蓟马以成、若虫锉吸叶片汁液，轻者出现花白斑，重者使叶尖卷褶枯黄，严重时一片枯焦，形似火烧。水稻苗期、本田分蘖期容易受稻蓟马为害。

### （三）形态识别

(1)稻蓟马(图 3-3-9)　成虫雌体长 1.1～1.3 mm，雄体长 1～1.1 mm，体黑褐色；触角 7 节。前胸背板后缘角有 1 对长鬃。卵肾脏形，初产时乳白色，后为淡黄色。若虫体似成虫，黄白色。长成时，淡灰褐色。若虫共 4 龄，4 龄若虫不吃不动，也称蛹。

(2)稻管蓟马　成虫体长 1.5～1.8 mm，体黑褐色；触角 8 节，前翅无翅脉，腹末节呈管状，管末端有长毛 6 根。卵椭圆形，初产时白色，成长时桃红色。

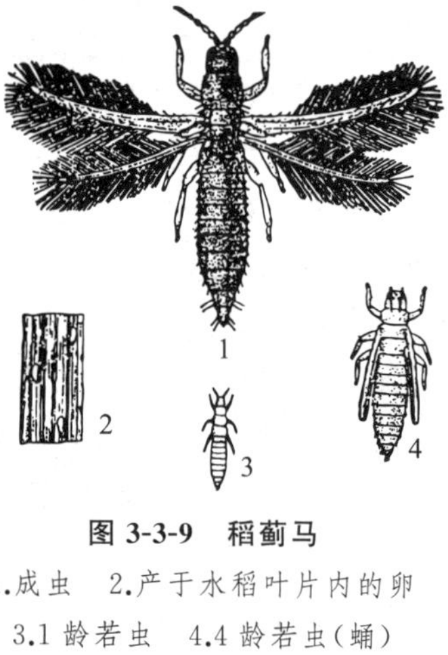


**图 3-3-9　稻蓟马**

1.成虫　2.产于水稻叶片内的卵　3.1 龄若虫　4.4 龄若虫(蛹)

(李云瑞.2006.农业昆虫学)

### （四）发生规律

**1.生活史和习性**

稻蓟马在福建和两广南部，可以终年繁殖为害，1 年发生 15～19 个世代。其他稻区发生 10～14 个世代。世代重叠严重。以成虫或若虫、蛹(福建)在麦类、看麦娘、游草、早熟禾、囊颖草等植物的隐蔽处如心叶内或土缝内越冬。越冬期间，气温较高时，可以活动甚至为害。

次年开春后，稻蓟马在禾本科杂草上繁殖，后陆续迁入秧田和本田迅速繁殖。广西稻区，稻蓟马盛发期在 3 月下旬至 5 月，以早稻秧田、本田、分蘖期、幼穗分化期受害最烈，6 月下旬至8月温度高，发生量下降，晚稻一般不被为害。

稻管蓟马生活周期短，发生代数多。在水稻上为害，一般分蘖期发生少，抽穗期增多。

**2.发生与环境的关系**

冬春气候温暖有利稻蓟马越冬与早春繁殖。稻蓟马生长发育适宜温度为15～25 ℃，并要求较高的相对湿度，如4—6月雨日多，且多小雨，则有利于发育繁殖，为害重；7月以后，温度超过25 ℃，虫量显著下降。水稻分蘖期生长嫩绿、繁茂，为害也重。

天敌有稻田花蝽、隐翅虫、蜘蛛及卵寄生蜂等。

### （五）防控技术

**1.农业防治**

避免混栽，防除田间杂草，合理施肥，控制无效分蘖，均可减轻为害。

**2.药剂防治**

当稻蓟马为害在苗期出现叶尖卷曲率在10%以上、百株虫量300～500头及以上时，用25%杀虫双250～300倍稀释液或每667 $m^2$用10%吡虫啉可湿性粉剂4 g兑水50 kg喷雾防治。有稻瘟病发生的秧田可用稻瘟净800倍稀释液兼治。

## 六、稻蝽类

### （一）发生概况

稻蝽类属半翅目。我国记载的为害水稻的蝽类有40余种，其中蝽科22种，缘蝽科13种，其他有长蝽科、盲蝽科等。常见的有20余种，在华南地区为害严重的有蝽科的稻绿蝽［*Nezara viridula* (Linnaeus)］、稻黑蝽［*Scotinopha ralurida* (Burmeister)］、稻褐蝽（又名白边蝽）［*Niphe elongatus* (Dallas)］和缘蝽科的大稻缘蝽［*Leptocorisa acuta* (Fabricius)］等。

### （二）为害状识别

稻蝽类害虫的若虫和成虫以刺吸式口器刺吸水稻的叶、茎，特别喜群集穗部吸食幼穗、小穗梗和未成熟谷粒的汁液，使稻叶变黄、植株矮缩、茎秆折断、后期呈现半白穗、白穗和谷粒空秕，损失较大。严重时甚至全穗空秕无收。除为害水稻外，还可为害小麦、玉米、甘蔗、豆类等农作物。

### （三）形态识别

(1)稻绿蝽(图3-3-10)　成虫有全绿型、黄肩型、点绿型、综合型共4型。全绿型雄体长12～14 mm，雌体长12.5～15.5 mm。通体青绿色，体背色浓，腹面略淡。复眼黑色，单眼暗红。触角第4、5节末端黑色。小盾片基部有3个横列小黄白点，前翅膜区无色透明。若虫共5龄。5龄前胸背板4个黑点排列成1列，前翅芽中央和内侧各有1小点，小盾片有4个小黑点排成梯形，第3腹节背面有2个横列长形粉红色斑，第3、4腹节背面中央各有1个近棱形的粉红色大斑；各腹节边缘有半圆形的粉红色斑。

(2)大稻缘蝽(图3-3-11)　成虫雄长15～16 mm，雌长16～17 mm。体细长，茶褐色带绿或黄绿色。头部前伸，触角丝状、4节。前胸背板密布褐色刻点，中央有1十字形浅凹纹。小盾片长三角形。足细长，淡黄褐稍带绿色。若虫共5龄。5龄体长14～15 mm，黄绿色。翅芽达第3腹节后缘，臭腺扁圆形，带红色。

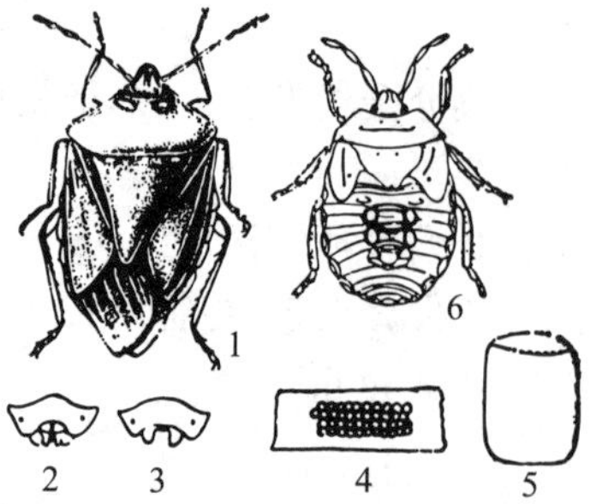


**图 3-3-10　稻绿蝽**

1.成虫　2.雌成虫腹末端　3.雄成虫腹末端
4.产在叶上的卵　5.卵粒放大　6.若虫
（华南农学院.1981.农业昆虫学）

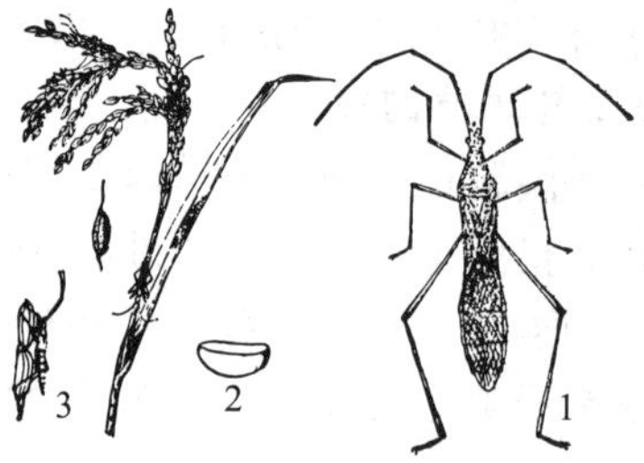


**图 3-3-11　大稻缘蝽**

1.成虫　2.卵粒放大　3.若虫和被害状
（华南农学院.1981.农业昆虫学）

### （四）发生规律

(1)稻绿蝽　稻绿蝽在广西年发生 3～4 代。以成虫群集于田埂松土下、杂草根部土窝和附近树洞、瓦石堆中越冬。翌年 3—4 月，当气温稳定在 15～16 ℃以上时，陆续飞到小麦、玉米、豆类、芝麻、水稻等作物上取食和繁殖，第 1 代若虫即在这些作物上为害。第 1 代成虫羽化后，飞至水稻上为害，在水稻上发生第 2、3 代。秋末气温下降，成虫迁至越冬场所越冬。

稻绿蝽食性较杂，成虫具趋光性，多在白天交配，晚间产卵。卵多产于叶背，卵 2～6 行排列成块，每块含卵 30～70 粒。若虫孵化后群集卵块周围，2 龄后分散，除烈日高温时潜于稻株基部外，均群集为害穗部。在 26～28 ℃下，卵期 5～7 d，若虫期 21～25 d，全世代 31～36 d。产卵前期 5～6 d。年中以第 2、3 代，发生量大，尤以水稻灌浆至乳熟期发生量最大，为害重。

(2)大稻缘蝽　大稻缘蝽在广西一年发生 4～5 代，以成虫在杂草丛间、表土缝内越冬。冬季温暖时可在小麦、绿肥的花穗上为害。大稻缘蝽喜群集于扬花后的禾本科作物的穗上吸食灌浆籽粒的浆汁，故田间各世代，随早、中、晚稻的抽穗扬花而辗转迁飞为害，以 5 月下旬至 6 月上旬最为集中，为害重。

成虫需补充营养，羽化 10 多 d 后交配产卵。卵多产于叶面，以上部第 1、2 叶产卵最多。单雌产卵量平均 200 粒左右，卵粒单行排列成块，每块含卵 5～14 粒。卵期约 8 d，若虫期 15～29 d，成虫寿命 60～90 d，越冬成虫寿命可达 300 d。该虫上、下午及傍晚取食最盛，中午则藏于稻株隐蔽处；对尿臭等臭味有趋性。

稻蝽类的天敌有稻蝽小黑卵蜂、绿蝽沟卵蜂、蜘蛛、步甲、蛙类、鸟类等。

### （五）防控技术

(1)农业防治　冬春铲除田边及附近杂草，及时沤田，减少越冬虫源。

(2)生物防治　稻田养鸭，水稻抽穗前放 0.5 kg 以下幼鸭啄食。

(3)药剂防治　水稻扬花后是最易受害时期。当稻蝽数量达 5 000 头/66.7 $m^2$用药剂防治。常用 4.5%高效氯氰菊酯乳油 1 500～2 000 倍稀释液，或 10%溴氰虫酰胺悬浮剂 40～60 mL/667 $m^2$，或 50%氟啶虫胺腈水分散粒剂 7～10 g/667 $m^2$兑水 50～75 kg 喷雾。

注意高效氯氰菊酯对蜜蜂、鱼、蚕、鸟均为高毒，使用时应注意避免污染水源地、避免在蜜源作物开花期使用、避免污染桑园处。

## 七、稻蝗

### （一）发生概况

稻蝗俗称蚱蜢，属直翅目斑腿蝗科。稻蝗是一个属，在广西共有17种，其中以中华稻蝗[*Oxya chinensis*（Thunb.）]发生较普遍，国内稻区均有分布。中华稻蝗最喜食芦苇、蒿草、茅草，其次为水稻、玉米、高粱、豆类、麦类、棉花等。无齿稻蝗除为害水稻外，还为害小麦、玉米、稗、芦苇等。

### （二）为害状识别

稻蝗以成、若虫咬食稻叶。受害轻的稻叶呈缺刻状，严重的全部被吃光，仅剩叶脉。在水稻抽穗期和乳熟期为害，咬断和咬伤穗颈，使养分和水分不能上升，形成白穗，有时咬食谷粒，影响产量。

### （三）形态识别（图3-3-12）

(1)成虫　雄虫体长30～33 mm，雌虫体长36～44 mm，体细长。一般为绿色，有时黄绿色、褐绿色或背面黄褐，侧面绿色。头部复眼后方有褐色纵带1条，伸至后胸后缘。前翅绿色，后翅褐色，翅长过腹末。雄虫腹末端的肛上板短三角形，平滑，无侧沟，顶端尖锐。雌虫生殖板后缘中间2个小齿较分开，两侧两个小齿较短小。

(2)卵　块产。卵块外有短茄形卵囊，长9～16 mm，宽6～12 mm。卵粒长筒形，中央略弯，两端钝圆，长约4 mm，宽1 mm左右；分上、下2排，一般11～17粒。

(3)若虫　称为蝗蝻，形似成虫，体绿色，体小，头小，3龄后长出翅芽，后随龄期增大翅芽增大。

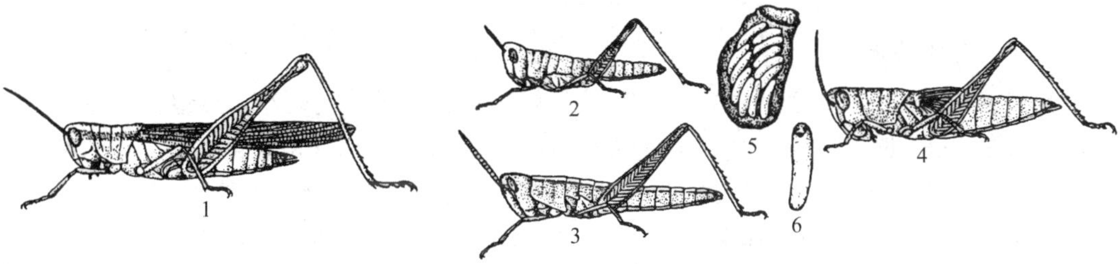


**图3-3-12　中华稻蝗**

1.成虫　2.1龄若虫　3.3龄若虫　4.5龄若虫　5.卵块　6.卵粒

（洪晓月.2019.农业昆虫学）

### （四）发生规律

**1.生活史和习性**

中华稻蝗各地均1年1代。以卵囊在土中越冬，以稻田田埂、附近的草地、旱地、荒地、堤岸居多。越冬卵于次年4月至5月上旬开始孵化。若虫发生于5月上中旬至8月上旬。在7月下旬至11月中旬为成虫发生期。9月中旬至10月上旬为产卵盛期。1头雌虫产卵10～100粒，卵块1～3个。产卵深度多数在土下1.5～2.5 cm处。由于产卵场所不同，孵化先后不一致，在一个卵囊中，上面的卵先孵化，下面的卵后孵化，前后延续可达20 d左右，因此发生期很不整齐。

山区、丘陵稻区若虫孵出后，先于田埂、草地就近取食杂草，水稻栽插后迁入稻田，低龄蝗蝻多集中于田边 3 m 内取食，以后逐渐向田中扩展，并随龄期增加食量显著增加。

**2.发生与环境的关系**

凡冬暖、秋旱、荒坡近水的稻田发生严重。冬种面积大，延迟了春耕灌水，有利于冬卵孵化。种植双季稻、杂交稻，过量施用氮肥，禾苗生长嫩绿，有利于稻蝗的大发生。

捕食性天敌卵期有芫菁幼虫、步行虫；若虫、成虫期有鸟类、芫菁、青蛙、蟾蜍、蜘蛛、蚂蚁等。

### （五）防治技术

(1)农业防治　消灭越冬虫源，减少向本田迁移的基数。秋、冬季修整渠沟、铲除草皮，春季平整田埂、除草，将浮于水面的卵囊打捞烧毁，有条件的地区实行水旱轮作。可大量减少越冬虫源。

(2)生物防治　稻蝗捕食性天敌有蛙类、蜘蛛及鸟类等，寄生性天敌有寄生蜂、线虫等。稻田蛙类、鸟类对蝗虫控制作用较明显，低龄若虫期可放幼鸭啄食。蝗虫微孢子虫是一种单细胞原生动物，为蝗虫的专性寄生物，可引起许多种蝗虫感病，对天敌昆虫、人、畜、禽均安全。蝗虫感病后可明显影响其取食量、活动能力、雌虫产卵量、卵孵化率等，经口传播后在蝗虫种群内流行，还可经卵传至下一代，长期控制蝗害。可根据稻蝗发生情况，抓住 3 龄前防治适期，用蝗虫微孢子虫以 250 亿个孢子/$hm^2$ 的浓度进行防治。

(3)化学防治　在稻蝗 1、2 龄期，重点对田间地头、沟渠及周围 3 m 内的荒地杂草及时进行防治，以压低虫口密度，减少稻蝗迁移本田基数。有效药剂和用法：每 667 $m^2$ 用 50%辛硫磷乳油 100 mL 加水 50 kg 喷雾。

## 八、稻弄蝶

### （一）发生概况

我国为害水稻的弄蝶类达 13 种以上，均属鳞翅目弄蝶科。主要有直纹稻弄蝶[*Parnara guttata* (Bremer et Grey)]、隐纹谷弄蝶[*Pelopidas mathias* (Fabricius)]、曲纹稻弄蝶(*Parnara ganga* Evans)、幺纹稻弄蝶[*Parnara boda* (Moore)]和南亚谷弄蝶[*Pelopidasagna* (Moore)]，其中，以直纹稻弄蝶分布最广，隐纹谷弄蝶次之。直纹稻弄蝶分布遍及华北、长江流域及华南水稻产区，以南方稻区发生较普遍，局部地区发生严重；曲纹稻弄蝶分布于云南、四川、湖北、湖南、贵州、江西、广东、广西等地区，幺纹稻弄蝶及南亚谷弄蝶仅发生于云南、贵州、江西、湖南及华南等省。主要为害水稻，也取食高粱、玉米、麦类、茭白等作物，并能在游草、芦苇、狗尾草、稗、蟋蟀草等多种杂草上取食存活。

### （二）为害状识别

稻弄蝶皆以幼虫为害，直纹稻弄蝶、曲纹稻弄蝶和幺纹稻弄蝶幼虫取食时，吐丝将数张稻叶缀合成苞，躲在内蚕食叶片成缺刻，故俗称稻苞虫，严重时，可将稻叶吃尽成光杆，还常使稻穗不能伸出。而南亚谷弄蝶和隐纹谷弄蝶幼虫并不作苞，亦被通称为稻苞虫。现以直纹稻弄蝶为代表进行介绍。

### （三）形态识别（图 3-3-13）

几种稻弄蝶多以后翅斑纹数量、排列来命名。

(1)直纹稻弄蝶

①成虫　体长16～20 mm,翅展36～40 mm,体、翅都黑褐色带金黄色光泽,触角球杆状,末端弯曲成小钩状,前翅白斑7～8个,半环状排列,后翅白斑4个,排成一字形。故命名为直纹稻弄蝶(也称直纹稻苞虫)。

②卵　半圆球形,卵径0.91 mm,高0.58 mm。

③幼虫　一般5龄。初孵幼虫头黑色,体灰绿色,2～3龄后头色逐渐变淡褐色。老熟幼虫体长36～40 mm,绿色,纺锤形,头淡褐色或红褐色,上有"W"形纹,前胸背有1条中断的黑褐色横纹,老熟时第4～7腹节两侧各有白色蜡质分泌物。

④蛹　长22 mm。第5、6腹节腹面中央各有1倒"八"字形褐纹。前胸气门纺锤形,通常中央膨大,上下端尖削。

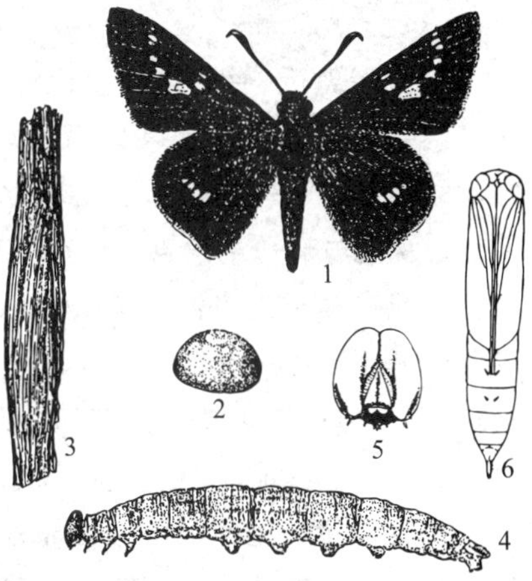

**图 3-3-13　直纹稻苞虫**

1.成虫　2.卵　3.叶苞　4.幼虫

5.幼虫头部(正面观)　6.蛹

(李云瑞.2006.农业昆虫学)

(2)曲纹稻弄蝶　成虫体长14～16 mm,体及翅黑褐色带金黄色光泽,触角球杆状,末端弯曲成小钩状,前翅白斑5个,直角形排列,后翅白斑4个,排列紧密成锯齿状,故名"曲纹"。

(3)么纹稻弄蝶　成虫体及翅黑褐色带金黄色光泽,触角球杆状,末端弯曲成小钩状,前翅白斑5个,直角形排列,后翅无斑纹。

(4)隐纹稻弄蝶　成虫体长17～20 mm体及翅黑褐色带金黄色光泽,触角球杆状,末端弯曲成小钩状,前翅白斑8个,半环状排列,后翅反面白斑2～7个,弧形排列,正面多数无斑纹,故名"隐纹"。

(5)南亚谷弄蝶　成虫体长17～20 mm,体、翅茶褐色微黄,前翅白斑8个,半环状排列,后翅反面斑纹4～5个,弧形排列,后翅正面白斑2～3个。

## (四)发生规律

### 1.生活史和习性

直纹稻弄蝶在我国从北到南发生3～8代,广西6～8代。以老熟幼虫于背风向阳的稻田边、低湿草地、水沟边、河边等处的杂草中结苞越冬,以在游草上越冬的最多;越冬场所分散。越冬幼虫次春小满前化蛹羽化为成虫后,主要在野生寄主上产卵繁殖1代,以后的成虫飞至稻田产卵。以6—8月发生的2、3代为重害代,以迟中稻、一季晚稻和双季晚稻受害严重。末代幼虫除为害双晚稻外,多数生活于野生寄主上,天冷后即以幼虫越冬。

成虫春季出现,日间活动,飞行力极强,需补充营养,嗜食花蜜,有趋绿产卵的习性,喜在生长旺盛、叶色浓绿的稻叶上产卵;卵散产,多产于寄主叶的背面,一般1叶仅有卵1～2粒;少数产于叶鞘。单雌产卵量平均约200粒。

初孵幼虫先咬食卵壳,然后爬至叶片边缘近叶尖处咬一缺刻,吐丝缀合叶缘卷成小苞,在苞内取食。幼虫共5龄。1～2龄幼虫多在叶尖或叶边纵卷成单叶苞,大龄后能缀成多叶苞,成长幼虫食量很大,3～4头幼虫可吃光一丛稻叶。

幼虫白天多在苞内,清晨前或傍晚,或在阴雨天气时常爬出苞外取食,咬食叶片,不留表皮,大龄幼虫可咬断稻穗小枝梗。3龄后抗药力强。有咬断叶苞坠落,随苞漂流或再择主结苞的习性。

幼虫老熟后，有的在叶上化蛹，有的下移至稻丛基部化蛹。蛹苞缀叶3～13片不等，苞略呈纺锤形。老熟幼虫可分泌出白色绵状蜡质物，遍布苞内壁和身体表面。化蛹时，一般先吐丝结薄茧，将腹两侧的白色蜡质物堵塞于茧的两端，再蜕皮化蛹。中、晚稻被害最重。

**2.发生与环境的关系**

稻苞虫最适发育温度为24～28 ℃，相对湿度为80%以上。低于20 ℃或高于32 ℃，相对湿度低于65%，则不利于其发生。若7月雨水较多，雨量分配均匀，加之7—8月食料丰富，就有猖獗成灾可能。凡背风、湿度较高、周围蜜源丰富的稻田，均较一般稻田受害重。迟播、迟熟品种，施肥不当，贪青、深水灌溉的稻田受害重。

天敌　除常见的稻田害虫捕食性天敌外，常见的寄生性天敌有拟澳洲赤眼蜂、稻螟赤眼蜂、黑卵蜂、弄蝶绒茧蜂、稻苞虫寄生蝇、弄蝶凹眼姬蜂等。

### （五）防控技术

(1)农业防治　结合冬季积肥，铲除田边、沟边、塘边杂草及茭白残株，减少越冬虫源。选用高产抗虫早熟品种，合理安排播栽期，使分蘖、圆秆期避过第3代幼虫发生期，幼虫虫量不大或虫龄较高时，可人工剥虫苞、捏死幼虫和蛹。加强田间管理，合理施肥，冷浸田、烂泥田要增施热性肥料，干湿间歇浅水灌溉。

(2)生物防治　保护利用天敌，人工释放赤眼蜂。在直纹稻弄蝶产卵始盛期至高峰期，分期分批放蜂，每667 $m^2$每次放3万～4万头，隔3 d 1次，连续放蜂3次。喷洒杀螟杆菌、青虫菌，每667 $m^2$喷每克菌粉含活孢子量100亿个的菌粉150～200 g，兑水60～75 kg，配成300～400倍稀释液喷雾。为了提高生物防治效果，可加入药液量0.1%的洗衣粉作湿润剂。此外如能加入药液量1/5的杀螟松效果更好。

(3)化学防治　当百丛水稻有卵80粒或幼虫40头时施药，喷洒苏云金杆菌乳剂(100亿个孢子/mL)300～1 000倍稀释液或29%杀虫双水剂500～700倍稀释液，或每667 $m^2$用80%杀虫单原粉35～40 g，兑水60 kg，也可于2～3龄幼虫高峰期，用10%吡虫啉可湿性粉剂10～20 g/667 $m^2$与80%杀虫单原粉40 g/667 $m^2$混配施用。

## 九、水稻害螨

### （一）发生概况

为害水稻的螨类10多种，包括跗线螨、叶螨和甲螨三大类，均属节肢动物门蛛形纲蜱螨目。其中华南地区为害较严重的是水稻斯氏狭跗线螨(*Steneotarsonemus spinki* Smiley)和稻裂爪螨(*Schizotetranychus yoshimekii* Ehara et Wongsiri)。水稻斯氏狭跗线螨属跗线螨科，主要分布在广东、广西、福建、台湾、湖南、湖北、四川、浙江等地。稻裂爪螨属叶螨科，主要分布在广东、广西。跗线螨为害水稻，1974年首先由广西蒲北县病虫测报站发现。

### （二）为害状识别

水稻斯氏狭跗线螨以幼螨、成螨为害，抽穗前在水稻叶鞘和枯叶片上吸汁为害。水稻被害后叶鞘内壁先变深褐色，有破损痕，表面似有灰尘，外壁先出现褐斑，以后斑点连合，颜色变深成黑褐色，抽穗后在护颖、子房、鳞被处为害，颖壳被害也变褐色，水稻稻穗不勾头。受害严重的田块，被害株率达80%～90%，被害株穗颈变形，颖壳变色，秕谷增多，严重影响产量。稻裂爪螨在水稻叶背为害，使叶片先出现白点后变黄干枯。

## （三）形态识别

（1）水稻斯氏狭跗线螨（图 3-3-14） 体形微小，体长仅 0.1～0.3 mm。一般呈乳白色、黄色、绿色或黄褐色，在成熟阶段，表皮的骨化程度比较强，体壁具光泽。体躯背面具背毛 8～9 对。腹面具发达的表皮内突，是跗线螨重要的特征之一。另一重要特征是具明显的性二型现象，雌雄形态明显不同。雌螨体型较大，椭圆形，背面凸圆；足Ⅰ、Ⅱ基节之间的背侧面一般具一对特化、具柄的感觉器官——假气门器；足Ⅳ末端特化为 2 根纤细的鞭状长毛。雄螨体型较小，狭长；不具假气门器；足Ⅳ高度特化呈钳状，粗大，末端具爪，一些种类其股节内侧呈不同形状的膨大；躯体末端具生殖乳突。

（2）稻裂爪螨 成螨 0.3 mm，淡黄至橙黄色，形如橄榄。若螨椭圆形，淡黄色。

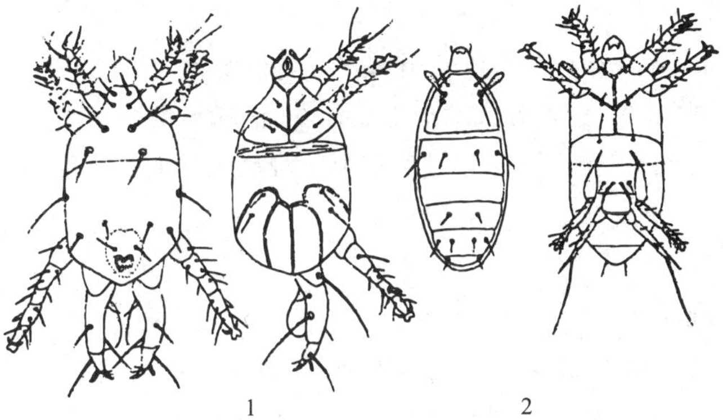

1 2

**图 3-3-14 水稻斯氏狭跗线螨**

1.雄性背、腹面 2.雌性背、腹面

［中国农业科学院植物保护研究所，中国植物保护学会.2015.中国农作物病虫害（第 3 版）］

## （四）发生特点

跗线螨可营两性生殖和孤雌生殖。生活史包括卵、幼螨、“蛹”和成螨 4 个阶段。卵白色，椭圆形，表面具突起或凹陷。卵孵化为 3 对足的幼螨。其后由活动的幼螨阶段进入静止的“蛹期”，在膨胀的幼螨表皮里进行着从幼螨蜕变为成螨的过程，最后蛹表皮裂开而蜕变为 4 对足的成螨。完成生活史约需数天至数十天。中国南方水稻产区受到斯氏狭跗线螨为害，对生产造成严重损失。稻叶被害后，叶鞘内壁先变深褐色，有破损痕，表面似有灰尘，外壁先出现褐斑，以后斑点连合，颜色变深成黑褐色，颖壳被害也变褐色，水稻稻穗不勾头。受害严重的田块，被害株率达 80%～90%，被害株穗颈变形，颖壳变色，秕谷增多，严重影响产量。

高温、少雨、干燥有利于水稻跗线螨的生长发育与繁殖，成、幼螨在田间可随风扩散，迟熟品种受害重，前期偏施、过量施用氮肥植株长势过旺叶片转色不正常的稻株受害重，中后期缺肥、长势差的稻株受害也重，沙质浅脚田、酸性冷底田受害重。晚稻中后期天气干旱，受害重。

稻田跗线螨天敌种类丰富，尤其是昌德里棘螨、巴氏钝绥螨、鳞纹钝绥螨和津川钝绥螨等植绥螨（捕食螨），据报道，昌德里棘螨终年出现在水稻、稻桩、再生稻和田埂杂草上，具有很强的跟踪捕食跗线螨的能力，1 h 可捕食 11 头跗线螨，一生可捕食 200 头跗线螨。

### （五）防治方法

**1.农业防治**

（1）使用抗性品种，冬季结合积肥，铲除田边杂草。

（2）适时灌溉，控制虫源。早稻提前犁田翻耕，灌水泡田 15 d 后再插秧，早稻收获后及时灌水淹死螨虫，用作还田的稻草要充分腐熟。

**2.生物防治**

保护利用稻田中的捕食螨，在跗线螨大发生前，在稻桩、再生稻及杂草上收集回室内，1—3 月用看麦娘花粉，4—9 月用丝瓜花粉人工饲养繁殖，然后释放到为害严重的稻田，以控制其为害。也可用绿僵菌孢子粉 5g/667 $m^2$＋水 4 kg 喷雾，半月后效果达 66.2%，1 个月后效果达 86.6%。

**3.化学防治**

跗线螨生长在水稻叶鞘内，故需要使用具有内吸和渗透性强的药剂，在孕穗中期和水稻破口抽穗后施一次，采用 0.2%苦参碱水剂 100～300 倍稀释液或 11%的乙螨唑悬浮剂兑水稀释 5 000～7 500 倍或 4.5%甲氨基阿维菌素苯甲酸盐 2 000～3 000 倍稀释液喷雾。

## 十、福寿螺

### （一）发生概况

福寿螺（*Pomacea canaliculata*）属软体动物，外观与田螺极其相似，原产地是南美洲的热带和亚热带地区，1979 年作为食品引入中国台湾地区养殖，1981 年作为高蛋白食品引入广东，1984 年作为特种养殖对象在广东省被广为推广，并很快被人工引种到广西、福建、四川、云南、浙江等地，后因味道不受欢迎被遗弃野外，由于没有了原产地天敌的制约，在野外条件下，对水稻、莲、茭白、芋头、荸荠、菱角、芡实、蕹菜等水生作物造成较大为害。目前已被列入中国首批外来入侵物种。

### （二）为害状识别

福寿螺能够咬断水稻主蘖及有效分蘖，对苗期至分蘖期水稻为害严重，常导致有效穗减少而造成减产达 20%以上。除啮食水稻等水生植物外还传播广州管圆线虫等疾病。人食用生的或加热不彻底的福寿螺后即可被感染，会引起人的嗜酸性粒细胞增多性脑膜炎与脑膜脑炎，引起头痛、头晕、发热、颈部僵硬、面神经瘫痪等症状，严重者会出现瘫痪、嗜睡、昏迷等，甚至死亡。

### （三）形态识别

（1）螺体　福寿螺成螺整个身体由头部、足部、内脏囊、外套膜和贝壳 5 个部分构成。头部腹面为肉块状的足，具一螺旋状的螺壳，颜色随环境及螺龄不同而异，有光泽和若干条细纵纹，爬行时头部和腹足伸出。头部具触角 2 对，前触角短，后触角长，后触角的基部外侧各有一只眼睛。螺体左边具 1 条粗大的肺吸管。成贝壳厚，壳高 7 cm，幼贝壳薄，贝壳的缝合线处下陷呈浅沟，壳脐深而宽。贝雌雄同体，异体交配。

（2）卵　圆形，直径 2 mm，初产卵粉红色至鲜红色，卵的表面有一层不明显的白色粉状物，在 5—6 月的气温条件下，5 d 后变为灰白色至褐色，这时卵内已孵化成幼螺。卵块椭圆形，大小不一，卵粒排列整齐，卵层不易脱落，鲜红色，小卵块仅数十粒，大的可达千粒以上。

卵于夜间产在水面以上干燥物体或植株的表面，如茎秆、沟壁、墙壁、田埂、杂草等上。

### （四）发生规律

福寿螺喜生活在水质清新、饵料充足的淡水中，多集群栖息于池边浅水区，或吸附在水生植物茎叶上，或浮于水面，能离开水体短暂生活。最适宜生长水温为25～32 ℃，超过35 ℃生长速度明显下降，生存最高临界水温为45 ℃，最低临界水温为5 ℃。在长江以南广大地区福寿螺可自然越冬。每年3—11月为福寿螺的繁殖季节，其中5—8月是繁殖盛期，适宜水温为18～30 ℃。一次受精可多次产卵，交配后3～5 d开始产卵，夜间雌螺爬到离水面15～40 cm的池壁、木桩、水生植物的茎叶上产卵。卵圆形，粉红色，卵径2 mm左右。卵粒相互粘连成块状，每次产卵一块，200～1 000粒，一年可产卵20～40次，产卵量3万～5万粒。广西每年可发生3代。理想状态下1只雌螺经1年两代（含第二代繁殖数）可增殖超30万只，繁殖力极强。

### （五）防控技术

**1.农业防治**

消灭越冬螺源，福寿螺主要集中在溪河渠道中和水沟低洼积水处越冬，因此要在春耕前清理稻田边水沟，清除淤泥和杂草，破坏福寿螺的越冬场所，降低越冬螺的成活率和冬后的残螺量。阻断传播，在重发生区的下游片区，灌溉渠入口或者稻田进水口安装阻隔网，防止福寿螺随水进入田间。人工捕杀，在春季产卵高峰期，结合田间管理摘除田间、沟渠边卵块，带离稻田喂养鸭子或将卵块压碎，人工摘除卵块和结合农时捡拾成螺。

**2.物理防治**

稻田淹水后，在稻田中插30～100 cm高竹片（木条、油菜秸秆），引诱福寿螺在竹片（木条、秸秆）上集中产卵，每2～3 d摘除一次卵块进行销毁。数量以每亩30～80根竹片（木条、秸秆）为宜，靠近田边适当多插，方便卵块摘除。

**3.生物防治**

稻田养鸭或养鱼、鳖吃螺。

**4.化学防治**

达到防治指标及时防治：水稻田苗期1～2头/$m^2$，田边卵块1个/$m^2$，分蘖期3～4头/$m^2$，卵块1～2块/$m^2$。药剂可选用6%四聚乙醛颗粒剂田间均匀撒施或者拌细土5～10 kg撒施，或用50%杀螺胺乙醇胺盐可湿性粉剂、70%杀螺胺可湿性粉剂、45%三苯基乙酸锡可湿性粉剂等兑水喷雾或每平方米撒生石灰45 g或撒茶麸粉30～45 g。通常进行两次施药：第一次秧田水稻2叶1心期施药，第二次移栽时施药。如螺害严重隔10 d再施药1次。

## 十一、水稻其他害虫

**1.稻眼蝶**

成虫体长16.5 mm，翅展41～52 mm，翅面暗褐至黑褐色，背面灰黄色；前翅正反面第3、6室各具1大1小的黑色蛇眼状圆斑，前小后大，后翅反面具2组各3个蛇眼圆斑。卵馒头形，大小0.8～0.9 mm，米黄色，表面有微细网纹，孵化前转为褐色。幼虫初孵时2～3 mm，浅白色，后体长32 mm，老熟幼虫草绿色，纺锤形，头部具角状突起1对，腹末具尾角1对。蛹长约15 mm，初绿色，后变灰褐色，腹背隆起呈弓状。华南5～6代，世代重叠，以蛹或末龄幼虫在稻田、河边、沟边及山间杂草上越冬。成虫白天飞舞在花丛或竹园四周，晚间静伏在杂草丛中，经 5～10 d 补充营养交尾后次日把卵散产在叶背或叶面，产卵期 30 多 d，每雌可产卵 96～166 粒，初孵幼虫先吃卵壳，后取食叶缘，3 龄后食量大增。老熟幼虫经 1～3 d 不食不动，便吐丝黏着叶背倒挂半空化蛹。防控技术：生物防治，利用天敌弄蝶绒茧蜂、螟蛉绒茧蜂、广大腿小蜂及步甲、猎蝽等防治。其他方法防治参照水稻螟虫。

**2.黑尾叶蝉**

后足细长的胫节生有两排短刺，体连翅长 4～4.5 mm。全身黄绿色。头部背面近前缘处有一黑色横带。前翅淡蓝绿色。雄虫的前翅端部黑色，当翅覆于体背时，黑色部分在尾端，因此得名。分布在长江中、上游和西南各省。江、浙一带每年发生 5～6 代，以 3～4 龄若虫及少量成虫在绿肥田边、塘边、河边的杂草上越冬。防控技术：参照稻飞虱。

**3.水稻负泥虫**

成虫体长 4～5 mm，前胸背板黄褐色，鞘翅青蓝色，有金属光泽，每个鞘翅上有 10 条纵列刻点，足黄褐色。卵长椭圆形，长约 0.7 mm，初产时淡黄色，后变黑褐色。幼虫有 4 龄。初孵幼虫头红色，体淡黄色，老熟幼虫体长 4～6 mm，头小，黑褐色；体背呈球形隆起，全身各节具有 6～22 个黑色瘤状突起，肛门向上开口，粪便排体背上，幼虫盖于虫粪之下，故称背屎虫、负泥虫。蛹长约 4.5 mm，鲜黄色，裸蛹，外有灰白色棉絮状茧。每年发生 1 代，越冬成虫在 3—4 月出现，4—5 月幼虫盛发，为害早稻本田，6—7 月成虫大量羽化，新羽化的成虫当年不交尾，取食一段时间，入秋后迁飞到越冬场所。本田期施药则掌握在幼虫盛孵期。主要的药剂有：3%甲氨基阿维菌素苯甲酸盐水分散性粒剂 1 500 倍稀释液＋47%毒死蜱 2 000 倍稀释液；20%氯虫苯甲酰胺悬浮剂 1 500 倍稀释液；25%棉铃虫核多角体病毒水剂 1 500 倍稀释液；25%苏云金芽孢杆菌 1 200 倍稀释液；0.3%印楝素水剂 1 000 倍稀释液。

**4.稻水象甲**

成虫体长 2.6～3.8 mm。喙与前胸背板几等长，稍弯，扁圆筒形。前胸背板宽。鞘翅侧缘平行，比前胸背板宽，肩斜，鞘翅端半部行间上有瘤突。雌虫后足胫节有前锐突和锐突，锐突长而尖，雄虫仅具短粗的两叉形锐突。蛹长约 3 mm，白色。幼虫体白色，头黄褐色。卵圆柱形，两端圆。每年发生 1～2 代，一般在单季稻区发生 1 代，双季稻或单、双季稻混栽区发生 2 代。该虫是半水生昆虫，成虫在地面枯草上越冬，3 月下旬交配产卵。卵多产于浸水的叶鞘内。初孵幼虫仅在叶鞘内取食，后进入根部取食。羽化成虫从附着在根部上面的蛹室爬出，取食。

## 【工作步骤】

1.水稻螟虫、稻飞虱、稻纵卷叶螟的形态观察与比较，包括各虫态比较，为害状观察。

2.稻瘿蚊、稻蓟马、稻蝽类各虫态形态观察与比较，为害状识别比较。

3.当地发生较普遍的水稻害虫、害螨、软体动物形态识别及为害状鉴别。

## 【巩固训练】

植保技能考核：识别并写出当地水稻主要害虫名称。

### ◆作业

1.绘水稻螟虫和稻纵卷叶螟幼虫形态图。

2.列表阐述当地水稻主要害虫为害虫态及为害状。

### ◆思考题

1.当地水稻主要害虫发生概况。
2.三化螟、二化螟、大螟在为害状上有何异同点?
3.稻纵卷叶螟和稻苞虫的为害状有何异同?
4.如何区别褐飞虱、白背飞虱、灰飞虱的成虫与若虫?

# 任务2　水稻害虫综合防控技术

## 【材料、用具与场所】

记录本、铅笔、皮卷尺或米尺、农药及施药器械等,害虫发生严重的地块。

## 【基础知识】

### 一、农业防治

选用抗虫品种。铲除田边杂草,消灭越冬害虫。把单、双季稻混栽区因地制宜改为纯双季稻区,调整播种期和栽插期,避开成虫产卵高峰期。合理搭配种植中、早熟杂交稻。栽培管理上实行同品种连片种植;对不同的品种或作物进行合理布局,避免害虫辗转为害。同时要加强肥水管理,适时适量施肥和适时露田,避免长期浸水。进行人工采苞灭幼虫。夏收夏种季节,及时耙沤已收早稻田块,铲除田基、沟边杂草,用烂泥糊田埂等,可消灭蓉草、稻根腋芽及再生稻上的虫源,减少虫口基数。

### 二、生物防治

(1)利用赤眼蜂防治水稻纵卷叶螟　稻螟赤眼蜂是稻纵卷叶螟的天敌。一般可采用人工繁殖赤眼蜂,在26～28 ℃温度下,6～8 d即可完成一代。在害虫产卵始盛期开始放蜂,每隔2～3 d放1次,连续放3次。放蜂量要根据害虫卵的密度大小而定,一般放蜂1万～3万头。一般每亩为3～5处。放蜂的方法,多采用即将羽化出蜂的卵卡放入竹筒或用大而厚的植物叶片制成的放蜂筒内,并用小棍连接成"T"字形,插于田间,略高于作物。放蜂10 d后,即可根据卵色变化检查寄生情况。注意寄生卵呈黑色,大面积防治效果一般应达70%以上。

(2)利用蜘蛛防治水稻害虫　农田蜘蛛是水稻害虫的主要捕食性天敌。主要有草间小黑蛛、拟水狼蛛、拟环纹狼蛛等,占蜘蛛总量的70%～80%。稻田蜘蛛捕食稻飞虱、稻叶蝉、稻螟、稻纵卷叶螟、稻苞虫、稻螟蛉和蚜虫等。1头拟环纹狼蛛可捕食4～6头/d;1头草间小黑蛛可捕食2～3头/d。据观察,稻田蜘蛛与稻飞虱、稻叶蝉之比为1∶4的情况,可以起到控制作用。对稻田蜘蛛的利用,主要采取保护自然资源,加以必要的人工助迁,并尽可能在田埂种植大豆作物,以便在春耕时作蜘蛛的暂避场所。农田施用化学农药应尽量选用高效、低毒，具有选择性的农药，并改进施药方法，减少施药面积和次数。如防治稻螟每亩可用50%杀螟丹可溶性粉75～100 g，既可防治害虫，又可保护蜘蛛及其他天敌少受杀伤。

(3)利用食虫脊椎动物防治水稻害虫　①养鸭防治水稻害虫。鸭能捕食稻田的稻飞虱、稻叶蝉、螟蛾、黏虫、稻苞虫、叶甲等。宜放小鸭下田，养鸭数量，按每667 $m^2$ 2～3只小鸭即可。放鸭前稻田应放7～8 cm深的水，以利于鸭的浮动而震动害虫落水。值得注意的是，稻白叶枯病流行区及保护利用蜘蛛和蛙类治虫的田，则不宜放鸭。②保护蛙类防治水稻害虫。如1只黑斑蛙能吃70～90头/d稻叶蝉和稻飞虱，泽蛙1 d最多可吃稻叶蝉266头。

## 三、物理防治

诱虫灯诱杀成虫。

## 四、药剂防治

(1)水稻稻螟虫防治　治枯心苗和枯鞘一般在卵孵化前1～2 d防治1次，大发生年份，在孵化高峰前3 d用药1次，7～10 d后再用药1次。治白穗：在孵化盛期内应掌握在水稻破口期(5%～10%的水稻破口露穗时)用药防治。水稻抽穗后，三化螟一般不易侵入为害，但如稻穗尚未抽齐，又遇上盛孵期，要防治1次。防治二化螟为害的虫伤株，在水稻灌浆后仍要在盛孵期施药。可选用的药剂有：3%甲氨基阿维菌素苯甲酸盐1 500倍稀释液+47%毒死蜱液；氯虫苯甲酰胺1 500倍稀释液；20%棉铃虫核多角体病毒水剂1 500倍稀释液；25%苏云金芽孢杆菌粉剂1 200倍稀释液；0.3%印楝素水剂或0.3%苦参碱水剂1 000倍稀释液；10%吡虫啉1 500倍稀释液+杀虫单1 500倍稀释液；25%杀虫双水剂200 g/667 $m^2$。以上药剂加水50～75 kg喷雾防治。施药时田内要保持3～5 cm水层，维持5～7 d。

(2)稻纵卷叶螟防治　一般在水稻孕穗期或抽穗期只需施药1次，即可达到防治的目的。药剂同水稻螟虫。

(3)稻飞虱防治　孕穗、抽穗期，每丛有虫10头左右，或灌浆乳熟期，每丛有虫10～15头，或蜡熟期，每丛有虫15～20头时进行防治。可选用的药剂种类有：在低龄若虫盛期用：0.3%苦参碱水剂或28%烯啶虫胺水乳剂、3%啶虫脒水分散性粒剂、30%吡虫啉水分散性粒剂任一种，均为1 000倍稀释液；25%噻嗪酮30～50 g/667 $m^2$；80%敌敌畏100 g/667 $m^2$；目前防治稻飞虱有很好的药剂，如25%吡蚜酮可湿性粉剂、10%吡虫啉可湿性粉剂等。若用10%吡虫啉可湿性粉剂用20 g/667 $m^2$，加水50～60 kg，先进行分厢，然后将喷头对准水稻基部进行喷雾。喷药时，田间一定要保持3 cm左右的水层，防治效果可达95%以上，药效时间长达30 d左右。所以，用此类农药，施药1次，基本上可以控制1代的为害。

## 【工作步骤】

(1)以小组为单位，制订水稻害虫调查方案并实施调查。

(2)以小组为单位，根据调查结果查对防治指标，进行防治决策，制订综合防治方案。

(3)采取相应措施实施水稻害虫综合防治，调查防治效果，写出调查报告。

## 【巩固训练】

### ◆思考题

列表表示当地水稻主要害虫、害螨、软体动物的为害虫态、典型为害状、防治对口农药及施用方法。

## 课程思政

**1.了解国情**

截至 2022 年 5 月 26 日，全球 238 个国家人口总数为7 898 236 143人，其中中国以1 447 301 400人位居第一，为世界上人口最多的国家，印度以 1 403 018 576 人位居地球第二，第三至第十名分别是美国、印度尼西亚、巴西、巴基斯坦、尼日利亚、孟加拉国、俄罗斯、墨西哥。

**2.袁隆平院士先进事迹**

袁隆平(1930.9.7—2021.5.22)是我国著名的育种专家，一生都在为解决人民的吃饱饭问题而努力工作。对人类的最大贡献：一是发明“三系法”籼型杂交水稻和“两系法”超级杂交稻技术体系，大幅度提高了水稻单产；二是把杂交水稻推向全世界，帮助解决世界人民的吃饱饭问题。被称为“杂交水稻之父”“当代神农”。

袁隆平 1953 年毕业于西南农学院，1964 年开始研究杂交水稻。1973 年实现三系配套，1974 年育成第一个杂交水稻强优组合南优 2 号，1975 年研制成功“三系法”籼型杂交水稻种植技术，此后成功研究出“两系法”超级杂交稻技术体系，大幅度提高了水稻单产，短短几十年，就将我国水稻产量从平均亩产300 kg左右先后提高到 500 kg、900 kg、1200 kg，让我国用不到世界 9%的耕地养活了世界 20%的人口。

袁隆平 1995 年被选为中国工程院院士，2000 年获得国家最高科学技术奖，2004 年获得农业领域国际上的最高荣誉“世界粮食奖”，2013 年获得第四届中国消除贫困奖终身成就奖。2018 年 12 月 18 日，党中央、国务院授予袁隆平“改革先锋”称号。2019 年 9 月 17 日，国家主席习近平签署主席令，授予袁隆平“共和国勋章”。

**3.粮食安全与 18 亿亩耕地红线**

我国粮食安全关系到国家安全，“确保粮食安全，坚守 18 亿亩耕地红线”是 2013 年 12 月 23—24 日中央农村工作会议上提出的国策。会议提出要用最严谨的标准、最严格的监管、最严厉的处罚、最严肃的问责，确保粮食安全，坚守 18 亿亩耕地红线。要坚持以我为主、立足国内、确保产能、适度进口、科技支撑的国家粮食安全战略。中国人的饭碗任何时候都要牢牢端在自己手上，我们的饭碗应该主要装中国粮。会议还强调，耕地红线要严防死守，18 亿亩耕地红线仍然必须坚守，同时现有耕地面积必须保持基本稳定。

## 学习评价

水稻害虫综合防治考核评价表

| 序号 | 考核项目 | 考核内容 | 考核标准 | 考核方式 | 分值 |
|---|---|---|---|---|---|
| 1 | 水稻害虫识别 | 水稻害虫形态及为害状识别 | 能仔细观察、准确描述水稻主要害虫的形态识别要点及为害状特点，并能指出其所属目科种名称 | 实验室或现场识别考核 | 4 |
| 2 | 田间调查 | 水稻害虫田间调查方法 | 能现场区分类型田，并选择其中之一进行调查，采取正确的调查方法实地调查，数据记录正确、完整 | 现场考核 | 6 |
| 3 | 制订综合防治方案 | 能针对水稻害虫发生规律制订调查方案 | 能结合实际对水稻主要害虫发生规律制订出综防计划，防治方案制订科学、可行性强 | 学生自评、小组互评和教师评价相结合 | 5 |
| 4 | 组织实施综合防治 | 能组织实施防治方案 | 了解水稻害虫综防技术规程，能组织落实综防技术措施 | 现场操作考核 | 10 |
| 5 | 知识点考核 | | 水稻害虫发生种类、为害状、发生特点、综合防治方法 | 闭卷笔试 | 50 |
| 6 | 实验报告 | | 报告完成认真、规范，内容真实；绘制的害虫形态特征典型，标注正确 | 评阅考核 | 10 |
| 7 | 学习纪律及态度 | | 对老师提前布置的任务准备充分，发言积极，观察认真；遵纪守时，爱护公物 | 学生自评、小组互评和教师评价相结合 | 15 |

# 子项目四　玉米害虫识别与综合防控技术

## 学习目标

识别出玉米主要害虫，了解玉米害虫发生概况、掌握发生规律及防治技术。

## 任务 1　玉米害虫识别及其防控技术

### 【材料、用具与场所】

玉米螟、黏虫、玉米铁甲虫、玉米蚜虫、玉米黑毛虫、棉铃虫及当地其他常见玉米害虫标本。体视显微镜、放大镜、镊子、培养皿、挂图。

## 【基础知识】

玉米是主要粮食作物，栽培面积仅次于水稻。玉米也可作为饲用作物及特用蔬菜。在广西为害玉米的主要害虫有10多种，如在播种期和苗期为害的主要有地下害虫如地老虎、蛴螬、蝼蛄、蟋蟀等及大螟、玉米黑毛虫、棉铃虫，尤以春玉米受害重。生长中后期有玉米螟、黏虫、玉米蚜虫、东亚飞蝗及土蝗，局部地区苗期和中后期玉米铁甲虫严重为害。贮藏期有玉米象等仓储害虫。本项目仅介绍在华南地区发生严重的害虫。

### 一、玉米螟

#### （一）发生概况

在我国为害的玉米螟有两种：亚洲玉米螟[*Ostrinia furnacalis* (Guenée)]和欧洲玉米螟[*O. nubilalis* (HÜbner)]。属鳞翅目螟蛾科。亚洲玉米螟分布极广，属于世界性害虫。在我国除西藏、青海未见报道外，其他各地均有分布。而欧洲玉米螟则分布在西北、新疆等地。亚洲玉米螟俗称玉米钻心虫，为多食性昆虫，可取食40科200多种植物，主要寄主有玉米、高粱、谷子、黍、棉花、大麻、甘蔗、向日葵、甜菜、甘薯等作物和大丽花、苍耳等。

#### （二）为害状识别

主要以幼虫蛀茎为害，破坏茎秆组织，影响养分输送，使植株受损，严重时茎秆遇风折断。1～2龄幼虫取食心叶，形成“花叶”，3～4龄后蛀入心叶内为害。被害叶长出喇叭口后，呈现出横排孔，或蛀入雄穗、雌穗、茎秆，或集中在花丝内为害，造成茎秆折断。

#### （三）形态识别（图3-4-1）

(1)成虫　雄蛾体长10～14 mm，翅展20～26 mm，褐黄色。前翅内横线为暗褐色波状纹，外横线为暗褐色锯齿状纹，两线之间有2个褐色斑。外缘线与外横线间有1条宽大的褐色带。后翅淡褐色，也有褐色横线，当翅展开时，与前翅内外横线正好相接。雌蛾体长13～15 mm，翅展25～34 mm，前翅淡黄色，不及雄蛾鲜艳，内、外横线及斑纹不明显，后翅黄白色，腹部较肥大。

(2)卵　扁椭圆形，长约1 mm，宽0.8 mm。一般20～60粒黏在一起，排列成鱼鳞状，边缘不整齐。初产时乳白色，后变为黄白色，半透明，临孵化前颜色灰黄。

(3)幼虫　老熟幼虫体长20～30 mm，淡褐色。头壳及前胸背板深褐色，有光泽，体背灰黄或微褐色，背线明显，暗褐色。中、后胸毛片每节4个，腹部1～8节每节6个，前排4个较大，后排2个较小。腹足趾钩3序缺环。

(4)蛹　体长15～18 mm，纺锤形，红褐色或黄褐色。腹部背面1～7节有横皱纹，3～7节具褐色小齿。尾端臀棘黑褐色，尖端有5～8根钩刺。

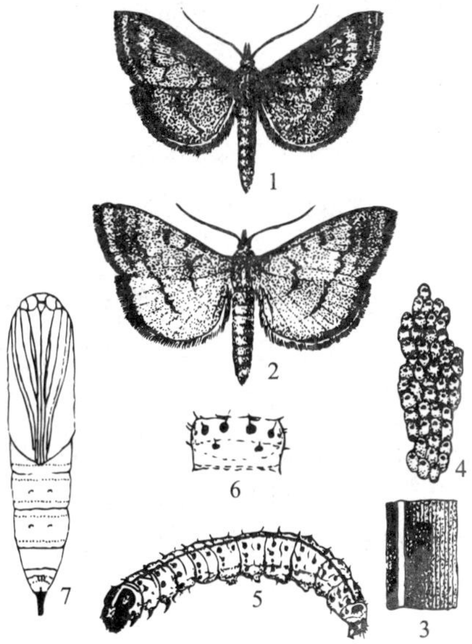


图3-4-1　玉米螟

1.雄成虫　2.雌成虫　3.卵块
4.卵块放大　5.幼虫
6.幼虫第2腹节　7.蛹
（西北农业大学.2002.农业昆虫学）

### （四）发生规律

#### 1.生活史和习性

玉米螟在我国1年发生1～6代，在广西桂北1年发生4代，桂西、桂中和桂南地区1年发生6代，世代重叠。玉米螟是滞育越冬昆虫，以4龄幼虫感知光周期的变化，以老熟幼虫在玉米、高粱等秸秆、穗轴或根茬中越冬。

成虫有弱趋光性。成虫羽化后当天即可交配，1～2 d后开始产卵，前1～2 d产卵量最多，3～4 d后逐渐减少。雌蛾有趋高、趋绿产卵的习性，多选择生长茂密、叶色浓绿、植株高大的玉米植株产卵。在高度低于45 cm的玉米植株上很少产卵。卵聚产于玉米中、下部叶片的背面，以中脉附近较多，少数产在茎秆上。卵10余粒至百余粒呈鱼鳞状排列。单雌产卵10～20块，每个卵块有卵20～60粒。成虫寿命3～21 d，一般8～10 d。卵多在上午孵化，卵期一般3～5 d，低温可使卵期延长至6～7 d。

幼虫孵化后先群集在卵壳附近，约1 h后开始分散，有的则吐丝下垂随风飘移到临近植株上为害。幼虫多数5龄，少数6龄。有趋糖、趋触、趋湿和负趋光性，喜欢潜藏为害。3龄以下多集中在心叶内取食，抽出的叶片成花叶和横排孔。抽雄时幼虫常吐丝联结小穗，在内咬断小穗。抽穗后幼虫可潜藏在上部叶腋间取食积存的花粉和叶腋组织，继而集中到雌穗顶端花丝基部取食花丝和未成熟的嫩粒，4龄后由雌穗顶端和基部蛀入穗轴或雌穗附近的茎秆。可转株为害。幼虫期除越冬代外，各代大多为26～28 d，幼虫老熟后多在其为害处化蛹，少数幼虫爬出茎秆化蛹。蛹期一般8～10 d。

#### 2.发生与环境条件的关系

玉米螟的发生与越冬基数、温度、湿度、寄主品种及生育期、栽培制度和天敌等密切相关。

（1）越冬基数和温、湿度　玉米螟越冬基数的多少决定一年中玉米螟为害的程度。冬季温暖，越冬死亡率低，越冬基数大，田间第一代卵量和被害株率就高。越冬后幼虫需取食潮湿的秸秆或吸食露水才能化蛹。

玉米螟喜中温高湿，发育适温为16～30 ℃，相对湿度60%以上，成虫产卵及卵的孵化最适湿度为80%以上。一般早春气候温暖，6—8月降雨均匀，相对湿度达70%以上，有利于它的繁殖为害。湿度过低、少雨干燥、气温偏高，对成虫交尾和产卵不利，产卵量减少，孵化率低，初孵幼虫死亡率高；连续大雨或暴雨，也不利于成虫交尾产卵、卵孵化和初孵幼虫的存活，对玉米螟发生量有明显的抑制作用。

（2）耕作制度　玉米、高粱、谷子的春、夏播混种区，玉米螟的发生和为害最严重。玉米生长嫩绿茂密，可引诱成虫集中产卵，受害加重。

（3）玉米品种和生育期　据研究，抗螟玉米品种植株体内中含有甲、乙、丙3种抗虫素，其中以抗虫素甲和丙最重要，抗虫素丙简称丁布（DIMBOA）。低龄玉米螟幼虫取食了抗虫素含量较高的玉米叶片会出现厌食、生长发育受阻、甚至死亡。不同玉米品种抗虫素的含量不同，所以不同品种的抗螟性不同，超甜玉米受害最重，其次是糯玉米，普通玉米受害最轻。

同一品种随生育期后延而抗虫素含量降低，玉米苗期的抗虫素的含量最高，故玉米苗期对玉米螟有抗性，随着玉米生长植株含糖量增加，抗虫素含量降低，所以玉米心叶末期幼虫成活率高于心叶初期，抽丝授粉期幼虫成活率最高，而随着花丝干枯，进入乳熟期，幼虫成活率又趋下降。所以生长中期对雌蛾的引诱能力最强。生长后期植株老化，对雌蛾失去吸引作用，植株着卵量减少。

(4)天敌　我国已知的玉米螟天敌有70多种，卵期主要有玉米螟赤眼蜂和黑卵蜂，幼虫期和蛹期主要有茧蜂、玉米螟厉寄蝇、白僵菌、苏云金杆菌及肉食瓢虫、步甲、草蛉、食虫虻和蜘蛛等。

### (五)防控措施

**1.农业防治**

(1)处理越冬寄主，压低虫口基数。秋收后至翌年玉米螟幼虫化蛹前，采取烧、沤、铡、封、剥、铲等办法处理寄主秸秆、根茬、穗轴、苞叶等。

(2)选种抗螟品种。

(3)合理布局，避免在一个地区插花种植玉米螟主要寄主作物。利用雌蛾趋高产卵的习性，有计划安排种植一些早播玉米，加强水肥管理，使其生长茂密诱蛾产卵，集中防治。

**2.诱杀成虫**

利用黑光灯和性诱剂诱杀成虫。

**3.生物防治**

(1)以蜂治螟　松毛虫赤眼蜂、玉米螟赤眼蜂和螟黄赤眼蜂已在生产上应用。在螟卵初盛期开始释放赤眼蜂，每667 $m^2$设放蜂点5～10个，放蜂1万～3万头，蜂卡经变温锻炼后，夹在玉米植株下部第5或第6叶的叶腋处，广西南宁合一生物防治技术有限公司生产的双面胶蜂卡可直接黏贴在玉米叶背。如果气候适宜，卵的寄生率达70%～90%及以上。

(2)以菌制螟　在玉米心叶中期，可用孢子含量50亿～100亿个/g的白僵菌粉，按1∶10的比例兑经过筛的煤渣，制成颗粒剂施于心叶内，每株2 g，效果与化学农药相当，且持效期长。也可在早春玉米螟越冬幼虫复苏后化蛹前用白僵菌封垛，用白僵菌粉100 g/$m^3$秸秆。心叶期也可用Bt菌粉每667 $m^2$ 50 g稀释2 000倍灌心，或每667 $m^2$施用0.1～0.2 kg与5 kg细沙制成颗粒剂；穗期防治可在雌穗花丝上滴灌Bt 200～300倍稀释液。

**4.药剂防治**

防治指标：卵块密度10块/百株，或花叶率达10%，或百穗花丝有虫50头。施药适期：心叶末期，抽丝盛期。

(1)心叶末期和中期　每667 $m^2$用50%辛硫磷乳油100 mL＋水0.5 L拌细沙(或细煤渣)7.5 kg～10.5 kg制成毒土，或用0.5%辛硫磷颗粒剂，16:00后撒于喇叭口，每株2～3 g。注意辛硫磷对玉米容易产生药害，不能随意增加用量，撒毒土时应在露水干后进行。或每667 $m^2$用20%氯虫苯甲酰胺悬浮剂5～10 mL＋水50 kg，或用4.5%高效氯氰菊酯1 200～1 500倍稀释液灌喇叭口，每株10～15 mL。

(2)穗期防治　当预测穗期虫穗率达10%或百穗花丝有虫50头时，在抽丝盛期应防治1次，若虫穗率超过30%，6～8 d后需再防治1次。在抽丝盛期将前述颗粒剂撒在玉米的“4叶1顶”，即雌穗着生节的叶腋及其上2叶和下1叶的叶腋、雌穗顶的花丝上。也可用75%的辛硫磷乳剂1 000倍稀释液滴在穗顶。花丝蔫须后，剪掉花丝，用90%的敌百虫0.5 kg、水150 kg、黏土250 kg配制成泥浆涂于剪口。

## 二、黏虫

黏虫[*Mythimna separata* (Walker)]又称剃枝虫、行军虫、五色虫等，属鳞翅目夜蛾科。

广泛分布于多个国家和岛屿,北至中国东北和俄罗斯东部,南到澳大利亚和新西兰,西起巴基斯坦,东达萨摩亚群岛,地跨热带、亚热带和温带广大地区。国内除新疆未见报道外,其他各地均有分布。黏虫是一种迁飞性、暴食性、多食性害虫。可取食16科100多种植物,主要为害麦类、谷子、水稻、玉米、高粱、甘蔗、燕麦、芦苇及禾本科牧草,大发生时也为害豆类、白菜、甜菜、麻类和棉花等。

## (一)为害状识别

以幼虫取食叶片,1～2龄时仅食叶肉,将叶片食成小孔,3龄后蚕食叶片形成缺刻,5～6龄为暴食期。大发生时,常将作物叶片全部食光,穗部咬断,造成严重减产甚至绝收。在广西3—4月为害玉米,食叶成半透明、孔洞和缺刻,9—10月为害水稻,咬断小穗梗。黏虫在桂南冬天仍可为害冬种作物。

## (二)形态识别(图3-4-2)

(1)成虫　体长15～17 mm,翅展36～40 mm,头部和胸部灰褐色,腹部暗褐色,前翅灰黄褐色、黄色或橙色。内横线往往只现几个黑点,环纹与肾纹呈两个淡黄色圆斑,界限不显著,肾纹后端有1个白点,其两侧各有1个黑点;外横线为1列黑点;亚缘线自顶角内斜至$M_2$,为1条暗黑色条纹;外缘线为1列黑点。后翅暗褐色,向基部色渐淡。雄蛾体稍小,体色较深。

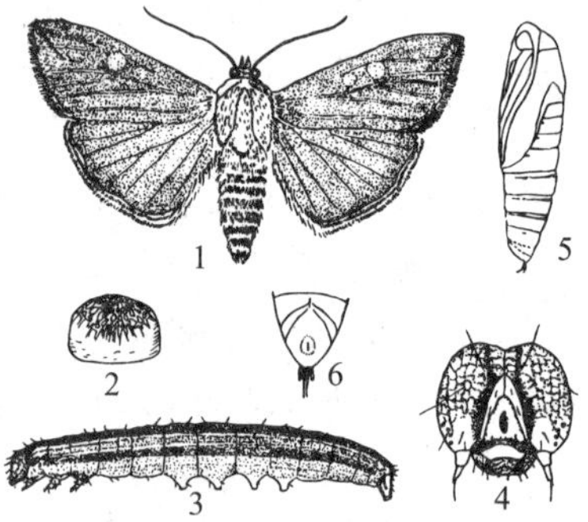


图3-4-2　黏虫

1.成虫　2.卵　3.幼虫
4.幼虫头部正面观　5.蛹侧面观
6.蛹腹部末端腹面观
(李云端.2006.农业昆虫学)

(2)卵　呈馒头形,稍带光泽,直径约0.5 mm,表面具六角形有规则的网状脊纹。初产时白色,孵化前呈黄褐色至黑褐色。卵粒单层排列成行,常产于叶鞘缝内,或枯卷叶内。在水稻叶片尖端产卵时,则常常成卵棒。

(3)幼虫　成长幼虫体长可达38 mm,体色多变,有各种色彩。发生量小时,体色较浅,大发生时体呈浓黑色。头部中央沿蜕裂线有一"八"字形黑褐色纹。幼虫体表有许多纵行条纹,背中线白色,边缘有细黑线,两侧有两条红褐色纵线条,两纵线间均有白色纵行细纹。腹面污黄色,腹足外侧有黑褐色斑。

(4)蛹　红褐色,体长19～23 mm。腹部第5、6、7节背面近前缘处有横列的马蹄形刻点,中央刻点大而密,两侧渐稀。尾端有1对粗大的刺,刺的两旁各有短而弯曲的细刺2对。

## (三)发生规律

### 1.生活史和习性

黏虫无滞育现象,只要条件合适,可连续繁殖和生长发育。每年发生的世代数,国内由北到南逐渐递增,1年发生1～8代。在我国东部的1月8 ℃等温线(北纬27°以南地区),包括广东、广西、福建等省的中部、南部及台湾地区,全年发生6～8代,黏虫可终年繁殖为害,无明显的越冬虫态,在桂南冬天仍可为害冬种作物;4～8 ℃等温线(北纬27°～30°),包括广东、广西、福建等省的北部及湖南、江西、浙江等地,无冬眠,黏虫冬季虽能取食,但数量少,全年发生5～6代;0～4 ℃等温线(北纬30°～33°),以蛹和幼虫在稻草堆下,根茬、田埂草地越冬,全年发生4～5代;0 ℃等温线或北纬33°是黏虫越冬北限,即淮河以北的地区,包括东北和华北地区不能越冬,其虫源是从南方远距离随气流迁飞而来,全年发生2～4代后,以成虫迁回南方越冬。

黏虫具有异地迁飞为害的习性,在我国每年有 4 次较大规模的迁飞为害活动。具有两种迁飞模式,春夏季从低纬度向高纬度地区或从低海拔向高海拔地区迁飞为害,秋季回迁时,从高纬度向低纬度地区或从高海拔向低海拔地区迁飞为害。

黏虫在广西主要以第一代 3—4 月为害玉米,取食叶片成缺刻状,稍后即迁飞到北方越夏,9—10 月由北方迁回,为害水稻,咬断小穗梗。冬种作物多,早春蜜源植物多,第一代数量就多,为害就重。

成虫对普通灯光的趋性不强,但对黑光灯有较强的趋性。趋化性强,成虫需取食花蜜作补充营养,也取食蚜虫、介壳虫等昆虫分泌的蜜露、腐烂水果的汁液、发酵的粉浆、胡萝卜和甘薯的汁液、酒糟等。对糖醋酒混合液有很强的趋性。成虫昼伏夜出。繁殖力强,单雌产卵 1 000～2 000 余粒,最多可产 3 000 粒。卵多块产于玉米枯叶尖上,也产在穗部苞叶或花丝上。卵粒一般排列成行,由分泌的胶质互相黏成块,随胶质干涸而使叶纵卷成棒状。每块卵粒数不等,多的可达 200～300 粒。

初孵幼虫取食卵壳,1、2 龄幼虫取食叶肉,形成小条斑(不咬穿下表皮,称为“花叶”),3 龄以后将叶缘咬成缺刻,此时有假死和潜入土中的习性。3 龄以上幼虫被惊动时,立即落地,身体卷曲不动,安静后再爬上作物,或就近钻到松土里。大发生时,4 龄以上幼虫常由于虫口密度过大或环境不适,群集向外迁移。6 龄幼虫老熟后,钻到作物根际深 1～2 cm 的松土中,结土茧化蛹。玉米生育前期,幼虫藏于心叶中,晚上爬出咬食叶片;玉米生育后期,幼虫藏于玉米苞的顶端苞叶内,晚间咬食花丝。食料缺乏时,幼虫常成群迁移为害。

**2.发生与环境条件的关系**

黏虫的发生数量受虫源基数、气候条件、蜜源植物和天敌等因素的综合影响。在同一年份、不同地块的受害程度,则取决于农田生态环境、小气候和作物生长状况。

(1)气候条件　黏虫喜中温高湿,高温、干旱则不利于发生。幼虫适宜生长温度 10～25 ℃,较适宜的相对湿度为 85%以上。成虫发育产卵最适温度为 19～20 ℃,相对湿度 90%左右,0 ℃以下和 35 ℃以上的温度不利于黏虫繁殖发育,故南方夏季高温不利于黏虫的存活。

一般降雨有利于黏虫发生,但在成虫发生期和产卵期,暴雨对黏虫种群数量的影响则较大。

(2)生态环境　成虫对生态环境有较强的选择性。临近湖泊、江河,地势低洼,田间湿度大的地块受害重。密植和肥力、灌溉条件好的玉米地,田间小气候有利于黏虫的生长发育,受害严重。

(3)寄主植物　黏虫成虫有补充营养习性。寄主植物丰富时对其生长发育有利。在成虫发生期蜜源植物多利于产卵繁殖。一般水肥条件好,作物长势茂密的农田,黏虫发生重。增施肥料,加大作物密度,扩大灌溉面积,扩大间作、套种面积等,可使田间覆盖度增大,适合于黏虫发生。

(4)天敌　黏虫的天敌主要有黑卵蜂、赤眼蜂、中国曲胫步甲、赤背步甲、寄生蝇、蜘蛛、瓢虫、寄生菌、线虫等。这些天敌对黏虫的发生有一定的抑制作用。

### (五)防治措施

(1)诱杀幼虫　用嫩枫树叶或其他新鲜嫩树叶、青草等在作物地分散堆放,诱集幼虫,每天翻捡。

(2)诱杀成虫　成虫盛发时，用糖、醋、酒、水、敌百虫按 1∶1∶0.25∶0.5∶0.16 混合，分放小盆中置于田间诱杀成虫，每 667 $m^2$ 1～2 盆。

(3)诱集成虫产卵　成虫产卵期间，用干稻草、玉米叶、甘蔗叶或干芦苇扎成直径 8～10 cm，长 60 cm 的草把倒插于田间，每 667 $m^2$ 1～2 把，可诱成虫集中产卵，每 2～3 d 换 1 次，将草把烧毁。

(4)药剂防治　防治指标：4—5 月玉米，苗期 20～30 头/百株，生长中后期 50～100 头/百株；9—10 月水稻，穗期虫口密度 25 头/$m^2$ 或 10 头/百丛。防治适期：幼虫 3 龄前。

幼虫发生密度较低、发现较早时，每 667 $m^2$用 6%乙基多杀菌素悬浮液 20～40 mL，兑水 50 kg，或用苏云金杆菌(Bt)乳剂 400～500 倍稀释液、4.5%高效氯氰菊酯 1 200～1 500 倍稀释液、5%甲维盐微乳剂 2 000～3 000 倍稀释液任一种喷雾，隔 7～10 d 连续喷施 2 次。或用 0.5%辛硫磷颗粒剂撒入玉米喇叭口内，每株 2～3 g。

## 三、草地贪夜蛾

### (一)发生概况

草地贪夜蛾[*Spodoptera frugiperda* (Smith)]俗称秋黏虫，属鳞翅目夜蛾科灰翅夜蛾属，原产于美洲热带和亚热带地区，在巴西有 76 科 353 种寄主植物。嗜好禾本科，也为害十字花科、葫芦科、锦葵科、豆科、茄科、菊科等植物，以为害玉米最为严重。该虫具有强大的迁徙能力和繁殖力，是联合国粮农组织全球预警的重大迁飞性农业害虫。2016—2018 年先后入侵非洲和亚洲多个国家。2019 年 1 月草地贪夜蛾首次入侵我国云南并进入广西，据调查，2019 年 3 月中旬在广西农业职业技术学院的玉米苗已发现该虫为害，随后全国 26 个省(区)陆续报道发现该虫为害玉米、水稻、甘蔗和香蕉。2020 年 3 月在广西发现为害十字花科蔬菜。3—10 月均可为害玉米。

### (二)为害状识别

以幼虫为害，主要为害生长点，破坏性极强，可取食叶片，钻蛀心叶、茎秆、雄穗、花丝、雌穗、茎基部，造成半透明斑、孔洞和缺刻等为害状。

### (三)形态识别

(1)成虫　体长 16～20 mm，翅展 32～40 mm。前翅深棕色，后翅灰白色，边缘有窄褐色带。前翅中部各一黄色不规则环状纹，其后为肾状纹；雌蛾前翅呈灰褐色或灰色、棕色杂色；环状纹和肾状纹灰褐色，轮廓线黄褐色；雄蛾前翅灰棕色，翅顶角向内有一近三角形大白斑，环状纹黄褐色，后侧各有一条浅色带自翅外缘至中室，肾状纹内侧有一条白色楔形纹。

草地贪夜蛾

(2)卵　卵呈圆顶形，直径 0.4 mm，高为 0.3 mm，通常 100～200 粒卵堆积成单层或多层的块状，卵上有鳞毛覆盖，初产时为浅绿或白色，孵化前渐变为棕色。

(3)幼虫　一般 6 龄，少数 5 龄。体色和体长随龄期而变化。初孵幼虫全身绿色，具黑线和斑点。生长时，仍保持绿色或成为浅黄色，头呈黑或橙色，并具黑色背中线和气门线。1 龄幼虫体长 3 mm 左右，2 龄幼虫体长 3.4～6.4 mm，3 龄幼虫体长 6.4～9.4 mm，头部可见倒“Y”形纹。4 龄幼虫体长 9.4～20 mm，1～4 龄幼虫体色呈绿色或黄色，头呈黑或橙色；5 龄幼虫体长 20～30 mm，6 龄幼虫体长 30～45 mm。5～6 龄幼虫多呈棕色，也有呈黑色或黄色、绿色的个体，头部呈黑、棕或者橙色，具白色或黄色倒“Y”形斑，每节背中线两侧有 2 根刚毛。最为典型的识别特征是末端腹节背面有 4 个呈正方形排列的黑斑。种群密度大或食物短缺时，末龄幼虫在迁移期几乎为黑色。

(4)蛹　蛹呈椭圆形，红棕色，长 14～18 mm，宽 4.5 mm。老熟幼虫常在 2～8 cm 的土壤中做一个蛹室，土沙粒包裹的蛹茧在其中化蛹。也可在为害寄主植物如玉米果穗或叶腋处化蛹。

### （四）发生规律

(1)一头雌蛾一生可产卵 900～1 000 粒，每个卵只要 2～3 周的时间又可繁殖。成虫迁飞能力强，产卵前可在几百米的高空中借助风力进行远距离定向迁飞，每晚可飞行100 km。如果风向风速适宜，迁飞距离会更长。幼虫有群迁性，俗称“行军虫”，暴发时一夜之间能吃光一块农作物地，啃完一片地后可以迅速迁移到下一片地。高龄幼虫取食量特别大，玉米被害减产达 20%～72%甚至毁种绝收。

(2)生态多型性。草地贪夜蛾分为玉米品系和水稻品系两种单倍型，前者主要为害玉米、棉花和高粱，后者主要为害水稻和各种牧草。两种单倍型的外部形态基本相同，但在性信息素组成、交配行为、寄主植物范围等方面存在显著差异。草地贪夜蛾完成一个世代要经历卵、幼虫、蛹和成虫 4 个虫态，其世代长短与所处的环境温度及寄主植物有关。

(3)适宜发育温度为 11～30 ℃，在 28 ℃条件下，30 d 左右即可完成一个世代，而在低温条件下，需要 60～90 d，没有滞育现象。

(4)较少天敌。但面对其虫害迁飞性，能够做到及时发现，及时管控，可以通过运行一些应急防控措施，将其控制在相对低的虫口密度，做到不成灾，不成害。

### （五）防治措施

加强虫情监测。利用虫情测报灯和黑光灯监测成虫迁飞数量和动态，利用灯诱、性诱监测成虫发生情况。由于草地贪夜蛾虫情测报灯诱蛾量小，已发现区域大多是先在田间发现幼虫为害，因此春玉米种植区要加强田间虫情普查，确保在虫情发生的第一时间掌握情况，并及时上报，做到早发现、早控制。

(1)生态调控　在条件允许的情况下，可与非禾本科作物进行间作。

(2)诱杀成虫　杀成虫主要是减少排卵和繁殖，杀 1 头成虫可减少 1 000 头幼虫。成虫发生期，集中连片使用杀虫灯诱杀，可搭配草地贪夜蛾性诱剂和食诱剂提升防治效果。

(3)生物防治　保护利用天敌。在卵孵化初期选择喷施甘蓝夜蛾核多角体病毒、苏云金杆菌、金龟子绿僵菌、球孢白僵菌等生物农药。

(4)药剂防治　防治指标：玉米田虫口密度达到 10 头/百株。防治适期：幼虫 3 龄前。

选用 5%甲维盐微乳剂 2 000～3 000 倍稀释液、4.5%高效氯氰菊酯乳油 1 500～2 000 倍稀释液，或每 667 $m^2$用 20%氯虫苯甲酰胺悬浮剂 10～15 mL 兑水 50 kg，喷雾。或选用茚虫威虱螨脲、虫螨腈、苏云金杆菌、金龟子绿僵菌、球孢白僵菌等单剂或复配剂，在幼虫 3 龄前，在清晨或者傍晚施药，注意喷洒在玉米心叶、雄穗和雌穗等部位。零星发生区，可带药侦查、点杀点治。在虫情集中连片发生区，要开展统防统治和群防群治。

## 四、玉米铁甲虫

### （一）发生概况

玉米铁甲虫[*Dactylis setifera* (Chapuis)]属鞘翅目铁甲科。是广西西南部和贵州南部等地春玉米的大害虫，近年来在广西有逐渐向东南部扩展的趋势。主要为害玉米，也能为害小麦、高粱、甘蔗和谷子。

### （二）为害状识别

成虫和幼虫均能取食玉米叶片。成虫食量少，啮食叶片留下一层表皮，剩下的上表皮或下表皮成白色线状斑痕，为害较轻，幼虫潜入叶片表皮内取食叶肉，剩下两层表皮成白色枯斑，以苞叶附近的叶片受害最重，严重影响玉米生长。

### （三）形态识别（图 3-4-3）

（1）成虫　黄褐色，体长 5～6 mm，触角黑色 11 节，长达体长的 2/3，两触角基部靠近。前胸背板中央有光滑的横突区，区正中有 1 浅横纹，背板前缘有刺两对，向前后伸出，后刺比前刺长，左右侧缘各有 3 根刺，前两根基部相连，后刺短小单生。鞘翅蓝黑色，表面有纵列粗大刻点，鞘翅上还长有粗刺。

（2）卵　扁椭圆形，淡黄色，散产于叶片表皮下。

（3）幼虫　成熟时体长 7.5 mm，扁平，头黑褐色、黄白色或黄绿色，胸足 3 对，短而小，向两侧伸展，各腹节背面有 1 横凹纹，两侧各有 1 个乳状突，腹末有 1 对褐色刺状突。

（4）蛹　体长 6.5 mm，淡黄褐色，扁长椭圆形，两侧向外突出，上生有刺毛。

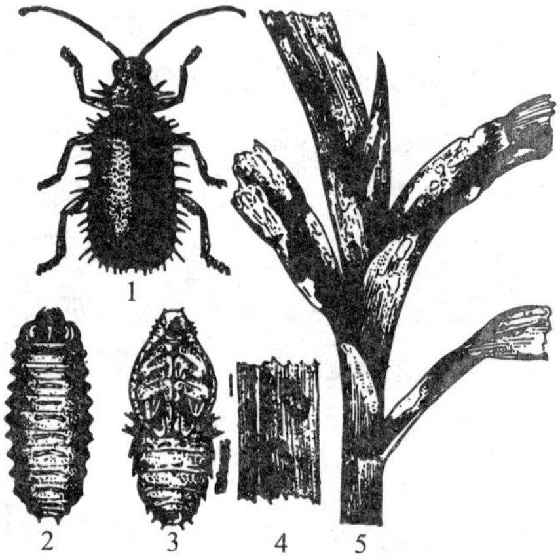


**图 3-4-3　玉米铁甲虫**

1.成虫　2.幼虫　3.蛹

4.产在叶内的卵　5.被害状

（陕西省汉中农业学校.1993.农业昆虫学）

### （四）发生规律

玉米铁甲虫在广西 1 年发生 1 代，少数 2 代。以成虫在玉米地附近山腰、荒坡上的禾本科杂草或甘蔗田越冬。越冬成虫无明显的休眠现象，气温达 17 ℃时，仍可取食。3 月中上旬越冬成虫先取食禾本科杂草，然后转移为害甘蔗、冬小麦，春玉米长出 4～5 叶时，便群集到幼苗上取食。成虫有假死性，清晨活动迟钝，10 时后较为活跃，对嫩绿、长势旺盛的玉米苗有群集为害的习性。因此，播种早、苗情好的玉米田受害重。雌虫产卵盛期在 4 月中上旬，卵散产在幼嫩的玉米心叶上，产卵时先咬破叶面组织成凹穴，每穴产 1 卵，并分泌胶状物将卵封盖。平均每雌产卵 80 余粒。4 月中下旬为卵盛孵期。5 月化蛹，当第 1 代成虫大量羽化时，春玉米逐渐成熟，叶片老化枯黄，成虫相继迁飞到甘蔗田或山边野生寄主上越夏，少部分成虫在秋玉米出苗后，飞至其上繁殖第 2 代，但因气温高，天敌多，发生量很少，所以秋玉米受害极轻。越冬幼虫所繁殖的后代，是为害春玉米苗的虫源，每年 3—4 月若降雨天数比常年少，雨量在 100 mm 以下，有利于成虫活动、产卵。如 3—4 月雨日超过 25 d，降雨量在 165 mm 以上，则不利于成虫繁殖后代，当年春玉米受害则轻。

### （五）防治技术

防治玉米铁甲虫，应在玉米种植区统一行动，大面积捕杀成虫，药杀幼虫。

(1)铲除杂草，减少虫源。

(2)捕杀成虫。利用成虫清晨活动迟钝的习性，在3月下旬至4月上旬，每天上午9时前，振动叶片，将成虫振落到盛有石灰或草木灰的盛器中。

(3)药杀幼虫。防治指标：成虫350头/667 $m^2$，或卵1 500粒/667 $m^2$。防治适期：成虫产卵盛期和卵孵始盛期，用29%杀虫双水剂300倍稀释液＋4.5%甲维盐乳剂2 000倍稀释液，或4.5%高效氯氰菊酯乳油1 500～2 000倍稀释液喷雾防治。

## 五、东亚飞蝗

### （一）发生概况

东亚飞蝗[*Locusta migratoria manilensis* (Meyen)]属直翅目斑翅蝗科，属我国农作物一类害虫，具迁飞性。在国外分布于菲律宾、印度尼西亚、越南、泰国、缅甸、新加坡、柬埔寨、朝鲜南部、日本南部等；在我国分布较广，从北纬42°以南至海南岛，西起四川、甘肃南部，东至沿海及台湾等地均有发生。东亚飞蝗食性很杂，主要为害禾本科和莎草科植物，嗜食芦苇，其次是玉米、高粱、小麦、水稻、粟等农作物，也喜取食狗尾草、稗、莎草科的三棱草等杂草。食料不足时，也可取食大豆、十字花科蔬菜。

### （二）为害状识别

以成虫和若虫咬食寄主植物的叶、嫩茎、幼穗等全部地上部分的绿色组织，有成群迁飞，群集取食习性。成群迁飞为害时，群蝗过处，可将作物吃成光秆，造成颗粒无收。新中国成立前经常形成“赤地千里”的大灾。

### （三）形态识别（图3-4-4）

(1)成虫　雌虫体长39～51 mm，雄虫体较小，分两种类型：群居型，体灰黄褐色，前胸背板由侧面看中隆线较平直或微凹，前翅长超过后足腿节2倍以上；散居型，头、胸及后足绿色，前胸背板中隆线弧状隆起，前翅长不超过后足腿节2倍。两型前翅褐色均有暗褐色斑点，后翅本色、透明。后足腿节内侧有黑斑2个，胫节红色，外缘具刺10多个。

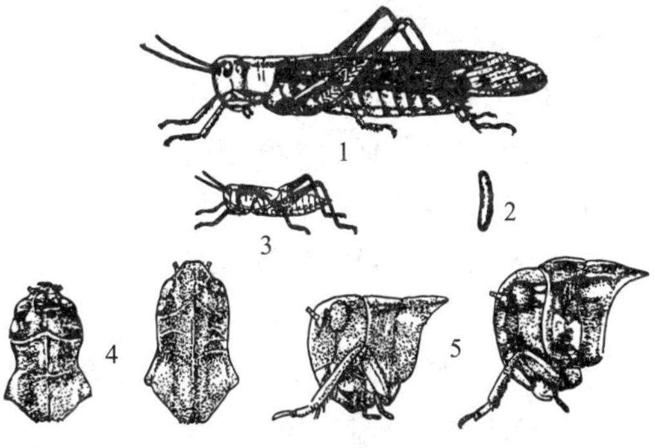


**图3-4-4　东亚飞蝗**

1.成虫　2.卵　3.若虫　4.群居型头、胸侧面观

5.散居型头、胸侧面观

(李云端.2006.农业昆虫学)

(2)卵囊及卵　卵粒长圆筒形，稍弯曲，卵块产于卵囊内。卵囊长45～67 mm，黄褐色，长筒形，上部稍细，中间略弯，上部为海绵状胶质，下部含卵粒，卵粒排列整齐，卵粒间胶质黏结，呈4行斜向排列。每块有卵40～80余粒，多者可达200粒。卵囊产于土质坚实的地面下，50～70 mm深处。

(3)若虫　称蝗蝻，共有5龄。群居型蝗蝻体形较小，前胸背板背面不隆起，体色随龄期变化，1龄体长5～10 mm，体灰黑色，翅芽很小，不明显；2龄体长8～14 mm，体黑灰色或黑色，头部稍显红褐色，前后翅芽相差不大；3龄体长10～20 mm，体黑色，头部红褐色部分扩大，前翅芽显著小于后翅芽；4龄体长16～25 mm，翅芽长达腹部第2节，5龄体长26～48 mm，体橙黄或有黄褐色斑点，常有绿绒或黑色纵条纹，翅芽达腹部第4、5节。散居型蝗蝻体形较大，体色与所处环境有关，不随龄期变化，多为草绿色或黄绿色，前胸背板背面稍隆起，无黑色纵条纹。

### （四）发生规律

**1.生活史和习性**

东亚飞蝗1年发生代数和发生时间随南北地区而不同。在我国主要发生区的黄淮海地区，东亚飞蝗1年发生2代，一代称夏蝗，二代称秋蝗。在广东、广西的中、南部和台湾地区一年发生3代，在海南1年发生4代。各地均以卵块在土内越冬。在广西，越冬卵于4月开始孵化，蝗蝻有跳跃、群集、迁移习性，夜晚有聚集到植物上部的习性。成虫喜群集，有迁飞习性。羽化后约经半个月才交尾产卵，多选择植被覆盖度在25%～50%，植被稀疏，土壤含水量10%～22%，含盐量0.1%～1.2%，且土壤结构较坚硬的向阳地带产卵。先用产卵瓣钻孔，然后产卵，分泌胶质性腺液黏成卵块，产卵完毕，排出大量性腺液封闭卵室孔口，卵室平均深度为4～6 cm。每头雌成虫产卵4～5块，平均每块65粒卵，1头蝗虫可产卵300～400粒。

飞蝗在低密度下为散居型，当密度增加时，由于个体之间的接触，通过感觉的彼此作用，逐渐产生群居性的条件反射而互相靠拢，转变为群居型。相反，当群居型种群经防治后密度被压低或大部分蝗群迁移后，残留在蝗区的密度很稀时，则又能转化为散居型。

**2.发生与环境条件的关系**

(1)生态条件　飞蝗的适生环境主要是沿海、湖泊、江河及内涝低洼地和水库等水位涨落不定的低洼地，和一些有雨即涝，无雨即旱的内涝地。这些地方耕作粗放，荒地面积大，芦苇、稗草、莎草等杂草丛生，为飞蝗提供丰富的食物，水位下降时，杂草丛生的环境又有利于飞蝗产卵繁殖。

(2)温度　东亚飞蝗发育适温为25～35 ℃，蝗蝻发育起点为18 ℃，北纬41°以北不能越冬。早春干热，可促进蝗卵孵化，加速幼蝻生长。秋季高温少雨，2代区也能发生部分3代，加重当年为害。春季温度偏低、阴冷，卵孵期推迟，夏蝻发生慢，可推迟秋蝗发生。华南地区如早春特别温暖，蝗蝻过早孵化，如遇倒春寒则易死亡。

(3)降雨和旱涝　少雨年份，蝗区水位低，荒地多，利于飞蝗大发生；反之，降雨多，蝗区水位高，持续时间长，滩地、洼地水淹面积大，荒地少，蝗卵和幼蝻死亡率高，虫口下降。春、秋干旱利于夏蝗发生。

(4)土壤质地和含水量　沙土、沙壤土、壤土、淤泥土、黏土均适合飞蝗产卵，其中壤土对其产卵最有利，土质过于黏重则不利于产卵和卵的成活。土壤含水量在5%～25%之间，表土含盐量在0.2%～1.2%之间，适于飞蝗产卵和发育。

(5)天敌　蝗虫的捕食性天敌和寄生性天敌种类很多。卵期的天敌有寄生蜂、寄生蝇以及捕食性的芫菁幼虫、长吻虻幼虫；蝗蝻和成虫期的天敌有蛙类、鸟类、蜘蛛类、线虫、步甲、寄生蝇等。沿海和滨湖蝗区以鸟捕食为主；蜘蛛类在夏蝗发生期间，捕食3龄以前的蝗蝻效果显著；低洼地及稻田附近，以蛙捕食蝗蝻为主。

### （五）防治措施

根据蝗情监测，当种群密度达到防治指标时，及时采用药剂防治方法抑制群居型种群的形成。

(1)改造蝗区　兴修水利，完善排灌系统，涝能排，旱能灌，从根本上治理因旱涝形成的蝗区。精耕细作，提高植被覆盖率，改善田间小气候条件和昆虫种群结构，增加天敌数量，发挥天敌控制蝗虫种群的作用。

(2)生物防治　使用生物农药，于2龄蝗蝻期，按30 kg/$hm^2$施用亚蝗微粒子虫麦麸毒饵($1\times10^{12}$个孢子/kg)，或用绿僵菌防治，也可放鸭或鹅啄食草根，翻土破坏蝗卵。

(3)药剂防治　在夏蝗蝗蝻3龄以前达0.5头/$m^2$时，选用0.5%印楝素乳油800～1 000倍稀释液或0.2%苦参碱水剂100～300倍稀释液喷雾。

## 六、玉米蚜虫

### (一)发生概况

玉米蚜虫[*Rhopalosiphum maidis* (Fitch)]属同翅目蚜科。各地玉米均有发生该虫害，还为害高粱、大麦、水稻等作物。

### (二)为害状识别

以成、若蚜刺吸汁液，玉米苗期开始受害，至扬花期蚜量猛增，此后叶片、叶鞘甚至雌、雄穗均布满蚜虫，常导致叶面生霉变黑，影响光合作用，并能传播玉米病毒病，为害极大。

### (三)形态识别(图3-4-5)

(1)有翅胎生雌蚜　体长16～20 mm，头胸部黑色发亮，腹部绿色，腹背两侧各具3～4个黑点；触角黑色，6节，比体短，第3～5节有次生感觉圈，额疣显著；腹管和尾片均黑色。

(2)无翅胎生雌蚜　体长1.7～2.2 mm，淡绿色或暗绿色，体表常有一层蜡粉；复眼红褐色；触角短，约为体长的1/3，第3～5节无次生感觉圈；腹管暗褐色，短筒状，端部稍缢缩；尾片短，中部稍收缩。

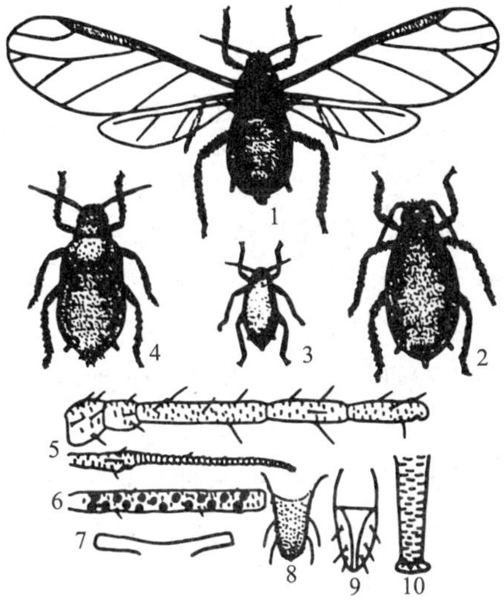


图3-4-5　玉米蚜

1.有翅蚜　2.无翅蚜　3.若蚜　4.有翅若蚜　5.触角　6.有翅蚜触角第3节　7.中胸腹叉　8.尾片　9.端部　10.腹管

(李云端.2006.农业昆虫学)

### (四)发生规律

#### 1.生活史和习性

玉米蚜的寄主种类多，周年在各种作物和杂草上迁转，一年发生20代以上，冬季多以无翅孤雌胎生成若蚜在禾本科杂草上越冬。早春，越冬蚜繁殖有翅孤雌胎生蚜，迁入玉米地，在玉米心叶里繁殖为害，当心叶抽出展开，便可见到一层密集的蜕皮壳，此时蚜虫又迁向新生的心叶集中繁殖为害。玉米抽雄后则扩散至雄穗上繁殖为害，蚜量要比抽雄前多得多。当雄穗开始枯黄，产生的有翅蚜便陆续迁至迟熟玉米、秋玉米或其他寄主上继续繁殖为害。

#### 2.发生与环境的关系

高温干旱是玉米蚜大发生的重要气候条件。玉米蚜在7～28 ℃均能繁殖后代，适宜温度为22～24 ℃。在7 ℃时1代需18～21 d，23～28 ℃时仅4～5 d。适宜玉米蚜发生的相对湿度为85%。由于玉米蚜多在寄主心叶内为害,在干旱年份,心叶中仍能保持较高的湿度,有利于其发生为害;而多雨年份心叶中容易积水,常不利于其发生。玉米蚜的天敌较多,常见的有瓢虫、草蛉、食蚜蝇、蚜茧蜂以及蜘蛛、蚜霉菌等,对其发生有一定的抑制作用。此外,不同玉米品种抗蚜性也有差异。

### (五)防控措施

(1)减少虫源　结合积肥,清除田边、沟边的杂草,特别是禾本科杂草,消灭滋生基地。

(2)农业防治　减少春播禾本科旱粮作物种植面积,选种抗虫品种。

(3)生物防治　保护利用自然天敌。

(4)药剂防治　重点在玉米抽雄5%,有蚜株率10%以上时喷杀,可选用0.2%苦参碱水剂100～300倍稀释液或5%除虫菊素乳油1 000～1 200倍稀释液、3%啶虫脒乳油2 000～2 500倍稀释液、50%辟蚜雾3 000～4 000倍稀释液、25%吡虫啉4 000～6 000倍稀释液其中一种喷雾。

## 七、玉米其他害虫

玉米黑毛虫:是毒蛾、灯蛾、枯叶蛾等幼虫的统称。在广西,为害玉米的黑毛虫主要有玉米白毒蛾、红缘灯蛾、尘污灯蛾等。不同种类年发生世代数不同,在广西一年发生2～4代,以幼虫在玉米、蔬菜等冬作物的地边或石缝、土隙、泥块下或杂草根际处越冬,或以蛹在土中越冬。2月中旬至3月上旬,越冬幼虫大量在玉米地为害,被害玉米苗轻则叶片残缺,重则断株缺苗。成虫有趋光性,卵产于叶片或土块上。4月下旬第1代幼虫开始出现,1、2龄群集,3龄后分散,昼伏夜出,以上半夜活动较盛,玉米叶片被咬成缺刻或仅剩下中脉或雌穗被咬断。幼虫临老熟,即爬至附近的旱沟、路边、泥墙等处的缝隙中吐丝作茧化蛹。防治要点:①早、晚人工捕捉幼虫,摘除卵块。②铲除田间杂草,堆草诱杀幼虫。③药剂喷杀。在低龄幼虫期,选用苏云金杆菌(Bt)、高效氯氰菊酯、甲维盐、辛硫磷等,在傍晚喷雾防治。

## 【工作步骤】

观察玉米螟、玉米铁甲虫、黏虫、玉米蚜虫及其他玉米害虫的各虫形态和为害状。

## 【巩固训练】

植保技能考核:识别并写出当地玉米主要害虫(或为害状)名称。

### ◆作业

绘玉米螟、黏虫幼虫形态图。

### ◆思考题

1.简述玉米害虫的发生概况及主要害虫综合防控技术。

2.列表表示玉米主要害虫的分类地位、为害虫态、典型为害状、防治对口农药及施用方法。

# 任务2　玉米害虫综合防控技术

## 【材料、用具与场所】

记录本、铅笔、皮卷尺或米尺、农药及施药器械等，玉米害虫发生严重的地块。

## 【基础知识】

### 一、实行检疫

防止检疫性害虫传入。

### 二、农业防治

注意选用抗虫品种，减少越冬虫源，铲除田边杂草，清除枯枝落叶，实行轮作，合理布局，播种前精细耕地，使用种衣剂进行种子消毒。适时播种。早春最好实行地膜栽培。加强栽培管理，及时中耕培土，合理施肥，增施有机肥，开好排水沟，雨后及时排水，干旱时适时灌水。收获后及时耕地，处理秸秆。

### 三、物理防治

采用频振式诱虫灯、敌百虫毒饵、毒草把、糖醋液等诱杀地老虎、玉米螟、黏虫等多种害虫。

### 四、保护利用天敌

卵期释放赤眼蜂和幼虫期施用苏云金杆菌微生物农药。

### 五、化学防治

苗期注意防治地下害虫和黑毛虫，中后期注意防治玉米螟、黏虫和蚜虫。

**1.播种至苗期**

播种至3叶期防治地老虎、蝼蛄等地下害虫。

(1)拌种　每667 $m^2$用1.5%辛硫磷颗粒剂3～5 kg混沙或细土随种子撒施。

(2)毒饵诱杀　播后苗前用90%敌百虫晶体800倍稀释液浸泡椰菜叶或白菜叶数分钟作毒饵，于傍晚均匀撒入田间诱杀。

(3)施药　出苗后用90%敌百虫晶体兑成1 500倍稀释液淋于根际或400倍稀释液拌沙、细土撒施于根际。3～7叶期防治棉铃虫，每667 $m^2$用6%乙基多杀菌素悬浮液20～40 mL、20%“高效氯氰菊酯18%+毒死蜱2%”乳油40～60 mL等任一种药剂，兑水50 kg隔7～10 d连续喷施2次。

**2.拔节、成穗期**

(1)玉米螟的防治　喇叭口期发现植株心叶有虫眼，叶肉有咀嚼状时即施药(3龄幼虫前)，每 667 $m^2$ 用 3%辛硫磷颗粒剂 250～300 g 或苏云金杆菌乳剂(100 亿个孢子/ mL) 100～300 mL 或白僵菌＋适量水＋7.5～10.5 kg 细沙制成毒土撒在心叶内。或兑水 50 kg 喷雾或灌心叶，每隔 7～10 d 施 1 次，连续 2～3 次，直至抽雄期。抽雄后仍有发生，可用高效氯氰菊酯、杀虫双等喷雾或灌雌苞上下共 4 节的叶腋，或用敌百虫药泥抹花丝。

(2)其他害虫防治　选用杀虫双＋甲维盐防治玉米铁甲虫，用天然除虫菊素、苦参碱或吡虫啉、吡蚜酮、啶虫脒、抗蚜威防治玉米蚜虫。

**3.果穗成熟期**

(1)蚜虫的防治　散粉后即有蚜虫为害，应在其迁移扩散前喷施，每 667 $m^2$ 用 20%吡蚜酮或 10%吡虫啉可湿性粉剂 2 000～2500 倍稀释液，或选用啶虫脒、噻嗪酮、辟蚜雾喷雾防治。

(2)黏虫、斜纹夜蛾的防治　在吐丝后 7 d 左右用 20%"高效氯氰菊酯＋毒死蜱"乳油(分别占 18%、2%)40～60 mL 或 6%乙基多杀菌素悬浮液 20～40 mL 兑水 50 kg 喷施青苞顶端附近，或施于花丝吐出处。

用敌鼠钠盐等毒杀害鼠。

## 【工作步骤】

(1)以小组为单位，制订玉米害虫调查方案并实施调查。

(2)以小组为单位，根据调查结果查对防治指标，进行防治决策，制订综合防治方案。

(3)采取相应措施实施玉米害虫综合防治，调查防治效果，写出调查报告。

## 【巩固训练】

### ◆思考题

我院实习农场玉米害虫发生有何特点?

## 课程思政

**1.践行习近平总书记的绿色生态理念**

实施绿色植保战略的重要举措就是推进绿色防控，贯彻的是"预防为主、综合防治"的植保方针。病虫害绿色防控技术属于资源节约型和环境友好型技术，推广应用农业防治、生态控制、生物防治、物理防治等绿色防控技术，不仅能有效替代高毒、高残留农药的使用，还能降低生产过程中的病虫害防控作业风险，避免人、畜中毒事故。还可以显著减少农药及其废弃物造成的面源污染，有助于保护农业生态环境，践行习近平总书记的绿色生态理念。

**2.践行以人民为中心的食品安全观**

绿色防控是促进标准化生产，大规模推广农作物病虫害绿色防控技术，可以有效解决农作物标准化生产过程中的病虫害防治难题，显著降低化学农药的使用量，避免农产品中的农药残留超标，提升农产品质量安全水平，保证人民群众"舌尖上的安全"。

## 学习评价

玉米害虫综合防治考核评价表

| 序号 | 考核项目 | 考核内容 | 考核标准 | 考核方式 | 分值 |
|---|---|---|---|---|---|
| 1 | 玉米害虫识别 | 玉米害虫形态及为害状识别 | 能识别玉米主要害虫及为害状，并能指出其所属目和科的名称 | 现场或实验室识别考核 | 4 |
| 2 | 田间调查 | 玉米害虫田间调查方法 | 能现场区分类型田，并选择其中之一进行调查，采取正确的调查方法实地调查，数据记录正确、完整 | 现场考核 | 6 |
| 3 | 制订综合防治方案 | 能针对玉米害虫发生规律制订调查方案 | 能根据当地玉米主要害虫发生规律制订综合防治方案，防治方案制订科学，应急措施可行性强 | 个人表述、小组讨论和教师评分相结合 | 5 |
| 4 | 组织实施综合防治 | 能组织实施防治方案 | 能按要求做好各项防治措施的组织和实施，操作规范、熟练，防治效果好 | 现场操作考核 | 10 |
| 5 | 知识点考核 | | 玉米害虫发生种类、为害状、发生特点，综合防治方法 | 闭卷笔试 | 50 |
| 6 | 作业、实验报告 | | 报告完成认真、规范，内容真实；绘制的害虫形态特征典型，标注正确 | 教师评分 | 10 |
| 7 | 学习纪律及态度 | | 对老师提前布置的任务准备充分，发言积极，观察认真；遵纪守时，爱护公物 | 学生自评、小组互评和教师评价相结合 | 15 |

# 子项目五　甘蔗害虫识别与综合防控技术

## 学习目标

学习掌握甘蔗主要害虫种类、发生概况、发生规律及防治技术。

## 任务1　甘蔗害虫识别及其防控技术

### 【材料、用具与场所】

甘蔗黄螟、二点螟、条螟、甘蔗绵蚜、蔗根土天牛、光背蔗龟、突背蔗龟、异歧蔗蝗、斑角蔗蝗、白蚁、蔗褐蓟马、蔗茎红粉蚧、蔗茎灰粉蚧以及当地其他甘蔗害虫标本。体视显微镜、放大镜、镊子、培养皿、挂图等。

## 【基础知识】

# 一、甘蔗螟虫

### (一)发生概况

为害甘蔗的螟虫主要有二点螟、条螟、黄螟、白螟、大螟、玉米螟和台湾稻螟,都属鳞翅目,除大螟属夜蛾科、黄螟属小卷蛾科外,其余均属螟蛾科。但甘蔗螟虫一般特指二点螟、条螟、黄螟和白螟4种。二点螟(*Chilo infuscatellus* Snellen),在国外分布于朝鲜和印度,在我国主要分布于广西、广东、福建、台湾地区、安徽和四川的部分甘蔗产区,以及东北、内蒙古、西北、华北等地区。在北方叫粟灰螟,主要为害粟、黍、糜、玉米、高粱。在南方为害甘蔗,也称甘蔗二点螟,旱地蔗发生较重。条螟[*Proceras venosatus* (Walker)],也称高粱条螟、高粱钻心虫。为世界性害虫,国外主要分布于越南、印度、印度尼西亚、菲律宾、巴基斯坦、斯里兰卡、埃及等国家。在我国大多数省、自治区均有发生,在华北、西北,东北及华中等地区常与玉米螟混合发生,为害高粱和玉米、谷子等作物。在华南主要为害甘蔗。黄螟[*Argyroploce schistaceana* (Snellen)],也称甘蔗小卷叶螟,在国外分布于菲律宾、印度尼西亚等地。在我国主要分布于华南蔗区、华中和西南蔗区,华东地区的浙江也有发生。寄主仅有甘蔗,华南蔗区发生较重,在水田改种甘蔗的地块为害严重。华中和西南蔗区局部发生。白螟(*Scirpopha nivella* Fabricus),国内主要分布在广西、广东的雷州半岛、云南的曲江和德宏、海南和台湾地区南部,在广西仅在钦州地区为害严重,其他地方较少。寄主主要为甘蔗。大螟[*Sesamia inferens* (Walker)],国外主要分布于东南亚产稻国家,在我国主要分布于广西、广东、福建、台湾、四川、云南、湖南、湖北、江西、浙江、江苏、安徽、河南、陕西等地,除为害甘蔗外,还可为害水稻、玉米、粟、高粱、小麦、茭白和其他禾本科作物,为害甘蔗时,主要发生于蔗稻混作区,在3—4月和11月为害宿根蔗和秋植蔗苗期,造成枯心苗,其余时间转移为害水稻、玉米等作物,成长蔗极少受害。玉米螟、台湾稻螟零星发生。甘蔗螟虫萌发期、分蘖初期为害造成缺株,有效茎数减少,生长中、后期为害妨碍甘蔗生长,降低糖分,并易遭风折。由于甘蔗螟虫为害造成伤口,还常诱致赤腐病菌的侵入为害。大螟在水稻害虫部分已介绍过,本项目不再详细叙述。

### (二)为害状识别

甘蔗螟虫均以幼虫为害甘蔗,苗期侵入为害生长点形成枯心苗,生长中期(分蘖期至伸长期)钻蛀蔗茎,破坏茎内组织形成螟害节,生长后期(成熟期)蛀食生长点形成梢端枯萎,抽出侧芽,植株停止生长,侧芽叶片大量生长形成扫帚状的死尾蔗。生长后期的死尾蔗多由白螟和条螟为害而成,此时二点螟、黄螟可为害无效分蘖形成枯心苗。条螟初龄幼虫群集心叶取食,还可形成"花叶"为害状。

### (三)形态识别

甘蔗螟虫的形态特征识别见表3-5-1,图3-5-1至图3-5-4所示。

表 3-5-1 4种甘蔗螟虫的形态特征

| 虫态 | 二点螟 | 条螟 | 黄螟 | 白螟 |
|---|---|---|---|---|
| 成虫 | 体长 12～18 mm，翅展 21～28 mm，雌蛾体灰黄色，雄蛾体暗灰褐色。前翅呈长三角形，中室暗灰色，中室顶端及中脉下方各有1暗灰色斑点，外缘有成列的黑色小点7个。后翅色白而有光泽。胸部背面暗黄褐色，体腹面及腹部背面白色 | 体长 9～17.5 mm，翅展 25～34 mm；头、胸部背面淡黄色，复眼暗黑色。前翅灰黄色，有许多暗褐色的纵列细线，中央有1个小黑点；外缘略成直线，有7个小黑点，翅尖下部略向内凹。后翅颜色较淡。腹部及足黄白色。雄蛾体较小 | 体长 5～9 mm，翅长 5～8 mm，体暗灰黄色，前翅深褐色，斑纹复杂，翅中央有"Y"形黑色斑纹。后翅暗灰色。雄蛾体较小，色较深 | 体长 12～18 mm，雄蛾略小于雌蛾。全体白色有缎光；前翅顶角尖锐；腹部略带乳黄色，雌蛾腹部末端有橙黄色绒毛 |
| 卵 | 卵块产，3～4行呈鱼鳞状排列。卵粒扁椭圆形，长约 1.21 mm，宽约 0.87 mm，初为乳白色，渐变淡黄色，最后变紫黑色 | 卵块产，数粒或数十粒卵排成"人"字形双行重叠的卵块。卵粒长约 1.5 mm，宽约 0.9 mm，扁平椭圆形，表面有龟甲状纹，初产时乳白色，后变为深黄色，孵化前中央出现小黑点，即幼虫的头部 | 卵粒椭圆形扁平，长约 1.2 mm，宽约 0.8 mm，初产时乳白色，后渐变乳黄色，将孵化前出现弧形的红色斑纹 | 卵聚产成块，上披黄褐色绒毛；扁粒平短椭圆形，长约1.3 mm，宽约1.1 mm。初产时淡黄色，后转橙黄色 |
| 幼虫 | 成长幼虫体长 25～30 mm，头部棕褐色，前胸背板幼龄时呈黑色，后期转为淡黄褐色，胴部淡黄色，有暗灰色至淡紫色纵线5条（背线、亚背线、气门上线），腹部每节有淡褐色的小毛瘤，背线两侧的4个毛瘤排列成梯形。腹部末端臀板呈淡黄褐色 | 成长幼虫体长 20～30 mm，头部黄褐至黑褐色。体乳白至淡黄色，具紫褐色纵线4条（亚背线和气门线）。幼虫分夏、冬两型。夏型幼虫腹部各节背面有4个黑褐色斑点，上生刚毛，排列成正方形；冬型幼虫越冬前蜕皮1次，蜕皮后黑褐色斑点消失，体背出现4条淡紫色纵纹。腹面纯白色 | 老龄幼虫体长约 20 mm，体淡黄色，有时因内脏物呈现使体色变灰黄或灰黑色。头部赤褐色，前胸背板黄褐色，4龄后头部两颊各有一个楔形黑斑。体上生有小毛瘤 | 成长幼虫体长 20～30 mm，乳黄色，前胸背板淡橙黄色，体肥大而柔软，多横皱纹；胸足短小，腹足退化；虫体背面观现一条淡灰蓝色的背血管 |
| 蛹 | 体长 12～15 mm，淡黄色，后变黄褐色，腹部背面残存有幼虫期的紫红色至深褐色纵线5条，第5～7腹节背面的前缘有显著的黑褐色波状隆起线，尾端呈截断状 | 长 12～16 mm，红褐色或黑褐色。腹部第五至第7节背面前缘有深色网纹，腹末有2对尖锐小突起。尾部较钝，无尾刺 | 体长 8～12 mm，黄褐色，腹部第2节的后缘，第3～6节的前后缘，第7节的前缘，第8节及尾节背面都有锯齿状突起 | 体长 13～18 mm。乳黄白色；雌蛹稍大于雄蛹，雌蛹后足达第6腹节基部，雄蛹后足达第7腹节的一半，腹末宽圆形，橙黄色 |

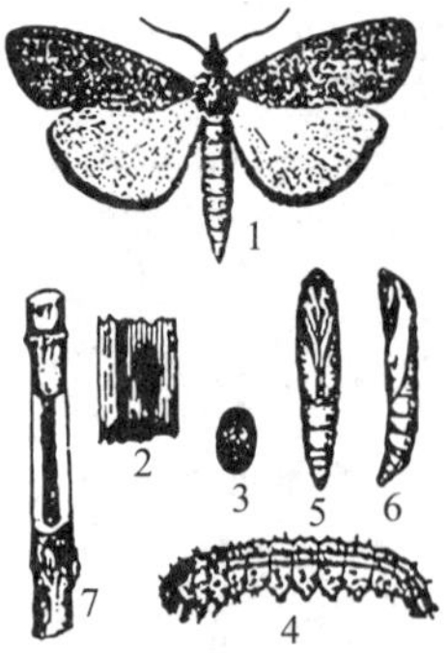

**图 3-5-1　二点螟**

1.成虫　2.产于叶片上的卵

3.卵粒　4.幼虫　5.蛹(腹面观)

6.蛹(侧面观)　7.幼虫蛀茎为害状

(钱学聪.1999.农业昆虫学)

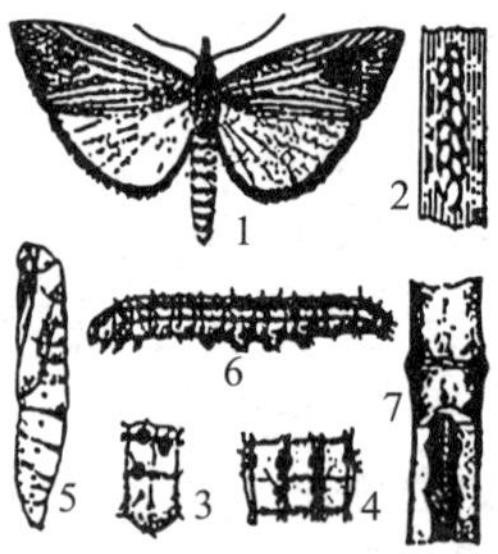

**图 3-5-2　条螟**

1.成虫　2.卵块　3.幼虫第 2 腹节侧面

4.幼虫第 2 腹节背面　5.蛹　6.幼虫

7.幼虫蛀茎为害状

(钱学聪.1999.农业昆虫学)

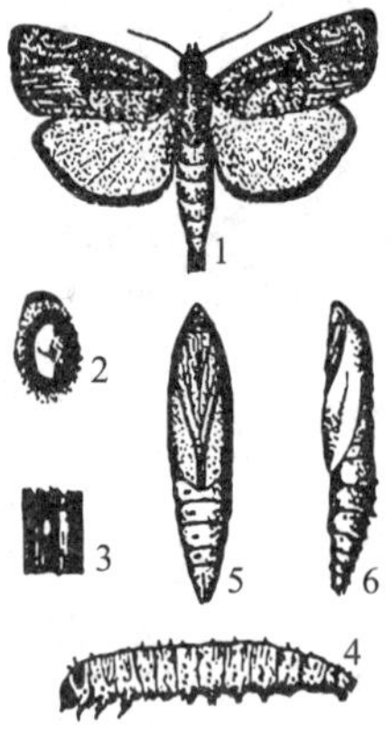

**图 3-5-3　甘蔗黄螟**

1.成虫　2.卵　3.产于叶上的卵

4.幼虫　5.蛹(腹面观)　6.蛹(侧面观)

(钱学聪.1999.农业昆虫学)

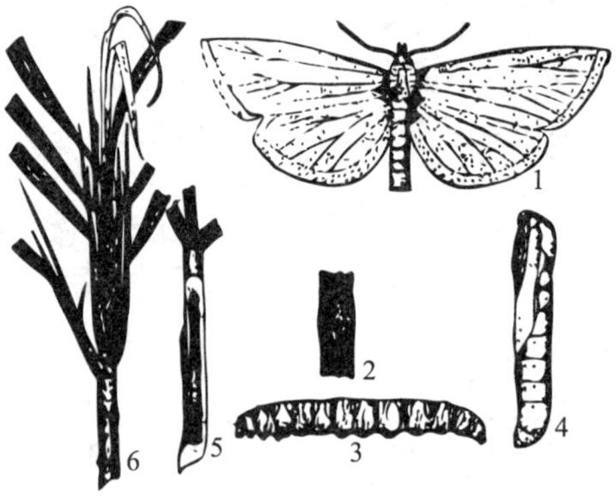

**图 3-5-4　白螟**

1.成虫　2.卵　3.幼虫　4.蛹　5,6.为害状

(华南农学院.1981.农业昆虫学)

## (四)发生规律

### 1.生活史和习性

(1)二点螟　在广西和广东雷州半岛 1 年发生 4～5 代,海南岛 1 年发生 6 代,世代重叠。以幼虫在蔗头、蔗笋和残茎内越冬。翌年春暖即陆续化蛹,并相继羽化成虫。一般 2 月中旬开始化蛹,3 月上旬羽化。

二点螟在广西各世代的时间大致为:第 1 代 3 月上旬至 6 月下旬,第 2 代 5 月中旬至 8 月上旬,第 3 代 6 月至 9 月上旬,第 4 代 8 月上旬至 10 月中旬,第 5 代 9 月中旬至翌年 4 月下旬。第 5 代为越冬代。各地区由于气温不同,各代出现的时间迟早有差异。在我国南方蔗区,二点螟通常以第 1、2 代为害宿根蔗和新植蔗苗,造成枯心,其中以第 2 代为害较重。第 3 代以后为害成长蔗,以 6—9 月的田间密度较高。

二点螟成虫于黄昏开始羽化,以晚上 10 时至翌晨羽化最多,有较强趋光性。卵一般块产在蔗株下部第 1～5 叶片背面或叶鞘上，每雌蛾可产卵 250～300 粒，每块有卵粒 10 余粒至 20 余粒。成虫寿命 3～6 d，卵历期 4～8 d。第 1 代幼虫孵化后爬行分散，或吐丝下垂，随风飘至邻株，侵入叶鞘。初在叶鞘间取食，后蛀入心叶为害生长点，造成枯心苗。以后各代幼虫主要为害蔗茎，造成螟害节。幼虫钻入孔近圆形，孔口周缘不枯黄，茎内蛀道较直。幼虫 5～6 龄，越冬代幼虫历期 166～180 d，其余世代幼虫历期 24～35 d。老熟幼虫在枯心苗或蔗茎虫道内作薄茧化蛹。越冬代蛹历期 10～13 d，其余世代蛹历期 5～9 d。

(2)条螟　在广西 1 年发生 4 代，广东、台湾 4～5 代。以幼虫在枯叶鞘内侧结茧或在蔗茎内越冬，开春化蛹，3 月中旬开始有蛾羽化。该虫属于逐代递增型，第 1 代发生于 4 月上旬至 6 月中旬，第 2 代发生于 5 月下旬至 7 月下旬，第 3 代 7 月中旬至 9 月下旬，第 4 代 9 月上旬至翌年 5 月上旬。各代的发生呈叠置状态。第 1、2 代发生量较小，主要为害蔗苗；第 3、4 代发生量较大，为主害代，主要为害蔗茎，大多蛀食生长点，造成死尾蔗。以 7 月中旬后甘蔗生长中后期为害重。

成虫昼伏夜出，有弱趋光性，白天多栖息于寄主植物近地面部分的茎叶下面，多数在晚上 21～23 时羽化，产卵前期 2～3 d，产卵期 2～4 d。卵多产在叶片背面的基部及中部，也有产在叶片正面和茎秆上的。卵块产，通常每卵块有卵 13～14 粒，呈"人"字形双行排列。每头雌蛾可产卵 200～250 粒，最多 459 粒。成虫寿命 7～10 d。卵历期一般 5～7 d。

初孵幼虫有取食卵壳的习性，爬行迅速，大部分顺叶片爬至叶腋，再向上钻入心叶内，只有少数吐丝下垂，落于其他叶上，再爬入心叶内。从孵出卵壳到爬进心叶，一般需 5～10 min，最多 20 min。由于迅速集中到心叶内，造成群集为害现象。初龄幼虫啃食心叶叶肉，留下表皮，呈透明斑点，稍大则咬成不规则的小孔，成"花叶"状。幼虫在心叶内生活 10 d 左右。虫龄较大时开始分散为害，逐渐向下移到叶鞘间隙并进至生长点蛀害，造成死尾蔗或螟害节。幼虫老熟后从蛀道爬出，在干枯叶鞘内侧结薄茧化蛹。第 4 代老熟幼虫则找干枯叶鞘与残茎碎叶在内潜伏结茧越冬。幼虫期 30～50 d。幼虫个体间差异很大，5～9 龄不等，一般为 6～7 个龄期。第 1 代幼虫老熟后在为害的茎秆内开始化蛹，蛹期 10 d 左右。

(3)黄螟　在广西南宁 1 年发生 7 个重叠世代，无明显的越冬现象。第 1 代发生于 3 月上旬至 5 月上旬，第 2 代发生于 4 月下旬至 6 月中旬，第 3 代 5 月上旬至 7 月下旬，第 4 代 7 月上旬至 9 月上旬，第 5 代 8 月下旬至 10 月下旬，第 6 代 9 月下旬至 11 月中旬，第 7 代 11 月上旬至次年 3 月下旬。

主要于 3—6 月由第 1、2 代为害宿根和春植蔗苗形成枯心苗。第 1 代在 3 月上旬产卵，4 月中下旬盛孵；第 2 代在 4 月下旬产卵，5 月下旬盛孵；第 3 代以后就逐渐转移到蔗茎为害。

成虫趋光性弱，苗期卵多产在基部的枯老蔗鞘，少数产在叶片上，拔节后多半产在蔗茎表面。卵散产，偶尔也有 2～3 粒连产在一起。初孵幼虫潜入叶鞘间隙，后从芽或根部较嫩部位蛀入。苗期、分蘖期，幼虫把芽眼蛀空，或把根部蛀成蚯蚓状的食痕，老熟幼虫在蛀食孔处作茧化蛹。

二点螟、条螟、黄螟的未产卵雌虫均具有释放性外激素吸引雄蛾前来交尾的特性。

(4)白螟　在广西钦州地区、海南蔗区和广东雷州半岛 1 年发生 4～5 代。以第 4 代或第 5 代老熟幼虫在蔗梢蛀道内越冬。每年 4 月上旬、6 月上旬、7 月下旬、9 月上旬和 10 月上旬出现 5 个为害高峰。越冬幼虫于 1 月下旬开始化蛹，2 月中旬为化蛹盛期。成虫于 2 月下旬开始出现，3月中旬为成虫盛发期。第1、2代主要为害幼苗，第3、4代为害生长中后期的蔗茎，主要为害梢头。发株早的甘蔗受害重。3～5代造成的枯心苗以生长迟滞的新植蔗较重，而宿根蔗较轻。

成虫晚上活动，有趋光性，喜欢产卵于甘蔗幼苗叶片内侧，卵块产，每块有卵2～66粒，卵面披有橙黄色绒毛。每雌产卵200～300粒。初孵幼虫很活泼，分散后有的可悬丝飘扬。每株蔗只蛀入一头幼虫，幼虫从心叶下蛀，不久即出现枯心。有的则横行蛀食，使蔗叶呈现许多横列蛀孔。如连中脉蛀食，则易被风吹折。生长点被害，心叶受损便会抽出侧芽，形成扫帚状死尾蔗。老熟幼虫化蛹前，自蛀道至蔗茎外造一羽化孔，留一层薄膜遮盖，幼虫即在孔口化蛹，羽化后，成虫即冲破薄膜飞出。

**2.发生与环境的关系**

甘蔗螟虫的发生与虫源基数、蔗田环境、种植期、品种、天敌等因素关系密切。

(1)越冬基数　一般越冬基数大，越冬死亡率低，第1代有可能大发生。

(2)气候条件和土壤质地　冬季温暖干燥，利于各种螟虫越冬，越冬蔗螟死亡率低，第二年虫源基数大。春季降雨较多、湿度大，有利于越冬代化蛹、羽化；田间作物生长茂盛、湿度偏高也有利发生。二点螟喜高燥的环境，一般是地势较高燥的旱地和沙质地比水田蔗地发生多、受害重，黄螟适于潮湿环境，在围田区和水坝的蔗田，发生和为害特别严重。

(3)种植期　甘蔗种植期迟早，为害也不同。除白螟为害新植蔗较重而宿根蔗较轻外，其余甘蔗螟虫以宿根蔗为害最重，秋植蔗次之，春植蔗为害最轻。

(4)品种　甘蔗品种不同，其抗螟性差异很大。一般叶宽下垂、蔗茎较软纤维少的品种受害重，而叶窄、蔗茎坚硬纤维多的品种受害轻。

(5)天敌　主要有赤眼蜂、黑卵蜂、绒茧蜂、螟黑钝唇姬蜂、寄生蝇，以及肉食瓢虫、草蛉、步甲、红蚂蚁、蜘蛛等，有一定的抑制作用。特别是寄生螟卵的螟黄赤眼蜂，其寄生率较高。2010年开始，广西南宁合一生物防治技术有限公司大规模工厂化生产扩繁螟黄赤眼蜂，人工释放防治甘蔗螟虫。福建还有利用红蚂蚁捕食蔗螟的报道。

### (五)防治措施

应采取农业防治为主，药剂防治为辅的综合防治措施。

**1.农业防治**

(1)选育高产抗虫品种　根据各蔗产区的害虫发生和为害的特点，因地制宜选用抗、耐、避虫良种。

(2)合理布局、实行轮作　甘蔗按种植期分片种植，避免甘蔗地插花种植玉米、小麦等禾本科作物。提倡甘蔗与水稻、豆科、甘薯等作物轮作。推广甘蔗与豆科绿肥间作套种，以增加田间郁闭，使有利于蔗螟寄生性天敌的生存和繁殖，提高其寄生效能。

(3)改进栽培管理措施　选用无螟害蔗种，播种前，用3%石灰水浸种1 d。因地制宜地提早播期，或推行冬植，可减轻为害。用拔、刺、灌的方法杀死二点螟和大螟；割白螟枯鞘，斩除秋笋，消灭越冬幼虫；放水淹虫；剥叶除虫；甘蔗收获时，应低斩收割，可消灭部分越冬蔗螟。收获后，还应及时处理蔗头、残茎及枯叶。

**2.物理防治**

利用螟虫成虫的趋光性，设置黑光灯诱杀刚羽化出来的成虫，减少田间虫源。

**3.生物防治**

利用螟类天敌如赤眼蜂、红蚂蚁等防治螟类害虫，利用性诱剂诱杀螟虫。当二点螟或黄螟羽化，开始产卵时，每 667 $m^2$ 每次放赤眼蜂 1 万头以上。广西南宁合一生物防治技术有限公司甘蔗地赤眼蜂放蜂技术：每 667 $m^2$ 均匀设 5 个放蜂点，每个放蜂点放一块赤眼蜂卵卡，每块卵卡有效卵 700 粒以上，一般全年需放蜂 5 次，即可基本控制螟害，而且，赤眼蜂在田间可以自然繁殖，每年放蜂数量可持续减少。此外，还可用蔗螟活雌蛾诱杀雄蛾，也可用蔗螟雌蛾的性外激素的粗提物来诱杀雄蛾。使用白僵菌防治甘蔗螟虫。

**4.化学防治**

播种时，按每 667 $m^2$ 用 1.5%辛硫磷颗粒剂 3～4 kg 与细沙 15～20 kg 均匀混合后撒施于种植沟内，注意距离蔗种约 30 cm，然后覆土，或在中培土、大培土时施于距离蔗根约 30 cm 处，然后覆土；甘蔗苗期螟卵盛孵期内，选用 29%杀虫双水剂 500～700 倍稀释液，或 20%氯虫苯甲酰胺悬浮剂 15～20 mL/667 $m^2$，兑水 50～75 kg，均匀喷雾心叶、叶鞘和蔗苗基部。

## 二、甘蔗绵蚜

### （一）发生概况

甘蔗绵蚜又名甘蔗粉角蚜（*Ceratovacuna lanigera* Zehntner）属同翅目绵蚜科。在我国主要分布于广西、广东、四川、福建、江西、浙江、云南、贵州、台湾等地。国外主要分布于菲律宾、印度尼西亚、越南、印度、日本、澳大利亚等国家。甘蔗绵蚜为害甘蔗，也取食一些禾本科杂草，如芦苇、大芒草是其野生寄主。

### （二）为害状识别

以成虫、若虫群集叶背中脉两侧吸食甘蔗汁液，同时虫体分泌蜜露，诱致煤烟病发生，影响光合作用，至叶片枯黄，生长停滞，降低糖分，品质变劣，甚至因锤度降低制不成糖，使蔗糖的损失率达 40%。重者，成片枯死。

成虫、若虫群集叶背中脉两侧吸食甘蔗汁液，

### （三）形态识别（图 3-5-5）

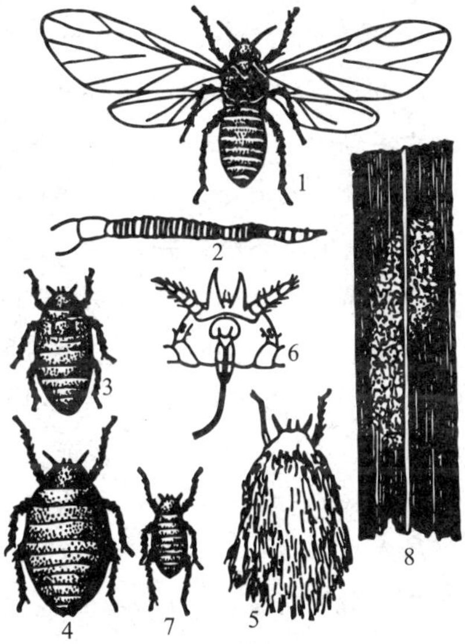


**图 3-5-5 甘蔗绵蚜**

1～3 有翅胎生雌蚜：1.成虫 2.成虫触角 3.成长若虫
4～7 无翅胎生雌蚜：4.无翅胎生雌蚜 5.成虫 6.成虫头、胸部腹面观 7.若虫 8.蔗叶上的甘蔗绵蚜
（李云瑞.2002.农业昆虫学）

(1)无翅胎生雌蚜　体长 2～2.5 mm，体色不一，常呈黄褐、灰褐、橙黄及暗绿色，背面覆盖有大量白色棉毛状蜡质物，第 8 节背面有明显蜡孔 1 对，腹管退化，触角短由 5 节组成。

(2)有翅胎生雌蚜　体长 2～2.5 mm，翅展约 7 mm，静止时，平覆体上，盖过腹部末端。头、胸部黑褐色，腹部为黄褐色或暗绿色，触角 5 节，第 3～5 节上有许多环状感觉器，腹部蜡孔退化。

(3)无翅若蚜　体黄色或淡黄略带灰绿色，初龄时，背面蜡质物很少。

(4)有翅若蚜　初生时,淡黄略带灰绿色,有翅芽 1 对,第 3～4 次蜕皮后变成深褐或黄色。腹部背面被有许多蜡质物。

## (四)发生规律

### 1.生活史和习性

甘蔗绵蚜以孤雌胎生方式繁殖,在我国南方蔗区 1 年可发生 20 代左右,世代重叠,以成虫、若虫群集蔗叶背面,吸食蔗液,使蔗叶由点到面枯黄萎缩,使蔗叶可溶性干物质大大降低,使蔗糖损失达 40%,甚至因锤度降低制不成糖。夏秋气温较高季节,甘蔗绵蚜从出生到产生下一代若虫,仅需 12～15 d,冬季气温低,需 31～61 d,成虫可持续产仔 16～56 d。每一无翅胎生雌蚜一生能产若蚜 50～130 头,寿命长达 33～93 d。每一有翅成虫平均产若蚜 14～15 头,若虫有 4 龄。

甘蔗绵蚜在野生寄主上越冬

(1)越冬期(11 月至次年 2 月)　11 月后,气温下降,产生有翅胎生雌蚜,有翅绵蚜增多到一定程度,即成群飞到秋、冬植蔗株或附近的大芒草或其他禾本科植物上越冬,此时,低温可导致蚜群大量死亡。

(2)发生始期(3—6 月)　第二年春暖,一般在 3 月后,越冬有翅胎生雌蚜便陆续迁飞到宿根蔗和春植蔗上,繁殖无翅幼蚜,开始为害、繁殖,5—6 月繁殖加快,形成较多的为害群。

(3)大发生期(7—11 月)　6 月后,迅猛繁殖,至 7—8 月蔓延成片。若遇干旱,其大发生期还可延至收获时。其为害一般在 8—9 月最严重。

此虫一年有 2 个迁移高峰:11 月和 2—3 月;11 月有翅蚜增多,从秋冬植蔗上飞到附近的大芒草上越冬,次年 2—3 月又从大芒草上飞回宿根蔗和春植蔗上,繁殖无翅蚜,开始为害。全年一般在 8—9 月为害最严重。

### 2.发生与环境的关系

甘蔗绵蚜发育最适温度为 20～25 ℃,28 ℃以上或 15 ℃以下均不适宜。绵蚜雨季发展缓慢,而旱季则为害猖獗。一般干旱少雨的年份严重为害,而暴雨较多的年份则为害较轻。主要是,旱季甘蔗体内水分含量低而蛋白质含量高,利于绵蚜生长繁殖,所以为害猖獗。而雨季则利于绵蚜天敌多毛菌寄生繁殖,绵蚜死亡较多,同时甘蔗体内水分含量高而蛋白质含量低,不利于绵蚜生长繁殖,所以绵蚜种群发展缓慢。甘蔗种植期不同,为害也不同。一般秋植蔗受害最重,宿根、春植蔗次之。甘蔗绵蚜天敌种类很多,有十三星瓢虫、双星瓢虫、食蚜蝇、草蛉、寄生真菌(多毛菌)等,对其发生有很大的抑制作用。

## (五)防治措施

策略:在秋、冬植蔗上和大芒草上越冬的绵蚜,是次年大发生的主要虫源,必须在迁飞前将其扑灭。甘蔗生长中期,绵蚜繁殖快,要在夏收大忙前后各防治一次,尽量彻底扑灭。

(1)消灭越冬寄主上的绵蚜　开春后,绵蚜尚未从越冬寄主迁飞前,加强调查,及时药杀。

(2)保护利用天敌　保护利用十三星瓢虫、双星瓢虫、食蚜蝇、草蛉及寄生甘蔗绵蚜的多毛菌等多种天敌。

(3)药剂防治　应抓住点片发生阶段用药,一般在 11 月绵蚜从甘蔗迁往野生寄主前、2 月中下旬从野生寄主迁回甘蔗田,6 月初至 7 月甘蔗田间绵蚜点片发生时,使用 25%噻虫嗪水分散粒剂 3 000～4 000 倍稀释液、或 10%吡虫啉 2 000～3 000 倍稀释液任一种喷雾。

## 三、蔗根土天牛

### （一）发生概况

蔗根土天牛[*Dorysthenes granulosus* (Thomsom)]原名蔗根锯天牛，又名锯胸天牛、蔗根天牛，属鞘翅目天牛科。国内分布于台湾、广东、广西、浙江、云南、福建、湖南等地，除为害甘蔗外，还为害椰子、油棕和多种林木。

### （二）为害状识别

蔗根土天牛以幼虫蛀食蔗根、蔗种，影响发芽和宿根蔗发株，造成死苗缺株，并可从蔗茎基部向上蛀食，高达 30～60 cm，被害蔗株叶片枯黄，遇风易折，为害很大。成虫咬食蔗叶成缺刻状。

### （三）形态识别（图 3-5-6）

(1)成虫　体长 24～63 mm，体宽 10～16 mm，棕红色，头部向前突出，微向下弯，正中有细线纵沟，口器向下，上颚长大呈刀状，向后弯曲，前胸较宽，前胸背板两侧各有 3 个齿，中齿较前齿发达，后齿最细。雌虫触角较短，雄虫较长，超过中部，自第 3～10 节呈锯齿状。

(2)卵　长椭圆形，乳黄色，表面具纵纹，长约 3 mm。

(3)幼虫　老熟幼虫体长 85～90 mm，早期乳黄色，后转为铬黄色，头棕红色，上颚巨大呈黑色，前胸盾深黄色，近似梯形，两侧有浅沟，腹部 1～7 节正中隆起，上有扁“田”字形纹移动器。

(4)蛹　裸蛹，体长 33～70 mm，淡黄白色至黄褐色，复眼紫红色，翅芽长达第 4 腹节，后足长达第 6 腹节的末端。1～7 腹节背面残存有幼虫期扁“田”字形纹。

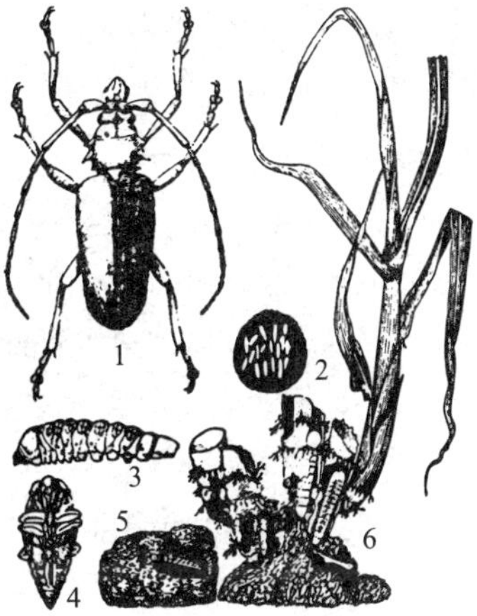


**图 3-5-6　蔗根土天牛**

1.成虫　2.卵　3.幼虫　4.蛹

5.在土中的蛹　6.蔗茎地下部被害状

（华南农学院.1981.农业昆虫学）

### （四）发生规律

**1.生活史和习性**

我国南方 2 年 1 代，以老熟幼虫在蔗蔸内或在蔗蔸附近的土中缀纤维、植物碎屑与泥土结茧过冬。翌年 3—4 月，老熟幼虫则转出蔗蔸，在附近土中用粪便、蔗渣、碎草和黏液造成一个似鸭蛋形状大小的蛹室，在其中化蛹。成虫在 4 月上旬羽化，羽化后蛰居蛹室经过 20 多 d，才破茧爬出土面。成虫有趋光性，夜间活动，卵产于土表 1～3 cm 处。每雌产卵平均 251 粒，产卵历期 5～36 d，平均 9.4 d。雌成虫寿命 1 个月左右。卵期 7～9 d。幼虫孵化后，先取食邻近蔗根、嫩梢和种茎，后钻入宿根蔗或新植种茎，蛀成隧道；可沿茎基部向上咬食达 30～60 cm。5 月中旬成虫大量羽化。

**2.发生与环境的关系**

一般火热、干旱少雨年份发生重。坡地沙质土的新植蔗、多年宿根蔗受害较严重。蔗茎粗大、纤维较软的品种受害重。

### （五）防治措施

(1)农业防治：用水稻、玉米、甘薯等与甘蔗轮作，可减轻为害。破垄松蔸护理宿根蔗，或不留宿根。翻犁时，捡杀翻上土面的幼虫和蛹。成虫盛发时，人工捕杀成虫。

(2)物理防治：晚上 19—20 时用黑光灯诱杀成虫。

(3)在宿根蔗破垄松蔸和新植蔗播种时，每 667 $m^2$用 7.5 kg 含孢子 $1.08\times10^{13}$个的绿僵菌粉 1.5 kg 混细沙 15～20 kg 均匀撒施于蔗蔸或蔗种上，然后盖土。

(4)在新植蔗或宿根蔗破垄松蔸时，或在中培土、大培土时施于蔗根，每 667 $m^2$用 3%辛硫磷颗粒剂 3 kg 或 14%毒死蜱颗粒剂 1.5 kg+细沙 15 kg 撒施于距离蔗种约 30 cm 处，然后覆土，有良好的防治效果。

## 四、蔗龟类

### （一）发生概况

为害甘蔗的金龟子有多种，主要种类有突背蔗龟(*Alissonotum impressicolle* Arrow)、光背蔗龟(*Alissonotum pauper* Burmeister)、痣鳞鳃金龟(*Lepidiota stigma* Fabricius)、红脚丽金龟(*Anomala cupripes* Hope)、大等鳃金龟(*Exolontha serrulata* Gyllenhal)又称齿缘鳃金龟等，均属鞘翅目犀金龟科。蔗区常见的是突背蔗龟和光背蔗龟两种，国内分布于广东、广西、云南、福建、台湾等地，主要为害甘蔗。成虫多在土中幼苗基部啮食，以致阻碍养分和水分的输送，严重时，受害幼苗枯死成枯心苗，减少有效茎数，直接影响产量。幼虫为害甘蔗，因根部和茎基部受害，如遇台风，即容易倒伏；如遇冬季干旱，蔗叶呈现枯黄。

### （二）为害状识别

突背蔗龟和光背蔗龟均以成虫、幼虫主要在土中活动咬食蔗苗地下茎基部，形成半球形缺口，地上部的一两张叶片便变得干枯，如咬食更深，则心叶也枯萎，致使有效茎数减少，直接影响产量，同时由于根部和茎基部受害，植株如风易折。

### （三）形态识别（图 3-5-7）

(1)成虫　突背蔗龟成虫体长 13.5～17.5 mm，黑色，有光泽，头部正三角形，头顶和唇基上各有 1 对小瘤状突起，雄成虫前胸背板有突起。

(2)卵　椭圆形，灰白色，表面有细网纹，长约 2.3 mm。

(3)幼虫　近老熟幼虫体长约 26 mm，黄白色，头黄褐色。

(4)蛹　体长约 15 mm。

光背蔗龟：形态特征与突背蔗龟相似，但前胸背板无突起。

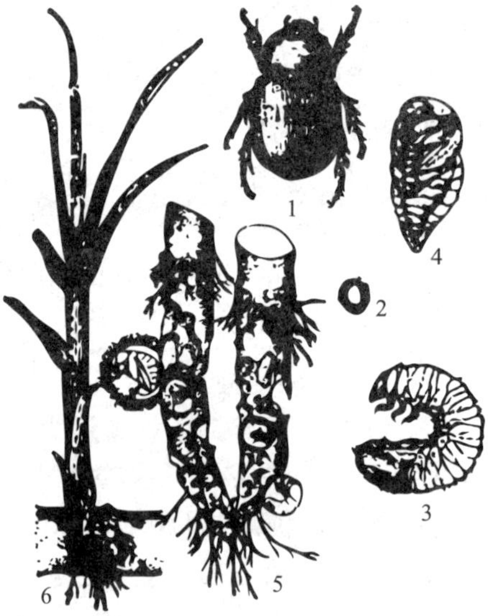


**图 3-5-7　突背蔗龟**

1.成虫　2.卵　3.幼虫　4.蛹

5.蔗茎地下部被害状　6.幼苗被害状

(华南农学院.1981.农业昆虫学)

## （四）发生规律

**1.生活史和习性**

突背蔗龟、光背蔗龟在广西各地和广东珠江三角洲1年发生1代，以低龄幼虫在蔗根土中越冬，3月下旬开始化蛹。在广西突背蔗龟成虫发生于4—11月，9月中旬开始产卵，10月上旬开始出现幼虫。在广东突背蔗龟成虫则发生于4—9月，8月下旬开始产卵，9月中旬出现幼虫。由于成虫寿命长，产卵时间也长，故各虫期叠置现象较明显。主要在土中活动咬食蔗苗地下茎基部，形成半球形缺口，地上部的一两张叶片便变得干枯，如咬食更深，则心叶也枯萎。5—6月间活动最盛，7月温度过高则进入夏蛰，不食不动，8月底复苏继续取食，并交尾产卵。

光背蔗龟虫期的重叠现象更明显，跨过冬春两季，一般其成虫出现于5月上旬至翌年3月下旬，10月中旬开始产卵。幼虫出现于11月上旬至翌年8月上旬，蛹出现于3月下旬至8月下旬。秋季成虫以光背蔗龟出现数量较突背蔗龟为多。

成虫日间静伏于甘蔗植株附近表土中，夜间活动，但极少爬出土面；对紫外光有弱趋光性，但当采用450 W水银灯作为光源时，即可引诱大量成虫；有假死性。成虫取食主要在羽化初期，而6—8月甚少为害。成虫咬食蔗苗基部，形成有近圆形的孔洞，这些孔洞都是距离地面10 cm以内，斜直伸向蔗茎基部，不弯曲且无横道。蔗龟1、2龄幼虫主要取食土壤中的腐殖质，但2龄幼虫开始取食一些甘蔗幼根。3龄幼虫大量为害甘蔗根部和埋在土中的蔗茎基部，每年11月至翌年3月是3龄幼虫为害期。地下部的蔗芽和根部受害后，甘蔗发株就减少，直接影响宿根甘蔗的产量。

**2.发生与环境的关系**

成虫在土中栖息的深度与土壤温湿度有一定的关系，当土温在30 ℃以下，土壤含水量为66.6%左右，其活动土层为3～6 cm，即在甘蔗种苗以上的土层活动；如土温较高而土壤较干燥时，则潜入较深土层中。每年成虫出现，为害时间与降雨量有密切关系，常常在降雨后成虫才出土。如4月降水少，则成虫出现期和枯心出现高峰期会推迟，长时间春旱会使成虫出土困难，并增加死亡率。

## （五）防治技术

**1.农业防治**

(1)深耕晒垡，灌水淹虫。有条件的引水淹灌，春夏季水淹蔗地10 min，成虫即爬出浮于水面，可将成虫收集杀死，再排水。如收获后不留宿根的蔗田，淹浸6 d以上，即可将蔗田中的幼虫全部杀死。

(2)人工捕杀。不留宿根的蔗田，可结合犁翻蔗头时，捡拾蔗头和泥土中的幼虫。蔗龟成虫在5、6月间常在晚间爬出土外活动，再爬入泥里，因此早晨在蔗苗附近见有松碎泥土的地方，掘开3～60 cm，即可捕捉到成虫。

(3)轮作。与玉米、水稻、红薯、豆类或黄麻等作物轮作，可以大大减轻受害。

**2.物理防治**

利用黑光灯诱杀成虫。

**3.生物防治**

在新植蔗下种或宿根培土期间，每667 $m^2$用0.5 kg含孢子$3.3\times10^{12}$个的绿僵菌粉

15 kg，施于种苗上或蔗蔸间，施后即盖土。

**4.药剂防治**

下种时每 667 $m^2$ 用 3%辛硫磷颗粒剂 4～5 kg 撒施于蔗种处，或在中培土、大培土时施于蔗根，然后覆土。或在苗期选用 50%辛硫磷乳油 1 000 倍稀释液喷杀或在受害蔗株旁挖穴灌施药液。

## 五、蔗褐蓟马

### （一）发生概况

甘蔗褐蓟马[*Fulmekiola serrata* (Kobus)]属缨翅目蓟马科。为小型虫类，栖居于甘蔗包卷的心叶内锉吸蔗叶汁液，使叶尖卷缩干枯呈黄褐色，对蔗株的生长影响大。广西各蔗区均有发生，国内广布于云南、广东、贵州、湖南、福建、台湾等地。为害甘蔗的蓟马，还有花蓟马、稻管蓟马、稻蓟马等。

### （二）为害状识别

以成虫、若虫栖居于甘蔗包卷的心叶内锉吸蔗叶汁液，使叶尖卷缩干枯呈黄褐色，影响植株生长。

### （三）形态识别（图 3-5-8）

(1)成虫　体细长，约 1.3 mm，黑褐色；头部长宽相等，复眼突出，两眼之间有细刺 2 对；触角 7 节，锉吸式口器，有下唇须 1 对。

(2)卵　长椭圆形，微弯，长约 0.35 mm。

(3)若虫大小形似成虫，黄白色；1～2 龄无翅，3～4 龄具翅芽；腹部可见青黄色内容物。

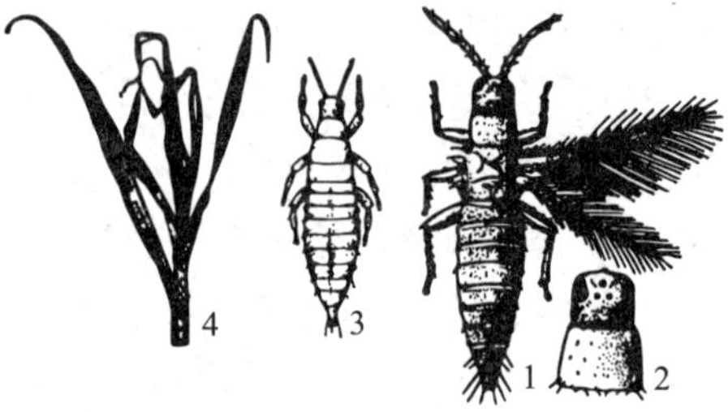


**图 3-5-8　甘蔗蓟马**

1.成虫　2.成虫头部和前胸背板

3.若虫　4.为害状

（华南农学院.1981.农业昆虫学）

### （四）发生规律

**1.生活史和习性**

年发生代数不详，只知世代历期短且重叠。成虫体轻，有翅，可飞翔，借风广为传播。发生与甘蔗栽培管理有密切关系，一般 5—8 月是发生期，5 月中下旬天气干旱炎热则盛发为害。

**2.发生与环境的关系**

雨天积水，栽培管理不良，甘蔗生长缓慢则为害严重；反之，肥水充足，水分适宜，甘蔗生长旺盛，心叶展开快则不利于其生存和取食，甘蔗受害便轻。不同的甘蔗品种，受害程度有所不同。有的甘蔗品种前期生长缓慢，在蓟马发生期间生长不正常，适于其栖息繁殖，故受害较重。

### （五）防治技术

(1)农业防治　选用种植前期早生快发的品种，提早春植。宿根蔗提前护理，深耕翻土，施足基肥，促进甘蔗早萌芽、早分蘖，前期生长迅速，可减少为害。

(2)物理防治　悬挂蓝色粘虫板，诱杀蓟马。

(3)药剂防治　在苗期发生严重时，土壤湿度合适时，每 667 $m^2$ 用 3%辛硫磷 3～4 kg 根施盖土，或用 25%噻虫嗪水分散粒剂 3 000～4 000 倍稀释液、或 10%吡虫啉 2 000～3 000

倍稀释液、20%叶蝉散乳油200～300倍稀释液任一种，在日出前或日落后喷洒心叶，也可在每桶药液中加入150 g尿素，可起追肥和杀虫增效的作用。

## 六、蔗茎粉蚧

### （一）发生概况

主要有蔗茎红粉蚧[*Saccharicoccus sacchari*（Cockerell）]和蔗茎灰粉蚧[*Dysmicoccus boninsis*（Kuwana）]两种，均属同翅目粉蚧科。

### （二）为害状识别

以成虫、若虫匿居于叶鞘内的蔗节，尤其多聚居于蜡粉带、根带和生长带上，吸食蔗液，大大影响蔗株生长，使糖分降低，其排出的蜜露滴于蔗叶上还可诱发煤烟病。

### （三）形态识别（图3-5-9）

蔗茎红粉蚧：抱卵雌成虫体长约5 mm，扁椭圆形，暗桃红色，体表被有白色蜡粉；雄成虫体很小，长约0.8 mm，褐红色，具前翅1对，后翅退化为平衡棒；卵为卵圆形，淡桃红色；仅雄虫有蛹，蛹体呈长榄形，灰紫色，微被白粉。

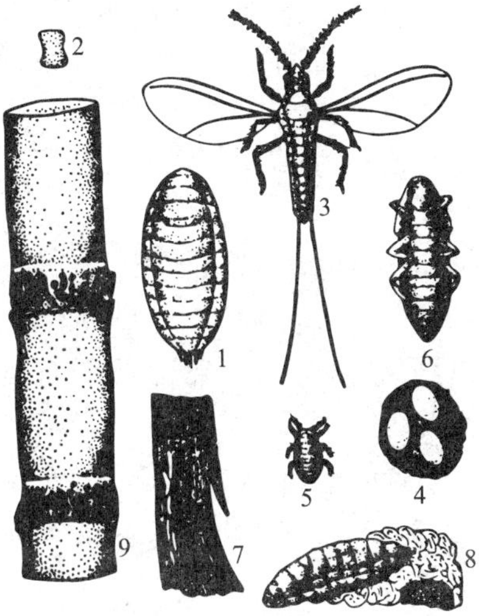

图3-5-9 蔗茎粉蚧

1.雌成虫 2.雌成虫的脐斑 3.雄成虫 4.卵 5.初孵若虫 6.雄蛹 7.枯梢内的蛹茧 8.雌成虫的卵袋 9.蔗茎节被害状

（华南农学院.1981.农业昆虫学）

### （四）发生规律

**1.生活史和习性**

蔗茎红粉蚧1年可发生8～10个重叠世代。甘蔗收获后，以若虫在秋植蔗、宿根蔗、零星蔗株的叶鞘内和蔗根裂隙以及田间杂草内越冬。成虫、若虫都匿居于叶鞘内的蔗节，尤其多聚居于蜡粉带、根带和生长带上，吸食蔗液，大大影响蔗株生长，使糖分降低，其排出的蜜露滴于蔗叶上还可诱发煤烟病，甘蔗收获后，以若虫在秋植蔗、宿根蔗、零星蔗株的叶鞘内和蔗根裂隙以及田间杂草内越冬。蔗茎红粉蚧虫体在紧贴于叶鞘包着的蔗茎处为害，每年4—5月和10月为发生盛期。

蔗茎灰粉蚧，体灰白色，其余形态特征和生活习性与蔗茎红粉蚧相似。

**2.发生与环境的关系**

气候、寄主植物和天敌对蔗茎粉蚧发生有显著影响。冬春季温暖少雨有利于蔗茎粉蚧的生长繁殖，多雨年份或高温季节不利其发生。生长迅速，叶鞘早开早脱落的品种受害轻。宿根蔗比新植蔗受害重。种植过密、偏施氮肥、通风条件差、田间郁闭，利于其发生和繁殖。蔗茎粉蚧的天敌主要有长索跳小蜂、黄翅绵跗蝮、曲霉等。蔗茎粉蚧的传播途径主要是蔗种带虫、蚂蚁搬运、风力、水力等传播。

### （五）防治技术

（1）农业防治　选用健壮、无虫种苗。播种前，用3%石灰水浸种1 d，捞起播种。在害虫发生时，经常剥除枯老叶鞘，促进通风透光，恶化介壳虫栖息繁衍的环境，可减少为害。

(2)生物防治　保护利用天敌。

(3)药剂防治　在种蔗或护理宿根蔗培土时，每 667 $m^2$用 3%辛硫磷颗粒剂 3～4 kg 撒施于种苗根侧并盖上薄土，可保持长久的药效。结合防治绵蚜，用 25%噻虫嗪水分散粒剂 3 000～4 000 倍稀释液、或 10%吡虫啉 2 000～3 000 倍稀释液、20%叶蝉散乳油 200～300 倍稀释液喷雾。

## 七、甘蔗其他害虫、害螨和软体动物

**1.蔗蝗**

一般蔗蝗特指异岐蔗蝗、斑角蔗蝗两种，均属直翅目斑腿蝗科。蔗区普遍发生。可为害甘蔗的蝗虫还有东亚飞蝗、中华稻蝗、棉蝗、印度黄脊蝗、日本黄脊蝗、中华蚱蜢等数十种，均以成虫、若虫咬食蔗叶成缺刻，严重时常致全株蔗叶被吃光。

异岐蔗蝗：雄成虫体长 31～38 mm，雌成虫体长 45～48 mm，黄绿色或淡青绿色，有光泽。前胸背板中隆线明显，无侧隆线，有 3 条明显的黑色横沟；后腿节末端有黑斑，后足胫节青蓝色，外侧有黑蓝色的外端刺和内侧刺；雌成虫产卵斑的上外缘无凹口，雄成虫尾须末端分叉，上肢短，下肢细长。

斑角蔗蝗：成虫体长 33～65 mm，前翅长 24～40 mm；雌大雄小，全体黄绿色或淡青蓝色，有光泽；头部宽圆，复眼卵圆形，红褐色；触角丝状，各鞭节间有白环；前胸背板凹陷有 3 条黑色横沟，各腿节黄褐色。雄虫肛上板呈三角形，顶端长尖，中央有纵沟；雌虫下生殖板有平行纵隆脊，后缘中央呈三角形突出。卵黄色，长椭圆形微弯曲，卵块淡紫褐色。

异岐蔗蝗、斑角蔗蝗均是每年发生 1 代，以卵块在田埂、荒地越冬。翌年 5 月孵化，跳蝻(若虫)6—7 月间逐渐进入作物地为害，且陆续羽化为成虫。10 月至翌年 1 月间，成虫产卵越冬。

防治技术：加强田间管理，清除地边杂草。在蝗虫发生期，夜间聚集在蔗叶上时，人工捕捉。保护天敌。在蝗虫 2～3 龄时，以早上露水未干前喷施农药，可用 20%甲氰菊酯乳油 2 000～3 000 倍稀释液或 4.5%高效氯氰菊酯乳油 1 500～2 000 倍稀释液喷雾。

**2.白蚁**

为害甘蔗的白蚁有十多种，主要有黑翅土白蚁、海南土白蚁和家白蚁 3 种，均属等翅目昆虫。无翅蚁有畏光性，有翅蚁有趋光性。白蚁有群栖性，好斗性，护群性；喜湿怕水；喜温怕冷。有翅成虫一般在气温达到 20 ℃、相对湿度达到 80%以上、在气压略低时(99.2～100.1 MPa 之间)、下雨的傍晚出现婚飞。以工蚁在土中咬食林木或甘蔗的根、茎，受害蔗茎被蛀成许多不规则的孔道，遂致植株枯萎，以山岗地甘蔗受害较严重。

黑翅土白蚁：有翅成虫体长 12～14 mm，翅长 24～25 mm，全体背面黑褐色，腹面棕黄色，头圆形，触角念珠状；兵蚁体长 5.4～6 mm，头橙黄色，卵形；工蚁体长 4.6～4.9 mm，头黄色，近圆形；卵乳白色，椭圆形。白蚁巢筑于地下，深达 1～2 m。每年 3—4 月白蚁开始活动，11—12 月气温下降，乃集中主巢内越冬。4—6 月间，有翅成虫在巢的土表做成圆锥形的羽化孔，在气温闷热、雷雨前后的傍晚，便成群飞出寻找配偶，稍做飞翔便落地配对，然后脱翅钻入地下 0.3～1.5 m 深处建造新巢，繁殖兵蚁、工蚁。有翅蚁有较强的趋光性。

防治技术：下种前挖毁蚁巢。下种时用 50%辛硫磷乳油以 300～400 倍液浸种1 min，或每 667 $m^2$用 3%辛硫磷 3～5 kg 与 15～20 kg 细沙混合均匀后撒施于植蔗沟内覆土。在行间挖深约 30 cm 的小坑，坑内放置松枝、桉树枝皮、蔗残渣等白蚁喜食的植物，可诱集到大量白蚁，再用 50%辛硫磷 1 000 倍液喷杀。在有翅繁殖蚁分飞季节，采用黑光灯诱杀有翅繁殖蚁。在白蚁筑分飞孔时，可将 50%辛硫磷乳油 1 000 倍稀释液或 29%杀虫双水剂 300 倍稀释液直接喷在蚁体上。

**3.甘蔗扁角飞虱**

甘蔗扁角飞虱属同翅目飞虱科。广西各蔗区与华南各产蔗省都有发生。以成虫、若虫群集蔗株中下部或叶背刺吸甘蔗的汁液，受害叶片初出现黄白相间的斑纹，后渐变红褐色以致干枯。成虫产卵时刺伤中脉，引起叶片生长不良。为害严重时造成甘蔗萎缩，影响产量和品质。同时引起甘蔗流糖，易引发烟煤病和赤腐病。

成虫有长翅和短翅 2 型。长翅型体长 5～5.8 mm，短翅型雌虫体长约 3.4 mm，体灰褐色，翅透明，翅脉上有黑色成列的小点，前翅末端中部有黑褐色斑块，腹背褐色，腹面浅黄色，足黄白色，有褐色环纹；卵香蕉状，淡黄色，孵化前现一小红点；若虫呈乳白色至淡黄褐色，形似成虫。

在广西 1 年可发生 4～5 个重叠世代，第 1 代发生于 4 月上旬至 5 月下旬，第 2 代发生于 6 月上旬至 7 月下旬，第 3 代发生于 7 月下旬至 8 月下旬，第 4 代发生于 9 月上旬至 10 月下旬，以第 2 至第 4 代(7—9 月)为害最严重。以卵在秋冬蔗叶的中脉及残留田间的蔗叶组织内越冬，翌年 4 月上旬陆续孵化，若虫即迁移到蔗苗的心叶取食，经 4 次蜕皮变为成虫，即行交尾产卵繁殖后代。卵产于蔗叶中脉或嫩茎组织内，每处产 3～5 粒。孵化后若虫即爬至叶和嫩叶背面取食。受害叶片初出现黄白相间的斑纹，后渐变红褐色以致干枯。

防治技术：选用抗(耐)虫品种。甘蔗收获后，及时清理蔗梢残叶，在远离蔗田处烧毁沤肥。在若虫发生期间选用 25%噻虫嗪水分散粒剂 3 000～4 000 倍稀释液、或 10%吡虫啉 2 000～3 000 倍稀释液、20%叶蝉散乳油 200～300 倍稀释液喷雾。

**4.害螨**

为害甘蔗的害螨主要有甘蔗下鼻瘿螨、真梶小爪螨。螨类在干旱时为害严重。螨类为害后蔗叶会变色，提前枯死。

综合防治方法：①农业防治，加强田间栽培管理，保持蔗地一定湿度，有利于甘蔗生长。②保护利用天敌，少用有机磷杀虫剂及铜素杀菌剂，以保护捕食性螨类和多毛菌。③化学防治，锈螨刚出现或叶螨类每叶有螨 3～5 头时用下列药剂之一进行防治：50%托尔克 2 000～3 000 倍稀释液，或选用甲维盐、虫螨腈全株周到喷雾。

**5.软体动物**

为害甘蔗的软体动物有高突足蛞蝓、褐云玛瑙螺、同型巴蜗牛等。

防治方法有：①人工捕杀成幼体。②在发生区域周围撒石灰粉。③浇施茶籽饼浸出液或氨水，结合浇水，用 1：15 倍茶籽饼浸出液或 70～100 倍稀释液的氨水，于夜间喷洒，可毒杀成、幼体。④化学防治，每平方米用 6%四聚乙醛(密达)颗粒剂 7.5～9 g，均匀撒施。用喷有 90%敌百虫 20 倍稀释液的鲜菜叶、杂草堆放在蛞蝓经常活动和受害植物周围，或于傍晚撒施用蜗牛敌 1 份、豆饼(粉或玉米粉)10 份、饴糖 3 份制成的毒饵进行诱杀，也可喷洒敌百虫 100 倍稀释液。

## 【工作步骤】

观察甘蔗黄螟、二点螟、条螟成虫、幼虫，甘蔗绵蚜成、若虫及其他甘蔗害虫为害虫态形态特征及其为害状。

## 【巩固训练】

植保技能考核:识别并写出当地甘蔗主要害虫(或为害状)的名称。

◆**作业**

绘黄螟、二点螟、条螟幼虫形态图。

# 任务 2　甘蔗害虫综合防控技术

## 【材料、用具与场所】

记录本、放大镜、铅笔、皮卷尺或米尺、黏虫胶等,甘蔗害虫发生严重的地块,农药及施药器械。

## 【基础知识】

### 一、农业防治

(1)清洁蔗田　消灭越冬虫源,甘蔗收获时,应低斩收割,及时处理或烧毁蔗头、残茎及枯叶,减少虫源。害虫严重的蔗田不留宿根蔗并及早犁翻不用的宿根,有条件的放水泡 3～5 d,可防治多种害虫。早春去掉秋笋。

(2)选用抗虫高糖品种　因地制宜选用抗、耐、避虫良种。

(3)合理轮作和布局　甘蔗按种植期分片种植,避免冬、春植蔗与秋植蔗相邻种植、避免与玉米、小麦等禾本科作物插花种植。推广甘蔗与豆科绿肥间作套种,以增加田间郁闭,使有利于蔗螟寄生性天敌的生存和繁殖,提高其寄生效能。有条件的实行 1～2 年水旱轮作。

(4)选种及种茎消毒　种苗要经过“株选、段选、芽选”三选关,选择蔗茎中等大、芽眼饱满的梢头苗作种茎,萌发率较高。剔除病虫种茎,用 2%～3%石灰水(或 3%的蚝壳灰水)浸种消毒 12～24 h,亦可用生石灰 1 份、清水 2 份配成石灰浆或用草木灰、波尔多液涂封种苗两端切口后种植,可消灭螟虫、减少糖分,减少白蚁为害。

(5)改进栽培管理措施　因地制宜地提早播期或推行冬植,可减轻为害。种植前深耕细耙,施足基肥,增施磷钾肥。适时下种,提高播种质量,采用地膜覆盖栽培。下种后合理排灌,防止土壤过旱过湿。甘蔗生长期间防治蔗螟,减少病菌入侵伤口。苗期(4—5 月)发现条螟、二点螟的卵块可摘除卵块,捻杀初孵幼虫。发现枯心后先割(拔)除枯心后用铁丝刺杀其内幼虫。生长中期(7—8 月)注意剥除老叶,可防螟虫、介壳虫、绵蚜等。割除白螟枯鞘。

### 二、生物防治

保护利用天敌。如利用螟虫天敌如螟黄赤眼蜂、红蚂蚁等防治螟虫。4—6 月二点螟或黄螟羽化产卵时,在螟虫产卵盛期,每 667 $m^2$ 每次放赤眼蜂 1 万头以上,一般放蜂 3 次左右，即可基本控制螟害。利用性诱剂诱杀螟虫。此外，在蛾发盛期应用性诱剂，或用蔗螟活雌蛾或用蔗螟雌蛾的性外激素的粗提物来诱杀雄蛾。保护利用十三星瓢虫、双星瓢虫、食蚜蝇、草蛉、寄生真菌(多毛菌)等天敌防治甘蔗绵蚜。

## 三、物理机械防治

利用黑光灯诱杀甘蔗螟虫、白蚁、蔗龟及部分地下害虫等多种害虫的成虫。

## 四、化学防治

(1)下种期　下种时或在种植沟内或宿根蔗开垄护蔸时，每 667 $m^2$用 5%“毒死蜱 2%+辛硫磷 3%”颗粒剂 3～4 kg，或辛硫磷 3～5 kg 混细沙撒施或沟施于离蔗种 10～15 cm 处，施后盖土，或在中培土、大培土时施于蔗根附近，然后覆土，可防治甘蔗螟虫、白蚁、蔗龟、蔗天牛及其他多种地下害虫。

(2)甘蔗苗期　在第 1、2 代二点螟达到防治指标(每 667 $m^2$有卵块 50 块)的田块，在幼虫孵化盛期，进行叶面喷雾，10～15 d 喷 1 次，共 2 次。可选用 20%氯虫苯甲酰胺悬浮剂 15～20 mL/667 $m^2$，兑水 50～75 kg 喷雾，或用 29%杀虫双水剂 300 倍稀释液喷雾，每 667 $m^2$用药液量 50 kg。蓟马发生时或绵蚜回迁时，选用 25%噻虫嗪水分散粒剂 3 000～4 000倍稀释液、或 10%吡虫啉 2 000～3 000 倍稀释液、20%叶蝉散乳油 200～300 倍稀释液均匀喷雾心叶、叶鞘和蔗苗基部。

(3)生长中后期　生长中期甘蔗绵蚜快速繁殖，故在夏收大忙前绵蚜点片发生阶段要全面防治 1 次，夏种以后补治 1 次，尽量做到彻底扑灭。每 667 $m^2$选用 25%噻虫嗪水分散粒剂3 000～4 000 倍稀释液、或 10%吡虫啉 2 000～3 000 倍稀释液、20%叶蝉散乳油 200～300 倍稀释液喷雾。

生长后期一般不喷药。但条螟发生严重时，在花叶期喷一次药，绵蚜严重时可喷药防治。药剂同前。在大培土时，若金龟子、天牛、白蚁严重时每 667 $m^2$用 10%毒死蜱颗粒剂 1 200 g～1 500 g 拌细沙沟施后覆土。

(4)收获期　不施药。

(5)在甘蔗生长期间如发现甘蔗下鼻瘿螨和真梶小爪螨为害，应该尽量少用有机磷杀虫剂及铜素杀菌剂，以保护捕食性螨类和螨类天敌。在害螨刚出现时用苯丁锡、甲维盐、虫螨腈等全株均匀喷雾。

(6)如发现高突足蛞蝓、褐云玛瑙螺、同型巴蜗牛等软体动物为害时，可采用人工捕杀成、幼体，在发生区域周围撒石灰粉或用 1∶15 倍茶籽饼浸出液或 70～100 倍稀释液的氨水，于夜间喷洒，可毒杀成、幼体。每平方米用 6%四聚乙醛颗粒剂 7.5～9 g，均匀撒施。用喷有 90%敌百虫 20 倍稀释液的鲜菜叶、杂草堆放在蛞蝓经常活动和受害植物周围，或于傍晚撒施用蜗牛敌 1 份、豆饼粉(或玉米粉)10 份、饴糖 3 份制成的毒饵进行诱杀。

## 【工作步骤】

(1)以小组为单位，制订甘蔗害虫调查方案并实施调查。

(2)以小组为单位，根据调查结果查对防治指标，进行防治决策，制订综合防治方案。

(3)采取相应措施实施甘蔗害虫综合防治，调查防治效果，写出调查报告。

## 【巩固训练】

### ◆作业

1.列表表示甘蔗主要害虫的为害虫态、典型为害状、防治对口农药及施用方法。
2.试述甘蔗螟虫的发生概况及综合防治技术。
3.试述甘蔗绵蚜综合防治技术。

### ◆思考题

实习农场甘蔗害虫有何特点?

## 知识拓展

甘蔗是我国重要的糖料作物,广西已成为我国糖料蔗种植面积和产糖量最大的省份,连续20多年居全国之首,年均产糖量占全国的60%以上。甘蔗有害生物的发生是影响甘蔗产量和糖分的重要因素之一。甘蔗的不同生长期均受不同有害生物的威胁。

我国甘蔗害虫已记载的有360多种,主要害虫有甘蔗螟虫、甘蔗绵蚜、蔗龟、蔗根锯天牛、蔗茎粉蚧、蔗蝗、白蚁、甘蔗蓟马、真棍小爪螨及地下害虫等,局部地区发生的有甘蔗刺根蚜、甘蔗扁飞虱、条纹平冠沫蝉。其中以蔗螟类、甘蔗绵蚜、蔗根锯天牛、蔗龟类、甘蔗蓟马和粉蚧等发生比较普遍,引起损失较大。近年来一些外来入侵害虫如蔗扁蛾、褐纹甘蔗象对甘蔗潜在为害性大。

甘蔗害虫依其为害特性可以分为3类:①为害蔗根和甘蔗地下部分,如蔗龟类、蔗根锯天牛、蔗根蚜、蝼蛄、小地老虎、金针虫和白蚁等。这类害虫为害蔗根、蔗芽和蔗茎的基部,造成蔗根卷曲和枯心苗。蝼蛄、小地老虎、金针虫等地下害虫在前面已有介绍,本项目不再重复。②蛀食茎部和幼苗心叶基部,如蔗螟类、蔗木蠹蛾等。在甘蔗苗期造成枯心苗,在甘蔗生长期造成螟害节、死尾蔗等,植株遇风易折。③为害叶片,如黏虫、蔗龟类成虫、蝗虫类等咬食叶片及侧芽成缺刻;而甘蔗绵蚜、甘蔗蓟马、蔗粉蚧和甘蔗扁飞虱等则群集叶背刺吸汁液,使叶片皱缩和枯萎。

鼠害在甘蔗的整个生长期间都有发生为害,尤其是接近收获的时候,更加严重。蔗茎被啃食后,易感染赤腐病,同时蔗茎干枯、倒伏,宿根蔗头被刨空,造成严重损失。蔗田中常见的鼠类有板齿鼠、黄胸鼠、小家鼠、褐家鼠和黄毛鼠5种。

为害甘蔗的其他有害生物还有螨类(甘蔗下鼻瘿螨、真棍小爪螨)、鼻涕虫(高突足蛞蝓)、褐云玛瑙螺、同型巴蜗牛等。

甘蔗生长期长,植株高大,食料丰富,有害生物种类多。从其播种出苗到成熟收获,都有各种害虫发生。因此,甘蔗害虫的防治必须贯彻"预防为主,综合防治"的植保方针。采取以农业防治为基础,协调运用各种有效措施,充分发挥自然天敌的作用,因地、因时制宜地把有害生物控制在经济损失允许水平之下,确保甘蔗稳产高产。

## 课程思政

**1.创业创新**

目前,广西已在水稻、玉米、甘蔗上利用天敌昆虫螟黄赤眼蜂防治害虫。所用螟黄赤眼蜂由广西南宁合一生物防治技术有限公司生产,该公司成立于2010年,是广西专业从事生物防治应用技术研发、天敌昆虫工厂化生产及大面积推广应用的企业,国家天敌昆虫科技创新联盟理事单位,广西南宁市国家生防天敌扩繁基地。其产品符合国家绿色植保及"双减增收"政策。公司联合广西农业厅植保总站等单位共同完成的南宁市农业重大科技专项"螟黄赤眼蜂规模化生产和甘蔗螟虫大面积绿色防控技术联合攻关示范推广",2015年获南宁市科学技术进步奖一等奖。2014年起自治区连续多年由财政支持对其产品"螟黄赤眼蜂蜂卡"实行单一来源招标采购,免费或减免部分费用提供给种植户用于水稻、玉米、甘蔗害虫绿色防治,公司已实现植保无人机放蜂技术。公司是广西农业职业技术大学签约的校外实训基地,广西农业职业技术大学近10年已有100多名学生到该公司进行跟岗实习和顶岗实习,部分学生扎根公司工作,成为公司的优秀员工甚至高层管理人员。

**2.广西绿色植保走在世界前列**

"桂林山水甲天下"是世人的共识,广西山清水秀却与农业有害生物防控中的农药使用存在矛盾。为迎接首届中国东盟博览会2004年在南宁举办,广西植保系统早在2003年前就开展农药"禁高"行动,招聘专业人员进行培训,在超市和农贸市场开展农产品农药残留检测工作,并在全国率先倡议"绿色植保、公共植保"理论,随后更提出"科技植保"理念。近年,在广西实施"农药使用量零增长行动",大力推进放蜂治螟、高效植保机械精准施药等,开展绿色防控示范样板建设,带动全区推广应用绿色植保技术。利用"天敌"开展生物防治,不仅减少农药施放量,农作物也实现增产,广西果、菜、茶绿色发展得到保障。习近平总书记在广西视察时强调,"广西生态优势金不换"。2018年9月28日,联合国粮农组织国际植保公约秘书处秘书长夏敬源更是在广西南宁合一生物防治技术有限公司天敌扩繁基地,观摩绿色植保现场后称赞:"广西的植保技术特别是绿色植保防控技术非常好,不仅在全国是前列,在世界也属前列,这是广西多年来努力推广公共植保、绿色植保防控技术的成果。"

## 学习评价

甘蔗害虫综合防治考核评价表

| 序号 | 考核项目 | 考核内容 | 考核标准 | 考核方式 | 分值 |
|---|---|---|---|---|---|
| 1 | 甘蔗害虫识别 | 甘蔗害虫形态及为害状观察识别 | 能仔细观察、准确描述甘蔗主要害虫的识别要点及为害状特点,并能指出其所属目和科的名称 | 现场或实验室识别考核 | 4 |
| 2 | 田间调查 | 甘蔗害虫田间调查方法 | 能现场区分类型田,并选择其中之一进行调查,采取正确的调查方法实地调查,数据记录正确、完整 | 现场考核 | 6 |

续表

| 序号 | 考核项目 | 考核内容 | 考核标准 | 考核方式 | 分值 |
|---|---|---|---|---|---|
| 3 | 制订综合防治方案 | 能针对甘蔗害虫发生规律制订调查方案 | 能根据当地甘蔗主要害虫发生规律制订综合防治方案，防治方案制订科学，应急措施可行性强 | 个人表述、小组讨论和教师对方案评分相结合 | 5 |
| 4 | 组织实施综合防治 | 能组织实施防治方案 | 能按照实训要求做好各项防治措施的组织和实施，操作规范、熟练，防治效果好 | 现场操作考核 | 10 |
| 5 | 知识点考核 | | 甘蔗害虫发生种类、为害状、发生特点，综合防治方法 | 闭卷笔试 | 50 |
| 6 | 作业、实验报告 | | 报告完成认真、规范，内容真实；绘制的害虫形态特征典型，标注正确 | 教师评分 | 10 |
| 7 | 学习纪律及态度 | | 对老师提前布置的任务准备充分，发言积极，观察认真；遵纪守时，爱护公物 | 学生自评、小组互评和教师评价相结合 | 15 |

# 子项目六　薯类、豆类、花生害虫识别与综合防控技术

### 学习目标

学习掌握薯类、豆类、花生害虫发生概况及防治技术。

## 任务1　薯类、豆类、花生害虫识别及其防控技术

### 【材料、用具与场所】

甘薯小象甲、甘薯茎螟、甘薯天蛾、马铃薯二十八星瓢虫、豆荚螟、大豆食心虫、豇豆荚螟、豆天蛾、豆芫菁、花生蚜虫及当地其他薯类、豆类、花生害虫标本及为害状；生物显微镜、体视显微镜、放大镜、镊子、培养皿、挂图等。

### 【基础知识】

薯类主要包括马铃薯、甘薯、木薯、淮山(山药)、芋类等根茎类作物，广西各种薯类都有种植。薯类害虫有甘薯小象甲、甘薯茎螟、甘薯天蛾、马铃薯二十八星瓢虫及多种地下害虫。2015年3月，在广西玉林市首次发现马铃薯新害虫——窄缘施夜蛾[*Schrankia costaestrigalis* (Stephens)]为害马铃薯块茎。

豆类作物主要有大豆、蚕豆、红豆、绿豆、黄豆、黑豆、豇豆、豌豆、刀豆、扁豆、芸豆、鹰嘴

豆、木豆等，除鹰嘴豆外，广西多种豆类都有种植。豆类害虫主要有蛴螬、地老虎、大豆食心虫、豆荚螟、豇豆荚螟、大豆卷叶蛾、豆秆蝇、豆芫菁、豆天蛾、豆圆蝽等。

花生害虫主要有蚜虫、蓟马、斜纹夜蛾、银纹夜蛾、棉铃虫、四纹叶甲、红蜘蛛及多种地下害虫。

薯类作物和花生地下害虫为害都较严重，地下害虫前面项目已有专门介绍，斜纹夜蛾在蔬菜害虫部分介绍，本项目仅介绍在华南地区为害较重的主要害虫。

## 一、甘薯锥象甲

甘薯锥象甲（*Cylas formicarius* Fabricius）也称甘薯小象甲，属鞘翅目蚁象虫科。广西各地有分布。国内分布于浙江、江西、湖南、福建、台湾、广东、贵州、四川及云南等地。主要为害甘薯、蕹菜、砂藤、牵牛花、月光花等旋花科植物。

### （一）为害状识别

成虫、幼虫均能为害，以幼虫为害为主，蛀食薯块和粗蔓形成隧道，隧道内充满虫粪，常引起黑斑病、软腐病等病菌侵染，而腐烂、发臭、味苦，不能食用、饲用等。成虫取食外露薯块及幼芽、嫩叶、嫩茎和薯蔓的表皮。

### （二）形态识别（图 3-6-1）

成虫体长 5～8 mm，状如蚁，体大部分呈蓝黑色，具金属光泽。触角末节、前胸和足为橘红色。头部延伸成细长的喙，状似象鼻。触角 10 节，雌虫较短，雄虫较长，末节长度约为雌虫的 2 倍。卵椭圆形，长约 0.55 mm，初产时乳白色渐变淡黄色，表面散生许多小凹点。幼虫成熟时体长 6～8.5 mm，圆筒形，两端略小，稍向腹面弯曲。头部淡褐色，胴部乳白色，胸足退化成革质小突起。蛹体长 4.7～5.8 mm，蛹初乳白色，后淡黄色，复眼褐色。

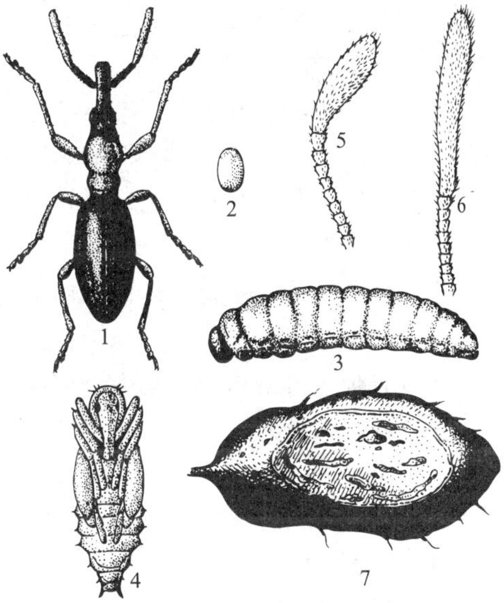


图 3-6-1 甘薯锥象甲

1.成虫 2.卵 3.幼虫 4.蛹 5.雌虫蛹角 6.雄虫蛹角 7.为害状

（洪晓月，丁锦华.2007.农业昆虫学）

### （三）发生规律

甘薯锥象甲各地发生世代数不同，一般是 1 年 2～7 代，在广西 1 年发生 4～6 代，有明显的世代重叠现象。各地全年均以 7—10 月为害最严重。成虫、幼虫、蛹均可越冬。成虫在薯田或附近的岩石、砖瓦下、土缝、枯叶、杂草以及被害的薯块和藤蔓中越冬；幼虫和蛹在薯块中越冬。在桂南，冬季成虫能继续产卵繁殖。当春季气温达 17～18 ℃及以上时，越冬的幼虫和蛹逐渐发育羽化为成虫。

成虫有假死性，耐饥力强，30～40 d 不取食仍能存活。趋光性弱。成虫卵多产在藤头和薯块表皮下。一般 1 孔 1 卵，个别 1 孔 2 卵，产后分泌黄褐色胶质物封住产卵孔。成虫取食露出地面或因土壤龟裂而外露的薯块，咬成许多小孔，还可取食幼芽、嫩叶、嫩茎和薯蔓的表皮，妨碍薯株正常生长发育。成虫寿命很长，雄虫一般 30～51 d，最长达 82 d；雌虫一般 30～

50 d,最长达 123 d。

卵期长短与温度关系密切。气温 31 ℃时 5～7 d,22 ℃时 13 d,20.4 ℃时 18～19 d。幼虫共 5 龄。幼虫孵化后即在卵粒附着处蛀入,整个幼虫期都在薯块或藤头内生活。蛀食薯块的形成弯曲无定形的隧道,隧道内充满虫粪;蛀食藤头的形成较直的隧道,隧道中也有虫粪。幼虫发生量大时,被害茎逐渐肿大呈不规则的膨胀。幼虫期 20～33 d。幼虫老熟后在原蛀的隧道内化蛹,化蛹前向外蛀食,到达薯块或藤头皮层处咬 1 近圆形羽化孔,然后在羽化孔内侧附近化蛹,蛹期 7～17 d。

干旱少雨是甘薯锥象甲大发生的主导因素,尤其 7—8 月间连续干旱有利于其发育繁殖。在土质黏重、有机质缺乏、保水力差容易龟裂的土壤,或土层薄易被冲刷的田块,薯块外露,有利于成虫产卵为害,常发生较重。地形高燥向阳的薯田比低洼阴湿的水田受害重。同一块薯田,四周接近杂草,虫源多,土壤易受冲刷,薯块外露多,比田块中部受害重。此外,种植感虫品种、连作的薯田往往受害严重。

### (四)防治技术

**1.检疫**

甘薯锥象甲成虫飞行能力有限,种薯和薯苗是其远距离传播的主要途径。严禁从虫害区调运种薯、苗和薯蔓。

**2.农业防治**

(1)清洁田园。甘薯收获时约有 50%的甘薯锥象甲遗留在薯块、薯蔓内,所以收获后要彻底清除臭薯坏蔓沤肥或堆肥,以减少虫源,减轻为害。

(2)轮作。甘薯与花生、甘蔗、黄麻、烟草、玉米、大豆等轮作,有条件地区水旱轮作,效果更好。

(3)改良土壤。黏重土加沙或畦面盖沙;缺乏有机质的土壤,增施有机肥;酸性土壤,多施草木灰或消石灰。

(4)适时中耕培土。可减少土壤水分散失,防止畦面龟裂,薯块外露,减少成虫产卵。

(5)适时收获。

**3.生物防治**

保护利用天敌。

**4.药剂防治**

(1)薯窖熏蒸　每立方米用 45%硫黄 200 g,点燃后密封熏蒸 24 h,开窗通风 3 h 后再进薯。

(2)诱杀成虫　①冬诱。甘薯收获时,用长约 20 cm 的鲜薯蔓 8～10 根束成 1 团,浸于 90%敌百虫或 40%辛硫磷或 20%吡蚜酮乳油 300～500 倍稀释液中,10 min 后取出,捞起晾干,在受害薯田收获后,每 667 $m^2$ 放置 50～60 团,诱杀成虫,可减少越冬虫源。②春诱。用 90%敌百虫或 40%辛硫磷或 20%吡蚜酮乳油等 500 倍稀释液浸泡小薯块 24 h,取出晾干制成毒薯诱饵,在薯田四周每亩挖 50～60 个深 8 cm,宽 15 cm 的小穴,每穴放一毒薯,穴口盖杂草、土块等诱杀成虫,隔一周换毒薯 1 次,连续诱杀 2～3 次,防治效果好。

(3)药液浸苗　扦插时把薯苗浸在 90%敌百虫或 50%辛硫磷乳油或 20%吡蚜酮乳油 500 倍稀释液中 10 min,取出晾干扦插,有较好的杀虫保苗效果。

(4)田间喷药　在广西、广东一带,有将甘薯叶作蔬菜食用的习惯,防治用药要注意安全、低毒、无残留。当越冬成虫开始活动时，及时用4.5%高效氯氰菊酯1 200～1 500倍稀释液、苏云金杆菌乳剂(100亿个孢子/mL)300～500倍稀释液、4.5%高效氯氰菊酯1 200～1 500倍稀释液、5%甲维盐微乳剂2 000～3 000倍稀释液任一种喷雾，每667 $m^2$用药液50～75 kg，可兼治其他害虫。

## 二、豆荚螟

豆荚螟[*Etiella zinckenella* (Treitschke)]又名豆蛀虫。属鳞翅目螟蛾科。是豆类作物的主要害虫，还取食槐、苦参等。广西各地普遍发生。

### (一)为害状识别

以幼虫蛀食豆荚内籽粒；轻者造成缺刻，重则蛀孔。虫荚率一般为10%～30%，造成减产。

### (二)形态识别(图3-6-2)

成虫体长10～12 mm，翅展20～40 mm，灰褐色。前翅狭长，淡褐色，前缘有1条白色纵带，近翅基1/3处，有1条金黄色宽横带，后翅黄白色。卵椭圆形，长约6 mm。初产白色，后变浅红色。成熟幼虫体长14 mm，腹面灰绿色，背线，亚背线、气门线、气门下线明显。前胸背板有"人"字形黑斑，两侧各有一个黑斑，后缘中央有两个小黑斑。蛹长约10 mm，黄褐色，端部有钩刺6根。

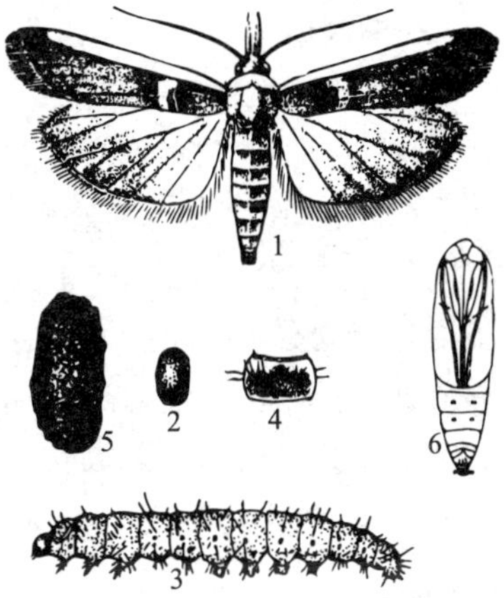

图3-6-2 豆荚螟

1.成虫 2.卵 3.幼虫

4.幼虫前胸背板 5.土茧 6.蛹

(仿西北农学院、河南农学院)

### (三)发生规律

在广西一年发生7～8代。多以老熟幼虫在寄主植物附近土表下5～6 cm深处结茧越冬，也有的以蛹越冬。越冬幼虫于次年3月上旬开始化蛹。

成虫于傍晚活动，飞翔力不强，有弱趋光性，羽化后隔日即可产卵。卵散产在豆荚上，也有产在幼嫩的叶柄、花柄、嫩叶背面。尤喜在有毛豆荚的品种上产卵，大都每荚1粒，少数2粒以上，每雌蛾平均产卵88粒。初孵幼虫爬行荚面，再吐丝作白色丝囊状薄茧，藏在其中，经6～8 h蛀入荚内，蛀食豆粒。食料不足时，可转荚为害1～3次，初龄幼虫多在植株上部为害，后渐及下部。老熟后，在荚上咬一圆孔钻出豆荚，入土作茧化蛹，也有的幼虫直接在豆荚间吐丝作茧化蛹。夏季卵期4～6 d，幼虫有5龄共11～15 d，蛹期9～20 d。一世代25～29 d。越冬幼虫历期165 d左右。

在适宜温度下，湿度对其发生影响很大，雨量多、湿度大的年份，发生轻。提早春播的早熟种被害较轻，夏播和秋播的被害较重。壤土、高坡地、荚毛多、结荚期长的品种，受害重，而黏土、低湿地、豆荚毛少、结荚期短的品种则发生少，为害较轻。

豆荚螟的天敌有赤眼蜂、茧蜂、姬蜂等。幼虫、蛹还常受细菌、真菌等病原微生物侵染而引起死亡。

### （四）防控技术

**1.农业防治**

①选育抗虫品种。在豆荚螟严重的地区，有目的选种结荚期短，豆荚毛少或无毛品种。②合理轮作，避免大豆与紫云英、苕子等豆科植物连作或邻作。采用大豆与水稻等水生作物轮作，或与玉米间作。③灌溉灭虫。水旱轮作和水源方便的地方，可增加秋、冬灌水次数，促使越冬幼虫大量死亡。夏大豆开花结荚期，灌溉1～2次，可增加入土幼虫死亡率。④调整播期，使大豆的结荚期与豆荚斑螟的产卵期错开。⑤适时收割。在豆科绿肥结荚前翻耕沤肥，及时收割大豆，及早运出本田，可有效减少本田越冬幼虫数量。

**2.生物防治**

老熟幼虫入土前，若田间湿度较高，可在土表喷施白僵菌粉剂；在成虫产卵始盛期释放赤眼蜂效果也很好，可参照大豆食心虫的防治技术。

**3.药剂防治**

(1)药杀成虫或初孵幼虫　可用29%杀虫双水剂500～700倍稀释液或50%辛硫磷乳油1 000～1 500倍稀释液喷雾。

(2)幼虫脱荚期土壤处理　老熟幼虫脱荚入土前可在地表喷药，毒杀幼虫。常用的药剂有0.5%印楝素乳油800～1 000倍稀释液，苏云金杆菌乳剂(100亿个孢子/mL)300～1 000倍稀释液喷雾，5%除虫脲乳油1 000～1 500倍稀释液，5%甲维盐微乳剂2 000～3 000倍稀释液，4.5%高效氯氰菊酯乳油或5%可湿性粉剂1 500～2 000倍稀释液任一种喷雾，每667 $m^2$用药液量50 kg。

(3)药剂处理晒场　在大豆堆垛地及其周围撒施辛硫磷药带，以杀死从荚内爬出的幼虫。

## 三、大豆食心虫

大豆食心虫[*Leguminivora glycinivorella* (Matsumura)]又名大豆蛀荚蛾、豆荚虫、小红虫等。属鳞翅目小卷蛾科。

### （一）为害状识别

以幼虫蛀入豆荚食害豆粒，形成破瓣豆，对产量、品质影响较大。豆荚螟与大豆食心虫的为害状相似，前者的蛀入孔和脱荚孔多在豆荚中部，脱荚孔圆形而大，而后者的蛀入孔和脱荚孔多在豆荚的侧面靠近合缝处，脱荚孔椭圆形且小。

### （二）形态识别

成虫暗褐色或黄褐色，体长5～6 mm，翅展12～14 mm，前翅暗褐色，前缘有大约10条黑紫色短斜纹，外缘内侧有一个银灰色椭圆形斑，斑内有3个紫褐色小斑。雄蛾前翅色较淡，腹部末端有抱握器和显著的毛束，雄蛾腹末较钝。雌成虫体色较深，腹部末端产卵管突出。卵扁椭圆形，长约0.5 mm，初产时卵呈乳白色，后变黄色或橘红色，孵化前变成紫黑色。幼虫分4龄。初孵幼虫淡黄色，入荚后为乳白色至黄白色，老熟幼虫鲜红色，脱荚入土后为杏黄色。老熟幼虫体长8～9 mm，略呈圆筒形，趾钩单序全环，靠近腹部中线的趾钩稍长。腹部第7～8节背面有1对紫色小斑者为雄性。蛹体长5～7 mm，腹部第2～7节背面前后缘各有刺1列，在第8～9节仅有1列较大的刺。腹末端背面有8根粗大短刺。土茧，白色丝质，外附有土粒，长椭圆形。

### （三）发生规律

大豆食心虫为专性滞育昆虫。在我国各地均为每年1代，以老熟幼虫在大豆田或晒场的土壤中作茧滞育越冬。成虫发生期北部偏早，南部偏晚。成虫多在午前羽化，飞翔力不强。一般不超过6 m。羽化后由越冬场所飞往豆田，上午多潜伏在叶背面或茎秆上，下午5—7时在大豆植株上方0.5 m左右呈波浪形飞行，在田间见到的成虫成团飞舞的现象是成虫盛发期的标志。

成虫有趋光性。雌蛾在交配后的次日开始产卵，绝大多数的卵产在豆荚上，少数产在叶柄、侧枝及主茎上。初孵幼虫在豆荚上爬行数小时后，从豆荚边缘的合缝处附近蛀入，先吐丝结成白色薄丝网，在网中咬破荚皮，蛀入荚内，在豆荚内为害。1头幼虫可取食2个豆粒，将豆粒咬成兔嘴状缺刻。幼虫入荚时，豆荚表皮上的丝网痕迹长期留存，可作为调查幼虫入荚数的依据。幼虫4龄，一般为害20～30 d后老熟，然后在豆荚的边缘咬孔脱出，幼虫脱荚后入土3～8 cm作茧越冬，脱荚时间以10—14时最多。大豆收割前是幼虫脱荚的高峰期，有少数幼虫尚未脱荚，收割后如果在田间放置可继续脱荚，运至晒场也可继续脱荚，爬至附近土内越冬，成为次年虫源之一。

7—9月雨量多，土壤湿度大，有利于化蛹和成虫出土，也有利于幼虫脱荚入土，少雨干旱则对其不利。大豆连作比轮作受害重，轮作可使虫食率降低10%～14%。寄生于卵的有澳洲赤眼蜂；寄生幼虫的有多种茧蜂和姬蜂，寄生率可达17%～65%，幼虫被寄生是次年化蛹前后引起死亡的原因之一。捕食性天敌有步甲虫等。白僵菌侵染寄生幼虫可达5%～10%。

### （四）防控技术

**1.农业防治**

选用抗虫或耐虫品种，合理轮作，有条件的地区实行大豆远距离的合理轮作，如采取水旱轮作，豆茬和豆后麦茬地及时翻耙，可提高越冬幼虫死亡率。

**2.生物防治**

人工释放赤眼蜂灭卵。在大豆食心虫成虫产卵盛期按30万～45万头/$hm^2$的放蜂量放蜂，放1次蜂可降低虫食率43%左右，如增加放蜂次数，可提高防治效果。在幼虫脱荚之前，按22.5 kg/$hm^2$的白僵菌粉用量，兑细土或草木灰200 kg，均匀撒在成熟的大豆田垄台上，落地幼虫接触白僵菌孢子后，温湿度条件适合时便发病死亡。

**3.药剂防治**

(1)在成虫产卵盛期至卵孵盛期，选用4.5%高效氯氰菊酯乳油或5%可湿性粉剂1 500～2 000倍稀释液，或50%辛硫磷乳油1 000～2 000倍稀释液喷雾，喷雾要均匀，特别是结荚部位都要着药，把幼虫控制在蛀荚为害之前。

(2)大豆收获后，用90%晶体敌百虫800倍稀释液浇湿垛底土，湿土层厚3 cm，然后用磙压实，再将收回的大豆垛在上面，杀死入土幼虫。

## 四、薯类、豆类、花生其他害虫

**1.豆秆黑潜蝇**

豆秆黑潜蝇又名豆秆蝇，属双翅目潜蝇科。以幼虫蛀食大豆主茎、侧枝和叶柄。受害植株叶发黄，矮小，分枝少，严重者造成枯心苗。豆秆黑潜蝇在广西柳州一年发生10代。早中晚黄豆和冬季豆科绿肥都可遭到为害。成虫白天活动，卵散产在叶片背面表皮下，幼虫孵化后，先潜食叶肉，形成极细潜道，以后沿叶脉蛀入叶柄，再蛀食侧枝或主枝茎髓部，以离地面20～30 cm的主茎受害较重。受害部呈红褐色。老熟幼虫在茬秆内化蛹。防治要点：选用抗虫品种，在成虫发生盛期至产卵盛期前，用50%杀螟松乳油1 000倍稀释液喷雾。

**2.马铃薯瓢虫**

在我国为害薯类的瓢虫主要有马铃薯瓢虫和酸浆瓢虫两种，前者又名马铃薯二十八星瓢虫、大二十八星瓢虫；后者又名茄二十八星瓢虫、小二十八星瓢虫，属鞘翅目瓢虫科。成虫、幼虫取食叶片，残留表皮，形成许多平行的筛网状牙痕。大发生时，全田植株干枯而死，严重影响产量。以成虫多在背风、向阳的石缝、杂草、灌木、树洞、树根和屋檐等缝隙处越冬。成虫有假死性，受惊假死坠地，并分泌有特殊臭味的黄色液体。有自相残杀习性，常取食卵块或幼虫。成虫于叶背为害，食叶肉，留表皮，被害叶片呈筛网状，必须取食马铃薯叶片才能正常产卵。防治要点：冬季清理越冬场所，结合田间管理，在成虫产卵盛期摘除卵块、捕杀成虫和幼虫。在成虫发生期、第1代卵孵化期，用敌百虫、辛硫磷、氯氰菊酯等喷雾防治。

### 【工作步骤】

观察薯类、豆类、花生主要害虫成虫、幼虫形态特征及为害状。

### 【巩固训练】

植保技能考核：识别并写出当地薯类、豆类、花生主要害虫（或为害状）的名称。

### ◆作业

简述薯类、豆类、花生害虫的发生概况。

## 任务2　薯类、豆类、花生害虫综合防控技术

### 【材料、用具与场所】

记录本、放大镜、铅笔、皮卷尺或米尺、黏虫胶等。薯类、豆类、花生害虫发生严重的地块，农药及施药器械。

### 【基础知识】

#### 一、加强检疫

严禁从虫害区调运种薯、苗和薯蔓。

#### 二、农业防治

(1)减少虫源。收获后及时清除藤蔓、臭薯等，可做沤肥或堆肥，以减少虫源，减轻为害。

(2)选种抗虫高产品种,如大豆选用结荚期短,豆荚毛少或无毛品种。避免与豆科植物连作或邻作,可与水稻、玉米间作。

(3)轮作、灌溉灭虫。甘薯与花生、甘蔗、黄麻、烟草、玉米、大豆等轮作,有条件地区水旱轮作,效果更好。水旱轮作和水源方便的地方,可增加秋、冬灌水次数,促使越冬幼虫大量死亡。夏大豆开花结荚期,灌溉 1～2 次,可增加入土幼虫死亡率。

(4)改良土壤、适时中耕培土、合理施肥。黏重土加沙或畦面盖沙;缺乏有机质的土壤,增施有机肥;酸性土壤,多施草木灰或消石灰,不施用未经腐熟的有机肥。适时中耕培土可减少土壤水分散失,防止畦面龟裂,薯块外露。

## 三、物理防治

培土时人工捕杀各种地下害虫和其他害虫,如蛴螬、甘薯天蛾、小地老虎的幼虫或蛹等,用黑光灯或黑绿双管灯诱杀趋光性害虫,如金龟甲、甘薯天蛾;大豆食心虫等的成虫等。用糖醋液和枯草把诱杀地老虎、马铃薯窄缘施夜蛾、斜纹夜蛾等成虫产卵。

## 四、生物防治

在生产中保护和利用天敌来控制害虫,如保护步甲、蟾蜍、土蜂等捕食性天敌,薯田释放红蚂蚁,可捕食虫瘿内甘薯茎螟幼虫。应用球孢白僵菌在花生播种时拌毒土施于土中。

## 五、药剂防治

(1)种子包衣或拌种　在花生播种前用 600 g/L 吡虫啉悬浮种衣剂进行种子包衣,或用 70%噻虫嗪种子处理悬浮剂、50%辛硫磷微胶囊缓释剂拌种。

(2)诱杀甘薯小象甲成虫　①冬诱:甘薯收获时,用长约 20 cm 的鲜薯蔓 8～10 根束成一团,浸入 20%吡蚜酮乳油 300～500 倍稀释液,3～6 h,捞起晾干,在受害薯田收获后,每 667 $m^2$ 放置 50～60 团,诱杀成虫,可减少越冬虫源。②春诱:用 20%吡蚜酮油等 500 倍稀释液浸泡小薯块 24 h,取出晾干制成毒薯诱饵,在薯田四周每 667 $m^2$ 挖 50～60 个深 8 cm,宽 15 cm 的小穴,每穴放一毒薯,穴口盖杂草、土块等诱杀成虫,隔一周换毒薯 1 次,连续诱杀 2～3 次,防治效果好。

(3)药液浸苗　扦插时把薯苗浸在 20%吡蚜酮乳油 500 倍稀释液中 1 min,取出晾干扦插,有较好的杀虫保苗效果。

(4)田间喷药　当甘薯小象甲、甘薯天蛾、大豆食心虫、豆荚螟等咀嚼式口器害虫发生,且达到防治指标时,选用 50%辛硫磷等 1 000 倍稀释液,或 29%杀虫双水剂 300 倍稀释液+4.5%甲维盐乳剂 2 000 倍稀释液,或 4.5%高效氯氰菊酯乳油 1 500～2 000 倍稀释液任一种在下午 4—5 时喷雾防治。当蚜虫发生,且有蚜株率 10%以上时,选用 0.2%苦参碱水剂 100～300 倍稀释液或 5%除虫菊素乳油 1 000～1 200 倍稀释液、3%啶虫脒乳油 2 000～2 500倍稀释液、50%辟蚜雾 3 000～4 000 倍稀释液、25%吡虫啉 4 000～6 000 倍稀释液其中一种喷雾,可兼治蓟马等害虫。

此外,薯类、豆类、花生等还可受到棉红蜘蛛和侧多食跗线螨为害,前者造成叶片灰白斑点,后者造成叶片褐色向叶背卷曲,茎果褐色畸形。药剂防治选用 2.5%华光霉素可湿性粉剂 400～600 倍稀释液、10%乳油浏阳霉素 1 000～2 000 倍稀释液、43%联苯肼酯悬浮剂

4 000～5 000倍稀释液喷雾、22.4%螺虫乙酯悬浮剂 4 000～5 000 倍稀释液，或选用苯丁锡、螺螨脂、喹螨醚、四螨嗪、乙螨唑、石硫合剂等任一种喷雾防治。

在地下害虫发生时进行土壤处理、毒饵诱杀、药液灌根的具体方法见项目三子项目二。

## 【工作步骤】

(1)以小组为单位，制订薯类、豆类、花生害虫调查方案并实施调查。

(2)以小组为单位，根据调查结果查对防治指标，进行防治决策，制订综合防治方案。

(3)采取相应措施实施薯类、豆类、花生害虫综合防治，调查防治效果，写出调查报告。

## 【巩固训练】

### ◆思考题

列表表示薯类、豆类、花生主要害虫的为害虫态、典型为害状、防治对口农药及施用方法。

## 知识拓展

薯类主要包括马铃薯、甘薯、木薯、淮山(山药)、芋类等作物。近十多年，广西薯类产业发展很快，尤以马铃薯的种植面积大、产量高。广西形成的一整套冬季马铃薯免耕栽培技术体系，平均亩产超过全国水平近 1 倍。可以说广西冬种免耕马铃薯种植是一场农耕革命，创新世界模式。据统计，2015—2016 年度，广西共种植马铃薯 6.667 万 $hm^2$，产量 130 万 t，折粮 60 万 t，助农增收 30 亿元，广西已成为中国最大秋冬种马铃薯生产基地，也是全国马铃薯主粮化产业三大地区之一。2021 年广西全区春收马铃薯面积达 5.534 万 $hm^2$ 左右，年产鲜薯 65 万 t，增收近 30 亿元。广西冬季平均气温 13.3～20 ℃，常年冬闲田地超过 66.67 万 $hm^2$，平均 666.7 $m^2$ 产量达 2 000 kg 左右，发展秋冬种马铃薯得天独厚。广西农业科学院经济作物研究所育成的桂农薯 1 号等系列马铃薯新品种，实现了本土化自主品种零的突破。广西已推广实施多年的马铃薯稻草覆盖免耕栽培技术，更是解决了劳动力不足难题，各地应用推广“公司＋基地＋农户”“协会＋农户”等经营方式，以及“早熟早稻＋早熟晚稻＋冬种马铃薯”“早稻＋甜玉米＋马铃薯”“中稻＋秋马铃薯＋春马铃薯”等一年三造种粮模式，大力实施“非粮变粮、粗粮细做”项目，在马铃薯主产区建立马铃薯米粉加工生产线，大量加工“马铃薯米粉”，延长了产业链，增加了产值。

广西农业科学院 2010 年培育出的“红姑娘一号”甘薯品种，是中国地理标志保护产品。广西农业科学院专家韦本辉 2004 年发明的淮山定向栽培技术(横向结薯)，获得了国家发明专利，在广西、海南、广东、福建、江西等地大面积推广。广西近年也育成了高油、高产、优质的花生新品种“桂花 33”。

## 课程思政

**1.2008 年四川广元柑橘大实蝇事件**

2008 年四川广元柑橘大实蝇事件通过网络不实传播，引发了部分消费者恐慌，造成多个主产区和主销区柑橘销售受阻，柑橘收购价较往年暴跌，而且收购商对柑橘的大小、品相等要求严格，导致大量柑橘被当成垃圾倒掉，经济损失惨重，广大果农蒙受巨大损失。近年来，广大植保科技工作者加强柑橘大实蝇防控新技术的研究，取得了重要进展，保证果农丰产丰收。通过此事件，我们认识到了植保工作的重要价值，感到了农科院校的大学生重任在肩，大有可为。

**2.民族要复兴，乡村必振兴**

乡村要振兴，关键在科技、在人才。在我国正向第二个百年奋斗目标迈进的关键时期，全面推进乡村振兴、加快农业农村现代化，迫切需要大批下得去、留得住、用得好的懂农业、爱农村、爱农民的"三农"人才。通过害虫的识别和绿色防控技术社会实践，引导学生在社会大课堂中增长知识和见识，把学生培养成为新时代具有"大国三农"情怀的"一懂两爱"新型农业人才，为全面推进地方乡村振兴和加快农业农村现代化提供强有力的人才支撑。

## 学习评价

**薯类、豆类、花生害虫综合防治考核评价表**

| 序号 | 考核项目 | 考核内容 | 考核标准 | 考核方式 | 分值 |
| --- | --- | --- | --- | --- | --- |
| 1 | 薯类、豆类、花生害虫识别 | 薯类、豆类、花生害虫形态及为害状识别 | 能仔细观察、准确描述薯类、豆类、花生主要害虫的识别要点及为害状特点，并能指出其所属目和科的名称 | 现场或实验室识别考核 | 4 |
| 2 | 田间调查 | 薯类、豆类、花生害虫田间调查方法 | 能现场区分类型田，并选择其中之一进行调查，采取正确的调查方法实地调查，数据记录正确、完整 | 现场考核 | 6 |
| 3 | 制订综合防治方案 | 能针对薯类、豆类、花生害虫发生规律制订调查方案 | 能根据当地薯类、豆类、花生主要害虫发生规律制订综合防治方案，防治方案制订科学，应急措施可行性强 | 个人表述、小组讨论和教师对方案评分相结合 | 5 |
| 4 | 组织实施综合防治 | 能组织实施防治方案 | 能按照实训要求做好各项防治措施的组织和实施，操作规范、熟练，防治效果好 | 现场操作考核 | 10 |
| 5 | 知识点考核 | | 薯类、豆类、花生害虫发生种类、为害状、发生特点，综合防治方法 | 闭卷笔试 | 50 |
| 6 | 作业、实验报告 | | 报告完成认真、规范，内容真实；绘制的害虫形态特征典型，标注正确 | 教师评分 | 10 |
| 7 | 学习纪律及态度 | | 对老师提前布置的任务准备充分，发言积极，观察认真；遵纪守时，爱护公物 | 课堂考勤 | 15 |

# 子项目七　柑橘害虫识别与综合防控技术

## 学习目标

识别出柑橘主要害虫，了解柑橘害虫发生概况、掌握发生规律及防控技术。

## 任务1　柑橘害虫识别及其防控技术

### 【材料、用具与场所】

当地其他常见柑橘害虫标本。体视显微镜、放大镜、镊子、培养皿、挂图。

### 【基础知识】

各种果树从育苗到成长、结果、收获期都有各种害虫发生。果树害虫中，以柑橘害虫最多，据统计柑橘害虫就有350多种，其中，主要害虫有：螨类、蚧类、天牛类、吉丁虫类、叶甲类、象虫类、凤蝶类、卷叶蛾类、蚜虫类、木虱、潜叶蛾、花蕾蛆、黑刺粉虱、白蛾蜡蝉、黑蚱蝉、刺蛾、毒蛾、蓑蛾、吸果夜蛾类、实蝇类等。这些害虫分别为害柑橘的根、茎、叶、花、果实各部位，造成严重损失。

#### 一、柑橘害螨

##### （一）发生概况

在广西为害柑橘的有害螨类主要有4种：柑橘全爪螨[*Panonychus citri* (McGregor)]、黄蜘蛛(*Eotetranychus kankitus* Ehara)、柑橘锈螨[*Phyllocoptruta oleivora* (Ashmead)]、柑橘瘤螨(*Aceria sheldoni chinensis* Kuang et hong)。前两种属真螨目叶螨科，后两种属真螨目瘿螨科。现以柑橘全爪螨和柑橘锈螨为代表进行介绍。柑橘全爪螨俗称柑橘红蜘蛛，又称柑橘红叶螨、瘤皮红蜘蛛，柑橘全爪螨在广西各地均普遍发生，是柑橘类果树当前头等重要害虫。该螨除为害柑橘类果树外，也可为害梨、桑、枣等多种植物。柑橘锈螨又称柑橘锈壁虱或锈蜘蛛、“黑皮果”、铜病等，属蜱螨目瘿螨科。在国内分布很广，广西普遍发生。该螨只为害柑橘类果树，其中以柑、橘、橙、柠檬受害较重，金橘、柚等受害较轻。

##### （二）为害状识别

柑橘锈螨以成螨、若螨群集于果面、叶片及嫩枝上，以刺吸式口器刺破表皮细胞，吸食汁液。叶、果被害后，芳香油溢出，被空气氧化后变成黑褐色，故称“黑皮果”。叶片受害，使叶片卷缩、粗糙，以致落叶，影响树势和次年结果；果实受害，使果皮粗糙，无光泽，果面布满龟裂状纹，品质低劣。

柑橘全爪螨的成螨、若螨和幼螨以口器刺破柑橘叶片、嫩枝及果实表皮，吸取汁液，但以叶片被害严重，特别是苗圃，幼年树被害更烈。被害叶正面呈现灰白色小斑点，严重时全叶灰白，大量落叶和落果，影响树势和产量。

它们为害的共同点是以成虫、若虫、幼螨刺吸寄主的枝、叶、果等汁液，叶螨主要为害叶片，也可为害嫩枝和果实等，被害处呈现许多灰白色小点，严重时造成大量落叶和落果；瘿螨主要为害嫩叶、嫩芽、果实等，被害处畸形或变色，严重影响产量和树势。

## （三）形态识别

**1.柑橘锈螨（图 3-7-1）**

（1）成螨　体长 0.1～0.2 mm，楔形或胡萝卜形，黄色或橙黄色，头小、向前方伸出，有螯肢和须肢各 1 对。头胸部背面平滑，足 2 对。腹部、背面有许多环纹，背面环纹 28 个，腹部环纹约为背面的 2 倍，腹末有伪足 1 对。

（2）卵　圆球形，表面光滑，灰白色，透明。

（3）若螨　形似成螨，较小。腹部光滑，环纹不明显，尾端尖细，有足 2 对。1 龄若螨灰白色，半透明；2 龄若螨淡黄色。

**2.柑橘全爪螨（图 3-7-2）**

（1）成螨　雌螨体长 0.3～0.4 mm，卵圆形，鲜红至暗红色，体毛长，长在毛瘤上，足 4 对。雄螨体小，鲜红色。

（2）卵　直径约 0.13 mm，扁球形。卵上有一垂直小柄，柄端有多条细丝向四周伸出，斜附于叶面上。

柑橘全爪螨

（3）幼螨　体长 0.2 mm，初孵时淡黄色，足 3 对。

（4）若螨　形状色泽近似成螨，个体较小，足 4 对。

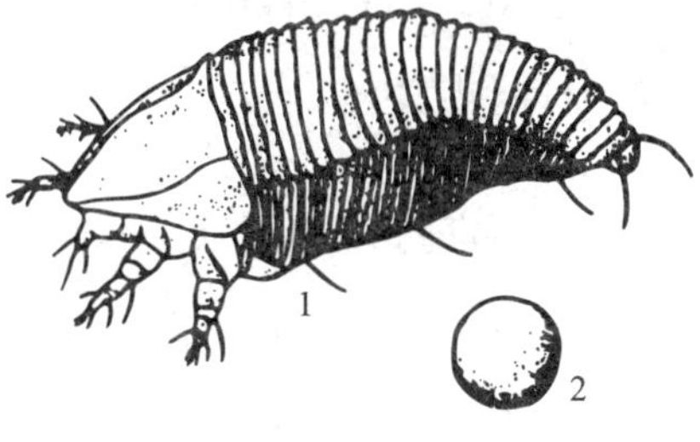


**图 3-7-1　柑橘锈螨**

1.成螨　2.卵

（华南农学院.1981.农业昆虫学）

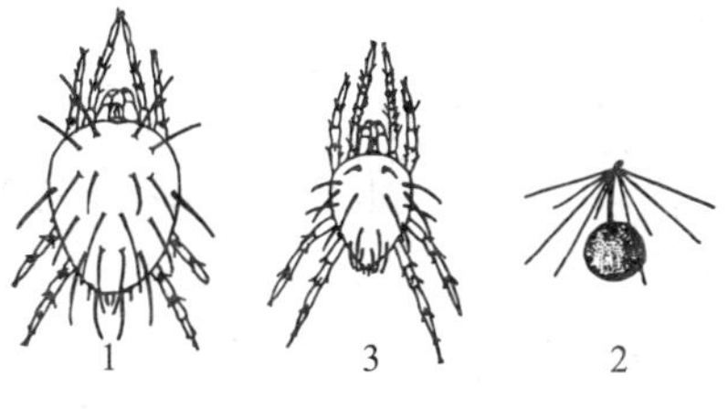


**图 3-7-2　柑橘全爪螨**

1.成螨　2.卵　3.若螨

（华南农学院.1981.农业昆虫学）

## （四）发生规律

**1.柑橘锈螨**

一年发生的代数随地区和气候不同而异，广西一年可发生 18～24 代，世代重叠。该螨以成螨在枝梢的腋芽或其他病虫害所引起的卷叶内越冬，在冬季气温高的地方，则无越冬现象。次年 3—4 月，越冬成螨转移到春梢上取食，5 月下旬到 6 月中旬，便陆续转到果实上为害，7—8 月果上虫口急剧上升，直到秋梢抽发后，9 月部分螨转到秋梢上为害，11 月中、下旬才基本停止为害。由于螨体较小，可借助风力、苗木、昆虫接触等传播。该螨性喜荫蔽，常从树冠下部和内膛的叶片及果实上开始为害，逐渐向上部和外围扩展。以叶背和果下部的虫口密度较大，在叶片和果面上附有大量虫体和蜕皮壳，像薄敷上了一层灰尘。

柑橘锈螨的卵和若螨发育的最适温度为 26 ℃，完成一世代的有效积温为 150 ℃·d 左右，因此在 7—8 月，气温高时一个月可完成 3 个世代。大风大雨对该螨具有冲刷作用，这种天气过后，其虫口密度明显下降。高温干旱，不利于其天敌多毛菌的寄生，该螨容易大发生。

管理粗放、土壤干燥、树势衰弱的柑橘园，发生比较严重。经常使用铜制剂如波尔多液，往往会诱发锈壁虱大发生，因为波尔多液能杀死其天敌——多毛菌。

**2.柑橘全爪螨**

在广西一年 15～22 代，完成一世代须经卵、幼螨、前期若螨、后期若螨和成螨 5 个虫期。雄性个体仅少数有后期若螨，多数一生仅蜕皮 2 次，其个体发育较雌螨快。柑橘全爪螨除两性生殖外，还可营孤雌生殖，但后代全为雌性个体。世代重叠明显。主要以卵和成螨在叶背和枝条裂缝内越冬，冬季较温暖的地区则没有明显越冬现象。

一年中以春、秋两季发生最为严重。3—4 月春梢期，全爪螨从老梢上迁移至新梢为害，迁上新梢后一个月左右，就会成灾。6 月中旬以后虫口密度开始下降，7—8 月高温季节虫口数量较少，秋季虫口密度开始回升，为害秋梢颇为严重，常成为引起落叶的主要原因之一。

柑橘全爪螨是喜温性的螨类，春秋季温度较高、少雨、相对湿度较低以及日照较长是它发生的有利条件。春季旬平均温度达 12 ℃左右，越冬卵开始大量孵化，气温上升至 16～19 ℃时，虫口成倍增长，20 ℃时虫口盛发。如旬平均温度超过 25 ℃以上，虫口数量很快下降。大雨对该螨具有很强的冲刷力，大雨过后虫口数量可减少 74%左右。若 12、1、2、3 月 4 个月总降水量在 100 mm 以上，当年全爪螨发生就较少。

柑橘全爪螨天敌种类很多，达 100 多种，其中捕食螨是主要天敌。若益害螨比例达到 1∶50，则可有效地控制全爪螨在不明显为害水平。因此，在进行药剂防治时，要充分考虑对天敌的保护。

### （五）防控技术

柑橘害螨的防治技术应采取加强栽培管理、合理使用农药、保护利用天敌的综合防治措施。

**1.加强检疫**

防止瘤螨（检疫性害螨）随苗木传播扩散，发现螨类时，可将苗木放在 46～47 ℃的热水中恒温浸泡 8～10 min。

**2.农业防治**

（1）减少越冬虫源　做好冬季修剪和清园工作，柑橘害螨冬季多在树冠内堂中下部叶片或枝条裂缝及潜叶蛾为害卷叶内越冬，冬季修剪徒长枝、病虫枝、荫蔽枝，集中烧毁，使树冠通风透光，用 0.3～0.5 波美度石硫合剂进行清园。

（2）加强栽培管理　对管理粗放的果园，要加强肥水管理，增施有机肥、磷钾肥，以增强树势，提高抗虫性。改善水利设施，做到涝能排旱能灌，有条件的果园可安装喷灌系统，夏季适当灌溉，提高果园湿度。干旱地区要搞好果园覆盖，如种豆类植物或藿香蓟等杂草，以改善果园小气候。有利于天敌的活动与繁衍，可有效减轻为害。

**3.保护利用天敌**

柑橘全爪螨的天敌主要是捕食螨和食螨瓢虫，在果园内种植藿香蓟（白花草），可以保护和利用捕食螨，有条件的地方可人工繁放捕食螨、食螨瓢虫。当捕食螨与全爪螨比例为

1∶50 时，可在较长时间内有效控制全爪螨的为害。此期间严禁使用有机磷高毒农药，有选择性地应用农药进行挑治中心虫株，避免盲目全园喷药，以减少农药对天敌的杀伤。多毛菌是控制柑橘锈螨发生的一个重要因素，它常在高温多雨条件下大流行，此时要尽量少用铜剂农药，如波尔多液。

**4.加强监测，适时喷药防治**

发生期在果树放梢前或幼叶展开前或花穗抽出前或当锈螨虫口密度达到每视野 3～5 头或果上出现黄白灰尘状薄层或个别果出现“黑皮”时，全爪螨春、秋季虫口密度平均每叶达 2～3 头或有虫叶率达 20%～30%时，夏季平均每叶达 4～6 头或有虫叶率达 30%时，要及时喷药防治。在 AA 级绿色水果生产中，可使用 2.5%华光霉素可湿性粉剂 400～600 倍稀释液、10%乳油浏阳霉素 1 000～2 000 倍稀释液、石硫合剂、硫黄树冠周到喷雾。在 A 级绿色水果生产中，还可使用 43%联苯肼酯悬浮剂 4 000～5 000 倍稀释液喷雾或 22.4%螺虫乙酯悬浮剂 4 000～5 000 倍稀释液，或选用苯丁锡、螺螨脂、喹螨醚、四螨嗪、乙螨唑、甲氨基阿维菌素苯甲酸盐（简称甲维盐）、虫螨腈、虱螨脲、氟虫脲（后 4 种同时具备杀虫、杀螨作用）等农药喷雾防治。喷药时先喷树冠内部，后喷树冠外围，叶背和果实的阴暗面都应周密喷雾，才能收到较好的防治效果。

## 二、柑橘有害蚧类

### （一）发生概况

为害柑橘的介壳虫种类很多，在广西为害各种果树的介壳虫有绵蚧科（吹绵蚧、橘绵蚧、绿绵蚧、草履蚧）、盾蚧科（褐圆蚧、糠片蚧、矢尖蚧、黑点蚧、牡蛎蚧、白盾蚧）、蜡蚧科（红蜡蚧、灰蜡蚧、龟蜡蚧、盔蜡蚧）、粉蚧科（橘粉蚧、堆蜡粉蚧）4 大类型，均属于同翅目蚧总科。

吹绵蚧（*Icerya purchasi* Maskell），食性很杂，可寄生 50 多种植物，除为害柑橘类外，还为害台湾相思、梅、梨、葡萄、栗、柿等。

褐圆蚧[*Chrysomphalus aonidum* (L.)]除为害柑橘类果树外，还可为害多种林木及观赏植物。在柑橘上，主要为害叶片、果实，以夏、秋两季发生较重，使叶片早落，影响树势，果实受害后则发育不良，致使品质下降。

柑橘矢尖蚧[*Unaspis yanonensis* (Kuwana)]又名箭头介壳虫，分布于各柑橘产区，广西以桂北、桂东北以及在较温暖地区栽培的柑橘发生普遍、为害较重。它还可为害龙眼、黄皮等，寄生于植物的叶、枝干、果实。

糠片蚧（*Parlatoria pergandii* Comstock）又称灰点蚧、圆点蚧，在国内外分布很广，广西各地均有发生为害。其食性很杂，寄主植物多达 200 种，为害最重的有柑橘、梨、梅、葡萄等果树。

橘粉蚧[*Planococcus citri* (Risso)]广西各地均有分布，主要为害柑橘类等果树和林木。取食寄主嫩芽、枝条和果实汁液，造成发育不良和引起落果，并诱发煤烟病。

### （二）为害状识别

各种介壳虫为害的共同特征是：除绵蚧科各龄若虫和雌成虫均可移动外，其他介壳虫多以 1 龄若虫分散为害，2 龄以后即固定为害，均以若虫、雌成虫刺吸果树林木的枝、叶、花、果等部位的汁液，导致枯枝、落叶、花穗枯死，并能诱致煤烟病。

## （三）形态识别

**1.吹绵蚧(图 3-7-3)**

(1)成虫　雌成虫体椭圆形，长 5～6 mm，橘红色，无翅。腹面平坦，背面隆起，全体着生黑色短毛和蜡腺孔，并被有白色蜡质分泌物(卵囊)。雄成虫体瘦小，长约 3 mm，前翅发达，后翅退化。胸部黑色，腹部橘红色。腹末有 2 条指状突，各着生 4 根长刚毛。

(2)卵　长约 0.7 mm，椭圆形，初产时橙黄色，后变橘红色，密集于雌虫的卵囊内。

(3)若虫　初孵若虫的足、触角及体上的毛均很发达。取食后，体背覆盖淡黄色蜡粉。2 龄若虫体长 1.3～2.1 mm，3 龄若虫雌虫长 2.3～3.5 mm。

(4)蛹　橘红色，眼褐色，触角、翅芽、足呈淡褐色，腹末凹陷成叉。茧长形，由白色疏松的蜡丝组成。

**2.褐圆蚧(图 3-7-4)**

(1)成虫　雌蚧的介壳圆形，略近扁平，紫褐色。第一、第二次蜕皮壳点在中央相重叠，如帽顶状，直径约 2 mm。雄成虫体淡橙黄色，前翅 1 对，半透明，体长约 0.75 mm，介壳色泽及质地同雌虫介壳，长卵形，略小。

(2)卵　长卵形，橙黄色，长约 0.2 mm，产于介壳下母体后方。

(3)若虫　第一龄呈淡橙黄色，足 3 对，触角、尾毛各 1 对；第二龄足、触角、尾毛均消失。

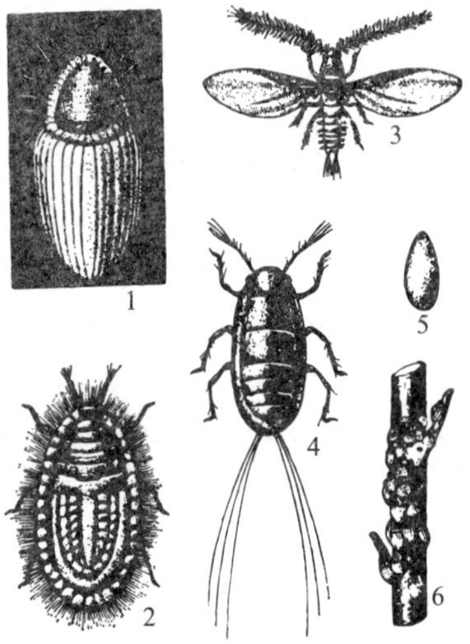


**图 3-7-3　吹绵蚧**

1.有卵囊的雌成虫　2. 雌成虫
3. 雄成虫　4. 1 龄若虫　5.卵　6.为害状
(湖南省安江农业学校.1999.果树病虫害防治各论)

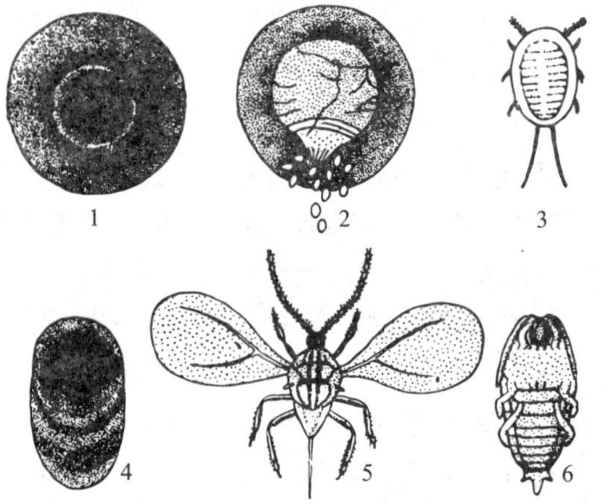


**图 3-7-4　褐圆蚧**

1.雌介壳　2. 雌介壳腹面(示虫体和卵粒)
3.初孵若虫　4.雄介壳　5. 雄成虫　6.雄蛹
(湖南省安江农业学校.1999.果树病虫害防治各论)

**3.矢尖蚧**

雌介壳细长，长 2～3.5 mm，紫褐色，周围有白边。前端尖，后端宽，中央有一纵脊，形似箭头；雄介壳白色，蜡质长形，两侧平行，壳背有 3 条纵脊，长 1.3～1.6 mm。

**4.糠片蚧**

雌介壳长圆形，灰白色或灰褐色，中部隆起。直径约 1.8 mm，壳点圆形，位于端部，略偏一方，暗黄褐色。雄介壳细长，约 1.2 mm，灰白色。虫体为淡紫色，有翅 1 对，腹末有针状交尾器。

**5.橘小粉蚧和橘粉蚧(图 3-7-5)**

橘小粉蚧雌成虫体长 2～2.5 mm,长椭圆形,淡红色或黄褐色,肉质,被白色蜡粉,体缘有 17 对细长白色蜡丝,末端一对最长。幼蚧椭圆形,体扁平,固定为害的若虫覆有白色蜡粉。雄蛹若虫成熟后结一长椭圆形白茧,在其中化蛹。

橘粉蚧与橘小粉蚧相似,但体稍大,2.5～4 mm,体侧蜡线粗短似三角形。

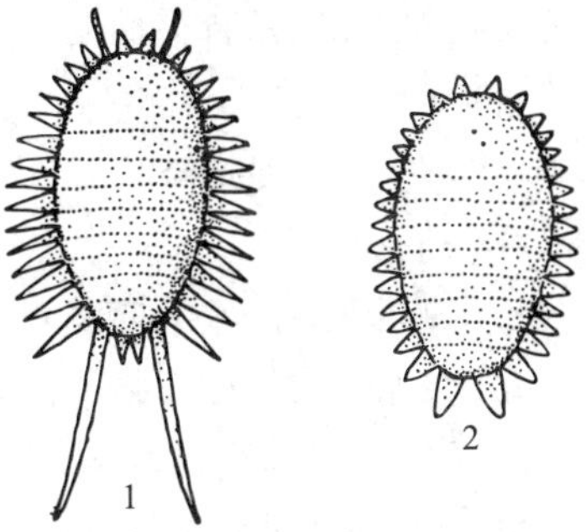


**图 3-7-5 橘小粉蚧和橘粉蚧**

1.橘小粉蚧 2.橘粉蚧

(湖南省安江农业学校.1999.果树病虫害防治各论)

## (四)发生规律

**1.吹绵蚧**

在广西一年发生 3～4 代,主要以老龄若虫和未产卵的成虫越冬。翌年 4 月上旬至 6 月为发生盛期。若虫孵化后在卵囊内过一段时间,再出来寄生于嫩叶背主脉两侧,这时候是防治的适期,因为此时虫体上无蜡质覆盖物。2 龄以上的若虫迁移至枝干阴面群集为害。腹部末端分泌白色棉絮状蜡质,形成卵囊,产卵其中。在自然条件下,雄虫数量极少,多为孤雌生殖,每雌虫可产卵数百粒。天敌主要有澳洲瓢虫、大红瓢虫。

**2.褐圆蚧**

在广西一年发生 4～6 代,以受精雌成虫越冬。卵产于介壳下,当若虫孵出后,爬出介壳四处活动,寻到合适地方就固定取食,这一阶段是防治的最佳时期。若虫固定后,就开始分泌蜡质物覆盖虫体。雌性若虫多在叶背和果实表面为害,而雄性若虫多在叶面上为害。褐圆蚧行两性生殖,交配后 2～3 周才能产卵,每雌可产 80～145 粒。一年中以夏、秋两季发生最多,以柑橘果实受害最重。天敌主要有金小蜂、双带巨角跳小蜂。

**3.柑橘粉蚧**

在广西每年发生 3～4 代,以雌性成虫和若虫在枝条上越冬。若虫孵化后喜聚集于叶片中脉两侧、叶腋、嫩芽和果蒂上为害。荫蔽、密植的果园该虫发生较重,尤以树冠遮蔽部位较多。高温对其发生不利,天敌对此虫种群数量的消长有一定影响。主要天敌有小毛瓢虫、草蛉、跳小蜂、蚜小蜂等。

## (五)防控技术

介壳虫具有种类多,繁殖力强,适应性强,虫体小,有介壳保护,除绵蚧科成虫也可活动外,其余各种介壳虫均以一龄若虫分散活动,其余各龄若虫及雌成虫均不能活动,只能随苗木调运远距离人为传播等特点。因此,防治蚧类应加强植物检疫,防止传播蔓延;做好虫情调查,掌握在若虫初孵、盛孵期进行防治。

**1.杜绝虫源**

加强苗木、接穗的检验工作,很多介壳虫是随苗木或繁殖材料等传播。因此,在调运果实、苗木、接穗等之前,如发现有介壳虫的苗木,用溴甲烷 36～40 g/m$^3$ 熏蒸 4 h,或用敌敌畏防治。

**2.合理修剪**

结合冬季清园,剪去多虫枝条、弱枝、干枯枝、郁闭枝,平时也要加强修剪工作,改善通风透光条件。剪下的虫枝应先堆放一周后才烧毁,可以保护寄生蜂;也可人工刷除,同时要加强水肥管理，促进新梢抽发。

**3.生物防治**

释放瓢虫，保护寄生蜂。

**4.药剂防治**

在若虫初孵、盛孵期及介壳还未完全形成之前，是防治介壳虫的最佳时期。因此，一定要搞好虫情调查，在2龄若虫以前用药剂防治，注意喷药要均匀周到。AA级绿色食品生产可选用29%石硫合剂水剂20～40倍喷雾，与其他药剂的使用间隔期为15～20 d。A级还可选用10%吡丙醚可湿性粉剂1 000～1 500倍稀释液，25%噻嗪酮可湿性粉剂1 500～2 000倍稀释液、22.4%螺虫乙酯悬浮剂4 000～5 000倍稀释液任一种，或用50%氟啶虫胺腈水分散粒剂10～13 g/667 $m^2$，兑水50～75 kg喷雾。

## 三、柑橘木虱

### （一）发生概况

柑橘木虱（*Diaphorina citri* Kuwayama）属同翅目木虱科。广西各地均有分布，尤以桂林以南各县、市发生最为普遍。它可为害芸香科的多种植物。

### （二）为害状识别

主要以成虫、若虫吸食嫩芽和叶片汁液，造成叶片畸形、新芽枯死和抑制新梢抽发，可诱发煤烟病和传播黄龙病。

### （三）形态识别（图3-7-6）

（1）成虫　体长约3 mm，体呈青灰色，密布褐色斑纹。头顶突出如剪刀状。复眼暗红色，单眼3个，橘红色。触角10节，末端有2根不等长的硬毛。胸部略隆起。前翅中央半透明，边缘散布有不规则黑褐色斑纹。翅缘颜色较深，近外缘边上有5个透明斑。后翅无色透明。腹部背面灰黑色，腹面淡绿色。

（2）卵　杧果形，长约0.3 mm，橘黄色，顶端尖削，另一端有一短柄插入嫩芽组织内。

（3）若虫　扁椭圆形，体黄色，复眼红色。背面略隆起呈龟背状，腹部周缘常有白色蜡丝排出。

若虫共分5龄。末龄若虫：体黄褐色，有时带绿色，翅芽为体长的3/4，体长约为2 mm。

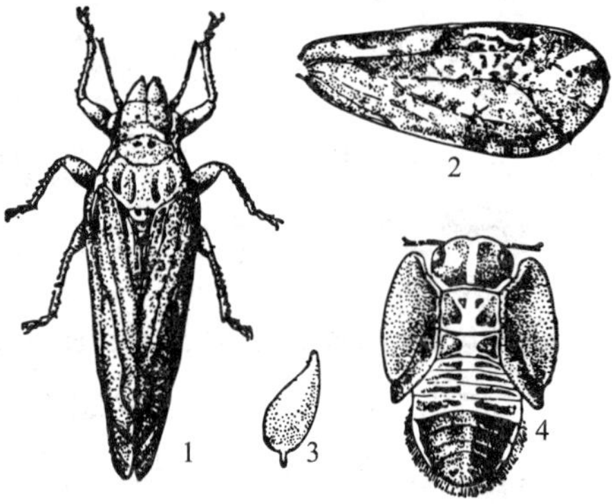


**图3-7-6　柑橘木虱**

1.成虫　2.前翅　3.卵　4.5龄若虫

（湖南省安江农业学校.1999.果树病虫害防治各论）

### （四）发生规律

此虫在广西每年发生7～14代，主要以成虫在寄主叶背处群集越冬。越冬成虫寿命很长，于翌年3月上中旬开始活动、交尾和产卵，然后虫口密度逐步上升，其数量消长与寄主新梢抽发同步，一般以秋梢受害最重。该虫喜在嫩芽和叶背处栖息和为害。果园暴露，树冠稀疏，通风透光好，则受害较重。常见天敌有瓢虫、草蛉，亦发现有啮小蜂、跳小蜂等。

### （五）防控技术

（1）合理布局，在规划果园时　要求在同一果园内尽量做到品种、苗龄大小一致，使生育期一致。

(2)加强栽培管理　一般老树、病弱树容易随时抽发新梢，要及时抹除，减少木虱食料。对夏、秋梢要通过抹芽控梢和加强肥水管理，进行统一放梢，可有效地控制虫源。

(3)药剂防治　抓好春、夏、秋梢萌发前后，及时喷药，重点是春、秋梢。每一梢期均应在若虫高峰期喷药两次，间隔 5～7 d。可选用 10%吡丙醚可湿性粉剂 1 000～1 500 倍稀释液，10%吡虫啉可湿性粉剂 3 000～4 000 倍稀释液、50%抗蚜威可湿性粉剂 1 000～1 200 倍稀释液、25%扑虱灵可湿性粉剂 1 000 倍稀释液任一种喷雾。

## 四、橘蚜

### (一)发生概况

橘蚜[*Toxoptera citricidus* (Kirkaldy)]，又叫蚁虫、蜜虫等，属同翅目蚜科。橘蚜在广西普遍发生，除为害柑橘外，还可为害梨、桃、柿等果树。

### (二)为害状识别

橘蚜是柑橘新梢害虫，以若虫、成虫群集在嫩梢上，以口器插入皮层中吸食汁液。嫩叶受害后凹凸不平，皱缩、卷曲，严重时引起落花、落果、新梢枯死。橘蚜为害时还分泌蜜露诱发煤烟病，影响光合作用和次年的产量。

### (三)形态识别(图 3-7-7)

(1)成虫　分有翅和无翅两个类型。无翅胎生雌蚜，体长约 1.3 mm，绿黑色，有翅胎生雌蚜形似无翅胎生雌蚜，翅白色透明，翅痣淡黄褐色，可迁飞。

(2)卵　椭圆形，长约 0.6 mm，初产时呈淡黄色，渐变黄褐色至黑色，有光泽。

(3)若虫　体褐色，有翅蚜的翅芽在 3 龄和 4 龄已明显可见。

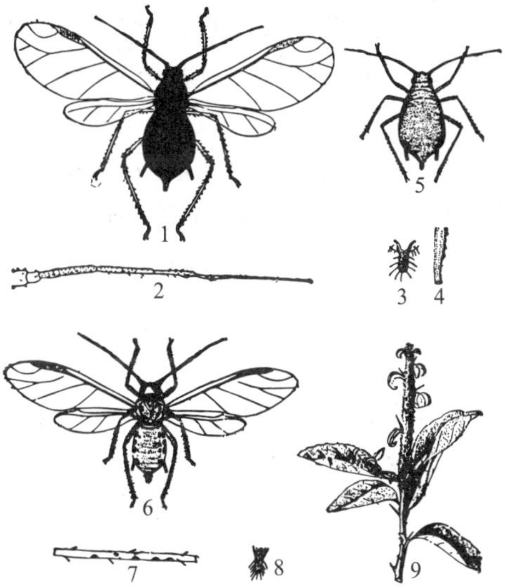


**图 3-7-7　橘蚜和橘二叉蚜**

橘蚜:1.有翅雌蚜　2.触角　3.尾片
4.腹管　5.无翅雌蚜
橘二叉蚜:6.有翅雌蚜　7.触角
8.尾片　9.为害状
(湖南省安江农业学校.1999.
果树病虫害防治各论)

### (四)发生规律

橘蚜一年发生的代数，随地区、年份、气温的不同而异，在广西一年可发生 10～20 代。越冬虫态因气温不同而不同，在桂北地区，因气温较低，主要以卵在枝干上越冬；而在气温较高的桂南地区，则无明显越冬现象。越冬卵到次年 3 月前后孵化为无翅若蚜，群集于柑橘新梢上为害。若蚜成熟后，即开始胎生幼蚜，可繁殖数代。雌蚜每胎可生幼蚜多达数十个。在枝叶老化、虫口密度大或气温很高的环境下，则会产生有翅胎生蚜迁飞至其他适宜场所为害。到了冬初，随气温下降会产生有性的雌、雄蚜虫，交配产卵，以卵越冬。

橘蚜的繁殖受温度限制，最适温度为 24～27 ℃，故以晚春及早秋期间繁殖最盛。在广西以春、秋、冬梢上发生最多，为害最重。夏季高温多雨蚜虫自然死亡率高，生殖力下降，其天敌也多，故发生较少，一般不需防治。

### (五)防控技术

对蚜虫类害虫应采取生物防治和药剂防治相结合的综合防治措施。

(1)保护利用天敌　蚜虫的天敌种类很多；有瓢虫、食蚜蝇、蚜茧蜂、草蛉、寄生菌等。5月份以后田间天敌数量渐增，此时可尽量少喷或不喷农药，以保护天敌，利用天敌来控制蚜虫发生。

(2)药剂防治　当春、秋季发现有25%～30%的新梢上有蚜虫时应喷药防治。选用0.2%苦参碱水剂100～300倍稀释液或3%啶虫脒乳油2 000～2 500倍稀释液、25%吡虫啉4 000～6 000倍稀释液其中一种喷雾。

## 五、柑橘潜叶蛾

### (一)发生概况

柑橘潜叶蛾(*Phyllocnistis citrella* Stainton)俗称绘图虫、绣花虫或"鬼画符"等，属鳞翅目橘潜叶蛾科。广泛分布于全国各柑橘产区。寄主植物有柑橘、枳壳等。

### (二)为害状识别

主要为害新梢，以幼虫在嫩茎，嫩叶表皮下潜食，形成银白色弯曲隧道。受害叶卷缩硬化，影响光合作用和幼叶的伸展发育，严重的叶片容易脱落，使枝梢生长不良，影响树势及来年结果。以苗木、幼树受害严重。同时，被害叶又是柑橘潜叶蛾、卷叶蛾等害虫聚居和越冬的场所。由于为害造成伤口，在柑橘溃疡病区，常诱致病菌侵入发病。在广西，所有的柑橘产区都有发生。是柑橘的最重要害虫之一。

### (三)形态识别(图3-7-8)

(1)成虫　小型蛾类，体长约2 mm，翅展5.3 mm。体及前、后翅均为银白色，前翅披针形，翅基部有2条褐色纵纹，约为翅长一半。翅中部又有2条黑纹，形成开口的"Y"形纹。翅尖缘毛形成一个黑色圆斑，大斑之内有一较小斑。后翅针叶形，缘毛极长。足也是银白色，后足很长，各足胫节末端均有大型距1个。

(2)卵　椭圆形，长约0.3 mm，乳白色，半透明，外表光滑。

(3)幼虫　老熟幼虫体纺锤形，长约4 mm，黄绿色。前中胸膨大，近于方形。腹部各节背面有4个凹孔，整齐地排列在背中线两侧。胸足和腹足退化。腹末有1对长形尾状物。

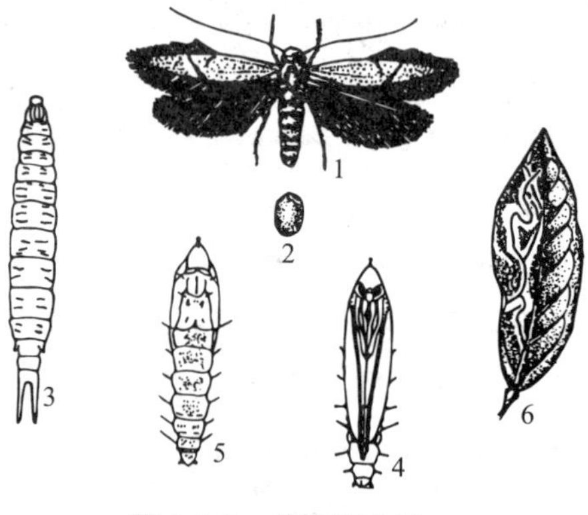


**图3-7-8　柑橘潜叶蛾**

1.成虫　2.卵　3.幼虫　4.蛹腹面
5.蛹背面　6.被害状
(华南农学院.1981.农业昆虫学)

(4)蛹　纺锤形，长为2.8～3 mm，外被黄褐色丝茧壳，头顶有倒"T"形骨化物。腹部第1～6节两侧各有1个瘤状突，其上长有1根长毛，末节后缘两侧有1个肉质刺。

### （四）发生规律

柑橘潜叶蛾在广西每年发生12～14代，世代重叠，主要以蛹、少数以老熟幼虫在柑橘冬梢上越冬。在桂林一年可发生12代，第1代出现于3月底至5月上中旬，第12代（即越冬代）出现于11月上中旬到次年3月底或4月上旬，世代重叠。在日平均气温24.5 ℃以上时，卵期2 d（指大多数，以下同），幼虫期和蛹期均为6～6.5 d，成虫产卵期2 d，全历期16～17 d。

潜叶蛾成虫对嫩梢有很强的趋向力，只将卵产在柑橘的嫩芽嫩叶上，多产在芽长0.5～5 cm的叶背主脉两侧。以幼虫潜入柑橘嫩茎、嫩叶表皮下取食，留下表皮形成银白色的弯曲隧道。整个幼虫期都在虫道内生活，当虫道破裂，虫体外露时，幼虫很快会死亡。幼虫老熟后，多在叶边缘停止，并加宽虫道，将叶缘卷起形成蛹室，吐丝结茧化蛹。从卵到成虫羽化的历期多数为半个月。

柑橘潜叶蛾繁殖的最适宜温度为24～28 ℃，相对湿度为80%左右。大、小暑期间，高温干旱、相对湿度低、叶片含水量低，会导致幼虫特别是低龄幼虫的大量死亡。6月及立秋后一段时间，由于温湿度适宜，致使种群数量迅速增加而形成高峰期。

柑橘潜叶蛾的天敌种群数量较多，幼虫和蛹均可被寄生。7—8月是寄生蜂繁殖的高峰期，被寄生率高达65%以上。

潜叶蛾只将卵产于嫩梢上，如果产卵期与柑橘梢期相吻合，则下一代潜叶蛾将会大发生。新梢抽发不整齐，造成食物不中断，也有利于其大发生。

### （五）防控技术

（1）加强栽培管理，修筑必要的排灌和蓄水设施，营造防护林，间种豆科植物和禾本科牧草，高温或干旱季节，提倡树盘内用秸秆等覆盖。夏、秋季和采果后进行，每年中耕1～2次，保持土壤疏松。

（2）抹除冬梢，统一放夏、秋梢。冬季结合清园剪除晚秋梢和冬梢，消灭越冬的幼虫和蛹。在夏、秋梢抽发时，加强肥水管理，采取去零留整、去早留齐、集中放梢的措施，使夏、秋梢抽发整齐，避过成虫产卵盛期，以减轻其为害。具体放梢适期判断方法是：当平均每叶卵数由多开始变少时，即发生高峰开始下降的时期为放梢期，立即抹去全部嫩梢，施速效肥，统一放梢。

（3）药剂防治，重点保护夏、秋梢。防治适期和防治指标：掌握在放梢后7～10 d，新梢放梢5 cm和11 cm，当嫩梢的卵（虫）率达3%、虫口密度达到1.21头/嫩叶时喷药防治，喷药时间最好选择在傍晚。

可选用5%氟铃脲乳油1 000～2 000倍稀释液，或4.5%高效氯氰菊酯乳油1 500～2 000倍稀释液，或25%噻虫嗪水分散粒剂3 000～4 000倍稀释液任一种均匀喷雾。注意轮换用药，注意高效氯氰菊酯对蜜蜂、鱼、蚕、鸟均为高毒，使用时应注意避免污染水源地、避免在蜜源作物开花期、避免在可污染桑园的地方使用。

## 六、柑橘凤蝶类

### （一）发生概况

我国为害柑橘的凤蝶有11种，主要是橘凤蝶（*Papilio xuthus* Linnaeus）和玉带凤蝶（*P. polytes* Linnaeus），其次是达摩凤蝶（*P. demoleus* Linnaeus），均属于鳞翅目凤蝶科。

玉带凤蝶又称黑凤蝶、白带凤蝶，柑橘凤蝶又称春凤蝶、橘黄凤蝶，两种凤蝶在国内各柑橘产区都有分布。达摩凤蝶又称黄花凤蝶，以华南发生较普遍，这 3 种凤蝶在广西都较常见。

### （二）为害状识别

它们都是柑橘苗木和幼树的重要害虫，尤以山地果园发生较多，为害较重。以幼虫为害，取食柑橘嫩叶、嫩芽，苗木和嫩梢的叶片常被吃光。

### （三）形态识别

表 3-7-1　3 种凤蝶的形态特征

| | 成虫 | 幼虫 | 蛹 |
|---|---|---|---|
| 玉带凤蝶 | 体黑色，大型蝴蝶。体长 25～27 mm，翅展 90～95 mm，前后翅底色黑色，雄蝶前翅外缘有 7～9 个黄白色斑，后翅中室外方有黄白斑 7 个，直径达后缘。雌蝶前翅无斑纹，后翅外缘有半月形红色小斑点数个，臀角处有红色眼状斑 | 老熟幼虫全体绿色，腹部黑色斜纹不完全，第一条背面脱开，第二、三条从背面看不见，臭腺紫红色 | 头刺尖而长，分叉深；胸背角钝圆，腹面突出处到尾端成弓形 |
| 橘凤蝶 | 体黑黄相间，大型蝴蝶。体长 21～30 mm，翅展 69～108 mm，夏型体较大，黑色部分少，春型体较小，黑色部分多，前翅中室内方有 4 条黄白色纵走纹，外方有 2 个月牙形的斑纹 | 老熟幼虫鲜绿色，后胸背面两侧有斜眼纹，腹部有 3 条黑色斜纹，臭腺橙黄色 | 头刺较短，分叉浅，胸背角突长而尖，腹面突出处到尾端比较平直 |
| 达摩凤蝶 | 翅展 87～92 mm，前后翅面黑色，上布形状和大小不一的鲜黄色斑纹。后翅臀角处有弯月形橙红色斑纹 1 个，前角内方有蓝色半圆形斑 1 个 | 老熟幼虫绿色，有明显的黑斑，第 7、8 腹节背面各有黑点 2 个。臭腺基部黄色，顶部深红色 | 头刺粗短，分叉浅，胸背角突短而钝，体腹面突出处到尾端比较平直 |

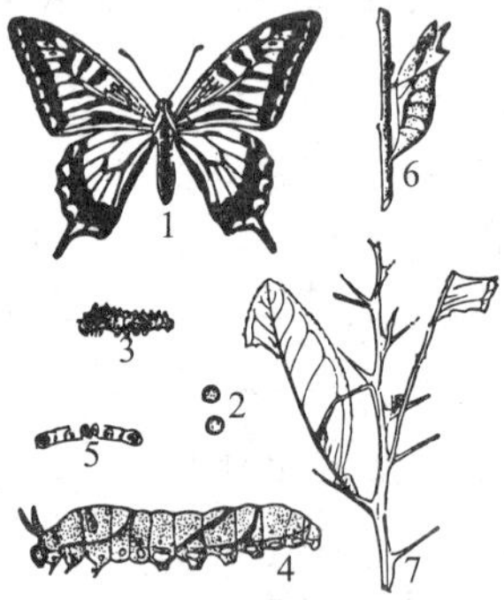

图 3-7-9　橘黄凤蝶
1.成虫　2.卵　3.幼龄幼虫
4.老熟幼虫
5.老熟幼虫后胸背面和侧面斑纹
6.蛹　7.被害状
（湖南省安江农业学校.1999.
果树病虫害防治各论）

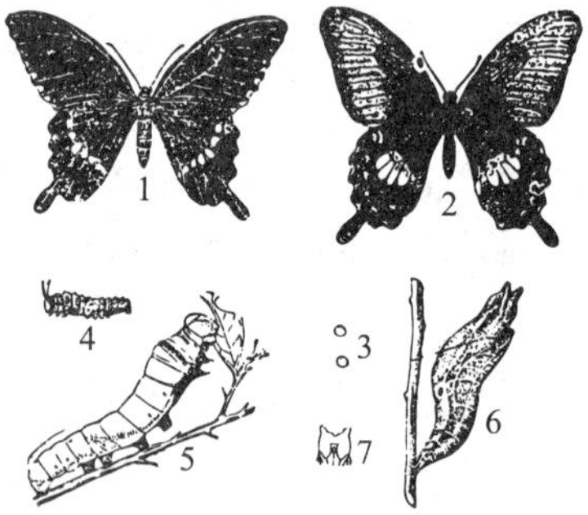

图 3-7-10　玉带凤蝶
1.雄蝶　2.雌蝶（赤斑型）
3.卵　4.幼龄幼虫
5.老熟幼虫及为害状　6.蛹
7.蛹头部腹面观（示头顶缺刻）
（湖南省安江农业学校.1999.
果树病虫害防治各论）

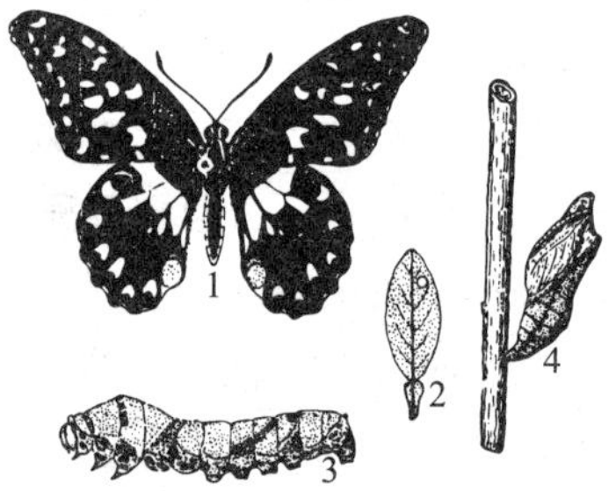

图 3-7-11　达摩凤蝶
1.成虫　2.叶上卵
3.老熟幼虫　4.蛹
（湖南省安江农业学校.1999.
果树病虫害防治各论）

3 种凤蝶的卵均为球形。玉带凤蝶卵约 1.2 mm，初期黄绿色，后变深黄色，孵化前灰黑；橘凤蝶卵约 1.5 mm，初淡白色，后变深黄色，孵化前紫黑色；达摩凤蝶卵初淡黄色，后变黄色。

### (四) 发生规律

(1)玉带凤蝶　广西年发生 3～4 代，以蛹在寄主上越冬。越冬蛹于次年 3 月下旬日平均气温回升到 15 ℃以上时即开始羽化、交配和产卵。第 1 代幼虫于 6 月上旬达到为害高峰期；第 2 代幼虫为害高峰期为 7 月上旬至 8 月中旬；第 3 代幼虫为害高峰期在 9 月中旬至 10 月上旬。成虫白天活动，以吸食花蜜来补充营养。喜欢将卵产于嫩叶尖端附近，卵经 3～7 d 即可孵化成幼虫。幼虫初孵时先吃掉卵壳，再食叶肉。在叶上行动缓慢，不大进行迁移活动，只沿着叶缘蚕食叶肉，有的叶片被吃得只剩下叶脉。低龄幼虫形似鸟粪，受惊扰不易翻出臭角腺，因此不易被发现。3 龄后，当受到惊扰时，迅速将臭角腺挺出体外，并散发出特殊臭气，借以威胁敌人，保护自己。

(2)柑橘凤蝶　在广西桂林每年发生 3 代，以蛹在寄主上越冬。次年 3 月上中旬(日平均气温 13～15 ℃)开始羽化、交配和产卵。为害高峰期：第 1 代在 4 月上旬至 5 月上旬，第 2 代在 7 月中旬至 8 月上旬，第 3 代在 9 月。其产卵及为害的方法均类似于玉带凤蝶。

柑橘凤蝶
(成虫)

(3)达摩凤蝶　在广西每年发生 4～5 代，以蛹在寄主上越冬。次年 2—3 月羽化、交配、产卵。其产卵及为害的方法均类似于玉带凤蝶。

### (五) 凤蝶类综合防控技术

(1)人工捕杀　冬季结合清园，摘除树上越冬蛹。嫩梢抽发期，可摘除卵粒及捕捉嫩叶上的幼虫。

(2)生物防治　凤蝶类的天敌很多，要加以利用和保护，如不要除掉被寄生的幼虫，尽量不使用剧毒农药而选用生物农药。

(3)药剂防治　在 2 龄前幼虫高峰用药。

选用 0.5%印楝素乳油 800～1 000 倍稀释液，苏云金杆菌乳剂(100 亿个孢子/mL) 300～1 000 倍稀释液喷雾。5%除虫脲乳油 1 000～1 500 倍稀释液，4.5%高效氯氰菊酯乳油或 5%可湿性粉剂 1 500～2 000 倍稀释液，29%杀虫双水剂 500～700 倍稀释液，或 5%甲维盐微乳剂 2 000～3 000倍稀释液喷雾，每 667 $m^2$用药液量 50～75 kg。

注意杀虫双、菊酯类农药对蜜蜂、鱼、蚕、鸟均为高毒，使用时应注意避免污染水源地、避免在蜜源作物开花期、避免在可污染桑园的地方使用。

## 七、柑橘天牛类

### (一) 发生概况

在广西为害柑橘的天牛主要有星天牛[*Anoplophora chinensis* (Forster)]、褐天牛(*Nadezhdiella cantori* Hope)、枝梢天牛[*Chelidonium argentatum* (Dalman)]等，均属鞘翅目、天牛科。广西各地均有分布。

### (二) 为害状识别

各种天牛成、幼虫均可为害，以幼虫为害为主。成虫咬食嫩梢皮层或食叶成缺刻，幼虫蛀食树干根颈，或蛀食主干、主枝、枝条等，不同的天牛种类蛀食部位不同。

星天牛又称橘星天牛，主要为害柑橘等果树和苦楝等林木。幼虫蛀害寄主近地面的树干、根颈和根部，造成叶片萎黄，树势衰退，大风易吹折，甚至造成幼龄柑橘树整株枯死。

枝梢天牛又称光盾绿天牛、光绿橘天牛，俗称吹箫虫。主要为害柑橘类果树和九里香。幼虫蛀食枝条，造成枯枝，树势衰弱，产量锐减。

褐天牛又称橘褐天牛，主要为害柑橘和葡萄。幼虫蛀食主干或主枝，造成树势衰退，甚至整株枯死。

## （三）形态识别

表 3-7-2　3 种天牛的形态特征表

| | 成虫 | 幼虫 |
|---|---|---|
| 星天牛 | 体长 19～39 mm，黑色，有光泽；触角较长，前胸背板中瘤明显，侧刺粗大；鞘翅基部有颗粒，每翅散生 15～20 个白色小斑 | 老熟时体长 45～67 mm，黄白色，圆筒形；前胸背板前方左右各有飞鸟形黄褐色斑，后半部具一黄褐色“凸”字形大斑 |
| 枝梢天牛 | 体长 22～27 mm，墨绿色，有光泽；腹面披银灰色绒毛，除前胸背板前、后缘和侧突及小盾片光滑外，其余密布细小刻点和皱纹，故称“光盾” | 老熟时 45～50 mm，土黄色，长圆筒形；前胸背板前缘有 4 块横列的褐色斑纹，胴部背腹面第 2～9 节均有隆突的移动器 |
| 褐天牛 | 体长 26～50 mm，暗黑褐色；触角长，头顶正中有深沟；前胸背板密布瘤状皱褶，侧刺端尖 | 老熟时体长 50～60 mm，长圆筒形，乳白色；前胸背板具 4 块不明显的黄褐色斑 |

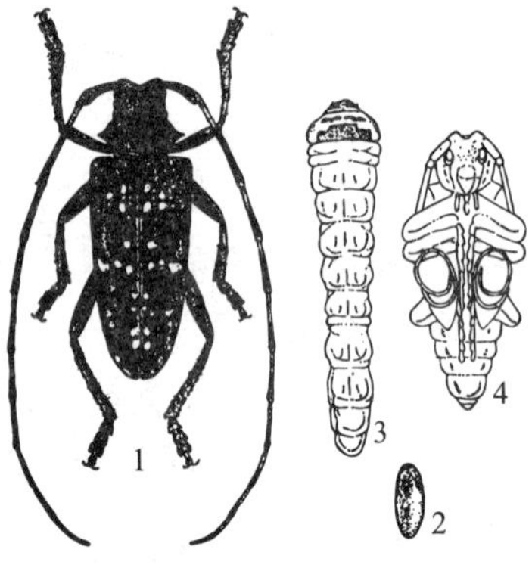

图 3-7-12　星天牛

1.成虫　2.卵　3.幼虫　4.蛹

（湖南省安江农业学校.1999.果树病虫害防治各论）

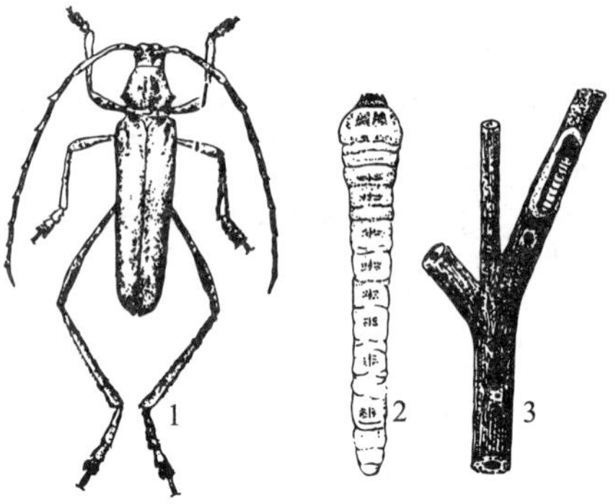

图 3-7-13　枝梢天牛

1.成虫　2.幼虫　3.为害状

（湖南省安江农业学校.1999.果树病虫害防治各论）

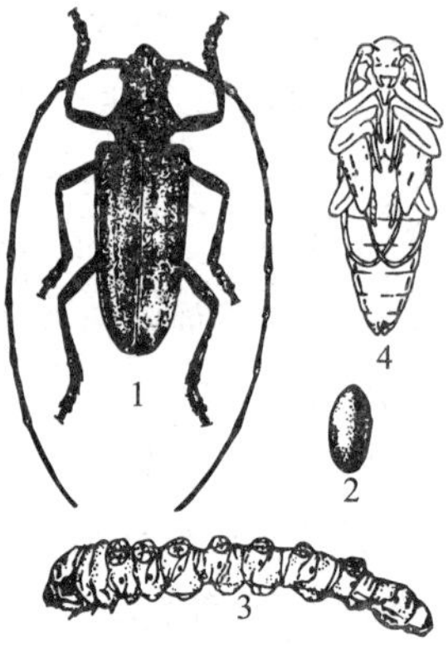

图 3-7-14　褐天牛

1.成虫　2.卵　3.幼虫　4.蛹

（湖南省安江农业学校.1999.果树病虫害防治各论）

## （四）发生规律

主要以幼虫在树干根颈部的皮层及木质部蛀害。

**1.星天牛**

在广西每年发生 1 代，主要以幼虫在树干根颈部的皮层及木质部蛀害。以幼虫在树干基部或主根蛀孔内越冬，翌年 4 月中、下旬开始化蛹，5 月上旬成虫开始羽化，5 月中、下旬至 6 月上、中旬为羽化盛期。成虫咬食嫩枝皮层并取食叶片，多产卵于距地面 5 cm 的大树主干的皮层内。幼虫孵化后蛀食寄主皮下组织，尔后于表层和木质部之间向下蛀食，虫粪不排出或少量排出，近老熟时才蛀入木质部，此时常见成堆虫粪排出。11—12月开始越冬。

星天牛喜在午后高温时停息在枝梢上。在晴天交配、产卵、活动，阴雨天多停息在枝丫间。

**2.枝梢天牛**

在广西每年发生1代，以幼虫在寄主枝条木质部的隧道内越冬。越冬幼虫化蛹盛期在4月下旬至5月下旬。成虫于5—6月间出现，羽化盛期在5月下旬至6月中下旬。成虫活跃、善飞，无趋光性，产卵多在寄主嫩枝分叉处和叶腋内。幼虫于6月上中旬开始孵化，沿枝条向下蛀食，每隔5～20 cm向外开1个圆形洞口，故称其为“吹箫虫”。小树可蛀至主干甚至根颈部。受害后影响水分和养分的输送，导致树势衰弱，遇风易折或整株枯死。8月为幼虫为害盛期。老熟幼虫在蛀道内筑蛹室化蛹。

**3.褐天牛**

在广西每2年发生1代，第一年以低龄幼虫越冬，第二年则以高龄幼虫越冬。在桂北，5月中下旬至6月中旬为成虫羽化盛期，5月上旬开始产卵，产卵期可延续至9月下旬，产卵高峰期分别在5月上旬至7月上旬和8月初至9月下旬，以第一高峰期为主。卵多产于树干缝隙或伤痕中，一般距地面33 cm以上较多。初龄期为害，树皮表面有流胶现象；低龄幼虫的虫粪为白色粉末状；中龄幼虫的为锯木屑状；高龄幼虫的为颗粒状；老熟幼虫的虫粪夹杂有粗条状的木屑；而成虫的虫粪为灰色粉末状的木屑。若蛀孔潮湿，虫粪变黑，则为无虫蛀洞。幼虫老熟后在蛀孔隧道内吐出白磁状或石灰状物质做蛹室化蛹。

褐天牛成虫在雨前天气闷热，或雨后天晴刮南风的夜晚，成虫出洞活动最盛。

### （五）防控技术

(1)加强栽培管理，刷除树干上的卵粒及初孵幼虫，树根培土、用黏土堵塞蛀洞。

(2)捕杀成虫，闷热的晚上捕捉褐天牛，高温的中午捕捉星天牛，阴雨天捕捉枝梢天牛等。

(3)用石灰10 kg、硫黄粉1 kg加水40 kg，进行树干涂白，可防止星天牛和褐天牛成虫产卵。

(4)钩杀幼虫和毒杀幼虫。在清明前后用铁丝钩杀越冬后的幼虫，对枝梢天牛则在幼虫盛发时剪除叶片枯黄的受害枝，杀死初期幼虫；或从最下面的一个排泄孔向下方钩杀幼虫。或用废棉花、废纸等蘸80%敌敌畏乳油或10%吡虫啉可湿性粉剂或29%杀虫双水剂10～20倍稀释液，用铁丝塞入洞内或用大型注射器将药注入洞内，然后用泥封口。

## 八、吉丁虫类

### （一）发生概况

柑橘吉丁虫类属鞘翅目吉丁虫科。我国报道为害柑橘的吉丁虫主要有3种：柑橘爆皮虫（*Agrilus auriventris* Saunders）、柑橘溜皮虫（*A. inamoenus* Kerremans）和六点吉丁虫（*Chrysobothris succedana* Saunders）。其中分布广、为害重的是柑橘爆皮虫。3种吉丁虫的成虫都能取食叶片，造成缺刻。柑橘爆皮虫又名橘长吉丁虫，寄主植物仅限于柑橘类，是一种毁灭性害虫。

### （二）为害状识别

吉丁虫类主要以幼虫蛀食枝干皮层，被害处有流胶，为害严重时树皮爆裂，故名“爆皮虫”，甚至造成整株枯死。柑橘溜皮虫别名缠皮虫、车皮虫，寄主植物也仅限于柑橘类，以山地果园发生较为严重。主要以幼虫蛀食枝条，造成螺旋形虫道，使枝条上部干枯，树势衰弱，影响产量。以柑橘爆皮虫为代表进行介绍。

### （三）形态识别（图 3-7-15）

(1)成虫　体长 6～9 mm，古铜色，有金属光泽；鞘翅窄长，有灰、黄、白色的不明显波状纹，端部具若干小齿突。

(2)幼虫　老熟时长 12～20 mm，扁平，乳白至黄白色，分节明显，尾端有 1 对黑褐色的钳形突。

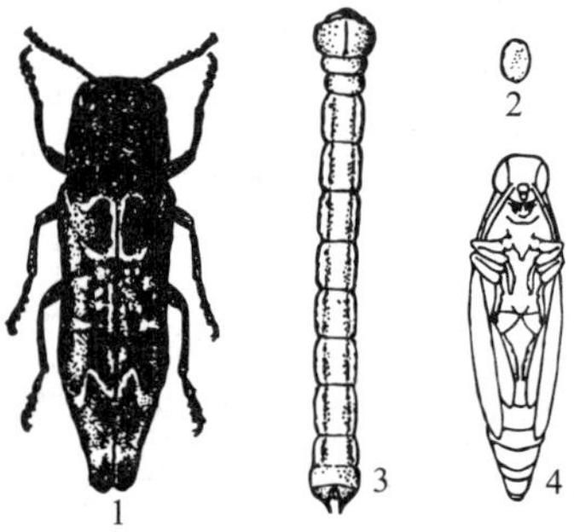

图 3-7-15　柑橘爆皮虫

1.成虫　2.卵　3.幼虫　4.蛹

（湖南省安江农业学校.1999.果树病虫害防治各论）

### （四）发生规律

生活习性　此虫在广西每年发生 1 代，以幼虫在寄主皮层或木质部隧道内越冬。翌年 3—4 月化蛹，4 月上旬为化蛹盛期，4 月后成虫羽化，4 月中下旬为羽化盛期。成虫活泼，有假死性，常栖息于枝条上，产卵于树枝或树干的缝隙处，5 月上中旬为产卵盛期。6 月中旬至 7 月初为幼虫孵化盛期。幼虫孵化后蛀食寄主，造成为害。失管果园受害尤重，橘类品种受害重，橙类次之，柚类较轻。

### （五）防控技术

(1)于成虫羽化盛期利用其假死习性捕捉；发现流胶处用刀刮杀幼虫，也可用钢锥刺死幼虫和蛹。

(2)结合冬季清园，去除受害严重的枯树、枯枝，加强果园管理，以利恢复树势，减轻为害。

(3)成虫盛发期选用 29%杀虫双水剂 300 倍稀释液，或幼虫大量孵化时，用 10%吡虫啉 10 倍稀释液涂抹流胶处。

## 九、柑橘实蝇类

### （一）发生概况

柑橘实蝇类害虫在国内主要有柑橘小实蝇[*Bactrocera dorsalis* (Hendel)]、柑橘大实蝇[*B. minax* (Enderlein)]、蜜柑大实蝇[*B. tsuneonis* (Miyake)]，均属双翅目实蝇科。3 种实蝇均为进境植物检疫对象，蜜柑大实蝇为国内检疫对象。

柑橘大实蝇、蜜柑大实蝇仅为害柑橘类植物，而柑橘小实蝇除为害柑橘类果树外，还可为害杧果、杨桃、枇杷和番木瓜等 250 多种植物。这 3 种柑橘实蝇在广西各地均有分布。

柑橘大实蝇，又称橘大实蝇、黄果蝇，其幼虫一般称柑蛆，国外有记录的分布区域主要包括印度、不丹、日本和越南等国家。国内主要分布于四川、贵州、云南、广西、湖南、湖北、陕西等省(区)，仅为害柑橘类，广西仅在宁明、河池、南丹、凭祥、融安等县(市)发生，主要为害甜橙、酸橙类品种。

柑橘小实蝇，又称橘小实蝇、黄苍蝇、果蛆。美国、澳大利亚(北部)、印度、巴基斯坦、东南亚、南亚、太平洋岛屿等 20 多个国家地区有分布。国内在广东、广西、福建、四川、湖南、台湾地区有分布，在广西各地为害严重，除为害柑橘外，还可为害番石榴、杧果、桃、李、枇杷、香蕉等多种果树。

蜜柑大实蝇，又称橘实蝇、蜜柑蝇、宁明蜜柑蝇，日本、越南等国有分布。国内四川、江苏、贵州、广西、云南、海南、湖南、台湾地区有分布，广西主要分布在凭祥、宁明、融安、阳朔、贺州等县（市）。

柑橘小实蝇
田间为害状

### （二）为害状识别

柑橘实蝇均以成虫产卵于柑橘幼果中，幼虫孵化后取食果肉和种子，在果实中发育成长，使被害果未熟先黄，内部腐烂，造成严重损失。

### （三）形态识别

表 3-7-3　三种实蝇形态特征表

| | 成虫 | 幼虫 | 蛹 | 卵 |
|---|---|---|---|---|
| 柑橘小实蝇 | 体长 6～8 mm，全体深黑色和黄色相间。头部复眼之间黄色，单眼 3 个，排列成三角形。翅透明，翅脉黄褐色，翅面有灰褐色的带状斑纹。腹部椭圆形，有“T”形黑斑 | 老熟幼虫体长约 10 mm，黄白色 | 椭圆形，淡黄色，蛹体两端具有前后气门的痕迹。 | 乳白色，一端细尖，一端钝圆，长约 1 mm |
| 柑橘大实蝇 | 体长 12～13 mm（产卵管长度未计算在内），全体呈淡黄褐色。复眼大，肾脏形，金绿色，单眼 3 个，成三角形排列。胸背面中央有深茶褐色“人”形斑纹，其两旁又各有宽直斑纹 1 条。翅透明，翅脉黄褐色，翅痣和翅端斑呈棕色。腹部长卵圆形，有“丰”字形黑斑 | 体长 15～18 mm，乳白色。 | 体长约 9 mm，宽约 4 mm，椭圆形，黄褐色，羽化前略带金绿色光泽 | 长 1.4～1.5 mm，长椭圆形，一端尖，一端圆钝，中部稍弯曲，中央乳白色，两端透明 |
| 蜜柑大实蝇 | 体长 11～12 mm，全体黄褐色。复眼紫色有光泽。胸部背面卵圆形，蛋黄色，前后有 2 个“八”字形褐色纹，背中线处有 1 个深茶褐色“八”字形斑纹。足黄色，翅透明，翅痣及翅端斑黑褐色。腹部卵圆形，有“十”字形黑斑 | 老熟幼虫体长 12～15 mm，乳黄色 | 圆筒形，金黄色，羽化前转变为黄褐色 | 瓠瓜形，长 0.9～1.5 mm，乳白色，略透明，中部微弯曲 |

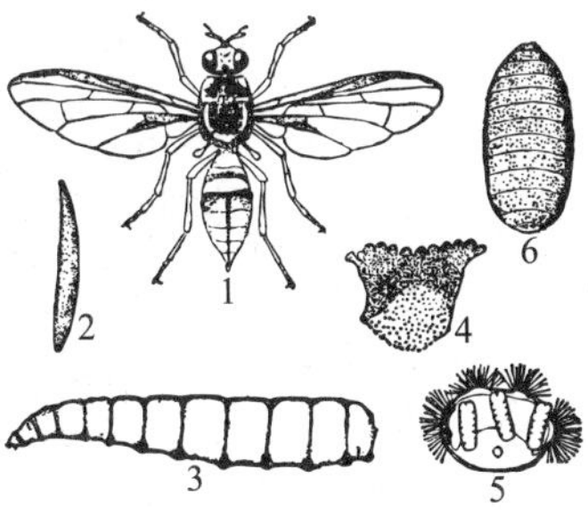

图 3-7-16　柑橘小实蝇
1.成虫　2.卵　3.幼虫
4.前气门　5.后气门　6.蛹
（华南农学院.1981.农业昆虫学）

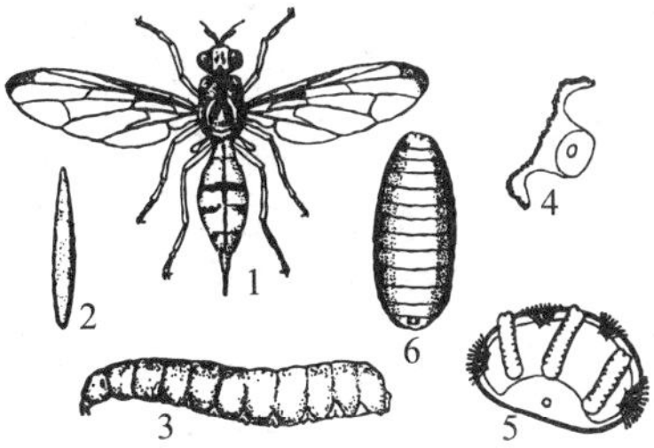

图 3-7-17　柑橘大实蝇
1.成虫　2.卵　3.幼虫
4.前气门　5.后气门　6.蛹
（华南农学院.1981.农业昆虫学）

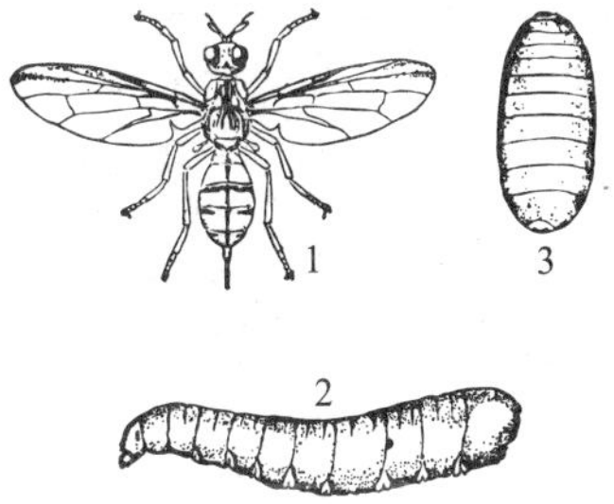

图 3-7-18　蜜柑大实蝇
1.成虫　2.幼虫　3.蛹
（华南农学院.1981.农业昆虫学）

## （四）发生规律

### 1.柑橘小实蝇

柑橘小实蝇（幼虫） 柑橘小实蝇（成虫）

一年发生3～5代，无严格的越冬过程，世代重叠。在有明显的冬季地区以蛹越冬。成虫多集中在午前羽化，以上午8时前羽化量最多。成虫历期40～60 d，少数最长可达100 d。成虫羽化后10～30 d交尾产卵，产卵前期的长短随季节不同而异，夏季为20 d，秋季为25～60 d，冬季为90～120 d。成虫产卵时，以产卵器刺破果皮，形成产卵孔，将卵产于孔中，每孔有卵2～15粒。每雌成虫可产卵200～400粒。由于产卵孔排出汁液，凝成胶状，形成乳状突起。卵期夏季1～2 d，春、秋季2～3 d，冬季3～6 d。卵孵化后幼虫蛀入果肉内取食，致使果实腐烂早落。幼虫历期夏季为8～13 d，春、秋季为12～18 d，冬季为13～20 d，少数的夏季达26 d，秋季达43 d。幼虫老熟后即脱果入土化蛹，入土深度多在3～4 cm之间，沙质土、松土中稍深，黏土较浅。蛹期在夏季为8～9 d，春秋季为10～14 d，冬季为15～20 d，有的地方蛹期长达60多天。以幼虫随被害果的远距离运输而传播。

该虫4月中旬为害酸梅果实，5月中下旬为害巴西红果、桃、枇杷，6—9月为害杧果、扁桃、沙梨、李、荔枝、龙眼、黄皮等。9月以后为害柚子、柑橙、橘类。

### 2.柑橘大实蝇

一年发生1代，以蛹在6～7 cm深土层中越冬，于次年4月中下旬气温达19～20 ℃时开始羽化。5月上中旬为成虫盛发期，6月中旬为成虫产卵盛期，8月中旬至9月中旬为孵化盛期。9月下旬被害果开始脱落，幼虫随果落地，入土化蛹。

成虫羽化的最适温度为22 ℃，最适相对湿度为70%～80%，故在雨后天晴的日子羽化最多。春旱年份该虫发生较少。

成虫羽化后，常在阴凉处活动，多栖息于叶背、树冠内部或地面杂草丛中，取食蚜虫等分泌的蜜露补充营养。成虫多在下午进行取食活动，傍晚最盛，晴天较阴天活动频繁，雨后则很少活动。它对糖、酒、醋混合物有趋向性，生产上可利用这一特性进行诱杀。

成虫产卵时间多在上午10时至下午4时，一般产在果实朝天的部位，产卵处均有未熟先黄、黄中带红的现象。因此，在柑橘果实上色前很易识别，是防治上摘除柑蛆的重要识别特征。卵多产于瓤瓣中心部位，一个产卵孔一般有卵10多粒。幼虫孵化后，一直在果内为害至老熟。

柑橘大实蝇的发生与环境有密切的关系。在日照短、周围有树木生长、荫蔽度大的山谷间及土壤疏松利于化蛹和羽化的柑橘园发生较重。它的传播途径主要是通过水流和虫果的运输或携带，其次是成虫的迁飞活动和少数虫蛹混在种子中或苗木间而传播。

### 3.蜜柑大实蝇

在广西一年发生1代，主要以蛹在土中越冬。次年4月中旬至6月中旬羽化。5月上中旬为羽化盛期，7月下旬至8月中旬为产卵盛期，8月下旬至9月下旬为孵化盛期。到10月上旬幼虫开始脱果入土化蛹。多数幼虫出果后一天即化蛹，少数要经过2～3 d才能化蛹，蛹期历时140～180 d。

蜜柑大实蝇的生物学特性与柑橘大实蝇极为相似，但喜欢将卵产于果腰处，产卵孔中有黄色胶液渗出，随后颜色渐深，并发生龟裂现象。受害果在后期也出现未熟先黄、黄中带红现象，但果实一般不致腐烂，通常引起果瓤变白、干缩。

### （五）柑橘实蝇类防治技术

**1.加强检疫措施，防止传播蔓延**

在有虫区要加强防治，逐步消灭为害，严禁虫果外运出产区；无虫区要加强调运的果实、种子、苗木的检疫。在了解产地虫情的基础上，对果品苗木的调运进行严格检疫。

**2.摘、捡虫果**

9—10月幼虫脱果之前，摘除被害果实和每天捡拾落果，被害果产卵孔周围未熟先黄，黄中带红，可根据这一特征摘除有虫果。摘、捡到的虫果可用水浸（8 d以上）、深埋（用土压紧60 cm以上）、水煮（煮沸2 min）或沤肥（倒入粪坑内加水和石灰沤烂）等办法处理，杀死幼虫，减少下一代发生量。

**3.诱捕成虫**

6—7月成虫产卵之前，用甜橙汁、黄酒、醋各1份，砂糖2份，水10份混合，盛于瓦罐中，离罐口上方3 cm处设防雨盖，挂于园中，高约65 cm，每隔10～20 m一个，每隔半月换一次溶液。此法可诱捕大实蝇。或用橘小实蝇性诱剂诱杀。

**4.诱杀成虫**

成虫开始产卵时，用90%敌百虫1 000倍稀释液，或80%敌敌畏乳油1 500倍稀释液，4.5%高效氯氰菊酯乳油1 500～2 000倍稀释液，再加总液量3%的红糖，喷在生长茂盛的树冠上，全园只喷1/3的果树，每棵树只喷1/3的树冠，5～10 d 1次，连续3～4次。在成虫羽化出土至产卵之前，选用0.5%印楝素乳油800～1 000倍稀释液喷施。

## 十、柑橘花蕾蛆

### （一）发生概况

柑橘花蕾蛆（*Contarinia citri* Barnes），又称橘蕾瘿蚊、花蛆等，属双翅目瘿蚊科。柑橘产区均有分布。只为害柑橘类植物，是柑橘花期的主要害虫。

### （二）为害状识别

成虫在花蕾上产卵，幼虫孵化后为害花器，使花蕾畸形，如灯笼状，不能开花结实，严重影响产量。

### （三）形态识别（图3-7-19）

（1）成虫　形似小蚊子，雌成虫体长为1.9～2.8 mm，呈黄褐色，被有细毛。触角14节，除柄部光滑外，其余密生刚毛，两端还有轮生刚毛。翅椭圆形，翅脉简单，翅上密生黑褐色细毛。足细长，跗节5节，第5节末端有2个钩状爪和一褥盘。雄成虫体长1.2～1.5 mm，灰黄色，触角环毛状。

（2）卵　无色透明，长椭圆形，长约0.16 mm，卵外有一层胶质，有端丝。

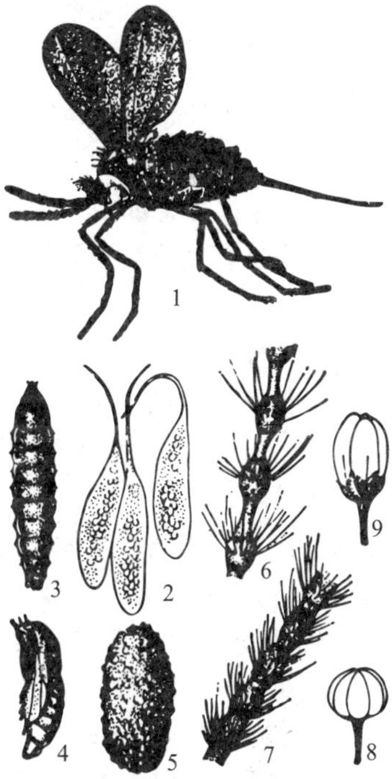


**图3-7-19　柑橘花蕾蛆**

1.雌成虫　2.卵　3.幼虫　4.蛹
5.茧　6.雄虫触角　7.雌虫触角
8.被害花蕾　9.正常花蕾
（湖南省安江农业学校.1999.
果树病虫害防治各论）

(3)幼虫　共有3龄：一龄幼虫长约0.25 mm，无色透明，腹末圆钝；2龄幼虫长约1.6 mm，黄白色，略透明，腹末端左右各有3根小刺，成三角形排列；3龄幼虫长约3 mm，黄白色，前胸腹面有一褐色"Y"状骨片，前端分叉，凹入很深，腹末端有2个角化的圆突，在它的外围有3根小刺。

(4)蛹　长约2 mm，初期乳白色，将羽化时复眼和翅芽呈黑褐色。

### （四）发生规律

花蕾蛆在广西每年发生1～2代，以老熟幼虫结茧在柑橘树冠下表土层中越冬。次年3月下旬化蛹，4月上旬成虫羽化产卵，4月中下旬为幼虫孵化和为害盛期。卵期3～4 d，幼虫期第1龄3～5 d，第2龄6～7 d，第3龄最长，直到次年春季；蛹期7～8 d。成虫寿命一般2 d，最长可达6～7 d。

成虫产卵于直径2～3 mm的花蕾内，幼虫蛀食花蕾，被害花蕾横径膨大形如灯笼，花瓣带绿色或有绿色小点，不能开放和授粉结果。

成虫羽化和幼虫入土期间阴雨天多，利于发生，成虫出土期间天气干旱使土壤特别干燥，则当年发生少。果园表土湿润、疏松亦有利于幼虫入土和成虫出土。平地、低洼或阴坡果园发生较重，枝叶繁茂和间种作物的果园为害亦重。

### （五）防控技术

把成虫消灭在产卵前是关键，在树盘周围地面施药是防治花蕾蛆的最有效措施。

**1.农业防治**

2月底3月初在花蕾蛆化蛹前，翻耕树冠周围的土壤，可杀死部分越冬幼虫，压低虫口基数。

**2.摘除被害花蕾**

可在被害花蕾尚未开裂，幼虫还未脱蕾入土之前，及时摘除，集中处理或深埋，可减少次年发生的虫源。

**3.药剂防治**

关键是要将成虫消灭在产卵前。

(1)地面撒药　在花蕾刚露白期，即成虫出土前7～10 d，在地面施药以杀死刚出土的成虫。施药时间宜早不宜迟。可用90%敌百虫800倍稀释液或4.5%高效氯氰菊酯乳油2 000倍稀释液等喷洒地面。隔1周再喷1次，可杀灭大量成虫。在幼虫入土初期，即谢花初期地面喷药，消灭入土幼虫，可以减少次年花蕾蛆的发生。

(2)树冠喷药　若错过地面施药，可在多数花蕾现白期且成虫未产卵前，进行树冠喷药杀死成虫，可选用4.5%高效氯氰菊酯乳油1 500～2 000倍稀释液，29%杀虫双水剂500～700倍稀释液喷雾，每667 $m^2$用药液量50～75 kg。注意杀虫双、菊酯类农药对蜜蜂、鱼、蚕、鸟均为高毒，使用时应注意避免污染水源地、避免在蜜源作物开花期使用。喷药时间最好在傍晚，5～7 d再喷1次，连喷2～3次，每667 $m^2$用药液50 kg。

## 十一、柑橘恶性叶甲

### （一）发生概况

柑橘恶性叶甲（*Clitea metallica* Chen），又称黑叶跳虫、黑蚤虫，其幼虫俗称黄滑牛等，属鞘翅目、叶甲科。主要为害柑橘类新梢，特别对春梢为害严重。

### （二）为害状识别

其成虫、幼虫均能为害。幼虫常群集于柑橘嫩梢上取食，分泌物及粪便会污染嫩叶，使嫩叶焦黄枯萎而脱落。成虫还为害花和幼果，对产量影响很大。

### （三）形态识别

(1)成虫　雌虫体长 3～3.8 mm，雄虫体长 2.6～3 mm，长椭圆形，蓝黑色，有金属光泽。触角 11 节，前胸背板密布小刻点，鞘翅上有纵列小刻点 10 行。胸部腹面黑色，足黄褐色，后足腿节膨大，腹部腹面黄褐色。

(2)卵　长椭圆形，长约 0.6 mm，初产时白色，近孵化时褐色，卵壳外被黄褐色网状黏膜，常两粒并列在一起。

(3)幼虫　成熟幼虫长约 6 mm，头部黑色，胸、腹部淡黄色。前胸背板半月形，中央有一纵线分隔，中、后胸两侧各有一个黑色突起，胸足黑色。体背常负有自身排泄出的呈灰绿色的黏液及粪便。

### （四）发生规律

柑橘恶性叶甲一年发生的代数各地不尽相同，广西为 4～5 代。以成虫在树干裂缝、枯枝、卷叶、地衣和松土中越冬。越冬成虫一般于 3 月中下旬开始活动，3 月下旬或 4 月上旬开始产卵，4 月上中旬孵化，4 月中下旬至 5 月初为幼虫为害盛期。

一年中，以第 1 代幼虫为害春梢最严重，秋梢次之，夏梢为害很轻。

成虫善跳跃，平时不大活动，受惊扰先跳跃，后假死。羽化后 2～3 d 开始取食，喜食叶背面表皮与叶肉，残留叶面蜡质层，也可为害幼果和嫩梢。雌成虫产卵前在产卵处以口器咬成小穴，卵产于穴中，并分泌胶质涂于卵面，一般每穴产 2 粒。每一雌虫可产卵上百粒。

幼虫孵化后 10 min 便可取食嫩叶，吃叶肉而留下表皮。孵化后约 20 h，身体分泌黏液，排粪时尾部向背面弯曲，将粪便黏于背上。幼虫共有 3 龄，幼虫老熟后沿树干下爬，在树皮、苔藓下或裂缝中化蛹，也可爬到树干周围 50 cm 内，1 cm 深的土层中化蛹。

### （五）防控技术

(1)冬季清园　冬季结合修剪，清除树上地衣、苔藓及霉桩，堵塞树皮裂缝和孔洞，破坏成虫、幼虫越冬场所。剪除霉桩留下的伤口，可涂上鲜牛粪与黏土 1∶1 比例的混合物保护。

(2)捕杀成虫　利用成虫的假死性，可震落捕杀。

(3)药剂防治　幼虫孵化期间要注意检查，当孵化率约有 40%时应喷药防治，虫害严重的果园应每隔一周就喷一次。可选用 4.5%高效氯氰菊酯乳油 1 500～2 000 倍稀释液，29%杀虫双水剂 500～700 倍稀释液，或 5%甲维盐微乳剂 2 000～3 000 倍稀释液喷施，每 667 $m^2$用药液量 50～75 kg。注意杀虫双、菊酯类农药对蜜蜂、鱼、蚕、鸟均为高毒，使用时应注意避免污染水源地、避免在蜜源作物开花期使用。

## 十二、吸果夜蛾

### （一）发生概况

吸果夜蛾属鳞翅目夜蛾科，是鳞翅目中唯一能以成虫造成为害的一大类害虫，亚洲、非洲、美洲、澳洲许多国家和地区都有分布，全世界约计 100 种以上，国内已知 60 余种，可为害多种果树。在广西发生重的有艳叶夜蛾、落叶夜蛾、枯叶夜蛾、青安纽夜蛾、同安纽夜蛾、枯安纽夜蛾、嘴壶夜蛾、鸟嘴壶夜蛾、石榴巾夜蛾、飞扬亚夜蛾等多种，可为害柑橘、荔枝、龙眼、杧果、香蕉、杨桃、百香果、梨、桃、李、梅、柿子、枇杷、黄皮、葡萄、木菠萝等数十种果树。

以成虫在各种果实成熟期刺吸果实汁液，造成果实大量腐烂和落果，或在采收期为害，由于刺孔微小不易察觉，造成贮运期果实腐烂。其幼虫可为害其他作物或取食野生植物。

### （二）防控技术

(1)消灭幼虫寄主，铲除果园周围 1 km 以内的木防己、汉防己、通草、十大功劳、飞扬草等主植物。

(2)驱避成虫：果实成熟初期，傍晚在每株果树挂滴有香茅油的纸片数张(5 cm×6 cm)，清晨收回用塑料袋密封保存，第二天傍晚滴加香茅油后继续悬挂，或 10×667 $m^2$ 果园悬挂 40 W 黄色荧光灯或其他黄色灯 5～6 支，有一定的驱避作用。

(3)对名特优品种进行套袋保护。

(4)诱杀成虫，在果实成熟期，用甜瓜切成小块，并用针刺破后浸于 90%敌百虫或 25%吡蚜酮可湿性粉剂 20 倍液中，10 min 后取出，傍晚挂于树冠上，或用糖醋液加敌百虫诱杀成虫。

(5)注意保护利用各种天敌。

## 【工作步骤】

观察柑橘潜叶蛾、天牛类、介壳虫、螨类及其他柑橘害虫的各虫态形态和为害状。

## 【巩固训练】

植保技能考核：识别并写出当地柑橘主要害虫(或为害状)名称。

### ◆作业

绘凤蝶、天牛、吉丁虫幼虫形态图。

### ◆思考题

1.简述柑橘害虫的发生概况及主要害虫综合防控技术。

2.列表表示柑橘主要害虫的分类地位、为害虫态、典型为害状、防治对口农药及施用方法。

# 任务 2　柑橘害虫综合防控技术

## 【材料、用具与场所】

记录本、铅笔、皮卷尺或米尺、农药及施药器械等，柑橘害虫发生严重的果园或苗圃，农药及施药器械。

## 【基础知识】

防治原则贯彻“预防为主、综合防治”的植保方针和安全、有效、经济、简便原则，依法实行检疫，以保持和优化农业生态系统为基础，优先采用农业措施，尽量利用物理和生物措施，必要时合理使用低风险农药等多种技术手段，把害虫控制在经济受害允许水平之下。

## 一、实行检疫

禁止柑橘小实蝇、柑橘大实蝇、蜜柑大实蝇等检疫性害虫从疫区传出，保护区不得从疫区调运苗木、接穗、果实和种子，一经发现立即销毁。

## 二、生态控制及农业防治

(1)种植防护林，改善果园生态环境。修筑必要的道路、排灌和蓄水、附属建筑等设施，营造防护林。防护林选择速生树种，并与柑橘没有共生性害虫。高温或干旱季节，树盘内可用秸秆等覆盖，厚度 10～15 cm，覆盖物应与根颈保持 10 cm 左右的距离。冬季中耕松土时可加入塘泥、河泥、沙土或柑橘园附近的肥沃土壤。夏、秋季和采果后无雨时可进行中耕，保持土壤疏松无杂草。

(2)柑橘园内间作和生草栽培。提倡柑橘园间种豆科植物、禾本科牧草或白花草等与柑橘无共生性害虫的浅根、矮秆的植物，适时收割翻埋于土壤中或覆盖于树盘或用作饲料。

(3)选用抗虫品种、砧木。选用抗虫、抗逆性较强的优良品种。选择适宜的砧木，如枳、枳橙、香橙、枸头橙、红橘、朱橘、酸柚、酸橘等。

(4)加强栽培管理，减少虫源。实施翻土、加强修剪和冬季清园、适时排灌、控抽冬梢，统一放夏、秋梢，减少虫源；增施有机肥，动物粪尿等需经 50 ℃以上高温，发酵 7 d 以上。合理施用无机肥。加强栽培管理，增强树势，提高树体自身抗虫能力。提高采果质量，减少果实伤口，降低果实腐烂率。

(5)适时采收，减少虫害。鲜销果在果实正常成熟，表现出本品种固有的品质特征(色泽、香味、风味和口感等)时采收。贮藏果比鲜销果宜早 7～10 d 采收，加工用果宜晚 7～10 d 采收。

## 三、物理防治

(1)应用灯光防治害虫　可用黑光灯引诱金龟子、卷叶蛾等害虫，用黄色荧光灯驱避吸果夜蛾。

(2)应用趋化性防治害虫　应用糖醋液加敌百虫、吡虫啉等农药诱杀大、小实蝇、吸果夜蛾、拟小黄卷叶蛾等害虫。

(3)应用色彩防治害虫　可用黄板诱集柑橘蚜虫。

(4)人工捕捉害虫、集中种植害虫中间寄主诱杀害虫　人工捕捉天牛、蚱蝉、金龟子等害虫，在嘴壶夜蛾发生严重的地区人工种植中间寄主木防己，引诱成虫产卵，再用药剂杀灭幼虫。

## 四、生物防治

(1)人工引移、繁殖释放天敌。用尼氏钝绥螨(捕食螨)防治螨类；用日本方头甲和湖北红点唇瓢虫等来防治矢尖蚧；用松毛虫赤眼蜂防治卷叶蛾等。

(2)提倡使用苏云金芽孢杆菌、多杀霉素、天然除虫菊素、苦参碱等生物农药和王铜、氢氧化铜、矿物油乳剂等矿物源农药防治害虫。

(3)利用性诱剂。在田间放置性引诱剂和少量农药,杀死柑橘小实蝇雄虫,减少与雌虫的交配机会。目前有些性引诱剂雌虫、雄虫均可诱杀。

## 五、化学防治

(1)农药种类选择及使用　所选用的农药应符合相关的法律法规,并获得国家在相应作物上的使用登记或省级农业主管部门的临时用药措施,但不属于农药使用登记范围的产品(如薄荷油、食醋、蜂蜡、香根草、乙醇、海盐等)除外。

(2)农药使用准则　不得使用国家已禁止使用的农药种类和未登记的农药。限制使用的农药,每年每种药剂最多使用1次。允许使用的农药,每年每种药剂最多使用2次。限制使用和允许使用的农药必须按要求控制施用量。注意不同作用机理的农药交替使用和合理混用,避免害虫产生抗药性。

(3)防治咀嚼式口器食叶害虫　如柑橘凤蝶、柑橘潜叶蛾、卷叶蛾、天牛(成虫)等,AA级水果生产中可选用苏云金杆菌、印楝素、苦参碱、除虫菊素等生物源农药进行防治。

A级水果生产中可选用5%除虫脲乳油1 000～1 500倍稀释液,4.5%高效氯氰菊酯乳油1 500～2 000倍稀释液,29%杀虫双水剂500～700倍稀释液,或5%甲维盐微乳剂2 000～3 000倍稀释液,或选用氟虫脲、甲氰菊酯、杀铃脲、辛硫磷等喷雾,每667 $m^2$用药液量50～75 kg。注意杀虫双、菊酯类农药对蜜蜂、鱼、蚕、鸟均为高毒,使用时应注意避免污染水源地、避免在蜜源作物开花期使用。

(4)防治天牛、吉丁虫、木蠹蛾等蛀干性或潜食皮层害虫　防治幼虫用29%杀虫双水剂10～20倍稀释液注洞或药棉塞天牛洞口,在木蠹蛾虫道旁边喷4.5%高效氯氰菊酯乳油1 500～2 000倍稀释液,使幼虫夜间外出取食时中毒死亡。上述药液喷树冠还可防治天牛、吉丁虫等成虫。

(5)防治吸收式口器害虫　如飞虱、叶蝉、蝽类、蚜虫、粉虱、木虱、蓟马、白蛾蜡蝉等,AA级水果生产中选用天然除虫菊素、苦参碱、印楝素、川楝素(疏果净)生物源农药进行防治。

A级水果生产中可选用50%氟啶虫胺腈(啶虫胺腈)水分散粒剂15 000～20 000倍稀释液,或噻嗪酮(扑虱灵)、噻虫嗪(阿克泰)、吡虫啉、吡蚜酮、抗蚜威等喷雾防治。

(6)防治螨类　AA级绿色水果生产中均可用浏阳霉素、华光霉素、石硫合剂、硫黄、矿物油进行防治。A级绿色水果生产选用43%联苯肼酯悬浮剂4 000～5 000倍稀释液或22.4%螺虫乙酯悬浮剂4 000～5 000倍稀释液,或用四螨嗪、乙螨唑、苯丁锡、螺螨脂、喹螨醚、虫螨腈、虱螨脲、氟虫脲(后3种同时具备杀虫、杀螨作用)等农药喷雾。

(7)防治蚧类　AA级绿色水果生产可用石硫合剂,A级可用吡丙醚、噻嗪酮、氟啶虫胺腈、联苯肼酯、螺虫乙酯、高效氯氰菊酯(后3种兼治害虫。)

柑橘苗圃地下害虫防治参照项目三子项目二地下害虫综合防治技术。

## 【工作步骤】

(1)以小组为单位,制订柑橘害虫调查方案并实施调查。

(2)以小组为单位,根据调查结果查对防治指标,进行防治决策,制订综合防治方案。

(3)采取相应措施实施柑橘害虫综合防治,调查防治效果,写出调查报告。

## 【巩固训练】

### ◆思考题

列表表示当地柑橘主要害虫的为害虫态、典型为害状、防治对口农药及施用方法。

## 课程思政

**1.广西水果生产概况及优势**

广西地处亚热带，光、热、水同季，自然条件优越，是水果种植优势区域，水果种类繁多，我国加入 WTO 后，广西的水果产业在国际市场上有优势，在农业行业调整中属面积扩大的扶持行业，广西的水果生产，特别是热带水果如柑橘类、香蕉、菠萝、荔枝、龙眼、杧果、火龙果、百香果得到了很大发展。其次是西瓜、砂梨、桃、李、梅、柿子、枣、核桃、板栗、橄榄、番石榴、番木瓜、木菠萝、杨桃、枇杷、黄皮、葡萄、猕猴桃、山楂、余甘果等产量也有增加。

据广西壮族自治区国民经济和社会发展统计公报显示，2020 年，广西全区园林水果产量达 2 461.11 万 t，比上年增长了 15%，广西已成为名副其实的水果大省。从 2016 年至 2018 年，广西水果产量从全国第五跃升居全国第一，其中柑橘、杧果、火龙果、百香果、柿子等产业排名全国第一。

**2.广西柑橘产业地位**

柑橘是世界第一大水果品种，也是中国第一大水果品种，中国的柑橘产量和消费量均居世界第一，而广西的柑橘类水果种植和产量，则位于全国第一位。广西柑橘主要品种如砂糖橘、夏橙、茂谷柑、蜜柚的上市时间和多数热带水果相互错开，使其在东南亚一带很有市场。

自 2015 年起，广西柑橘产量稳步攀升，到 2020 年产量达 1 382.09 万 t，比上年增速 22.9%。

## 学习评价

柑橘害虫综合防控考核评价表

| 序号 | 考核项目 | 考核内容 | 考核标准 | 考核方式 | 分值 |
|---|---|---|---|---|---|
| 1 | 柑橘害虫识别 | 柑橘害虫形态及为害状识别 | 能仔细观察、准确描述柑橘主要害虫的识别要点及为害状特点，并能指出其所属目和科的名称 | 现场或实验室识别考核 | 4 |
| 2 | 田间调查 | 柑橘害虫田间调查方法 | 能现场区分类型田，并选择其中之一进行调查，采取正确的调查方法实地调查，数据记录正确、完整 | 现场考核 | 6 |
| 3 | 制订综合防治方案 | 能针对柑橘害虫发生规律制订调查方案 | 能根据当地柑橘主要害虫发生规律制订综合防治方案，防治方案制订科学，应急措施可行性强 | 个人表述、小组讨论和教师对方案评分相结合 | 5 |
| 4 | 组织实施综合防治 | 能组织实施防治方案 | 能按照实训要求做好各项防治措施的组织和实施，操作规范、熟练，防治效果好 | 现场操作考核 | 10 |
| 5 | 知识点考核 | | 柑橘害虫发生种类、为害状、发生特点，综合防治方法 | 闭卷笔试 | 50 |

续表

| 序号 | 考核项目 | 考核内容 | 考核标准 | 考核方式 | 分值 |
|---|---|---|---|---|---|
| 6 | 作业、实验报告 | | 报告完成认真、规范，内容真实；绘制的害虫形态特征典型，标注正确 | 教师评分 | 10 |
| 7 | 学习纪律及态度 | | 对老师提前布置的任务准备充分，发言积极，观察认真；遵纪守时，爱护公物 | 课堂考勤 | 15 |

# 子项目八　荔枝、龙眼害虫识别与防控技术

## 学习目标

识别出荔枝、龙眼主要害虫，了解荔枝、龙眼害虫发生概况、掌握发生规律及防治技术。

## 任务1　荔枝、龙眼害虫识别及其防控技术

### 【材料、用具与场所】

当地常见荔枝、龙眼害虫标本。体视显微镜、放大镜、镊子、培养皿、挂图。

### 【基础知识】

荔枝和龙眼的害虫最主要的有荔枝蝽和果蛀虫类，其次是蠹蛾类、龙眼长跗萤叶甲、龙眼亥麦蛾、龙眼角颊木虱、白蛾蜡蝉、黑蚱蝉、龙眼鸡、龟背天牛、荔枝叶瘿蚊、荔枝瘿螨等。龙眼结果比荔枝结果迟，其害虫防治用药与荔枝害虫防治用药相同，时间可根据龙眼的生长、开花、结果等实际情况而调整。

#### 一、荔枝蝽

##### （一）发生概况

荔枝蝽（*Tessaratoma papillosa* Drury），俗称臭屁虫，属半翅目蝽科，分布于广东、广西、福建、江西、云南、贵州等省（区），我区各荔枝产区均有分布。主要为害荔枝、龙眼，也为害金橘、柚、柠檬、桃、桑、梨、梅、橄榄、木瓜、咖啡等果树。

##### （二）为害状识别

以成虫、若虫刺吸嫩梢、嫩芽、花穗及幼果的汁液，严重影响新梢正常生长，导致大量落花、落果；其射出的臭液使嫩叶、花及果壳焦枯；还能传播龙眼丛枝病。

### （三）形态识别（图 3-8-1）

(1)成虫　体似盾形，背面黄褐色。雌虫体长 24～29.7 mm，肩宽 13～15.3 mm；雄虫较小，胸和腹面被一层白色蜡粉。头部复眼内方有鲜红色单眼 1 对，触角线状 4 节。喙 4 节，臭腺开口于胸部腹面中、后胸交接处。胸背片后部小盾片呈明显的舌突状，后翅淡色。腹部背面紫红褐色。

(2)卵　近圆球形。长 3～3.1 mm，宽 2.3～2.8 mm。卵壳坚韧。初产时鲜黄色，半小时后变淡绿色，后变黄白、灰褐色，将孵化时呈深灰色。

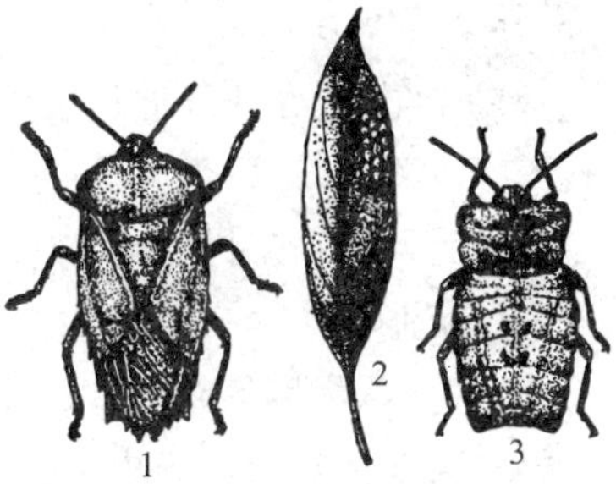


图 3-8-1　荔枝蝽

1.雌成虫　2.产在叶片上的卵块　3.若虫

（湖南省安江农业学校.1999. 果树病虫害防治各论）

荔枝椿

(3)若虫　共 5 龄。1～5 龄体长分别是 5 mm，8 mm，10～12 mm，14～16 mm，18～20 mm，体色随虫龄增加而变淡。1 龄体圆形，体色由鲜红变深蓝色，前胸背板鲜红色，2～4 龄期体略呈长方形，腹部中线两侧各有 1 列黄色、紫红、黑褐和深蓝色的纵纹；并在腹部背面第 4、5 节和第 5、6 节间有臭腺孔 1 对。第 3 龄有翅芽；4 龄翅芽稍长；5 龄体似盾形，翅芽伸至第 3 腹节中部，体色灰蓝，体表被灰白色蜡粉。

### （四）发生规律

一年发生 1 代，常以成虫在龙眼、荔枝树冠茂密的叶丛背面越冬。次年 2—3 月，气温回升到 16～18 ℃时，越冬成虫开始取食春梢、花穗汁液；日均气温达 20 ℃以上，成虫交尾产卵；遇上 12 ℃以下低温或 30 ℃以上的高温干旱天气数日，成虫即中断产卵。卵多产于叶背、花穗、树干或枝条上，常以 14 粒卵排成 2～4 列。成虫能多次交尾、产卵，每雌成虫一生产卵 5～10 块；3—8 月均可产卵，以 3—5 月为产卵盛期。卵历期：日平均气温在 18 ℃时为 20～25 d，27 ℃时 9 d 左右，30 ℃时为 7～8 d。若虫盛孵期在 4 月下旬至 5 月中旬，此时正值荔枝的嫩芽、嫩枝、嫩果最盛期，也是荔枝蝽为害严重期。初孵若虫先在原卵块上静栖 12～24 h，后三五成群到嫩芽、花穗及幼果上取食。若虫期平均 82 h。从 5 月下旬至 11 月上旬，老熟若虫先后羽化为成虫。原来的越冬成虫多在 7 月陆续死亡。成虫、若虫一旦受惊扰，即射出臭液自卫。每年 4—11 月，成虫和 3 龄以上的若虫均能传播丛枝病病原。每年 3 月至 4 月上旬，荔枝园中的大造品种和龙眼园中的高糖品种以及抽发新梢、花穗较早的果株上，越冬成虫的数量较多，在树冠中下部、树干和花穗上产卵量大。

越冬后的成虫，自然抗药性显著下降，3 龄前的若虫抗药性弱，3 龄后抗药性增强，5 龄若虫到成虫期，抗药性最强。故越冬后恢复活动但未产卵的成虫及 2～3 龄若虫高峰期是化学防治的重要时期。

荔枝蝽的天敌主要有荔枝蝽菌和平腹小蜂、卵跳小蜂等寄生蜂。

### （五）防控技术

**1.生物防治**

在人工繁殖平腹小蜂的地方，可掌握在荔枝蝽产卵初期时开始放蜂，每隔 10 d 放蜂 1 次，共放 3 次。每株荔枝树有虫 150 头左右，放蜂 600 头，当每株虫超过 400 头时，应选用敌百虫液喷杀，压低虫口密度后再放蜂。

**2.人工捕捉**

掌握在冬、春季气温低于 10 ℃，越冬成虫活动迟钝时用人工突然振动树枝，使越冬成虫惊跌落地即加以杀死；此外，采摘卵块或扫落和网捕若虫都是有效的防治技术。鉴于荔枝蝽寄主广泛，本措施只能作为减小为害的辅助措施应用。

**3.药剂防治**

在 2—3 月越冬成虫早春开始活动，又未进入大量产卵时及 4—5 月 2、3 龄若虫盛期各施药一次进行防治。选用 10%吡丙醚可湿性粉剂 1 000～1 500 倍稀释液，10%吡虫啉可湿性粉剂 3 000～4 000 倍稀释液、50%抗蚜威可湿性粉剂 1 000～1200 倍稀释液、25%扑虱灵可湿性粉剂 1 000 倍稀释液、4.5%高效氯氰菊酯乳油 1 500～2 000 倍稀释液任一种喷雾。每 667 $m^2$ 用药液量 50～75 kg。

注意事项：开花期一般不宜施药，确需施药时，只能用 90%晶体敌百虫 1 000 倍液。

## 二、荔枝、龙眼果蛀虫类

### （一）发生概况

蛀食荔枝、龙眼花果的害虫有多种，主要有爻纹细蛾（又名蒂蛀虫）(*Conopomorpha sinensis* Bradley)、荔枝小灰蝶(*Deudorix epijarbas* Moore)、三角新小卷蛾（又名黄三角黑卷叶蛾）(*Olethreutes leucaspis* Meyrick)、褐带长卷叶蛾（又名橘长卷蛾）(*Homona coffearia* Nietner)、拟小黄卷叶蛾（又名橘褐带卷蛾）(*Adoxophyes cyrtosema* Meyrick)、黑点褐卷叶蛾（又名荔枝异形小卷蛾）(*Cryptophlebia ombrodelta* Lower)。均属于鳞翅目，除爻纹细蛾、三角新小卷蛾、荔枝灰蝶分别属于细蛾科、小卷蛾科和灰蝶科外，其余均属于卷蛾科。在广东、广西、福建、台湾地区为害荔枝和龙眼，最主要的荔枝蛀果害虫，尤以果实将近成熟时受害最烈。荔枝小灰蝶分布于广东、广西、福建。

### （二）为害状识别

爻纹细蛾幼虫从果蒂处蛀入，食害果核，80%的成熟被害果实由此虫引起。非挂果期从叶尖蛀入叶片中脉，形成“V”枯斑。荔枝小灰蝶幼虫蛀害荔枝、龙眼前、中期果实，多从果实中部和肩部蛀入食害果核，是主要果蛀虫之一。其余各种卷叶蛾幼虫在荔枝、龙眼挂果期蛀果为害，非挂果期卷叶为害。

### （三）形态识别

**1.爻纹细蛾(图 3-8-2)**

(1)成虫　体长 4～5 mm，翅展 9～11 mm，前翅有 2 条曲折白带，两翅相接形成“爻”字状纹，后翅灰黑细长，缘毛长。

(2)卵　扁圆形，0.2～0.3 mm，半透明，黄白色，卵壳表面有不规则花纹。

(3)幼虫　末龄幼虫体长 9 mm 左右，淡黄白或淡绿色，臀板略呈倒三角形。

(4)蛹　长 5～7 mm，黄白色，羽化前呈灰黑色。

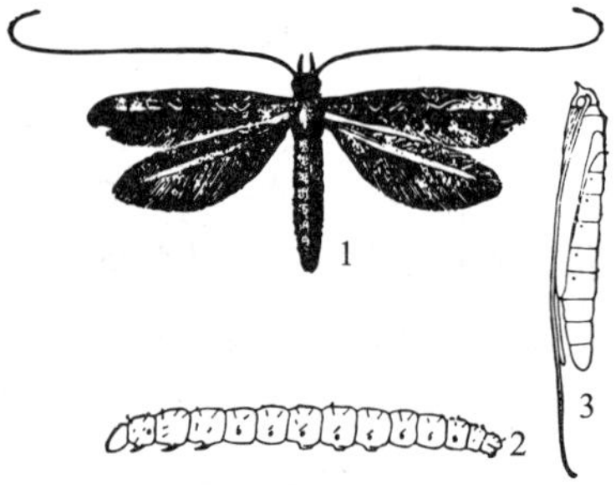


**图 3-8-2　爻纹细蛾**

1.成虫　2.幼虫　3.蛹

（湖南省安江农业学校.1999.果树病虫害防治各论）

**2.荔枝小灰蝶(图 3-8-3)**

(1)成虫　雄成虫体长约 12 mm,翅展约 26 mm,雌虫略大。雌成虫前后翅灰褐色,仅后翅后缘灰白色。雄前翅前缘及外缘约距翅基 3/4 处为黑褐色,其余为红色。后翅臀角处有 1 黑色带状突,末端白色,其内方有 1 圆形突,中央为 1 黑色点,周围黄色。黄色的外圈为黑褐色。

(2)卵　卵圆形,底面平,顶部中央微凹,表面有多角形纹。

(3)幼虫　成熟幼虫长 16 mm,扁圆筒形,全体淡黄色,背面色较浓,后胸及腹部第 1、2、6 各节背面灰黑色。

(4)蛹　短圆筒形,长约 13 mm,背面紫黑色,上有褐色斑,有棕黄色短毛。腹面淡黄色,头部与前胸交界处有 1 紫黑色纹,自背面两侧斜向前方。

图 3-8-3　荔枝小灰蝶成虫及幼虫
(湖南省安江农业学校.1999.果树病虫害防治各论)

**3.三角新小卷蛾**

(1)成虫　体长 7～7.5 mm,翅展长 17～18 mm。头部黑褐色,复眼黑色半球形。触角丝状黑褐色,基部较粗。前翅前缘约 2/3 处有一淡黄色三角形斑块。后翅前缘从基角至中部灰白色,余为灰黑褐色。

(2)卵　长椭圆形,长 0.52～0.55 mm,宽 0.25～0.3 mm,正面中央稍拱起,卵表有近正六边形的刻纹。初产乳白,将孵化时呈黄白色。

(3)幼虫　初孵幼虫体长约 1 mm,头黑色,胴部淡黄白色,2 龄起头呈黄绿或淡黄色,胸部淡黄绿色。老熟幼虫至预蛹期,头部黑褐色,两后颊下方各有一近长方形的黑色斑块。前胸中线淡白色,气门圆形,周缘黑褐色。

(4)蛹　体长 8～8.5 mm,宽 2.3～2.5 mm。初蛹淡黄绿色,复眼淡红,第 9、10 腹节橘红色。中期头橘红,复眼、中胸盾片漆黑色。羽化前翅芽呈黑色并可透视前翅的黄三角斑块。

### (四)发生规律

**1.爻纹细蛾**

在广西玉林、南宁每年发生 12 个重叠世代。多以幼虫于 12 月中下旬在荔枝、龙眼的冬梢及早熟荔枝花穗的顶端轴内越冬,次年 2 月中上旬羽化成虫。最短完成一个世代仅需 19 d,越冬代则需 55 d。

成虫昼伏夜出,喜选择在萌动顶芽、花穗轴先端、膨大期幼果表皮和发育后的果蒂上散产卵粒。每雌蛾平均产卵 133～157 粒,经 2～3 d 孵化。果上卵孵化后,幼虫从卵壳底直接蛀入果内,多在果蒂与核之间蛀食,虫粪暂时留在蛀道内,至幼虫老熟前在果蒂周围和果肩向外蛀食成出口孔道,向外排出粪粒,被害果称“粪果”,导致果实品质和产量下降。非挂果期幼虫蛀食龙眼、荔枝的新梢、嫩叶主脉、花穗,导致嫩梢、花穗先端枯萎;蛀食新叶中脉,使中脉变褐色、破裂。老熟后爬出至下部叶片、树干或杂草上吐丝结茧化蛹。

爻纹细蛾在桂南以 5—12 月种群数量较多。其为害较重的时期及对象为 5 月中下旬的夏梢和早熟荔枝果实、5 月底至 6 月初的中熟荔枝果实、6 月下旬的夏延秋梢和晚熟荔枝果实、7 月下旬至 8 月初的中晚熟龙眼果实、10—11 月的晚秋梢。常是先为害早熟种,后转害中、迟熟品种。

爻纹细蛾的天敌主要有赤眼蜂、小蜂、茧蜂、姬蜂等。

**2.荔枝小灰蝶**

此虫在广西年发生代数未明,福建年发生 4 代。常年 4—7 月先为害荔枝,后为害龙眼,从幼果至成熟采收,幼虫均可为害。

卵散产于果皮表面,孵化后幼虫由果的中部或肩部蛀入,取食种核并向外咬一洞孔排出粪便,大龄幼虫的粪便呈糊状黑褐色,有胶质丝状物黏结于洞口下方。转害时,幼虫先吐丝将害果牢固缠绕在果梗上,故被害果壳不易脱落。1头幼虫能蛀害3～6个果实,而果实长大至果肉掩满果核时,则不加害。老熟幼虫爬出转到树干缝隙间化蛹,也有在被害果壳内化蛹的。

卵期5～6 d,幼虫期14～16 d,预蛹期2～3 d,蛹期7～9 d,成虫寿命11～15 d。

**3.三角新小卷蛾**

在广西南宁年发生9代,世代重叠。一年四季可见到各虫态。4月下旬至11月中上旬,为多发为害期。此期卵期平均3～4 d;幼虫期(含预蛹)平均13.1 d;蛹期平均为8.78 d。从孵化幼虫至羽化成虫平均历期24.4 d。冬、春季世代历期较长,幼虫期平均31.9 d;蛹期平均26.4 d;成虫寿命6～15 d。

午后2—5时成虫羽化最盛。成虫昼伏夜出,晚间交尾产卵,卵散产于萌动芽梢的小复叶缝隙间、腋芽上或小叶的叶脉间。孵化的幼虫吐丝黏连小叶、复叶成简单的虫苞,居中取食。随着叶片的生长伸展和虫龄的增大,幼虫转移将新叶片斜卷或纵卷为多层圆柱形,或吐丝将小花穗黏连成苞取食,受到惊扰即剧烈跳动。幼虫老熟便下坠到地面落叶或杂草叶片上,结成严密的小苞后即吐丝结成薄茧化蛹其中。

其他各种卷叶蛾成虫形态特点均是前翅肩区发达,前翅近长方形,幼虫头褐色,体绿色或黄绿色,有稀疏细毛,虫体半透明,可隐约透见内脏。均以幼虫为害,可为害各种果树和林木,都是挂果期蛀食花穗和果实,造成落花、落果、果实腐烂,非挂果期以幼虫卷叶为害,被害严重时,幼叶残缺破碎。

### (五)荔枝、龙眼果蛀虫类防控技术

**1.农业防治**

冬季清园,修剪病虫害枝叶,扫除树盘的地上枯枝落叶,实行中耕除草,减少越冬虫口基数。在新梢期、花穗抽发期和幼果期,巡视果园或结合疏花疏果疏梢,发现有卷叶虫苞、花穗、弱密梢和幼果受害时,加以捕杀。加强栽培管理工作,在各次新梢期合理施肥,促新梢抽发整齐健壮,缩短适宜卷蛾成虫产卵、繁殖所需的梢龄期,以减轻为害。

**2.物理防治**

利用黑光灯诱杀成虫,和利用LED白光灯干扰害虫正常生活。据报道,晚上使用LED白光灯能干扰荔枝蒂蛀虫雌虫正常生活,可使雌虫不能正常产卵,灯的数量越多,光照越强效果越好。

**3.生物防治**

果蛀虫有多种天敌,如赤眼蜂、小蜂、茧蜂、姬蜂等,可加以保护利用。

**4.药剂防治**

除强调科学使用化学农药来保护天敌以发挥天敌的自然控制作用外,在害虫发生数量较多的发生初期,对虫口密度较大的果园,在新梢、花穗抽发期和在谢花至幼果期做好虫情调查,掌握幼虫初孵至盛孵时期,及时喷药1～2次。

(1)在花蕾期用药,一般选用较低毒的生物制剂,如Bt生物制剂的800倍液,或1.8%害极灭4 000～5 000倍液,或复方虫螨治可湿性粉剂600倍液。

(2)对虫口密度较大的果园,在新梢期、花穗抽发期和在谢花至幼果期做好虫情调查,掌

握幼虫初孵至盛孵时期，及时喷药1～2次。可选用29%杀虫双水剂300倍液+10%高效氯氰菊酯乳油2 500倍稀释液，或4.5%高效氯氰菊酯乳油1 500～2 000倍稀释液、20%氯虫苯甲酰胺悬浮剂1 000～1 500倍稀释液、20%除虫脲悬浮剂1 000～2 000倍稀释液、50%辛硫磷乳油1 000～1 500倍稀释液任一种药剂，或选用虱螨脲喷雾防治。

## 三、荔枝、龙眼蠹蛾类

### （一）发生概况

蛀害荔枝、龙眼枝干的蠹蛾主要有荔枝拟蠹蛾（*Arbela dea* Swinhoe），相思拟蠹蛾（*Arbela baibarana* Matsumura）和咖啡豹蠹蛾（Zeuzerac offeae Nietner）3种。前两种属于鳞翅目拟木蠹蛾科，后一种则属于鳞翅目木蠹蛾科。荔枝拟蠹蛾，又名荔枝拟木蠹蛾，分布于福建、台湾地区、广东、广西、云南、江西等省。可为害无患子科等24科40余种植物，其中以荔枝、龙眼、无患子、石榴、黄皮果、橄榄、杧果、木麻黄、梨、柳等受害较为常见。相思拟蠹蛾，又名相思拟木蠹蛾，分布于福建、台湾地区、广东等地。为害相思树、荔枝、龙眼及柑橘属等10科19种植物，以为害荔枝、相思树、木麻黄和合欢较为常见。常与荔枝拟蠹蛾混合发生，但一般发生量少，在福建则发生数量较多。咖啡豹蠹蛾，又名咖啡木蠹蛾。分布于广东、福建、台湾地区、江西、浙江、四川等省。为害龙眼、荔枝、柑橘、番石榴、咖啡、梨、苹果、枣、樱桃、茶、棉等。

### （二）为害状识别

3种害虫均以幼虫为害，荔枝拟蠹蛾幼虫多在树干分叉处钻蛀枝干成坑道，匿居其中，但主要是夜出食害枝干皮层，严重削弱树势，或导致树被风吹折，幼树受害更重，可致死亡。相思拟蠹蛾，常与荔枝拟蠹蛾混合发生。幼虫为害情况与荔枝拟蠹蛾相似。咖啡豹蠹蛾幼虫为害时，常先在皮层附近绕干蛀食本质部一圈，致树干易被大风吹折。

### （三）形态识别（表3-8-1和图3-8-4）

表3-8-1　3种蠹蛾的形态比较

| 虫态 | 荔枝拟蠹蛾 | 相思拟蠹蛾 | 咖啡豹蠹蛾 |
|---|---|---|---|
| 成虫 | 雌蛾体长10～14 mm，翅展20～37 mm，体、翅灰白色，雄蛾体长11～12.6 mm，翅展23～27 mm，体、翅黑褐色。雌蛾胸部及腹背基部和腹末密被黑褐色长鳞片。前翅有甚多灰褐色横纹，中部有1个大黑斑，其后方还有1个较小黑斑，前缘有8～9个灰棕色斑，外缘毛形成7～9个近方形灰棕色斑。后翅横纹色淡，外缘毛形成8～9个长方形灰色斑。雄蛾前翅中部色较淡，有许多黑褐色横纹，中部及其后方亦各有1个黑斑 | 雌蛾体长7～12 mm，翅展22～25 mm，雄蛾体长7～10.5 mm，翅展20～24 mm，体灰褐色。胸部及腹部背面被灰褐色鳞片，腹末鳞片黑褐色。前翅灰白色，中部有1个略呈长方形黑斑，其外方有6个近长方形褐斑，排列成弧形，翅周缘有20余个褐色或灰褐色斑，翅的其他部分有不规则灰斑。后翅灰色，外缘有5个灰褐色斑 | 雌蛾体长18～22 mm，翅展38～42 mm，雄蛾体长18～20 mm，翅展30～35 mm。雌蛾触角丝状，雄蛾触角基部羽毛状，端部丝状，黑色。体、翅白或灰白色。胸部背面均有6个黑蓝色斑，腹部背、侧面有横列的黑蓝色斑。前翅满布横向排列的黑蓝色斑，以沿翅缘的斑色较深，翅脉明显可见。后翅亦满布色较浅的黑蓝色斑 |

续表3-8-1

| 虫态 | 荔枝拟蠹蛾 | 相思拟蠹蛾 | 咖啡豹蠹蛾 |
| --- | --- | --- | --- |
| 卵 | 扁椭圆形,长 0.9～1.1 mm,乳白色,表面光滑。成鱼鳞状卵块,外被黑色胶质物 | 椭圆形,长 0.6～0.7 mm,乳白色近透明。呈鱼鳞状卵块,外被黑褐色胶质物 | 椭圆形,长约 0.9 mm,淡黄色,表面光滑。散产或疏散成堆 |
| 幼虫 | 成长幼虫体长 26～34 mm,头部及前胸背板漆黑色,各体节有多个漆黑色斑块,其余膜质部分灰白色 | 成长幼虫体长 18～27 mm,漆黑色,头部赤褐色 | 成长幼虫体长 30～40 mm,暗红色或红色,头部黄褐色或淡红黄色,前胸背板及腹末两节背板黑色 |
| 蛹 | 体长 14～17 mm,深褐色。头顶两侧各有 1 个略呈分叉的粗大突起 | 体长 12～16 mm,赭黄色。头顶两侧各有 1 个不分叉的粗大突起 | 体长 24 mm,黄褐色或红褐色。头部有 1 个突起 |

## (四)发生规律

荔枝拟蠹蛾每年均发生 1 代,以幼虫在蛀道内越冬。次年 3—4 月化蛹,4—5 月羽化。初羽化的成虫栖息于蛀道附近,当晚可交尾产卵,卵常产于树枝分叉或直径 12 cm 以上的枝干树皮破伤处。每雌成虫产卵 5～13 块,300 多粒,卵期 16 d 左右。5 月中上旬出现幼虫。初孵幼虫经扩散活动,便在枝干分叉、伤口、皮层断裂或树皮粗糙处蛀害,先咬食枝干外部,并吐丝缀连虫粪和树皮屑形成隧道掩盖其体,继而向枝干钻蛀成坑道;幼虫白天匿居坑道中,傍晚后沿隧道外出啃食树皮。老熟幼虫在坑道做薄丝,化蛹在其中。成虫有弱趋光性,能做短距离飞翔。

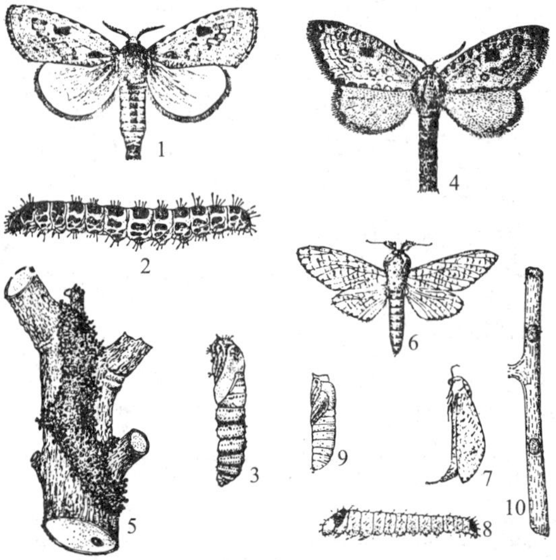


**图 3-8-4 龙眼、荔枝蠹蛾类**

荔枝拟蠹蛾:1.成虫 2.幼虫 3.蛹
相思拟蠹蛾:4.成虫 5.两种拟蠹蛾为害状
咖啡豹蠹蛾:6.雄成虫 7.雌成虫
8.幼虫 9.蛹 10.被害虫
(湖南省安江农业学校.1999.
果树病虫害防治各论)

咖啡豹蠹蛾每年发生 1～2 代,以幼虫在枝条坑道中越冬,3 月上中旬化蛹,4 月下旬至 5 月上旬羽化为成虫产卵,6 月中下旬新一代幼虫出现。

成虫羽化后,白天静伏枝干上,晚上活动交尾产卵,有很强的趋光性。卵产于枝条凹下部分或伤口裂缝中,大多散产,每 1 雌蛾产 400～700 粒。初龄幼虫为害直径 0.5 cm 以下的枝条,食害髓部,被害枝易折或枯死。幼虫随着虫体的长大逐渐更换较大枝条取食,最后两龄幼虫食害直径 2～5 cm 的枝条。幼虫在蛀入孔附近先横向食害,后向上食害木质部。被害坑道可长达 60 cm 以上,坑道上隔不远处向外咬 1 排粪孔排出虫粪,状如洞箫。被害枝条仅余表皮,外观仍很完整,但上部叶片全部枯死,摇动即折断。成熟幼虫在坑道中化蛹,化蛹前幼虫先在蛀入孔附近做羽化孔,并在近羽化孔处做长约 4 cm 的蛹室,在内化蛹,羽化后蛹壳前半部露出羽化孔外。

相思拟蠹蛾生活习性与荔枝拟蠹蛾相近。

### （五）防控技术

(1)人工防治　剪除被害枝条或挖掉被害荔枝、龙眼苗，杀死幼虫；拟蠹蛾类可在 3—4 月蛹期和 8—9 月以后用竹签或黏泥堵塞坑道，可使幼虫窒息而死，还可用铁丝刺杀幼虫和蛹。防治咖啡豹蠹蛾可在冬季巡视果园，发现枝梢枯死或有被害状的，用带钩的长竿钩下被害枝，集中烧毁，8—9 月以后用竹签或泥堵塞洞口或用铁丝刺杀幼虫。

(2)物理防治　灯光诱杀成虫。

(3)生物防治　每年 5 月初的低龄幼虫期，可在隧道处喷布白僵菌水剂，使幼虫感染病菌致死。

(4)药剂防治　①药物喷洒幼虫隧道。6—7 月间幼虫坑道尚短时，即低龄幼虫盛期，使用 4.5%高效氯氰菊酯乳油 1 500—2 000 倍稀释液，或 29%杀虫双水剂 300 倍稀释液在下午至傍晚喷湿隧道及隧道附近枝干的表皮，待幼虫夜出取食而致死。②药物堵住坑道孔口。在 8—9 月至次年 4 月间，幼虫蛀入木质部后，用竹刷刷净拟蠹蛾隧道后，再用棉花蘸 80%敌敌畏乳油 10～20 倍液或 29%杀虫双水剂 5～10 倍稀释液喷雾后堵塞坑道或用注射器将药注入坑道，并用泥封口。

## 四、龟背天牛

### （一）发生概况

龟背天牛[*Aristobia testudo* (Voet)]属鞘翅目天牛科，国内主要分布于广东、广西、海南、福建、云南。广西各地均有发生。主要为害荔枝、龙眼、番石榴等果树。

### （二）为害状识别

成虫、幼虫均可为害，以幼虫先钻食枝干皮层组织，再钻蛀木质部，影响营养和水分输导，致树势衰退。为害严重时，使枝干乃至全株枯死。成虫咬食当年枝梢皮层，也使枝梢干枯，削弱树势。

### （三）形态识别（图 3-8-5）

(1)成虫　体长 20～30 mm，宽 8～11 mm，黑色，背面被黑色及黄色的绒毛斑纹。触角自第 3 节起均为深黄色，第 3～5 节端部有黑色丛毛。胸背板赤黄色，中部有 2 条黑色纵纹，两侧各有 1 个粗壮的角突。鞘翅有赤黄色斑和黑色条纹，黑色条纹将黄色斑围成 13～18 个斑块状龟纹。

(2)卵　长椭圆形，长 4.5 mm，初产乳白色，近孵化时黄褐色。

(3)幼虫　扁圆筒形，老熟幼虫体长约 60 mm，乳白色；头部淡黄色，前胸背板黄褐色，背板前缘有 4 个黄褐色斑纹，后缘有黄褐色山字形纹。胸足退化。

(4)蛹　体长约 30 mm，初期乳白色，后渐变为黄褐色的裸蛹。腹部第 1 至第 6 节近后缘各有一列棕褐色毛组成的横条纹。

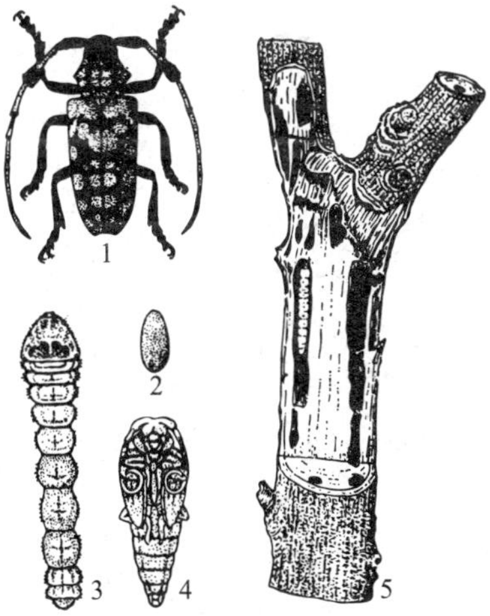


**图 3-8-5　龟背天牛**

1.成虫　2.卵　3.幼虫
4.蛹　5.被害虫
（湖南省安江农业学校.1999.果树病虫害防治各论）

### （四）发生规律

龟背天牛是跨年度完成1个世代，12月至次年2月，幼虫在成虫产卵位置的皮层下或蛀道内越冬。各虫态参差不齐，6—9月均有成虫。成虫白天8—11时活动，常咬食当年枝梢皮层和嫩叶，造成枯梢；午间栖息于树冠阴凉处，具假死性。且多于8月在果园取食、交尾、产卵；一般交尾后约10 d产卵，卵单粒散产于10 mm直径以上的枝干和树干分叉处的皮层组织下，并以黄色胶状物覆盖卵粒。雌成虫一生可产卵8～20粒，卵期10 d左右。8月下旬至9月为幼虫孵化盛期，初孵幼虫先在产卵处蛀食皮层，至翌年春先后蛀食木质部，形成扁圆形的坑道。

幼虫在坑道每隔一定距离咬一孔与外通气，孔口附近常有虫粪排出。坑道一般纵向下蛀。幼虫在蛀食皮层期间长速很慢，蛀食木质部期间长速很快。至6月幼虫相继老熟化蛹。化蛹前转身向下咬宽坑道，用虫粪和木屑堵塞两端形成蛹室，在其中化蛹。蛹期约20 d。

### （五）防控技术

参考柑橘天牛类防治方法。

## 五、龙眼角颊木虱

### （一）发生概况

龙眼角颊木虱（*Cornegenapsylla sinica* Yang et Li）又称龙眼木虱，属同翅目木虱科，是近年广西各龙眼产区发生普遍的主要害虫。

### （二）为害状识别

龙眼角颊木虱以成虫刺吸为害龙眼新梢顶芽、幼叶与花穗嫩茎；以若虫刺吸嫩芽、幼叶背面汁液，使受害叶部下陷呈钉状向叶面突起。大发生时叶面布满钉状突，叶片皱缩变小，呈淡黄色，影响新梢抽发和叶片生长，削弱树势和降低产量，同时还是龙眼丛枝病传毒介体。

### （三）形态识别（图3-8-6）

(1)成虫　雌成虫体长2.5～2.6 mm，雄成虫体长2.0～2.1 mm。体背黑色，腹部黄色。头黑色短宽，头顶中部膨凸，颊锥向前平伸。触角末端有褐色刚毛1对。翅透明，前翅有明显的略呈“K”形的黑色条纹，后翅稍短呈狭条形。

(2)卵　长椭圆形，前端尖细似一根长丝，呈弧状弯曲，盾端膨大圆钝，腹面扁平，有一短柄突起。初产乳白色，后变黄褐色，将孵化时黄黑色。

(3)若虫　有5龄，复眼红色，体周缘能分泌玻璃丝状物。4、5龄若虫体黄色，椭圆形，扁平，翅芽呈明显重叠，体背有褐色斑纹。

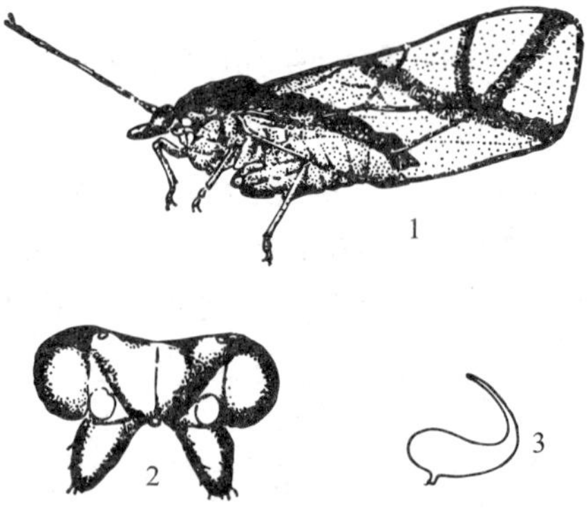


**图3-8-6　龙眼角颊木虱**

1.成虫　2.成虫头部背面观　3.卵

（湖南省安江农业学校.1999.果树病虫害防治各论）

### （四）发生规律

龙眼角颊木虱在广西桂西南年发生7代以上，以若虫在被害叶的钉状孔穴内越冬。次年2月下旬至3月上旬越冬代成虫羽化，2 d后即行交尾，3 d后将卵散产于嫩叶背、嫩叶柄、新梢、顶芽和花穗枝梗等处，并以产于嫩叶背和嫩枝梗最多，已转绿的幼叶极少。每雌产卵多达100多粒，最少也有20多粒。春季卵历期8～9 d，夏季5～6 d。初孵若虫选择叶背适宜部位吸取汁液，经2～3 d受害部叶背凹陷，叶面上凸，形成钉状孔穴，若虫一直在孔穴生活至蜕皮爬出羽化为成虫。成虫取食新梢的嫩芽、幼叶汁液，白天午间活跃，受惊即起跳作短距离飞翔；雌虫寿命4～8 d，雄虫寿命3～6 d。

此虫每年发生的5个明显高峰期都与龙眼抽发的各次新梢期吻合，其中以春梢虫口密度最高，夏梢、夏延秋梢和二次秋梢虫口较低；龙眼品种中以广眼、青壳石硖等品种受害较重，储良、大乌圆、黄壳石硖较轻。

### （五）防控技术

**1.加强管理**

做好肥水调控，力促新梢抽发整齐，嫩叶转绿快，缩短为害期，减轻为害；结合整枝修剪，除去虫害重的复叶和枝梢集中烧毁；适时控制冬梢，减少越冬虫源。

**2.药剂防治**

采用重治春梢，挑治夏、秋梢策略。掌握在越冬代若虫活动取食期、各代成虫产卵盛期和若虫孵化盛期用药防治。卵期用29%杀虫双水剂300倍稀释液喷雾，每667 $m^2$用药液量50～75 kg。

若虫期可选用10%吡丙醚可湿性粉剂1 000～1 500倍稀释液、10%吡虫啉可湿性粉剂3 000～4 000倍稀释液、50%抗蚜威可湿性粉剂1 000～1 200倍稀释液、25%扑虱灵可湿性粉剂1 000倍稀释液，任一种喷雾。

## 六、龙眼鸡

### （一）发生概况

龙眼鸡(*Fulgora candelaria* L.)属同翅目蛾蜡蝉科，分布我国华南各省(区)，寄主植物有龙眼、荔枝、杧果、橄榄等。

### （二）为害状识别

以成虫、若虫刺吸龙眼树干和枝梢的汁液，严重时致使枝条衰弱、枯干、甚至落果，其排泄物还可诱发煤烟病。

### （三）形态识别（图3-8-7）

图3-8-7　龙眼鸡(成虫)
(周至宏，王助引.1996.植物保护学总论)

(1)成虫　体长35～42 mm，橙黄色。头额延伸向上稍弯如长鼻；胸部红褐色，有零星白点；前胸背板有中脊和两个明显的刻点；中胸背板有3条纵脊。前翅绿色，外半部有14个圆形黄斑，翅基及翅中央有带状黄纹数条；后翅橙黄色，翅顶黑褐色。腹背黄色，腹面黑褐色。

龙眼鸡

(2)卵　倒桶形，近白色，前端有一锥状突起，卵盖椭圆形，卵块长方形，表面被有白色蜡粉。

(3)若虫　初孵若虫体长约4 mm，酒瓶状，黑色；足淡黄色，腹部两侧淡灰色。

### （四）发生规律

每年发生1代，以成虫静伏在果树枝杈下侧越冬。次年3月恢复活动，4月后飞翔活跃,5 月交尾,交尾后 7～14 d 开始产卵,喜选在高 2 m 的树干平坦处和径粗为 5～15 mm 的枝条上产卵;每雌成虫产 1 卵块,每块有卵 60～100 多粒;卵期 19～30 d,平均 25 d 左右。卵块于 6 月陆续孵化,初孵若虫静伏于卵块上,经 1 d 后才开始分散活动。9 月间出现新成虫。若虫善弹跳,成虫善跳能飞。

### (五)防控技术

**1.人工防治**

在越冬代产卵前,捕捉成虫,在成虫产卵期,结合修剪疏梢刮除卵块;若虫期,扫落若虫放鸡捕食。

**2.药剂防治**

在若虫低龄期,可选用 10%吡丙醚可湿性粉剂 1 000～1 500 倍稀释液、10%吡虫啉可湿性粉剂 3 000～4 000 倍稀释液、50%抗蚜威可湿性粉剂 1 000～1 200 倍稀释液、25%扑虱灵可湿性粉剂 1 000 倍稀释液、4.5%高效氯氰菊酯乳油 1 500～2 000 倍稀释液任一种喷雾,每 667 $m^2$ 用药液量 50～75 kg。

## 七、白蛾蜡蝉

### (一)发生概况

白蛾蜡蝉(*Lawana imitata* Melichar),又名白鸡,属同翅目蛾蜡蝉科,主要分布于我国的广东、广西、云南、四川、贵州、海南、福建、台湾。广西各地均有发生。具多食性,主要为害龙眼、杧果、黄皮、葡萄、荔枝、柑橘等果树和庭院花卉。

### (二)为害状识别

成虫、若虫群集在较荫蔽的枝干、嫩梢、花穗、果梗上刺吸汁液,其排出的蜜露则诱发煤烟病,轻者影响长势,重者造成落果和果质变劣。

### (三)形态识别(图 3-8-8)

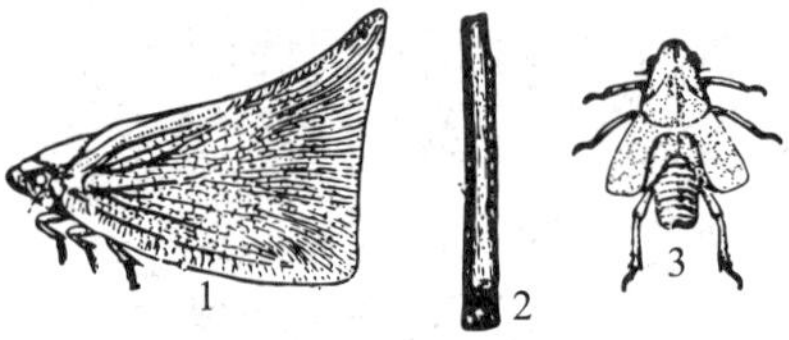

图 3-8-8 白蛾蜡蝉

1.成虫 2.卵块 3.若虫

(周至宏,王助引.1996.植物保护学总论)

(1)成虫 体长 14～20.4 mm,翅展长 42～45 mm,体被白色蜡粉。头部向前尖突,复眼灰褐色;触角短小,基部三节膨大。前翅厚,近三角形,粉绿或黄白色,有网状翅脉,顶角尖突;后翅白色、黄白色或粉绿色,膜质、柔软、半透明。

白蛾蜡蝉和三斑广翅蜡蝉(成虫)

(2)卵 长椭圆形,长 0.6 mm,宽 0.35 mm,淡黄白色,表面有细网纹;卵粒聚集排列成纵列长条块。

(3)若虫 体长椭圆形,略扁平,被白色棉絮状蜡质物;翅芽向体后侧平伸,末端平截;腹端有成束粗长蜡丝。

### (四)发生规律

广西南部年发生 2 代。以成虫在枝叶茂密的寄主树丛中越冬。次年 2—3 月气温回升后,恢复活动。第 1 代卵盛期于 3 月底至 4 月中旬;若虫盛发期于 4 月底至 5 月;成虫盛发期于 5—6 月。第 2 代卵盛期于 7—8 月;若虫盛发期于 7 月底至 8 月初;成虫盛发期于 9 月中下旬,至 11 月所有若虫几乎发育为成虫,成虫善跳能飞。卵粒纵列成长条块，产于枝条、叶柄皮层中，每块卵有几十至几百粒。初孵若虫常群集于附近的叶背和枝条吸食，随着虫龄增大，虫体上的白色蜡絮加厚，出现三五成群分散活动；若虫善跳，受惊动便迅速弹跳逃逸。

在生长茂密、通风透光差和间种黄豆的果园，或夏、秋两季，多阴雨期间，白蛾蜡蝉发生较多。在冬季至早春，连续出现数天 3 ℃以下低温，越冬成虫大量死亡，次年第 1 代白蛾蜡蝉发生相对较少。

### （五）防控技术

（1）结合整形修剪，剪除无效枝、过密枝及着卵枝叶，可减少此虫的产卵和为害。

（2）药剂防治：掌握在若虫盛期、成虫羽化盛期和对越冬成虫药剂挑治 1～2 次。药剂参照龙眼角颊木虱。

（3）在若虫期人工捕杀，可用竹扫帚把若虫扫落，进行捕杀或放鸡啄食。

## 八、黑蚱蝉

### （一）发生概况

黑蚱蝉（*Cryptorymp anaatrata* Fabrcius）又名蚱蝉、知了，属同翅目蝉科，广西各地均有分布。为害龙眼、荔枝、柑橘、杧果、枇杷和苦楝等多种果树和林木。

### （二）为害状识别

以若虫吸食根部，成虫刺吸枝干上的汁液，雌成虫产卵于枝条和果穗枝梗组织内造成机械损伤，阻碍水分与养分的输送，使受害枝条枯萎，被害果穗枯死而减产损失。

### （三）形态识别（图 3-8-9）

（1）成虫　体长 38～48 mm，翅展长 125 mm。体黑褐色至黑色，有光泽，被金色细毛。头部中央及颊的上方有红黄色斑纹。复眼淡黄突出，触角刚毛状。中胸背面宽大，中央高突，有“X”形突起。翅透明。前足腿节有齿刺。雄虫腹部第 1、2 节有鸣器，雌虫腹部有发达的产卵器。

（2）卵　长椭圆形，稍弯曲，长 2.4～2.5 mm，淡黄白色，有光泽。

（3）若虫　末龄若虫体长约 35 mm，黄褐色或棕褐色。前足发达，开掘式。

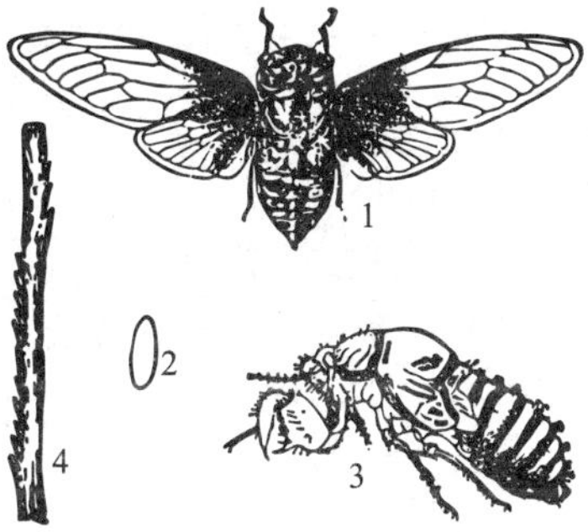

**图 3-8-9　黑蚱蝉**

1.成虫　2.卵　3.若虫
4.枝梢产卵被害状
（周至宏，王助引.1996.
植物保护学总论）

### （四）发生规律

黑蚱蝉数年完成一代，以产在寄主植物组织内的卵和在土壤中的若虫越冬。越冬卵于次年 5 月陆续孵化，1 龄若虫落地入土深 20 cm 内，沿树根营造土室，吸食树根的汁液。越冬后的末龄若虫，在次年初夏雨后的夜晚出土爬上果树，攀附于树干、枝叶上或其他适宜的部位，后蜕皮（蝉蜕）羽化出成虫，蝉蜕仍留于原若虫的攀附处。成虫于 4—9 月发生，尤以 5—7 月最盛。成虫喜欢群集在树干上鸣叫。产卵盛期于 6—7 月，雌虫喜选择在 4～5 mm 直径的末级枝梢和果穗梗上，将产卵器插入组织内产卵，其中每处产 5～9 粒。一个枝条上，常有卵窝 10 多处，且沿枝条纵列或不规则螺旋状向上排列。卵期约 300 多 d。雌成虫寿命 60～70 d。

一般荔枝、龙眼园附近有较多的柑橘和苦楝树，发生为害较严重，且易在 6 月出现果穗枯死。

### （五）防控技术

(1)秋、冬季结合清园翻土，杀死部分若虫；各季结合整枝修剪，剪除带卵、枯死的枝条和枯死的果穗；在若虫出土羽化前，用尼龙薄膜围包树干，减少若虫上树羽化；掌握在若虫出土羽化期，于早晚放鸡捕食或捕杀；成虫羽化盛期，夜间点火把并摇动树体诱杀成虫。

(2)药剂防治　对虫口密度较大的果园，在成虫羽化盛期的早上喷洒 1～2 次农药防治。药剂参照龙眼角颊木虱。

## 九、荔枝叶瘿蚊

### （一）发生概况

荔枝叶瘿蚊(*Dasineurra* sp.)属双翅目瘿蚊科瘿蚊属，广西荔枝产区均有发生，且以老产区发生较重。

### （二）为害状识别

以幼虫侵入荔枝幼叶组织，取食叶肉后，形成瘤状的小虫瘿，重时叶片虫瘿密布，影响光合作用和营养物质的积累，致使树势逐渐衰弱。

### （三）形态识别

(1)成虫　似蚊子，但体比蚊子小，纤弱，雌成虫体长 1.5～2.1 mm。头胸黑色，触角念珠状细长，各节环生刚毛。前翅灰黑色半透明，腹部暗红色，足细长。雄成虫体长 1.0～1.8 mm，触角哑铃形，球状部环生刚毛和环状丝。

(2)幼虫　体长 2.0～2.8 mm，前期五色透明，老熟时橙红色。头小腹末大，前胸腹面有一黄褐色的“丫”形骨片。

### （四）发生规律

在广西年发生代数未明，广东年发生 7～8 代。以幼虫在老叶的虫瘿中越冬，至次年 2 月下旬钻出瘿外入土化蛹。蛹期 11～22 d，3 月下旬至 4 月上旬在午后至傍晚羽化出土，当晚便可交尾产卵。卵散产在刚展开的嫩叶背面，一张小叶可产下数粒至百粒。卵期 1～2 d。初孵幼虫从叶背侵入取食叶肉并逐渐形成虫瘿，幼虫即在虫瘿中取食成长。幼虫历期：第一代 30～45 d，第二代 25～30 d。老熟幼虫钻出虫瘿入土，在 15 cm 左右深度处化蛹。蛹期 10～11 d，成虫寿命 1～3 d，以 10 月底至 11 月初的最后一代幼虫越冬。

荔枝叶瘿蚊的发生与果园的小气候关系密切，果园荫蔽、潮湿的则发生为害较重。一般在树冠的下层和内膛、苗木和幼树受害较重，春梢受害比秋梢重。

不同荔枝品种，受害程度也不同。淮枝品种受害较重，黑叶次之，糯米糍和桂味受害稍轻，三月红受害最轻。

### （五）防控技术

**1.加强苗木检验**

在疫区调出苗木前，要严格检查，彻底摘除、烧毁带虫叶片，杜绝害虫随苗木传入新区。

**2.人工除虫**

及时修剪各季新梢，同时把树冠内膛的荫、弱、病虫枝剪除，做到经常疏梢，合理留梢，可减少虫源。

**3.加强栽培管理**

通过肥水调控，力促各期抽梢整齐，缩短适宜瘿蚊产卵入侵的生育适期；同时通过合理整枝留梢，科学使用肥水和在蛹期松晒表土等措施，增强果园通风透光和降低空气湿度，不利瘿蚊幼虫入土化蛹和成虫羽化出土。

**4.药剂防治**

(1)在越冬代幼虫入土化蛹前的2月下旬至3月初和3月下旬至4月上旬成虫羽化出土时，在树冠下及周围表土上撒施药剂，并覆盖薄土层或浅翻园土以杀灭幼虫和成虫。每667 $m^2$用3%辛硫磷颗粒剂2 kg，加细泥20 kg拌匀撒施。

(2)新梢抽发期，特别是夏、秋梢期，在虫瘿出现前，每667 $m^2$用下列药剂之一加水50 kg，喷雾：50%辛硫磷乳油100 mL、4.5%高效氯氰菊酯乳油20～30 mL。

## 十、荔枝瘿螨

### (一)发生概况

荔枝瘿螨[*Aceria litchii* (Kiefer)]异名：*Eriophyes itchii* ( Kiefer)，也称荔枝瘤瘿螨，俗称"毛毡病""狗耳病"，属蜱螨目瘿螨科，广西荔枝、龙眼产区均有发生。

### (二)为害状识别

以成螨、若螨刺吸荔枝、龙眼新梢嫩叶和嫩芽、花穗及幼果汁液。幼叶被害部在叶背先出现黄绿色的斑块，害斑凹陷，凹处长出灰白色绒毛，后逐渐变成黄褐色，最后成深褐色，状似毛毡；被害叶也随之呈弯曲不平，状如狗耳，质地坚硬；发生严重时，被害叶干枯凋落，影响树势。花器受害后变得畸形膨大，不开花结果；幼果受害后也产生小绒毛，极易脱落，导致坐果率低，造成减产。

### (三)形态识别(图3-8-10)

(1)成螨　体淡黄至橙黄色，狭长蠕虫状，极微小，长约0.2 mm。头小向前方伸出，其端有螯肢及须肢各1对；头胸部有足2对；腹部渐细密，生环毛，腹端有长尾毛1对。

(2)卵　圆球形，光滑半透明，乳白色至淡黄色。

(3)若螨　体形似成螨而略小，初孵灰白色，半透明，随着发育成长渐变为淡黄色，腹部环纹不明显，尾端尖细。

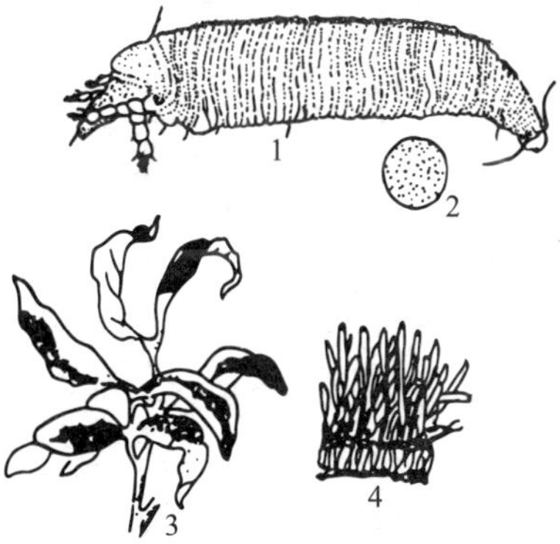


**图3-8-10　荔枝瘿螨**

1.成螨　2.卵　3.为害状
4.叶面毛毯横切面
(湖南省安江农业学校.1999.
果树病虫害防治各论)

### (四)发生规律

荔枝瘿螨在广西一年发生10代以上，世代重叠，无明显越冬现象。冬季当气温较低时，螨体常在树冠内膛的晚秋梢或冬梢害叶毛毡基部过冬，当气温稍暖时即活动。次年2月下旬至3月，过冬后的螨体陆续迁移到春梢嫩叶、花穗上为害繁殖，到5—6月螨体密度最大，为害最重。当果树新梢芽体萌动至复叶展开时，螨体便从老虫瘿绒毛间逐渐转移至新芽上为害繁殖，经5～7 d，嫩芽外周便长出白色绒毛；随着绒毛增长稠密，颜色也渐变为黄褐色，后再由黄褐色转变为鲜褐色、褐色,受害嫩叶呈现畸形弯曲。花穗受害时,花朵的萼片膨大呈倒钟形,花瓣和柱头似小绒球,不久脱落。幼果受害,果面及果柄同样长出白色绒毛,引起大量落果。成果前期受害,果面出现褐色毛毡状斑块,影响果实着色和品质。

瘿螨主要靠风吹、雨滴飞溅、苗木调运、农具器械及自身爬行等途径蔓延传播。其喜荫畏光,故树冠下层和内膛的树叶受害最多最重,大树受害较重,而苗木和幼树受害很轻。不同品种受害程度不同。一般树龄大、栽培管理粗放的果园,瘿螨为害较严重;抽发春梢期瘿螨常出现高峰期。

### (五)防控技术

(1)农业防治　加强果园管理,力促芽梢整齐抽发,生长健壮,减轻瘿螨为害;采果后结合修剪和冬季清园,剪除瘿螨为害枝叶及过密的荫枝、弱枝和其他病虫枝集中烧毁,减少虫源,通过使树冠通风透光,减少瘿螨发生;调运苗木时,注意剪去瘿螨为害的枝叶,防止瘿螨随苗木传播。

(2)药剂防治　①冬季清园后,用 0.3～0.5 波美度的石硫合剂、胶体硫 300 倍液喷洒 1 次。②虫口密度较大的果园,在果树放梢前、幼叶展开前、花穗抽出前,用药喷雾,药剂参考柑橘害螨。

## 十一、荔枝、龙眼其他害虫简介

龙眼亥麦蛾(*Hypitima longanae* Yangetchen),属鳞翅目麦蛾科,分布广西各龙眼产区。其以幼虫钻蛀龙眼的新梢嫩茎、花穗梗,为害茎、枝的髓部,形成暗褐至黑褐色的隧道,致树枝生长受阻,难形成结果母枝,且易造成落花落果。成虫体长 5.5～5.8 mm。头被黄褐色鳞毛,头顶鳞毛平贴往后伸至前胸领片上方,复眼黑色圆形,触角丝状,黄褐色。胸背为棕褐色,腹面灰白色。前后翅狭长,前翅基半部灰黑色,端半部灰棕褐色;前缘上有小毛丛数束。后翅端部有灰色的斜截波纹。卵长椭圆形,长约 0.3 mm。初产淡白色,后呈褐绿色,卵表有网状刻纹。末龄幼虫体长 7～9 mm。头部红褐色。前胸背片黑色有光泽,中线灰白色,气门圆形,较大。中胸以后各体节背面为淡紫红或淡红黄色。腹足第一对已退化。臀节上有刺 4 根。蛹体长 5.6～7.0 mm,淡黄褐色。中胸后端圆钝,末端伸达后胸 1/2 处。翅芽伸达第五腹节端部。腹末肛门两侧有细长臀刺 20 余条。

在南宁一年发生 5 代以上,世代重叠,以幼虫或蛹在受害的枝梢隧道内越冬。越冬幼虫于次年 1 月中旬至 2 月羽化出成虫。成虫昼伏夜出,晚间进行交尾产卵。雌蛾产卵前期 3～5 d,产卵历期 4～8 d,日平均产卵 5～6 粒,卵多散产于新梢顶芽夹缝和嫩叶背面叶脉间,或花穗梗表皮裂缝处。卵期 7～11 d,幼虫于上午孵化,初孵幼虫由卵底直接蛀入取食,后转移到顶芽幼嫩处蛀入,并向下蛀食形成隧道,同时在适当的部位咬一圆形排粪孔口。新梢老化,幼虫便转梢为害,一生可转梢为害 1～2 次。幼虫共 4 龄,历期 19～25 d。老熟幼虫在距洞口近处的隧道中化蛹,在 21.6～28.6 ℃的温度范围内,蛹期 7～11 d。

不同龙眼品种,受害程度不同。石硖品种受害较重,储良次之。不同生长期受害程度也不同,春梢、花穗梗被害普遍较严重,夏梢受害次之,秋梢受害较轻。

防控技术参考荔枝、龙眼果蛀虫类。

【工作步骤】

观察荔枝蝽、荔枝果蛀虫及其他荔枝、龙眼害虫的各虫态形态和为害状。

【巩固训练】

植保技能考核：识别并写出当地荔枝、龙眼主要害虫（或为害状）名称。

◆作业

绘制幼虫形态图。

◆思考题

1.简述荔枝、龙眼害虫的发生概况及主要害虫综合防控技术。

2.列表表示荔枝、龙眼主要害虫的分类地位、为害虫态、典型为害状、防治对口农药及施用方法。

## 任务 2　荔枝、龙眼害虫综合防控技术

【材料、用具与场所】

记录本、铅笔、皮卷尺或米尺、农药及施药器械等，荔枝、龙眼害虫发生严重的地块。

【基础知识】

### 一、荔枝、龙眼害虫综合防控技术

防治原则：贯彻“预防为主、综合防治”的植保方针，实行依法检疫，以保持和优化农业生态系统为基础，优先采用农业措施，尽量利用物理和生物措施，必要时合理使用低风险农药的安全、有效、经济、简便综合防控原则。

（一）农业防治

（1）因地制宜选用高抗多抗或耐虫害优良品种。

（2）做好品种区域化，同一小区避免种植成熟期差异大的品种。

（3）加强肥水管理，增施生态有机复合肥或施用充分腐熟的有机肥，少施化肥，创造良好土壤结构，增加树体营养，提高抗病虫害能力。

（4）建园和栽培管理过程中，综合运用防护林带、蜜源植物、行间间作短期绿肥、牧草、豆科作物或生草等技术（间种物距荔枝树基部 1 m 以上），创造有利于果树生长和天敌生存而不利于害虫生长的生态系统，保持生物多样化和生态平衡。

（5）加强树体管理，通过荔枝抽梢期、花果期和采果后的修剪，去除交叉枝、过密枝，适期放梢，使物候期整齐一致，提高植株抗病虫能力。

（6）冬季清园　控冬梢，疏除病虫枝、叶、花、果并集中进行无害化处理，加强冬季清

园，减少虫源。

### （二）物理防治

（1）用黑光灯诱杀卷叶蛾成虫，用黄色板、蓝色板和白色板等诱杀害虫，用黄色荧光灯驱避吸果夜蛾，用 LED 白光灯干扰蛀蒂虫雌蛾产卵。

（2）设置防虫网隔离和人工捕杀荔枝椿象成虫或卵块，人工摘除卷叶蛾类虫苞、卵块。人工捕杀吸果夜蛾、果蝠、金龟子等。

（3）采用果实套袋技术，防治害虫。

### （三）生物防治

（1）优先选用微生物源、植物源生物农药。

（2）选用对捕食螨、食蚜蝇和食螨瓢虫等天敌杀伤力小的杀虫剂。

（3）人工释放平腹小蜂防治荔枝蝽，释放捕食螨防治荔枝瘿螨，释放玉米螟赤眼蜂防治卷叶蛾。

### （四）药剂防治

荔枝田间主要害虫有荔枝椿象、蛀蒂虫、瘿螨、叶瘿蚊、卷叶蛾类、吸果夜蛾、蓟马、小灰蝶、龟背天牛等。

（1）农药种类选择及使用　所选用的农药应符合相关的法律法规，并获得国家在相应作物上的使用登记或省级农业主管部门的临时用药措施，但不属于农药使用登记范围的产品（如薄荷油、食醋、蜂蜡、香根草、乙醇、海盐等）除外。

（2）农药使用准则　不得使用国家已禁止使用的农药种类和未登记的农药。限制使用的农药，每年每种药剂最多使用 1 次。允许使用的农药，每年每种药剂最多使用 2 次。限制使用和允许使用的农药必须按要求控制施用量。注意不同作用机理的农药交替使用和合理混用，避免害虫产生抗药性。

（3）防治荔枝蝽　29%杀虫双水剂 500 倍稀释液，25%灭幼脲悬浮剂 1 000～2 000 倍稀释液，10%吡丙醚可湿性粉剂 1 000～1 500 倍稀释液，10%吡虫啉可湿性粉剂 3 000～4 000 倍稀释液、50%抗蚜威可湿性粉剂 1 000～1 200 倍稀释液、25%扑虱灵可湿性粉剂 1 000 倍稀释液、4.5%高效氯氰菊酯乳油 1 500～2 000 倍稀释液任一种喷雾。兼治蓟马。

（4）防治蛀蒂虫　29%杀虫双水 300 倍稀释液＋4.5%高效氯氰菊酯乳油 2 000 倍稀释液，或 4.5%高效氯氰菊酯乳油 1 500～2 000 倍稀释液、20%氯虫苯甲酰胺悬浮剂 1 000～1 500倍稀释液、20%除虫脲悬浮剂 1 000～2 000 倍稀释液、50%辛硫磷乳油 1 000～1 500 倍稀释液、5%甲维盐微乳剂 2 000～3 000 倍稀释液或选用虱螨脲等任一种药剂喷雾，每 667 $m^2$用药液量 50～75 kg。可兼治卷叶蛾类和小灰蝶。

（5）防治荔枝瘿螨（荔枝毛毡病）　选用 2.5%华光霉素可湿性粉剂 400～600 倍稀释液、10%乳油浏阳霉素 1 000～2 000 倍稀释液、石硫合剂、硫黄，43%联苯肼酯悬浮剂 4 000～5 000倍稀释液或 22.4%螺虫乙酯悬浮剂 4 000～5 000 倍稀释液喷雾。

（6）防治天牛和木蠹蛾　选用 29%杀虫双水剂 20～50 倍药液灌注天牛和木蠹蛾虫道，或在木蠹蛾虫道旁边喷 4.5%高效氯氰菊酯乳油 1 500～2 000 倍稀释液，使幼虫夜间外出取食时中毒死亡。

## 二、荔枝、龙眼害虫综合防治历

(1)采果后防治(7—10 月)　应以保梢为主。修剪虫枝,清除园内杂草、落叶、烂果等,翻耕土壤,重施基肥及促梢肥,在秋梢的第 1～2 张复叶展开时,喷第一次药,相隔 10 d 左右喷第 2 次药,可选用 20%吡虫啉(或吡蚜酮)+敌百虫+菊酯类农药喷雾。

(2)冬期防治(11 月至次年 1 月)　此时应剪除病虫弱枝、翻耕土壤、控制冬梢,施用磷钾肥,喷施 0.5～0.8 的石硫合剂,用白涂剂涂刷树干,可有效地减少越冬虫源。

(3)春季防治(2—4 月)　此期应在施用促花壮蕾和保果肥的同时,挑治害虫。人工刷除树干上的虫卵,剪除虫枝,在果园间种黄豆、绿豆等,以利于天敌的存活。一般开花授粉期不要用药,以保护授粉昆虫。可在 4 月中上旬荔枝蝽低龄若虫期和螨类转移期用抗蚜威、扑虱灵、高效氯氰菊酯、虱螨脲等喷雾防治。

(4)果实膨大、成熟和夏梢抽发期(5—8 月)　此时应中耕除草,剪除虫枝,保护天敌,人工刷除、击杀虫卵。

(5)5—6 月新叶展开时　用高效氯氰菊酯喷雾。用 29%杀虫双水剂 300 倍稀释液喷洒天牛和木蠹蛾虫道,或在木蠹蛾虫道旁边喷 4.5%高效氯氰菊酯乳油 2 000 倍稀释液,使幼虫夜间外出取食时中毒死亡。吸果夜蛾为害时可用香瓜切小块泡农药诱杀和用黄色荧光灯驱避。蒂蛀虫成虫发生期可挂 LED 灯驱避。

### 【巩固训练】

#### ◆思考题

列表表示当地荔枝、龙眼主要害虫的为害虫态、典型为害状、防治对口农药及施用方法。

### 课程思政

**1.广西荔枝、龙眼产业地位**

广西是荔枝的主要产地,生产规模仅次于广东居全国第二位,2017 年广西荔枝种植面积 20.27 万 $hm^2$,产量 68 万 t,面积、产量均居全国第二位。2020 年产量达到 64.1 万 t,居全国第二位。龙眼是典型的岭南水果,我国是栽培和产量最多的国家。我国龙眼种植主要在广东、广西、福建、海南等地。据广西统计局数据显示。自 2017—2019 年,广西龙眼的产量逐年下降,到 2020 年下降至 50.28 万 t,但仍处于前列。

**2.荔枝、龙眼的保健功能**

荔枝、龙眼是药食两用的水果,也是典型的南方水果,可鲜食,也可制成干品食用。荔枝有健脾、养肝、补血、补气养血、补脑、健脑、延缓衰老的作用,能够消肿解毒、止血、止痛,其美容主要在于改善血管的微循环,防止雀斑的发生,令肌肤更加光滑。龙眼含有丰富的核黄素以及尼克酸、抗坏血酸的成分,具有补益心脾、养血宁神、健脾止泻、利尿消肿、降脂、保护心脏、增强记忆、消除疲劳、延缓衰老、降血脂、增加冠状动脉流量等功效,用于治疗久病体虚以及血虚萎黄、气血不足、神经衰弱、心悸怔忡、健忘失眠等症状。也可利用荔枝、龙眼入药用保健功能,将其做成药膳,对于身体养血、安胎、脾虚泄泻、精神不振、自汗、盗汗,都有良好的调理和治疗作用。

**3."光驱避"法可有效防控荔枝蛀蒂虫**

据广西水果生产技术指导总站2019年报道，由国家现代农业产业技术体系广西荔枝龙眼创新团队和广西农业科学院植物保护研究所共同研究的"光驱避"法绿色防控技术，可以有效地防治蛀蒂虫为害。荔枝蛀蒂虫是严重影响荔枝果实品质和产量的主要祸首之一，其成虫昼伏夜出，仅在夜间发生交配活动，通过科研团队多年研究发现，蛀蒂虫具有畏光的特性。利用该特性，经过反复试验证明，在荔枝果实膨大期至采收期夜间通过挂灯照亮果园，模拟白天的光照环境，通过高亮度"欺骗"蛀蒂虫停止活动，抑制荔枝蛀蒂虫成虫的活动和繁殖，能显著降低该虫田间种群数量，并抑制成虫在果实上产卵，而且光照度越强效果越明显，可以达到干扰或驱避蛀蒂虫为害之目的，实现不用化学农药的绿色防控荔枝蛀蒂虫的奇招。"光驱避"法防控荔枝蛀蒂虫技术于2019年6月18日由广西农业农村厅在钦州市灵山县召开的广西荔枝绿色防控培训会上正式推广，来自荔枝主产市、县(区)技术骨干、100亩以上的果园种植大户等100多人参加了此次培训会。

## 学习评价

荔枝、龙眼害虫综合防控考核评价表

| 序号 | 考核项目 | 考核内容 | 考核标准 | 考核方式 | 分值 |
|---|---|---|---|---|---|
| 1 | 荔枝、龙眼害虫识别 | 荔枝、龙眼害虫形态及为害状识别 | 能仔细观察、准确描述荔枝、龙眼主要害虫的识别要点及为害状特点，并能指出其所属目和科的名称 | 现场或实验室识别考核 | 4 |
| 2 | 田间调查 | 荔枝、龙眼害虫田间调查方法 | 能现场区分类型田，并选择其中之一进行调查，采取正确的调查方法实地调查，数据记录正确、完整 | 现场考核 | 6 |
| 3 | 制订综合防治方案 | 能针对荔枝、龙眼害虫发生规律制订调查方案 | 能根据当地荔枝、龙眼主要害虫发生规律制订综合防治方案，防治方案制订科学，应急措施可行性强 | 个人表述、小组讨论和教师对方案评分相结合 | 5 |
| 4 | 组织实施综合防治 | 能组织实施防治方案 | 能按照实训要求做好各项防治措施的组织和实施，操作规范、熟练，防治效果好 | 现场操作考核 | 10 |
| 5 | 知识点考核 | | 荔枝、龙眼害虫发生种类、为害状、发生特点，综合防治方法 | 闭卷笔试 | 50 |
| 6 | 作业、实验报告 | | 报告完成认真、规范，内容真实；绘制的害虫形态特征典型，标注正确 | 教师评分 | 10 |
| 7 | 学习纪律及态度 | | 对老师提前布置的任务准备充分，发言积极，观察认真；遵纪守时，爱护公物 | 课堂考勤 | 15 |

# 子项目九　杧果害虫识别与防控技术

## 学习目标

识别出杧果主要害虫，了解杧果害虫发生概况、掌握发生规律及防治技术。

## 任务1　杧果害虫识别及其防控技术

### 【材料、用具与场所】

当地常见杧果害虫标本。体视显微镜、放大镜、镊子、培养皿、挂图。

### 【基础知识】

在广西为害杧果的主要害虫有杧果(横线)尾夜蛾、杧果扁喙叶蝉、吸果夜蛾、杧果蛱蝶、白蛾蜡蝉、橘小实蝇、脊胸天牛、杧果剪叶象甲、三斑广翅蜡蝉、杧果叶瘿蚊等。

#### 一、杧果扁喙叶蝉

##### (一)发生概况

杧果扁喙叶蝉(*Idiocerus niveosparsus* Lethierry)又称杧果片角叶蝉、杧果短头叶蝉，属同翅目叶蝉科，是杧果的主要害虫。分布于广东、广西、云南和台湾。

##### (二)为害状识别

成虫和若虫吸食嫩组织汁液，造成嫩梢、花穗枯萎、嫩叶扭曲萎缩，严重影响开花结果或大量落花落果，成虫的分泌物能造成煤烟病的发生，损失严重。在广西杧果产区均有发生。

##### (三)形态识别(图3-9-1)

(1)成虫　体长4～5 mm，身体宽短长盾形。头短而宽，头项中间有一个暗褐色斑点。前胸背板淡灰绿色，布满不规则的深色斑点，近两侧角色渐淡。小盾片基部有3个黑斑，中间黑斑较大，两旁的尖突成角，中间黑斑和两侧缘稍后处，还各有2个小黑点。前翅青铜色，半透明，前缘中区土黄色，其后方和翅端各有1个长形黑斑，翅基还有1条由斑点连成的淡灰色的横带。

(2)卵　香蕉形，前端膨大，长约1 mm，初产无色半透明，后变成淡土黄色。

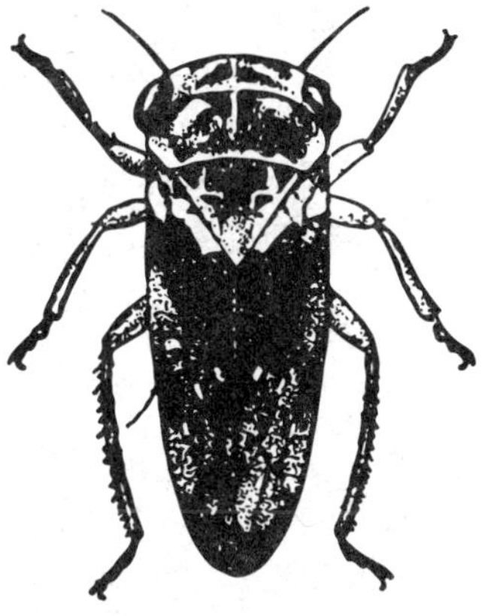

图3-9-1　杧果扁喙叶蝉(成虫)
(湖南省安江农业学校.1999.果树病虫害防治各论)

(3)若虫　初孵若虫体黄色，复眼红色，腹背橘黄色，老熟幼虫体长4 mm，头胸土黄色，有暗色斑，腹部黑色，背部前方有1个大黄斑。

### （四）发生规律

在广西右江河谷地区一年发生13代，在南宁一年发生7代，世代重叠。完成一代需58～82 d。以成虫越冬，右江河谷地区2月下旬出现第1代若虫，3月下旬至4月上旬为第2代若虫盛发期，此时正是早、中熟品种末花期、坐果期和迟熟种盛花期，是为害最严重的时期。在南宁3—4月为害花穗、小果最烈；8—10月为害秋梢最烈。卵主要产于嫩芽嫩叶的中脉表皮下，也有产于嫩梢茎秆和叶柄表皮下。卵粒排列成行，一雌成虫最多可产卵800多粒，卵期3～5 d。若虫有5龄，历期为10～15 d。温度高，若虫历期短，温度低则历期长。成虫寿命不一，一般2～75 d，最长可达330 d。成虫有趋光性；该虫喜干燥天气，而背风荫蔽的果园发生重，大风雨造成成虫和若虫大量死亡，低温阴雨天气对其发育不利。大发生时期与抽梢期、花期同步。种植多个品种的果园利于害虫的发生。

### （五）防控技术

（1）品种布局　在同一果园内避免种植抽梢、开花期不一的多个品种。

（2）药剂防治　于3—4月花期、幼果期和8—10月秋梢期的若虫盛发期喷药，每隔7～10 d喷1次。选用25%噻嗪酮可湿性粉剂1 500～2 000倍稀释液喷雾，或10%吡虫啉可湿性粉剂2 000～3 000倍稀释液喷雾。每667 $m^2$药液量50 kg。

## 二、杧果横线尾夜蛾

### （一）发生概况

杧果横线尾夜蛾（*Chlumetia transversa* Walker）又称杧果钻心虫、蛀梢蛾，属鳞翅目夜蛾科，国内分布于广东、广西、云南、福建、海南和台湾。在广西杧果产区均有分布。

### （二）为害状识别

其以幼虫蛀食杧果嫩梢和花穗，造成枯梢枯花穗，严重影响植株的生长和产量。

### （三）形态识别（图3-9-2）

（1）成虫　体长11 mm，翅展长23 mm。体背面黑褐色，腹面灰褐色。胸腹交界处有白色“八”形纹。腹部2～4节背面中央有耸起的黑色毛簇，毛簇端部灰白色，前翅茶褐色，外横线呈宽带状，略弯曲，内层黑褐色，中层浅褐色，外层白色。亚外缘线宽阔，黑褐色。后翅灰褐色，臀区有1条白色短横纹。

（2）卵　扁圆形，横径约0.5 mm，初产时为青色，后变红褐色，卵壳表面有纵沟54～55条，并有7～8条横向环圈。卵顶中央呈花瓣状，有8～9瓣。

（3）幼虫　老熟幼虫长13～16 mm，头部及前胸盾片棕褐色；胸、腹青色带紫红色。幼虫体色变化较大，1龄时胴部黄白色；2～3龄为淡红色；4龄为黄色略现红

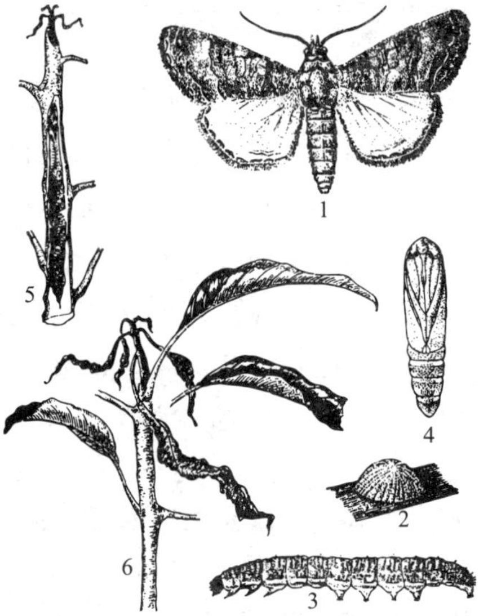


**图3-9-2　杧果横线尾夜蛾**

1.成虫　2.卵　3.幼虫　4.蛹
5～6.被害嫩梢
（华南农学院.1981.农业昆虫学）

棕色。

(4)蛹　长 11 mm,黄褐色。复眼黑褐色,腹端钝圆光滑,无臀刺。

### (四)发生规律

杧果横线尾夜蛾在南宁一年发生 8 代,世代重叠。完成一个世代,春、秋季约需 58 d,夏季需 38～43 d。于 11 月下旬至 12 月以预蛹和蛹越冬,次年 1—3 月开始陆续羽化,一般于 2 月下旬就发现卵和幼虫。成虫白天多栖息在树干、叶片等处,晚上活动,羽化后 3～5 d 开始产卵,卵散产于叶片、嫩梢上。每雌产卵 54～435 粒。卵期冬、春季约为 4 d,夏、秋季约 2 d。

初孵幼虫先为害嫩梢的叶脉、叶柄,3 龄后为害嫩梢和花穗。该虫产卵期正值杧果抽梢、现蕾期。其为害程度与温度和植株抽梢萌发迟早有关。日平均气温在 20 ℃以上的为害率高,为害重,低于 20 ℃的为害轻。一般 5—6 月、8—10 月为害嫩梢,10—12 月、2—3 月为害花蕾和嫩梢。幼虫共 5 龄。幼虫历期,春季约 21 d,夏季 12～13 d,秋季 12～14 d,冬季约 54 d。老熟幼虫在枯烂木、枯枝树皮、天牛粪便等处吐丝封口化蛹。蛹期冬、春季 17～54 d,夏、秋季 10～14 d。

### (五)防控技术

(1)冬季剪除枯枝、枯烂木,并用 2∶10 石灰水涂刷于树干上,以减少越冬虫口基数,造成不利于其化蛹的环境。

(2)冬季在树上捆扎稻草,诱幼虫到其上化蛹后集中烧毁稻草。

(3)药剂防治:在嫩梢抽出 3～5 cm,花蕾未开放前或苗木和换种的大树开始萌芽抽梢时喷药,防治幼虫和卵。每隔 5～7 d 喷 1 次,连续喷 2～3 次。选用 80 亿个孢子/g 的金龟子绿僵菌可湿性粉剂 80 mL/667 $m^2$,或 60 g/L 乙基多杀菌素悬浮剂 20～40 mL/667 $m^2$,兑水 50 kg 喷雾。

## 三、杧果剪叶象甲

### (一)发生概况

杧果剪叶象甲(*Depordus marginatus* Pascoe)又称为杧果切叶象甲,属鞘翅目象甲科,国内分布于广东、广西、云南、四川、海南和台湾。广西各杧果产区有发生。

### (二)为害状识别

杧果剪叶象甲以成虫群聚为害叶片,啃食嫩叶上表皮,留下下表皮,使叶片卷缩、干枯。雌成虫在嫩叶上产卵后,于近基部横向剪断使带卵叶片落地,严重影响植株生长。

### (三)形态识别

(1)成虫　体长约 5 mm,红黄色,有白色绒毛。复眼、触角、喙黑色。翅鞘黄白色,周缘黑色,肩部及端部黑色带较宽,具深刻点,每边纵列成 10 行,刻点之间有白色毛,鞘翅肩部下伸、肩角呈钝圆状。足的腿节黄色,胫节及跗节黑色。雌虫比雄虫略大,深褐色,腹部膨大,腹末端露出鞘翅外面。

(2)卵　椭圆形,体长约 0.8 mm,宽约 0.3 mm,初产白色,后呈淡黄色。

(3)幼虫　体长 5～6 mm,宽约 1.7 mm,乳白色,无足,腹部各节两侧各有 1 对小肉刺。

(4)蛹　体长约 3.5 mm,宽约 1.7 mm,淡黄色,老熟呈浅褐色。头部有乳状突起,体背被细毛,末节有 1 对肉刺。

### （四）发生规律

杧果剪叶象甲在广西南宁 1 年发生 7 代（第 7 代为局部世代），云南 1 年发生 3～4 代，海南岛 1 年 8～9 代，世代重叠。以预蛹在土中滞育越冬，次年 3 月开始羽化，成虫在春梢上剪叶为害。至 4 月之前，世代不重叠，种群数量不多。5 月下旬至 6 月中旬是第 3 代成虫为害盛期。7 月中旬至 8 月上旬，气温高且干旱，杧果夏梢生长细弱，虫数随之下降。8 月中旬至 10 月上旬是第 5、6 代为害杧果秋梢盛期。此时，该虫数量又有回升，成为第二个为害高峰期。10 月以后，部分虫越冬，虫口数量下降。

在南宁，各虫代的历期为：卵期 1.5～2 d，幼虫期 4～5 d，预蛹和蛹期 11～12 d，雌成虫寿命 17～20 d。发生一世代需 34～39 d，而越冬代则长达 136～223 d。

成虫只取食杧果和扁桃的嫩叶，常数只虫聚集食一叶片，咬食斑近圆形，后扩大连成片。初龄幼虫潜食叶片的叶肉，大龄幼虫可食穿中脉到另一侧取食。幼虫老熟后钻出叶片入土做蛹室化蛹，蛹室于表土 1～4 cm 深处。成虫羽化后仍在蛹室内停留。杧果剪叶象甲的种群发育与杧果抽梢物候期形成同步关系。即当新梢嫩叶长至 8 cm、叶色转淡绿时，正适于成虫产卵剪叶，当叶色转绿稳定后，不再被害。

### （五）防控技术

（1）及时收集地面的被害落叶烧毁，消灭虫卵。

（2）于成虫盛发期每 667 $m^2$ 用 90% 敌百虫 25 g，加水 50 kg，或用杀虫双、甲维盐等喷雾，每隔 5～6 d 喷 1 次，连续喷 2～3 次。

## 四、杧果蛱蝶

### （一）发生概况

杧果蛱蝶（*Euthalia phemius* Doubleday）属鳞翅目蛱蝶科，分布于广东、广西、海南等地。广西杧果产区均有分布。

### （二）为害状识别

以幼虫取食叶片，造成缺刻，甚至吃光叶片，只剩中脉，影响树势生长。

### （三）形态识别

（1）成虫　雄成虫体长约 25 mm，体背面黑色，腹面灰白色。前后翅均棕黑色，前后翅外缘均黑色如镶黑边。前翅中室有黑色线纹围成的大横斑 2 个，中室末端外面有 8 条白色的条斑，与翅脉相间，后翅自外缘到臀角有 1 个宽阔的浅蓝色区，外缘黑色如镶黑边。雌成虫体长约 27 mm，体色比雄虫浅。前翅深灰褐色，中室外端有 1 条由白色斑点联成的宽带，自前缘中段斜向臀角，前缘近顶角处有 2 个并排的小白点。

（2）幼虫　老熟幼虫体长约 38 mm，绿色，背线阔大，淡黄色杂有紫红色，体两侧平伸出 10 对长而尖的羽毛突起物，长度超过体宽的一半。

### （四）发生规律

杧果蛱蝶一年发生代数未详，在广西 4—10 月均有幼虫为害，成虫白天交尾产卵，卵散产于叶片上，每片叶产 1 粒。幼虫常栖息于叶背，幼虫低龄期食叶片表皮，长大后食叶片造成缺刻，近老熟时叶片被食仅剩中脉。老熟幼虫爬到完好的叶片背面，倒挂在中脉上化蛹。

### （五）防控技术

(1)采果后加强修剪，修剪下的枝叶堆放 1 周后焚烧。发生期人工摘蛹。

(2)药剂防治　于幼虫低龄期用药防治。选用 80 亿个孢子/g 的金龟子绿僵菌可湿性粉剂 80 mL/667 $m^2$，或 60 g/L 乙基多杀菌素悬浮剂 20～40 mL/667 $m^2$，兑水 50 kg 喷雾。

## 五、脊胸天牛

### （一）发生概况

脊胸天牛(*Rhytidodera bowringii* White)又称杧果天牛，属鞘翅目天牛科，国内分布于广东、广西、云南、四川。在广西杧果产区均有分布。除为害杧果外，还可为害人面子、腰果。

### （二）为害状识别

该虫以幼虫蛀食枝条和枝干，使枝条干枯而易被风吹折断，甚至整株死亡，是杧果的主要害虫之一。

### （三）形态识别（图 3-9-3）

(1)成虫　体长 23～25 mm，宽 5～8 mm，栗色至栗黑色，前胸脊板最后端有横脊，中间有纵脊 19 条，脊沟丛生淡黄色绒毛，小盾片较小，密生金绒毛。鞘翅前宽后狭，后缘斜切，内缘角突出、刺状，翅面粗糙，密布刻点，由灰白短毛和金黄色毛组成长条斑纹，排列成断续的 5 条纵行，体腹和足密被灰白色或灰褐色绒毛。

(2)幼虫　老熟幼虫体长 47～63 mm，淡黄白色。头前端褐色，头顶有横凹陷，前胸背板平滑，前缘有断续的褐色条纹。腹部 1～7 节移动器突出，背面有横沟 2 条，腹面 1 条，横沟和两端的短纵沟相连。横沟前后和纵沟左右都有小颗粒。

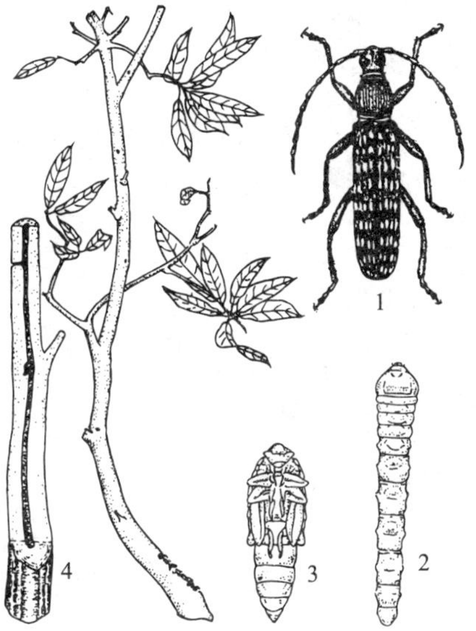

图 3-9-3　脊胸天牛

1.成虫　2.幼虫　3. 蛹　4.为害状

(李云端.2015.农业昆虫学)

### （四）发生规律

脊胸天牛在广西南宁一年发生 1 代。以幼虫、老熟幼虫、少数蛹或成虫在孔道内越冬。次年 2—3 月，越冬成虫钻出孔道，交尾产卵。越冬幼虫、老熟幼虫于 3 月中上旬至 5 月下旬化蛹，4 月中下旬至 5 月上旬为化蛹盛期，5 月为羽化盛期，5 月上旬至 7 月上旬为产卵期，5 月中旬至次年 3 月上旬为幼虫期。发育不整齐，3—8 月均可发现幼虫、蛹和成虫 3 种虫态。成虫多于夜间活动。交尾后约 3 d 产卵，一雌成虫可产卵 55～184 粒。卵散产于顶芽下部的小枝断裂处或缝隙中，或产于老叶的叶腋、树丫口部位，每处产 1 粒。幼虫孵化后蛀入枝干内，由上向下钻蛀为害，虫道有排粪孔，虫粪由排粪孔排出。至 11 月，少数幼虫化蛹、羽化为成虫，但成虫不钻出，仍在虫道内越冬。从预蛹至成虫羽化，约需 1 个月时间。

### （五）防控技术

(1)减少虫源　每年收果后结合修枝整形，剪除虫枝并烧毁、杀死枝内幼虫。用石灰 10 kg、硫黄粉 1 kg 加水 40 kg，进行树干涂白，可防止天牛成虫产卵。

(2)加强栽培管理　刷除树干上的卵粒及初孵幼虫，树根培土、用黏土堵塞蛀洞。

(3)钩杀幼虫　在清明前后和幼虫为害期，用铁线捅刺和钩杀幼虫。

(4)人工捕捉　于5—6月成虫盛发期进行人工捕捉成虫。

(5)药剂防治　找出天牛蛀孔，留一孔，其余用泥封口，再用废棉花、废纸蘸80%敌敌畏乳油80倍稀释液或10%吡虫啉可湿性粉剂或29%杀虫双水剂10～20倍稀释液，用铁丝塞入洞内或用大型注射器将药注入洞内，然后用泥封口。

## 【工作步骤】

观察杧果(横线)尾夜蛾、扁喙叶蝉、吸果夜蛾、杧果蛱蝶、白蛾蜡蝉、脊胸天牛、杧果剪叶象甲、三斑广翅蜡蝉、杧果叶瘿蚊及其他杧果害虫的各虫态形态和为害状。

## 【巩固训练】

植保技能考核：识别并写出当地杧果主要害虫(或为害状)名称。

### ◆思考题

1.简述杧果(横线)尾夜蛾、扁喙叶蝉、吸果夜蛾的发生概况及主要害虫综合防控技术。

2.列表表示杧果主要害虫的分类地位、为害虫态、典型为害状、防治对口农药及施用方法。

# 任务2　杧果害虫综合防控技术

## 【材料、用具与场所】

记录本、铅笔、皮卷尺或米尺、农药及施药器械等，杧果害虫发生严重的地块。

## 【基础知识】

杧果害虫主要有横线尾夜蛾、扁喙叶蝉、橘小实蝇、吸果夜蛾、剪叶象甲、脊胸天牛、蛱蝶、叶瘿蚊、蓟马、螨类、蚜虫和介壳虫类。国内外为害杧果的还有杧果果肉象甲、杧果果核象甲。杧果果肉象甲、杧果果核象甲均属我国进境植物检疫对象。杧果果肉象甲在缅甸、泰国、马来西亚、印度、巴基斯坦等国有分布，国内在云南有分布。

防治原则：贯彻“预防为主、综合防治”的植保方针和安全、有效、经济、简便原则，依法实行检疫，以保持和优化农业生态系统为基础，优先采用农业措施，尽量利用物理和生物措施，必要时合理使用低风险农药等多种技术手段，把害虫控制在经济受害允许水平之下。

### 一、实行检疫

为害杧果的检疫性害虫有橘小实蝇、杧果果肉象甲、杧果果核象甲，保护区和非疫区禁止从疫区调运苗木、接穗、果实和种子，一经发现立即销毁，检疫性害虫传播与扩散。

## 二、生态控制及农业防治

(1)因地制宜选用抗、耐病虫优良品种,同一地块应种植单一品种,避免混栽不同成熟期品种。

(2)果园周围种植防护林带,行间种植矮生,生育期短的豆科绿肥、牧草、蜜源植物和藿香蓟等植物,且与杧果应无共同病虫害,间作物应离杧果树基部 1 m 以上,杧果根圈或种植带采用周年覆盖。果园周围要清除吸果夜蛾的中间寄主防己科植物,创造有利于果树生长和天敌生存而不利于病虫生长的生态系统,保持生物多样化和生态平衡。

(3)通过杧果抽梢期、花果期和采果后的修剪,去除交叉枝,过密或被害枝、叶、花、果并集中烧毁,减少传染源。

(4)冬季彻底清园　清除果园病虫枝叶,集中烧毁,减少虫源,用 10%石灰水树干刷白,采果后或冬季全园喷洒 2 波美石硫合剂清园。

(5)加强栽培管理,提高植株抗病能力,在杧果秋梢抽发期、花芽形态分化期、果实发育前、中期,如遇旱应及时灌水。推荐 15～20 d 灌水 1 次。杧果不应使用硝态氮肥,化肥、有机肥和微生物肥要配合使用,基肥可压入绿肥、腐熟有机肥和磷肥。农家肥应经 50 ℃以上发酵 5～7 d,充分腐熟后才能使用。结果树人工剪除夏梢,幼龄树促夏梢整齐抽发,避开害虫高峰期,有利于统一喷药防治。中耕,翻地晒土,杀死地下害虫。果实收获后加强修剪,重施基肥,促进秋梢健壮生长。

(6)适时采收　根据果实成熟度、用途和市场需要决定采收适期。采收后应及时清洁田园,回收废弃农膜。采用一果两剪采收,采收搬运过程中避免机械伤、曝晒。采收后,应 24 h 内进行商品处理。

## 三、物理防治

使用黑光灯诱杀夜间活动的害虫、天牛成虫,利用黄色荧光灯驱赶吸果夜蛾和手电筒人工捕杀。采用人工或工具捕杀金龟子、天牛、蛱蝶等成虫,摘除卵块和蛹。春梢和花期在树干上捆缚稻草或椰糠、木糠等诱使尾夜蛾幼虫化蛹,每 8～10 d 将草把取下烧毁。利用颜色诱杀害虫,如利用黄色诱虫板诱杀蚜虫、粉虱,蓝色板诱杀蓟马、叶蝉。采用防虫网和捕虫网隔离和捕杀害虫。采用果实套袋防虫。

## 四、生物防治

果园周围和行间间种蜜源植物,以创造有利于天敌繁衍的生态环境,尽可能利用机械和人工除草,既防治草害又保护天敌。收集、引进、繁殖、释放主要害虫天敌,如捕食螨等。

## 五、药剂防治

(1)采果后　用 10%石灰水或白涂剂树干刷白防天牛产卵,全园喷洒 2 波美石硫合剂清园。

(2)春梢期　在新梢抽出 3～5 cm,花蕾未开放时及幼果期用 60 g/L 乙基多杀菌素悬浮剂 1 000～2 000 倍稀释液,可兼治杧果蓟马。或用 80 亿个孢子/g 的金龟子绿僵菌可湿性粉剂,80 mL/667 $m^2$,兑水 50 kg 喷雾防治,可兼治剪叶象甲和多种食叶性害虫。叶蝉严重时用 25%噻嗪酮可湿性粉剂 1 500～2 000 倍稀释液,或 10%吡虫啉可湿性粉剂 2 000～3 000

倍稀释液喷雾,可兼治叶瘿蚊、蓟马。每667 $m^2$用药量50～75 kg。

(3)果实膨大至成熟期　实蝇为害严重时捡拾落果,在成虫产卵前用90%敌百虫晶体800～1 000倍液加3%～5%红糖水每隔7 d喷洒1次,连喷3次。诱杀成虫,用引诱剂或蛋白胨诱杀橘小实蝇,也可用浸泡过甲基丁香酚加3%溴磷溶液的蔗渣纤维板悬挂果树上诱杀雌成虫。叶蝉严重时用药同春梢期。天牛严重时用5～10倍80%敌敌畏棉球堵塞洞孔,用泥封口。

## 【巩固训练】

### ◆思考题

列表表示当地杧果主要害虫的为害虫态、典型为害状、防治对口农药及施用方法。

## 课程思政

**1.广西杧果产业地位**

杧果是近年来广西最具发展潜力的水果,产量占广西水果总量的21%,自2015年起,广西杧果产量便超过海南居全国首位,2020年广西杧果种植面积10.27 $hm^2$,产量94.66万t,鲜果产值达51亿元,全国第一。

**2.绿色植保**

农业部在2006年全国植保植检工作会议上提出,绿色植保是指植物保护的方法和措施是"绿色"的,许多专家把绿色植保又称为有害生物绿色防控方法。根据全国植保会议定义:绿色植保就是把植保工作作为人与自然界和谐系统的重要组成部分,突出其对高产、优质、高效、生态、安全农业的保障和支撑作用。这一定义的核心是强调植保措施要与自然界和谐友好。因此,可以用一句简单明了的话来讲,绿色植保就是采取与自然生态系统和谐友好的植保方法或措施(手段)。因为植保措施与自然生态系统和谐友好了,就不会破坏自然生态环境,就能保障农业生产及其产品质量安全。

**3.公共植保**

植保事业是国家、人民群众的事业,所以称为公共植保。公共植保包括植物检疫、农药管理、农业有害生物的监测预报、有害生物的统防统治和有害生物发生规律、防控方法的科学研究五方面工作,前三项有国家专门的机构和队伍,经费由国家财政供给。第四项,全国一类有害生物,如稻飞虱、条锈病、黏虫、草地螟、蝗虫爆发,由政府出面组织有序地统防统治。第五项是有害生物发生规律、防控方法的科学研究,也是政府参与或支持的立项研究。

## 学习评价

杧果害虫综合防控考核评价表

| 序号 | 考核项目 | 考核内容 | 考核标准 | 考核方式 | 分值 |
| --- | --- | --- | --- | --- | --- |
| 1 | 杧果害虫识别 | 杧果害虫形态及为害状识别 | 能仔细观察、准确描述杧果主要害虫的识别要点及为害状特点,并能指出其所属目和科的名称 | 现场或实验室识别考核 | 4 |

续表

| 序号 | 考核项目 | 考核内容 | 考核标准 | 考核方式 | 分值 |
|---|---|---|---|---|---|
| 2 | 田间调查 | 杧果害虫田间调查方法 | 能现场区分类型田，并选择其中之一进行调查，采取正确的调查方法实地调查，数据记录正确、完整 | 现场考核 | 6 |
| 3 | 制订综合防治方案 | 能针对杧果害虫发生规律制订调查方案 | 能根据当地杧果主要害虫发生规律制订综合防治方案，防治方案制订科学，应急措施可行性强 | 个人表述、小组讨论和教师对方案评分相结合 | 5 |
| 4 | 组织实施综合防治 | 能组织实施防治方案 | 能按照实训要求做好各项防治措施的组织和实施，操作规范、熟练，防治效果好 | 现场操作考核 | 10 |
| 5 | 知识点考核 | | 杧果害虫发生种类、为害状、发生特点，综合防治方法 | 闭卷笔试 | 50 |
| 6 | 作业、实验报告 | | 报告完成认真、规范，内容真实；绘制的害虫形态特征典型，标注正确 | 教师评分 | 10 |
| 7 | 学习纪律及态度 | | 对老师提前布置的任务准备充分，发言积极，观察认真；遵纪守时，爱护公物 | 课堂考勤 | 15 |

# 子项目十　香蕉、菠萝、板栗害虫识别与综合防控技术

## 学习目标

识别出香蕉主要害虫，了解香蕉害虫发生概况、掌握发生规律及防治技术。

## 任务1　香蕉、菠萝、板栗害虫识别及其防控技术

### 【材料、用具与场所】

当地常见香蕉害虫标本。体视显微镜、放大镜、镊子、培养皿、挂图。

### 【基础知识】

为害香蕉的害虫主要有香蕉象甲、香蕉弄蝶、香蕉交脉蚜、斜纹夜蛾、花蓟马、红蜘蛛。

### 一、香蕉弄蝶

**1.发生概况**

香蕉弄蝶（*Erionota torur* Evans）又称香蕉卷叶虫、蕉苞虫，属鳞翅目弄蝶科，广西产蕉

区均有分布。

**2.为害状识别**

以幼虫吐丝卷叶成叶苞，食叶致蕉叶残缺不全，阻碍生长，影响产量，是香蕉的重要虫害之一。

**3.形态识别(图 3-10-1)**

(1)成虫　体长 28～31 mm，黑褐色或茶褐色。头、胸部密被灰褐色鳞毛，前翅中部有 3 个近长方形黄斑，呈三角形排列。

(2)卵　扁球形，灰绿色或浅红色，表面有放射状线纹。

(3)幼虫　老熟时体长 50～60 mm，头黑色，全身被白色蜡粉。

(4)蛹　圆筒形，黄白色，被有白色蜡粉，喙伸至腹末，末端与体分离。腹部臀刺末端有许多刺钩。

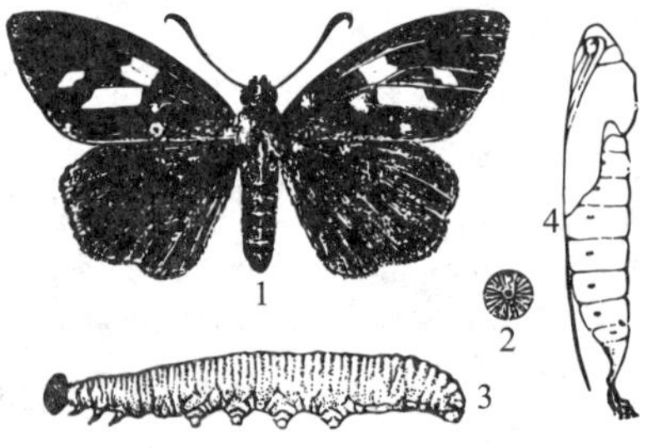

**图 3-10-1　香蕉弄蝶**

1.成虫　2.卵　3.幼虫　4.蛹

(湖南省安江农业学校.1999.果树病虫害防治各论)

**4.发生规律**

该虫在广西一年发生 5～6 个世代，以老熟幼虫在虫苞内越冬。次年 3 月间，越冬幼虫化蛹并陆续羽化为成虫。在南宁第 1 代幼虫发生于 3—4 月，第 5 代幼虫发生于 10—11 月。在春、秋雨季，各虫态历期平均为：卵期 5 d，幼虫期 25 d，蛹期 10 d。

成虫于早晨和傍晚活动，晴天中午停息于阴凉处。卵散产于叶面和叶背上，以叶背居多，有时也有数粒聚产在一起。孵化后，幼虫先爬到叶缘取食、吐丝，将叶片纵卷成筒状叶苞，身藏其中，取食苞叶，边吃边卷，叶苞越卷越大。当原苞叶不够取食后又转移别处，另卷新苞。为害严重的只剩下主脉。幼虫老熟后在叶苞内吐丝，结薄茧化蛹。

**5.防控技术**

(1)冬季清园　集中烧毁枯叶，减少越冬虫源。

(2)结合田间管理　人工捕杀卵粒和虫苞内的幼虫或蛹。

(3)药剂防治　于卵孵化期用药。10%高效氯氰菊酯乳油或 20%甲氰菊酯乳油 2 000～3 000 倍液喷雾，每 667 $m^2$ 用药液量 50 kg。

## 二、香蕉双黑带象甲

**1.发生概况**

香蕉双黑带象甲(*Odoiporus longicollis* Olivier)，也称为香蕉假茎象甲，是香蕉象甲类最常见的一种，属鞘翅目象甲科。

**2.为害状识别**

成虫取食叶片和假茎，幼虫蛀食假茎地下根头至假茎顶端，蛀道纵横交错，造成假茎腐烂而死亡。该虫在广西产蕉区均有分布。

**3.形态识别(图 3-10-2)**

(1)成虫　体长约 11 mm，体背红褐色，头部延伸呈筒状，稍向下弯曲，前胸前细后粗，布满刻点，前胸背板有两条黑色纵带，鞘翅端部近圆形，足的第 3 跗节扩展如扇形。

(2)卵　长圆筒形，长 1.5 mm，乳白色，表面光滑。

(3)幼虫　老熟幼虫体长 15 mm,乳白色,体多皱纹,弯曲无足,头赤褐色,腹部肥大。

(4)蛹　体长 9～17 mm,初期乳白色,后变黄褐色,头向腹面弯,头喙可伸达中足胫节末端。

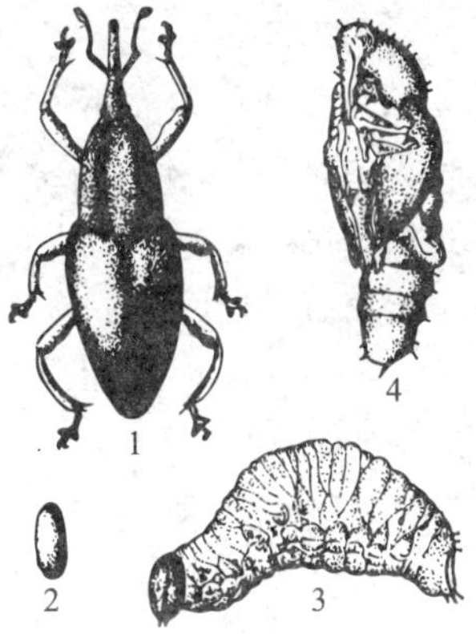


图 3-10-2　香蕉双黑带象甲

1.成虫　2.卵　3.幼虫　4.蛹

(陕西省汉中农业学校.1993.农业昆虫学)

**4.发生规律**

一年发生 4～5 个世代,世代重叠,全年均可见到各种虫态,各虫态可以越冬,但以幼虫为主,成虫次之。春、夏季各虫态历期为:卵期 6～15 d,幼虫期 35～44 d,蛹期 18～21 d。成虫有畏光性和假死性,耐饥力强,白天群栖于叶鞘组织内和腐烂的叶鞘中,夜间出来活动,交尾产卵,卵散产在表层叶鞘组织内的空隙中,产卵处表面有水渍状的褐色斑点及少量胶状物质外溢。初孵幼虫先在外层叶鞘蛀害,后向中心嫩组织内为害,造成假茎内部孔道纵横,影响水分和养分的运输,严重时植株腐烂倒折。老熟幼虫在蛀道内结茧室化蛹。每年 3—6 月是幼虫发生数量较多的时期,5—6 月是为害最大的时期。

**5.防控技术**

(1)新蕉区引进蕉苗时要严格检查,防止害虫随蕉苗传播进新区。

(2)采果后清除虫残株,消灭茎内的象甲。

(3)春初清园时,割除有虫的叶鞘和外层枯烂的叶鞘,集中烧毁。人工捕杀群集在叶鞘基部和假茎外鞘内的成虫。

(4)药剂防治　用药时期为 4 月初和 11 月底。

用 80%敌敌畏乳油 1 000 倍液灌注蕉株上端叶鞘,每株用药液 150～200 mL。或每株用 5%辛硫磷颗粒剂 3 g 施入土穴中。

## 三、香蕉交脉蚜

**1.发生概况**

香蕉交脉蚜(*Pentalonia nigronervosa* Coquerel)又称蕉蚜、甘蔗黑蚜,属同翅目蚜科,广西产蕉区均有分布。

**2.为害状识别**

以成虫、若虫吸食嫩梢幼叶,可携带束顶病病毒,是香蕉束顶病的传病虫媒。

**3.形态识别(图 3-10-3)**

香蕉交脉蚜分无翅蚜和有翅芽两种类型。无翅孤雌蚜体长 0.78～1.6 mm,体卵圆形,红褐色至黑色。触角 6 节,比体略长。若蚜触角 4 节,腹管长筒形,比尾片长 3.7 倍。尾片圆锥状,有瓦纹。有翅孤雌蚜体长 1.7～1.8 mm,体长卵形,头、胸均黑色,腹部红褐色至黑色,触角 6 节,与体等长。前翅深褐色,后翅退化,小而窄短。

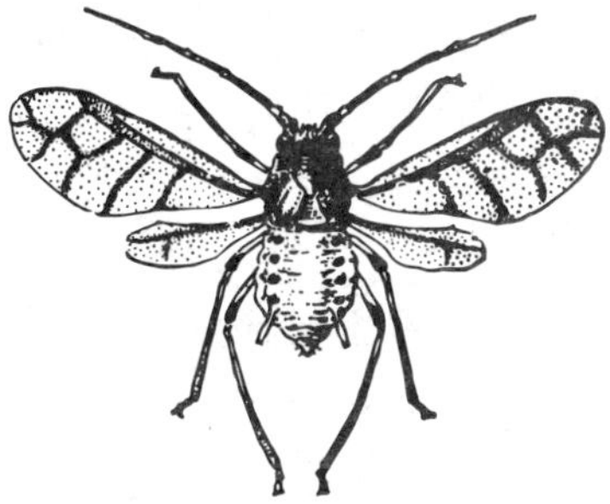

图 3-10-3　香蕉交脉蚜(有翅胎生雌蚜)

(湖南省安江农业学校.1999.果树病虫害防治各论)

**4.发生规律**

蕉蚜在广西无越冬现象。每年 3—5 月和 9—10 月为发生为害高峰期，多聚集在嫩叶荫蔽处为害，以在心叶基部最多。6—8 月高温，生长发育受到抑制，并从植株顶部转移到下部和地面活动，有翅蚜则飞到附近杂草取食。高温过后又到蕉园取食。冬季寒冷不利于蕉蚜生长发育，并停止为害。春暖后又恢复活动。

成虫主要靠飞翔或随气流转移，也能爬行，可随吸芽、土壤人为移动而传播。特别喜食矮香蕉品种。

**5.防控技术**

在蕉蚜初发阶段及春暖香蕉恢复生长时，选用 10%吡虫啉可湿性粉剂 2 000～3 000 倍稀释液或 22.4%螺虫乙酯悬浮剂 3 000～4 000 倍稀释液，喷雾。

## 四、菠萝粉蚧

**1.发生概况**

菠萝粉蚧[*Dysmicoccus brevipes*(Cockerell)]又称凤梨粉蚧，属同翅目粉蚧科，广西、台湾、海南、福建等菠萝产区均有分布。

**2.为害状识别**

常以若虫和雌成虫在菠萝的根、茎、叶基部，果实及幼苗的凹陷处吸食汁液。被害根变色腐烂，全株枯萎；被害叶片严重时褪色、软化、下垂；被害果实、幼苗则萎缩和枯萎。该虫的排泄物能诱致煤烟病发生，又招致蚂蚁来搬走粉蚧虫体，扩大传播范围。该虫是菠萝的主要害虫。

**3.形态识别**

(1)成虫　雌虫体长 2～3 mm，椭圆形，桃红色，体表被盖白色蜡粉，虫体边有 17 对蜡丝，腹端的一对较长，生殖孔明显。雄虫体较小，黄褐色，有 1 对五色透明翅，腹端有蜡丝 1 对。

(2)若虫　形似雌成虫，体较小，有触角和足。

**4.发生规律**

该虫在南宁地区一年发生 1 代，在菠萝整个生长期和贮藏期均有发生。在气温 28～30 ℃时，雌成虫历期为 47～55 d。

成虫行动缓慢，株间迁移主要靠蚂蚁搬运，因为蚂蚁数量多，迁移速度快；远距离迁移则靠种苗调运。不同季节其繁殖方式不同。营养较好、气温较高时，以胎生为主；天气干旱、植株水分少时有卵生现象，冬天气温低，则既产若虫又产卵。在菠萝生长盛期，寄生在根部和下部叶片，结果后为害果实，还可寄生在吸芽、托芽和根部上。

该虫喜欢生活在荫蔽潮湿的环境中。高温干旱天气，繁殖快，迁移快，为害严重。此时，凋萎病也发生严重。

**5.防控技术**

(1)新开果园要在无粉蚧为害的果园中选种苗，防止粉蚧传入新果园。

(2)种植前用 29%杀虫双水剂 300～500 倍稀释液浸苗基部 5～10 min，可杀死叶基部的粉蚧。

(3)粉蚧大发生时，用 29%杀虫双水剂 300～500 倍稀释液淋蔸，每株淋 50 mL 药液。

(4)对受害严重的植株要连根挖除烧毁,并喷洒 22.4%螺虫乙酯悬浮剂 3 000~4 000 倍稀释液。

## 五、独角犀

**1.发生概况**

独角犀(*Xylotrupes gideon* linn)又称独角仙,俗称叽喳虫、鸡母虫,属鞘翅目犀金龟子科。该虫在广西产区均有分布。

**2.为害状识别**

常以成虫群集在果实上取食,咬食果实。果实成熟前和采果后则咬食心苗内层几张叶片基部叶肉,余下纤维,造成叶片枯死,为害严重损失大。

**3.形态识别**

成虫　体长 30~45 mm。体黑褐色,有光泽。雄虫头部额顶有一粗大的角状突起,向上翘,往后弯,末端分叉,前胸背板上有长角状突起。雌虫头胸部无角状突起物,前胸背板刻点大而多,后方中央有一条光滑的纵线。

**4.发生规律**

独角犀在广西一年发生 1 代,以幼虫在堆肥、有机质多的土壤中越冬,次年 4 月中旬幼虫开始化蛹,4 月下旬为化蛹盛期,5 月中旬为羽化盛期。羽化后,成虫初期,日间在土中栖息,傍晚爬出土面活动,群集咬食果实,造成果实残缺腐烂。菠萝未结果时,咬食心叶,造成叶片枯死。6 月中旬至 7 月底为成虫产卵期,卵产于堆肥或疏松土壤中,卵期平均为 12 d。幼虫在土中生活,其在土中深浅随季节不同而异,春末夏初在土中 30 cm 左右深处,最深达 45 cm,冬季在土中 30 cm 以下,最深可达 60 cm。老熟幼虫在土中做土室化蛹。

**5.防控技术**

(1)清除越冬场所,堆肥和厩肥宜于每年 4 月底前用完,用肥时发现幼虫和蛹要及时捕杀。

(2)于成虫盛发期人工捕捉成虫。

(3)可试用黑光灯诱杀成虫。

## 六、桃蛀螟

**1.发生概况**

桃蛀螟[*Dichocrocis punctiferalis* (Guenée)]又名桃蠹螟,属鳞翅目螟蛾科。国内大部分省(区)有分布。广西各地均有分布。食性杂,寄主主要有桃、李、杏、石榴、梨、栗以及向日葵、玉米等。

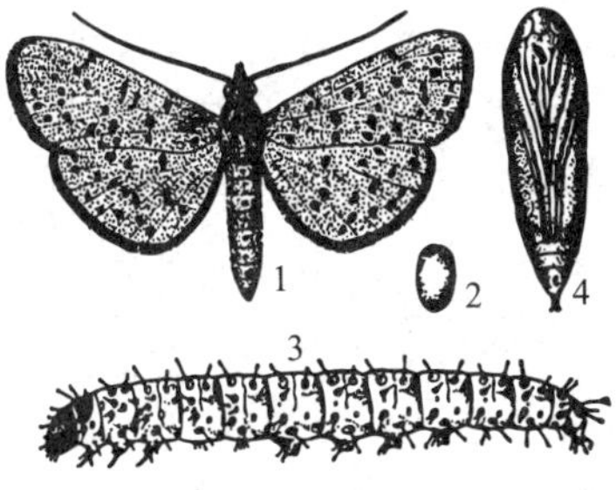


**图 3-10-4　桃蛀螟**

1.成虫　2.卵　3.幼虫　4.蛹

(陕西省汉中农业学校.1993.农业昆虫学)

**2.为害状识别**

幼虫为害桃果时常从果梗处蛀入果心,蛀食幼嫩核仁和果肉。蛀孔处流出透明胶质物,周围堆积有大量虫粪,非挂果期蛀食嫩梢,导致嫩梢枯死。

**3.形态识别(图 3-10-4)**

(1)成虫　体长 10 mm 左右,全体黄色,胸部、腹部及翅上具有许多黑色斑点，腹部第1和3～6节背面各有3个黑点，第7节有时只有1个黑点，第2、8节无黑点。

(2)卵　椭圆形，长0.6～0.7 mm，初孵白色，后变橘红色，孵化前变成红褐色。

(3)幼虫　成长幼虫体长18～25 mm，头和前胸背板色深，体背暗紫红色，腹面淡绿色。中、后胸及第1～8腹节，各有褐色毛片8个，排成2列，前列6个，后列2个。

(4)蛹　纺锤形，长10～14 mm，初为淡黄色，后变深褐色，腹部末端有6个细长卷曲的钩刺。

**4.发生规律**

在我区每年发生4～5代。主要以老熟幼虫在树皮缝、树洞、堆果场、向日葵花盘、玉米秸秆中越冬。次年3—4月开始出现成虫，产卵于桃、李果实上，每果1～3粒卵，多的可达20粒。卵多在果实的胴部，果肩次之，缝合线处最少。初孵幼虫先在果梗、果蒂处吐丝蛀食果皮，后蛀入果心。一个果实中一般有1～2头幼虫，多时达8～9头。幼虫可转果为害。幼虫老熟后在果内或枝上结茧化蛹。冬前幼虫老熟，进入越冬场所。

**5.防控技术**

(1)越冬期刮树皮、堵树洞，及时摘除虫果和拣拾落果。

(2)冬、春处理越冬寄主残体，如向日葵盘和茎秆，晚玉米秸秆和穗轴以及栗蓬等。

(3)成虫产卵高峰期喷29%杀虫双水剂500～700倍稀释液，利用其兼具触杀、胃毒、内吸性及熏蒸等多种特性杀死虫卵和幼虫。幼虫低龄期选用0.5%印楝素乳油800～1 000倍稀释液或0.2%苦参碱水剂100～300倍稀释液或喷苏云金杆菌乳剂(100亿个孢子/mL)300～1 000倍稀释液喷雾。

## 七、栗瘿蜂

**1.发生概况**

栗瘿蜂(*Dryocosmus kuriphilus* Yasumatsu)又叫栗瘤蜂，属膜翅目瘿蜂科。广西各板栗产区几乎都有分布。

**2.为害状识别**

以幼虫为害芽和叶片，形成各种各样的虫瘿。被害芽不能长出枝条，直接膨大形成的虫瘿称为枝瘿。虫瘿呈球形或不规则形，在虫瘿上有时长出畸形小叶。在叶片主脉上形成的虫瘿称为叶瘿，瘿形较扁平。虫瘿呈绿色或紫红色，到秋季变成枯黄色，每个虫瘿上留下一个或数个圆形出蜂孔。自然干枯的虫瘿在一两年内不脱落。栗树受害严重时，虫瘿比比皆是，很少长出新梢，不能结实，树势衰弱，枝条枯死。

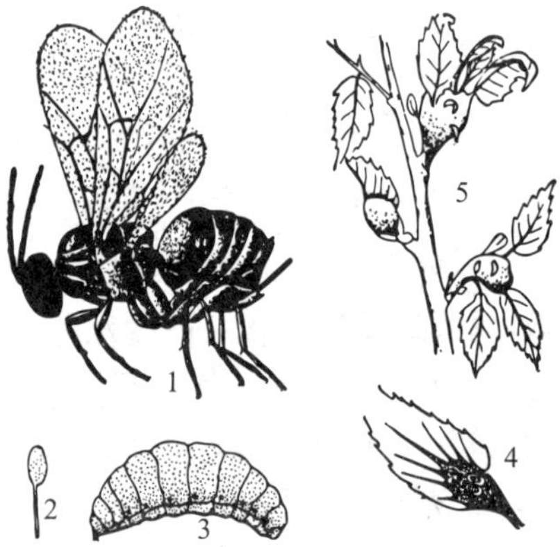


**图3-10-5　栗瘿蜂**

1.成虫　2.卵　3.幼虫
4.瘿内蛹　5.被害状
(湖南省安江农业学校.1999.果树病虫害防治各论)

**3.形态识别(图3-10-5)**

(1)成虫　体长2～3 mm，翅展4.5～5.0 mm，黑褐色，有金属光泽。头短而宽。触角丝状，基部两节黄褐色，其余为褐色。胸部膨大，背面光滑，前胸背板有4条纵线。两对翅白色透明，翅面有细毛，前翅翅脉褐色，无翅痣。足黄褐色，有腿节距，跗节端部黑色。产卵管褐色。仅有雌虫，无雄虫。

(2)幼虫　体长 2.5～3.0 mm，乳白色。老熟幼虫黄白色。体肥胖，略弯曲。头部稍尖，口器淡褐色。末端较圆钝。胴部可见 12 节，无足。

**4.发生规律**

栗瘿蜂一年 1 代，以初孵幼虫在被害芽内越冬。翌年栗芽萌动时开始取食为害，被害芽不能长出枝条而逐渐膨大形成坚硬的本质化虫瘿。幼虫在虫瘿内做虫室，继续取食为害，老熟后即在虫室内化蛹。每个虫瘿内有 1～5 个虫室。越冬幼虫 3 月上旬开始活动，并迅速生长，4 月至 5 月形成虫瘿，5 月上旬为化蛹盛期，6 月上旬为成虫羽化盛期。成虫羽化后在虫瘿内停留 10 d 左右，然后咬一个圆孔从虫瘿中钻出，成虫出瘿期在 6—7 月。成虫出瘿后即可产卵，营孤雌生殖。成虫产卵在栗芽上，喜欢在枝条顶端的饱满芽上产卵，一般从顶芽开始，向下可连续产卵 5～6 个芽。每个芽内产卵 1～10 粒，一般为 2～3 粒。幼虫孵化后即在芽内为害至起冬。

栗瘿蜂每次大发生都持续 2～3 年，此后数年内便很少发生。当栗瘿蜂种群达到一定数量时，又会出现大发生年份。

栗瘿蜂的天敌主要是寄生蜂。

**5.防控技术**

(1)农业防治

①剪除虫枝　剪除虫瘿周围的无效枝，尤其是树冠中部的无效枝，能消灭其中的幼虫。

②剪除虫瘿　在新虫瘿形成期，及时剪除虫瘿，消灭其中的幼虫。剪虫瘿的时间越早越好。

(2)生物防治　在寄生蜂成虫发生期不喷任何化学农药是保护寄生蜂的有效方法。

(3)药剂防治　在栗瘿蜂成虫发生期和春季幼虫开始活动时，可喷 29%杀虫双水剂 300～500 倍稀释液，利用其兼具触杀、胃毒、内吸性及熏蒸等多种特性杀死虫卵和虫瘿内幼虫。

## 【工作步骤】

观察香蕉象甲、香蕉弄蝶、香蕉交脉蚜、花蓟马、红蜘蛛及其他香蕉害虫的各虫态形态和为害状。

## 【巩固训练】

植保技能考核：识别并写出当地香蕉主要害虫(或为害状)名称。

## ◆作业

绘香蕉象甲、香蕉弄蝶幼虫形态图。

## ◆思考题

1.简述香蕉象甲、香蕉弄蝶、香蕉交脉蚜、花蓟马的发生概况及主要害虫综合防控技术。

2.列表表示香蕉主要害虫的分类地位、为害虫态、典型为害状、防治对口农药及施用方法。

# 任务 2　香蕉害虫综合防控技术

## 【材料、用具与场所】

记录本、铅笔、皮卷尺或米尺、农药及施药器械等，香蕉害虫发生严重的地块。

## 【基础知识】

在广西为害香蕉的虫害主要有香蕉象甲、香蕉弄蝶、香蕉交脉蚜、斜纹夜蛾、香蕉褐足角胸叶甲等。

防治原则贯彻“预防为主、综合防治”的植保方针，安全、有效、经济、简便原则，依法实行检疫，以保持和优化农业生态系统为基础，优先采用农业措施，尽量利用物理和生物措施，必要时合理使用低风险农药等多种技术手段，把害虫控制在经济受害允许水平之下。

(1)实施蕉苗检疫　禁止有害虫害螨的蕉苗进入新区。

(2)农业防治　实行冬季清园，采果后及时砍除旧蕉身，割除蕉身外部腐烂叶柄、叶鞘，消除部分虫源；选用抗病虫品种、培育壮苗、加强栽培管理、中耕除草、耕翻晒垡、清洁田园、轮作倒茬、间作套种等，增施有机肥和钾肥，开好排灌沟。

(3)物理防治　人工捕杀蕉苞虫幼虫和蛹，用灯光、黄色诱虫板诱杀交脉蚜，在蕉园内放置芭蕉诱杀香蕉象甲和叶甲，利用性诱剂诱杀橘小实蝇。

(4)生物防治　释放害虫天敌，蕉园养鸡养鸭吸食象甲幼虫和成虫，控制害虫发生。

(5)药剂防治　在 11 月底和 4 月初象甲幼虫发生高峰期，选用辛硫磷拌细沙沟施。用敌敌畏灌注于上部叶柄内，在蕉苞虫幼龄期用敌百虫液喷雾；在香蕉束顶病等病毒病发生区，有交脉蚜发生时在早春和深秋或蚜虫多时喷吡蚜酮、啶虫脒、辟蚜雾等防治传毒昆虫。

## 【巩固训练】

### ◆思考题

列表表示当地香蕉主要害虫的为害虫态、典型为害状、防治对口农药及施用方法。

## 课程思政

**1.广西香蕉产业地位**

香蕉属于广西的大宗水果，总产量在全国排第二，仅次于广东。数据显示，2015—2017 年，广西香蕉种植面积小幅增长，从 2017 年开始，连年下降，到 2020 年，广西香蕉面积约 9 万 $hm^2$，居全国第二，产量降至 303.71 万 t，位于全国第三。

**2.高标准农田**

土地平整、集中连片、设施完善、农田配套、土壤肥沃、生态良好、抗灾能力强，与现代农业生产和经营方式相适应的旱涝保收、高产稳产，划定为永久基本农田的耕地。

广西壮族自治区高标准农田建设规划(2021—2030)：以提升粮食产能为首要目标，以永久基本农田保护区、粮食生产功能区和糖料蔗生产保护区为重点区域，深入实施“藏粮于地、藏粮于技”战略，将全区高标准农田建设分为桂中盆地平原区、桂东南丘陵平原区、桂西岩溶山地区、桂东北丘陵山地区、桂南沿海平地区五大区域，将高标准农田建设规模较大和潜力较高的县(市、区)划分为浔郁平原粮食、湘桂走廊粮食、玉林盆地稻菜轮作、贺江流域粮菜轮作、右江流域粮菜轮作、左江流域糖料蔗、柳江流域糖料蔗、西北部山地玉米旱作、沿海糖菜9个重点建设区域，以永久基本农田保护区、粮食生产功能区和糖料蔗生产保护区为重点区域，突出抓好耕地保护和地力提升，切实补上农业基础设施短板，确保高标准农田年粮食生产能力达到每667 $m^2$ 850 kg以上。

## 学习评价

香蕉害虫综合防控考核评价表

| 序号 | 考核项目 | 考核内容 | 考核标准 | 考核方式 | 分值 |
|---|---|---|---|---|---|
| 1 | 香蕉害虫识别 | 香蕉害虫形态及为害状识别 | 能仔细观察、准确描述香蕉主要害虫的识别要点及为害状特点，并能指出其所属目和科的名称 | 现场或实验室识别考核 | 4 |
| 2 | 田间调查 | 香蕉害虫田间调查方法 | 能现场区分类型田，并选择其中之一进行调查，采取正确的调查方法实地调查，数据记录正确、完整 | 现场考核 | 6 |
| 3 | 制订综合防治方案 | 能针对香蕉害虫发生规律制订调查方案 | 能根据当地香蕉主要害虫发生规律制订综合防治方案，防治方案制订科学，应急措施可行性强 | 个人表述、小组讨论和教师对方案评分相结合 | 5 |
| 4 | 组织实施综合防治 | 能组织实施防治方案 | 能按照实训要求做好各项防治措施的组织和实施，操作规范、熟练，防治效果好 | 现场操作考核 | 10 |
| 5 | 知识点考核 | | 香蕉害虫发生种类、为害状、发生特点，综合防治方法 | 闭卷笔试 | 50 |
| 6 | 作业、实验报告 | | 报告完成认真、规范，内容真实；绘制的害虫形态特征典型，标注正确 | 教师评分 | 10 |
| 7 | 学习纪律及态度 | | 对老师提前布置的任务准备充分，发言积极，观察认真；遵纪守时，爱护公物 | 课堂考勤 | 15 |

# 子项目十一　火龙果害虫识别与综合防控技术

## 学习目标

学习掌握火龙果主要害虫种类、发生概况、发生规律及防治技术。

## 任务1　火龙果害虫识别及其防控技术

### 【材料、用具与场所】

斜纹夜蛾、甜菜夜蛾、蓟马、橘小实蝇、红火蚁、蚜虫、桃柱螟、蜗牛等当地火龙果害虫标本；体视显微镜、放大镜、挑针、镊子、培养皿、玻片、挂图、工具书；实验室、火龙果园等。

### 【基础知识】

### 一、斜纹夜蛾

**1.发生概况**

斜纹夜蛾[*Spodoptera litura* (Fabricius)]属鳞翅目夜蛾科。幼虫为害火龙果嫩茎、花和果实，其中以火龙果嫩茎受害最严重。幼虫取食嫩茎，造成嫩茎缺刻，为害嫩茎生长点，造成嫩茎停长；为害花蕾，严重的造成落蕾；为害幼果，取食幼果果皮，造成花皮果，严重影响果实品质。

**2.形态特征**

成虫体长14～20 mm，翅展35～46 mm，体暗褐色，胸部背面有白色丛毛，前翅灰褐色，花纹多，内横线和外横线白色、呈波浪状、中间有明显的白色斜阔带纹。幼虫体长33～50 mm，头部黑褐色，胸部多变，从土黄色到黑绿色都有，体表散生小白点，各节背面有近似三角形的半月黑斑一对。卵扁平的半球状，初产黄白色，后变为暗灰色，块状黏合在一起，上覆黄褐色绒毛。蛹长15～20 mm，圆筒形，红褐色，尾部有一对短刺。

**3.发生规律**

斜纹夜蛾幼虫3—12月均可为害火龙果，4—5月和9—10月出现为害高峰期。

**4.防治方法**

(1)清除杂草　及时清除火龙果地及周边杂草，减少虫源。

(2)性诱剂诱捕　在3—5月火龙果肉质茎生长关键时期，及时安装诱捕器，并按照一定比例装上斜纹夜蛾和甜菜夜蛾诱芯，诱芯每隔20 d更换一次。

(3)化学防治　在幼虫孵化高峰期，可使用5.7%甲氨基阿维菌素苯甲酸盐水分散粒剂1 500～2 000倍稀释液，40%毒死蜱乳油1 000～1 500倍稀释液，10%高效氯氰菊酯水乳剂1 500～2 000倍稀释液，或15%茚虫威悬浮剂2 000～3 000倍稀释液喷施。

## 二、蓟马

**1.发生概况**

蓟马属缨翅目蓟马科。为害嫩茎造成嫩茎畸形，甚至停止生长。为害花和幼果对生产影响最大，蓟马以锉吸式口器取食火龙果幼果鳞片和鳞片基部，导致花皮果，影响火龙果品质。

**2.形态特征**

体微小，体长 0.5～2 mm，很少超过 7 mm；黑色、褐色或黄色；头略呈后口式，口器锉吸式，能挫破植物表皮，吸吮汁液；触角 6～9 节，线状，略呈念珠状，一些节上有感觉器；翅狭长，边缘有长而整齐的缘毛，脉纹最多有两条纵脉；足的末端有泡状的中垫，爪退化；雌性腹部末端圆锥形，腹面有锯齿状产卵器，或呈圆柱形，无产卵器。

**3.发生规律**

蓟马全年都可为害火龙果，发生高峰期在 6—10 月。

**4.防治方法**

(1)清除杂草　清除火龙果地杂草，减少虫源。

(2)蓝板诱杀　蓟马对蓝色具有强烈的趋性，悬挂蓝板，可以诱杀成虫。

(3)化学防治　可使用 6%乙基多杀菌素悬浮剂 1 500～2 500 倍稀释液，20%啶虫脒可湿性粉剂 2 000～2 500 倍稀释液，70%吡虫啉水分散粒剂 3 000～4 000 倍稀释液，24%螺虫乙酯悬浮剂 3 000～4 000 倍稀释液，25%噻虫嗪水分散粒剂 1 500～2 000 倍稀释液喷施。

## 三、橘小实蝇

**1.发生概况**

橘小实蝇[*Bactrocera dorsalis* (Hendel)]属双翅目实蝇科。成虫产卵在果皮下，幼虫孵化后，在火龙果内部取食，产生虫果，严重的引起落果，降低果实产量。

**2.形态特征**

成虫体长 7～8 mm，翅透明，翅脉黄褐色，有三角形翅痣。全体深黑色和黄色相间。胸部背面大部分黑色，但黄色的“U”字形斑纹十分明显。腹部黄色，第 1、2 节背面各有一条黑色横带，从第 3 节开始中央有一条黑色的纵带直抵腹端，构成一个明显的“T”字形斑纹。雌虫产卵管发达，由 3 节组成。卵梭形，长约 1 mm，宽约 0.1 mm，乳白色。幼虫蛆形，无头无足型，老熟时体长约 10 mm，黄白色。蛹为围蛹，长约 5 mm，全身黄褐色。

**3.发生规律**

每年 6—12 月橘小实蝇可为害火龙果。

**4.防治方法**

(1)清洁田园　对发生为害的果实，及时采摘，并将采摘的虫果及时投入水池中堆沤。

(2)水果套袋　在火龙果幼果期采用网袋套袋，可预防橘小实蝇的为害。

(3)诱剂诱捕　每年 5 月底至 12 月，悬挂诱瓶，采用甲基丁香酚作为诱剂诱杀雄虫，每亩地悬挂诱瓶 5 个。

(4)化学防治　可喷施 80%敌百虫可溶性粉剂 1 000～1 500 倍稀释液，或 45%马拉硫磷乳油 1 000～1 500 倍稀释液喷施。

## 四、其他害虫

### 1.甜菜夜蛾

甜菜夜蛾[*Spodoptera exigua* (Hübner)]属鳞翅目夜蛾科。幼虫为害火龙果嫩茎、花和果实,其中以火龙果嫩茎受害最严重。幼虫取食嫩茎,造成嫩茎缺刻,为害嫩茎生长点,造成嫩茎停长;为害花蕾,严重的造成落蕾;为害幼果,取食幼果果皮,造成花皮果,严重影响果实品质。幼虫3—12月均可为害火龙果,4—5月和9—10月火龙果出现为害高峰期。

### 2.红火蚁

红火蚁[*Solenopsis invicta* (Buren)]属膜翅目蚁科。红火蚁取食火龙果植株幼嫩部位分泌出的蜜露,大雨后,蜜露被冲洗干净,红火蚁取食火龙果幼嫩部分的组织,造成火龙果枝条或火龙果表面凹凸不平,极易被病原菌侵染而软腐。为害火龙果嫩茎顶端生长点,造成嫩茎停止生长;为害花蕾和幼果,造成花皮果。全年可为害。

### 3.蚜虫

蚜虫属同翅目蚜科。蚜虫为害花和幼果,其中冬季套袋的幼果受害最严重。蚜虫刺吸火龙果花和幼果,导致花和幼果的鳞片变黄萎缩,受害严重的花可导致畸形。蚜虫在春季和冬季为害火龙果。

### 4.桃蛀螟

桃蛀螟[*Dichocrocis punctiferalis* (Guenée)]属鳞翅目螟蛾科。初孵化的幼虫取食火龙果表面组织,钻蛀为害取食火龙果果肉,向果实表面排出粪便,造成火龙果品质下降。桃蛀螟8—11月为害火龙果。

## 五、蜗牛

蜗牛属软体动物门腹足纲柄眼目蜗牛科。蜗牛3—11月可为害火龙果,3—6月火龙果留梢期为害最严重,蜗牛在雨后或有露水的晚上活动取食。蜗牛为害火龙果肉质茎、花蕾和幼果,取食火龙果组织,在植物组织上留下不规则的取食孔洞,同时留下薄膜般的爬痕。蜗牛取食火龙果幼嫩的肉质茎,导致火龙果肉质茎生长缓慢,表面花皮;取食肉质茎生长点,导致火龙果肉质茎停长;取食火龙果花蕾和幼果,导致火龙果花皮。

## 【工作步骤】

观察斜纹夜蛾、甜菜夜蛾、蓟马、橘小实蝇、红火蚁、蚜虫、桃蛀螟等成虫、蛹、幼虫(若虫)、卵的形态特征,重点是为害虫态及其为害状。

## 【巩固训练】

植保技能考核:识别并写出当地火龙果主要害虫(或为害状)的名称。

## ◆作业

基础技能训练:绘斜纹夜蛾幼虫、甜菜夜蛾幼虫、蓟马成虫形态图。

# 任务 2　火龙果害虫综合防控技术

## 【材料、用具与场所】

记录本、放大镜、铅笔、皮卷尺或米尺、色板、诱捕器等，火龙果害虫发生严重的地块，农药及施药器械。

## 【基础知识】

斜纹夜蛾、蚜虫、蓟马、橘小实蝇、红火蚁等害虫的综合防治。

（1）农业防治　清除火龙果园内的杂草，及时清理修剪出来的火龙果枝条、虫果，带出地头销毁，消灭害虫滋生的场所。

（2）物理防治　利用害虫对色板的趋性，在火龙果地悬挂黄板诱杀蚜虫、蓟马。橘小实蝇为害严重的地块可以采用套袋方法防止成虫在果实表面产卵。

（3）生物防治　在田间释放捕食性瓢虫、赤眼蜂等，保护胡锋、螳螂、步甲、虎甲等自然天敌，可捕杀蚜虫降低虫口基数。可采用性信息素诱捕斜纹夜蛾、甜菜夜蛾、橘小实蝇成虫。

（4）化学防治　用 10%高效氯氰菊酯水乳剂 1 000～1 500 倍稀释液，70%吡虫啉水分散粒剂 2 000～3 000 倍稀释液，20%啶虫脒可溶性粉剂 2 000～3 000 倍稀释液，或 5%甲维盐微乳剂 2 000～3 000 倍稀释液喷施。

## 【工作步骤】

1.以小组为单位，制订火龙果害虫调查方案并实施调查。

2.以小组为单位，根据调查结果查对防治指标，进行防治决策，制订综合防治方案。

3.采取相应措施实施火龙果害虫综合防治，调查防治效果，写出调查报告。

## 【巩固训练】

### ◆作业

1.根据所学知识，请简述火龙果生产如何践行“绿水青山就是金山银山”的发展理念？

2.根据所学知识，利用图书馆 CNKI 数据库查阅火龙果害虫文献资料。

## 知识拓展

**1.广西火龙果产业地位**

我国火龙果种植以广西、广东、贵州、海南、云南、福建等地为主，其中，广西生产规模最大，从 2016 年至 2018 年，广西火龙果产业排名全国第一。2020 年广西火龙果产量达到 45.76 万 t。

**2.南宁市火龙果产业**

南宁市从 1992 年引进火龙果种植取得成功。目前，南宁市火龙果种植面积 1 万 $hm^2$，产量

24.1 万 t，分别占广西面积的 49.6%、产量的 69%，排名广西第一，占全国火龙果总产量的 1/5，是广西最大的火龙果产区，也是全国最大火龙果生产基地。隆安县是南宁市火龙果的最大产区，面积 3 067 $hm^2$、产量 11.5 万 t，分别占全市面积的 30.5%、产量的 47.7%，产量高、品质好，是广西火龙果特色农产品优势区。2020 年 4 月“南宁火龙果”获得农产品地理标志保护登记，成为继“南宁香蕉”之后，第二个以“邕”字头冠名的地理标志水果产品。

## 课程思政

**1.“绿水青山就是金山银山”**

“绿水青山就是金山银山”是时任浙江省委书记习近平于 2005 年 8 月在浙江湖州安吉考察时提出的科学论断。干部群众把美丽浙江作为可持续发展的最大本钱，护美绿水青山、做大金山银山，不断丰富发展经济和保护生态之间的辩证关系，在实践中将“绿水青山就是金山银山”化为生动的现实，成为千万群众的自觉行动。

**2.火龙果产业带动就业**

广西金福农业有限公司成立于 2014 年，在隆安县丁当镇保湾村建设了广西连片种植面积最大的红心火龙果种植基地，形成了集火龙果种苗培育、种植、技术研发、贸易物流、休闲农业观光旅游于一体的特色产业集群。金福农业在火龙果剪枝、采摘、分拣、包装等生产环节都需要大量劳动力，公司从当地农户中聘用农民工，每月吸纳 600 多人到基地务工，每人每天收入 100～120 元。在每年 6—10 月采摘季，基地每月可吸纳周边农户务工 3 000 人次，其中隆安县震东易地扶贫搬迁集中安置区居民近 300 人次。

## 学习评价

火龙果害虫综合防治考核评价表

| 序号 | 考核项目 | 考核内容 | 考核标准 | 考核方式 | 分值 |
|---|---|---|---|---|---|
| 1 | 火龙果害虫识别 | 火龙果害虫形态及为害状观察识别 | 能仔细观察、准确描述火龙果主要害虫的识别要点及为害状特点，并能指出其所属目和科的名称 | 现场或实验室识别考核 | 4 |
| 2 | 田间调查 | 火龙果害虫田间调查方法 | 能现场区分类型田，并选择其中之一进行调查，采取正确的调查方法实地调查，数据记录正确、完整 | 现场考核 | 6 |
| 3 | 制订综合防治方案 | 能针对火龙果害虫发生规律制订调查方案 | 能根据当地火龙果主要害虫发生规律制订综合防治方案，防治方案制订科学，应急措施可行性强 | 个人表述、小组讨论和教师对方案评分相结合 | 5 |
| 4 | 组织实施综合防治 | 能组织实施防治方案 | 能按照实训要求做好各项防治措施的组织和实施，操作规范、熟练，防治效果好 | 现场操作考核 | 10 |
| 5 | 知识点考核 | | 火龙果害虫发生种类、为害状、发生特点，综合防治方法 | 闭卷笔试 | 50 |

续表

| 序号 | 考核项目 | 考核内容 | 考核标准 | 考核方式 | 分值 |
|---|---|---|---|---|---|
| 6 | 作业、实验报告 | | 报告完成认真、规范，内容真实；绘制的害虫形态特征典型，标注正确 | 教师评分 | 10 |
| 7 | 学习纪律及态度 | | 对老师提前布置的任务准备充分，发言积极，观察认真；遵纪守时，爱护公物 | 学生自评、小组互评和教师评价相结合 | 15 |

# 子项目十二　蔬菜害虫识别与综合防控技术

## 学习目标

学习掌握蔬菜主要害虫种类、发生概况、发生规律及防治技术。

## 任务1　蔬菜害虫识别及其防控技术

### 【材料、用具与场所】

菜粉蝶、小菜蛾、斜纹夜蛾、黄曲条跳甲、黄守瓜和黑守瓜、美洲斑潜蝇、烟粉虱、温室白粉虱、侧多食跗线螨以及当地其他蔬菜害虫标本。体视显微镜、放大镜、镊子、培养皿、挂图等。

### 【基础知识】

#### 一、菜粉蝶

##### (一)发生概况

菜粉蝶[*Pieris rapae* (Linnaeus)]属鳞翅目粉蝶科，成虫称菜粉蝶，幼虫称菜青虫。菜粉蝶为世界性害虫。我国全国各省(区)均有分布。尤以华北、华东、华中、华南、西南及西北地区受害较重。以油菜、白菜、甘蓝、萝卜、芥菜、花椰菜等十字花科蔬菜受害最重，尤其偏好含有芥子油糖苷、表面光滑无毛的甘蓝和花椰菜。

##### (二)为害状识别

菜粉蝶初龄幼虫在叶背啃食叶肉，残留表皮，呈小型凹斑。影响叶面和包心。3龄以上幼虫把叶片吃成缺刻和孔洞，严重时只残留叶柄和叶脉，并容易引起腐烂和造成粪便污染，破坏蔬菜品质，降低蔬菜的产量和质量。幼虫取食造成的伤口，为软腐病菌的侵入创造了条件。

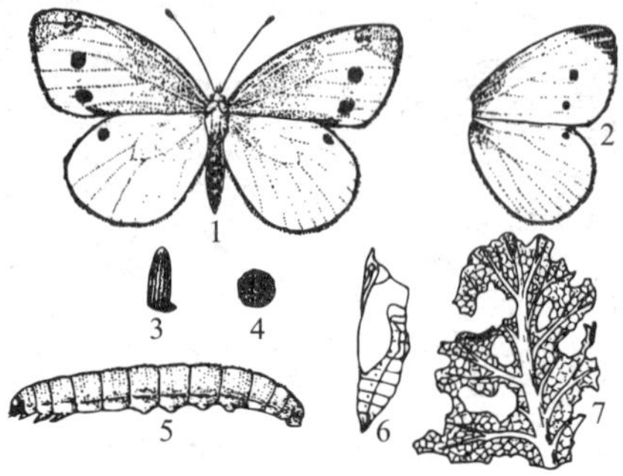


图 3-12-1 菜粉蝶

1.雌成虫 2.雄成虫前后翅 3.卵侧面观 4.卵正面观 5.幼虫 6.蛹 7.被害菜叶

(洪晓月.2017.农业昆虫学)

## (三)形态识别(图 3-12-1)

(1)成虫 体长 12～20 mm,翅展 45～55 mm。体黑色,前后翅均为粉白色。雌蝶前翅前缘和基部大部分灰黑色,顶角有 1 个大三角形黑斑,在翅的中外方有 2 个黑圆斑,一前一后。后翅基部灰黑色,前缘也有 1 黑色斑,当翅展开时,前后翅 3 个圆斑在一直线上。雄蝶体略小,翅色较白,前翅的 2 个黑斑仅前面的 1 个明显。

(2)卵 长约 1 mm,宽约 0.4 mm。竖立呈瓶状,顶端稍尖,基部较钝。初产时淡黄色,后变橙黄色,孵化前变淡紫灰色。卵壳表面有许多纵行隆起线,各线间有横列的脊纹,相互交叉成长方形的网状小格。卵单产,直立在叶片上。

(3)幼虫 老熟幼虫体长 28～35 mm。虫体青绿色,背线淡黄色。体密被黑色细小毛瘤,上生细毛,沿气门线各有 1 列黄色斑点,每个体节有 4～5 条横皱纹。

(4)蛹 长 18～21 mm。体色随化蛹时的附着物而异。有绿色、黄绿色、淡褐、灰黄、灰绿色等。蛹体呈纺锤形,两端尖细,中间膨大而有棱角状突起。

## (四)发生规律

### 1.生活史和习性

菜粉蝶为一年多代害虫,一年发生的代数由北向南逐渐增加。如在东北和华北,一年发生 4～5 代,南京 7 代,上海 7～8 代,杭州、武汉、成都 8 代,华中、华南地区一年发生 7～9 代。除南方无越冬现象外,各地均以滞育蛹在菜地附近的篱笆、屋墙、风障、树干上以及杂草或残枝落叶间等较干燥而阳光不直接照射的环境里越冬。

菜粉蝶在各地各世代发生期不同,一年内为害盛期也因地而异,在南方以春末夏初(4—6 月)和秋末冬初(9—11 月)两次盛发;东北则在 8—9 月盛发。由于越冬的环境复杂,越冬蛹羽化时间拖得很长,这是造成世代重叠的原因之一。同一时期各虫态都存在,给药剂防治造成一定困难。

成虫白天活动,夜间、阴天和风雨天气则在生长茂密的植物上栖息,常在早晨露水干后开始活动,尤以晴天中午活动最盛。成虫羽化后 6～7 h 即可交配,交配后 2～3 d 开始产卵。成虫喜产卵在十字花科厚叶片的蔬菜如甘蓝、花椰菜上,因此类蔬菜含有芥子油,成虫产卵对芥子油有趋性。雌成虫在菜园内飞翔时,每在菜上停留一次,即产下 1 粒卵。卵散产于叶片正面或背面,少数产在叶柄上,以叶背为多,竖立于叶上。在 15 ℃以下不能产卵,25～28 ℃为产卵最适温度。每头雌蝶平均产卵 120 粒左右。产卵量多少与气候条件及补充营养有关,以越冬代和第 1 代成虫产卵量多。

幼虫共 5 龄。初孵幼虫先吃去卵壳,然后啃食叶肉,残留表皮。2 龄后在叶背或菜心内为害,叶片被吃成缺刻或孔洞;3 龄后蚕食叶片为害;4～5 龄食量最大,分别占整个幼虫期食量的 12.89%和 84.19%。幼虫的活动受气温影响较大。在夏季,白天多栖于叶背,仅在夜间和凌晨取食;秋霜后,活动逐渐缓慢,并多栖息于叶面。受惊时,1、2 龄幼虫有吐丝下坠习性,大龄幼虫则有卷缩虫体坠落地面的习性。幼虫行动迟缓,但老熟幼虫能爬行很远寻找化蛹场所。常在老叶背面或正面化蛹。化蛹前老熟幼虫以腹部末端黏在附着物上，并吐丝带将腹部第1节缚住，后体躯缩短，蜕皮化蛹。卵期4～8 d。卵的发育起点温度为8.4 ℃，有效积温为56.4度·日。幼虫期11～22 d。幼虫发育起点温度为6 ℃，有效积温为217度·日。蛹期除越冬蛹长达数月外，一般为5～16 d。蛹的发育起点温度为7 ℃，有效积温为150.1度·日。

**2.发生与环境的关系**

菜粉蝶的发生受气候、天敌和食料等因子的综合影响，虫口数量经常出现季节性的规律性消长。

(1)气候　菜粉蝶喜温暖少雨，不耐高温，田间虫口密度春季随着天气转暖逐渐上升，虫口逐渐增多，春夏之交达最高峰。夏季气温常高、雨水多，特别是暴雨，卵和初孵幼虫常因高温和雨水的机械冲刷作用而大量死亡。秋季气温逐渐下降时又逐渐回升，秋、冬之间再度下降。

(2)天敌　菜粉蝶的天敌很多，卵期寄生性天敌有广赤眼蜂，捕食性天敌有花蝽，幼虫期寄生性天敌有黄绒茧蜂，蛹期寄生性天敌有蝶蛹金小蜂。此外，还有寄生于幼虫的寄生菌。天敌对菜粉蝶种群有较明显的抑制作用。

(3)食料　菜粉蝶属寡食性害虫，主要取食十字花科蔬菜。因此，一个地区的十字花科蔬菜种植面积的大小，与其发生关系密切。在菜粉蝶发生高峰期4—6月和9—11月，即十字花科蔬菜大量栽培的适宜季节，由于气候适宜，食料丰富，为菜粉蝶的大发生创造了条件。夏季十字花科蔬菜栽培少，菜粉蝶发生也少。

### (五)防控技术

(1)农业防治　清洁田园。十字花科蔬菜收获后，特别是春、夏季甘蓝砍去叶球后的残株败叶，应及时处理或耕翻埋土，以减少虫源。

(2)生物防治　用生物农药，如杀螟杆菌、青虫菌、苏云金杆菌、菜青虫颗粒体病毒虫体防治。保护及释放天敌，如卵期的广赤眼蜂，幼虫期的菜粉蝶绒茧蜂，蛹期的广大腿小蜂、蝶蛹金小蜂等。捕食性天敌有步甲、草蛉、瓢虫、胡蜂、隐翅虫、猎蝽、黄蜂、花蝽、蜘蛛等。

(3)化学防治　在低龄幼虫期喷药防治，因发生不整齐，故要连续用药2～3次。可选用35%虫螨·丁醚脲悬浮剂450～1 000 mL/$hm^2$喷雾。其他农药如苦皮素、印楝素、多杀菌素、氟虫脲、氟啶脲、虫螨腈、高效氯氰菊酯等药剂均可。注意合理混用、交替使用，并严格按照使用说明安全用药。由于甘蓝和花椰菜的叶面上有蜡层，药剂在叶面上不易展着，可按药剂稀释用水量的0.1%加入洗衣粉，以增药效。

## 二、小菜蛾

### (一)发生概况

小菜蛾[*Plutella xylostella* (Linnaeus)]属鳞翅目菜蛾科，别名菜蛾、小青虫、两头尖、吊死鬼、吊丝虫等。分布于全世界，我国各省区均有发生，以南方省区发生较重。繁殖力强，世代周期短，易产生抗药性，为十字花科蔬菜的主要害虫之一。其中以甘蓝、花椰菜、芥菜、白菜、油菜、萝卜受害最重：也可为害生姜、马铃薯、番茄等。

### (二)为害状识别

初龄幼虫取食叶肉，留下表皮，形成透明的斑块，称为“开天窗”，3～4龄幼虫可将菜叶食成缺刻和孔洞，严重时全叶被吃成网状。幼虫常集中心叶为害，影响包心。幼虫行动活泼，受惊后激烈迅速扭曲跳动着倒退，或吐丝下垂，故有“吊丝虫”之称。

**（三）形态识别（图 3-12-2）**

(1) 成虫　翅展 12～16 mm。翅狭长，缘毛很长，前后翅缘呈黄白色三度曲折的波浪纹。停息时两翅覆盖于体背成屋脊状，两翅结合处由三度曲折的波浪纹组成 3 个接连的菱形斑。

(2) 卵　椭圆形，稍扁平，长约 0.5 mm。初产时乳白色，后变为黄绿色，具光泽。

(3) 幼虫　共 4 龄，初孵幼虫深褐色，后变为黄绿色至绿色。老熟幼虫体长约 10 mm，两头尖细，纺锤形。前胸背板上有淡褐色小点组成的 2 个“U”字形纹，体上着生有稀疏的长而黑的刚毛。臀足向后延长超过腹部末端。

(4) 蛹　长 5～8 mm，茧纺锤形，薄如网，可见蛹体。

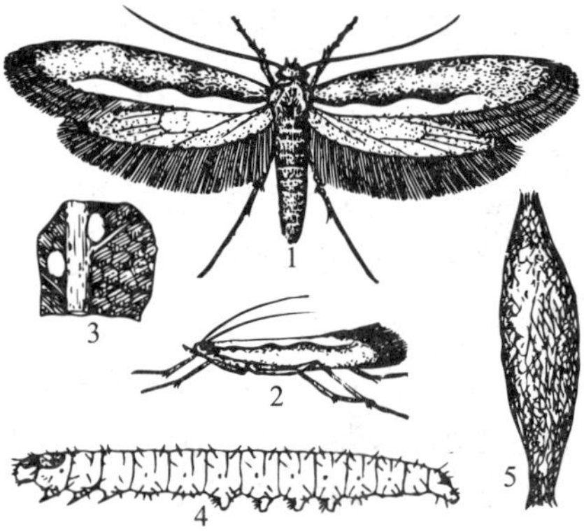


**图 3-12-2　小菜蛾**

1.成虫　2.成虫侧面观　3.菜叶上卵　4.幼虫　5.茧

（洪晓月.2017.农业昆虫学）

**（四）发生规律**

**1.生活史和习性**

从我国北方向南方，年发生世代 3～20 代。全年种群消长呈双峰型，每年上、下半年各有一个为害高峰期。南方以 5—6 月及 9—10 月为 2 次为害高峰，秋季为害较春季重。北方以春季为害为主，每年 5—6 月早甘蓝和留种菜常受到严重为害。

成虫昼伏夜出，有趋光性。飞行力不强，仅在株间作短距离飞行。雌成虫羽化后即可交尾，有多次交尾习性，交尾后当晚就能产卵。卵多在夜间产于叶背近叶脉的凹陷处，散产或 3～5 粒聚集在一起，平均每雌产卵 100～200 粒。产卵对寄主有选择性，特别是芥菜含有异硫氰酸酯类化合物更能吸引成虫产卵。

幼虫活泼、动作敏捷，受惊时向后剧烈扭动着倒退，或吐丝下垂，故称“吊丝虫”或“吊死鬼”。1 龄幼虫常咬破叶片表皮，潜食叶肉，1 龄末、2 龄初才从隧道中退出来。2 龄幼虫啃食叶肉，残留表皮，形成透明斑。由于 1～2 龄幼虫潜叶、取食量少，难于发现，3～4 龄多在叶背或心叶为害，防治难度大。幼虫在高温时一般早晚活动，中午于阴凉处躲藏。天气寒冷时早晚贴在地面的叶背面或躲在菜心里，中午气温高时活动取食。幼虫对食物质量要求非常低，老、黄叶都能取食并完成发育。因此，清除菜园残枝落叶是综合防治小菜蛾的一个重要环节。幼虫共 4 龄，幼虫期 6～34 d。幼虫老熟后，在叶脉附近或落叶上结茧化蛹。蛹期 8～14 d。

**2.发生与环境的关系**

小菜蛾种群消长及为害程度主要与气候条件、食料、天敌及其抗药性等因子密切相关。

(1) 温度　菜蛾对温度的适应性极广，既耐高温又耐寒冷，各虫态发育与繁殖的适温为 20～28 ℃，最适温度为 25 ℃左右，因此春、秋两季的气温对菜蛾最适合，在这两季往往发生严重。温度影响成虫的寿命和产卵量，低于 20 ℃或高于 29 ℃，产卵量均急剧下降。长江流域以南，夏季日平均温度高于 30 ℃，因此，成虫寿命缩短，产卵量少，孵化率和初孵幼虫存活率降低。加之蜜源植物少，故夏季虫口密度小，为害轻。

(2)雨水　空气相对湿度对菜蛾生长发育的影响并不很显著，但低龄幼虫对雨水十分敏感，暴雨冲刷对卵及幼虫均不利，因此夏季发生少。相反，在干旱年份，夏季菜蛾对小白菜、黑叶平顶甘蓝可严重为害。

(3)食料　菜蛾为害十字花科植物，并偏嗜甘蓝型蔬菜。十字花科蔬菜周年不断，种植面积大、复种指数高，小菜蛾的发生为害就重。

(4)天敌　菜蛾的天敌种类较丰富。捕食性天敌昆虫至少有 15 种，寄生性天敌昆虫至少有 18 种。其中有幼虫期的寄生蜂菜蛾盘绒茧蜂，幼虫—蛹期寄生蜂菜蛾啮小蜂和蛹期寄生蜂颈双缘姬蜂等。此外，还有菜蛾幼虫颗粒体病毒、青蛙、蟾蜍等。这些天敌对小菜蛾数量的消长，起到一定的抑制作用。

(5)抗药性　据报道，小菜蛾对化学农药容易产生抗性。因此，在药剂防治时，应避免长期使用单一农药和随意加大用药量。不同的农药品种应交替使用。生物农药与化学农药交替、合理混用。同时还要注意掌握用药时机，在卵孵化盛期到 2 龄幼虫发生期用药，因高龄幼虫抗药性很强。

### （五）防控技术

(1)农业防治　合理规划蔬菜品种布局，避免十字花科蔬菜周年连作，拆除寄主桥梁田。加强苗田肥水管理，及时防治，避免将虫源带入本田。铲除田边、路地角等处的野生十字花科蔬菜或植物，减少成虫产卵场所和减少幼虫食料。十字花科蔬菜收获后，要及时处理残株落叶，及时翻耕土地，消灭虫源。

(2)物理防治　利用趋光性，在成虫发生期，采用频振式杀虫灯或黑光灯，可诱杀大量小菜蛾，减少虫源。或与小菜蛾性引诱剂联合使用，诱杀成虫。

(3)生物防治　用细菌农药，如杀螟杆菌、青虫菌、苏云金杆菌防治。保护及释放天敌如菜蛾绒茧蜂、姬蜂。

(4)化学防治　在卵孵化盛期至 2 龄前喷药防治，可选用 2.5％高效氯氰菊酯微乳剂 1 000 $mL/hm^2$ 喷雾.其他农药如苦皮素、印楝素、多杀菌素、氟啶脲、氟铃脲、虫螨腈、斜纹夜蛾核型多角体病毒等药剂。注意合理混用、交替使用，并严格按照使用说明安全用药。

## 三、斜纹夜蛾

### （一）发生概况

斜纹夜蛾[*Spodoptera litura* (Fabricius)]属鳞翅目夜蛾科，又称莲纹夜蛾，俗称乌头虫、夜盗蛾。在全国各省区普遍发生。长江流域及其以南地区密度较大，黄河、淮河流域可间歇成灾。此虫为杂食性、暴食性害虫，可为害多种蔬菜和农作物，在蔬菜中有白菜、甘蓝、芋头、莲藕、蕹菜、茄子、辣椒、番茄、豆类、瓜类等，但以十字花科和水生蔬菜为主，其他作物有甘薯、棉花、大豆、玉米、烟草等。

### （二）为害状识别

初孵幼虫先在卵块附近取食叶肉，受害叶仅剩一层表皮，呈窗纱状，2 龄、3 龄分散，4 龄后食量骤增，可将叶片吃成缺刻，严重时除主脉外，全叶吃光，还可钻蛀甘蓝的心球，将内部吃空，引起腐烂失去食用价值。有成群迁移的习性，老熟后入土 3～5 cm 筑室化蛹。

### （三）形态识别（图 3-12-3）

斜纹夜蛾幼虫为害状

（1）成虫　体长 14～20 mm，翅展 35～40 mm，体深褐色，前翅灰褐色。内、外横线灰白色波浪形，中间有 3 条白色斜纹，后翅白色，具紫色闪光。

（2）卵　半球形。卵粒常 3、4 层重叠成块。卵块椭圆形，上覆黄褐色绒毛。

（3）幼虫　老熟幼虫体长 35～50 mm，幼虫共分 6 龄。体色多变，发生少时为淡灰绿色，大发生时体色深，多为黑褐或暗褐色。全体遍布不太明显的白色斑点，背线、亚背线及气门下线均为橙黄及灰黄色，沿亚背线上缘每节两侧常各有 1 半月形或三角形黑斑。

（4）蛹　蛹体长 15～30 mm，红褐色，末端有 1 对臀刺，基部分开。

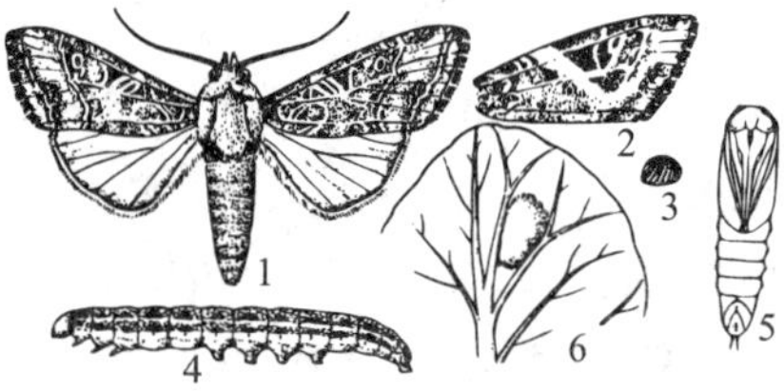

图 3-12-3　斜纹夜蛾

1.雌成虫　2.雄成虫前翅　3.卵　4.幼虫　5.蛹　6.叶片上的卵块

（洪晓月.2017.农业昆虫学）

### （四）发生规律

#### 1.生活史和习性

斜纹夜蛾年发生 7～8 代，世代重叠。无滞育特性。在两广、福建等南方地区，终年都可繁殖，冬季可见到各虫态，无越冬休眠现象。长江中、下游地区每年以 7—9 月发生数量最多，自然环境下不能越冬。

成虫昼伏夜出，飞翔力很强，一次可飞数十米，高可达 3～7 m。有强趋光性和趋化性，喜食糖酒醋等发酵物及取食花蜜作为补充营养。雌蛾产卵多产在叶片背面。每雌能产 3～5 个卵块，每块有卵数十粒至数百粒，一般为 100～200 粒。

幼虫分 6 龄。初孵幼虫群集为害，于卵块附近取食叶肉。2、3 龄后分散为害，4 龄后为暴食期，大发生时，当食料不足，有成群迁移习性。各龄幼虫均有假死性，3 龄后表现更为明显。幼虫畏光，白天常藏伏于阴暗处，4 龄后幼虫则栖息于地面或土缝，傍晚取食为害。老熟幼虫入土做土室化蛹。

#### 2.发生与环境的关系

（1）温度　斜纹夜蛾为喜温、耐高温害虫。各虫态的发育适温为 28～30 ℃。高温（33～40 ℃）环境下生活基本正常。抗寒力弱，长时间处于 0 ℃左右的低温下，基本不能生存。在长江流域各省，为害盛发期在 7—9 月，也是全年中温度最高的季节。

（2）天敌　斜纹夜蛾天敌种类多。瓢虫的成虫、幼虫均可取食斜纹夜蛾的卵块；绒茧蜂可寄生幼虫；寄生蝇可寄生蛹。此外，其天敌还有广大腿蜂、步行虫及鸟类等。虽然通常情况下寄生率都不是很高，但对斜纹夜蛾种群的控制作用仍不容忽视。此外，白僵菌和斜纹夜蛾核型多角体病毒在降雨多的月份也常引起斜纹夜蛾的大量死亡。

（3）食料　在斜纹夜蛾的发生季节中，水肥条件好、作物生长茂密的田块，虫口密度大。

### （五）防控技术

（1）农业防治　人工摘卵和人工捕杀幼虫。利用成虫产卵成块，初孵幼虫群集为害的特点，结合田间管理摘除卵块和有初孵幼虫的叶片，消灭集中为害的幼虫。

（2）物理防治　利用其趋光性、趋化性进行诱杀，如用黑光灯、杨柳枝把或糖醋液加敌百虫，诱杀斜纹夜蛾成虫，减少虫源。或与斜纹夜蛾性诱剂联合使用，诱杀成虫。

（3）生物防治　用生物农药，如斜纹夜蛾核型多角体病毒、白僵菌、苏云金杆菌等进行防治。注意保护及释放天敌，如瓢虫、绒茧蜂、广大腿蜂等。

（4）化学防治　在卵孵化盛期至2龄前喷药防治，可选用5%苦参碱水剂150 mL/hm$^2$喷雾，其他农药如苏云金杆菌、甲维盐、多杀菌素、灭幼脲、虫螨腈、高效氯氰菊酯、甲氧虫酰肼等药剂单剂或复配药剂。注意交替轮换使用，并严格按照使用说明安全用药。

## 四、黄曲条跳甲

### （一）发生概况

黄曲条跳甲[*Phyllotreta striolata* (Fabricius)]属鞘翅目叶甲科。为世界性害虫，在国内各省区均有发生。主要为害叶菜类蔬菜，以十字花科蔬菜如萝卜、油菜、芥菜受害最重，也为害茄子、瓜类和豆类蔬菜。

### （二）为害状识别

成虫和幼虫均能为害。成虫食叶，在叶面啃食叶肉，把叶片吃成许多小孔洞，呈千疮百孔，被害叶片老而带苦味。幼虫咬食寄主的根和皮，形成许多弯曲的虫道，可把须根咬断，致幼苗地上部分萎蔫死亡。萝卜被害后，表面形成许多黑色蛀斑，最后变黑腐烂。

### （三）形态识别（图3-12-4）

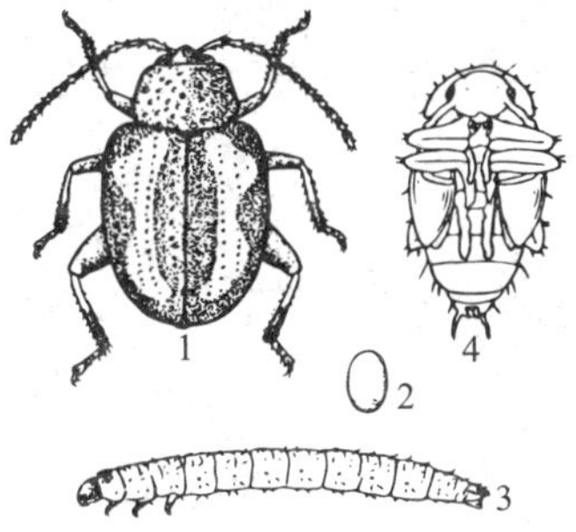


**图3-12-4　黄曲条跳甲**

1.成虫　2.卵　3.幼虫　4.蛹

（洪晓月.2017.农业昆虫学）

黄曲条跳甲

（1）成虫　成虫体长约2 mm，黑色有光泽。前胸及鞘翅上有许多刻点，排成纵行。鞘翅上各有1条黄色纵斑，中部狭而弯曲。

（2）卵　长约0.3 mm，椭圆形。初产时淡黄色，半透明，接近孵化时姜黄色。

（3）幼虫　幼虫多为3龄。老熟幼虫体长4 mm左右，长圆筒形，黄白色。胸部及腹部均为乳白色，头部、前胸盾及腹末臀板淡褐色。各节都有不显著的肉瘤，其上生细毛。

（4）蛹　纺锤形，长约2 mm。初化蛹时为乳白色，接近羽化时变为淡褐色。头部隐于前胸下面，翅芽和足达第5腹节，腹末端有1叉状突起。

### （四）发生规律

#### 1.生活史和习性

黄曲条跳甲在我国一年发生4～8代，均以春、秋两季发生严重，但春季为害重于秋季。盛夏高温季节发生为害较少。

成虫善跳跃，遇惊动即跳走，高温时还能飞翔。中午前后活动最盛。有趋光性，对黑光敏感。有趋黄色和趋嫩绿习性，偏好取食叶色深绿的十字花科蔬菜，在同一田块内的同品种青菜，叶色深的比叶色浅的虫量多、受害重。成虫抗低温能力强，耐饥力弱，饿几天即死，在有水的条件下可活6～7 d。

成虫寿命长，可长达一年多，产卵期长达30～45 d，因此发生不整齐，世代重叠。卵散产于植株周围湿润的土隙中，每头雌虫平均产卵200粒左右。卵孵化需较高的湿度，相对湿度低于100%时，许多卵不能孵化。因此。湿度高的田块重于湿度低的田块，近畦沟的菜地幼虫较严重，南方春季湿度高，受害较春季干旱的北方严重。

**2.发生与环境的关系**

(1)温度　黄曲条跳甲的适温范围为21～30 ℃。高于30 ℃或低于20 ℃，成虫活动均显著减少，特别是高温的夏季，食量剧减，繁殖率下降，并有蛰伏现象，因而发生较轻。

(2)湿度　湿度对黄曲条跳甲的发生数量关系非常大，特别是产卵期和卵期。成虫产卵喜潮湿土壤，含水量低时极少产卵。卵孵化需较高的湿度，相对湿度低于90%时，卵孵化极少。春、秋季雨水偏多，有利于该虫发生。

(3)食料　黄曲条跳甲属寡食性害虫，偏嗜十字花科蔬菜，在十字花科蔬菜连作地区，食料终年不断，有利该虫大量繁殖，受害就重。若与其他蔬菜轮作，则发生为害就轻。

### (五)防控技术

(1)农业防治　合理轮作，避免十字花科蔬菜连作；每茬蔬菜收获后立即耕翻晒土，待表土晒白后再整地播下茬青菜；保持田园清洁，清除杂草及残株落叶，控制基数，压低越冬虫量。

(2)物理防治　利用其对黄色及黑光灯的趋性，使用黄盆及黑光灯进行诱杀。或铺设地膜，避免成虫把卵产在根上。

(3)生物防治　异小杆线虫和斯氏线虫以每公顷$70\times10^9$条线虫的用量，能有效控制黄曲条跳甲种群的为害。

(4)化学防治　可用10%氯氰菊酯乳油2 000～3 000倍稀释液、90%敌百虫1 000倍稀释液或50%辛硫磷1 000倍稀释液大面积喷洒防治成虫，或灌根防治幼虫。注意在4月中、下旬用药消灭产卵前的越冬成虫，是控制全年发生为害的关键措施。因越冬代成虫的产卵量大，加上虫源面积小，产卵前期长，对防治、压低虫源基数以及减少以后各代防治的压力均有显著效果。

## 五、黄守瓜和黑守瓜

### (一)发生概况

在我国为害瓜类的守瓜属害虫已知有10多种，但发生较普遍的有黄足黄守瓜(*Aulacophora femoralis chinensis* Weise)及黄足黑守瓜(*Aulacophora cattigarensis* Weise)。均属鞘翅目叶甲科。黄足黄守瓜又称黄萤、黄虫、瓜守等，分布最广，为害最重。国外越南、朝鲜有分布，国内各省区均有发生，以长江流域以南地区为害最烈。黄足黑守瓜又称柳氏黑守瓜、黄胫黑守瓜，主要分布于黄河以南地区。

黄守瓜食性杂，各种瓜类几乎均可为害，受害最重的是黄瓜、甜瓜、南瓜、西瓜等，也为害十字花科、茄科、豆科、向日葵、柑橘、苹果、朴树、桃、梨和桑树等。

### (二)为害状识别

成虫、幼虫均可为害。成虫喜食瓜叶和花瓣，为害瓜叶时常以身体为半径旋转咬食1圈，然后在圈内取食，形成干枯环形或半环形食痕或圆形孔洞。还可为害南瓜幼苗皮层，咬断嫩茎和食害幼果。瓜苗被害后，常带来毁灭性灾害。幼虫在土中咬食瓜类根部，常造成瓜苗死亡，整株枯死，或蛀食瓜的贴地部分，引起腐烂，丧失食用价值。幼虫为害重于成虫，但仅为害瓜类。

黄足黑守瓜为害的作物较少，以丝瓜、瓠瓜、苦瓜受害较重。成虫咬食叶片成环形或半环形缺刻，也可蛀食贴地生长的瓜果。幼虫为害根部，是苗期毁灭性害虫。

## （三）形态识别（图 3-12-5）

黄守瓜成虫体长 8～9 mm，除前、中、后胸及腹部腹面为黑色外，其他部位为黄色至橙黄色，前胸背板有 1 条波形凹沟。卵长约 1 mm，黄色，表面有六角形蜂窝状网纹。幼虫共 3 龄，老熟幼虫体长 11～13 mm，腹部末端臀板有肉质突起。蛹体长约 9 mm，末端具 2 个巨刺状突起。

黑守瓜成虫略小于黄守瓜，体长 5.5～7 mm，宽 3～4 mm，全身除鞘翅、复眼和上颚顶端黑色外，其余部分均呈橙黄色或橙红色。卵球形，黄色，表面有网状皱纹。幼虫黄褐色，胴部各节均有明显瘤突，上生刚毛。蛹灰黄色，有刺毛。

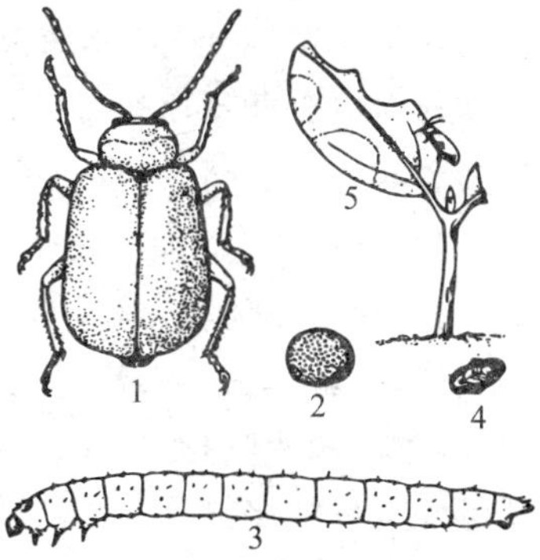


**图 3-12-5　黄守瓜**

1.成虫　2.卵　3.幼虫

4.土中的蛹　5.瓜幼苗被害状

（洪晓月.2017.农业昆虫学）

## （四）发生规律

### 1.生活史和习性

黄守瓜每年发生代数因地而异，广西一年发生 2～4 代。以成虫潜伏在背风向阳的田埂土坡缝隙中、土块下或杂草落叶中越冬。

成虫稍有群集性，喜温好湿，耐饥饿、耐热性强，但抗寒力差。中午活动最盛，有假死性，但不易捕捉。清晨受惊扰坠落地面假死，白天则迅速飞走。雨后天晴时往往活动增强，为害重。成虫对黄色有较强趋性，且喜欢取食幼嫩的瓜叶，常将瓜苗的嫩茎咬断。因此，瓜苗在 5～6 片真叶以前，受害最严重。成虫在开花前主要取食瓜叶，常以身体为半径旋转咬食一圈，使叶片成干枯的环形、半圆形食痕或圆形孔洞。开花后还可为害瓜花和幼瓜。成虫交配、产卵多在白天。每雌产卵 150～2 000 粒。卵多产于潮湿的、深约 3 cm 的表土层中，散产或成堆。雨后产卵量激增。卵耐水，不耐旱。卵期平均 10～14 d。

幼虫 3 龄。每 10 d 左右蜕 1 次皮，经过 1 个月左右老熟。卵孵化后，很快潜入土内为害细根。3 龄以后可为害主根，将根吃成条状纹，或蛀入根的木质部和韧皮部之间，使整株枯死。幼虫也可蛀食幼瓜贴地的部分，食害瓜肉，引起腐烂。幼虫嗜好取食甜瓜，其次是南瓜、菜瓜和西瓜，而在丝瓜根中很少能完成发育。幼虫多在土下 6～10 cm 的土层活动。幼虫期 19～34 d，平均 30 d 左右。老熟幼虫不食不动，在寄主根部附近的土壤中化蛹。预蛹期 4 d 左右，蛹期 12～22 d。

黑守瓜越冬成虫春季活动时间比黄守瓜略迟，为害的作物种类较黄守瓜少，喜食丝瓜，其他生活习性与黄守瓜相似。

### 2.发生与环境的关系

黄守瓜喜温好湿，成虫产卵与卵孵化适宜温度为 25 ℃，对湿度的要求很高。卵的孵化需要高湿。在温度 25 ℃，相对湿度低于 75％时不能孵化，90％时孵化率仅达 15％，100％时才能全部孵化。因此，在成虫产卵期间的气温及湿度是影响当年黄守瓜发生轻重的重要条件。保水性差的沙土对发生不利，而保水性较好的壤土、黏土对发生有利。合理的间作套种可减轻黄守瓜的为害。如瓜类与莴苣、芹菜、甘蓝等间作，瓜类受害就轻，并且间作植物的植株越高，瓜类的受害越轻。

### (五)防控技术

防治黄守瓜首先要抓住成虫期，可利用成虫趋黄习性，用黄盆诱集，以掌握发生期及时进行防治。苗期受害影响较成株大，应列为重点防治时期，防止成虫产卵和药杀为主，但瓜类幼苗对不少药剂比较敏感，易引起药害，要注意选择适当的药剂。防治幼虫掌握在瓜苗初见萎蔫时及早施药，以尽快杀死幼虫。

(1)农业防治　①冬季清洁越冬场所。②早育苗，早移栽，使越冬成虫为害高峰期与作物受害敏感期错开。③与非瓜类作物间作或轮作。

(2)物理防治　①覆盖地膜或在瓜苗四周撒草木灰、石灰粉、木屑等，以阻止成虫在瓜苗根部产卵。②利用成虫在杂草堆越冬的习性，在菜地附近设置草堆，吸引取食后的成虫躲藏越冬并将草堆烧毁。

(3)化学防治　①50%敌敌畏乳油 1 000 倍稀释液或 90%敌百虫晶体 1 000 倍稀释液灌根，防治根部幼虫。②可用氯虫苯甲酰胺、醚菊酯、噻虫嗪等药剂喷雾防治成虫。

## 六、美洲斑潜蝇

### (一)发生概况

美洲斑潜蝇(*Liriomyza sativae* Blanchard)属双翅目潜蝇科，是一种危险性检疫害虫。原产于南美洲，我国于 1993 年 12 月在海南首次发现，随后迅速扩散至全国大部分地区，表现出来势猛、扩展快、暴发为害重等特点。对瓜、豆类蔬菜造成严重为害。其寄主范围广，涉及 24 科 120 多种，其中以葫芦科的黄瓜、丝瓜、冬瓜，豆科的豇豆、菜豆和茄科的番茄、辣椒、马铃薯等作物受害最重，也可为害十字花科的萝卜、白菜等蔬菜。

### (二)为害状识别

成虫、幼虫均可为害，但以幼虫为害严重。雌成虫刺伤叶片取食和产卵，幼虫潜在叶片内取食叶肉，残留上、下表皮，使叶片布满不规则蛇形白色虫道，并在虫道内残留虫粪。叶片内常常有多头幼虫为害，因此，叶面上呈现紧密盘绕的虫道。受害后叶片组织受到破坏，光合面积减少，植株生长受到抑制，逐渐萎蔫，上下表皮分离最后全株死亡。

### (三)形态识别(图 3-12-6)

(1)成虫　体小，长 1.3～2.3 mm，浅灰黑色，中胸背板亮黑色，中胸侧板黄色。腹部背面为黑色，侧面和腹面黄色，小盾片鲜黄色。雌虫体比雄虫大。

(2)卵　椭圆形，米色，略透明，大小(0.2～0.3)mm×(0.1～0.5) mm。

(3)幼虫　共 3 龄。蛆状，初孵时无色，后变为淡黄绿色至橙黄色，长 3 mm。腹部末端后气门突呈圆锥状突起，顶端三分叉，各具 1 开口。

(4)蛹　围蛹，椭圆形，橙黄色，腹面稍扁平，大小(1.7～2.3) mm×(0.5～0.75) mm，后气门突三叉状。

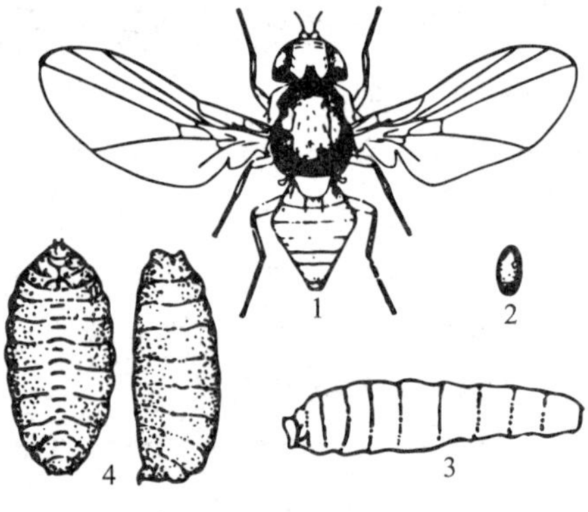


**图 3-12-6　美洲斑潜蝇**

1.成虫　2.卵　3.幼虫　4.蛹

(洪晓月.2017.农业昆虫学)

## （四）发生规律

**1.生活史和习性**

美洲斑潜蝇在我国南方周年均可发生，无越冬现象，年发生 12 代以上，世代重叠。有两个发生为害高峰，分别为 5—7 月和 9—11 月，1—2 月发生量最小。

美洲斑潜蝇适应性强，寄主范围广，繁殖能力强，世代短，每世代夏季 2～4 周，冬季 6～8 周。成虫具有趋光、趋绿、趋黄、趋蜜等特点，白天活动，尤以中午较活跃，早、晚行动迟缓，晚间静伏在植株丛间。

雌成虫产卵具有趋嫩性。以产卵器刺伤叶片，吸食汁液，把卵散产在叶片表皮下，每头雌虫产卵 100 多粒。卵经 2～5 d 孵化，幼虫期 4～7 d。末龄幼虫咬破叶表皮在叶外或土表下化蛹，蛹经 7～14 d 羽化为成虫。成虫寿命 5～10 d。

幼虫共 3 龄，在蔬菜叶片内潜食叶肉，在叶面上形成弯弯曲曲的蛇形白色虫道，随着虫龄增加，潜道加宽。受害后叶片逐渐萎蔫，上、下表皮分离最后全株死亡。幼虫老熟后，在虫道末端咬一个孔，钻出虫道，翻滚掉到地面或进入表土内化蛹，少部分留在叶上化蛹，在叶上的蛹由分泌的黏液粘着，比较牢固。

**2.发生与环境的关系**

美洲斑潜蝇田间种群数量和对作物的为害程度，主要受气候条件、作物布局、天敌等因子的影响。

(1)气候条件　美洲斑潜蝇属喜温性昆虫，温度对美洲斑潜蝇的生长、发育、存活、产卵及为害程度有较大的影响。据报道，在 13～31 ℃温度范围内，美洲斑潜蝇各虫态发育速率随着温度的升高而加快。在适温区 22～31 ℃，其存活率高，生长发育快，繁殖力高。当环境温度高达 36 ℃时，美洲斑潜蝇的卵不能孵化，蛹也不能正常羽化。故夏季炎热高温天气时，田间的虫量极少。

相对湿度和土壤含水量对成虫的羽化及虫口死亡率有显著影响。高温低湿及高温高湿对羽化均不利。美洲斑潜蝇发生的适宜相对湿度为 30%～70%。

(2)作物布局　美洲斑潜蝇的发生量与为害程度与寄主布局有密切的关系。该虫对寄主有较强的选择性，当多种豆类、瓜类、茄类、十字花科蔬菜混栽时，为害最重的为豆类和瓜类，其次是茄类，十字花科蔬菜受害较轻。此外，同科不同品种寄主的受害程度也有差异，葫芦科的苦瓜具有较强的抗虫性。

如果美洲斑潜蝇嗜食的寄主植物种植面积大、复种频率高，极利于该虫的发生与为害。反之，发生为害较轻。

(3)天敌　主要为寄生性的天敌。据报道，广东省已发现美洲斑潜蝇的寄生性天敌有姬小蜂和茧蜂等 7 种寄生蜂，其中底比斯釉姬小蜂和丽潜蝇姬小蜂是优势种。在武汉地区潜蝇茧蜂为优势种。寄生蜂除在美洲斑潜蝇幼虫体内产卵寄生致死以外，还可通过刺伤和取食其幼虫导致死亡，对美洲斑潜蝇起着很好的控制作用。

## （五）防控技术

(1)加强检疫　美洲斑潜蝇属危险性检疫害虫，扩散蔓延快，在调运蔬菜时，须严格把关，禁止调运带有美洲斑潜蝇卵、幼虫、蛹的蔬菜或花卉。

(2)农业防治　①清洁田园，尤其是重发生地块，要及时清除残株、落叶，并集中处理，减少虫源，压低虫口数量。②合理轮作，如瓜果、豆类与辣椒、葱蒜和部分叶菜轮作换茬，减轻为害。③合理疏植，减少枝叶荫蔽，增强通风透光率。④在害虫发生初期及时摘除虫叶并销毁。⑤覆盖地膜，通过闷蛹杀死落地蛹。或在蔬菜栽植前、收获后深耕土地，将蛹埋入10 cm以下土层内，降低蛹的羽化率。

(3)物理防治　①利用成虫的趋黄性，在棚栽蔬菜内外和露地蔬菜四周或田中设置黄板，诱杀成虫。②在成虫始盛期至盛末期，利用灭蝇纸诱杀成虫。

(4)生物防治　保护利用天敌如姬小蜂和茧蜂等，或用苏云金杆菌降低美洲斑潜蝇的为害。

(5)化学防治　美洲斑潜蝇发育历期短、世代重叠，应以成虫高峰期至1龄幼虫(初显虫斑)为药剂防治最适时期。可用75%灭蝇胺可湿性粉剂300 g/hm$^2$兑水喷雾。其他常用的药剂有：溴氰虫酰胺、乙基多杀菌素等。药剂的施用最好采用不同单剂交替使用，以免使害虫的抗药性增加。

## 七、烟粉虱

### (一)发生概况

烟粉虱[*Bemisia tabaci* (Gennadius)]又称棉粉虱、甘薯粉虱、一品红粉虱等，属同翅目粉虱科，是一种多食性的世界性害虫，也是我国蔬菜生产上的重要害虫。烟粉虱存在多种生物型，目前大部分地区的烟粉虱为B型。主要为害茄科、葫芦科、十字花科、豆科、菊科和大戟科的蔬菜、果树、花卉、园林植物以及经济作物等74科500余种。分布于广东、广西、云南、四川、山东、辽宁等20多个省区。

### (二)为害状识别

烟粉虱以成虫、若虫直接刺吸植物汁液为害。导致植株长势衰弱、生长缓慢、甚至萎缩。叶片变薄，叶脉、叶柄变白发亮，呈半透明状。幼瓜、幼果受害后变硬，严重时脱落。同时成虫及若虫还分泌蜜露，诱发煤污病，严重时，叶片呈黑色，严重影响植株光合作用和花卉观赏价值，甚至整株死亡。除此之外，还会通过病毒的传播造成间接为害。近几十年来，已在世界许多国家和地区的多种农作物和观赏植物上造成严重为害，已成为一种世界性的大害虫。

### (三)形态识别(图3-12-7)

(1)成虫　体长1 mm左右，翅淡黄白至白色无斑点，腹部黄色。前翅纵脉2条，1长1短，较长的一条脉不分叉，停息时左右翅在体上合拢呈屋脊状，通常两翅间可见黄色的腹部。

(2)卵　长约0.2 mm。初产时白色或淡黄绿色，后逐渐加深，孵化前变为琥珀色，有光泽。卵长椭圆形，排列不规则，上覆盖有蜡粉，肉眼较难分辨。

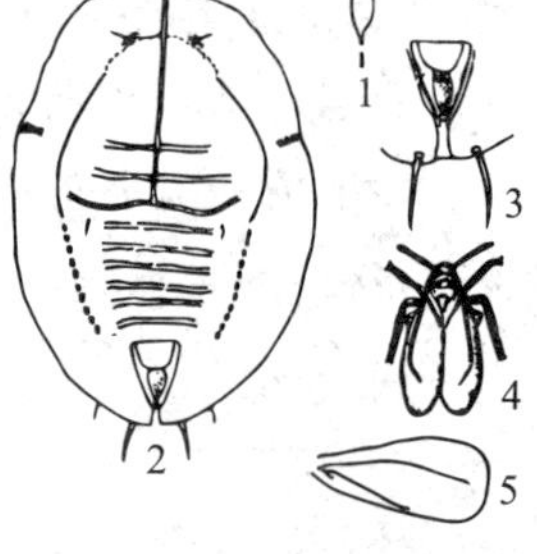

**图3-12-7　烟粉虱**
1.卵　2.伪蛹　3.管状孔
4.成虫　5.成虫前翅
(洪晓月.2017.农业昆虫学)

(3)若虫　共4龄。椭圆形，扁平，淡黄至灰黄色。初孵若虫(1龄)有2对明显的刚毛；2龄以后若虫固定在叶片背面取食不动，扁卵形，似介壳虫。

(4)伪蛹　扁卵形，淡黄白色至橙黄色，长约0.8 mm，背面隆起。边缘薄或自然下垂，无周缘蜡丝。

### (四)发生规律

**1.生活史及生物学习性**

烟粉虱为过渐变态,个体发育经历卵、若虫和成虫 3 个虫期。其中将第 4 龄若虫的前半期称“4 龄”,后半期称“伪蛹”。烟粉虱在热带和亚热带地区一年发生 11～15 代,世代重叠严重。在我国温度较高的南方地区一年四季均可为害,北方地区主要在温室大棚内越冬。

烟粉虱 1 龄若虫可爬动,爬行的距离 5～10 cm。当在叶片上寻找到合适的场所后,便固定在叶片上取食不再移动。该虫发育的最适温度为 25～28 ℃。25 ℃下,卵期 5～7 d,2 龄、3 龄、4 龄若虫期和伪蛹期分别约为 2.5 d、3.0 d、2.0 d 和 2.5 d,成虫寿命 10～40 d。光照对烟粉虱的羽化很重要。大部分在白天羽化。成虫产卵多为散产于叶片背面,平均每雌产卵 30～300 粒。有较强的趋黄习性,可利用黄板进行诱杀。

**2.发生与环境条件的关系**

环境因素对烟粉虱种群的发生和为害程度影响很大。包括温度、湿度、光照、降水和风等。

(1)温湿度　温度可影响烟粉虱的生长发育、存活和繁殖等特性。据报道,烟粉虱种群发育、存活和繁殖的最适宜的温度范围是 25～30 ℃。因此,在我国南方,烟粉虱在一年内会有两个高峰期,即 5—7 月、9—10 月,夏季高温和冬季低温对烟粉虱的发育和存活均不利。

湿度主要对成虫的寿命、产卵量、卵孵化率和种群增长影响较大。成虫在低湿条件下产卵量多,孵化率高。因此,夏、秋连续高温、干旱利于烟粉虱生长发育和繁殖,田间的种群数量大、增长快,如果防治不及时,则会暴发成灾。

(2)光照　光照主要对烟粉虱的世代存活率、成虫寿命、产卵量和种群增长趋势影响较大。光照时间的延长有利于烟粉虱的存活、发育和繁殖,最适宜的光照时间为 14～16 h。

(3)降水和风　微风细雨对烟粉虱种群的发生有利。前者可以帮助烟粉虱在一定范围内传播。后者可以增加烟粉虱生境中的湿度,利于卵的孵化,但强风暴雨对烟粉虱成虫、若虫和卵都有冲刷作用,反而对烟粉虱种群的增长不利。

(4)寄主　烟粉虱的寄主范围非常广,但对植物的选择有一定的嗜好性,主要为害葫芦科、十字花科、茄科、豆科和菊科等蔬菜。尤对黄瓜、豇豆、花菜的为害最为严重,而其他蔬菜则较轻。因此,某一地区嗜好寄主多,则有利于烟粉虱种群的生长发育和繁殖,发生为害就严重。

(5)天敌　目前我国已报道或研究过的烟粉虱寄生性天敌昆虫 21 种。其中在华南地区田间的优势种主要是双斑蚜小蜂、桨角蚜小蜂和浅黄恩蚜小蜂;北方的优势种为丽蚜小蜂。均对烟粉虱有较强的控制作用。在全世界范围内,有资料报道烟粉虱的捕食性天敌涉及 9 目 31 科 127 种,我国已知 21 种。其中淡色斧瓢虫、日本刀角瓢虫是我国优势种捕食性天敌。此外,还有球孢白僵菌、蜡蚧轮枝菌、玫烟色拟青霉和粉虱座壳孢等病原性微生物。以上这些天敌在自然界对烟粉虱的种群消长起着重要的自然控制作用。

### (五)防控技术

**1.农业防治**

(1)培育无虫苗　防止将有虫苗带入大棚定植。

(2)轮作换茬　避免烟粉虱嗜食作物如茄子、番茄、黄瓜、豆类等蔬菜混栽,调整好茬口。

对烟粉虱发生为害重的大棚，可改种烟粉虱不喜好的蔬菜品种。

(3)及时摘除老叶并烧毁　结合茄果类蔬菜整枝打杈等农事操作，将老龄若虫较多的下部叶片，适当摘除销毁，以压低烟粉虱的种群数量，减轻为害。

(4)田园清洁　对前茬作物残株落叶，清除干净，减少前茬残留烟粉虱。清除发生区附近的田边、沟边、路边杂草，减少烟粉虱适生寄主。

**2.物理防治**

(1)高、低温处理　在烟粉虱发生为害严重的温室大棚，利用12月至翌年1月寒冷冬天把温室短期敞开，控制烟粉虱的越冬基数，控制该虫为害。在春季大棚蔬菜收获后，采用高温闷棚，杀死棚内残留的烟粉虱，减少棚内传到露地作物为害的虫量。

(2)诱杀　在温室大棚内设置黄板诱杀成虫，减少卵虫基数。

**3.生物防治**

利用烟粉虱天敌如小蜂、瓢虫，以及微生物农药球孢白僵菌、蜡蚧轮枝菌、玫烟色拟青霉和粉虱座壳孢等控制烟粉虱种群的消长。

**4.化学防治**

(1)施药原则　烟粉虱体披蜡质，对农药有一定耐性，且所有虫态常同时在同一植株上，很难找到一种药能同时防治各种虫态。因此，应选择多种农药配合使用。烟粉虱繁殖力强，世代重叠严重，大发生时，每隔3～5 d要喷药1次，连续用药2～3次。

烟粉虱活动和取食主要集中在叶背，因此，施药时要注意重点对叶背喷药。其活动能力不强，但可短距离飞翔或随风迁移扩散，因此，大发生时，有条件的地区要尽可能实行统防统治。

(2)药剂防治关键时期　温室、大棚盖棚时以及来年春季(4—5月)揭棚前，进行1次药剂处理。盖棚时的防治，可压低棚内烟粉虱虫口密度，减轻为害；而揭棚前的防治，可减少扩散到露地作物上的虫口数量。

虽然烟粉虱飞行能力较弱，但往往会形成明显的核心区和扩散区。因此，要在作物虫口密度较低时或形成发生核心区时用药。

(3)施药方法　①温室大棚熏蒸：可采用烟雾剂熏蒸压低虫口，可用敌敌畏等药剂，熏蒸密闭的棚室。②喷雾：用烟雾机，把农药雾化喷雾。可用30%螺虫·呋虫胺悬浮剂150～300 mL/$hm^2$兑水喷雾。也可选用吡虫啉、噻虫嗪、苦参碱、印楝素等药剂，或加上一些拟除虫菊酯类农药，对成虫有较好的触杀作用。

## 八、温室白粉虱

### (一)发生概况

温室白粉虱[*Trialeurodes vaporariorum* (Westwood)]属同翅目粉虱科蜡粉虱属，又称小白蛾子。原产于南美的巴西和墨西哥一带，属多食性的世界性害虫。

温室白粉虱除为害温室、大棚等保护地蔬菜外，还严重为害露地果菜类蔬菜，成为目前蔬菜生产上的主要害虫之一。波及的寄主植物十分广泛，目前已知121科900多种，包括蔬菜、果树、花卉、观赏植物、中药材和大田经济作物等。主要为害黄瓜、菜豆、茄子、番茄、辣椒等。

（二）为害状识别

以成虫、若虫集中在寄主叶片背面刺吸汁液，使被害叶片褪色、变黄、萎蔫、甚至死亡。由于成虫和若虫能分泌大量蜜露，堆积于叶面和果实上，往往引起煤污病的发生，污染叶片和果实，影响叶片正常的光合作用，造成叶片萎靡，植株枯死。此外，粉虱还能传播病毒病，造成间接为害。

（三）形态识别（图 3-12-8）

（1）成虫　雄虫体长约 1.3 mm，雌虫约 1.5 mm，淡黄色。翅面覆盖白色蜡粉，停息时左右翅合拢平覆于腹部上，不呈明显的屋脊状，翅端半圆状通常遮住整个腹部。前翅纵脉 2 条，1 长 1 短，后翅 1 条，前翅较长的一条脉在中部有一个极短的分叉。

（2）卵　长椭圆形，初产时淡黄白色。长 0.2～0.26 mm，表面覆盖较明显的蜡粉，基部有卵柄。

（3）若虫　共 4 龄。长椭圆形，扁平。体缘有许多长短不一的蜡丝，蜡丝的长度可以达体宽。

（4）伪蛹　即 4 龄若虫，椭圆形，乳白或淡黄色，半透明；体背有长短不一的蜡丝，体侧有刺。

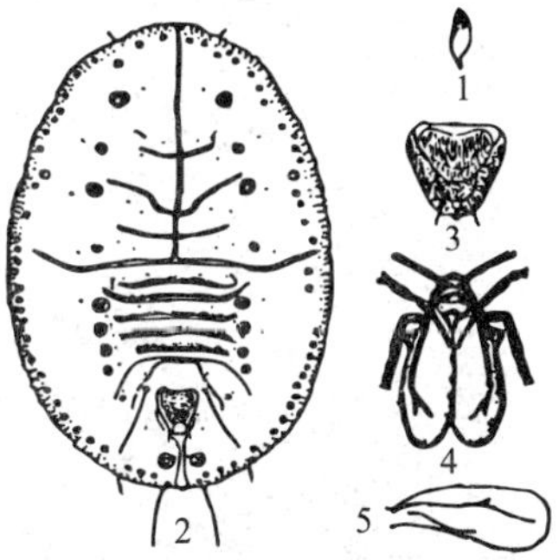

图 3-12-8　温室白粉虱
1.卵　2.伪蛹　3.管状孔
4.成虫　5.成虫前翅
（洪晓月.2017.农业昆虫学）

（四）发生规律

温室白粉虱一年发生 10 多代，世代重叠。冬季在农膜温室大棚内繁殖为害，无滞育、休眠现象，春季通过种苗移栽或通风口向露地迁移扩散，露地温室白粉虱于春末夏初时种群数量大，7—8 月达到高峰，10 月中旬气温开始下降，成虫又由露地向温室迁移。由于其个体小，易随种苗、花卉运输远距离传播，还可进行孤雌生殖，使防治难度较大。

成虫有趋嫩性，通常栖息在被害寄主的叶背面，具强烈的集中性，不善于飞翔，一般不向远处移动或飞迁，但在受惊扰时可引起扩散。成虫对黄色有强烈趋性，但忌白色、银白色，雌虫在羽化后 1～3 d 即可产卵，每雌可产卵约 150 粒。卵散产或排列成环状。产卵时卵柄插入叶背组织中。

成虫活动最适温度为 25～30 ℃，温度高于 40.5 ℃时，成虫活动能力下降。适宜繁殖的温度为 18～21 ℃。因此，棚内蔬菜可通过控制温度来压低虫口密度。

（五）防控技术

对温室白粉虱的防治应以建立清洁温室、定植无虫苗为基础，结合黄板诱杀控制成虫，释放丽蚜小蜂等天敌防治若虫，以及使用烟剂和高效低毒的选择性杀虫剂的综合防治措施。具体防治技术参考烟粉虱的防治技术。

## 九、侧多食跗线螨

（一）发生概况

侧多食跗线螨[*Polyphagotarsonemus latus* (Banks)]又称茶黄螨、茶半跗线螨等。属真螨目跗线螨科。遍布世界各地，是世界性的主要害虫之一。国内分布于北京、天津、江苏、四川、浙江、湖南、湖北、广东、贵州、四川、台湾等地。寄主非常广，涉及 30 多个科 70 多种植物。主要有辣椒、番茄、茄子、马铃薯、菜豆、豇豆、苦瓜、黄瓜、丝瓜、萝卜、甜菜、芥菜、蕹菜、芹菜、叶用木耳菜等。此外，还有柑橘、烟草、茶树、棉花及菊属的多种观赏植物。近年来，在黄瓜、辣椒、茄子等作物上发生普遍，已成为蔬菜上的主要害虫之一。

## （二）为害状识别

以成螨和幼螨集中在叶、幼芽、花、幼果等较幼嫩部位刺吸为害，尤其是嫩叶背面，有明显的趋绿性。受害叶片变脆、变硬，呈油渍状。为害重时，叶背变黄褐或灰褐色，边缘向下卷曲；嫩枝、嫩茎、花、蕾变为黄褐色、木质化、顶部干枯。由于虫体小，肉眼难以观察识别，上述的为害特征常被误为病毒病或生理病害。所以，生产上必须根据其为害习性和为害症状加以准确判别。

## （三）形态识别（图 3-12-9）

（1）雌成螨　体椭圆形，较宽阔，长 0.21 mm，宽 0.12 mm。初孵时淡黄色，后渐变为黄色半透明。腹面后足体有 4 对刚毛。

（2）雄成螨　体近六角形，扁平，体长 0.12～0.20 mm，宽 0.10～0.12 mm，淡黄色或橙黄色，半透明，末端有一锥台形尾吸盘。

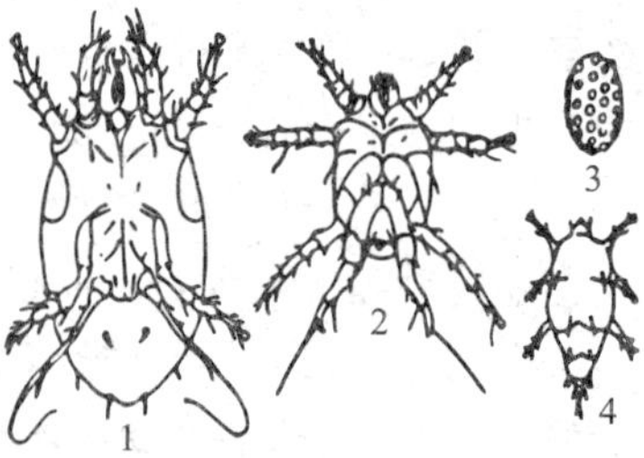

**图 3-12-9　侧多食跗线螨**

1.雌成螨　2.雄成螨　3.卵　4.幼螨

（洪晓月.2017.农业昆虫学）

（3）卵　椭圆形，灰白色，长 0.10～0.13 mm，宽 0.05～0.09 mm，背面有 6 排白色突出刻点，底面平坦光滑。

（4）幼螨　足 3 对，初孵时乳白色，近椭圆形，腹末尖，具 1 对刚毛。

（5）蛹　淡绿色，梭形，半透明，体长 0.12～0.25 mm，宽 0.06～0.10 mm。

## （四）发生规律

### 1.生活史和习性

侧多食跗线螨在南方一年可发生 25～30 代，世代重叠严重，终年均可发生为害。侧多食跗线螨完成 1 个世代通常只需 5～7 d。其中，卵期 2～3 d，幼螨期 1～2 d。幼螨期一般只有 0.5～1 d。生长繁殖的适宜温度为 20～25 ℃，湿度 80%～90%。

该螨在田间短距离扩散主要靠风雨及雄成螨携雌螨爬行；种苗调运是其远距离传播的媒介。成螨具有强烈的趋嫩性，尤其喜在嫩叶背面栖息取食。卵多散产于叶背、幼果凹陷处或幼芽上，附着牢固。1 d 可产卵 4～9 粒，产卵历期 3～5 d，平均每雌产卵 17 粒，多的可达 56 粒。

### 2.发生与环境的关系

（1）温度、湿度　温度和湿度是影响侧多食跗线螨种群消长的主要因素。高温、高湿有利其生长发育。适宜发育温度为 28～30 ℃，相对湿度为 80%～90%。在 15～30 ℃下发育速度随温度的升高而加快。该虫喜湿，卵孵化要求相对湿度在 80%以上。同时，高湿对幼螨的生存较有利。

（2）食料　不同的食料对该螨的增殖影响很大。据日本报道，茄子叶片的老嫩程度及其上毛的数量影响其增殖率。幼嫩且多毛的叶上产卵多，增殖力显著提高；毛稀而老的叶片上产卵少，增殖率低。

（3）天敌　目前已知冲绳钝绥螨、畸螯螨对侧多食跗线螨的抑制作用明显。此外，蜘蛛、蚂蚁等天敌也有一定的控制作用。

### （五）防控技术

**1.农业防治**

清洁田园，蔬菜收获后及时清除枯枝落叶，铲除田边杂草，以减少越冬虫源。温室大棚蔬菜收获后，及时清除残枝、落叶，并集中烧毁，防止向露地蔬菜转移。

**2.化学防治**

药剂防治的关键是及早发现及时防治。可用20%乙螨唑悬浮剂9 000～10 000倍稀释液喷雾，或用克螨特、速螨酮、联苯菊酯、浏阳霉素等药剂。重点对植株的上部，尤其是嫩叶背面和嫩茎进行喷药，对辣椒和茄子还应注意花器和幼果上喷药。冬季温室熏蒸，在温室中可用敌敌畏熏蒸，杀死幼螨和成螨。

## 十、蔬菜其他害虫简介

**1.菜螟**

俗称萝卜螟、白菜螟、菜心野螟等。我国各省区均有分布，主要为害油菜、白菜、萝卜、甘蓝、花椰菜、芥菜等十字花科蔬菜，尤以秋播萝卜受害最重。

高温干燥天气利于菜螟的发生，发生高峰期在8—9月。成虫昼伏夜出，稍有趋光性。卵散产在嫩叶上，幼虫取食幼苗心叶，破坏生长点，致植物停止生长，或者枯萎死亡，造成幼苗断垄。高龄幼虫从心叶或叶柄蛀入茎髓或根部，使受害菜株枯死或感染软腐病。幼虫还有转株为害习性。

**2.烟青虫**

俗称烟夜蛾，在我国北起黑龙江、内蒙古，南至广东、海南均有分布，尤以各烟草种植区为重。华北、东北地区年发生2代，华南地区年发生4～6代。食性杂，主要寄主有烟草、玉米、高粱、辣椒等，在蔬菜区以辣椒受害最重。以幼虫蛀食花(蕾)、果实为主。初孵幼虫先取食卵壳，后分散为害。有转株、转果为害习性，为害辣椒时，全身钻入果内，啃食果皮和胎座，遗下粪便引起果实腐烂，1头幼虫一生可为害3～5个果实。

**3.棉铃虫**

我国各省区均有分布，以华北、新疆、云南等地发生量大、为害重。年发生3～6代。食性杂，但以棉花、高粱、玉米、小麦、烟草等作物为主，在蔬菜区以番茄受害最重。初孵幼虫先取食卵壳，后取食嫩叶和嫩蕾，被害部分残留表皮形成小凹点。嫩蕾被害后苞叶发黄，向外张开，2～3 d后即脱落，幼果常被吃空或引起腐烂而脱落。成果则从蒂部蛀食，通常只咬食部分果肉即转至它果为害。幼虫具自残和假死性，3龄以上幼虫表现更为明显。

## 【工作步骤】

观察蔬菜主要害虫各虫态形态特征及为害状。

## 【巩固训练】

植保技能考核：识别蔬菜主要害虫及为害状。

◆**作业**

1.绘烟粉虱与温室白粉虱前翅特征图。
2.请简述小菜蛾的防治方法。
3.请简述美洲斑潜蝇的防治方法。

# 任务2　蔬菜害虫综合防控技术

## 【材料、用具与场所】

记录本、放大镜、铅笔、皮卷尺或米尺、黏虫胶等，蔬菜害虫发生严重的地块，农药及施药器械。

## 【基础知识】

### 一、实行检疫

加强蔬菜种苗的检疫，严格把关，防止美洲斑潜蝇等检疫性害虫的传播扩散。

### 二、农业防治

**1.选用抗(耐)虫品种**

充分应用蔬菜自身良好的抗病性、抗逆性抑制病虫为害。

**2.加强田间管理**

适时间苗定苗、起垄培土、中耕除草、整枝打蔓、搭架吊蔓、疏花疏果、灌溉排水、通风补光、调温控湿，促进蔬菜健壮生长，提高抗(耐)病虫能力。

**3.轮作倒茬**

通过不同科作物的轮作，改变害虫生存环境，破坏害虫与蔬菜的伴生关系。播种、定植前彻底清除前茬作物的残枝败叶及田埂、沟渠、地边杂草，减少菜青虫、小菜蛾等多种害虫虫源。

**4.调节播期**

通过提早或延后播期，使蔬菜避开害虫为害高峰期，从而避免或减轻病虫为害。

### 三、物理防治

**1.杀虫灯诱杀**

利用害虫的趋光性，在成虫发生期，采用频振式杀虫灯诱杀鳞翅目、鞘翅目、直翅目、同翅目等蔬菜害虫成虫，诱杀的靶标害虫有小菜蛾、甜菜夜蛾、斜纹夜蛾、棉铃虫、烟青虫、小地老虎、金龟子等。

**2.色板诱杀**

利用害虫对颜色的趋性，采用信息素粘虫板(黄板/蓝板)诱杀如黄曲条跳甲、美洲斑潜蝇、粉虱、有翅蚜、蓟马等小型昆虫。一般是每亩插 20～40 张。

**3.信息素诱杀**

根据作物种植种类、靶标害虫在当地的发生规律，确定和调整性诱剂应用时间，在害虫发生早期，虫口密度较低时开始使用。常用的害虫诱芯包括：小菜蛾、斜纹夜蛾、甜菜夜蛾、棉铃虫、瓜实蝇、豆荚螟、豆野螟、小地老虎等。

## 四、生物防治

**1.保护和利用天敌**

蔬菜地周边种植蜜源植物，为天敌提供庇护场所和食料，提高天敌的自然控制作用。

**2.释放天敌**

释放绒茧蜂、姬蜂、叉角厉蝽控制田间小菜蛾、斜纹夜蛾等鳞翅目害虫；在设施蔬菜种植区，可以释放异色瓢虫和草蛉防治螨、粉虱、蚜虫等；采用“以螨治螨”技术，释放捕食螨控制侧多食跗线螨等害螨。

**3.生物农药防治**

需要使用药剂防治时，优先选用生物农药，如天然除虫菊、鱼藤酮、球孢白僵菌、杀螟杆菌、苏云金芽孢杆菌和核型多角体病毒等生物制剂。

## 五、化学防治

当使用综合措施后，病虫发生仍超过防治指标时，合理选用高效低毒低残留化学农药进行应急防治。

## 【工作步骤】

1.以小组为单位，制订蔬菜害虫调查方案并实施调查。

2.以小组为单位，根据调查结果查对防治指标，进行防治决策，制订综合防治方案。

3.采取相应措施实施蔬菜害虫综合防治，调查防治效果，写出调查报告。

## 【巩固训练】

### ◆思考题

菜粉蝶及小菜蛾在广西的发生为害有何特点？

## 课程思政

**1.绿色食品产业“十四五”发展规划纲要**

发展绿色食品对于保护生态环境，提高农产品质量水平，满足人民美好生活期待，促进农业提质增效和农民增收，具有现实意义和深远影响。绿色食品是一项开创性事业，一直以来，全国绿色食品工作系统认真贯彻落实党中央、国务院的决策部署，在农业农村部的正确领导下，秉承生态环保、安全优质的发展理念，坚持推进绿色生产，积极引领绿色消费，成功打造出了一个安全优质、美誉度高的精品品牌，创建了一项蓬勃发展的新兴产业，为保障绿色优质农产品有效供给，助推农业高质量发展，满足人民对美好生活向往做出了重要贡献。

“十四五”时期是全面推进农业绿色转型和高质量发展的关键时期，绿色食品应该担负起更多任务、发挥更大作用。为贯彻落实党中央、国务院决策部署和农业农村部工作要求，依据《中华人民共和国国民经济和社会发展第十四个五年规划和2035年远景目标纲要》《国家质量兴农战略规划（2018—2022年）》《“十四五”全国农业绿色发展规划》等，中国绿色食品发展中心组织编制了《绿色食品产业“十四五”发展规划纲要（2021—2025年）》。

**2.“绿水青山就是金山银山”**

习近平总书记强调，绿水青山就是金山银山，建设生态文明是中华民族永续发展的千年大计，保护环境，守护家园，是每个人的义务和责任。

宁安市人民法院成功审理三起检察院支持起诉的农药废弃物回收的民事案件，通过三起案件审结，对提升百姓环保意识，提高环境法治思维，起到积极的教育及引导作用。

2020年5月，贺某从某服务部购买农药，可当贺某用完所有的农药后，如何处理废弃的农药空瓶成了他的烦恼。这农药是打完了，但剩下的空药瓶应该怎么办，万一随意丢弃便会造成污染，自己真没办法处理，贺某思来想去，解铃还须系铃人，还是要和销售者取得联系，共同解决此事。于是贺某和遇到同样困扰的王某、张某向宁安市人民检察院提出申请，要求某服务部协助他对农药废弃物进行回收处理。宁安市人民检察院接到三份申请书后，向宁安市人民法院提起三件分别支持原告贺某、王某、张某起诉的案件。

宁安市人民法院民二庭法官赵娜在接到案件后，迅速联系三个销售单位，说明农药废弃物对大气、水质、土壤的污染，更有甚者直接对人、畜安全留下隐患，使生态环境恶化的为害，同时引用并阐释《中华人民共和国合同法》《农药管理条例》《农药管理条例实施办法》等法律法规的相关规定，对各方进行普法引导，通过以案释法、答疑解惑，以及耐心细致的调解，三起案件当事人均达成和解协议，三个销售单位均同意回收各农户的农药空瓶及空袋，并当庭回收完毕，至此三起检察院支持起诉案件以各方达成调解协议并当庭履行完毕而圆满解决。

案件虽然事小，但意义重大，保护生态环境、建设生态文明是发展的需要，提高保护环境意识，发展绿色农业生产，严格落实环境保护的法律法规，做到有法可依、有法必依，响应习近平总书记的号召“我们既要绿水青山，也要金山银山，宁要绿水青山，不要金山银山，而且绿水青山就是金山银山。”

## 学习评价

**蔬菜害虫综合防治考核评价表**

| 序号 | 考核项目 | 考核内容 | 考核标准 | 考核方式 | 分值 |
|---|---|---|---|---|---|
| 1 | 蔬菜害虫识别 | 蔬菜害虫形态及为害状观察识别 | 能仔细观察、准确描述蔬菜主要害虫的识别要点及为害状特点，并能指出其所属目和科的名称 | 现场或实验室识别考核 | 4 |
| 2 | 田间调查 | 蔬菜害虫田间调查方法 | 能现场区分类型田，并选择其中之一进行调查，采取正确的调查方法实地调查，数据记录正确、完整 | 现场考核 | 6 |

续表

| 序号 | 考核项目 | 考核内容 | 考核标准 | 考核方式 | 分值 |
|---|---|---|---|---|---|
| 3 | 制订综合防治方案 | 能针对蔬菜害虫发生规律制订调查方案 | 能根据当地蔬菜主要害虫发生规律制订综合防治方案，防治方案制订科学，应急措施可行性强 | 个人表述、小组讨论和教师对方案评分相结合 | 5 |
| 4 | 组织实施综合防治 | 能组织实施防治方案 | 能按照实训要求做好各项防治措施的组织和实施，操作规范、熟练，防治效果好 | 现场操作考核 | 10 |
| 5 | 知识点考核 | | 蔬菜害虫发生种类、为害状、发生特点，综合防治方法 | 闭卷笔试 | 50 |
| 6 | 作业、实验报告 | | 报告完成认真、规范，内容真实；绘制的害虫形态特征典型，标注正确 | 教师评分 | 10 |
| 7 | 学习纪律及态度 | | 对老师提前布置的任务准备充分，发言积极，观察认真；遵纪守时，爱护公物 | 学生自评、小组互评和教师评价相结合 | 15 |

# 子项目十三　桑树害虫识别与综合防控技术

## 学习目标

学习掌握桑树主要害虫种类、发生概况、发生规律及防治技术。

## 任务1　桑树害虫识别及其防控技术

### 【材料、用具与场所】

桑螟、桑粉虱、桑天牛、斜纹夜蛾、桑尺蠖、桑毛虫、象甲类、金龟子类、叶虫类、叶蝉类、桑绵粉蚧、桑白蚧、桑蓟马、桑芽瘿蚊等当地桑树害虫标本；体视显微镜、放大镜、镊子、培养皿、挂图；实验室、桑园等。

### 【基础知识】

#### 一、桑螟

桑螟属鳞翅目螟蛾科。全国蚕区都有发生。

**1.为害状识别**

低龄幼虫在叶背叶脉分叉处取食,3 龄幼虫吐丝缀成卷叶或将两张叶片重叠,在内取食叶肉,留下上表皮,形成黄褐色透明薄膜。

**2.形态识别**

成虫体长约 10 mm,翅展 20 mm,翅白色,带紫色闪光,前翅有 5 条浅茶褐色横带,后翅沿外缘有宽阔的茶褐色带。卵水绿色,扁圆形。成长幼虫体长 24 mm,水绿色,头黄褐色,越冬虫呈淡红色,背线深绿色,胸腹各节有黑色毛片。蛹黄褐色,胸背中央有隆起纵脊,末端有 8 个细长钩刺。

**3.发生规律**

在浙江 1 年发生 4～5 代,在广东、广西 1 年发生 8～10 代,多在 6—8 月为害成灾。以老熟幼虫在树干裂缝、蛀孔等处结薄茧越冬,翌年春化蛹。江苏、浙江、四川等地各代幼虫发生期为 6、7、8 月和 9 月的中旬,有世代重叠现象,以第 4 代为害最重。桑螟卵期若遇潮湿天气孵化率高,而幼虫若遇高温干旱天气能加剧为害。

**4.防控技术**

(1)药剂防治。在幼虫两龄末,即尚未卷叶前喷施 80%敌敌畏乳油 1 000 倍稀释液。

(2)杀灭越冬虫。秋蚕后用残效期较长的农药喷洒,对桑螟易潜伏的树干裂隙、蛀孔等处喷湿透。

(3)人工捕杀幼虫。

(4)提倡桑树统一时间成片夏伐,消除桑螟幼虫的过渡桥梁。

## 二、桑粉虱

桑粉虱属同翅目粉虱科,分布较广。

**1.为害状识别**

幼虫吸食中部叶汁,被害叶出现许多黑色斑点,并逐渐枯萎。幼虫分泌蜜汁滴于下部叶片,常诱发霉病,致使被害桑苗及桑树枝梢无健叶。夏、秋季常猖獗成灾,密植桑园和苗圃尤为严重,影响桑树生长及夏秋蚕饲养。该虫食性杂,还为害梅、柿、茶、柳等十几种树木。

**2.形态识别**

成虫体黄色,雌体长 1.2 mm,雄体长 0.8 mm。体翅均有白粉。头小,球形,复眼黑褐色,肾脏形。触节鞭状 7 节,第一节小,第三节特大。口器刺吸式。前后翅均乳白色,具 1 条黄色翅脉。卵 0.2 mm×0.8 mm,圆锥形,初产时乳白色,渐变为黑褐色,有金属光泽。幼虫体长 0.25 mm,扁平椭圆形,背面淡黄,有半透明蜡质物覆盖体上。末端背面有乳房状突起,两侧排列 36 根硬毛。蛹长 0.8 mm,扁平,椭圆形,背面乳白色,半透明。

**3.发生规律**

1 年发生多代,世代重叠。以蛹在落叶上越冬。发生期很长。江浙地区在 4 月桑树发芽时即发现成虫,9 月最盛,11 月少见。卵期 3～6 d,幼虫期 3～4 周,蛹期 1 周,成虫期 3～7 d。

**4.防控技术**

(1)冬季清除落叶,杀灭越冬卵。

(2)8 月上旬,桑粉虱繁殖盛期摘去梢端 1～5 叶可杀死大量卵及幼虫。

(3)药剂防治。成虫发生期喷洒80%敌敌畏乳油1 000倍稀释液。

## 三、桑天牛

桑天牛属鞘翅目天牛科，分布于全国各省(区)。

**1.为害状识别**

成虫啃食一年生枝条皮层，一旦皮层被啃成环状，枝条即枯死。产卵时在新枝基部咬1个产卵穴，使枝条易被风吹折或枯死。幼虫蛀食枝干，使桑发育不良，甚至整株枯死。食性杂，还为害柑橘、苹果、核桃、梨、枣、白杨、柞等树木。虎天牛、黄星天牛也为害桑树。

**2.形态识别**

桑天牛成虫体长36～48 mm，雌大雄小，黑色，密生黄褐色短毛，头部中央有1条纵沟，大颚锐利，鞘翅基部密生黑粒点，前胸背面有横行脊纹，中央有1条浅纵沟，两侧中部各有1个小刺(图3-13-1)。卵长约6 mm，长椭圆形，稍弯曲，乳白色。成长幼虫约60 mm，乳白色，头小，隐入第一胸节，第一胸节硬皮板后部密生深棕色粒点，中部有3对尖叶状白纹。蛹长约50 mm，纺锤形，淡黄色。翅芽达第三腹节。

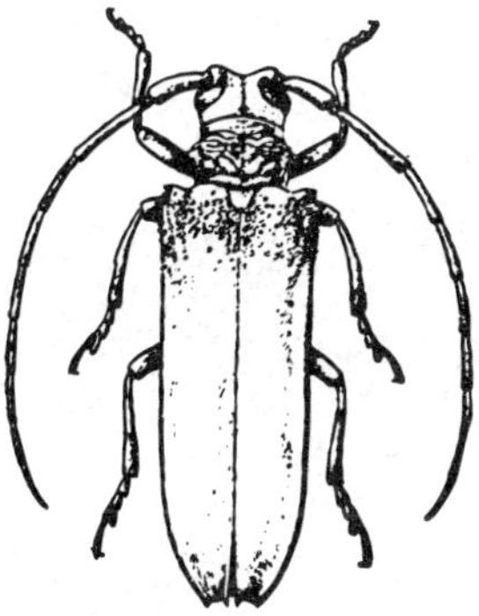
**图3-13-1　桑天牛**
(北京农业大学.1981.农业昆虫学)

**3.发生规律**

长江及长江以北地区2年发生1代，广东、广西1年发生1代。以幼虫越冬，春天桑树萌动时就开始活动、蛀食。幼虫期近2年，越2个冬天。6月初化蛹，6月下旬羽化，7月中上旬开始产卵，产卵期长达2～3个月。卵多产在一年生枝上，木质较松的桑品种产卵多。每只雌虫产卵100粒左右。成虫寿命80余d。

**4.防控技术**

(1)7—8月，捕捉成虫，刺杀虫卵。

(2)用铁丝或针，插入最下蛀孔刺杀幼虫。

(3)冬春锯去虫枝。

(4)保护天敌桑天牛啮小蜂。

(5)药剂防治。用天牛毒签或熏杀棒插入最下端的有新鲜天牛屎的蛀孔，或用棉花球醮80%敌敌畏乳油30～50倍稀释液塞入最下排泄孔，并用泥封口，也可用注射器向孔注药。

## 四、桑树其他害虫

(1)斜纹夜蛾　斜纹夜蛾属鳞翅目夜蛾科。分布在全国各蚕区。幼龄幼虫啃食桑叶的下表皮和叶肉，仅留上表皮。4龄以后咬食叶成缺刻或留主脉。食性杂。

(2)桑尺蠖　桑尺蠖属鳞翅目尺蠖蛾科。各地普遍发生，桑园中幼虫终年可见。越冬幼虫在早春桑芽萌发时，常将桑芽内部吃空，仅留苞叶，严重时可将整株桑芽吃尽，使桑树不能发芽。桑树开叶后为害叶片，将叶片吃成大缺刻。

(3)桑毛虫(图3-13-2)　桑毛虫属鳞翅目毒蛾科。各蚕区均有分布，在部分省(区)常猖獗成灾。幼虫食性杂，除为害桑外，还为害桃、苹果等多种果树。桑毛虫幼虫身上的毒毛能使家蚕中毒患黑斑病，致使结薄皮茧。毒毛触及人体，引起红肿疼痛，大量吸入可致中毒。

(4)象甲类　象甲属鞘翅目象甲科或象鼻虫科。为害桑树的象甲有桑大象甲、桑小灰象甲、大粉绿象甲、小粉绿象甲和蒙古土象甲等。其成虫食害桑芽和桑叶，致使桑叶缺刻或穿孔。

(5)金龟子类　金龟子属鞘翅目金龟子科。种类很多，为害桑树的主要有黑绒金龟子、褐金龟子(暗黑鳃金龟)、铜绿金龟子等。成虫啮食桑芽、嫩梢及桑叶，对苗木嫩芽为害尤重。北方黑绒金龟子发生普遍，江浙一带以褐金龟子和铜绿金龟子为主。

(6)叶甲类　叶甲属鞘翅目叶甲科。为害桑树的有黄叶虫、桑叶虫(图 3-13-3)、蓝叶虫、夏叶虫等。黄叶虫、夏叶虫在长江流域及其以南均有分布，桑叶虫主要分布在江浙一带。叶甲的成虫均为害桑树的春叶和夏叶，食成缺刻，严重时仅留叶脉。同时排出粪便污染下层梢叶。成虫食性杂。

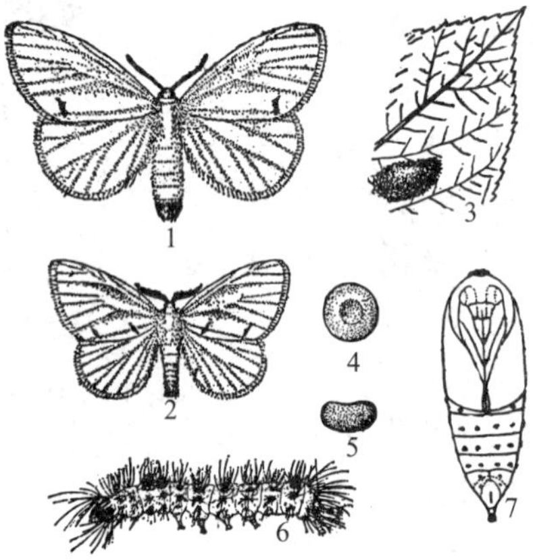


**图 3-13-2　桑毛虫**

1.雌成虫　2.雄成虫　3.卵块　4.卵(正面观)
5.卵(侧面观)　6.幼虫　7.雌蛹
(华南农学院.1981.农业昆虫学)

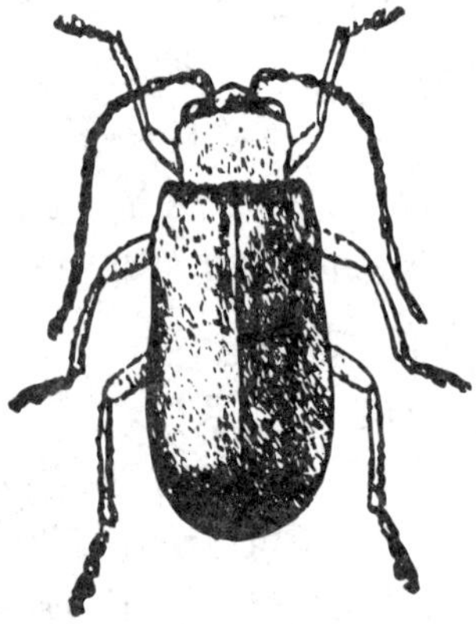

**图 3-13-3　桑叶虫**

(华南农学院.1981.农业昆虫学)

(7)叶蝉类　为害桑树的叶蝉有桑斑叶蝉、大青叶蝉、凹缘菱纹叶蝉和拟菱纹叶蝉等，同属同翅目叶蝉科。叶蝉的成虫和若虫均吸食桑树新梢及叶片的汁液，造成白色小点，使桑叶产量降低，叶质变劣。叶蝉食性较杂，除为害桑树外，还为害多种植物。

(8)桑绵粉蚧　桑绵粉蚧属同翅目盾蚧科。分布于台湾地区、广西蚕区。成虫和若虫在桑树嫩芽部刺吸为害，受害部位膨大变畸形。芽叶向里卷缩成花絮状，使桑树生长受阻而减产。食性杂，尚为害木槿、黄麻、路边青、鸟不沾等多种植物。

(9)桑白蚧　桑白蚧属同翅目盾蚧科。分布于全国各蚕区。成虫、幼虫寄生于枝、干上，以针状口器刺入枝干皮内吸食汁液，严重时整枝盖满介壳，层层重叠，不见树皮，妨碍桑芽萌发，影响树势，以致逐渐枯死。也有的寄生在叶柄或叶脉两侧，造成桑叶提前硬化，影响产量和质量。该虫食性杂，还为害苹果、葡萄、李等多种果树、林木。

(10)桑蓟马　桑蓟马属缨翅目蓟马科。全国各蚕区均有分布。成虫、若虫都以锉吸口器刺破叶背或叶柄表皮吸取汁液。被害部位因失去叶绿素而显白色透明小凹点，不久变褐色，被害叶因失水而提早硬化。夏秋季高温干旱时，虫口密度大，能使整个桑园枝条中上部叶片呈锈褐色，叶质下降，饲蚕效果极差。

(11)桑瘿蚊(图 3-13-4) 桑芽瘿蚊有桑芽吸浆瘿蚊和桑橙瘿蚊两种,均属双翅目瘿蚊科。桑芽吸浆瘿蚊主要分布于广东和广西,桑橙瘿蚊主要分布于山东、浙江等省。成虫在桑芽上产卵,幼虫吸食嫩芽汁液,轻者造成桑芽扭曲变形,重者造成顶芽凋萎、腐烂,枝条封顶,腋芽萌发,侧枝丛生,呈扫帚状,影响桑叶产量和质量。

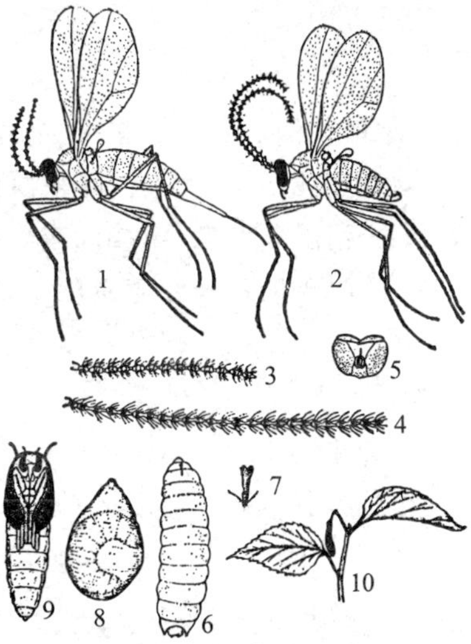


图 3-13-4 桑瘿蚊

1.雌成虫 2.雄成虫 3.雌成虫触角 4.雄成虫触角 5.雄成虫交配器 6.幼虫 7.幼虫剑骨片 8.休眠体 9.后蛹 10.桑瘿蚊为害状

(华南农学院.1981 农业昆虫学.)

## 五、其他有害生物

(1)桑叶螨 桑叶螨种类多,分布广,且常混合发生。常见的有朱砂叶螨和桑红蜘蛛等,同属蛛形纲蜱螨目叶螨科。成螨、若螨均在叶背吸食汁液,使叶组织萎缩,叶面出现变色斑点,严重时整个叶片呈灰白色,并干枯脱落。

(2)灰蜗牛 灰蜗牛属软体动物门腹足纲柄眼目蜗牛科。分布较广。幼体、成体春季食害桑芽、桑叶及嫁接苗叶。所经之处留下的白色黏质物与粪便污染桑叶。食性杂,为害植物种类很多,如棉、麻、油菜、大豆、小麦、玉米等。

## 【工作步骤】

观察桑螟、桑粉虱、桑天牛、斜纹夜蛾、桑尺蠖、桑毛虫、象甲类、金龟子类、叶虫类、叶蝉类、桑绵粉蚧、桑白蚧、桑蓟马、桑芽瘿蚊等成虫、蛹、幼虫(若虫)、卵的形态特征,重点是为害虫态及其为害状。

## 【巩固训练】

植保技能考核:识别并写出当地桑树主要害虫(或为害状)的名称。

### ◆作业

基础技能训练:绘桑螟幼虫、桑粉虱成虫、桑天牛幼虫形态图。

# 任务 2 桑树害虫综合防控技术

## 【材料、用具与场所】

记录本、放大镜、铅笔、皮卷尺或米尺、色板、诱捕器等,桑树害虫发生严重的地块,农药及施药器械。

## 【基础知识】

桑园桑螟、桑粉虱、桑天牛、桑蓟马等害虫的综合防治。

(1)农业防治　做好农业预测预报;提倡桑树统一时间成片夏伐,消除害虫的过渡桥梁;冬季清除落叶杂草,摘除有卵块的叶片,剪除有虫卵枝条,消灭越冬虫源。

(2)物理防治　在害虫活动期利用黑光灯、色板等诱杀。

(3)生物防治　保护桑园天敌益虫,人工释放赤眼蜂、捕食螨等天敌;采用昆虫性诱剂诱杀。

(4)化学防治　低龄幼(若)虫期可用40%乐果乳油1 000倍稀释液,或80%敌敌畏乳油1 000倍稀释液喷洒,喷药宜在午后或傍晚进行;钻蛀类害虫可选择挑治注射法防治。

## 【工作步骤】

(1)以小组为单位,制订桑树害虫调查方案并实施调查。

(2)以小组为单位,根据调查结果查对防治指标,进行防治决策,制订综合防治方案。

(3)采取相应措施实施桑树害虫综合防治,调查防治效果,写出调查报告。

## 【巩固训练】

### ◆作业

根据所学知识,请简述桑园鳞翅目害虫的综合防治措施。

## 知识拓展

**1.建设高标准桑园**

按照乡村振兴示范区建设规划,2020年宜宾市高县嘉乐镇将新栽高标准桑园1 000亩,先期栽种200亩,后再补种800亩,涉及周边农户426户1 200余人。“政府不仅给我们平整土地,还免费提供桑苗,现在又请我栽种桑苗,每天能有100元务工收入。”村民王付章说,自家收入一直以养蚕为主,得知村里将建设高标准桑园,便带着家里2亩土地主动加入,现在已完成幼苗栽种,预计1年后可以投产,投产后能增收1.5万元。

**2.植保无人机与统防统治**

2019年4月8日,由浙江淳安县农业农村局、县蚕桑管理总站、县茧丝绸有限公司、杭州千岛湖种安雅农业综合服务有限公司、威坪镇农业公共服务中心联合主办的春季桑园无人飞机统一防治暨“三下乡”服务活动在淳安县威坪镇举行。活动由杭州千岛湖种安雅农业综合服务有限公司出动无人农药防治飞机10架,在威坪镇凤凰村千亩蚕桑园区开展无人机农药防治现场示范,喷药防治桑园面积700余亩。用无人机防治有三大优点:一是防治时间缩短,大大提升了工作效率,二是比人工防治更安全,三是比人工防治喷药更均匀、更省药,从现场设备的防治数据来看,比人工防治要节约30%以上的用药量。

**3.桑园害虫预测预报**

5月以来,广西整体气候多雨且气温持续升高,桑园整体湿度大,正是桑树生长旺盛时期,抽生的嫩芽嫩叶多,促使桑螟暴发,世代重叠,据桑树病虫害观察站虫情测报数据,目前桑螟的发生量为每亩 90 000 头以上，尚以低龄幼虫为主，预计桑螟将是下阶段桑园主要害虫之一，甚至有可能在短时间内暴发成灾。考虑到各主蚕区气候差异，请各地蚕业部门做好桑螟当前发生情况的测报工作，加强对蚕农的防治培训，指导蚕农做好桑螟防治工作。

## 课程思政

**1.丝绸之路**

丝绸之路是指西汉（前 202 年—8 年）时，由张骞出使西域开辟的以长安（今西安）为起点，经甘肃、新疆，到中亚、西亚，并联结地中海各国的陆上通道。因为由这条路西运的货物中以丝绸制品的影响最大，故得此名。其基本走向定于两汉时期，包括南道、中道、北道三条路线。丝绸之路是历史上横贯欧亚大陆的贸易交通线，促进了欧亚非各国和中国的友好往来。中国是丝绸的故乡，在经由这条路线进行的贸易中，中国输出的商品以丝绸最具代表性。

**2.新丝绸之路经济带**

新丝绸之路经济带是在古丝绸之路概念基础上形成的一个新的经济发展区域。包括西北五省区（陕西、甘肃、青海、宁夏、新疆）和西南四省区市（重庆、四川、云南、广西）。新丝绸之路经济带，东边牵着亚太经济圈，西边系着发达的欧洲经济圈，被认为是“世界上最长、最具有发展潜力的经济大走廊”。“陆上丝绸之路经济带”东端连着充满活力的亚太地区，中间串着资源丰富的中亚地区，西边通往欧洲发达经济体；“海上丝绸之路”将中国和东南亚国家临海港口城市串起来，通过海上互联互通、港口城市合作机制以及海洋经济合作等途径，最终形成海上“丝绸之路经济带”，不仅造福中国与东盟，而且能够辐射南亚和中东。

**3.东桑西移**

“东桑西移”是指我国将逐步把蚕茧主产区从东部地区向西部地区转移的蚕丝产业发展战略。随着广东、浙江、江苏等东部省区经济的发展，工业化和城市化进度加快，土地成本和人工成本不断上涨，致使传统的蚕桑产业发展受到制约，生产规模逐年下降；我国中西部地区社会经济发展相对落后，并拥有较为丰富的土地资源和劳动力资源，具备发展蚕茧丝产业的自然条件和社会基础。因此，将蚕茧产区逐步从东部地区向中西部地区进行战略性转移，对稳定我国蚕丝产业、保证我国茧丝绸大国地位、促进中西部地区农民增收和经济发展都具有重要意义。为顺应和推进这一发展态势，商务部决定在“十一五”期间实施“东桑西移”工程。

**4.乡村产业振兴**

“十三五”以来，广西在落实精准扶贫精准脱贫方略上紧紧抓住发展产业是实现脱贫的根本之策，充分发挥“短平快”优势，助力贫困户脱贫。2020 年，全区脱贫的 54 个贫困县中有 46 个发展种桑养蚕，贫困县桑园面积达 172.27 万亩，占全区 57.77%，养蚕售茧收入 56.98 亿元，养蚕贫困户户均收益 1.57 万元。“十三五”期间，河池、百色等深度贫困地区有 35 万贫困人口通过种桑养蚕实现了脱贫致富。2021 年是巩固拓展脱贫攻坚成果、全面推进乡村振兴的起步之年，蚕桑产业要持续助力农民增收。据统计，2021 年前三季度广西蚕茧产量 29.66 万 t，同比增长 7.55%；蚕茧平均收购价格 51.40 元/kg，同比增长 70.02%，蚕农售茧收入达 152.45 亿元。蚕桑生产整体呈现价高量增、蚕农增产增收的态势。

5.古代种桑养蚕诗句

《乡村四月》

宋·翁卷

绿遍山原白满川，子规声里雨如烟。

乡村四月闲人少，才了蚕桑又插田。

## 学习评价

桑树害虫综合防治考核评价表

| 序号 | 考核项目 | 考核内容 | 考核标准 | 考核方式 | 分值 |
|---|---|---|---|---|---|
| 1 | 桑树害虫识别 | 桑树害虫形态及为害状观察识别 | 能仔细观察、准确描述桑树主要害虫的识别要点及为害状特点，并能指出其所属目和科的名称 | 现场或实验室识别考核 | 4 |
| 2 | 田间调查 | 桑树害虫田间调查方法 | 能现场区分类型田，并选择其中之一进行调查，采取正确的调查方法实地调查，数据记录正确、完整 | 现场考核 | 6 |
| 3 | 制订综合防治方案 | 能针对桑树害虫发生规律制订调查方案 | 能根据当地桑树主要害虫发生规律制订综合防治方案，防治方案制订科学，应急措施可行性强 | 个人表述、小组讨论和教师对方案评分相结合 | 5 |
| 4 | 组织实施综合防治 | 能组织实施防治方案 | 能按照实训要求做好各项防治措施的组织和实施，操作规范、熟练，防治效果好 | 现场操作考核 | 10 |
| 5 | 知识点考核 | | 桑树害虫发生种类、为害状、发生特点，综合防治方法 | 闭卷笔试 | 50 |
| 6 | 作业、实验报告 | | 报告完成认真、规范，内容真实；绘制的害虫形态特征典型，标注正确 | 教师评分 | 10 |
| 7 | 学习纪律及态度 | | 对老师提前布置的任务准备充分，发言积极，观察认真；遵纪守时，爱护公物 | 学生自评、小组互评和教师评价相结合 | 15 |

# 子项目十四　储粮害虫识别与绿色防控技术

## 学习目标

学习掌握储粮主要害虫种类、发生概况、发生规律及防治技术。

## 任务 1　储粮害虫识别及其防控技术

### 【材料、用具与场所】

玉米象、谷蠹、麦蛾、嗜卷书虱及当地其他储粮害虫标本。体式显微镜、放大镜、镊子、培养皿、挂图等。

### 【基础知识】

#### 一、玉米象

**1.发生概况**

玉米象[*Sitophilus zeamais* (Motschusky)]属鞘翅目象甲科，分布遍及全世界，我国各省均有发生。成虫取食为害最严重的是玉米、小麦、糙米及高粱，也为害稻谷、小麦、花生仁、豆类、干果等。幼虫只在粮粒内食害。储粮被此虫蛀食而造成碎粒和粉屑，储藏期粮食的损失在 3 个月内可达 11.25％，6 个月内可达 35.12％，是储粮中一种主要的初期害虫。玉米象为害后还能使粮食发热及水分增高，引起粮食发霉变质。

**2.为害状识别**

该虫以成虫啃食或幼虫蛀食的方式为害储粮，大量发生时可引起储粮发热、霉变和结块。而玉米象的排泄物、尸体会产生刺鼻的气味。

**3.形态识别(图 3-14-1)**

玉米象成虫从喙基到腹末长 2.5～3.2 mm，体圆筒形，全体暗褐色，有较强光泽。喙前伸，口器着生于末端。雌虫的喙较雄虫的细长而下弯。触角膝状，每鞘翅上有数条纵凹纹，两翅基部及末端各有 1 个橙黄色或赤褐色的近圆形斑。卵长椭圆形，长 0.65～0.70 mm，宽 0.28～0.29 mm，乳白色，半透明。下端略圆大，上端逐渐狭小并着生 1 个帽状圆形小隆起。幼虫体长 2.5～3.0 mm，乳白色。体肥大粗短，多横皱纹，背面隆起，腹面较平坦，无足。头小，深褐色，略呈楔形。蛹体长 3.5～4.0 mm，椭圆形，初化蛹为乳白色，后变成褐色，腹末有 1 对肉刺。

玉米象

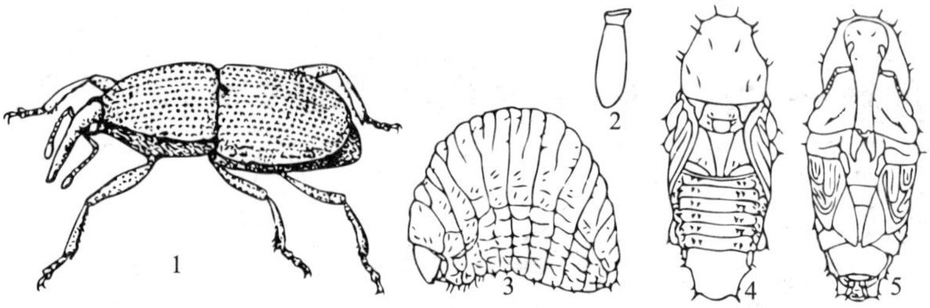


**图 3-14-1　玉米象**

1.成虫　2.卵　3.幼虫　4.蛹背面　5.蛹腹面

（洪晓月.2017.农业昆虫学）

**4.发生规律**

玉米象的1年发生代数随地区温度而异，世代重叠较严重，从北向南发生代数为1～7代不等。主要以成虫在仓内黑暗潮湿的缝隙、垫席下越冬。第二年春天气转暖，在仓外越冬的成虫又返回仓里的粮堆内繁殖为害。玉米象世代周期为21～58 d。成虫交配后约5 d开始产卵于有伤口的粮粒内，每雌每天可产卵3粒，一生平均产150粒，最多可达570粒。幼虫孵化后就在粮粒内蛀食，并逐渐蛀入内部常造成空壳的粮粒。被害粮粒常被蛀食一空，并引起粮食发热、水分增高及霉菌的滋生。成虫羽化后，在粮粒内停留约5 d后蛀孔爬出，有假死、趋温、趋湿等习性，善于爬行，遇光则向暗处躲藏。

温度和湿度对玉米象的生长发育及繁殖有非常显著的影响。玉米象适宜的谷物含水量15%～20%，适宜的相对湿度为90%～100%，生长繁殖的适宜温度范围为24～30 ℃，最适温度为28 ℃。当温度低于7.2 ℃和高于35 ℃时，玉米象不能产卵；当谷物含水量低至8%时即不能生活。

## 二、谷蠹

**1.发生概况**

谷蠹[*Rhyzopertha dominica* (Fabricius)]属鞘翅目长蠹科，别名谷长蠹，在我国各地均有发生，淮河以南是主要分布地。谷蠹主要为害稻谷、玉米、小麦，还为害豆类、干果、种子、皮革、木材、图书档案等。

**2.为害状识别**

受害稻谷和小麦常被蛀成空壳，大量发生时常引起储粮发热。

**3.形态识别(图 3-14-2)**

谷蠹成虫体长2.0～3.0 mm，长圆筒形，长为宽的3倍，赤褐色。头部隐在前胸下，呈下弯状。复眼圆形，黑色。触角10节，末端3节扁平呈片状。前胸背板中央隆起，鞘翅呈细长的圆筒形，每鞘翅上有由刻点排成的纵线9条。卵椭圆形，乳白色，长0.4～0.6 mm，一端稍细而中间微弯，一端稍粗大。幼虫体长约3.3 mm，初孵化为乳白色，老熟后淡棕色。头部黄棕色，较小，三角形，半缩在前胸内。胸足3对，细小，灰褐色。全体疏生淡黄色细毛。蛹体长约3 mm，头部下弯。除复眼、口器、触角及翅略带褐色外，其余为乳白色。

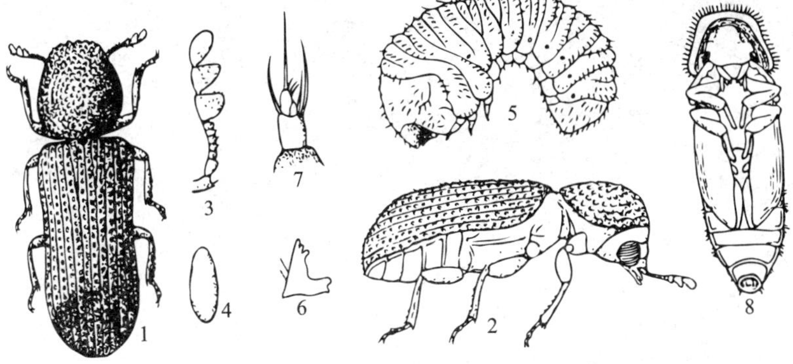


**图 3-14-2　谷蠹**

1.成虫背面　2.成虫侧面　3.成虫触角　4.卵
5.幼虫　6.幼虫上颚　7.幼虫触角　8.蛹
（洪晓月.2017.农业昆虫学）

**4.发生规律**

谷蠹1年在湖北、江西发生2代，在华南地区发生3～5代，少数以幼虫越冬，多以成虫蛀入竹器内或仓库木板越冬，或在发热的粮堆中越冬。卵单产，或2～3粒连产在粮粒蛀孔或粮粒缝隙内、碎屑中，每雌一生可产卵200～500粒。幼虫孵出后，性极活泼，爬行于粮粒之间，然后从粮粒胚部或破损处蛀入，直至发育为成虫才钻出。未蛀入粮粒的幼虫也能在粉屑中或粮粒间生活，且能发育成熟。谷蠹飞行能力强，耐热耐干燥，抗寒力弱，多分布于粮堆的中下层。谷蠹的最低发育温度、最高发育温度、最快发育温度分别为22 ℃、38 ℃和34 ℃。

## 三、麦蛾

**1.发生概况**

麦蛾[*Sitotroga cerealella* (Olivier)]属鳞翅目麦蛾科，世界各地均有分布。在我国长江以南各省发生最普遍，其他各地均有分布，是我国三大仓虫（玉米象、谷蠹、麦蛾）之一。

**2.为害状识别**

麦蛾以幼虫蛀食玉米、稻谷、麦类、高粱以及禾本科杂草种子，为害粮食胚芽，造成粮粒成空壳，严重影响粮食的发芽力。玉米被害后，绝大部分被蛀成空壳。

**3.形态识别(图 3-14-3)**

成虫为灰黄色的小蛾，体长4.5～6.5 mm，头顶无毛丛。复眼黑色，触角长丝状。前翅呈竹叶形，淡黄色，后翅菜刀形，银灰色，前翅和后翅的缘毛特长。卵长约0.5 mm，扁平椭圆形，初产时为卵乳白色，后变淡红色。幼虫初孵为淡红色，老熟时乳白色，老熟幼虫体长5～8 mm，头小，口器黑褐色。胸部较肥大，腹部各节逐渐缩小。全体光滑无斑点，胸足3对，极短小，腹足5对，均退化成肉质突。蛹细长状，体长5～6 mm，黄褐色。各腹节两侧各生1个细小瘤状突起。腹末圆而小，其背面中央有1个深褐色短而直的角刺，其两侧各有1个褐色角状突起。

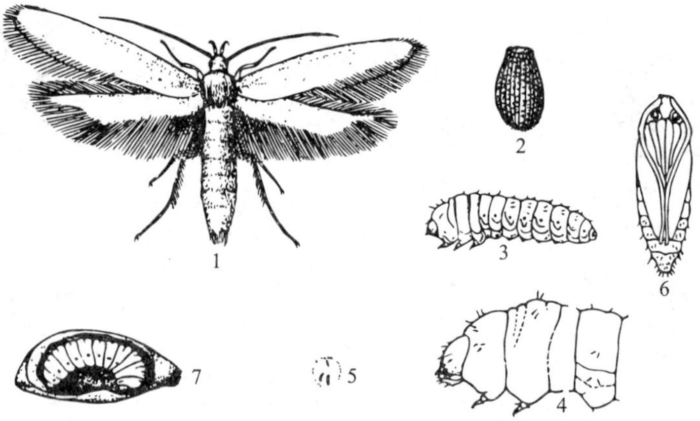


**图 3-14-3 麦蛾**

1.成虫 2.卵 3.幼虫 4.幼虫头部、前胸中部和腹部第 4 节侧面

5.幼虫第 6 腹节左腹足趾钩 6.蛹 7.被害状

(洪晓月.2017.农业昆虫学)

**4.发生规律**

麦蛾在浙江 1 年发生 6 代,在江西及湖南 1 年发生 6～7 代,在炎热地区或仓库内可发生 12 代。以老熟幼虫(极少数有蛹和初龄幼虫)在粮粒内越冬。麦蛾幼虫孵出后,多从籽粒胚部蛀入,进而蛀空粮粒。幼虫老熟后于化蛹前在粮粒内蛀成 1 个圆形的羽化孔,再结白色的薄茧化蛹。成虫羽化后钻出谷粒,交尾后,一部分在仓内产卵,另一部分飞往田间产卵。卵聚产或散产,每雌虫平均产卵 86～94 粒,多的达 389 粒。

成虫具趋光性,飞翔能力不强。麦蛾对温度的适应性特别强,20～36 ℃,相对湿度 25%～100%,谷物含水量 8%～24%,均可正常发育。

## 四、腐食酪螨

**1.发生概况**

腐食酪螨[*Tyrophagus putrescentiae* (Schrank)]属于蛛形纲粉螨科,在我国分布广泛,多为害花生、干肉、豆类、面粉、干蔬菜、各种植物种子等含脂肪及蛋白质较高的仓储物。腐食酪螨是最重要的仓储害螨之一。

**2.为害状识别**

腐食酪螨的尸体、排泄物及代谢物等污染各种储藏物,降低谷物的发芽率,影响粮食的品质;还能传播各种致病菌,为害人体健康。

**3.形态识别(图 3-14-4)**

成螨体长 0.3～0.4 mm,乳白色,卵形,表皮光滑有光泽,体毛光滑,仅前端的部分体毛呈梳栉状。螯肢的固定肢及活动肢各有 4 齿。前足部无背盾。卵长 0.09～0.12 mm,乳白色,长椭圆形。若螨具 4 对足。

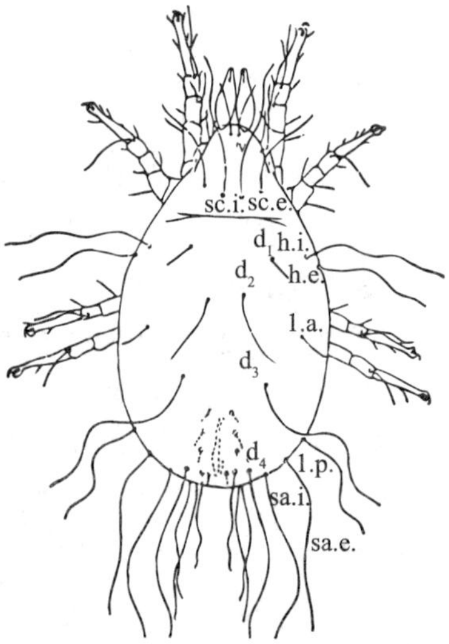


**图 3-14-4 腐食酪螨**

(洪晓月.2017.农业昆虫学)

**4.发生规律**

腐食酪螨多以成螨和休眠体在粮表面、碎屑中及仓脚下越冬。雌雄螨交配产卵。卵孵化后经幼螨、第一若螨、第三若螨变为成螨。腐食酪螨性活泼，行动迅速，喜群集，喜湿，通常在面粉等被害物表面活动为害，使被害粮发霉变质。该螨繁殖适温为 24～25 ℃，45 ℃时经 1 h就死亡。相对湿度 70％为卵孵化的最干燥湿度，粮食含水量低于 12％该螨不能繁殖。因此梅雨季节多发，干燥粮食上该螨很少发生。

## 五、嗜卷书虱

**1.发生概况**

嗜卷书虱(*Liposcelis bostrychophilus* Badonnel)是世界分布最广泛的一种书虱，在我国的北京、陕西、河南、四川、云南、广东均有分布。嗜卷书虱主要啮食物品中的粉屑、霉菌及淀粉等，对书籍、档案、纸张、禾谷类及其加工品、油料及籽饼、干动植物标本、茶叶、生药材、衣物等均有为害。

**2.为害状识别**

嗜卷书虱直接取食稻谷的胚芽和破坏完整麦粒。当书虱大量发生时可使储粮发热，产生结露霉变。

**3.形态识别(图 3-14-5)**

成虫体长 0.81～1.16 mm，躯体扁平，体色赭黄至棕色。头顶、胸部背板、腹部背板刻纹明显，咀嚼式口器，触角线状，足 3 对，后足较前足、中足长且腿节扁平、膨大，背面最宽处具一钝形突起。头部饱满，背面表皮有鱼鳞样花纹并伴有刻点。胸部背板 2 块，前背板狭窄，呈三叶草状；后背板呈梯形；胸板 2 块。腹部呈节状，背面表皮有纹理和刻点，腹面较光滑。卵极小，长椭圆形，灰白色，略有光泽。卵壳表面有黏液，并常附有粉屑尘芥。若虫与成虫相似，仅体型较小，初孵时白色，渐变白色而半透明。头淡褐色，复眼红色，跗节为 2-2-2 式。

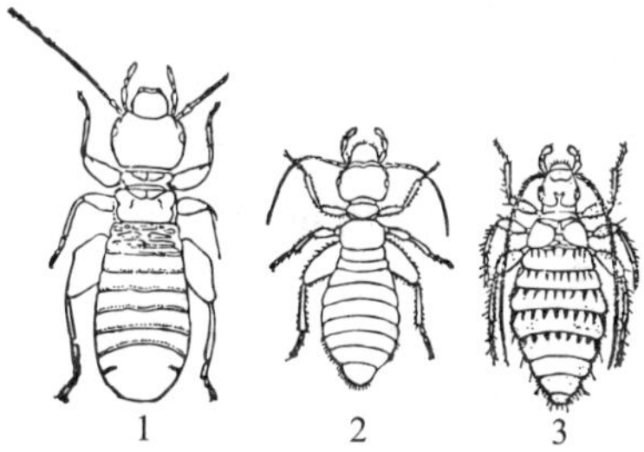


**图 3-14-5　几种书虱的形态**

1.嗜卷书虱　2.粉虱虫　3.大淡色书虱

(洪晓月.2017.农业昆虫学)

**4.发生规律**

嗜卷书虱的繁殖方式是孤雌生殖，在四川以卵越冬，1 年发生 3～6 代，完成 1 个世代经历卵、若虫(共 4 龄)和成虫共 3 个虫态。在温度 27.5～30.0 ℃、相对湿度 75％～80％下，最适于其发育和繁殖，有世代重叠现象。成虫、若虫性活泼，行动迅速，喜在高温环境中生活，在纸张书籍中常营群集为害，成虫具负趋光性。可随食品、木制托盘、衣服等仓储物或旅客携带物在建筑物间传播，或做远距离传播。由于该虫身体上易黏附排泄物，可携带、传播病菌，对人体有致敏作用，从而直接威胁人们健康。

## 【工作步骤】

观察玉米象、谷蠹、麦蛾、嗜卷书虱及当地其他储粮害虫各虫态和为害状。

【巩固训练】

植保技能考核:识别并写出当地主要储粮害虫的名称。

◆思考题

1.简述储粮害虫的发生概况及主要害虫综合防控技术。

2.列表表示主要储粮害虫的分类地位、为害虫态、典型为害状、防治对口农药及施用方法。

# 任务2 储粮害虫综合防控技术

【材料、用具与场所】

玉米象、谷蠹、麦蛾、嗜卷书虱及当地其他储粮害虫标本。体式显微镜、放大镜、镊子、培养皿、挂图等。

【基础知识】

## 一、检疫防治

谷斑皮蠹、菜豆象、巴西豆象、鹰嘴豆象、灰豆象和大谷蠹6种均为我国规定的进境检疫性仓储害虫。为了杜绝国外危险性仓储害虫的传入以及国内分布并不普遍的仓储害虫蔓延为害,在调运粮食和种子时进行严格检疫。

## 二、清洁卫生防治

在粮食入库前,清扫仓库内孔洞、缝隙、杂物堆等阴暗场所,清除干净粮仓的杂质、虫粮和虫卵,暴晒储粮装具。害虫数量多的地方要用药剂消毒和熏蒸。

## 三、物理机械防治

物理防治常用的方法有气调杀虫、高温低温杀虫、灯光诱杀、电离辐射杀虫等。机械防治常采用风车、筛子除虫、压盖粮面、灯光诱杀、竹筒诱杀、离心撞击机治虫、抗虫粮袋等。

首先是控温防治。利用除湿机、去湿剂处理虫粮,通过机械制冷、通风制冷等降低室内相对湿度和储粮含水量,让温度达到15 ℃以下,相对湿度低于40%,实现低温低湿储粮防虫。将粮食置于45～60 ℃短时晾晒,可以既防虫又防霉。

其次是降氧储粮。通过密封储粮、真空储粮、脱氧杀虫、仓库内输入氮气、二氧化碳或者沼气降氧储粮等措施,改变粮库内的气体组成和气压,让空气中的氧气含量下降到2%时,控制虫害。

然后是惰性粉防治。将食品级惰性粉施用于储粮空仓、粮仓门窗口、粮堆表面或粮堆内,可杀灭各种储粮害虫。

最后是器具防治。利用仓储昆虫本身的一些行为习性(例如负趋光性、趋色性、栖身于隐蔽场所等习性),采用灯光诱杀、色板诱杀等。可利用特殊的诱集装置(黏胶诱捕器、波纹纸诱捕器、粮食探管诱捕器),诱集监测仓储害虫种群数量动态和诱杀害虫。也有些仓储害虫种类具有正趋光性(例如蛾类、鞘翅目的长角扁谷盗、烟草甲和药材甲等),可以利用这种生物习性,应用灯光,特别黑光灯诱集监测仓储害虫种群数量动态和诱杀害虫。黑光灯对谷蠹,紫光灯对玉米象、麦蛾等均有很好的诱捕效果。在粮食入库时,悬挂诱虫灯于粮仓内。放置粘虫色板在粮库仓房内,可监测嗜虫书虱、谷蠹、麦蛾等害虫的发生动态,并可以大量诱杀储粮害虫。

## 四、生物防治

首先是利用微生物杀虫剂。应用较广的是苏云金芽孢杆菌制剂,可通过药拌入粮堆中或表面施药来防治麦蛾、粉斑螟蛾、印度谷螟等鳞翅目害虫。白僵菌、多杀菌素对玉米象等防治效果好。

其次是利用天敌。通过释放寄生或捕食仓储害虫的天敌进行防治,例如米象金小蜂可寄生于谷蠹、玉米象等;麦蛾茧蜂寄生于麦蛾、粉斑螟蛾等多种鳞翅目害虫;普通肉食螨可捕食粉螨及多种害虫。

再次是利用激素类似物。利用能人工合成的信息素制作诱芯和诱捕器,设置一定数量的诱捕器,或释放性信息素迷惑雄虫,既可用于监测仓库害虫种群数量动态,以确定防治适期和检测防治效果,又可以对仓储害虫进行防治。

最后利用植物源防虫剂。其中,植物精油应用研究较多,其中柑橘精油、真姬菇和罗勒叶精油、桂花精油等能较好地趋避害虫,降低合成杀虫剂的使用。

## 五、化学防治

目前用于防治储粮害虫的化学药剂主要有保护剂和熏蒸剂两大类。

在储粮尚未被害时使用保护剂。对粮堆进行全面防护剂喷洒,再盖膜密闭,可以很好地抑制储粮害虫的发生。施用的剂型有粉剂、可湿性粉剂、乳剂、气雾剂和烟剂。一般有机磷农药对玉米象、拟谷盗、锯谷盗及长角谷盗均有效,但对谷蠹效果差,而合成的拟除虫菊酯及氨基甲酸酯则对谷蠹特别有效。

当储粮已经发生害虫,或害虫潜藏在不易发现和不易接触的地方,应采用熏蒸剂防治,如硫酰氟。施用熏蒸剂时,要求较高的温度和良好的密闭条件,并且要选择恰当的熏蒸时机。当粮温达到 25～30 ℃,仓内外湿度约为 70%时;或虫口密度为 5～10 头/kg 时,应进行熏蒸,宁早勿晚。华南地区多在 6 月上旬至 9 月下旬进行熏蒸。

## 【工作步骤】

1.以小组为单位,制订储粮害虫调查方案并实施调查。

2.以小组为单位,根据调查结果查对防治指标,进行防治决策,制订综合防治方案。

3.采取相应措施实施储粮害虫综合防治,调查防治效果,写出调查报告。

## 【巩固训练】

### ◆思考题

当地储粮害虫发生有何特点？

## 课程思政

**1.“世界什么问题最大,吃饭问题最大。”**

1919年毛泽东在《湘江评论》创刊宣言中就已做出如此判断。新中国成立初期,时任美国国务卿艾奇逊预言“由于中国人口过多,没有任何一个政府能够解决中国人的吃饭问题”,如今,中国人民对食品的要求正在由“吃得饱”向“吃得好”转变,回首望去,中国共产党带领中国人民端牢手中饭碗的历程不可谓不称奇迹。“谁知盘中餐,粒粒皆辛苦”从来都不仅仅是两句耳熟能详的古诗,更是对中国人从土地里讨粮食辛苦谋生的真实写照。正因如此,我们才说中国养活世界上1/5的人口,解决14亿人的吃饭问题,充分保障中国人民的一日三餐,是克服了重重困难,经历了漫长的路径探索、技术攻关的伟大成就。

**2.手中有粮、心中不慌**

习近平总书记曾强调:“对我们这样一个有着14亿人口的大国来说,农业基础地位任何时候都不能忽视和削弱,手中有粮、心中不慌在任何时候都是真理。”粮食安全历来有着重要的战略安全意义,而战略引领与政策支撑就成了保障粮食安全的首要前提。当前世界还有不少国家面临着严峻的粮食危机,尽管我国粮食生产连年丰收,但我们对粮食安全还是始终要有危机意识。作为大学生,要发扬艰苦奋斗精神,争做勤俭节约的倡导者、示范者、参与者和传承者。在校园生活中,我们要让节约、爱惜粮食成为当代大学生的行动自觉。

## 学习评价

储粮害虫综合防控考核评价表

| 序号 | 考核项目 | 考核内容 | 考核标准 | 考核方式 | 分值 |
|---|---|---|---|---|---|
| 1 | 储粮害虫识别 | 储粮害虫形态及为害状识别 | 能仔细观察、准确描述储粮主要害虫的识别要点及为害状特点,并能指出其所属目和科的名称 | 现场或实验室识别考核 | 4 |
| 2 | 田间调查 | 储粮害虫田间调查方法 | 能现场区分类型田,并选择其中之一进行调查,采取正确的调查方法实地调查,数据记录正确、完整 | 现场考核 | 6 |
| 3 | 制订综合防治方案 | 能针对储粮害虫发生规律制订调查方案 | 能根据当地储粮主要害虫发生规律制订综合防治方案,防治方案制订科学,应急措施可行性强 | 个人表述、小组讨论和教师对方案评分相结合 | 5 |
| 4 | 组织实施综合防治 | 能组织实施防治方案 | 能按照实训要求做好各项防治措施的组织和实施,操作规范、熟练,防治效果好 | 现场操作考核 | 10 |

续表

| 序号 | 考核项目 | 考核内容 | 考核标准 | 考核方式 | 分值 |
|---|---|---|---|---|---|
| 5 | 知识点考核 | | 储粮害虫发生种类、为害状、发生特点，综合防治方法 | 闭卷笔试 | 50 |
| 6 | 作业、实验报告 | | 报告完成认真、规范，内容真实；绘制的害虫形态特征典型，标注正确 | 教师评分 | 10 |
| 7 | 学习纪律及态度 | | 对老师提前布置的任务准备充分，发言积极，观察认真；遵纪守时，爱护公物 | 课堂考勤 | 15 |

# 附　录

## 附录1　国家禁限用农药名单

（中国农药信息网，网址：http://www.chinapesticide.org.cn/）

**1.至目前为止国内禁止生产销售和使用的农药名单(34种)**

(1)2002.6.5农业部公告第199号：六六六，滴滴涕，毒杀芬，二溴氯丙烷，杀虫脒，二溴乙烷，除草醚，艾氏剂，狄氏剂，汞制剂，砷、铅类，敌枯双，氟乙酰胺，甘氟，毒鼠强，氟乙酸钠，毒鼠硅。

(2)2008.1.9发改委、农业部等六部委公告第1号：甲胺磷，对硫磷(1605)，甲基对硫磷(甲基1605)，久效磷，磷胺。

(3)2011.6.15农业部公告第1586号：苯线磷，地虫硫磷，甲基硫环磷，磷化钙，磷化镁，磷化锌，硫线磷，蝇毒磷，治螟磷，特丁硫磷。

(4)2019.3.22农业农村部公告第148号：自2020年1月1日起，禁止使用含氟虫胺成分的农药产品。

**2.至目前为止国内禁止销售和使用但可以生产、外销或未提可生产的农药名单(8种)**

(1)2013.12.9农业部公告第2032号：氯磺隆、福美胂和福美甲胂(包括原药、单剂和复配制剂)，2015年12月31日起，禁止在国内销售和使用。胺苯磺隆、甲磺隆单剂自2015年12月31日起，禁止在国内销售和使用；原药和复配制剂自2017年7月1日起，禁止在国内销售和使用。

(2)2012.5.10农业部、工业和信息化部、国家质检总局发布第1745号公告，自2014年7月1日起，撤销百草枯水剂登记和生产许可、停止生产，保留母药生产企业水剂出口境外使用登记、允许专供出口生产，2016年7月1日停止水剂在国内销售和使用。

(3)2016.9.13农业部第2445号公告：自本公告发布之日起，不再受理、批准2,4-滴丁酯(包括原药、母药、单剂、复配制剂，下同)的田间试验和登记申请；不再受理、批准2,4-滴丁酯境内使用的续展登记申请。保留原药生产企业2,4-滴丁酯产品的境外使用登记，原药生产企业可在续展登记时申请将现有登记变更为仅供出口境外使用登记。

(4)2016.9.13农业部第2445号公告：自2018年10月1日起，全面禁止三氯杀螨醇销售、使用。

**3.禁止在蔬菜、果树、茶叶和中草药材上使用的农药13种**

(1)2002.6.5农业部公告第199号：禁止甲拌磷(3911)，甲基异柳磷，内吸磷(1059)，克百威(呋喃丹)，涕灭威(神农丹铁灭克)，灭线磷，硫环磷，氯唑磷在蔬菜、果树、茶叶和中草药材上使用。

(2)2015.8.22农业部公告第2289号：自2015年10月1日起，撤销杀扑磷在柑橘树上的登记，禁止杀扑磷在柑橘树上使用。

(3)2013.12.9农业部公告第2032号：自2016年12月31日起，禁止毒死蜱和三唑磷在蔬菜上使用。

(4)2017.7.14 农业部公告第 2552 号：自 2017 年 8 月 1 日起，撤销乙酰甲胺磷、丁硫克百威、乐果（包括含上述 3 种农药有效成分的单剂、复配制剂，下同）用于蔬菜、瓜果、茶叶、菌类和中草药材作物的农药登记，不再受理、批准乙酰甲胺磷、丁硫克百威、乐果用于蔬菜、瓜果、茶叶、菌类和中草药材作物的农药登记申请；自 2019 年 8 月 1 日起，禁止乙酰甲胺磷、丁硫克百威、乐果在蔬菜、瓜果、茶叶、菌类和中草药材作物上使用。

**4.在蔬菜、果树、茶叶和中草药材上限制使用的农药 11 种**

(1)2002.5.10 农业部公告第 194 号：禁止氧乐果在甘蓝上使用。

(2)2002.6.5 农业部公告第 199 号：禁止氧乐果在柑橘树上使用；禁止三氯杀螨醇和氰戊菊酯在茶树上使用。

(3)2003.4.30 农业部公告第 2741 号：禁止丁酰肼（比久）在花生上使用。

(4)2009.2.25 农业部公告第 1157 号：除卫生用、玉米等部分旱田种子包衣剂外，禁止氟虫腈（锐劲特）在其他方面使用。

(5)2011.6.15 农业部公告第 1586 号：禁止水胺硫磷在柑橘树上使用；禁止灭多威在柑橘树、苹果树、茶树和十字花科蔬菜上使用；禁止硫丹在苹果树和茶树上使用；禁止溴甲烷在草莓和黄瓜上使用。

(6)2017.7.14 农业部公告第 2552 号：自 2019 年 3 月 26 日起，禁止含硫丹产品在农业上使用。自 2019 年 1 月 1 日起，将含溴甲烷产品的农药登记使用范围变更为“检疫熏蒸处理”，禁止含溴甲烷产品在农业上使用。

**5.在水稻或甘蔗上限制使用的农药 3 种**

(1)2016.9.13 农业部第 2445 号公告：自 2018 年 10 月 1 日起，禁止氟苯虫酰胺在水稻作物上使用；禁止克百威、甲拌磷、甲基异柳磷在甘蔗作物上使用。

**6.限使用范围和施用方法的农药 1 种**

2015.8.22 农业部公告第 2289 号：自 2015 年 10 月 1 日起，将溴甲烷、氯化苦的登记使用范围和施用方法变更为土壤熏蒸，撤销除土壤熏蒸外的其他登记。溴甲烷、氯化苦应在专业技术人员指导下使用。

**7.人畜居住场所禁止使用的农药 1 种**

2016.9.13.农业部第 2445 号公告：自本公告发布之日起，生产磷化铝农药产品应当采用内外双层包装。外包装应具有良好密闭性，防水防潮防气体外泄。内包装应具有通透性，便于直接熏蒸使用。内、外包装均应标注高毒标识及“人畜居住场所禁止使用”等注意事项。自 2018 年 10 月 1 日起，禁止销售、使用其他包装的磷化铝产品。

**8.限制使用的农药 32 种**

2017.8.31 农业部公告第 2567 号：公布限制使用农药名录 32 种，并且规定，列入名录的农药，应当标注“限制使用”字样，并注明使用的特别限制和特殊要求；用于食用农产品的，还应当标注安全间隔期。2017 年 10 月 1 日起施行。其中前 22 种实行定点经营，其他农药实行定点经营的时间由农业部另行规定。32 种农药是：甲拌磷，甲基异柳磷，克百威，磷化铝，硫丹，氯化苦，灭多威，灭线磷，水胺硫磷，涕灭威，溴甲烷，氧乐果，百草枯，2,4-滴丁酯，C 型肉毒梭菌毒素，D 型肉毒梭菌毒素，氟鼠灵，敌鼠钠盐，杀鼠灵，杀鼠醚，溴敌隆，溴鼠灵，丁硫克百威，丁酰肼，毒死蜱，氟苯虫酰胺，氟虫腈，乐果，氰戊菊酯，三氯杀螨醇，三唑磷，乙酰甲胺磷。

按照《农药管理条例》规定，任何农药产品都不得超出农药登记批准的使用范围使用。

# 附录2　NY/T 393—2020　绿色食品　农药使用准则

## 1　范围

本标准规定了绿色食品生产和储运中的有害生物防治原则、农药选用、农药使用规范和绿色食品农药残留要求。

本标准适用于绿色食品的生产和储运。

## 2　规范性引用文件

下列文件对于本文件的应用是必不可少的。凡是注日期的引用文件，仅注日期的版本适用于本文件。凡是不注日期的引用文件，其最新版本(包括所有的修改单)适用于本文件。

GB 2763 食品安全国家标准　食品中农药最大残留限量

GB/T 8321(所有部分)　农药合理使用准则

GB 12475 农药贮运、销售和使用的防毒规程

NY/T 391 绿色食品　产地环境质量

NY/T 1667(所有部分)　农药登记管理术语

## 3　术语和定义

NY/T 1667 界定的及下列术语和定义适用于本文件。

### 3.1　AA级绿色食品 AA grade green food

产地环境质量符合 NY/T 391 的要求，遵照绿色食品生产标准生产，生产过程中遵循自然规律和生态学原理，协调种植业和养殖业的平衡，不使用化学合成的肥料、农药、兽药、渔药、添加剂等物质，产品质量符合绿色食品产品标准，经专门机构许可使用绿色食品标志的产品。

### 3.2　A级绿色食品 A grade green food

产地环境质量符合 NY/T 391 的要求，遵照绿色食品生产标准生产，生产过程中遵循自然规律和生态学原理，协调种植业和养殖业的平衡，限量使用限定的化学合成生产资料，产品质量符合绿色食品产品标准，经专门机构许可使用绿色食品标志的产品。

### 3.3　农药 pesticide

用于预防、控制为害农业、林业的病、虫、草、鼠和其他有害生物以及有目的地调节植物、昆虫生长的化学合成或者来源于生物、其他天然物质的一种物质或者几种物质的混合物及其制剂。

注：既包括属于国家农药使用登记管理范围的物质，也包括不属于登记管理范围的物质。

## 4　有害生物防治原则

绿色食品生产中有害生物的防治可遵循以下原则：

——以保持和优化农业生态系统为基础：建立有利于各类天敌繁衍和不利于病虫草害滋生的环境条件，提高生物多样性，维持农业生态系统的平衡；

——优先采用农业措施：如选用抗病虫品种、实施种子种苗检疫、培育壮苗、加强栽培管理、中耕除草、耕翻晒垡、清洁田园、轮作倒茬、间作套种等；

——尽量利用物理和生物措施:如温汤浸种控制种传病虫害,机械捕捉害虫,机械或人工除草,用灯光、色板、性诱剂和食物诱杀害虫,释放害虫天敌和稻田养鸭控制害虫等;

——必要时合理使用低风险农药:如没有足够有效的农业、物理和生物措施,在确保人员、产品和环境安全的前提下,按照第5、6章的规定配合使用农药。

5 **农药选用**

5.1 所选用的农药应符合相关的法律法规,并获得国家在相应作物上的使用登记或省级农业主管部门的临时用药措施,但不属于农药使用登记范围的产品(如薄荷油、食醋、蜂蜡、香根草、乙醇、海盐等)除外。

5.2 AA级绿色食品生产应按照A.1的规定选用农药,A级绿色食品生产应按照附录A的规定选用农药,提倡兼治和不同作用机理农药交替使用。

5.3 农药剂型宜选用悬浮剂、微囊悬浮剂、水剂、水乳剂、颗粒剂、水分散粒剂和可溶性粒剂等环境友好型剂型。

6 **农药使用规范**

6.1 应根据有害生物的发生特点、为害程度和农药特性,在主要防治对象的防治适期,选择适当的施药方式。

6.2 应按照农药产品标签或GB/T 8321和GB 12475的规定使用农药,控制施药剂量(或浓度)、施药次数和安全间隔期。

7 **绿色食品农药残留要求**

7.1 按照第5章规定允许使用的农药,其残留量应符合GB 2763的要求。

7.2 其他农药的残留量不得超过0.01 mg/kg,并应符合GB 2763的要求。

## 附录A(规范性附录)
## 绿色食品生产允许使用的农药清单

A.1 AA级和A级绿色食品生产均允许使用的农药清单 AA级和A级绿色食品生产可按照农药产品标签或GB/T 8321的规定(不属于农药使用登记范围的产品除外)使用表A.1中的农药。

**表A.1 AA级和A级绿色食品生产均允许使用的农药清单**

| 类别 | 组分名称 | 备注 |
|---|---|---|
| Ⅰ.植物和动物来源 | 楝素(苦楝、印楝等提取物,如印楝素等) | 杀虫 |
| | 天然除虫菊素(除虫菊科植物提取液) | 杀虫 |
| | 苦参碱及氧化苦参碱(苦参等提取物) | 杀虫 |
| | 蛇床子素(蛇床子提取物) | 杀虫、杀菌 |
| | 小檗碱(黄连、黄柏等提取物) | 杀菌 |
| | 大黄素甲醚(大黄、虎杖等提取物) | 杀菌 |
| | 乙蒜素(大蒜提取物) | 杀菌 |
| | 苦皮藤素(苦皮藤提取物) | 杀虫 |

续表A.1

| 类别 | 组分名称 | 备　注 |
|---|---|---|
| Ⅰ.植物和动物来源 | 藜芦碱（百合科藜芦属和喷嚏草属植物提取物） | 杀虫 |
| | 桉油精（桉树叶提取物） | 杀虫 |
| | 植物油（如薄荷油、松树油、香菜油、八角茴香油） | 杀虫、杀螨、杀真菌、抑制发芽 |
| | 寡聚糖（甲壳素） | 杀菌、植物生长调节 |
| | 天然诱集和杀线虫剂（如万寿菊、孔雀草、芥子油） | 杀线虫 |
| | 具有诱杀作用的植物（如香根草等） | 杀虫 |
| | 植物醋（如食醋、木醋和竹醋等） | 杀菌 |
| | 菇类蛋白多糖（菇类提取物） | 杀菌 |
| | 水解蛋白质 | 引诱 |
| | 蜂蜡 | 保护嫁接和修剪伤口 |
| | 明胶 | 杀虫 |
| | 具有驱避作用的植物提取物（大蒜、薄荷、辣椒、花椒、薰衣草、柴胡、艾草、辣根等的提取物） | 驱避 |
| | 害虫天敌（如寄生蜂、瓢虫、草蛉、捕食螨等） | 控制虫害 |
| Ⅱ.微生物来源 | 真菌及真菌提取物（白僵菌、轮枝菌、木霉菌、耳霉菌、淡紫拟青霉、金龟子绿僵菌、寡雄腐霉菌等） | 杀虫、杀菌、杀线虫 |
| | 细菌及细菌提取物（苏云金芽孢杆菌、枯草芽孢杆菌、蜡质芽孢杆菌、地衣芽孢杆菌、多黏类芽孢杆菌、荧光假单胞杆菌、短稳杆菌等） | 杀虫、杀菌 |
| | 病毒及病毒提取物（核型多角体病毒、质型多角体病毒、颗粒体病毒等） | 杀虫 |
| | 多杀霉素、乙基多杀菌素 | 杀虫 |
| | 春雷霉素、多抗霉素、井冈霉素、嘧啶核苷类抗菌素、宁南霉素、申嗪霉素和中生菌素 | 杀菌 |
| | S-诱抗素 | 植物生长调节 |
| Ⅲ.生物化学产物 | 氨基寡糖素、低聚糖素、香菇多糖 | 杀菌、植物诱抗 |
| | 几丁聚糖 | 杀菌、植物诱抗、植物生长调节 |
| | 苄氨基嘌呤、超敏蛋白、赤霉酸、烯腺嘌呤、羟烯腺嘌呤、三十烷醇、乙烯利、吲哚丁酸、吲哚乙酸、芸苔素内酯 | 植物生长调节 |

续表A.1

| 类别 | 组分名称 | 备　注 |
|---|---|---|
| Ⅳ.矿物来源 | 石硫合剂 | 杀菌、杀虫、杀螨 |
| | 铜盐(如波尔多液、氢氧化铜等) | 杀菌,每年铜使用量不能超过 6 kg/hm$^2$ |
| | 氢氧化钙(石灰水) | 杀菌、杀虫 |
| | 硫黄 | 杀菌、杀螨、驱避 |
| | 高锰酸钾 | 杀菌,仅用于果树和种子处理 |
| | 碳酸氢钾 | 杀菌 |
| | 矿物油 | 杀虫、杀螨、杀菌 |
| | 氯化钙 | 仅用于治疗缺钙带来的抗性减弱 |
| | 硅藻土 | 杀虫 |
| | 黏土(如斑脱土、珍珠岩、蛭石、沸石等) | 杀虫 |
| | 硅酸盐(硅酸钠,石英) | 驱避 |
| | 硫酸铁(3 价铁离子) | 杀软体动物 |
| Ⅴ.其他 | 氢氧化钙 | 杀菌 |
| | 二氧化碳 | 杀虫,用于贮存设施 |
| | 过氧化物类和含氯类消毒剂(如过氧乙酸、二氧化氯、二氯异氰尿酸钠、三氯异氰尿酸等) | 杀菌,用于土壤和培养基质、种子和设施消毒 |
| | 乙醇 | 杀菌 |
| | 海盐和盐水 | 杀菌,仅用于种子(如稻谷等)处理 |
| | 软皂(钾肥皂) | 杀虫 |
| | 松脂酸钠 | 杀虫 |
| | 乙烯 | 催熟等 |
| | 石英砂 | 杀菌、杀螨、驱避 |
| | 昆虫性外激素 | 引诱或干扰 |
| | 磷酸氢二铵 | 引诱 |
| 国家新禁用或列入《限制使用农药名录》的农药自动从该清单中删除。 | | |

A.2　A 级绿色食品生产允许使用的其他农药清单

当表 A.1 所列农药不能满足生产需要时,A 级绿色食品生产还可按照农药产品标签或 GB/T 8321 的规定使用下列农药:

**a) 杀虫杀螨剂**

1) 苯丁锡 fenbutatin oxide

2) 吡丙醚 pyriproxifen

3) 吡虫啉 imidacloprid

4) 吡蚜酮 pymetrozine

5) 虫螨腈 chlorfenapyr

6）除虫脲 diflubenzuron
7）啶虫脒 acetamiprid
8）氟虫脲 flufenoxuron
9）氟啶虫胺腈 sulfoxaflor
10）氟啶虫酰胺 flonicamid
11）氟铃脲 hexaflumuron
12）高效氯氰菊酯 beta-cypermethrin
13）甲氨基阿维菌素苯甲酸盐 emamectin benzoate
14）甲氰菊酯 fenpropathrin
15）甲氧虫酰肼 methoxyfenozide
16）抗蚜威 pirimicarb
17）喹螨醚 fenazaquin
18）联苯肼酯 bifenazate
19）硫酰氟 sulfuryl fluoride
20）螺虫乙酯 spirotetramat
21）螺螨酯 spirodiclofen
22）氯虫苯甲酰胺 chlorantraniliprole
23）灭蝇胺 cyromazine
24）灭幼脲 chlorbenzuron
25）氰氟虫腙 metaflumizone
26）噻虫啉 thiacloprid
27）噻虫嗪 thiamethoxam
28）噻螨酮 hexythiazox
29）噻嗪酮 buprofezin
30）杀虫双 bisultap thiosultapdisodium
31）杀铃脲 triflumuron
32）虱螨脲 lufenuron
33）四聚乙醛 metaldehyde
34）四螨嗪 clofentezine
35）辛硫磷 phoxim
36）溴氰虫酰胺 cyantraniliprole
37）乙螨唑 etoxazole
38）茚虫威 indoxacard
39）唑螨酯 fenpyroximate

**b）杀菌剂**

1）苯醚甲环唑 difenoconazole
2）吡唑醚菌酯 pyraclostrobin
3）丙环唑 propiconazol
4）代森联 metriam
5）代森锰锌 mancozeb
6）代森锌 zineb
7）稻瘟灵 isoprothiolane
8）啶酰菌胺 boscalid
9）啶氧菌酯 picoxystrobin
10）多菌灵 carbendazim
11）噁霉灵 hymexazol
12）噁霜灵 oxadixyl
13）噁唑菌酮 famoxadone
14）粉唑醇 flutriafol
15）氟吡菌胺 fluopicolide
16）氟吡菌酰胺 fluopyram
17）氟啶胺 fluazinam
18）氟环唑 epoxiconazole
19）氟菌唑 triflumizole
20）氟硅唑 flusilazole
21）氟吗啉 flumorph
22）氟酰胺 flutolanil
23）氟唑环菌胺 sedaxane
24）腐霉利 procymidone
25）咯菌腈 fludioxonil
26）甲基立枯磷 tolclofos-methyl
27）甲基硫菌灵 thiophanate-methyl
28）腈苯唑 fenbuconazole
29）腈菌唑 myclobutanil
30）精甲霜灵 metalaxyl-M
31）克菌丹 captan
32）喹啉铜 oxine-copper
33）醚菌酯 kresoxim-methyl
34）嘧菌环胺 cyprodinil
35）嘧菌酯 azoxystrobin
36）嘧霉胺 pyrimethanil
37）棉隆 dazomet
38）氰霜唑 cyazofamid
39）氰氨化钙 calcium cyanamide
40）噻呋酰胺 thifluzamide
41）噻菌灵 thiabendazole

42）噻唑锌
43）三环唑 tricyclazole
44）三乙膦酸铝 fosetyl-aluminium
45）三唑醇 triadimenol
46）三唑酮 triadimefon
47）双炔酰菌胺 mandipropamid
48）霜霉威 propamocarb
49）霜脲氰 cymoxanil
50）威百亩 metam-sodium
51）萎锈灵 carboxin
52）肟菌酯 trifloxystrobin
53）戊唑醇 tebuconazole
54）烯肟菌胺
55）烯酰吗啉 dimethomorph
56）异菌脲 iprodione
57）抑霉唑 imazalil

**c）除草剂**

1）2-甲-4 氯 MCPA
2）氨氯吡啶酸 picloram
3）苄嘧磺隆 bensulfuron-methyl
4）丙草胺 pretilachlor
5）丙炔噁草酮 oxadiargyl
6）丙炔氟草胺 flumioxazin
7）草铵膦 glufosinate-ammonium
8）二甲戊灵 pendimethalin
9）二氯吡啶酸 clopyralid
10）氟唑磺隆 flucarbazone-sodium
11）禾草灵 diclofop-methyl
12）环嗪酮 hexazinone
13）磺草酮 sulcotrione
14）甲草胺 alachlor
15）精吡氟禾草灵 fluazifop-P
16）精喹禾灵 quizalofop-P
17）精异丙甲草胺 s-metolachlor
18）绿麦隆 chlortoluron
19）氯氟吡氧乙酸（异辛酸） fluroxypyr
20）氯氟吡氧乙酸异辛酯 fluroxypyr-mepthyl
21）麦草畏 dicamba
22）咪唑喹啉酸 imazaquin
23）灭草松 bentazone
24）氰氟草酯 cyhalofop butyl
25）炔草酯 clodinafop-propargyl
26）乳氟禾草灵 lactofen
27）噻吩磺隆 thifensulfuron-methyl
28）双草醚 bispyribac-sodium
29）双氟磺草胺 florasulam
30）甜菜安 desmedipham
31）甜菜宁 phenmedipham
32）五氟磺草胺 penoxsulam
33）烯草酮 clethodim
34）烯禾啶 sethoxydim
35）酰嘧磺隆 amidosulfuron
36）硝磺草酮 mesotrione
37）乙氧氟草醚 oxyfluorfen
38）异丙隆 isoproturon
39）唑草酮 carfentrazone-ethyl

**d）植物生长调节剂**

1）1-甲基环丙烯 1-methylcyclopropene
2）2,4-滴　2,4-D（只允许作为植物生长调节剂使用）
3）矮壮素 chlormequat
4）氯吡脲 forchlorfenuron
5）萘乙酸 1-naphthal acetic acid
6）烯效唑 uniconazole

国家新禁用或列入《限制使用农药名录》的农药自动从上述清单中删除。

# 附录3　绿色食品生产　杀虫、杀螨、杀螺剂品种使用范围

AA级绿色食品生产允许使用的杀虫剂见表1，A级绿色食品生产允许使用的杀虫剂见表2，A级绿色食品生产允许使用的杀螨剂见表3，A级绿色食品生产允许使用的杀软体动物剂见表4。

表1　AA级绿色食品生产允许使用的杀虫剂

| 农药名称 | 使用范围 |
| --- | --- |
| 印楝素 | 仓储原粮、草原、茶树、甘蓝、柑橘树、高粱、姜、韭菜、十字花科蔬菜、水稻、烟草、玉米、枸杞共计12个作物 |
| 天然除虫菊素 | 茶树、甘蓝、十字花科蔬菜、室内、卫生、西瓜、烟草、杨梅树、叶菜、猕猴桃树共计10个作物 |
| 苦参碱 | 白菜、草原、草莓、茶树、大白菜、大葱、番茄、甘蓝、柑橘树、花卉、黄瓜、金银花、韭菜、苦瓜、辣椒、梨树、林木、马铃薯、苹果树、葡萄、茄子、芹菜、三七、十字花科蔬菜、十字花科叶菜、石榴、水稻、松树、桃树、西葫芦、小麦、烟草、杨树、玉米、芋头、猕猴桃、枸杞、豇豆共计38个作物 |
| 苦皮藤素 | 茶叶、甘蓝、槐树、黄瓜(保护地)、韭菜、辣椒、葡萄、芹菜、十字花科蔬菜、水稻、松树、猕猴桃树、豇豆共计13个作物 |
| 球孢白僵菌 | 草原、茶树、番茄、甘蓝、花生、韭菜、辣椒、林木、马铃薯、马尾松、棉花、水稻、松树、小白菜、小麦、杨树、玉米、竹子共计18个作物 |
| 金龟子绿僵菌 | 草地、大白菜、花生、杧果树、苹果树、水稻、滩涂、卫生、烟草、玉米、豇豆共计11个作物 |
| 苏云金杆菌 | 白菜、草坪、茶树、大葱、大豆、番茄、甘蓝、甘薯、柑橘树、高粱、花椰菜、金银花、辣椒、梨树、林木、芦笋、萝卜、马尾松、棉花、苹果树、青菜、森林、十字花科蔬菜、蔬菜、水稻、松树、桃树、小白菜、小油菜、烟草、杨梅树、杨树、玉米、枣树、茭白、枇杷树、豇豆共计37个作物 |
| 多杀霉素 | 卫生，原粮，原粮(稻谷)，大白菜，室外，棉花，水稻，甘蓝，节瓜，花椰菜，苦瓜，茄子，豇豆，黄瓜(保护地)共计14个作物 |
| 乙基多杀菌素(艾绿士) | 大葱、甘蓝、观赏月季、黄瓜、杧果、茄子、水稻、西瓜、杨梅树、玉米、豇豆共计11个作物 |
| 核型多角体病毒 | 番茄、辣椒、棉花、烟草、芝麻共计5个作物 |
| 石硫合剂 | 杏，柑橘树，核桃树，梨树，苹果，苹果树，茶树，葡萄，观赏植物，麦类<br>共计10个作物 |

来源：截至2022年3月中国农药信息网，请随时注意其变化。

**表 2　A 级绿色食品生产允许使用的杀虫剂**

| 农药名称 | 使用范围 |
|---|---|
| 吡丙醚 | 茶树、大葱、番茄、番茄(保护地)、甘蓝、柑橘树、黄瓜、姜、蔷薇科观赏花卉、室内、室外、室外(滋生地)、卫生、枣树共计 14 个作物 |
| 虫螨腈 | 菠菜(保护地)、茶树、大白菜、大葱、豆角、甘蓝、柑橘树、观赏菊花、黄瓜、姜、节瓜、芥蓝、韭菜、梨树、芦笋、木材、苹果、苹果树、茄子、十字花科蔬菜、室内、土壤、小白菜、杨树、豇豆共计 25 个作物 |
| 氟啶虫胺腈 | 白菜、甘蓝、柑橘树、观赏月季、黄瓜、马铃薯、棉花、苹果树、葡萄、水稻、桃树、西瓜、小麦共计 13 个作物 |
| 氟啶虫酰胺 | 菠菜、茶树、大葱、甘蓝、花椒树、黄瓜、马铃薯、棉花、苹果、苹果树、蔷薇科观赏花卉、茄子、芹菜、水稻、桃树、西瓜、枣树共计 17 个作物 |
| 氟铃脲 | 大蒜、甘蓝、韭菜、棉花、木材、森林、十字花科蔬菜、室内、土壤、卫生、杨树共计 11 个作物 |
| 甲氨基阿维菌素苯甲酸盐 | 草地、草坪、茶树、大豆、甘蓝、甘蓝田、柑橘树、观赏菊花、黄瓜、芥蓝、林木、马尾松、棉花、苹果树、十字花科蔬菜、食用菌、室内、水稻、松树、卫生、小白菜、烟草、杨树、玉米共计 24 个作物 |
| 甲氧虫酰肼 | 大葱、甘蓝、苹果树、水稻、水稻田、烟草共计 6 个作物 |
| 联苯肼酯 | 草莓、柑橘、柑橘树、观赏玫瑰、辣椒、木瓜、苹果树、蔷薇科观赏花卉共计 8 个作物 |
| 螺虫乙酯 | 茶树、番茄、番茄(保护地)、甘蓝、柑橘、柑橘树、观赏菊花、黄瓜、辣椒、梨树、苹果树、蔷薇科观赏花卉、茄子、芹菜、桃树、甜瓜、西瓜、香蕉共计 18 个作物 |
| 辛硫磷 | 白菜、茶树、大白菜、大豆、大蒜、甘蓝、甘薯、甘蔗、柑橘树、根菜类蔬菜、观赏牡丹、果树、红麻、花生、韭菜、荔枝树、林木、绿豆、萝卜、棉花、棉花田、苹果树、桑树、山药、十字花科蔬菜、十字花科叶菜、室外、蔬菜、水稻、卫生、向日葵、小麦、烟草、杨树、叶菜、叶菜类蔬菜、油菜、玉米共计 38 个作物 |
| 高效氯氰菊酯 | 菜豆、草地、茶树、大白菜、大豆、番茄、番茄(保护地)、甘蓝、柑橘、柑橘树、观赏菊花、果菜、黄瓜、黄瓜(保护地)、火龙果、韭菜、辣椒、梨树、荔枝、荔枝树、林木、马铃薯、棉花、苹果、苹果树、十字花科蔬菜、室内、室外、蔬菜、松树、滩(草)地、滩涂、桃树、卫生、小白菜、小麦、烟草、杨树、叶菜、玉米、枸杞、豇豆共计 42 个作物 |
| 甲氰菊酯 | 茶树、大豆、甘蓝、柑橘、柑橘树、棉花、苹果、苹果树、蔷薇科观赏花卉、十字花科蔬菜、十字花科叶菜、小麦共计 12 个作物 |
| 甲氧虫酰肼 | 大葱、甘蓝、苹果树、水稻、水稻田、烟草共计 6 个作物 |
| 杀虫双 | 大豆、甘蔗、果树、韭菜(保护地)、蔬菜、水稻、小麦、玉米共计 8 个作物 |
| 除虫脲 | 茶树、甘蓝、柑橘树、荔枝树、林木、棉花、苹果树、森林、十字花科蔬菜、石榴、松树、小麦、杨树、玉米共计 14 个作物 |
| 氟虫脲 | 柑橘树、苹果树共计 2 个作物 |
| 灭蝇胺 | 菜豆、大葱、花卉、黄瓜、黄瓜(保护地)、姜、韭菜共计 7 个作物 |
| 氟铃脲 | 大蒜、甘蓝、韭菜、棉花、木材、森林、十字花科蔬菜、室内、土壤、卫生、杨树共计 11 个作物 |
| 灭幼脲 | 甘蓝、观赏牡丹、林木、马尾松、苹果、苹果树、山药、十字花科蔬菜、松树、桃树、卫生、杨树共计 12 个作物 |

续表2

| 农药名称 | 使用范围 |
| --- | --- |
| 杀铃脲 | 甘蓝、柑橘树、苹果树、杨树共计 4 个作物 |
| 虱螨脲 | 菠菜、菠菜(保护地)、菜豆、番茄、甘蓝、柑橘、柑橘树、芥蓝、韭菜、荔枝、林木、马铃薯、棉花、苹果、苹果树、杨树共计 16 个作物 |
| 氰氟虫腙 | 白菜、甘蓝、观赏菊花、观赏菊花(保护地)、棉花、室内、水稻共计 7 个作物 |
| 溴氰虫酰胺 | 大葱、番茄、番茄(苗期)、甘蓝、黄瓜、黄瓜(苗床)、辣椒、辣椒(苗床)、棉花、南瓜、室内、室外、水稻、西瓜、小白菜、一品红、玉米、豇豆共计 18 个作物 |
| 噻嗪酮 | 茶树、番茄、番茄(保护地)、柑橘树、观赏月季、火龙果(温室)、杧果树、蔷薇科观赏花卉、水稻、杨梅树、杂交水稻、茭白共计 12 个作物 |
| 吡虫啉 | 白菜、贝母、菠菜、草坪、草原、草莓、茶树、春小麦、大豆、冬小麦、冬枣、番茄、番茄(保护地)、甘蓝、甘蔗、柑橘树、柑橘园、观赏菊花、观赏月季、杭白菊、花生、黄瓜、黄瓜(温棚)、节瓜、韭菜、雷竹、梨树、莲藕、林木、萝卜、马铃薯、杧果树、棉花、木材、苹果树、茄子、芹菜、十字花科蔬菜、室内、室外、蔬菜、水稻、水稻秧田、松树、桃树、铁皮石斛、土壤、卫生、蚊虫滋生地、夏玉米、香蕉、小白菜、小葱、小麦、烟草、杨树、椰树、叶菜、玉米、枸杞、豇豆共计 61 个作物 |
| 吡蚜酮 | 菠菜、茶树、番茄、甘蓝、柑橘树、观赏花卉、观赏菊花、观赏月季、杭白菊、黄瓜、菊科观赏花卉、莲藕、马铃薯、棉花、南瓜、苹果树、芹菜、桑树、水稻、桃树、西瓜、小麦、烟草、一品红、玉米、月季、茭白共计 27 个作物 |
| 啶虫脒 | 菠菜、草莓、茶树、大白菜、大葱、冬枣、番茄、甘蓝、柑橘、柑橘树、杭白菊、花椒树、黄瓜、黄瓜(保护地)、节瓜、芥蓝(保护地)、金银花、莲藕、绿化景观椰子树、萝卜、棉花、苹果、苹果树、蔷薇科观赏花卉、茄子、芹菜、十字花科蔬菜、室内、水稻、桃树、西瓜、小白菜、小麦、烟草、豇豆共计 35 个作物 |
| 噻虫嗪 | 菠菜、草坪、茶树、大葱、大豆、大蒜、冬枣、番茄、番茄(保护地)、甘蓝、甘蔗、柑橘树、观赏花卉、观赏菊花、观赏菊花(保护地)、观赏玫瑰、观赏月季、花卉、花生、黄瓜、火龙果(温室)、节瓜、韭菜、菊花、辣椒、芦笋、马铃薯、棉花、苹果树、葡萄、茄子、芹菜、人参、室内、室外、室外(滋生地)、水稻、水稻制种、丝瓜、桃树、卫生、西瓜、向日葵、小白菜、小麦、小青菜苗床、烟草、油菜、玉米、茭白、枸杞、豇豆共计 52 个作物 |
| 茚虫威 | 白菜、草坪、茶树、大白菜、大葱、甘蓝、观赏菊花、观赏牡丹、姜、金银花、芦笋、棉花、十字花科蔬菜、室内、室外、水稻、铁皮石斛、卫生、小白菜、烟草、豇豆共计 21 个作物 |
| 氯虫苯甲酰胺 | 菜用大豆、草坪、大豆、番茄、甘蓝、甘薯、甘蔗、观赏月季、花生、花椰菜、姜、辣椒、荔枝树、马铃薯、棉花、木材、苹果、苹果树、水稻、桃树、土壤、西瓜、小白菜、小青菜苗床、烟草、玉米、茭白、豇豆共计 28 个作物 |
| 抗蚜威 | 甘蓝、十字花科蔬菜、小麦、烟草共计 4 个作物 |

来源：截至 2022 年 3 月中国农药信息网，请随时注意其变化。

表 3　A 级绿色食品生产允许使用的杀螨剂

| 农药名称 | 使用范围 |
|---|---|
| 苯丁锡 | 柑橘树、苹果树共计 2 个作物 |
| 四螨嗪 | 柑橘树、梨树、苹果树共计 3 个作物 |
| 螺螨酯 | 冬枣、柑橘树、观赏月季、棉花、苹果树、蔷薇科观赏花卉、樱桃共计 7 个作物 |
| 乙螨唑 | 咖啡树，枸杞，柑橘树，桃树，棉花，苹果树，草莓，蔷薇科观赏花卉，西瓜，观赏月季，食用玫瑰共计 11 个作物 |
| 唑螨酯 | 枸杞，柑橘树，玉米，苹果树共计 4 个作物 |
| 喹螨醚 | 苹果树，茶树共计 2 个作物 |

表 4　A 级绿色食品生产允许使用的杀软体动物剂

| 农药名称 | 使用范围 |
|---|---|
| 四聚乙醛 | 白菜、草坪、大白菜、甘蓝、沟渠、旱地、棉花、农田、十字花科蔬菜、蔬菜、水稻、滩涂、铁皮石斛、卫生、小白菜、烟草、叶菜、叶菜类蔬菜、玉米田共计 19 个作物 |

# 参考文献

[1]彩万志，等.普通昆虫学[M].2 版.北京：中国农业大学出版社，2011.
[2]雷朝亮，荣秀兰.普通昆虫学[M].2 版.北京：中国农业出版社，2016.
[3]洪晓月.农业昆虫学[M].3 版.北京：中国农业出版社，2017.
[4]洪晓月，丁锦华.农业昆虫学[M].2 版.北京：中国农业出版社，2007.
[5]丁锦华，苏建亚.农业昆虫学：南方本[M].北京：中国农业出版社，2002.
[6]袁锋，农业昆虫学[M].4 版.北京：中国农业出版社，2011.
[7]苏建亚.农业昆虫学(南方本)[M].北京：中国农业出版社，2002.
[8]李云瑞. 农业昆虫学[M].北京：高等教育出版社，2006.
[9]陈啸寅，朱彪.植物保护[M].3 版.北京：中国农业出版社，2015.
[10]张随榜.园林植物保护[M].3 版.北京：中国农业出版社，2015.
[11]徐洪富.植物保护学[M]. 北京：高等教育出版社，2003.
[12]张学哲.作物病虫害防治[M].北京：高等教育出版社，2005.
[13]邰连春.作物病虫害防治[M].北京：中国农业大学出版社，2007.
[14]马成云，张淑梅，窦瑞木.植物保护[M].北京：中国农业大学出版社，2011.
[15]李清西，钱学聪.植物保护[M].北京：中国农业出版社，2002.
[16]程亚樵，丁世民.园林植物病虫害防治[M].2 版.北京：中国农业大学出版社，2011.
[17]农业部人事劳动司，农业职业技能培训教材编审委员会.农作物植保员.北京：中国农业出版社，2004.
[18]黄宏英，程亚樵.园艺植物保护概论[M].北京：中国农业出版社，2006.
[19]徐汉虹.植物化学保护[M].4 版.北京：中国农业出版社，2007.
[20]黄晓萱等.新农药科学使用手册[M].南昌：江西科学技术出版社，2000.
[21]张友军等.农药无公害使用指南[M].北京：中国农业出版社，2003.
[22]张国安等.农业害虫防治[M].武汉：湖北科学技术出版社，1996.
[23]陈文龙.作物害虫综合防治[M].上海：上海教育出版社，2001.
[24]广西壮族自治区农业学校.植物保护学总论[M].北京：中国农业出版社，1996.
[25]江苏省南通农业学校.作物保护学各论[M].北京：中国农业出版社，1996.
[26]任自忠等.新编植物保护实用手册[M].北京：中国农业出版社，2003.
[27]戴奋奋，袁会珠，等.植保机械与施药技术规范化[M].北京：中国农业科学技术出版社，2002.
[28]吕印谱，马奇祥.新编常用农药使用简明手册[M].北京：中国农业出版社，2004.
[29]农业部农作物病虫测报总站.农作物主要病虫测报方法[M].北京：农业出版社，1981.
[30]张左生.粮油作物病虫鼠害预测预报[M].上海：上海科学技术出版社，1995.
[31]张孝羲，张跃进.农作物有害生物预测学[M].2003 年内部印刷.
[32]商鸿生.植物检疫学[M].北京：中国农业出版社，1997.

[33]刘学敏.植物保护技术与实训[M].北京:中国劳动社会保障出版社,2015.
[34]吕佩珂,等.中国粮食作物、经济作物、药用作物病虫原色图鉴[M].呼和浩特:远方出版社,1999.
[35]甘蔗病虫鼠草防治彩色图志编辑委员会.甘蔗病虫鼠草防治彩色图志[M].南宁:广西科学技术出版社,1999.
[36]张孝羲.昆虫生态及预测预报[M].北京:中国农业出版社,2002.
[37]广西壮族自治区植物保护总站.广西农作物主要病虫测报技术手册[M]. 南宁:广西科学技术出版社,2009.
[38]杨志华.甘蔗二点螟预测预报研究[J]. 江西植保,1995(4): 4-7.
[39]曾长荣.第一代甘蔗二点螟的预测预报方法及防治[J].甘蔗,1999,6(4): 23-25.
[40]叶银恭.植物保护学[M].杭州:浙江大学出版社,2006.
[41]蒙全.2017 年贵港市港南区晚稻跗线螨暴发原因及防治对策[J].中国植保导刊,2018,38(6):51-54.
[42]吴纯善.水稻跗线螨的发生及防治方法[J].农家参谋,2021(11):54-55.
[43]赖明建,郝东川,司雨.水稻跗线螨防治技术研究[J].现代农业科技,2015(15):119,122.
[44]张扬,肖汉祥,黎伯棠,等.防治水稻跗线螨药剂筛选及药效试验初报[J].广东农业科学,2004(3):36-37,53.
[45]欧壮喆,郭惠俦,何泽流.水稻跗线螨药剂防治技术的研究[J].中国农学通报,1999(05):27-30.
[46]丁廷宗,杨庆爽.水稻跗线螨的种类识别[J].植物保护,1983(6):17-18.
[47]麦福. 关于水稻跗线螨发生与防治技术研究[J]. 农村科学实验, 2021(2):125-126.
[48]陈福如.水稻病虫害原色图谱及其诊治技术[M].北京:中国农业科学技术出版社,2012.
[49]张宏宇.农业害虫识别与防治原色生态图谱[M].广州:广东科技出版社,2017.
[50]彭红,朱志刚,田伟.水稻病虫害原色图谱[M].郑州:河南科学技术出版社,2017.
[51]中国农业科学院植物保护研究所,中国植物保护学会主编.中国农作物病虫害:上[M].3版.北京:中国农业出版社,2015.
[52]胡云逸,朱梓锋,孙希,等.入侵物种福寿螺对不同生态系统的破坏性影响[J].热带医学杂志,2021,21(10):1364-1368.
[53]田磊,李风波,贺文芳,等.浙江省福寿螺入侵为害现状及防治方法研究进展[J].现代农业科技,2022(5):77-85.
[54]卓富彦,王华生,刘万才.2011—2020 年我国农田福寿螺发生防控情况[J].中国植保导刊,2022,42(1):52-55.
[55]卢永星.福寿螺的识别与防控[J].湖南农业,2021(10):53.
[56]王蝉娟,宋增福,鲁仙,等.我国福寿螺入侵现状和防控研究进展[J].生物安全学报,2021,30(3):178-182.
[57]杨宗英,曾柳根,雷小青,等.福寿螺的生物学特性及防控策略[J].渔业致富指南,2021(14):64-66.
[58]邹茗惠,许薇,薛琪琪,等.玉米象的形态和分子特征鉴定[J]. 安徽农业科学,2021,49

(20):7.
[59]王旭峰.温度,湿度与储粮害虫防治关系探讨[J].农业工程技术,2020,40(17):2.
[60]孙翔宇,杨厚兵,韩萌雯,等.嗜卷书虱综合防治技术研究[J].粮食储藏,2020,49(6):6.
[61]顾家栋,祁广军,胡乐山,等.中国南亚热带蚕丝学[M].南宁:广西科学技术出版社,2012.
[62]李润唐,周恒欢,郭志雄,等.湛江地区火龙果主要病虫害及其防治[J].中国园艺文摘,2010(11):173-174.
[63]刘连斌,于学萍,王萍,等.火龙果生物学特性及主要病虫害防治技术[J].农技服务,2011,28(8):1204,1206.
[64]彭超.海南省火龙果病害普查及重要病害病原分子鉴定[D].海口:海南大学,2016.
[65]郑德剑,孙祖雄,唐新海,等.防城港市火龙果主要病虫害及防治对策[J].中国南方果树,2012,42(3):89-91.
[66]胡子有.火龙果主要病虫害及其农业防治技术[J].广西植保,2016,29(4):28-30.
[67]欧善生,冼俊枫,苏桂花,等.广西火龙果园病虫草害种类及主要病虫消长规律研究[J],广西植保,2019,32(1):14-20.
[68]全国农业技术推广中心.玉米大斑病测报调查规范.农作物有害生物测报技术手册[M].北京:中国农业出版社,2006.
[69]农业标准出版中心.最新中国农业行业标准:第一辑[M].北京:中国农业出版社,2011.
[70]农业标准出版中心.最新中国农业行业标准:第五辑[M].北京:中国农业出版社,2011.
[71]农业标准出版中心.最新中国农业行业标准:第六辑[M].北京:中国农业出版社,2011.
[72]农业标准出版中心.最新中国农业行业标准:第七辑植保分册[M].北京:中国农业出版社,2012.
[73]农业标准出版中心.最新中国农业行业标准:第八辑种植业分册[M].北京:中国农业出版社,2012.
[74]中华人民共和国国家标准.主要农作物病虫测报调查规范(一)[M].北京:中国标准出版社,1998.
[75]GB/T 23391.3—2009 玉米大、小斑病和玉米螟防治技术规范 第3部分:玉米螟
[76]NY/T 5025—2001 无公害食品 杧果生产技术规程
[77]NY/T 2683—2015 农田主要地下害虫防治技术规程
[78]NY/T 1478—2013 热带作物主要病虫害防治技术规程 荔枝
[79]NY/T 2393—2013 花生主要虫害防治技术规程
[80]DB45/T 2030—2019 甘蔗粉蚧防治技术规程
[81]DB45/T 2022—2019 杧果扁喙叶蝉综合防治技术规程
[82]DB61/T 388.4—2007 桑树病虫害防治技术规程
[83]DB23/T 1229—2008 水稻二化螟防治技术规范
[84]NY/T 393—2020 绿色食品 农药使用准则
[85]GB/T 8321.10—2018 农药合理使用准则(十)
[86]GB/T 8321.9—2009 农药合理使用准则(九)

[87]GB/ T 8321.8—2007 农药合理使用准则(八)
[88]GB T 8321.7—2002 农药合理使用准则(七)
[89]GB T 8321.6—2002 农药合理使用准则(六)
[90]GBT 8321.5—2006 农药合理使用准则(五)
[91]NY/T 2359—2013 三化螟测报技术规范
[92]GB/T 35879—2018 甘蔗螟虫综合防治技术规程